1 건축계획

최근 출제경향을 완벽하게 분석한 건축기사·산업기사 필기

이진오

머리말

최근 건축계는 질적·양적 성장과 함께 건축의 기능과 유형이 다원화된 양상을 보이고 있다. 이와 같이 다원화된 현대 건축의 수용과 설계방법의 다양화를 수용하기 위해 건축계획의 재인식이 요구되고 있다.

이에 본서는 건축계획의 새로운 요구를 적극 수용하였으며, 중요 내용을 이해하는 데 중점을 두어 건축사 예비시험 등 각종 국가자격시험의 준비에 효율적인 수험대비서가 되도록 하였다.

■ 본서의 특징

1. 각 단원별 핵심내용을 이해하기 쉽도록 체계적으로 정리하여 단기간 내에 수험 준비를 할 수 있도록 하였다.
2. 핵심내용은 별도의 난을 두어 입체적으로 구성하여 이해 및 정리가 되도록 하였다.
3. 각 단원마다 최근 기출문제에 대한 철저한 경향분석과 해설을 통해 중요 내용의 이해와 실전능력을 기르도록 하였다.

본서는 수험생 분들의 질문에 최선을 다하여 답변을 할 예정이오니 많은 이용을 바라며 아울러 끊임없이 내용을 수정·보완하여 보다 나은 서적이 되도록 노력할 것임을 밝힌다. 끝으로 본서가 출간될 수 있도록 도움을 주신 KAIS 건축학원 및 도서출판 예문사에 감사를 드린다.

저 자
이 진 오

건축계획 CBT 온라인 모의고사 이용 안내

- 인터넷에서 [예문사]를 검색하여 홈페이지에 접속합니다.
- PC, 휴대폰, 태블릿 등을 이용해 사용이 가능합니다.

STEP 1 회원가입 하기

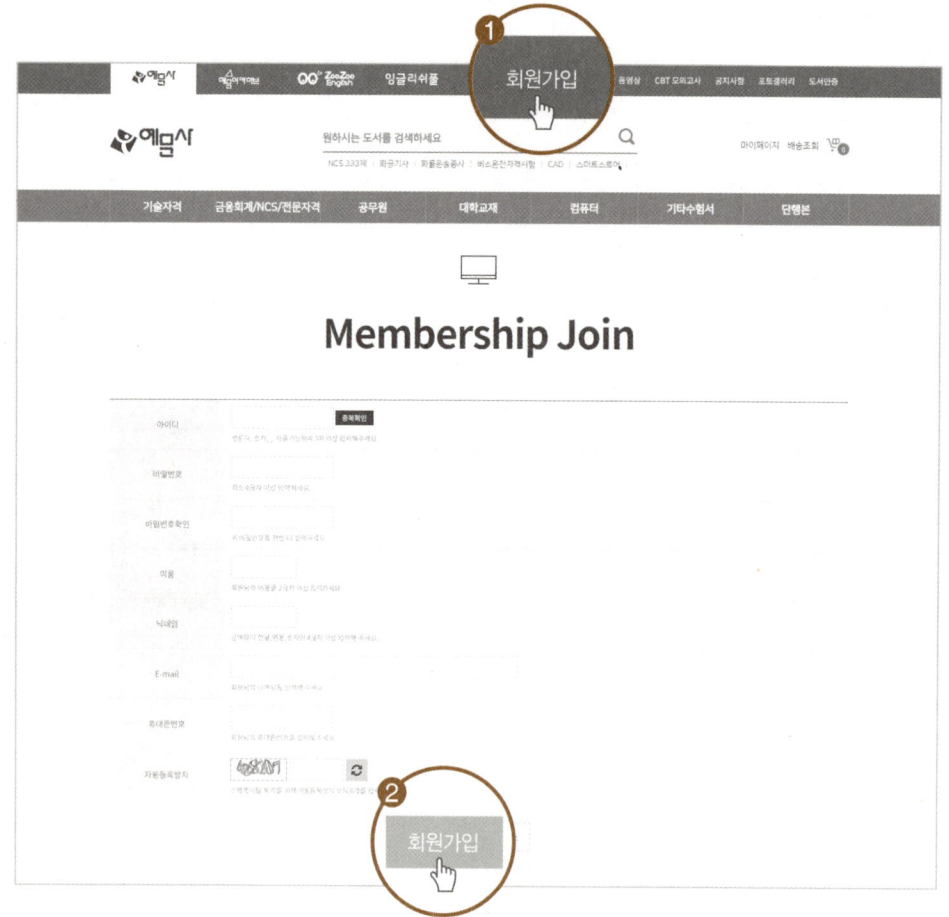

1. 메인 화면 상단의 [회원가입] 버튼을 누르면 가입 화면으로 이동합니다.
2. 입력을 완료하고 아래의 [회원가입] 버튼을 누르면 인증절차 없이 바로 가입이 됩니다.

건 축 기 사 산 업 기 사

STEP 2   시리얼 번호 확인 및 등록

1. 로그인 후 메인 화면 상단의 **[CBT 모의고사]**를 누른 다음 **수강할 강좌를 선택**합니다.
2. 시리얼 등록 안내 팝업창이 뜨면 **[확인]**을 누른 뒤 **시리얼 번호를 입력**합니다.

STEP 3   등록 후 사용하기

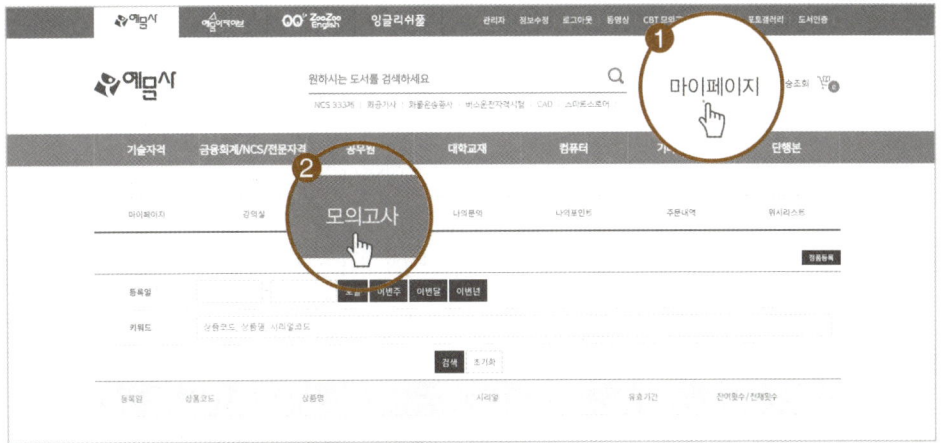

1. 시리얼 번호 입력 후 **[마이페이지]**를 클릭합니다.
2. 등록된 CBT 모의고사는 **[모의고사]**에서 확인할 수 있습니다.

건축계획 수험정보

>>> 시험정보

시행처	한국산업인력공단
관련학과	대학이나 전문대학의 건축, 건축공학, 건축설비, 실내건축 관련학과
시험과목	• 필기 : 1. 건축계획 2. 건축시공 3. 건축구조 4. 건축설비 5. 건축관계법규 • 실기 : 건축시공 실무
검정방법	• 필기 : 객관식 4지 택일형 과목당 20문항(과목당 30분) • 실기 : 필답형(3시간)
합격기준	• 필기 : 100점을 만점으로 하여 과목당 40점 이상, 전과목 평균 60점 이상 • 실기 : 100점을 만점으로 하여 60점 이상

>>> 건축기사 출제분석표(5개년)

구분	2018 1회	2018 2회	2018 4회	2019 1회	2019 2회	2019 4회	2020 1·2회	2020 3회	2020 4회	2021 1회	2021 2회	2021 4회	2022 1회	2022 2회	2022 4회	합계	평균
1. 총론	1	1	1	1	1	1		1	1	1	1					10	3.6%
2. 단독주택	3	1	1	2	1	1	1	1	3	2	2		2	1		21	7.5%
3. 공동주택	1	3	3	2	3	3	3	3	2	2	2	5	2	3		37	13.2%
4. 사무소	2	2	2	2	2	2	2	2	2	2	2	2	2	2		28	10.0%
5. 은행		1					1									2	0.7%
6. 상점	1				2	2	1		1			1	1			9	3.2%
7. 백화점	1	1	2	2			1		1	2	1	1	1	2		17	6.1%
8. 학교	1	2	1	1	1	2	1	1	1	1	1	1	1	1		16	5.7%
9. 도서관	1	1	1	1	1	1	1	1	1	1	1	2	1	1		15	5.4%
10. 호텔	1		1		1		1	1	1	1	1		1	1		10	3.6%
11. 병원		1	1	1	1	1	1	1	1	1	1	1	1	1		13	4.6%
12. 극장, 영화관	2	2	1	2	1	2	2	2	2	1	1	1	1	2		22	7.8%
13. 미술관	1	1	1	2	1	1	1	1	1	2	2	1	2	1		19	6.8%
14. 공장, 창고	1		1	1	1	1	1	1	1	1	1	1	1	1		14	5.0%
15. 건축사	3	3	3	3	3	3	4	3	2	3	3	4	4			44	15.7%
16. 장애인 관련					1		1						1			3	1.1%
Total 문제	20	20	20	20	20	20	20	20	20	20	20	20	20	20	0	280	100.0%

건축산업기사 출제분석표(4개년)

구분	2017			2018			2019			2020		합계	평균
	1회	2회	3회	1회	2회	3회	1회	2회	3회	1·2회	3회		
1. 총론		1	1		1	1	1	1	1	1		8	3.6%
2. 단독주택	5	4	4	6	4	4	4	4	4	5	5	49	22.3%
3. 공동주택	4	4	4	3	4	4	4	4	4	3	4	42	19.1%
4. 사무소	4	4	4	3	3	4	4	4	4	4	4	42	19.1%
5. 상점	2	2	2	3	2		2	2	2			17	7.7%
6. 백화점	1	1	1	1	1	3	1	1	1	3	2	16	7.3%
7. 학교	2	2	3	3	2		2	2	3		1	20	9.1%
8. 도서관										3	3	6	2.7%
9. 공장, 창고	2	2	1		1	2	2	2	1			13	5.9%
10. 장애인 관련				1	2	2				1	1	7	3.2%
Total 문제	20	20	20	20	20	20	20	20	20	20	0	220	100.0%

※ 건축기사는 2022년 3회, 건축산업기사는 2020년 4회 시험부터 CBT(Computer-Based Test)로 전면 시행되었습니다.

수험정보
건축계획

>>> 건축기사 필기 출제기준

직무분야	건설	중직무분야	건축	자격종목	건축기사	적용기간	2020.1.1.~2024.12.31.
○ 직무내용 : 건축시공 및 구조에 관한 공학적 기술이론을 활용하여, 건축물 공사의 공정, 품질, 안전, 환경, 공무관리 등을 통해 건축 프로젝트를 전체적으로 관리하고 공종별 공사를 진행하며 시공에 필요한 기술적 지원을 하는 등의 업무 수행							
필기검정방법		객관식		문제수	100	시험시간	2시간 30분

필기과목명	문제수	주요항목	세부항목	세세항목
건축계획	20	1. 건축계획원론	1. 건축계획일반	1. 건축계획의 정의와 영역 2. 건축계획과정
			2. 건축사	1. 한국건축사 2. 서양건축사
			3. 건축설계 이해	1. 건축도면의 이해 2. 건축도면의 표현
		2. 각종 건축물의 건축계획	1. 주거건축계획	1. 단독주택 2. 공동주택 3. 단지계획
			2. 상업건축계획	1. 사무소 2. 상점
			3. 공공문화건축계획	1. 극장 2. 미술관 3. 도서관
			4. 기타 건축물계획	1. 병원 2. 공장 3. 학교 4. 숙박시설 5. 장애인·노인·임산부 등의 편의시설계획 6. 기타 건축물

≫ 건축산업기사 필기 출제기준

직무 분야	건설	중직무 분야	건축	자격 종목	건축산업기사	적용 기간	2020.1.1. ~ 2024.12.31.
○ 직무내용 : 건축에 관한 공학적 기술이론을 가지고 건축물의 설계, 구조설계, 환경·설비 등의 시공 및 공사 감리, 사업관리, 감독 등의 직무 수행							
필기검정방법	객관식		문제수	100		시험시간	2시간 30분	

필기과목명	문제수	주요항목	세부항목	세세항목
건축계획	20	1. 건축계획원론	1. 건축계획일반	1. 건축계획의 정의와 영역 2. 건축계획과정
		2. 각종 건축물의 건축계획	1. 주거건축계획	1. 단독주택 2. 공동주택 3. 단지계획
			2. 상업건축계획	1. 사무소 2. 상점
			3. 기타 건축물계획	1. 학교 2. 공장

>>> 건축계획 # 차례

제1장 총론

- 01 건축과정 ··· 2
- 02 건축설계 수법의 종류 ·· 7
- 03 건축의 요소 ··· 8
- 04 모듈과 MC설계 ·· 10
- 05 건축의 지각 및 형태구성 원리 ·· 12
- ■ 출제예상문제 ··· 14

제2장 주택일반 및 단독주택

- 01 주택의 분류 ··· 20
- 02 주택설계의 새로운 방향 ··· 22
- 03 주생활 수준의 기준 ··· 23
- 04 주택의 조건파악 및 기본계획 ··· 23
- 05 평면계획 ··· 25
- 06 각 실의 세부계획 ·· 27
- 07 농촌주택 ··· 32
- ■ 출제예상문제 ··· 33

제3장 공동주택

- 01 공동주택의 특징 ·· 50
- 02 연립주택 ··· 50
- 03 아파트(APT) ·· 52
- 04 단지계획 ··· 57
- ■ 출제예상문제 ··· 69

제4장　사무소

01 개요 · 84
02 기본계획 · 85
03 평면계획 · 86
04 코어계획 · 88
05 단면계획 · 90
06 세부계획 · 91
07 환경 및 설비계획 · 92
08 주차시설계획 · 94
09 인텔리전트 빌딩 · 94
■ 출제예상문제 · 96

제5장　은행

01 기본계획 · 116
02 평면계획 · 117
03 세부계획 · 118
04 드라이브 인 뱅크 · 119
■ 출제예상문제 · 120

제6장　상점

01 개요 · 124
02 기본계획 · 125
03 평면계획 · 125
04 세부계획 · 128
05 슈퍼마켓 · 130
■ 출제예상문제 · 131

건축계획 차례

제7장 백화점
- 01 개요 ········· 142
- 02 기본계획 ········· 143
- 03 평면계획 ········· 143
- 04 세부계획 ········· 144
- 05 환경 및 설비계획 ········· 147
- 06 기타 ········· 149
- ■ 출제예상문제 ········· 151

제8장 학교
- 01 기본계획 ········· 158
- 02 평면계획 ········· 160
- 03 교실계획 ········· 162
- 04 기타 계획 ········· 164
- ■ 출제예상문제 ········· 166

제9장 도서관
- 01 출납시스템(열람방식) ········· 176
- 02 열람실계획 ········· 177
- 03 서고계획 ········· 178
- ■ 출제예상문제 ········· 180

건 축 기 사 산 업 기 사

제10장 공장 및 창고

- 01 기본계획 ··· 186
- 02 Layout 계획 ··· 187
- 03 구조계획 ··· 188
- 04 기타 ··· 189
- 05 창고 ··· 191
- ■ 출제예상문제 ··· 192

제11장 병원

- 01 개요 및 기본계획 ··· 198
- 02 평면계획 ··· 199
- 03 세부계획 ··· 200
- ■ 출제예상문제 ··· 205

제12장 호텔 및 레스토랑

- 01 개요 및 기본계획 ··· 210
- 02 평면계획 ··· 212
- 03 세부계획 ··· 213
- 04 레스토랑 ··· 215
- ■ 출제예상문제 ··· 217

건축계획 차례

제13장 미술관
01 전시실계획 ········· 222
02 채광 및 조명계획 ········· 224
03 기타 ········· 226
- 출제예상문제 ········· 227

제14장 극장 및 영화관
01 개요 ········· 232
02 극장의 평면형 ········· 232
03 세부계획(관객석, 무대) ········· 234
04 영화관 ········· 240
- 출제예상문제 ········· 242

제15장 서양 건축사
01 서양 건축의 개요 ········· 248
02 고대 건축 ········· 249
03 중세 건축 ········· 260
04 근세 건축 ········· 264
05 근대 과도기 건축 ········· 267
06 근대 건축 ········· 270
07 현대 건축 ········· 278
- 출제예상문제 ········· 284

건 축 기 사 산 업 기 사

제16장 한국 건축사

- 01 한국 건축의 특징 ········· 294
- 02 한국 건축의 시대별 특징 ········· 295
- 03 불교·궁궐 건축의 이해 ········· 300
- 04 한국 건축의 구조와 형식 ········· 302
  - ■ 출제예상문제 ········· 312

부록 과년도 출제문제 및 해설

- 01 2017년 건축기사/건축산업기사 ········· 318
- 02 2018년 건축기사/건축산업기사 ········· 346
- 03 2019년 건축기사/건축산업기사 ········· 375
- 04 2020년 건축기사/건축산업기사 ········· 401
- 05 2021년 건축기사 ········· 424
- 06 2022년 건축기사 ········· 436

Engineer Architecture

CHAPTER
01

총론

01 건축과정
02 건축설계 수법의 종류
03 건축의 요소
04 모듈과 MC설계
05 건축의 지각 및 형태구성 원리

CHAPTER 01 총론

SECTION 01 건축과정

1. 개념

건축과정은 건축계획을 포함한 건축생산 전 과정을 의미하는 것으로서 기획에서 유지 보수 관리 단계까지를 지칭하는 것이다.

2. 건축과정

(1) 기획단계

건축과정은 가장 먼저 기획단계로 시작한다.

(2) 계획단계

자료의 수집, 분석이 이루어지며, 이를 종합하여 의사결정이 완료된다.

(3) 설계단계

기본설계와 본설계로 구분하며 본 설계는 건축분야 뿐만 아니라 토목, 전기, 설비, 조경 등 종합적이며 실시적인 도면을 완성하게 된다.

(4) 시공단계

(5) 평가단계

건축물이 완성된 후에는 사용 후 평가(POE) 과정이 필요하다.

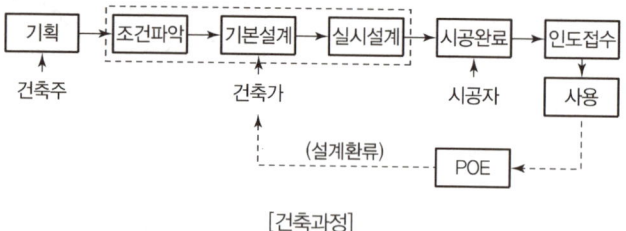

[건축과정]

핵심문제 ●●○

다음 건축설계 단계 중 가장 먼저 해야 하는 것으로 타당한 것은?
① 계획설계 ❷ 기획설계
③ 기본설계 ④ 실시설계

[해설]
• 기획 → 설계 → 시공
• 설계 : 기본계획 → 기본설계 → 실시설계

》》 조건파악

① 인문사회적 환경 조건 : 관련법규 검토
② 자연환경 조건 : 도시환경 설계적 측면 검토(대지상황 분석 및 주변 환경 분석)

》》 미국건축가협회(AIA)

(설계진행 4단계)
① 기획설계
② 예비설계
③ 기본설계
④ 실시설계

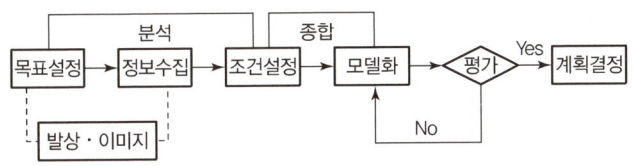

[계획 결정 Process]

Reference

계획과 설계

계획	설계
• 문제를 찾는 작업	• 문제를 푸는 작업
• 형태적 해답 이전의 이론적 작업	• 형태 위주의 작업
• 평면적(2차원적 공간)	• 입면적(3차원적 공간)
• 개념적, 추상적	• 구체적, 세부적

3. POE(거주 후 평가, Post Occupancy Evaluation)

(1) POE 개념

거주 후 평가란 건축물이 완공된 후 사용 중인 건축물이 본래의 기능을 제대로 수행하고 있는지의 여부를 인터뷰, 현지답사, 관찰 및 기타 방법들을 이용하여 거주 후 사용자들의 반응을 진단, 연구하는 과정을 말한다.

(2) 필요성

처음의 의도대로 건물이 완성되었는지, 사용자의 요구를 잘못 파악하여 사용자에게 불편을 초래하지 않는지를 알 수가 없다. 그러므로 사용 중인 건물을 평가하게 되면 다음번 디자인에 도움을 줄 수 있으며, 또한 후에 건물을 개조할 때 좋은 지침이 된다.

(3) 목적

① 유사건물의 건축계획에 직접적인 지침이 된다.
② 앞으로의 건축계획 및 평가에 필요한 정보를 제공한다.

(4) 평가요소

① **환경장치** : 거주 후 평가의 직접적인 대상이 되는 물리적 환경
② **사용자** : 건축환경과 인간의 요구와의 상호관계를 평가하기 위한 실제 사용자 그룹
③ **주변환경** : 그 지역의 기후, 공기 오염도, 교통, 하수도, 문화시설 등 환경장치에 영향을 미치는 주변의 맥락

핵심문제　●○○

건축설계과정 중 계획조건의 분석 대상과 관계가 가장 적은 것은?
❶ 건물의 형태
② 건물의 용도
③ 사용자의 요구
④ 규모 및 예산

해설
① 건물의 형태는 설계단계에서의 분석 대상이다.

핵심문제　●●●

거주 후 평가에 대한 설명 중 가장 부적당한 것은?
① 사용 중인 건물을 평가함으로써, 유사한 건물의 설계에 유용한 정보를 제공한다.
② 앞으로 건설될 건축물의 계획 및 평가에 필요한 이론을 발전시킨다.
③ 건물사용자의 만족도를 측정하여 건물성능 개선에 활용할 수 있다.
❹ 건축설계과정에서 의사결정의 중요한 단계이며 사용자 참여의 한 방법이다.

해설
POE(거주 후 평가) : 사후평가적 설계 방법이다.

》》 POE(거주 후 평가)

건물을 사용해 본 후 평가
① 현재 거주자들의 거주 경향 파악
② 향후 유사용도의 설계에 적용
③ 평가결과를 조건파악으로 환류
④ 질적 측면 강화
⑤ 새로운 디자인 기준으로 제공

④ 디자인 활동 : 건축주, 사용자, 재정가, 전문위원, 공무원 등 여러 사람들이 디자인 작업에 참여하여 그들의 가치, 태도, 선호도 등을 과정에 반영한다.

4. 건축계획 조사방법

(1) 문헌조사법

비용과 시간이 최소로 소요되는것, 가장 많이 사용되며 문헌 자체의 오류와 한계를 고려

(2) 면담법

① 회답의 신뢰도 확인이 가능하며, 보충 설명 또한 가능하다.
② 그러나 시간 및 기간 등 조사 경비가 상당히 필요하며, 목적에 따라 면담할 대상자를 사전에 선정해야 할 경우 등 응답자에 대한 선정이 고려되어야 한다.

(3) 관찰법

관찰법은 인간의 행태에 대한 연구에 주로 사용되는 방법(관찰해석의 객관성이 필요)

(4) 설문지법

설문지는 적절한 문구와 이해하기 쉬운 단어 및 문장으로 구성되어야 하며, 또한 응답자 역시 기초적인 문장의 이해 능력을 갖춰야 한다.(고도의 설문지 작성 기법 필요)

(5) 실험법

실험법은 구조재료나 인간의 행태반응 특성을 조사하는 것에 유효하다.(일반적인 방법은 아니고 특수한 문제의 해결법으로 활용된다.)

(6) SD(Semantic Differential, 의미 분별)

이극성(Bipolar)을 지닌 언어에 의해 구성되며, 이를 통계적으로 분석하면 공간을 적절하게 평가할 수 있는 자료가 된다.
예 추하다(−3)~아름답다(+3)

(7) Factor Analysis(요인 분석법)

여러 변인 간의 상호관계를 통해 공통의 변량을 구한다.
측정치의 중복성을 찾아 몇 개의 기본 변인군을 추출해내는 계획 조사 기법이다.

핵심문제

건축설계 과정의 조사분석법 중 관찰기법(Observation Techniques)으로 타당한 것은?
❶ 행태도 작성(Behavior Mapping)
② 인터뷰(Interview)
③ 자료 일지(Data Logs)
④ 선호 매트릭스(Preference Matrix)

해설 관찰법
• 직접관찰
• 추적관찰
• 이용자 참여관찰
• 기구이용 관찰
• 행태도 작성 등이 있다.

핵심예제

계획 조사 방법 중 그에 해당하지 않는 것은?
① 이미지 맵(Image Map)
② 요인 분석(Factor Analysis)
❸ 패턴 랭귀지(Pattern Language)
④ 시멘틱 디퍼렌셜(Semantic Differential)

해설
③ 패턴 랭귀지 : 조형언어의 일종

(8) POE(거주 후 평가)

완성된 건물의 사용자에 대한 반응을 조사하여 당초 설계한 본래의 요구 기능이 충족되어 수행되는지를 평가

(9) Image Map

공간의 상징적 이미지를 부여하는 건축 구조물, 자연경관 등의 위치와 그 특성에 대한 현황 또는 계획 내용을 이미지 지도에 개념적으로 표현한 것

5. 건축설계과정

(1) 프로그래밍(Programming) : 문제의 규명

건축 프로그래밍은 건축물 설계과정의 지침이 되고, 건축물 계획에 관련된 필요 정보와 의사 결정 사항들을 체계화하도록 도우며, 설계과정 중 건축주와의 이견 조정을 위한 기초를 제공하게 된다.
① 건축물 설계 과정 지침
② 건축물 계획에 관련된 필요 정보와 의사 결정 사항들을 체계화하도록 도움
③ 설계 과정 중 건축주와의 이견 조정을 위한 기초를 제공
④ 건축 프로그래밍은 문제의 탐구 과정이며 분석의 과정
⑤ 건축 프로그래밍의 작업 과정상 스페이스 프로그래밍이 포함

(2) 플래닝(창조적 개념 형성)

① 창조적인 개념을 형성하기 위한 과정
② 관념, 아이디어, 개념, 시나리오의 순으로 점차 복잡해지고 정교해짐
③ 디자이너의 사고가 깊어지는 과정을 통해 하나의 총체적인 개념으로 통합

(3) 디자이닝(계획 설계, 최적안 제시)

건축가가 표현과 전달의 요체에 대해서 결정한 다음 건물 형태의 선택과 조작에 의해 정확한 의미가 전달될 수 있도록 하는 단계를 지칭한다.
① 계획 설계 단계 : 개념의 구상을 구체화하여 배치 및 건물 계획안을 작성하고, 설비, 구조, 전기 등 관련 분야 협력자와 업무 범위를 협의 조정하며, 심의 관련 내용을 검토하고, 자료를 준비한다.
② 기본 설계 단계 : 건축 인허가를 위한 도서를 작성하고 실시 설계의 지침 기준을 마련하며, 건축주와의 협의를 거쳐 도면을 확정한다.

》》 프로그래밍

건축계획의 객관성과 이용자에게 쾌적감을 주기 위한 작업으로 과학적, 합리적인 계획단계의 작업이다.

핵심문제

건축설계과정을 프로그래밍 과정과 디자인 과정으로 나누어 생각할 때 프로그래밍 과정에서의 작업이 아닌 것은 다음 중 어느 것인가?
① 요구공간 목록의 작성
② 대지 분석
❸ 설계 개념의 전개
④ 사례 조사

해설
③은 개념의 구상을 구체화하는 디자인 과정이다.

③ 실시 설계 단계 : 기본 설계 도서를 기초로 건축물의 허가 신청 및 시공에 필요한 설계도서 및 문서를 작성하여 공사 시공자가 공사비의 내역서를 작성하는 데 필요한 정보를 제공하고 설계 업무를 종결한다.

(4) 평가

6. 설계방법의 유형과 특징

(1) 검은 상자(Black Box)법
① 건축가의 직관을 중심으로 행해지는 방법이다.
② 건축가의 머리 속에서만 설계과정 결과가 설정되어 있으며, 건축가의 아이디어 근거나 전개의 당위성을 타인이 알 수 없는 상태로 진행되는 방법이다.

(2) 유리 상자(Glass Box)형
① 계획설계 과정이 비교적 명확하게 진행되는 방법이다.
② 계획 및 설계의 모든 진행과정을 타인이 알 수 있도록 전개하는 방법이다.(신뢰성을 부여받을 수 있는 방법)

(3) 네트워크(Network)형
① 문제해결을 위해 요구조건에 따라 연쇄적으로 찾아나감으로써 해답을 얻는 종적인 진행 방법이다.
② 각 과정마다 결과와 연계성이 결여되면 오류를 범할 수도 있다.

(4) 매트릭스(Matrix)형
① 격자 형태와 같이 서로 연계시켜 조건의 범위 내에서 해답을 구하는 방법이다.
② 조건설정이 정확하지 않으면 결과가 잘못될 수 있고, 조건의 범위가 명확하지 않으면 중복된 해석을 행할 수 있다.

(5) 체계적 프로세스(Systematic Process)형
계획설계의 각 과정별 결과를 순차적·연속적으로 발전시켜 완성해 나가는 방법이다.(신뢰도를 증대시킬 수 있다.)

SECTION 02 건축설계 수법의 종류

1. 융통성(Flexibility)의 수법

Flexibility란 가변성, 융통성을 의미하는 것으로 공간변화의 요구에 대응할 수 있는 개념

(1) 내부 변경
① 사전에 예측 가능한 변화는 내부의 변경을 전제로 한다.
② 변화에 대응하는 가장 손쉬운 방법

(2) 유니버설 스페이스(Universal Space)
① 가동가구(可動家具)로 자유로운 공간 분할이 가능(가족간의 프라이버시 유지가 곤란)
② 다목적 이용을 가능하게 하는 무한정 공간이다.

(3) 그리드 플랜(Grid Plan)
① 기준 치수로 한 격자 위에 간벽을 간단히 이동
② Grid Pattern으로 인한 공간의 균질화

(4) 모듈러 플랜(Modular Plan)
① 그리드 플랜을 더욱 규격화하여 조명, 흡출구, 배기구, 스프링클러, 전화 등 각종 설비시스템을 균등하게 배치하는 것이다.
② 임의의 격자모양과 간벽설치가 용이하다.

(5) 코어 시스템(Core System)
가변부분, 고정 부분 또는 설비 부분과 기타 부분으로 나누어 각 변화의 성질에 맞게 대응 방법을 시스템화 한 것

(6) 인터스티셜 스페이스(Interstitial Space)
설비에 가변성을 부여하기 위한 것으로 각 설비의 요구를 평면상 임의의 장소에 둘 수 있도록 평면적으로 자유도가 높은 장(長) 스팬 구조의 이점을 이용한다.

>>> **Flexibility 증대 사례**

① 작은 것보다 큰 것
② 복잡한 것보다 단순하고 보편적인 것
③ 고정식보다 이동식
④ 벽구조보다는 라멘체 공간 구성

핵심문제

공동주택의 거주자는 다양한 가족 구성을 가진 가구로 이루어져 있다는 점을 감안할 때, 단위주호계획에서 우선적으로 고려해야 할 사항은 다음 중 어느 것인가?

❶ 거실공간의 융통성 증대
② 침실의 독립성 증대
③ 수납공간의 증대
④ 침실면적의 증대

해설 융통성(Flexibility)
공간변화의 요구에 대응할 수 있는 개념

2. 확장성(Expansibility)의 수법

(1) 분할형
① 장래 계획이 분명한 경우 전체 계획을 분할하여 1차, 2차로 나누어 하는 공사
② 반드시 Master Plan에 의한 계획이 요구되며, 설비 공동 시설을 집중화하려면 선투자가 필요하다.

(2) 프리엔드(Free End)형
① 증축 예정을 고려한 방법으로서 증축 이음새의 보 형태, 슬래브 형태를 증축에 적합하게 계획한다.
② 평면 구성은 증축 후의 평면 시스템에 지장이 없도록 고려한다.

(3) 연결형
필요에 따라 새롭게 독립한 시설을 연결해 나가는 방식(복잡한 기능의 건축물에는 부적당하다.)

(4) 증축형
계획에서 우선 중심이 되는 핵을 두고 필요시설을 첨가하던가 제거하던가 하는 방식

SECTION 03 건축의 요소

핵심문제

건축의 3대 구성요소에 관한 설명으로서 가장 부적당한 것은?
① 3대 구성요소는 미(Esthetic), 기능(Function), 구조(Structure) 이다.
❷ 미가 기능보다 우선되어야 하고 기능은 구조보다 우선되어야 한다.
③ 구조는 자연법칙에 가장 잘 적응하도록 만드는 것을 의미한다.
④ 기능은 사용목적의 적합성여부, 미는 형태와 색채 등의 만족유무를 의미한다.

1. 건축의 3대 요소 및 동선의 3요소

(1) 건축의 3대 요소(기능>구조>미)

① 고대 로마의 비트루비우스가 「건축10서」(BC 25)에서 건축이 추구하는 기본 목표를 편리성·견실성·우미성이라고 한 이래 가장 보편화된 건축의 3요소 는 Firmitas(구조), Utilitas(기능), Venustas(미)로 함축된다.
Symmetria(Symmetry)는 대칭 또는 균형미란 의미로서 미(Venustas)를 구성하는 조형원리로 이해될 수 있다.
② 현대적인 의미에서의 건축의 3대요소는 기능·구조·형태로 정의하고 있다.(네르비, 이탈리아, 1891~1979년)

1) 기능

① Form Follows Function '형태는 기능을 따른다'(설리반)
② 도시 및 지역적 측면의 기능 : 지역에 미치는 영향, 건물의 주변환경
③ 평면상의 기능 : 소요실의 수와 넓이, 위치에 따른 상호 관련성
④ 동선상의 기능 : 복도, 계단, EV 등의 위치, 수, 치수, 용량
⑤ 단면상의 기능 : 층고, 천장높이, 설비공간, 안정성
⑥ 설비상의 기능 : 냉·난방방식, 환기, 전기, 조명, 위생설비 등의 위치와 수
⑦ 구조상의 기능 : 기둥, 보, 내력벽 등의 위치, 간격, 치수
⑧ 재해 대비상의 기능 : 피난, 소화, 방화구획 등의 위치와 크기

2) 구조

① 안정성에 기초한 기능·미와의 균형과 조화
② 구조 분류(조적, 가구, 일체, 입체, 막)

3) 미

① 디자인 요소(Factor) : 점, 선, 면, 형, 색채, 질감, 크기 등
② 디자인 원리(Principle) : 조화(Harmony), 대비(Contrast), 비례(Proportion), 균제(Symmetry), 균형(Balance), 율동(Rhythm), 점이(Gradation), 반복(Repetition), 통일(Unity)

(2) 동선

1) 개념

사람, 차량, 정보 또는 물건의 움직임을 표시하는 선으로 공간 계획상 합리적으로 대응하기 위한 시설 배치, 통로 설치 관계, 실 구획 및 통합, 실 변경 등을 검토한다.

2) 동선계획의 원칙

① 단순 명쾌할 것
② 빈도가 높은 동선은 짧게 할 것
③ 서로 다른 종류의 동선은 분리할 것
④ 필요 이상의 교차 동선을 피할 것
⑤ 서로 다른 영역권에 대한 독립성을 유지할 것
⑥ 이동행위 이외의 추가행위 공간도 확보할 것

3) 동선의 3요소

속도, 빈도, 하중(밀도 개념으로 길이·빈도·교차성의 총합적 개념)

>>> **현대건축의 요구사항**

① 건축계획의 3대 요소

구조	건물에 적당한 튼튼한 구조
기능	건물의 사용상 편리
미	건물의 외적 표현

② 사상 : 건축가로서의 개성
③ 과학적·경제적 분석
④ 주위환경에 대한 고려
⑤ 정서
⑥ 기술적 협동
⑦ 도시계획적 검토와 미래 지향적

핵심문제

VITRUVIUS가 주장한 건축의 3대 구성요소를 중요도가 높은 순서대로 조합한 것은?
① 미(美)+구조+기능
❷ 기능+구조+미
③ 구조+기능+미
④ 기능+미+구조

해설
비트루비우스는 건축10서에서 건축이 추구하는 기본목표를 편리, 견실, 우미성으로 하였으며 이는 기능>구조>미에 해당된다.

4) 동선의 주체

사용자(사람, 차량), 정보, 물질

SECTION 04 모듈과 MC설계

건축공간 스케일(Scale)

① 물리적 스케일 : 인간이나 물체의 크기 등에 따라 결정(출입구)
② 생리적 스케일 : 실공간의 소요 환기량 (창문의 크기)
③ 심리적 스케일 : 압박감 등의 심리와 공감의 크기 등(천장높이)

핵심문제 ●●○

건축 구조체 또는 공간의 상대적인 크기를 뜻하는 것은 어느 것인가?
❶ 스케일 ② 비례
③ 균형   ④ 대칭

[해설] 스케일(Scale)
물체의 크기와 인체의 관계, 그리고 물체 상호 간의 관계를 말한다.

핵심문제 ●●●

다음 중 모듈을 인체척도에 연결시킨 건축가는?
❶ 르 코르뷔지에
② 발터 그로피우스
③ 미스 반 데어 로에
④ 프랭크 로이드 라이트

[해설] 르 코르뷔지에의 모듈러
인체의 (수직)치수를 기본으로 해서 황금비를 적용(독자적인 모듈 사용)

1. 모듈(Module)

모듈이란 척도, 기준 치수, 건축생산 수단의 기준 치수의 집성을 말한다.

2. 모듈의 종류

(1) 기본모듈

기준척도 10cm를 1M으로 표시한다.

(2) 복합모듈

기본모듈 1M의 배수가 되는 모듈이다.

✎ 2M = 20cm : 건물의 높이 방향의 기준배수
　 3M = 30cm : 건물의 수평 방향의 기준배수

(3) 기타

① 등차수열적인 것 : 작은 단위를 사용하는 데 편리
② 등비수열적인 것 : 면적이나 공간의 표준화에 편리
③ 등차 · 등비 수열을 복합시킨 것 : 건축용으로 우수

(4) 르 코르뷔지에(Le Corbusier)의 모듈러

1930년대에 인체에 비례관계를 연구하는 중 고대 그리스의 황금비에 관심을 갖고 근 20년에 걸쳐 Moduler를 발전시키고 시험했다.

① 인체의 치수를 기본으로 해서 황금비(1 : 1.618)를 적용
② 신장 183cm의 인체와 손을 올렸을 때 226cm의 인체에 대하여 적용
③ 복합모듈러 : 등비 · 등차수열의 비를 복합적으로 나타내고 있다.
④ 미학적 원리라기 보다는 경제적인 공업 생산을 목적으로 하였다.

3. 모듈의 사용방법

① 모든 치수는 1M(10cm)의 배수가 되게 한다.
② 건물의 높이는 2M(20cm)의 배수가 되게 한다.
③ 건물의 수평치수는 3M(30cm)의 배수가 되게 한다.

④ 모든 모듈상의 치수는 공칭치수(줄눈과 줄눈 간의 중심거리)를 말한다.

- 공칭 치수 = 줄눈 중심 간의 길이
- 공칭 치수 = 제품치수 + 줄눈두께
- 제품 치수 = 공칭치수 – 줄눈두께
- 창호 치수 = 문틀과 벽 사이의 줄눈 중심 간 치수
- 조립식 건물 = 각 조립부재의 줄눈 중심 간 거리
- 라멘조 건물 = 층 높이, 기둥 중심 간 거리

4. 건축 척도의 조정(MC : Modular Coordination)

MC란 구성재의 크기를 정하기 위한 치수의 조정을 말한다.(건축물과 각 부 구성 재 치수를 합리적으로 사용)

(1) 기본사항

- 우리나라의 지역성을 최대한 고려한다.
- 건물의 종류에 따라 그 성격에 맞추어 계획모듈을 정한다.
- 가능한 한 국제 MC의 합의사항에 맞도록 한다.
- MC화 되더라도 설계의 자유도를 높이도록 한다.

(2) MC의 장단점

장점	단점
• 대량생산가능(공장화) • 공사기간 단축(조립화) • 설계작업과 시공이 간편 • 연중공사 가능(건식화) • 재료규격의 표준화	• 융통성이 없다. • 인간성, 창조성 상실 우려 • 배색에 신중을 기해야 한다. (동일한 집단)

5. 건축의 공장생산화(Prefabrication)

건축의 각 부분을 공장 제품으로 대량 생산하여 현장에서 조립함으로써 공기를 단축시켜 짧은 기간 동안에 건축물을 대량 생산하는 데 그 목적이 있다.

>>> MC

① 절단에 의해 재료낭비 줄임
② 제품 상호 교환 가능
③ 공업화를 위한 선행 조건

핵심문제

공업화 건축구조에 관한 기술 중 옳지 않은 것은?
① 접합부의 처리가 어렵다.
② 선행조건으로서 설계치의 모듈화가 이루어져야 한다.
③ 획일적이며 다양성의 문제가 제기된다.
❹ 공급지역에 제한이 거의 없다.

해설
운송거리가 너무 길면 비경제적이 된다.
(적정수송거리는 50~100km)

>>> 공장화(Prefabrication)

① 품질 향상
② 공기 단축
③ 단가 저렴

SECTION 05 건축의 지각 및 형태구성 원리

1. 건축의 지각원리

(1) 지각

>>> 지각의 과정

자극 → 지각 → 인지 → 태도 → 반응

지각	인체의 감각기관을 통해 현존하는 환경의 자극에 대한 정보를 감지하여 받아 들이는 과정
인지	이러한 정보를 저장, 조직, 재편성, 추출하는 과정
반응	환경의 자극 내용이 지각과 인지를 통하여 지식으로 체계화되었을 때 그 대상이 우호적인가 그렇지 않은가의 선호도 또는 만족도로 표현되는 것이 인간의 태도(Attitude)이며 그것의 표출

(2) 지각의 항상성

>>> 착시(Illusion)

1. 지각의 항상성과 반대되는 현상으로 원자극을 왜곡해서 지각하는 것(도형이나 색채에 발생하는 착오)
2. 종류
   ① 각도의 착시
   ② 분할의 착시
   ③ 대소의 착시
   ④ 만곡의 착시
   ⑤ 동심원 착시
   ⑥ 수직, 수평의 착시

사람들이 매순간 물체로부터 받는 감각 정보들이 변함에도 불구하고 물체가 안정된 특성을 항상 지니고 있는 것으로 지각하는 현상이다.

크기의 항상성	대상이 위치한 거리에 상관없이 그 크기가 같다고 인지하는 경향
모양의 항상성	대상이 경사진 위치에 있든 그렇지 않든, 관찰자의 시각방향에 상관없이 같은 모양을 가진다는 것으로 인지하는 경향
색조의 항상성	광원으로부터 대상에 떨어지는 빛, 즉 조도의 변화에도 불구하고 물체 표면의 색을 회색, 흰색 또는 검은색으로 같게 보는 현상
색채의 항상성	어떤 물체가 주변의 조명조건에 상관없이 같은 색깔을 가지고 있다고 보는 경향

(3) 지각 체제화의 원리 – 게슈탈트(Gestalt)의 4법칙

>>> 뮐러–라이어 착시

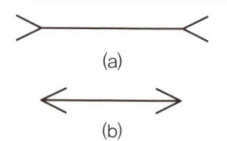

• (a)가 (b)보다 길게 보인다.

① 개념
지각체제화란 자료를 그 자체로 받아들이는 것이 아니라 좋은 형태를 이루는 방향으로 지각되어진다는 이론이다. 즉, 사물의 추상적인 형태를 뜻하는 대상 자체를 의미한다.

② 4법칙

>>> 게슈탈트 법칙

① 공통분모가 되는 원리를 찾아내는 작업
② 최대 질서의 법칙
③ 역동적·역학적

접근성 (Proximity)	• 가까이에 있는 시각 요소들은 패턴 또는 그룹으로 인식될 가능성이 높다는 성질 • 접근성이 클수록 면으로 인식되는 경향이 커진다.
유사성 (Similarity)	형태, 규모, 색채, 질감 등이 유사한 시각적 요소일수록 연관되어 보이는 성질
연속성 (Continuity)	• 유사한 배열의 묶음이 하나의 사물로 보이는 성질 • 영국 국기는 +와 ×자의 연속성의 성향을 볼 수 있는 예이다.
폐쇄성 (Closedness)	감각 자료로부터 얻어진 형태가 완전한 형태를 이룰 수 있는 방향으로 체계화가 이루어진다는 성질

2. 건축의 형태구성 원리

(1) 대칭
① 가장 중요한 고전 건축의 원리
② 기본적인 대칭의 종류는 반사대칭, 이동대칭, 회전대칭 등이 있다.

(2) 비례
① 전체와 부분 및 부분과 부분 간의 비례를 의미하는데, 물리적 크기의 기하학적 개념을 나타낸다.
② 건축에서의 선, 면, 공간 사이에서 상호 간의 양적 관계

(3) 균형
균형은 인간의 주의력에 의해 감지되는 시각적 무게의 평형을 뜻한다.

(4) 강조
디자인의 몇 부분에 주어지는 강도를 의미하여 어떤 중량감 또는 지배적 시각으로 평가된다.

(5) 리듬
① 규칙적인 요소들의 반복으로 나타나는 통제된 운동감으로, 공간이나 형태의 구성을 조직하고 반영하여 시각적으로 디자인에 질서를 부여한다.
② 반복, 교체, 점진, 대조를 통해 얻을 수 있다.

(6) 조화
조화는 둘 이상의 요소, 선, 면, 형태, 공간, 재질, 색채 등 서로 다른 성질이 잘 결합될 때 상호 관계에 대한 미적인 현상을 발생시키는 것이다.

(7) 통일
디자인 객체에 미적 질서를 주는 기본원리로 모든 형식의 출발점이며 구심점이다.

(8) 질감
물체를 만져보지 않고 눈으로만 보아도 그 표면의 상태를 알 수 있는 것이다.

핵심문제

건축의 형태구성 원리에 대한 다음 설명 중 부적당한 것은?
① 비례는 건축에서의 선·면·공간 사이에서 상호 간의 양적인 관계를 말한다.
② 균형은 구성체의 부분들이 서로 평형을 유지하는 상태를 말하는 것으로, 비대칭의 기법을 통하면 역동적인 구성이 이루어진다.
③ 질감은 물체를 만져보지 않고 눈으로만 보아도 그 표면의 상태를 알 수 있는 것을 말한다.
❹ 조화는 부분과 부분 사이에 시각적으로 강한 힘과 약한 힘이 규칙적으로 연속되는 것을 말한다.

해설
조화는 전체적인 조립방법이 모순 없이 질서를 잡는 것

출제예상문제

01 모듈을 인체 척도에 관련시킨 건축가는?

① 프랭크 로이드 라이트(F. L. Wright)
② 미스 반 데어 로에(Mies Van Der Rohe)
③ 발터 그로피우스(Walter Gropius)
④ 르 코르뷔지에(Le Corbusier)

해설
Le Modular(르 모듈러)
르 코르뷔지에가 제창 정수비, 황금비를 종합하여 인체 각 부위의 비례에 바탕을 둔 치수계열 Modular라는 설계단위를 설정하고 실천(형태 비례에 대한 학설) 작품 : UN 빌딩, 론샹 교회당

02 거주 후 평가에 대한 개념 중 옳지 않은 것은?

① 건축가의 직관과 경험에 의한 평가 방법
② 건축디자인에 대한 체계적 디자인 방법론의 하나
③ 현재 진행 중인 디자인에 대해서도 환류(Feed-back)를 통해 지침으로 사용 가능
④ 건물이 사용자의 요구에 부응하는지에 대한 평가

해설
POE
POE는 건축물을 사용해 본 후에 평가하는 것으로 체계적인 디자인 방법론 중의 하나이다.

03 다음 건축 모듈에 관한 기술 중 부적합한 것은 어느 것인가?

① 모든 모듈은 인간 척도에 맞추어 채택함이 좋다.
② 치수의 수직, 수평관계가 황금비를 이루도록 하는 것이다.
③ 양산과 공업화의 목적을 위해 쓰인다.
④ 복합모듈은 기본모듈의 배수로서 정해진다.

해설
치수의 수직(2M), 수평(3M) 관계가 정수 비가 되도록 한다.

04 건축 모듈에 관한 것 중 틀린 것은?

① 기본 모듈은 1M
② 수평 방향 계획 모듈은 2M
③ 건물의 종류에 따라 성격에 맞추어 계획 모듈 설정
④ 건축 자재, 공간 설계, 전반적인 치수 조정의 기본 단위

해설
수평방향은 3M, 수직방향은 2M

05 일반적으로 마스터 플랜(Master Plan)에 속하지 않는 것은?

① 각 건물의 배치계획
② 각 건물의 규모 산정
③ 각 건물의 난방 기계 위치선정
④ 각 건물의 주 출입구 위치선정

해설
마스터 플랜(기본계획, 종합계획)
계획하려는 단지의 환경분석과 설계기법을 고려하여 각 건물의 배치계획, 규모계획, 동선계획 등 기본방향을 수립하기 위한 계획으로 구체적인 계획이 전제이다.

정답 01 ④ 02 ① 03 ② 04 ② 05 ③

06 척도 조정(Modular Coordination)의 목적 중 부적당한 것은?

① 건축 구성재의 수송이나 취급이 편리해진다.
② 건축 구성재의 대량 생산이 용이해지고, 생산 비용이 낮아질 수 있다.
③ 현장 작업이 단순하므로 공사 기간이 단축될 수 있다.
④ 건축물의 개구부 치수를 통일하기 위해서이다.

해설
건축물의 개구부 치수통일은 척도조정과 무관하다.

07 건축의 모듈러 코디네이션(Modular Coordination)에 관한 설명 중 틀린 것은?

① 건축의 공업화를 위한 선행조건이 된다.
② 절단에 의한 재료의 낭비를 줄인다.
③ 다른 부품과의 호환성을 제공한다.
④ 건물의 내구성능을 높인다.

해설
치수조정(척도조정)
㉠ 모듈로서 건축부품 또는 건축물과 건축 각 부분의 치수 조정을 해나가는 것을 말한다.
㉡ 치수 조정의 목적
 • 건축 산업의 합리화, 표준화가 가능
 • 대량 생산의 가능으로 생산 단가를 저렴화할 수 있다.
 • 설계 작업의 단순화 또는 설계 시 전체적인 비례 맞추기가 용이하다.
 • 현장 작업의 용이 및 공기의 단축 효과가 있다.
 • 형태적으로 획일화되고 건축 배색이 어려운 점이 있다.
※ 건물의 내구성능과는 무관하다.

08 주택설계에서 모듈설정의 이점이 아닌 것은?

① 건축구성재의 대량생산이 용이해지고 생산비용이 낮아진다.
② 현장작업은 복잡해지나 공사기간이 단축될 수 있다.
③ 설계작업이 단순화되고 용이하다.
④ 건축물에 미적 질서를 갖게 할 수 있다.

해설
MC설계
건축 척도 조정의 이점은 현장작업의 단순화와 공기의 단축에 있다.

09 건축 계획 시 적정 규모의 산정 방식 중 틀린 것은?

① 영리 시설과 공공시설 간에는 각기 다른 적정 기준값을 적용한다.
② 건물 이용자의 측면에서 항상 여유있는 규모를 확보한다.
③ 사용자수와 소요 규모의 관계는 사례 조사 방법과 치수 적용 방법을 통 하여 예측한다.
④ 면적은 주로 1인당의 m²로 나타내고 있으나, 역으로 단위 면적당의 수용 인원으로 표시하기도 한다.

해설
이용자의 충족도와 이용 효율을 감안하여 산정한다.

10 모듈러 시스템의 필요성이 가장 큰 건물은 어느 것인가?

① 도서관　　② 극장
③ 병원　　　④ 은행

해설
모듈러 시스템
도서관 서고와 서가(책상배치, 책꽂이) 계획 시 모듈러 시스템을 많이 이용한다.

11 건축의 공업화와 가장 관련이 적은 것은?

① 생산의 연속성　　② 생산물의 표준화
③ 작업의 간소화　　④ 공사의 고도 조직화

해설
조직의 단순화

정답　06 ④　07 ④　08 ②　09 ②　10 ①　11 ④

12 공업화 건축을 나타내는 용어가 아닌 것은?

① 시스템 건축 ② 카탈로그 건축
③ 프리패브 건축 ④ 인텔리전트 빌딩

> **해설**
>
> **정보화(Intelligent) 빌딩**
> 고도의 정보통신 기능이나 사무실을 쾌적하게 하는 자동제어 시스템을 갖춘 빌딩.(구성요소 : 정보통신(TC), 사무자동화(OA), 건물자동화(BA) 등)
>
> ※ **공업화 건축**
> 모듈설계, 표준화설계 그리고 카타록 설계 같은 설계기술을 적용하면 공사비를 절감할 수 있다.
> 설계의 치수계획에서 마감재 선정까지 구조모듈이나 표준공법을 적용하고 카다록에 의한 규격재를 적용함으로써 합리적으로 공사비를 절감할 수 있다.

13 건축 모듈화에 관한 사항으로서 옳지 못한 것은?

① 공기(工期) 단축으로 공사비 절감이 가능하다.
② 모듈상 단위 제품치수는 공칭치수에서 줄눈 두께를 감한 것이다.
③ 창호의 모듈 치수는 문틀 간의 거리이다.
④ 고층 라멘 건물은 층 높이, 기둥 중심거리가 모듈에 일치해야 한다.

> **해설**
>
> 창호의 치수는 문틀과 벽 사이의 줄눈 중 심 간의 거리가 모듈치수에 일치하여야 한다.

14 모듈에 관한 사항 중 옳지 않은 것은?

① 전체적인 비례를 맞추기 위한 설계 단위가 모듈이다.
② 다다미(일본)는 3자×6자 모듈로서 평면 설계에만 활용된다.
③ 모듈 활용으로 표준화, 다량 생산이 가능하다.
④ 오피스 빌딩의 모듈은 작업 책상 단위, 병실의 모듈은 환자 침대 규격

> **해설**
>
> 모듈은 구성재의 크기를 정하기 위한 치 수의 조직을 말한다.

15 MC에 관한 설명으로 잘못된 것은?

① MC를 잘 이용하면 칸막이벽을 규격화, 단일화하여 장래 이설이 불가능하다.
② 칸막이의 융통성을 중요시할 경우 M.C는 아주 편리하다.
③ 여러 구성부재가 규격화하여 Prefab의 새로운 방향과 일치한다.
④ 대규모 건물이나 동일시스템에 반복 사용하면 비용이 절감된다.

> **해설**
>
> 장래 이설이 가능하다.

16 다음의 치수 규정 요인 중 구축적 조건에 직접 영향을 미치는 것은?

① 행동적 조건
② 환경적 조건
③ 기술적 조건
④ 사회·경제적 조건

> **해설**
>
> **동작공간 치수를 규정하는 요인**
> - 행동적 조건 – 생활영위에 의해서 형성되는 기능적 조건
> - 환경적 조건 – 자연적, 인공적, 생리적, 심리적, 사회적으로 필요로 하는 환경조건
> - 기술적 조건 – 구성재의 생산과 운반 과 조립 등의 구축적 조건
> - 사회·경제적 조건 – 시설의 경영, 관 리, 건축비, 유지비 등의 조건

정답 12 ④ 13 ③ 14 ① 15 ① 16 ③

17 대지분석에 관한 설명 중 옳지 않은 것은?

① 기후분석은 건축물의 외피계획을 위한 것이다.
② 축에 대한 분석은 건축물의 조형적 형태계획을 위한 것이다.
③ 교통분석은 차도계획 및 주차공간계획을 위한 것이다.
④ 주변상황분석은 그 건축의 규모 및 용도 결정에 도움을 주기 위한 것이다.

> 해설
>
> **대지분석**
> 대지의 물리적 현상 및 규모, 지표면, 수리, 지질, 기상, 경관 따위의 자연조건과 인근 대지 및 주변의 상황, 공급 및 처리 조건, 법 규제 등의 사회적 조건을 분석하는 일이다.
> (건축의 규모 → 대지의 규모)

18 건축물 계획에 있어 모듈화 적용에 관한 설명 중 옳지 않은 것은?

① 모듈화의 목적 중 하나는 건축 부재의 공업화와 생산성 향상에 있다.
② 모듈 시스템으로 설계 시 자유도가 높아지며 자유로운 건축배색에 있어서도 용이해진다.
③ 고층 사무소, 학교, 공동주택 등은 모듈시스템을 도입하여 계획할 필요성이 높다.
④ 모든 모듈상의 제품치수는 공칭치수에서 줄눈 두께를 빼야 한다.

> 해설
>
> 동일한 형태가 집단을 이루므로 건물의 배치와 외관이 단순해지므로 배색에 신중을 기해야 한다.

19 건축계획에서 치수 조정의 이점이 아닌 것은?

① 설계의 작업이 단순해지고 간편하다.
② 동일한 형태가 집단을 이루므로 건축배색이 용이하다.
③ 대량생산이 용이하고 생산단가가 내려간다.
④ 현장작업이 단순해지고 공기가 단축된다.

> 해설
>
> 동일한 형태가 집단을 이루므로 건물의 배치와 외관이 단순해지며, 또한 배색에 신중을 기해야 한다.

20 도심지에서 건축 설계 시 가장 먼저 생각해야 할 것은 다음 중 어느 것인가?

① 평면기능 분석
② 건물외관
③ 대지 및 주위환경 분석
④ 구조계획

> 해설
>
> 기획 → 조건파악 → 기본계획 → 기본설계 → 실시설계 → 시공

21 다음 설명에서 스케일(Scale) 개념과 관계가 없는 것은?

① 머릿속에서 그린 이미지와 실물이 주는 이미지
② 주위 환경과 잘 맞는 크기의 개념
③ 설계되는 공간과 구성재에 관한 적정 치수와의 개념
④ 구성재 간 크기 비

> 해설
>
> **에스키스**
> 자료의 분석과 선택에서 비롯되어 설계자의 머릿속에서 이루어진 공간의 구상을 종이 위에 형상화하여 그린 다음 시각적으로 확인하는 것

정답 17 ④ 18 ② 19 ② 20 ③ 21 ①

CHAPTER 02

주택일반 및 단독주택

01 주택의 분류
02 주택설계의 새로운 방향
03 주생활 수준의 기준
04 주택의 조건파악 및 기본계획
05 평면계획
06 각 실의 세부계획
07 농촌주택

CHAPTER 02 주택일반 및 단독주택

SECTION 01 주택의 분류

>>> 실의 조합에 의한 분류

2L + DK ≒ 실의 수 4
↓ 분리 ↓
침실수 통합

• 침실 2 / 거실 1 / 식당, 부엌 통합 1

>>> 다세대와 다가구의 구분

다세대	각 세대가 하나의 건물 안에서 각각 독립된 주거생활을 영위
다가구	가구별로 별도의 방·부엌·화장실 구비(출입구 등 일부는 공유가능)

>>> 단독주택

공관, 다중주택, 다가구 주택

>>> 공동주택

① APT : 주택으로 쓰이는 층수가 5개 층 이상
② 연립 : 주택으로 쓰이는 층수가 4개 층 이하(연면적 660m² 초과)
③ 다세대 : 주택으로 쓰이는 층수가 4개 층 이하(연면적 660m² 이하)
④ 기숙사

>>> 지역에 따른 분류

① 도시주택
② 농·어촌 주택
③ 전원주택

>>> 코어(Core)형

① 평면적 : 유효면적 증대
② 구조적 : 내진벽(안전)
③ 설비적 : 건설비의 저렴화

>>> 주택에서의 코어형의 이점

설비적 코어

1. 기능, 목적에 의한 분류

① 전용 주택 : 주생활만을 위한 주택(순수한 주거)
② 병용 주택 : 주생활의 목적과 기타 직업 생활의 목적을 겸한 주택

2. 집합 형식에 의한 분류

① 독립(단독)주택 : 1호의 주택
② 공동주택 : 2호 이상의 주택

3. 평면 형식에 의한 분류

① 편복도형 : 각 실을 일렬로 배치하여 각 실의 한쪽면에 복도를 배치한 형식
② 중복도형 : 건물의 중간에 복도를 배치하고 그 양쪽면에 각 실을 배치한 형식
③ 회랑형 : 여러 실의 외측에 복도를 환상형으로 배치한 형식
④ 중앙홀형 : 복도를 설치하지 않고 공용의 홀로부터 각 실을 접속하는 형식
⑤ 중정형 : 건물의 내부에 중정을 두는 형식
⑥ 코어(Core)형 : 건축에서 평면, 구조, 설비의 관점에서 건물의 일부분이 어떤 집약된 형태로 존재하는 것을 의미한다.

• 평면적 코어 : 홀이나 계단 등을 건물의 중심적 위치에 집약하고 유효면적을 증대시키고자 하는 것
• 구조적 코어 : 건물의 일부에 내진벽 등을 집약, 배치하여 그 부분에서 건물 전체의 강도를 높이려는 것
• 설비적 코어 : 부엌, 욕실, 화장실 등 설비부분을 건물의 일부에 집약, 배치시켜 설비 관계 공사비를 감소시키려는 것

⑦ 일실형(One Room System)

- 주택 전체를 하나의 공간에 포함시켜 각 실을 독립된 구획공간으로 하지 않는 형식
- 실내부에 고도의 설비와 짜임새 있는 내용이 요구된다.

4. 입면형식에 의한 분류

① 단층형 : 1층 건물
② 중층형 : 2층 이상의 건물
③ 취발형 : 동일 건물 내에서 일부는 단층이고, 일부는 중층인 형식
④ 스킵 플로어 형(Skip Floor Type)

- 대지가 경사지일 경우 실의 바닥높이가 계단 참 정도의 차이가 생겨 전면(지반이 낮은 부분)은 중층이 되고 후면(지반이 높은 부분)은 단층이 되는 형식
- 대지자체에 경사가 있거나 공간의 분위기에 변화를 주기 위해 많이 사용

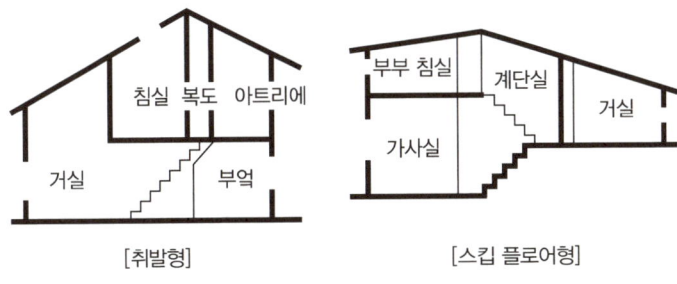

[취발형]   [스킵 플로어형]

⑤ 필로티형 : 1층(기둥만의 개방적 공간), 2층 이상(실을 설치)

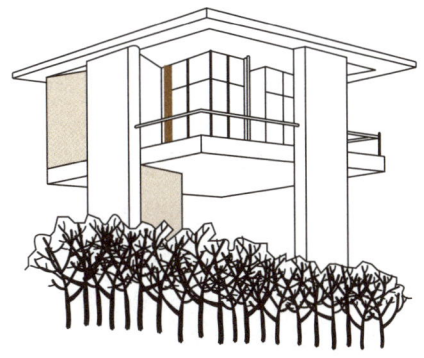

[필로티형]

핵심예제

남면 경사의 구릉지에 주택 계획 시 남면의 일사를 받는 수열부분의 비율을 크게하면서 벽체 표면적을 작게 할 수 있는 입면 형식은?
① 단층형
② 중층형
❸ 스킵 플로어형
④ 필로티형

≫ 스킵 플로어형

절토 · 성토를 하지 아니하고 경사지를 이용하기에 가장 적합한 형식

5. 주거양식에 의한 분류

>>> **한식주택**

은폐적, 분산식, 다용도

>>> **양식주택**

개방적, 집중식, 단일용도

분류	한식 주택	양식 주택
평면의 차이	방의 위치별 분화(조합, 은폐적, 분산) 예) 안방, 건너방, 사랑방	방의 기능별 분화(분화, 개방적, 집중식) 예) 거실, 식당, 침실 등
구조의 차이	• 목조 가구식 • 바닥이 높고, 개구부가 크다. - 자연적 환경의 영향	• 벽돌 조적식 • 바닥이 낮고 개구부가 작다.
습관의 차이	좌식 생활 - 온돌, 탈화	입식 생활(의자식) - 침대, 착화
용도의 차이	방의 혼합용도 - 사용인에 따라 용도가 달라진다.	방의 단일 용도 - 침실, 공부방
가구의 차이	가구는 부차적 존재(가구와 관계 없이 각 소요실의 크기와 설비가 결정)	가구는 중요한 내용물(가구의 종류와 형에 따라 실의 크기와 폭의 비가 결정)
공간의 융통성	높음(실기능의 혼재)	낮음(실기능의 독립)
공간의 독립성	약함(문으로 구획)	강함(벽으로 구획)
난방방식	복사난방	대류난방

핵심문제 ●●●

한식 주택의 설명으로 적당하지 않은 것은?

① 바닥이 높으며 개구부가 크다.
❷ 방이 기능적으로 분화되어 있다.
③ 방의 다용도성이 있다.
④ 구조는 가구식이다.

[해설]
방의 기능별 분화는 양식주택의 설명이다.

핵심문제 ●●○

한식에서는 좌식의 특징을 양식에서는 입식의 특징을 갖고 있다. 차이가 발생하는 근본적인 원인은?

① 구조   ② 사용 연료
③ 습관   ❹ 난방법

[해설]
한식주택과 양식주택의 가장 근본적인 차이는 한식은 복사난방(온돌난방)을 사용하고 양식은 대류난방을 사용하는 것에서 오는 좌식과 입식의 차이이다.(난방방식으로 인해 좌식과 입식의 생활습관이 생김)

SECTION 02 주택설계의 새로운 방향

>>> **주택설계 시 가장 중요**

가사노동경감(주부의 동선 단축)

(1) 생활의 쾌적함 증대

건강하고 쾌적한 인간 본래의 생활을 되찾는 것이 요구된다.

(2) 가사노동의 경감(주부의 동선 단축)

① 필요 이상의 넓은 주거를 지양하여 청소 등의 노력을 절감할 것
② 평면에서의 주부의 동선이 단축되도록 할 것
③ 능률이 좋은 부엌시설이나 가사실을 갖출 것
④ 설비를 좋게 하고 되도록 기계화할 것

(3) 가족본위의 주거(가장 중심 → 주부 중심)

핵심문제 ●●○

주택 설계의 방향에 관한 설명 중 틀린 것은?

① 주부 중심으로 가사 노동을 절감시킨다.
② 생활의 쾌적성을 높이도록 한다.
❸ 좌식보다는 의자식으로 전용해야 한다.
④ 침식을 분리시킨다.

[해설]
좌식+입식(의자식)의 혼용

(4) 개인생활의 프라이버시(독립성) 확보

(5) 좌식 + 입식(의자식)의 혼용

SECTION 03 주생활 수준의 기준

주생활 수준의 기준은 1인당 주거 면적으로 나타내는데 이 때의 주거 면적은 주택 연면적에서 공용 부분을 제외한 순수 거주 면적을 말한다.(건축 연면적의 50~60% 정도)

(1) 1인당 점유 바닥면적(주거면적)
최소 $10m^2$, 표준 $16.5m^2$

(2) 각국의 기준
① UIOP(세계가족단체협회)의 Cologne의 기준 : $16m^2$/인
② 숑바르 드로브(Chombard de Lawve)의 기준
  - 병리 기준 : $8m^2$/인(거주자의 신체 및 건강에 나쁜 영향을 준다.)
  - 한계 기준 : $14m^2$/인(개인, 가족적인 거주의 융통성을 보장하지 못함)
  - 표준 기준 : $16m^2$/인(적극적으로 추천)
③ Frank Am Mein의 국제주거회의 : $15m^2$/인

>>> **현대건축의 요구사항**
① 1차적 욕구(육체적) : 생산, 식사, 휴식, 배설
② 2차적 욕구(정신적) : 교육, 사교, 오락, 단란

>>> **순수주거면적**
　　(연면적의 평균 55% 정도)
연면적 - 공용면적

핵심문제

5인 가족을 위한 주택 건축 총면적으로 가장 알맞는 것은?(단, 1인당 평균 주거면적은 $11m^2$로 함)
① $60m^2$　　② $80m^2$
❸ $100m^2$　　④ $120m^2$

해설
주거면적은 주택연면적의 평균 55%이므로,
주거면적(A) = 주택연면적(A) × 0.55
$11m^2 = A × 0.55$
$A = \dfrac{11}{0.55} = 20m^2$
5인이므로 $20m^2 × 5$인 = $100m^2$

SECTION 04 주택의 조건파악 및 기본계획

1. 입지 및 대지선정 조건

(1) 부지선정의 자연적 조건
① 일조와 통풍이 양호한 곳
② 전망이 좋고 공기가 신선한 곳
③ 지반이 견고하고 배수가 양호할 것
④ 조용하고 양호한 환경이 유지될 수 있는 곳
⑤ 부지의 형태 : 정형이 좋고, 정형에 가까운 구형(직사각형)이 이상적

⑥ 부지의 면적 : 건축면적의 3~5배 정도(보건 위생상)
⑦ 경사지에서의 구배 : 1/10정도가 적당

(2) 부지선정의 사회적 조건

① 교통이 편리해야 하며 통근 거리가 적당해야 한다.(간선 도로에 면하여 소음 및 매연, 진애 등 공해에 시달리는 곳은 피해야 함)
② 상하수도, 전기, 가스 등 도시의 제반 시설의 이용이 편리해야 한다.
③ 공공시설, 학교, 의료시설, 도서관, 공원 등의 이용이 편리해야 한다.
④ 슈퍼마켓이나 시장과의 거리가 가까워야 한다.
⑤ 법규적 조건에 적당한 곳이어야 한다.

2. 배치계획

(1) 인동간격

① 남북 간의 인동간격(D)
- 일조 : 동지 때를 기준으로 최소 4~6시간(이상적)

$$D = 2H$$

여기서, H : 건물의 높이
- 채광

② 동서 간(측면)의 인동간격(dx)
- 통풍 : 부지에 상풍향을 고려하여 여름에 시원하게 한다.
- 방화 : 연소방지상 일반적으로 최소 6m 이상 띄운다.

(2) 방위각(최적 방위대)

남향이 가장 좋고, 동쪽으로 18° 이내, 서쪽으로 16° 이내가 좋다.

(3) 장래 확장 고려

(4) 주접근로(Approach) 고려

(5) 옥외 가사 작업공간 고려

▶▶ **남북 간 인동간격의 영향 요소**

① 계절 : 겨울철 동지 때
② 방위각 : 정남향
③ 대지의 경사도에 따라 인동간격이 달라진다.

▶▶ **인동간격의 고려**

인동간격을 충분히 고려하여 일조·통풍·채광·방재·프라이버시를 검토한다.

SECTION 05 평면계획(주택설계 시 가장 기본이 되는 계획)

1. 공간의 구역부분(Zoning)

(1) 주행동에 의한 분류
① 주부의 생활 행동 : 요리, 세탁, 재봉, 유아목욕
② 주인의 생활 행동 : 생활, 휴식, 행동
③ 아동의 생활 행동 : 공부, 휴식

(2) 생활공간에 의한 분류
① 개인권 : 개인사용공간(침실, 노인실, 자녀실 등)
② 가사노동권 : 주부사용공간(주방, 가사실)
③ 사회권 : 가족 전체의 사용공간(거실, 식사실)

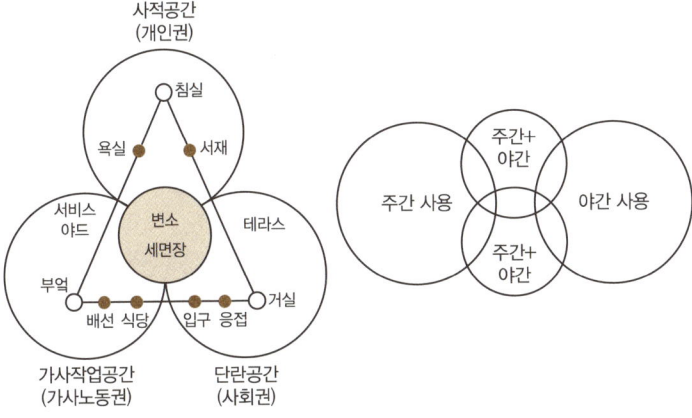

[생활공간의 분류]

(3) 사용 시간별 분류
① 낮에 사용하는 공간 : 거실, 식당, 부엌
② 밤에 사용하는 공간 : 침실
③ 낮+밤에 사용하는 공간 : 화장실, 욕실

(4) 지대별 계획
① 구성원 본위가 유사한 것은 서로 접근시킨다.
② 시간적 요소가 같은 것끼리 서로 접근시킨다.
③ 유사한 요소는 서로 공용시킨다.
④ 상호 간의 요소가 다른 것은 서로 격리시킨다.

》》 조닝(Zoning · 지대별 계획)

공간을 몇 개의 구역별로 나누는 것

핵심예제 ●●○

주택 공간의 구역 구분(Zoning) 방법이 아닌 것은?
① 생활 행동별 구분
② 시간적 구분
❸ 공간의 융통성에 의한 구분
④ 가족 공간과 개인 공간의 구분

해설
조닝과 융통성은 정반대 의미이다.

핵심문제 ●●○

주택계획에서 보건 위생적 공간은 어느 곳에 배치하는 것이 좋은가?
① 모서리부분 ❷ 중앙부분
③ 서측   ④ 북측

해설
보건 · 위생적 공간(화장실, 세면장)은 중앙부분에 배치하는 것이 좋다.

핵심문제 ●●○

주거용 건축을 계획하는 데 있어서 기능별 분화의 통합 지표가 잘못된 것은?
① 취침공간과 식사공간은 완전히 분리시킨다.
② 개실을 확보하여 Privacy를 유지시킨다.
③ 접객본위의 공간은 가족 단란공간과는 분리시킨다.
❹ 생활공간은 유기적으로 통합시킨다.

해설
개인권, 사회권, 가사노동권은 유기적으로 분산시킨다.

>>> 동선

사람이나 차량 또는 물건의 이동궤적

>>> 가사노동의 선

① 하중이 크므로 굵게 한다.
② 되도록 남쪽에 오도록 하며 짧게 한다.

>>> 북측채광(조도균일)

미술실, 정밀작업, 설계실, 화장실

핵심예제

주택평면계획 시 서향에 면하면 가장 불리한 것은?
① 건조실   ❷ 부엌
③ 욕실   ④ 강의실

해설
서향은 일사시간이 길며, 깊숙이 들어오므로 음식의 부패가 쉽게 일어난다.

2. 동선계획

(1) 동선의 3요소

속도, 빈도, 하중

(2) 동선의 원칙

① 단순, 명쾌하게 한다.(가능한한 굵고 짧게)
② 다른 종류의 동선은 분리시키고 필요 이상의 교차는 피한다.(낮공간의 동선과 밤공간의 동선은 분리)
③ 개인권, 사회권, 가사노동권은 유기적으로 분산(독립성 유지)
④ 동선에는 공간(Space)이 필요하고 가구를 둘 수 없다.
⑤ 복도를 두어 동선을 정리하고 방의 프라이버시를 살린다.

3. 방위에 따른 각 실의 배치

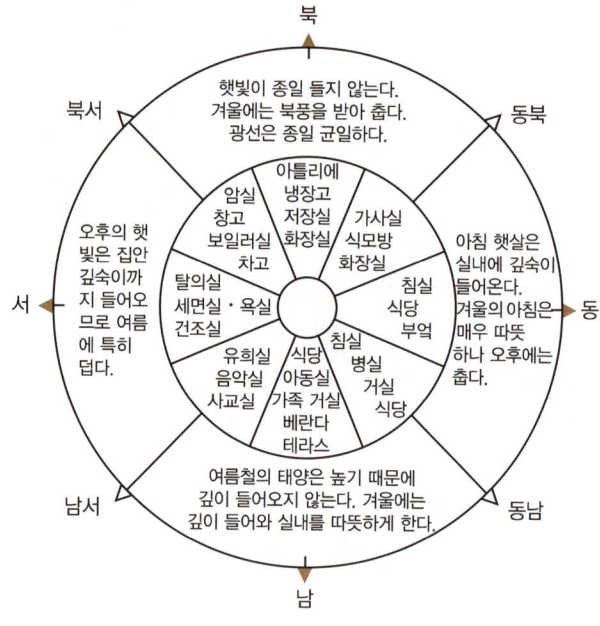

[각 실과 방위와의 관계]

SECTION 06 각 실의 세부계획

1. 현관(Entrance)

건물 내·외부의 특징을 결정짓는 중요한 표출적 공간

① **최소 크기** : 폭 1.2m, 깊이 0.9m 이상
② 도로의 위치와 경사도 및 대지의 형태에 영향을 받는다.(방위와는 무관)

2. 복도(Corridor)

실과 실을 연결하는 기능적 공간

① **최소크기** : 폭 0.9m 이상(일반적으로 105~120cm 정도가 적당)
② 기능
- 내부의 통로(동선의 이동공간)
- 선룸(Sun Room)의 역할
- 방 차단
- 어린이 놀이터, 응접실의 역할(폭 1.5m 이상)

③ 소규모 주택(50m² 이하)에는 비경제적이다.

3. 계단(stair)

① 현관, 홀, 식당, 욕실, 화장실과 인접하게 한다.
② 계단의 평면상 길이는 270cm 정도가 적당(계단참은 3m마다 설치)
③ 계단 물매(경사) : 29~35°
④ 난간 높이 : 80~90cm

4. 거실(Living Room) : 가족생활의 중심

(1) 1인당 소요바닥면적

최소 4~6m² 정도

(2) 거실의 위치

① 주거 중 다른 방의 중심적 위치에 둔다.
② 침실과는 항상 대칭되게 한다.
③ 다른 한 쪽 방과 접속하게 되면 유리하다.
④ 통로나 홀로 사용되어서는 안 된다.(프라이버시 확보)
⑤ 정원과 테라스에 연결되도록 한다.

(3) 스트레오 청취 최적 각도는 60°, TV 시청 최적 거리는 브라운관 폭의 6배

(4) 소주택일 경우 서재, 응접, 리빙키친(식당+거실+부엌)으로 이용

▶▶▶ 주택의 연면적 구성 비율(%)

현관	7%	부엌	8~12%
복도	10%	거실	30%

핵심예제 ●○○

연면적 90m²의 양식주택에서 면적 구성이 적당치 않은 것은?
① 현관과 홀 6m²
② 복도 9m²
❸ 부엌 18m²
④ 거실 27m²

[해설]
연면적에 대한 각 실의 면적구성비
① 현관(홀) : 90m² × 0.07 = 6.3m²
② 복도 : 90m² × 0.1 = 9m²
③ 부엌 : 90m² × 0.08~0.12
　　　 = 7.2~10.8m²
④ 거실 : 90m² × 0.3 = 27m²

▶▶▶ 계단의 크기

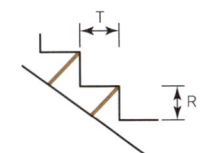

R+T = 45cm 정도
① 단너비 : 25~29cm
　(법규상 15cm 이상)
② 단높이 : 16~17cm
　(법규상 23cm 이하)
③ 계단폭 : 105~120cm 정도

▶▶▶ 거실의 반자높이

2.1m 이상

핵심예제 ●●○

다음 중 거실의 일부에 식탁을 꾸미는 것으로서 보통 6~9m² 정도의 크기로 만드는 것은?

① Living Kitchen
② Dining Kitchen
③ Dining Porch
❹ Dining Alcove

≫ Proch

건물의 현관 또는 출입구의 바깥쪽에 튀어나와 지붕으로 덮인 부분

≫ 파티오(Patio)

실내의 모든 기능을 옥외로 연장하여 수행할 수 있는 공간(안뜰)

≫ 부엌의 크기 결정 기준

① 작업대의 소요 면적
② 작업인의 동작에 필요한 공간
③ 식기, 식품, 조리용 기구의 수납에 필요한 공간
④ 연료의 종류와 공급방법
⑤ 주택의 연면적, 가족수, 평균 작업인수

≫ 작업대(싱크대)의 크기

① 폭 : 50~60cm
② 높이 : 73~83cm
③ 깊이 : 55cm 정도

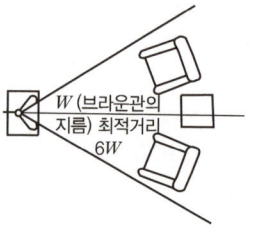
(a) TV 시청에 적당한 거리

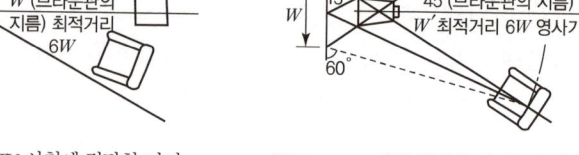
(b) TV, 8mm 영화 환등을 볼 수 있는 거리

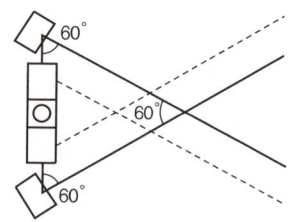
(c) 스테레오를 들을 수 있는 거리
[거실의 가구 배치 및 스테레오 감상의 최적거리]

5. 식당(Dining Room)

(1) 분리형

거실이나 부엌과 완전히 독립된 식사실

(2) 개방형

① Dining Kitchen(DK) : 부엌의 일부에 식탁을 놓은 것
② Dining Alcove(LD) : 거실의 일부에 식탁을 놓은 것
③ Living Kitchen(LDK) : 거실+식사실+부엌을 겸함
④ Kitchen Play Room : 부엌일을 하며 어린이를 돌볼 수 있는 공간
⑤ Dining Porch, Dining Terrace : 여름철 등 좋은 날씨에 포치나 테라스에서 식사하는 것

(3) 식당의 크기

가족수	3인 가족	4인 가족	5인 가족
실의 크기	5m²(1.5평)	7.5m²(2.25평)	10m²(3평)

6. 부엌(Kitchen)

(1) 위치
① 남쪽 또는 동쪽 모퉁이 부분
② 일사 시간이 긴 서쪽은 음식물이 부패하기 쉬우므로 반드시 피해야 한다.

(2) 크기
① 보통 건축 연면적의 8~12% 정도의 크기가 필요하다.
② 소규모 주택(50m² 이하)인 경우는 1.5평 정도의 크기가 필요하다.
③ 주택의 규모가 큰 경우(100m² 이상)는 7% 이하도 가능하다.

(3) 부엌의 작업순서

준비 → 싱크(개수대) → 조리대 → 가열대(레인지) → 배선대 → 식당
　　　　△　　　　　　　　　　　　　　　　　　　　△
　　　　냉장고　　　　　　　　　　　　　　　　　해치(Hatch)

1) **왼쪽 방향으로 이동하도록 배치**(공간 배치상 일반적인 내용으로 어느 쪽이 좋다 말할 수 없다.)

2) 작업삼각형(냉장고+개수대+가열대를 연결하는 삼각형)
① 능률적인 길이는 3.6~6.6m
② 가장 짧은 변은 개수대와 가열대
③ 세변의 합이 짧을수록 효과적
④ 개수대는 창에 면하는 것이 좋다.
⑤ 개수대와 조리대의 길이 : 1.2~1.8m가 적당

(4) 부엌의 유형

직선형	동선이 길어지는 경향이 있다.(좁은 부엌)
L 자형	모서리 부분의 이용도가 낮다.(정방형 부엌)
U 자형	• 수납공간이 넓고 이용하기 편리(양측 벽면 이용) • 위치설정이 어렵다.
병렬형	외부로 통하는 출입구가 필요한 경우에 쓰임

>>> **창에 면하지 않아도 되는 부분**
가열대, 배선대

>>> **해치(식기 등의 출입구)**
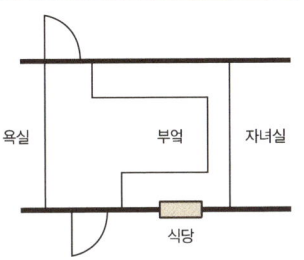

>>> **작업삼각형**
주부의 동선절약이 목적
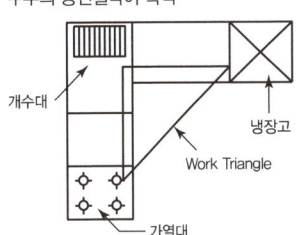

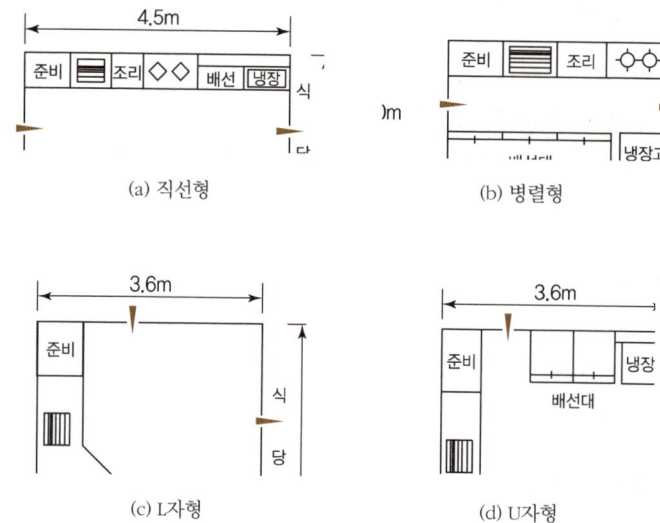

[부엌의 유형]

>>> Utility(가사실)

① 내부와 내부연결
② 부엌을 통해서만 출입 가능
③ 부엌에 가장 근접 배치
④ 직접 외부로 나갈 수 없다.

핵심예제 ●●○

주택의 외부와 내부를 연결하여 매개 역할을 하는 공간이 아닌 것은?
① Terrace ❷ Utility
③ Dining Porch ④ Entrance

해설
② Utility(가사실)는 내부와 내부 연결

>>> 침실크기 결정 요소
(우선 고려순)

① 사용 인원수에 따른 공간의 크기(소요 기적)
② 가구의 점유면적
③ 공간형태에 의한 심리적 작용

핵심예제 ●●●

침실 규모를 결정하기 위한 필요 공기량을 산정코자 한다. 성인 1인용 침실 크기는?(단, 실내 자연환기 회수 : 2회/h, 천장고 : 2.5m이다.)
❶ 10m² ② 15m²
③ 20m² ④ 25m²

해설
• 성인 1인당 필요 신선 공기량 50m³/h
• 자연환기 횟수가 2회이므로 실용적 50m³/h÷2회/h=25m³
• 성인 1인당 침실바닥면적(크기) 25m³÷2.5m(천장고)=10m²

(5) 기타 부속공간

① 가사실(Utility Space)
 • 주부의 세탁, 다림질, 재봉 등의 작업을 하는 공간.
 • 여러 실(욕실 및 부엌, 서비스 관계)과 접한 위치에 두고 서로 연락이 편리하게 한다.
② 다용도실 : 독립된 방 또는 발코니와 주방 사이의 공간을 이용하여 세탁, 걸레 빨기 및 잡품창고를 겸한 실
③ 옥외작업장(Service Yard) : 세탁장, 건조장, 연료저장창고, 장독대, 오물처리 등 옥외작업에 관계되는 모든 시설
④ 배선실(Pantry) : 식품, 식기등을 저장하기 위해 설치한 실

7. 침실(Bedroom)

(1) 침실의 사용 인원수에 따른 1인당 소요 바닥면적

① 성인 1인당 필요로 하는 신선한 공기 요구량 : 50m³/h(아동은 1/2)
② 소요공간의 크기 : 자연환기 횟수를 2회/h로 가정하면,
  50m³/h ÷ 2회/h = 25m³이다.
③ 1인당 소요 바닥면적 : 천장높이(h)가 2.5m일 경우
  25m³ ÷ 2.5m = 10m²(아동은 1/2)

(2) 침대 배치 방법

① 침대 상부 머리 쪽은 외벽에 면하도록 한다.
② 누운 채로 출입문이 보이도록 하며 안여닫이로 한다.
③ 침대 양쪽에 통로를 두고 한쪽을 75cm 이상 되게 한다.
④ 침대 하부 발치 쪽은 90cm 이상의 여유를 둔다.
⑤ 주요 통로 쪽 폭은 90cm 이상 띄운다.

📝 침대 배치 시 머리를 외벽 쪽으로 두는 것은 좋은 배치이나, 머리를 창문 쪽으로 두는 것은 별로 좋은 배치가 아니다.

8. 욕실 및 화장실(Bathroom, Toilet)

북쪽에 면하게 하며 설비 배관상 부엌과 인접시킨다.

(1) 욕실의 크기

① 최소 0.9~1.8m × 1.8m(보통 1.6~1.8m × 2.4~2.7m)
② 천장높이 2.1m 이상(천장은 적당한 경사)

(2) 화장실의 크기

① 최소 0.9m × 0.9m
② 양변기를 설치할 경우 : 0.8m × 1.2m
③ 소변기를 설치할 경우 : 0.8m × 0.9m
④ 욕조, 세면기, 양변기를 함께 설치할 경우 : 1.7m × 2.1m

9. 차고

(1) 구조

① 차고의 벽이나 천장 등을 방화구조로 하고 출입구나 개구부에 갑종 방화문을 설치한다.
② 바닥 : 내수재료를 사용하고 경사도는 1/50 정도로 한다.
③ 벽 : 백색타일을 2.0m까지 붙이는 것이 이상적이며, 1.5m 정도 높이에는 국부 조명을 하여 작업에 편리하도록 한다.

(2) 환기

배기구(바닥에서 30cm 높이에 설치), 환기구(천장 상부)

(3) 출입구

도로로부터 직접 출입이 가능한 위치(부지경계선에서 1m 이상 후퇴시킨다.)

▶▶▶ 침대의 종류와 크기

(길이는 195~205cm)

종류	폭(cm)
싱글(Single)	90~100
트윈(Twin Single)	98~110
세미더블(Semi Doble)	120~130
더블(Double)	135~145

▶▶▶ 침대 배치

① 머리는 외벽 쪽
② 침대 단변을 외벽으로
③ 침대 장변을 내벽으로

▶▶▶ 침실의 종류

① 부부침실 : 독립성 확보
② 노인침실
　• 주거중심부에서 멀리
　• 아동실, 욕실에 가깝게
　• 일조가 충분하고 조용한 곳
③ 객용침실
④ 아동침실 : 낮(유희), 밤(침실)

▶▶▶ 주택차고의 최소 크기

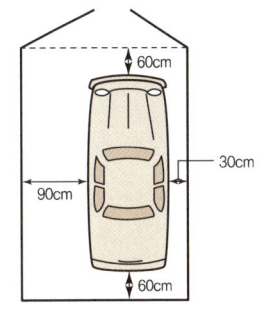

① 폭 : 자동차폭 + 1.2m
② 길이 : 자동차길이 + 1.2m
③ 주택전용 차고의 크기 : 3.0m × 5.5m

SECTION 07 농촌주택

농촌주택의 공간구성

① 주거공간
② 수납공간
③ 농작업공간

핵심예제 ●●○

다음 농촌주택 설계를 위한 설명 중 부적당한 것은?
❶ 작업부속 건물은 거주부분과 같은 동(棟)으로 한다.
② 외부공간의 작업공간화를 고려한다.
③ 외관은 간소하게 한다.
④ 화장실은 수세식이 아니어도 좋으나 개량식으로 한다.

[해설]
주거공간과 농작업공간은 절대적으로 분리한다.

1. 평면계획 및 배치계획 시 고려사항

① 주생활 공간과 농작업 공간은 절대적으로 분리시킨다.
  (프라이버시와 소음의 격리 효과)
② 욕실, 화장실은 거주공간 내에 설치하는 것을 원칙으로 한다.
③ 부엌을 작업공간과 밀접한 위치에 둔다.
④ 수납공간을 최대로 활용한다.
  • 반침은 위치만 정해놓고 필요시 추후 설치한다.
  • 착화 공간의 상부를 다락으로 사용한다.(부엌의 일부)
⑤ 주부의 가사노동을 경감한다.

2. 도시주택과 농촌주택의 차이점

① 농 작업 공간의 유무
② 대지의 규모와 활용
③ 주변 환경에 대한 차이
④ 주거의식 수준의 차이

출제예상문제

01 현대 주택 설계의 방향으로 옳지 않은 것은?

① 건강하고 쾌적한 인간 본래의 생활을 되찾는 것이 요구된다.
② 평면 기능상으로 주부의 동선을 최소한 단축할 것
③ 가족의 생활을 희생시키는 형식적이고 외적인 요인들을 제거하여야 한다.
④ 전통적인 한식의 좌식생활 위주로 계획하는 것이 좋다.

해설

주택설계
주택설계의 생활방식을 좌식과 입식의 혼용으로 하는 것이 바람직하다.

02 새로운 주택 설계의 방향에 관하여 설명한 것 중 부적당한 것은?

① 생활의 쾌적함을 증대시킨다.
② 가족 본위의 생활을 추구하기 위해 각 실의 Privacy를 유지하여야 한다.
③ 가사 노동을 덜어주기 위해 주거의 단순화를 지향한다.
④ 생활습관과 경제를 고려하여 좌식으로만 설계한다.

해설

좌식과 입식을 혼용하여 설계하는 것이 바람직하다.

03 주택을 설계할 때에 가장 중요하게 생각하여야 할 것은 어느 것인가?

① 거실의 넓이
② 부엌의 방위
③ 현관의 위치
④ 주부의 동선

해설

주택설계 시 가장 중요
가사노동의 경감(주부의 동선 단축)

04 주택의 1인당 최소 주거면적은 다음 중 어느 것인가?

① 5m²
② 10m²
③ 15m²
④ 20m²

해설

주거면적
최소 10m²/인, 표준 16.5m²/인

05 5인 가족을 위한 주택 건축 총면적으로 알맞는 것은?(단, 1인당 평균주거면적은 11m²로 함)

① 60m²
② 80m²
③ 100m²
④ 120m²

해설

건축면적
1인당 주거 면적은 주택 연면적에서 공용부분을 제외한 순수거주면적을 말한다.(건축연면적의 50~60%, 평균 55%)
11m² × 5인 = 건축총면적(x) × 0.55
$x = 100m^2$

06 다음 한식 주거 특징을 설명한 것 중 거리가 먼 것은?

① 가구식 구조이고 개구부가 크다.
② 실은 분화(分化)형태의 평면형이다.
③ 주택은 바닥이 높다.
④ 습관적으로 보면 좌식이다.

정답 01 ④ 02 ④ 03 ④ 04 ② 05 ③ 06 ②

> [해설]

한식주택
한식주택은 조합적, 은폐적이다.

07 소주택에서 실을 겸용하는 경우에 가장 타당하지 않은 것은?

① 식당과 부엌
② 식당과 침실
③ 거실과 식당
④ 거실과 객실

> [해설]

단위 플랜 내의 각실 계획
보건 위생상 침실, 부엌은 반드시 분리

08 숑바르 드로브가 제시하는 1인당 주거면적의 병리 기준은 어느 것인가?

① 6m²
② 8m²
③ 10m²
④ 12m²

> [해설]

숑바르 드로브의 기준
- 병리기준 : 8m²/인
- 한계기준 : 14m²/인
- 표준기준 : 16m²/인

09 세계가족단체협회가 권장하는 코로느 기준 및 숑바르 드로브의 기준에 의한 1인당 주거 면적의 표준치는 어느 정도인가?

① 8m²
② 14m²
③ 16m²
④ 20m²

> [해설]

UIOP(세계가족단체협회)
UIOP(세계가족단체협회)의 Cologne 의 기준 – 16m²/인

10 Frankfurt Am Mein의 국제주거회의에서 결정한 1인당 최소 평균 주거면적은?

① 12m²
② 15m²
③ 18m²
④ 21m²

> [해설]

국제주거회의
15m²/인

11 다음 주택 분류의 기준에 타당치 못한 것은?

① 농촌 주택
② 겸용 주택
③ 어촌 주택
④ 도시 주택

> [해설]

주택의 분류(기능, 목적에 의한 분류)
- 전용주택 : 주생활만을 위한 주택
- 병용주택 : 주거 + (상업, 공업, 농업)
①, ③, ④는 지역에 따른 분류이다.

12 한·양식 주택의 차이점에 대한 사항 중 옳지 않은 것은?

① 한식 주택은 분화평면이며, 양식 주택은 조합평면이다.
② 한식 주택은 가구식이며, 양식 주택은 조적식이다.
③ 한식 주택은 좌식 생활이며, 양식 주택은 입식 생활이다.
④ 한식 주택은 혼용도이며, 양식 주택은 단일 용도이다.

> [해설]

한·양식 주택의 비교
- 한식 : 방의 위치별 분화(조합, 은폐적)
- 양식 : 방의 기능별 분화(분화, 개방적)

정답 07 ② 08 ② 09 ③ 10 ② 11 ② 12 ①

13 주택 부지 선정 조건과 건물 배치상 부적합한 것은?

① 동서 건물 간격은 방화, 통풍상 최소 3m 이상 띄어야 한다.
② 일조 조건은 동지 때 최소한 4시간 이상의 햇빛이 들어와야 한다.
③ 경사지는 그 구배(Slope)가 1/10 정도인 것이 이용률이 좋다.
④ 교통의 편리와 상·하수도를 고려한다.

> **해설**
> **방화**
> 연소 방지상 최소 6m 이상 떨어져야 한다.

14 주택 평면을 계획할 경우 지대별 계획이 아닌 것은?

① 유사한 요소의 것은 공용하도록 한다.
② 시간적 요소가 같은 것끼리 서로 접근시킨다.
③ 구성원 본위가 유사한 것은 서로 격리시킨다.
④ 상호간 요소가 다른 것끼리는 서로 격리시킨다.

> **해설**
> **지대별 계획**
> 구성원 본위가 유사한 것은 서로 접근시킨다.

15 주택의 평면적 유형에서 코어(Core)형에 대한 설명 중 옳지 않은 것은?

① 평면적 코어란 홀이나 계단 등을 건물의 중심적 위치에 집약하고 유효면적을 감소시키고자 하는 것이다.
② 구조적 코어란 건물의 일부에 내진벽 등을 집약시켜 그 부분에서 건물전체의 강도를 높이려는 형식이다.
③ 설비적 코어란 부엌, 욕실, 화장실 등 설비 부분을 건물의 일부에 집약시켜 설비관계 공사비를 감소시키려는 것이다.
④ 코어란 건축에 있어서는 평면, 구조, 설비의 코어형이 존재한다

> **해설**
> **코어(Core)형**
> • 평면 : 유효면적 증대
> • 구조 : 안전성(내진벽)
> • 설비 : 설비비 감소

16 경사진 대지 형태를 절토에 의해서 평탄하게 변형시키지 않고 주택의 공간을 계획하는 입면 형식은?

① 코어형(Core)
② 오픈형(Void)
③ 스킵 플로어형(Skip Floor)
④ 2층형

> **해설**
> **스킵 플로어형**
> • 대지의 경사를 이용 전면은 중층이 되고, 후면은 단층이 되는 형식
> • 절토·성토를 하지 아니하고 경사지를 이용하기에 가장 적합한 형식

17 다음은 주택의 기본 조직도이다. A에 들어가야 할 실로서 적합한 것은?

① 변소, 세면소
② 현관
③ 배선실, 식당
④ 세탁, 욕실

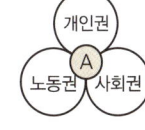

> **해설**
> **주택의 조닝**
> A는 공통적인 공간으로 생리, 위생공간에 해당한다.

정답 13 ① 14 ③ 15 ① 16 ③ 17 ①

18 주택 공간의 구역 구분(Zoning) 방법이 아닌 것은?

① 생활 행동별 구분
② 시간적 구분
③ 공간의 융통성에 의한 구분
④ 가족 공간과 개인 공간의 구분

> **해설**
>
> **공간의 구역 구분(Zoning)**
> • 주행동에 의한 분류(주부/주인/아동)
> • 생활공간에 의한 분류(개인권/가사노동권/사회권)
> • 사용시간별 분류(낮/밤)

19 주거 생활 공간을 생활 행동별로 구분할 때 해당되지 않는 것은?

① 휴식 존(Zone)
② 문화적 존(Zone)
③ 생리 위생 존(Zone)
④ 가사 노동 존(Zone)

> **해설**
>
> **생활공간에 의한 분류**
> • 개인권 : 개인사용공간
> • 가사노동권 : 주부사용 공간
> • 사회권 : 가족 전체의 사용공간

20 주택 평면계획 시 서향에 면하면 가장 불리한 것은?

① 건조실
② 부엌
③ 욕실
④ 강의실

> **해설**
>
> **부엌의 위치**
> 일사 시간이 긴 서쪽은 음식물이 부패하기 쉬우므로 반드시 피해야 한다.

21 다음 설명 중 옳은 것은?

① 면적이 약(20평) 정도의 소규모 주택일수록 코어형(Core) 계획이 유리하다.
② 아동실 계획에서 반침용 공간은 고려할 필요가 없다.
③ 욕실은 침실에서 비교적 멀리 두는 것이 좋다.
④ 동선에는 공간이 필요하다.

> **해설**
>
> 소규모 주택에서는 코어형 계획이 면적 상 불리하며, 아동실 계획에서 반침용 공간은 고려할 필요가 있으며, 욕실과 침실은 근접배치시키는 것이 바람직하다.

22 동선 계획 시 유의할 사항이 아닌 것은 어느 것인가?

① 이용 빈도를 고려
② 각 동선의 분리
③ 수직 동선의 고려
④ 방위관계 고려

> **해설**
>
> **동선**
> 방위와는 무관하다.

23 주택설계에 관한 치수 중 가장 부적당한 것은?

① 거실의 1인당 면적은 4~6m²가 적당하다.
② 복도의 면적은 연면적의 7% 정도이다.
③ 부엌의 면적은 연면적의 8~10% 정도이다.
④ 현관 폭은 120cm 정도로 한다.

> **해설**
>
> **연면적 비율**
> • 현관 : 7%
> • 복도 : 10%
> • 거실 : 30%
> • 부엌 : 8~12%

정답 18 ③ 19 ② 20 ② 21 ④ 22 ④ 23 ②

24 주택 거실 계획에서 평면 계획상으로 거실을 설명한 것이다. 부적당하게 설명된 것은?

① 개방된 공간에서 벽면의 기술적인 활용과 자유로운 가구의 배치로서 독립성이 유지되도록 한다.
② 거실의 위치는 침실과 항상 대칭되게 한다.
③ 거실과 정원은 유기적으로 시각적 연결을 함으로써 유동적인 감각을 갖게 한다.
④ 거실은 평면계획상 통로나 홀로 사용되는 방법의 평면 배치가 아주 좋다.

> 해설
> **거실**
> 통로나 홀로 사용되어서는 안 된다.(프라이버시 확보)

25 건축 연면적이 66m²인 주택에서 부엌의 적당한 면적은?

① 3.3m² ② 6.6m²
③ 9.9m² ④ 12.6m²

> 해설
> **부엌**
> • 건축 연면적의 8~12%(10% 정도)
> • 66 × 0.1 = 6.6m²

26 다음 그림은 부엌에서의 작업 삼각형을 나타낸 것이다. 설명 중 옳지 않은 것은?

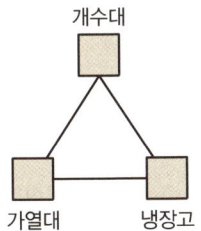

① 삼각형 세 변 길이의 합이 길수록 효과적인 배치이다.
② 삼각형 세 변 길이의 합은 3.6~6.6m 사이에서 구성하는 것이 좋다.
③ 싱크대와 조리대 사이의 길이는 1.2~1.8m가 가장 적당하다.
④ 삼각형의 가장 짧은 변은 개수대와 가열대 사이의 변이 되어야 한다.

> 해설
> **부엌의 작업 삼각형**
> 작업 삼각형의 세 변 길이의 합은 짧을수록 주부 동선 단축에 도움이 된다.

27 부엌의 일부에다 간단히 식탁을 꾸미는 것을 무엇이라 하는가?

① Living Kitchen
② Dining Kitchen
③ Dining Terrace
④ Dining Porch

> 해설
> **개방형 식당**
> • Dining Kitchen(DK) : 부엌의 일부에 식탁을 놓은 것
> • Dining Alcove(LD) : 거실의 일부에 식탁을 놓은 것
> • Living Kitchen(LDK) : 거실 + 식사실 + 부엌을 겸함
> • Kitchen Play Room : 부엌일을 하며 어린이를 돌볼 수 있는 공간
> • Dining Porch, Dining Terrace : 여름철 등 좋은 날씨에 포치나 테라스에서 식사하는 것

28 다음 중 거실의 일부에다 식탁을 꾸미는 것으로서 보통 6~9m² 정도의 크기로 만드는 것은?

① Living Kitchen형
② Dining Kitchen형
③ Dining Porch형
④ Dining Alcove형

> 해설
> 다이닝 앨코브에 대한 설명이다.

정답 24 ④ 25 ② 26 ① 27 ② 28 ④

29 주택의 각 실에 있어서 유틸리티 공간과 가장 밀접한 관계가 있는 것은?

① 응접실   ② 서재
③ 부엌   ④ 현관

해설
Utility(가사실)
- 내부와 내부 연결
- 부엌을 통해서만 출입 가능
- 부엌에 가장 근접 배치
- 직접 외부로 나갈 수 없다.

30 다음 그림은 침실에 침대의 배치관계를 나타낸 것이다. 가장 적합하게 배치된 것은?

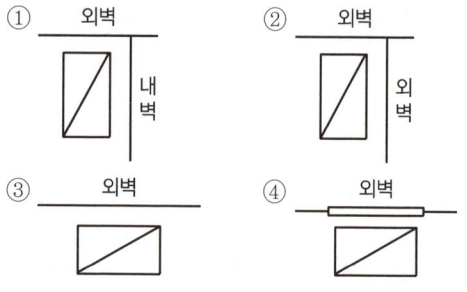

해설
침대의 배치
- 침대머리는 외벽 쪽
- 침대 장변을 내벽 쪽

31 주택의 평면계획에 관한 기술 중 옳지 않은 것은?

① 가족의 취침 분리와 식침 분리를 염두해 두어야 한다.
② 현관의 방위는 어느 쪽이라도 관계없다.
③ 부엌은 음식물이 상하기 쉬우므로 남향을 피해야 한다.
④ 건평은 최소한 1인당 10m² 이상이어야 한다.

해설
부엌의 위치
일사 시간이 긴 서쪽은 음식물이 부패하기 쉬우므로 반드시 피해야 한다.
(※ 건평 : 건물이 차지한 밑바닥의 평수)

32 주택 평면에 관한 기술 중 적합하지 않은 것은?

① 도로의 위치와 방위를 고려해서 현관의 위치를 결정한다.
② 학생용 침대는 일조 채광상 가급적 창가에 배치한다.
③ 부엌은 그 사용기간이 길므로 동남쪽 또는 남쪽에 배치해도 무방하다.
④ 다용도실은 부엌에 가깝게 배치한다.

해설
침대배치
창가 배치 시 인체열을 외부로 흡수하기 때문에 좋지 않은 배치이다.
(※ 현관의 위치는 방위 자체와는 무관하나 도로의 위치, 도로의 방위를 고려해서 결정하는 것은 바람직하다.)

33 주택의 동선계획에 관한 내용 중 틀린 것은?

① 동선의 형은 가능한 한 단순하게 한다.
② 개인, 사회, 가사 노동권의 3개 동선을 일치시킨다.
③ 동선은 가능한 한 굵고 짧게 해야 한다.
④ 복도를 두고 동선을 정리하고 방의 프라이버시를 살린다.

해설
동선계획
개인권, 사회권, 가사노동권은 분리시킨다.(독립성 유지)

정답 29 ③ 30 ① 31 ③ 32 ② 33 ②

34 서향 벽면으로부터 들어오는 일사를 막는 방법으로서 가장 부적당한 것은?

① 추녀 끝을 많이 낸다.
② 창 외부에 수직 루버를 설치한다.
③ 창밖에 낙엽수를 심는다.
④ 창에 커튼을 친다.

> [해설]
> **서향의 일사**
> 수직상으로 건물 내에 비치는 것이 아니라, 오후 내내 수평에 가깝게 낮게 깔려 건물 내에 사입
> (※ 추녀 : 전통 목조 건축에서 처마의 네 귀의 기둥 위에 끝이 위로 들린 크고 긴 서까래)
> ① 추녀 및 처마 끝을 많이 내미는 경우는 태양고도가 높은 경우, 남향에 효과적인 방법이다.

35 주택의 현관의 크기로 적당한 것은?

① 0.9m × 0.9m
② 0.9m × 1.2m
③ 1.2m × 1.2m
④ 1.2m × 1.5m

> [해설]
> **현관**
> 깊이 × 폭(0.9m × 1.2m)

36 주택계획 시 복도가 차지하는 면적은 일반적으로 전체 면적의 얼마 정도인가?

① 20% ② 15%
③ 10% ④ 5%

> [해설]
> **복도**
> 전체 면적에 복도는 10%를 차지하는 것이 일반적이며 소규모 주택에서는 비경제적이다.

37 다음 중에서 주택의 계단이나 복도로 가장 적당한 폭은?

① 2m 정도   ② 1.2m 정도
③ 1.6m 정도   ④ 0.8m 정도

> [해설]
> **복도 폭**
> 최소(0.9), 적정(1.2), 응접실 등(1.5)

38 양식 주택의 실(室) 사이의 경계에 높이 차를 두어야 할 필요가 적은 곳은?

① 현관과 마루(거실)
② 화장실과 마루(거실)
③ 거실(마루)과 식당
④ 거실(마루)과 거실 앞의 테라스

> [해설]
> **실 사이의 경계에 높이차를 두는 경우**
> • 내부와 외부
> • 내부실과 욕실 및 화장실

39 주택에서 부엌의 합리적인 규모 결정과 관계가 가장 적은 것은?

① 작업대의 면적
② 연료의 종류와 공급 방법
③ 주택의 연면적
④ 가족 구성

> [해설]
> **부엌의 크기 결정기준**
> • 작업대의 소요 면적
> • 작업인의 동작에 필요한 공간
> • 식기, 식품, 조리용 기구의 수납에 필요한 공간
> • 연료의 종류와 공급방법
> • 주택의 연면적, 가족수, 평균 작업인 수

정답 34 ① 35 ② 36 ③ 37 ② 38 ③ 39 ④

40 주택의 주방 계획에서 작업대 배열에 관한 기술 중 가장 적당한 것은 어느 것인가?

① 냉장고 → 레인지 → 싱크 → 조리대
② 싱크 → 레인지 → 냉장고 → 조리대
③ 레인지 → 냉장고 → 조리대 → 싱크
④ 냉장고 → 싱크 → 조리대 → 레인지

> 해설
>
> **작업순서**
> 냉장고 → 개수대(싱크대) → 조리대 → 가열대(레인지) → 배선대 → 식당

41 리빙키친의 가장 큰 이점은?

① 공사비가 절약된다.
② 주부의 동선이 단축된다.
③ 설비비가 절약된다.
④ 증축 시 유리하다.

> 해설
>
> **리빙키친**
> 부엌설계의 기본은 주부의 동선 단축에 있으며 식당+부엌+거실의 형태인 리빙키친은 주부의 동선 단축에 효과적인 방식이다.

42 주택에서 실내·외의 연결 공간이 아닌 것은?

① 테라스   ② 서비스 야드
③ 유틸리티   ④ 다이닝 포치

> 해설
>
> **가사실(유틸리티)**
> • 내부와 내부 연결
> • 부엌을 통해서만 출입 가능

43 침실의 크기를 결정하는 요소로서 우선 고려되어야 할 것은?

① 침대의 치수
② 사용 인원수에 의한 필요 기적(氣積)
③ 가구의 점유 면적
④ 공간 형태에 대한 심리적 작용

> 해설
>
> **침실크기 결정요소**
> • 사용 인원수에 따른 공간의 크기(소요기적)
> • 가구의 점유면적
> • 공간형태에 의한 심리적 작용

44 주택 침실에 관한 설명 중 적당하지 못한 것은?

① 침실은 소음이 차단되고 안정성을 기대할 수 있는 곳에 둔다.
② 노인실은 가족들에게 소외감을 느끼지 않도록 주거부의 중심에 둔다.
③ 아동 침실은 정신적으로나 육체적인 발육에 지장을 주지 않는 안정성이 높은 곳에 둔다.
④ 객용 침실은 소규모 주택에서 고려하지 않고 소파 베드를 이용해서 처리한다.

> 해설
>
> **노인실의 위치**
> 주거중심부에서 좀 떨어진 위치에 환기와 채광이 잘 이루어지는 곳에 배치

45 그림과 같은 침실에서 실의 폭으로 가장 적당한 것은?(단, 더블 침대로 1,400×2,000임)

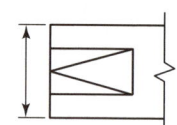

① 2m   ② 2.5m
③ 3.5m   ④ 4m

> 해설
>
> **침실의 폭**
> 1.4(침대폭)+0.9(주통로)+0.75(부통로) = 최소 3.05m 이상

정답 40 ④ 41 ② 42 ③ 43 ② 44 ② 45 ③

46 주택 설계에 관한 치수 중 가장 부적당한 것은?

① 거실의 1인당 면적은 4~6m² 가 적당하다.
② 복도의 면적은 연면적의 7% 정도이다.
③ 부엌의 면적은 연면적의 8~12% 정도이다.
④ 현관의 폭은 120cm 정도로 한다.

[해설]
복도의 면적
연면적의 10% 정도

47 주택 설계에 관한 치수 중 가장 부적당한 것은?

① 거실의 1인당 면적은 4~6m² 가 적당하다.
② 계단 폭의 치수는 120cm가 적당하다.
③ 부엌의 면적은 연면적의 10% 정도이다.
④ 욕실 최소 치수는 (1.6~1.8m) × (2.1~2.4m) 정도이다.

[해설]
욕실의 최소 치수
(0.9~1.8m) × 1.8m 정도

48 주공간의 분류 중 표출적 공간(Expresional Space)에 해당되는 곳은?

① 변소　　　② 현관
③ 침실　　　④ 욕실

[해설]
현관
평면상의 크기와 위치 등에 따라 건축의 내·외부 특징을 결정지어주는 중요한 표출적 공간(보여주기 위한 공간)이다.

49 주거용 건물에 특히 중요한 요소라고 생각되는 것은?

① 일조　　　② 풍향
③ 방화　　　④ 소음

50 주택단지 내의 건물 배치계획에 있어서 남북 간 인동간격을 결정하는 데 관계가 적은 것은?

① 대지의 경사도
② 건물의 방위각
③ 계절
④ 개인용 실의 시각적 독립성

[해설]
남북 간 인동간격의 영향 요소
• 계절 : 겨울철 동지 때
• 방위각 : 정남향
• 대지의 경사도에 따라 인동간격이 달라진다.

51 부엌설계의 합리적인 크기를 결정하기 위한 내용 중 거리가 가장 먼 것은?

① 작업대의 면적
② 주부의 동작에 필요한 공간
③ 후드(hood)의 설치에 의한 공간
④ 주택의 연면적, 가족 수 및 평균 작업인 수

[해설]
부엌의 크기 결정 기준
• 작업대의 소요 면적
• 작업인의 동작에 필요한 공간
• 식기, 식품, 조리용 기구의 수납에 필요한 공간
• 연료의 종류와 공급방법
• 주택의 연면적, 가족수, 평균 작업인 수

52 주택의 건축계획에 관한 기술 중 옳지 않은 것은?

① 다이닝 알코브(Dining Alcove)란 부엌의 일부에 설치한 식사공간이다.
② 침실에서 성인 1인당 필요한 신선한 공기량은 시간당 50m³ 이다.
③ 1인당 최소 주거 면적은 10m² 이나 일반적인 표준 면적은 16m² 정도이다.
④ 토지의 효율적인 이용, 건설비 및 유지비를 고려한 주택 형식은 타운하우스이다.

정답 46 ② 47 ④ 48 ② 49 ① 50 ④ 51 ③ 52 ①

> **해설**
> **다이닝 알코브**
> 거실의 일부에 식탁을 꾸미는 것으로 보통 6~9m² 정도의 크기로 한다.

53 주택 건축에서 욕실과 연결시키려는 방으로서 옳지 않은 것은?

① 화장실
② 부엌
③ 식사실
④ 세탁실

54 주택공간의 기능적 구성개념으로서 적당하지 않은 것은?

① 개인생활공간 – 가사공간 – 공동생활공간
② 낮사용 공간 – 밤 사용공간 – 낮·밤 사용 공간
③ 단란생활공간 – 보건위생 공간 – 사적 생활공간
④ 개인생활공간 – 단란생활공간 – 취침공간

> **해설**
> **생활공간의 분류**
> 개인생활공간과 취침공간은 같은 개념에 속한다.

55 다음 주거 공간계획 결정 요소를 적은 내용 중 거리가 먼 것은?

① 미래의 주거 생활 패턴 추구
② 신체적인 욕구
③ 전통성 재현
④ 사용자의 경제성 고려

> **해설**
> **주거공간계획**
> 옛것을 그대로 모방하는 것보다는 취사선택하여 오늘날과 적절히 혼용하는 것이 좋다.

56 주택의 방한(防寒), 방서(防暑) 계획을 위한 기술 중 옳지 않은 것은?

① 처마 깊이를 태양의 입사각에 맞추어 계획한다.
② 중공벽(中空壁) 구조로 한다.
③ 최상층의 천장 속을 밀폐한다.
④ 주거실을 남향으로 배치한다.

> **해설**
> **계절에 따른 실계획**
> 하절기의 직사광선으로 지붕 표면이 더워지면 천장 속의 공기층을 가열하므로 외벽 환기구를 내어 천장 속의 공기를 환기시켜주어야 실내 공기의 가열을 방지할 수 있으므로 최상층의 천장 속을 밀폐시키는 것은 바람직하지 못하다.

57 건축계획의 다용도성을 설명한 내용 중 옳지 않은 것은?

① 두 가지 이용 형태가 전혀 관련이 없을 경우 유사한 스페이스를 겸용할 수 없다.
② 두 가지 이상의 기능이 상호 작용하거나 중첩될 경우 복합시켜 사용할 수 있다.
③ 목적은 다르더라도 목적을 달성하기 위한 수단이 유사할 때는 실을 겸용할 수 있다.
④ 예상되는 용도중 공통의 성능이 요구될 때, 같은 종류의 성능은 겸용할 수 있다.

> **해설**
> **다용도성**
> 수단이 유사하더라도 목적이 다를 경우에는 하나의 공간으로 겸용해서는 안 된다.

58 가족의 성장 주기상 신혼 및 취학 전 유아를 가진 성장세대에 가장 알맞은 주거공간의 기술적 해결이라 볼 수 있는 것은?

① 가구 등을 교체함으로써 해결한다.
② 이동 칸막이벽으로 공간 분리를 해결한다.
③ 공간의 효용성을 최대로 하여 다목적으로 이용한다.
④ 개실이나 설비실을 건물의 구체구조에 맞춰 준비한다.

정답 53 ③　54 ④　55 ③　56 ③　57 ①　58 ③

> [해설]

주거공간의 계획
실의 다목적 용도로 공간활용을 최대로 한다.

59 경사지에 있어서의 주택평면계획으로 바닥의 높이차를 이용하여 공간을 효율적으로 처리할 수 있는 주택의 형식은?

① 스킵 플로어(Skip Floor)식
② 필로티(Pilotis)식
③ 코어(Core)식
④ 홀(Hall)식

> [해설]

스킵 플로어식
부지의 형태가 경사지인 경우 부지를 절토하지 않고 주택을 세우면, 실의 바닥 높이 차이에 의하여 전면은 중층이 되고, 후면은 단층이 되는 형식의 주택

60 주택의 평면계획에 관한 사항 중 틀린 것은?

① 거실은 평면 계획상 통로나 홀로 사용하는 것이 좋다.
② 노인침실은 일조가 충분하고 전망이 좋은 조용한 곳에 면하게 하고 식당, 욕실 등에 근접시킨다.
③ 부엌은 사용시간이 길므로 동남 또는 남쪽에 배치해도 좋다.
④ 현관의 위치는 대지의 형태, 도로와의 관계에 의하여 결정된다.

> [해설]

거실
통로나 홀로 사용되어서는 안 된다.

61 주거 공간에서 단위실 면적 산정을 위한 구성분자로 크게 고려하지 않아도 되는 것은?

① 인체 동작 면적
② 거주 인원수
③ 통로 면적
④ 가구 면적

> [해설]

통로면적
단위실 면적 산정이 아닌 공용부면적에 관계한다.

62 주택계획의 기본방향으로 적당하지 않은 것은?

① 생활의 쾌적감을 증대
② 가장 중심의 주거
③ 가사노동의 경감
④ 활동성 증대를 위해 입식생활 도입

> [해설]

주택설계의 방향
가장 중심 → 주부 중심

63 실내 재실자의 체취를 기준으로 할 때 성인 1인당 소요공기량을 17m³/hr로 본다면, 실내환기횟수 2회/hr, 천장고 3m, 재실인원 6인용 침실의 최소 바닥 넓이는 얼마인가?

① 12m²
② 15m²
③ 17m²
④ 20m²

> [해설]

침실의 소요면적
• 실체적 : 소요공기량 ÷ 환기횟수
• 최소바닥 넓이 : 실체적 ÷ 천장고
  17 ÷ 2 = 8.5m³
  8.5 ÷ 3 = 2.8m²
  2.8m² × 6인 = 16.8m²

정답 59 ① 60 ① 61 ③ 62 ② 63 ③

64 단독주택계획에 관한 사항 중 가장 적절하지 못한 것은?

① 주거부 면적은 통상 주택 면적의 80% 정도이다.
② 주택 각 실의 배치는 실 상호 간의 동선연결 및 최적 방위대를 고려하여 결정한다.
③ 소규모의 주택은 소위 리빙키친 형식의 도입이 바람직하다.
④ 각 실의 치수계획은 인체 동작 치수를 기준으로 하여 결정하는데 이는 소위 공간분석(Space Program) 작업의 주된 내용이다.

> 해설
> **주거부 면적**
> 건축 연면적의 50~60% 정도(평균 55%)

65 전통주택이 현대주택으로 변화하는 과정에 영향을 미친 사회·경제적 요소가 아닌 것은?

① 직장과 주택의 분리
② 가족개념의 변화
③ 라이프사이클(Life Cycle)의 변화
④ 연료의 혁명

> 해설
> **현대주택**
> 직장과 주택의 근접을 요구(직주근접)

66 주택계획에 있어서 침실의 위치에 관한 설명으로 옳지 않은 것은?

① 도로에 면한 곳은 피하고 정원측을 향하게 한다.
② 현관에서 먼 곳이 좋다.
③ 프라이버시(Privacy)만 확보된다면 어느 위치나 관계없다.
④ 위생상 남측, 동측, 남동측 등이 좋다.

> 해설
> **침실의 위치**
> • 침실의 위치는 안정과 기밀을 위해 도로에 면한 곳을 피하고, 현관에서 먼 곳이 좋다.
> • 방위는 남, 동남, 동쪽 등이 바람직하다.

67 한·양식 주택의 차이점에 대한 사항 중 옳지 않은 것은?

① 한식주택은 실의 분화에 있으며, 양식주택은 실의 다용도성이 있다.
② 한식주택은 가구식이며, 양식주택은 조적식이다.
③ 한식주택은 좌식 생활이며, 양식주택은 입식 생활이다.
④ 한식주택은 바닥이 높으며 개구부가 크고 양식주택은 바닥이 낮으며 개구부가 작다.

> 해설
> **한·양식 주택**
>
> | 구분 | 한식 | 양식 |
> |---|---|---|
> | 평면 | 은폐적 | 개방적 |
> | 구조 | 가구식 | 조적식 |
> | 습관 | 온돌(좌식) | 침대(입식) |
> | 가구 | 부차적 존재 | 중요한 내용물 |
>
> ① 한식주택은 실의 조합에 있으며, 양식주택은 실의 단일 용도성이 있다.

68 리빙키친(Living Kitchen)의 가장 큰 이점은?

① 공사비가 절약된다.
② 주부의 동선이 단축된다.
③ 설비비가 절약된다.
④ 증축 시 유리하다.

> 해설
> **리빙키친**
> • 식당 + 부엌 + 거실
> • 주부의 동선이 단축

69 주택설계 시 가장 기본이 되는 계획은?

① 입면계획
② 평면계획
③ 배치계획
④ 정원계획

> **해설**
> **평면계획**
> 주택설계 시 가장 기본이 되는 계획이다.

70 한식에서는 좌식의 특징, 양식에서는 입식의 특징을 갖고 있다. 차이가 발생하는 근본적인 원인은?

① 구조
② 사용연료
③ 습관
④ 난방법

> **해설**
> **난방방식**
> 한식(복사난방), 양식(대류난방)

71 주택의 침실계획에 관한 설명 중 적당하지 못한 것은?

① 침실의 출입문을 열었을 때 직접 침대가 보이지 않게 하고 출입문은 안 여닫이로 한다.
② 아동침실은 정신적으로나 육체적인 발육에 지장을 주지 않도록 안정성 확보에 비중을 둔다.
③ 노인실은 다른 가족들과 생활주기가 크게 다르므로 공동생활영역에서 완전히 독립 배치시키는 것이 좋다.
④ 객용침실은 소규모 주택에서는 고려하지 않아도 되며, 소파베드 등을 이용해서 처리한다.

> **해설**
> **노인실의 위치**
> 공동생활영역에서 완전히 독립 배치시키는 것은 바람직하지 못하다.

72 주택의 평면형에 따른 특징을 기술한 것 중 틀린 것은?

① 편복도형은 각 실의 자연 조건은 균등하게 되나 건물의 길이가 길게된다.
② 분리형은 다른 형에 비해 실 내부에 고도의 설비가 필요하다.
③ 중복도형에서는 일반적으로 북측에 화장실이나 계단, 창고 등이 배치된다.
④ 중앙홀형은 면적을 집약적으로 계획할 수 있다.

> **해설**
> **일실형(One Room System)**
> 실내부에 고도의 설비와 짜임새 있는 내용이 요구된다.

73 주택의 평면계획에 관한 설명 중 옳지 않은 것은?

① 건물의 평면모양은 사각형에 가까울수록 좋다.
② 통풍을 고려하여 북측에도 창문을 낼 필요가 있다.
③ 현관의 방위는 어느 쪽이라도 좋다.
④ 부엌은 음식물이 상하기 쉬우므로 남향을 피해야 한다.

> **해설**
> **부엌**
> 음식물이 상하기 쉬우므로 서향을 피해야 한다.

74 주택의 동선계획에 관한 설명 중 틀린 것은?

① 동선의 형은 될 수 있는 한 단순하게 한다.
② 다른 종류의 동선과는 서로 근접 교차시켜 힘이 들지 않게 하여야 한다.
③ 동선의 길이는 가능한 한 짧게 하여야 한다.
④ 낮 공간의 동선과 밤의 공간동선은 서로 분리시킨다.

정답 69 ② 70 ④ 71 ③ 72 ② 73 ④ 74 ②

> 해설

동선
- 짧고 명쾌하게 한다.
- 유사한 것은 근접시킨다.
- 다른 것은 분리시킨다.
- 시간대별로 분리시킨다.
- 공간(Space)이 필요하다.

75 다음 부엌 평면 가운데 사선 친 부분을 설명한 것은?

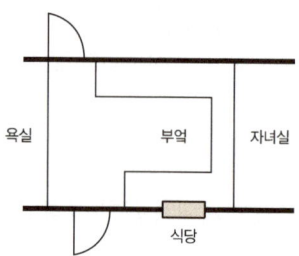

① 싱크(Sink) ② 해치(Hatch)
③ 배선대   ④ 조리대

> 해설

해치
식기 등의 출입구

76 주택에 있어 보건위생상 적당한 공지가 필요한 이유로서 그 중요성이 낮은 것은?

① 동절기의 일조   ② 하절기의 통풍, 채광
③ 시선차단   ④ 연소방지

77 주택의 각종 평면형에서 생활기능을 한 공간에 적절히 배치하여 주 생활 행동을 단순화하고 각 실을 독립적으로 구획하지 않고 가볍게 구획하는 형식은?

① Core형
② One Room System형
③ Void형
④ Polotis형

> 해설

One Room System(일실형)
- 주택전체를 하나의 공간에 포함시켜 각 실을 독립된 구획공간으로 하지 않는 형식
- 실 내부에 고도의 설비와 짜임새 있는 내용이 요구된다

78 주택의 부엌에 대한 설명 중 옳은 것은?

① 가족수는 부엌의 크기를 결정하는 기본 요건 중의 하나이다.
② 작업순서와 회전방법은 왼쪽으로 회전하는 것이 좋다.
③ 작업대의 높이는 90cm 이상이어야 한다.
④ 부엌 계획 시 마감 재료의 선택을 우선 고려해야 한다.

> 해설

부엌
② 작업순서와 회전방법은 왼쪽(능률고려), 오른쪽(안전고려)으로 회전하는 것이 일반적이지만 공간 배치상 어느쪽이 좋다 말할 수 없다.
③ 작업대의 높이 : 73~83cm
④ 부엌 계획 시 우선 고려사항은 작업순서에 따른 작업대의 배치이다.

79 소주택 설계에 있어서 반드시 검토해야 할 사항이 아닌 것은?

① 거주인원과 구성에 의한 적당한 면적을 계획한다.
② 침실의 독립성을 확보한다.
③ 응접실은 식당과 함께 배치한다.
④ 건축설비 배관이 필요한 실은 될 수 있는 대로 집중한다.

> 해설

소주택 설계
응접실을 고려하지 않는 것이 공간계획상 유리하다.

정답 75 ② 76 ③ 77 ② 78 ① 79 ③

80 유틸리티 공간과 관련이 있는 실은?

① 거실 ② 침실
③ 창고 ④ 어린이방

해설

가사실(Utility Space)
주부의 세탁, 다림질, 재봉 등의 작업 및 창고의 역할을 하는 다용도실로서 일반적으로 욕실 및 부엌, 서비스 관계의 여러 실과 접한 위치에 두고 서로 연락이 편리하게 한다

81 주택설계 시 가장 큰 비중을 두어야 할 사항은?

① 거실의 방향과 크기
② 부엌의 위치
③ 주부의 동선
④ 침실의 위치

해설

주택설계의 방향
주택설계 시 주부의 가사 노동 경감이 1차 고려 사항이므로 주부의 동선을 짧게 하는 것이 중요하다.

82 부엌공간에서 배선실(Pantry)은 어떤 용도로 쓰이는가?

① 세탁, 다림질 및 재봉 등의 작업을 하는 공간
② 연료 저장창고, 오물 처리시설 및 건조장 등의 옥외 작업공간
③ 세탁, 걸레 빨기 및 잡품창고를 위한 공간
④ 식품, 식기 등을 저장하는 공간

83 부엌 공간의 작업행정 중 창에 면하지 않아도 될 부분은?

① 준비대
② 개수대
③ 조리대
④ 가열대

해설

창에 면하지 않아도 되는 부분
가열대, 배선대

정답 80 ③ 81 ③ 82 ④ 83 ④

CHAPTER 03

공동주택

01 공동주택의 특징
02 연립주택
03 아파트(APT)
04 단지계획

CHAPTER 03 공동주택

SECTION 01 공동주택의 특징

>>> 공동주택

① APT : 주택으로 쓰이는 층수가 5개 층 이상
② 연립 : 주택으로 쓰이는 층수가 4개 층 이하(연면적 660m² 초과)
③ 다세대 : 주택으로 쓰이는 층수가 4개 층 이하(연면적 660m² 이하)
④ 기숙사

핵심문제 ●●○

도시의 아파트를 고층화하는 경우 장점이 아닌 것은?
❶ 단위면적당 건축 공사비가 저렴해진다.
② 토지의 이용도가 높다.
③ 단지 내의 외부공간 환경조성이 좋아질 수 있다.
④ 통근권이 단축된다.

[해설]
① 고층화할수록 단위면적당 건축비가 비싸진다.

1. 성립배경

① 도시의 인구밀도 증가(자연 + 유입인구)
② 도시 생활자의 이동성 증가
③ 세대 구성인원 감소
④ 가용 토지 부족으로 인한 고밀개발 필요성
⑤ 지가 상승으로 인한 고밀개발 필요성
⑥ 다양한 가족구성

2. 공동주택의 특징

장점	단점
• 설비의 집중화 (세대당 건설비 · 유지비 절감) • 면적이용률 증대 • 공공용지 확보 용이	• 계획상 융통성이 적다. • 프라이버시 유지 불리 • 고층화할수록 단위면적당 건축비 상승 • 설비의 개별제어 불가

SECTION 02 연립주택

핵심문제 ●●○

집합주택의 이점이 아닌 것은?
❶ 융통성을 가진 평면을 계획할 수 있다.
② 1호당 건설비, 관리비를 절감할 수 있다.
③ 생활협동체를 구성할 수 있다.
④ 공동시설을 설치할 수 있다.

[해설]
• 단독주택 : 융통성 있는 평면
• 공동주택 : 표준평면(융통성 X)

1. 연립주택의 특징

(1) 장점

① 토지 이용률을 높일 수 있다.
② 각 세대마다 전용의 뜰을 갖는다.(테라스 하우스)
③ 접지성과 집합 형식에 따라 풍요로운 옥외 공간을 조성할 수 있다.
④ 경사지, 소규모 택지의 이용이 가능하다.
⑤ 대지의 형태 및 지형에 조화시켜 계획함으로써 다양한 배치와 외관의 변화가 가능하다.

(2) 단점

① 벽체의 공유로 인하여 일조, 채광, 통풍이 불리하고 평면 계획에 제약을 받는다.
② 프라이버시 유지에 불리하다.
③ 계획이 성실하지 못할 경우에는 단조로운 공간과 외관이 형성된다.

2. 연립주택의 분류

(1) 테라스 하우스(Terrace House)

① 경사지 이용에 적절한 형식으로 각 주호마다 전용의 뜰(정원)을 가진다.
② 상향식과 하향식 테라스 하우스

상향식	하향식
하층에 거실 등의 주생활 공간을 두어 도로로부터의 진입을 짧게 한다.	• 상층 : 거실 등의 주생활 공간 • 하층 : 침실 등의 휴식, 수면공간
상향식 · 하향식 모두 스플릿 레벨(Split Level)이 가능	

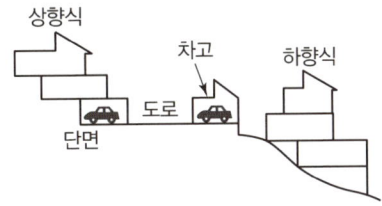

[상향식과 하향식 테라스]

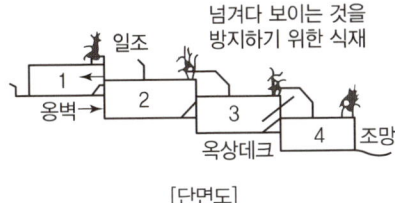

[단면도]

(2) 중정형 하우스(Patio House, Courtyard House)

중정을 갖는 연립주택(한 세대가 한 층을 점유)

(3) 타운 하우스(Town House)

토지의 효율적인 이용, 건설비 및 유지 관리비의 절약을 고려한 단독주택의 이점을 최대한 살린 연립주택의 한 종류

핵심문제

연립주택의 분류 형태에서 적합하지 않은 것은?
① 타운 하우스(Town House)
② 테라스 하우스
③ 중정형 하우스(Patio House)
❹ 플랫타입(Flat Type)

해설 연립주택의 분류
① 2호 연립주택
② 테라스 하우스
③ 중정형 하우스(Patio House)
④ 타운 하우스
⑤ 로우 하우스

≫ 상향식 테라스 하우스

① 차고는 가장 낮은 곳에
② 정원은 가장 높은 곳에

핵심문제

다음 공동주택 중 단독주택의 이점을 최대로 살려 경계벽을 통해 주택 영역을 구분한 것은?
① 테라스 하우스
② 중정형 하우스
❸ 타운 하우스
④ 로우 하우스

1) 공간구성
① 1층 : 거실 · 식당 · 부엌 등의 생활공간
② 2층 : 침실 · 서재 등의 휴식, 수면공간(침실은 발코니를 수반)

2) 특징
① 경계벽을 통한 프라이버시 확보 및 건설비 절감
② 각 호별 주차 용이
③ 배치의 다양한 변화(주호의 진출 및 후퇴 배치) 가능
④ 층의 다양화 : 양 끝 세대 혹은 단지 외곽동을 1층으로, 중앙부는 3층으로 하는 등의 기법
⑤ 프라이버시 확보를 위한 적정 거리 : 25m 정도
⑥ 일조 확보를 위한 주동 배치 : 남향 또는 남동향 등

(4) 로우 하우스(Row House)

>>> 로우 하우스
- 도시형 주택의 이상형
- 단독주택에 비해 높은 밀도 유지 가능

토지의 효율적인 이용, 건설비의 절약, 유지관리비의 절감을 타운 하우스와 마찬가지로 고려한 형식이다. 단독주택보다 높은 밀도를 유지할 수 있으며, 공공시설도 적절히 배치할 수 있어 도시형 주택의 이상형이다. 배치, 구성 등은 타운하우스와 동일하다.

SECTION 03 아파트(APT)

>>> 아파트의 평면형식

종류	특성
계단실형	저층 APT
편복도형	도심지 고층 APT
중복도형	독신자 APT
집중형	주상복합 APT

1. 아파트의 평면형식상의 분류(통로형식, 출입구형식)

- 계단실형(홀형, Direct Access Hall System)
- 복도형(Corridor System) ─ 편(간)복도형
  └ 중(속)복도형
- 집중형

>>> 평면형식상의 분류

평면형식상의 분류에서 각 주호의 프라이버시가 가장 좋은 것은 계단 실형이다.

(1) 계단실형(홀형)

계단실이나 E/V홀로부터 직접 각 주호에 들어가는 형식

장점	단점
• 독립성이 좋다. • 통행부 면적 감소(건물의 이용도가 높다.) • 출입이 편하다.	고층 아파트일 경우 계단실마다 EV를 설치해야 하므로 시설비가 많이 든다.

(2) 복도형

1) 편(갓)복도형(Balcony System, Side Corridor System)

복도에 의해 각 주호로 출입하는 형식

장점	단점
• 복도개방시 채광·환기 유리 • 중복도에 비해 독립성 유리 • 고층아파트에 적합	• 복도 폐쇄시 채광·환기 불리 • 고층아파트의 경우 난간을 높게 해야 한다. • 복도 개방시 외부에 노출(위험)

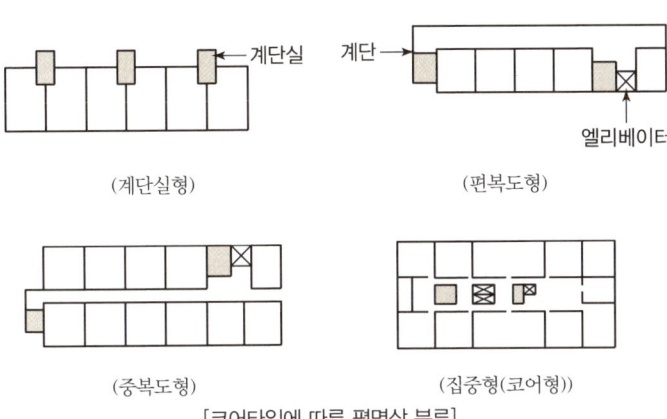

[코어타입에 따른 평면상 분류]

2) 중(속)복도형(Middle Corridor System)

복도 양측에 각 주호가 배치된 형식

장점	단점
부지의 이용률이 높다.	• 독립성이 나쁘며 시끄럽다. • 채광, 환기 불리 • 복도의 면적이 넓어진다.

✎ 중복도형은 남북으로 길게 건물을 설계하는 것이 좋다.

3) 집중형(코어형)

계단실과 EV를 중심으로 다수의 주호를 배치한 형식

장점	단점
• 부지의 이용률이 가장 높다. • 많은 주호를 집중배치	• 독립성이 극히 나쁘다. • 채광, 환기 극히 분리 • 복도의 환기 문제 : 고도의 설비시설 필요

핵심문제

동일한 대지조건, 동일한 단위주호 면적을 가진 편복도형 아파트가 계단실형에 비해 유리한 점은?
① 채광, 통풍을 위한 개구부가 넓어진다.
❷ 수용세대수가 많아진다.
③ 공용면적이 작아진다.
④ 피난에 유리하다.

해설
①, ③, ④는 계단실형의 장점이다.

≫ 독신자 APT

① 보통 중복도식을 지님
② 공용의 사교적 부분이 충분히 제공
③ 공용식당·공용욕실
 (단위 평면에 부엌, 욕실이 없다.)

핵심문제

공동주택의 코어의 분류 중 대지의 이용률이 높고 콤팩트하여 많은 주호를 집중시킬 수 있으나 환기의 문제가 큰 형식은?
① 홀형   ❷ 코어형
③ 편복도형 ④ 중복도형

해설
코어형의 특징이다.

>>> 아파트의 입체형식

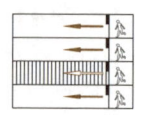
[플랫형]
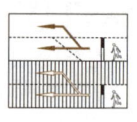
[메조넷형]

핵심문제 ●●○

아파트 건축에서 각 세대 간 독립성이 가장 높은 것은?
① 집중형 ❷ 복층형
③ 편복도형 ④ 계단실형

[해설]
복층형＞계단실형＞편복도형＞집중형

핵심문제 ●●○

스킵 플로어(Skip Floor)의 변형으로 엘리베이터의 정지층에 집중적으로 공동시설을 배치한 것을 무엇이라 하는가?
① 워크업(Walk-Up)
② 메조넷(Maisonette)
❸ 코리더 플로어(Corridor System)
④ 플랫(Flat)

>>> 주동배치 시 외부 공간 역할

① 일조, 채광, 통풍을 위한 공지확보
② 프라이버시 확보
③ 도로, 주변 공해로부터 완충공지확보
④ 보건 및 안정성
⑤ 영역성 확보

핵심문제 ●●○

아파트 단위평면계획 시 고려하여야 할 것으로 옳지 않은 것은?
① 설비를 집중시킨다.
② 면적을 고도로 이용한다.
❸ 각부계획은 연립주택에 준한다.
④ 거실 중심으로 각실을 배치한다.

[해설]
각부계획은 단독주택에 준한다.

2. 아파트의 입체형식(단면형식)상의 분류

(1) 단층형(Flat Type, Simplex Type)

각 주호가 한 개층으로 구성

(2) 복층형(Duplex, Maisonette)

한 주호가 2개층 이상에 걸쳐 구성되는 형

장점	단점
• 독립성이 가장 양호 • 통로면적 감소 → 임대면적 증가 • EV의 정지층 수를 적게 할 수 있다. (효율적, 경제적) • 복도가 없는 층 : 남북이 트여 채광 유리	• 복도가 없는 층 : 피난상 불리 • 소규모 주택에서는 비경제적 • 구조상 복잡(스킵 플로어형)

✎ 스킵 플로어형(Skip Floor Type) : 반층 높이 차이
  A. 엘리베이터와 연결하는 복도가 2층 또는 3층마다 있고 2층에서 상하층에 계단으로 연락한다.
  B. 구조 및 설비계획상 복잡하다.
  C. 일반적으로 복층형으로 보나 단층형과 복층형이 존재한다.

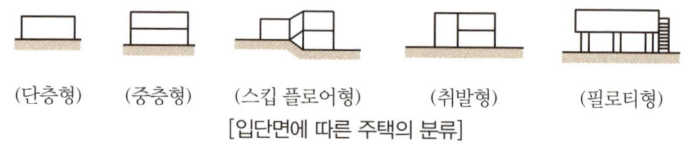

(단층형) (중층형) (스킵 플로어형) (취발형) (필로티형)
[입단면에 따른 주택의 분류]

3. 평면계획

(1) 블록 플랜(Block Plan)의 결정 조건

① 각 단위 플랜이 2면 이상 외기에 면할 것
② 중요한 거실이 모퉁이에 배치되지 않도록 할 것
③ 각 단위 플랜에서 중요한 실외 환경은 균등하게 할 것
④ 현관은 계단에서 6m 이내일 것(계단실형인 경우)
⑤ 모퉁이 내에서 다른 주호가 들여다 보이지 않을 것

(2) 단위 평면(Unit Plan)의 결정 조건

① 거실에는 직접 출입이 가능하도록 한다.
② 침실에는 직접 출입이 가능하도록 하며 타실을 통하여 통행하지 않도록 한다.
③ 부엌과 식사실은 직결하고 외부에서 직접 출입할 수 있도록 한다.
④ 동선은 단순하고 혼란되지 않도록 한다.

(3) 철근콘크리트조 아파트 설계 시 주의할 점

① 사이벽은 목조, 그 밖에 경량재를 사용하여 총 열용량을 작게 한다.
② 큰 개구부를 갖는 부분은 베란다 등을 두어서 완충부로 한다.
③ 여름철에는 되도록 콘크리트 외벽에 햇볕이 닿지 않도록 한다.
④ 최상층에는 옥상으로부터 열을 차단할 수 있는 재료를 별도로 설치하고 천장 속의 환기를 고려해야 한다.
⑤ 자연환기(환기창, 환기통) 또는 기계환기(개별식, 중앙식), 더 고급으로는 공기조절 및 냉방장치를 계획한다.

4. 세부 계획

(1) 단위 플랜 내의 각실 계획

1) 거실, 식당, 부엌

① 대개 다이닝 키친, 리빙 키친 형식이다.
② 부엌에 면하여 베란다를 설치한다.(빨래터, 건조 장소로 쓰이며 크기는 3.3m² 내외)
③ 거실의 천장 높이는 2.4m 이상으로 하고 최상층은 방서를 위해 일반층보다 10~20cm 정도 더 높게 한다.

2) 발코니(Balcony)

① 직접 외기에 접하는 장소 서비스 발코니와 리빙 발코니(Living Balcony)가 있다.
② 유아의 유희, 일광욕, 침구 및 세탁물 건조 장소로 쓰인다.
③ 난간의 높이는 1.2m 정도 한다.
④ 비상시 이웃집과 연락이 가능한 곳이어야 한다.

3) 현관

① 안여닫이가 원칙이나 홀이 좁아지므로 면적상 밖으로 열도록 한다.
② 유효 폭은 85cm 이상으로 하고 문짝은 방화상 철제로 설치한다.

4) 변소, 욕실

① 변소는 수세식으로 하고 될 수 있는 대로 거실에서 직접 출입하는 형식은 피하고 복도나 수세실을 지나게 한다.
② 세대마다 변수 설치가 불가능한 경우는 공동변소를 설치한다.
③ 원칙적으로 변소와 욕실은 분리한다.
④ 욕조의 크기 : 80~90 × 120~180cm

>>> **공간의 융통성 계획(APT)**

① 침실 간 인접한 벽은 비내력벽
② 식당과 거실을 동일실(부엌분리)
③ 발코니 면적은 가급적 크게 한다.
④ 거실에 인접한 침실은 거실을 거치지 않도록 한다.
⑤ 침실은 서로 분리(독립성. 융통성×)
⑥ 거실의 독립성 부여

>>> **최상층 계획**

① APT = 기준층 + 10~20cm
② 사무소 = 기준층 + 30cm

5) 가구 수납 설치
  ① 결로 방지상 내벽 쪽으로 한다.
  ② 수납용 침대 : 도어 베드(Door Bed), 리세스 베드(Recess Bed), 롤러 베드(Roller Bed)

(2) 공동 부분

1) 계단
  ① 단 높이는 18cm, 단 너비 28cm, 물매 30°이하, 계단폭 1.8~2.1m
  ② 배수는 기준층에서 처리한다.

2) 복도
  ① 기준층에서의 복도 폭 : 1.8~2.1m
  ② 보행 거리
    • 주요 구조부가 내화 구조인 경우 : 50m
    • 비내하 구조인 경우 : 30m
  ③ 출입구의 높이 : 1.8m
  ④ 계단참 : 3m 이상의 높이인 경우 3m 이내마다 1개소씩 설치
  ⑤ 법규상(공동주택, 오피스텔)
    • 양측에 거실이 있는 복도의 폭은 1.8m 이상
    • 기타의 복도는 1.2m 이상

5. 엘리베이터(EV)

1) 배치
  ① 복도형일 때 : 단위 플랜에서 30~40m 이내
  ② 홀형일 때 : 홀에 배치

2) 대수산출 시 가정조건

> • 2층 이상 거주자의 30%를 15분간에 일방 수송한다.
> • 1인의 승강에 필요한 시간은 문의 개폐시간을 포함해서 6초로 한다.
> • 한 층에서 승객을 기다리는 시간은 평균 10초로 한다.
> • 실제 주행속도는 전 속도의 80%로 한다.
> • 정원의 80%를 수송 인원으로 본다.
> • 거주자가 차지하는 건물 내의 면적은 연면적의 70%로 하고, 1인이 차지하는 면적은 30m²(아파트)로 한다.

3) EV 1대당 50~100호가 적당, 10인승 이하의 소규모가 좋다.

▶▶▶ EV의 경제성 및 효율향상방법

편복도형의 평면에 복층형식

▶▶▶ EV의 속도

① 경제적 : 저속(50m/min)
② 능률적 : 중속(70~100m/min)
③ 전 속도 : 100m/min

▶▶▶ 더스트 슈트(Dust Chute)

① 계단참, 복도 등에 설치(북쪽방향)
② 크기

APT 규모	크기(m)
2~3층	40×40
4~6층	50×50
7~9층	60×60

③ 쓰레기 투입구

4) 엘리베이터의 속도
① 속도가 90m/min 이하인 경우는 교류용 EV를 사용
② 속도가 90m/min 이상일 경우는 직류용 EV 사용
(직류용일 경우 가격이 비싸다.)

SECTION 04 단지계획

1. 개요

도시계획이 인간활동을 상호 결합하는 과정이고, 건축이 인간활동을 담는 용기(容器)를 만드는 것이라고 한다면, 단지계획(Site Planning)은 이 두 가지를 서로 조화될 수 있는 환경을 조성하는 것이다.
그러므로 주거단지 계획은 도시를 구성하는 가장 기본적인 요소인 주택을 일단의 토지 위에 집단적으로 건설하거나, 기존 시가지를 형성하고 있는 일단의 주택지를 보존, 수복, 재개발하기 위한 지구계획의 한 분야라 할 수 있다.

(1) 단지계획의 정의

단지계획은 인간이 생활하는 데 불편함이 없도록 외부의 물리적인 환경을 조성하는 기술로 환경 설계요소인 도로, 주거동 구성 및 형식, 인동간격, 프라이버시, 소음, 조망, 통풍 등을 고려하여 시설 배치를 계획하는 것을 말한다. 단지계획에서는 주거단지뿐만 아니라 재개발지구, 공업단지, 쇼핑 센터, 대학 캠퍼스 등도 취급하며, 기능에 따라서는 구조물의 배치, 보·차도의 체계, 주차장 계획 등을 하는 분야로 인식되고 있다.

(2) 커뮤니티와 공동시설

주택지의 균형 있는 발전을 이룩하기 위해서 주택지를 지역적으로 통합하여 발전시키려는 사고방식이 근린주구의 개념이며 '커뮤니티(Community)'라 한다.

(3) 커뮤니티 센터(Community Center)

공동생활에 필요한 시설이 형성된 군을 말한다.

>>> **단지계획의 목표**

① 개발비용의 최소화(효율성)
② 기능의 충족
③ 주거환경의 자유로운 선택
④ 이웃과의 유대
⑤ 건강과 쾌적성
⑥ 변화에 따른 융통성과 적응성

핵심문제

단지계획의 목표설정 시 고려해야 할 내용 중 가장 부적합한 것은?
① 개발비용의 최소화
② 주거환경의 자유로운 선택
③ 주민 상호 간 의사전달을 통한 커뮤니티 의식의 형성
❹ 주민의 성향변화에 따른 융통성과 적응성 배제

|해설|
④ 변화에 따른 융통성과 적응성 고려

>>> **커뮤니티의 3가지 구성요소**

① 영역(Territory)
② 사회적 상호작용(Social Interaction)
③ 공동유대(Common Ties)

핵심문제 ●○○

주거지역의 균형 있는 발전을 위하여 주택지를 지역적으로 통합하여 발전시키려고 하는 개념을 무엇이라 하는가?
❶ 커뮤니티(Community)
② 쾌적성(Amenity)
③ 정체성(Identity)
④ 영역성(Territory)

핵심문제 ●○○

공동주택에서 기본적 거주설비를 공동시설화하는 경우에 필요한 것은?
❶ 급·배수시설 ② 세탁시설
③ 관리시설   ④ 우체국시설
[해설]
② 2차 공동시설
③ 3차 공동시설
④ 4차 공동시설

≫ 하워드의 전원도시론
① 자족성
② 인구제한
③ 토지공개념
④ 기업(공장)유치
⑤ 도시와 농촌의 장점 취함
⑥ 도시주변 녹지대 구성
⑦ 모도시와 일정지역 이격
⑧ 도시 중심에 중심공원
⑨ 도심에 시청, 극장 등 공공시설 집중

≫ 페리의 근린주구 이론
① 물리적 크기
  • 초등학생 수 기준
  • 보행거리 감안
  • 안전성
  • 쾌적성
  • 편의성 고려
② 학교가 지역 커뮤니티 센터 역할

(4) 공동체의식 향상방안
① 클러스트형의 주호군 배치
② 이용거리를 고려한 공공시설물 배치 및 공동공간(Communal Space)의 조성
③ 보차분리형의 가로망 계획 : Cul-de-Sac, Loop 등

(5) 공동시설

구분	시설의 종류
1차 공동시설 (기본적 주거 시설)	급·배수, 급탕, 난방, 환기, 전화설비, 통로, 엘리베이터, 각종슈트, 소각로, 구급설비 등
2차 공동시설 (거주 행위 공유)	세탁장, 작업시설, 어린이 놀이터, 창고설비, 응접실 등
3차 공동시설 (편의적 시설)	관리시설, 물품판매, 집회실, 체육시설, 의료 시설, 보육시설, 채원, 정원 등
4차 공동시설 (공공적 시설)	우체국, 학교, 경찰서, 파출소, 소방서, 교통기관 등

2. 주거단지 계획의 이론

(1) 하워드(Ebenezer Howard)의 전원도시

전원도시 계획으로 '내일의 전원도시'(1898), '레치워스(Letchworth) 전원도시'(1903), '윌윈(Welwyn) 전원도시'(1920) 등이 있다.
① 도시와 농촌의 장점을 결합한 신도시(전원도시)의 개념을 확립
② 중심에 400ha의 시가지와 주변에 농경지대 설치
③ 인구제한(시가지 : 32,000명, 중심도시 : 58,000명)
④ 자족적인 시설배치
⑤ 토지사유의 제한과 개발이익의 사회 환원을 주장
⑥ 대도시와 일정거리 이격배치
⑦ 도시 중심부에 공공시설 배치

(2) 페리(Clarence Arther Perry)의 근린주구

일반적으로 초등학교 한 곳을 필요로 하는 인구가 적당하며, 지역의 반지름이 400m인 단위를 잡고 있다.

구성요소	원칙
규모(Site)	초등학교 1개소가 구성될 수 있는 인구, 물리적 크기는 인구밀도에 의해 결정
경계(Boundaries)	주구를 둘러싼 간선도로(Arterial Streets), 통과 교통 배제
공지(Open Space)	소공원, 레크레이션용지, 공원의 체계화
공공시설 용지 (Institution Site)	학교, 기타 공공시설들이 중심지 또는 공공지역에 적합하게 군집(Grouped)되어 입지
지구 점포 (Local Shop)	거주인구에 적합한 상점지구가 주거지 내에 1개소 이상 입지, 위치는 교통의 결절점이거나 혹은 인접 상점지구와 근접 배치
내부가로체계 (Internal Street System)	가로망은 교통량에 비례하고, 지구 내 교통을 용이하게 하면서 통과 교통 방지

[페리의 근린주구 모델]

(3) 라이트(Henry Wright)와 스타인(Clarence S.Stein)의 레드번

뉴저지에 레드번(Redburn)설계(1928)는 영국의 '막다른 골목(Dead-end-Street)'과는 구별되는 것으로 주거들은 막다른 골목의 끝에 자유로이 배치되어 차고를 설치하며 질서를 부여한다.

① 주된 특징은 자동차와 보행자의 분리이다.
② 슈퍼블록(Super Block)으로 주택들과 가구 안의 시설, 학교, 공원 등은 보도에 의해 연결된다.
　㉠ 주거지는 슈퍼블록을 단위로 계획
　㉡ 주거지 내의 통과교통을 허용하지 않음
　㉢ 거실은 정원 또는 공원 쪽으로 배치
③ 쿨데삭(Cul-de-Sac)은 차량의 서비스 도로역할을 하며 주호내 서비스실은 쿨데삭 쪽에 배치하여 차량이 집과의 접근, 배달, 기타 서

>>> 슈퍼블록(Super Block)

간선도로에 의해 분할되지 않는 주구로 12~20ha로 구성

>>> 레드번 시스템

① 보차분리
② 쿨데삭(막힌 골목길)
③ 대가구 계획(슈퍼블록)
④ 간선도로로 둘러싸이고, 간선도로가 마을을 관통하지 아니함
⑤ 어린이를 둔 가정의 안전과 쾌적성 강조

핵심문제 ●●●

슈퍼블록(Super Block)을 구성함으로써 얻을 수 있는 장점에 대한 설명으로 가장 부적합한 것은?

① 보도와 차도의 분리
❷ 건물의 분산배치로 저층 저밀의 쾌적한 주거환경 조성
③ 충분한 오픈 스페이스(OpenSpace) 확보
④ 전력, 난방, 하수, 쓰레기 수집 등 도시시설의 공동화

[해설] 슈퍼블록 구성의 이점
- 보차분리
- 내부통과교통 없음
- 건물의 집약화(고층화, 효율화)
- 충분한 오픈스페이스 확보
- 도시시설의 공동화

▶▶ 르 코르뷔지에의 도시 4대 기능(아테네 헌장, CIAM 4차)

① 여가
② 주거
③ 근로
④ 교통

핵심문제 ●●●

도시를 이미지화 할 수 있는 도시의 물리적 구조에 관한 캐빈 린치(K. Lynch)의 다섯 가지 요소와 상관이 없는 것은?

① 통로(Paths)
② 경계(Edges)
❸ 위계(Hierarchies)
④ 결절(Nodes)

[해설] 캐빈 린치의 이미지 요소
- Edges(접촉부, 경계)
- Landmark(기념물)
- Nodes(중심,결절점)
- Paths(통로)
- Districts(구역)

비스 활동을 가능하게 한다.
④ 보도에 의해 가구 안의 시설물에 접근한다.

(4) 페더(G.Feder)(1932)의 새로운 도시(Die Neue Stadt)

① 단계적인 생활권을 바탕으로 도시를 조직적으로 구성
② 일상생활권을 확립하여 도시를 이론적으로 조직화
③ 인구 20,000명을 갖는 자급자족적인 소도시

(5) 아담스(Thomas Adams)(1934)의 주거지 설계

페리(C.A Perry)의 근린주구와 거의 같은 규모로 1300~2050호를 제안하고 있으며, 중심시설은 공민관과 상업시설이다.
① 주거지의 설계
② 소주택의 근린지

(6) 루이스(H.M.Lewis)의 현대도시계획

① 어린이 최대 통학거리 800~1,200m
② 점포지구에 이르는 최대거리 800m 이하
③ 근린주구의 이상적 크기 1/2 평방마일 이하
   (인구밀도가 높은 경우 1/4 평방마일)
④ 5~15세까지의 소년에 대한 운동장은 반지름 400~800m

Reference

캐빈 린치의 도시 이미지 요소
① Edges(접촉부) : 관찰자가 길로서 느끼지 않는 두 지역 사이의 경계와 선형 요소로 해안선, 긴벽, 언덕 등
② Landmark(기념물) : 관찰자가 그 속으로 진입할 수 있는 표지, 건물, 사인, 탑, 산 등
③ Nodes(중심) : 관찰자가 진입할 수 있는 하나의 결절점으로 교차로, 광장 등
④ Paths(통로) : 관찰자를 따라서 움직일 수 있는 채널로서 가로, 보도, 운하, 철도 등
⑤ Districts(구역) : 관찰자가 심리적으로 진입하듯 하면서 느낄 수 있는 어떤 공통적 특징을 갖는 구역

3. 주거단지의 구성

(1) 생활권 체계

1단지 주택계획은 인보구 → 근린분구 → 근린주구로 구성된다.

구분	면적	호수	인구규모	중심 시설	비 고
인보구	0.5~2.5ha (6ha 이하)	20~40호	100~200명	철근콘크리트 3~4층 아파트 1~2동	• 유아놀이터 • 공동세탁장
근린분구	15~25ha	400~500호	2,000~2,500명	일상 소비 생활에 필요한 공동시설을 운영할 수 있는 체계	• 소비시설 : 잡화, 음식점, 쌀가게 • 보건위생시설 : 공중목욕탕, 약국, 이용실, 미용실, 진료소 • 보육시설 : 유치원, 어린이집, 어린이공원
근린주구	100ha	1,600~2,000호	8,000~10,000명	초등학교를 중심으로 한 근린분구의 수 개의 집합체	• 교육문화시설 : 초등학교, 도서관 • 행정시설 : 동사무소, 우체국, 소방서 • 의료시설 : 병원 • 공원시설 : 공원, 운동장

핵심문제 ●●○

주택단지계획 단위 중 이웃의 개념이 가장 강한 것은?
❶ 인보구 ② 근린주구
③ 지구 ④ 근린분구

해설
• 인보구 : 가장 작은 생활권 단위(반경 100m 정도)
• 근린분구 : 주민 간 면식이 가능(진입로, 오픈 스페이스 등을 공유)
• 근린주구 : 보행으로 중심부와 연결 가능(초등학교,상가 등의 공동서비스 시설 공유)

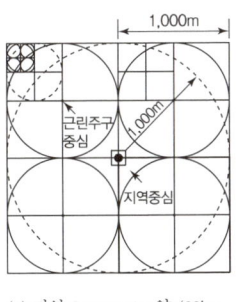
(1) 지역 Community 약 400ha (약 100,000명)

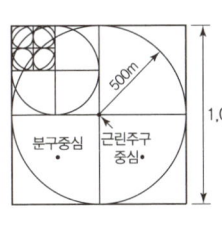
(2) 근린주구 약 100ha (약 8,000명)

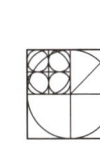
(3) 근린분구 약 25ha (약 2,000명) (4) 인보구 약 6ha (약 150명)

[근린주구의 단계별 규모]

핵심문제 ●○○

페리(C.A.Perry)의 이론 중 근린분구에 필요한 중심시설물로 가장 타당한 것은?
① 중학교, 병원
② 유아 놀이터, 공동 세탁장
❸ 공중 목욕탕, 진료소
④ 도서관, 우체국

》 근린지구

근린주구 3~4개 정도

(2) 도시 주택의 배치

① 중심부 : 500인/ha(고층건물, 주상복합 건물)
② 중심외주부 : 300~400인/ha(중층건물, 집합주택)
③ 외주부 : 200인/ha(단독주택 단지형성)
④ 교외지구 : 50~100인/ha(전원주택, 저층주택)
⑤ 슬럼 : 600인/ha 이상 밀집. 지역이 점차 불량지역으로 변화한 지역

》 ha(헥타르, Hectare)

① 1are → 100m²
② 1ha → 10,000m²

4. 주거단지의 계획

(1) 토지이용계획의 정의 및 목적

① 토지이용계획의 정의
- 공간에 활동을 부여하는 행위
- 토지공간의 제반 활동들이 최적화될 수 있도록 양적 수요를 예측하고 그것을 합리적으로 배치하기 위한 계획 작업
- 토지이용계획을 실행할 수단으로 토지이용 규제가 필요

② 토지이용계획의 목적
㉠ 토지이용의 효율성
- 도시기반시설의 설치, 관리비용을 최소화
- 대상지의 물리적, 지리적, 역사적, 문화적 지역특성을 반영한다.
- 수용능력의 한계 내에서 개발과 보전의 적절한 균형과 조화를 유지
- 대상지의 가로망, 공원, 녹지, 공공 편익시설 체계와 조화

㉡ 문제점의 최소화 및 잠재력의 극대화
- 장래개발의 확장 및 토지이용 변화에 대응할 수 있도록 신축성이 있는 계획을 수립
- 서로 상충되는 용도는 가급적 분리하고 상호보완적인 용도는 유기적인 연계성을 갖도록 계획
- 단지계획에서는 토지이용계획과 교통계획이 상호 밀접한 관련성이 있기 때문에 이들 간의 통합적 계획 요구

㉢ 안전성, 보건성, 편리성, 쾌적성, 경제성의 확보
- 토지이용, 경관 등의 측면에서 주변지역과의 조화를 이루도록 한다.
- 환경친화적 토지이용계획을 통해 기능중심의 교통계획과의 차별성을 부각하도록 한다.

(2) 밀도계획

① 밀도의 유형
단지계획의 밀도는 물리적 밀도가 주체가 된다.
- 물리적 밀도 : 단위면적당 분포되어 있는 시설의 양(건폐율, 용적율, 토지이용률 등)
- 활동밀도 : 단위면적당 발생하는 활동의 강도(인구밀도, 세대 및 호수 밀도 등)
- 입체밀도 : 단위가 2개 이상인 경우의 밀도(단위시간당 또는 단위면적당 보행량)

핵심문제

토지이용계획의 궁극적인 목적이 아닌 것은?
① 인간의 자유로운 활동보장을 위한 한정된 토지공간의 효율적 이용
❷ 단지 내 구성원 개개인의 경제력 향상
③ 장래에 예측되는 각종 활동의 문제점 최소화
④ 안정성, 보건성, 편리성, 쾌적성의 최대 확보

[해설]
② 공공의 이익을 고려한다.

▶▶ **토지이용률**

$$= \frac{건물의\ 바닥면적}{부지면적} \times 100(\%)$$

핵심문제

단지계획의 밀도에 대한 설명 중 가장 부적당한 것은?
① 밀도는 물리적 밀도, 활동밀도, 입체밀도 등으로 구분한다.
② 물리적 밀도는 단위 면적당 분포되어 있는 시설의 양을 의미한다.
③ 활동밀도는 단위 면적당 발생하는 활동의 강도로서 인구밀도 등을 말한다.
❹ 단지계획에서 주로 이용되는 밀도는 활동밀도와 입체밀도이다.

[해설]
④ 건폐율, 용적률과 같은 물리적 밀도가 주로 이용된다.

구분	내용	적용
순밀도 (인/ha, 호/ha)	주택지내 순대지(공공용지를 제외한 순수주택용지의 단위 면적에 대한 밀도	–
인구밀도 (인/ha)	토지와 인구와의 관계를 나타낸다.	단지의 유형 및 배치, 주요시설의 개소, 규모, 용량을 산정하는 자료
호수밀도 (호/ha)	토지와 건물량과의 관계를 나타낸다.	교육시설, 상업시설 등의 규모를 산정 하는 자료
호당부지면적 (m^2/호)	일정구역에 있어서 1호당 평균 부지면적(호수밀도의 역수 관계)	용지이용률, 용지처분가격(용지비) 등 을 산정하는 자료
건폐율(%)	건물의 밀집도를 나타낸다.	평면적 토지이용 상태를 결정하는 지표
용적률(%)	토지의 고도집약 이용도를 나타낸다.	입체적 토지이용 상태를 결정하는 지표

② 적정주거밀도결정
  ㉠ 주택의 1인당 바닥면적 : 주택의 규모
  ㉡ 건축형식(독립주택, 2호 연립, 연립, 저층) : 인동간격의 결정
  ㉢ 건축구조(목조, 내화구조등의 구별) : 동서방향의 인동간격 결정
  ㉣ 일사, 지반의 경사 등 : 일사의 기준은 동짓날 4시간을 취한다. 남북방향의 인동간격
  ㉤ 토지이용률 : 구역의 크기에 따라 다르며, 구역이 클수록 공공시설면적이 증가하므로 주거밀도는 떨어진다. 단독주거배치보다 공동주택이 주거밀도가 증가하여 공동주택에서 일정한 높이까지는 층수가 증가할수록 주거밀도는 증가한다.

(3) 가구 및 획지계획
  ① 용어 및 개념
    ㉠ 가구(Block) : 도로에 의해 구획되는 하나의 토지단위, 일반적으로 여러 개의 필지로 구성된다.
    ㉡ 획지 : 가구를 분할하여 1단위의 건축부지로 한 것으로서, 하나하나의 주택에 소요되는 면적에 해당하며, 단지계획의 최소 단위로 볼 수 있다.
    ㉢ 필지 : 지적법에 의해 경계와 지목이 지정되는 일단의 토지를 말한다. 지적법상 하나의 소유(지번)가 부여되는 단위로서, 법적인 효력을 가진 점에서 획지와 구분된다고 볼 수 있다.
    ㉣ 대지 : 건축행위가 이루어지는 최소단위를 의미한다.

핵심문제 ●●○

적정 주거 밀도를 결정하기 위한 조건으로 가장 부적합한 것은?
① 구역의 크기와 건축형식
② 주택의 1인당 바닥면적
❸ 건물의 이용률과 이용빈도
④ 남북 간 인동간격

해설
③ 토지이용률 고려

핵심문제 ●●○

가로로 둘러싸여져 구획된 토지를 무엇이라고 하는가?
① 획지 ❷ 가구(Block)
③ 근린분구 ④ 지구

② 세장비
  ㉠ 세장비는 앞 길이(도로에 면한 길이)에 대한 안쪽의 길이(깊이)의 비를 말한다.
  ㉡ 동서축 가구의 획지는 세장비를 크게 하고 남북축 가구의 획지는 세장비를 작게 하는 것이 일조권에 유리하다.
  ㉢ 획지규모가 180~240m²(48~72평)일 경우 세장비는 1.2~1.5 정도가 적당하다.
  ㉣ 획지규모가 작을 경우 토지의 효율성을 위해서는 세장비를 크게 하는 것이 좋다.

동선계획
① 인지성
② 안전성
③ 쾌적성
④ 최단거리 등이 되도록 계획

(4) 동선계획

① 보행자 동선
  ㉠ 대지 주변부의 보행자 전용로와 연결
  ㉡ 목적동선은 최단거리로 요구(오르내림이 없게 한다.)
  ㉢ 보행도로의 너비는 어린이의 놀이터를 포함한 생활공간으로서 충분히 넓게 한다.
  ㉣ 생활편의시설을 집중적으로 배치
  ㉤ 놀이터나 공원 등 어린이 놀이터 동선은 보행지점용 도로에 인접해서 설치

② 차량동선
  ㉠ 최단거리 동선이 요구(알기 쉽게 배치)
  ㉡ 9m(버스), 6m(소로), 4m(주거동 진입도로)의 3단계 정도로 한다.
  ㉢ 주차장계획과의 합리적인 연결이 되도록 한다.
  ㉣ 쓰레기 수집방식은 차량동선계획과 함께 고려
  ㉤ 긴급차량동선을 확보
  ㉥ 소음대책도 강구
  ㉦ 횡단물매, 종단물매, 곡선반경, 건축선한계 등을 고려

핵심문제

주거단지 계획 시 공동시설의 배치계획에 대한 설명으로 가장 부적합한 것은?
① 이용자의 편의성, 접근성을 고려하여 배치
② 시설이용빈도가 높은 건물은 이용거리를 짧게 배치
❸ 공공행정시설은 배치계획에서 배제
④ 확장 또는 증설을 위한 용지 확보

(5) 공동시설

① 이용성, 기능상의 인접성, 토지이용의 효율성에 따라 인접하여 배치
② 확장 또는 증설을 위한 용지를 확보
③ 중심을 형성할 수 있는 곳에 설치
④ 중심지역에는 시설광장을 설치하여 공원, 녹지, 학교 등과 관련시켜 계획
⑤ 이용 빈도가 높은 건물은 이용거리를 짧게 한다.

5. 교통계획

(1) 교통계획 시 고려사항

① 통행량이 많은 고속도로는 근린주구 단위를 분리
② 근린주구 단위 내부로의 자동차 통과 진입을 극소화
③ 도로패턴은 조직적이어야 하며, 주요 차도와 보도의 입구는 명백히 특징지울 수 있어야 한다.
④ 2차도로 체계(Sub-System)는 주도로와 연결되어 쿨데삭(Cul-de-Sac)을 이루게 한다.
⑤ 단지 내의 통과교통량을 줄이기 위해 고밀도 지역은 진입구 주변에 배치
⑥ 통과도로는 다른 도로들보다 중요하게 취급되어 방문자들이 필요없이 방황하거나 길을 잃지 않도록 하여야 한다.

(2) 차량교통계획

① 간선도로 계획
  ㉠ 지구 내 간선도로는 지선로에 의해 자주 끊겨서는 안 된다.
  ㉡ 간선도로에서 횡단보도는 최소 300m 마다 설치한다.
  ㉢ 간선도로 교차는 T자형으로 하며, 교차지점 간의 간격은 최소 400m 이상으로 한다.
  ㉣ 간선도로의 교차각은 최소 60° 이상이어야 한다.
  ㉤ 간선도로가 30°이상 우회할 때 우회지점에 표지판을 설치한다.
  ㉥ 모든 공공시설물은 인접된 둘 이상의 간선도로에서 보행거리 내에 설치하는 것이 좋다.

② 지선로(단지 내) 계획
  ㉠ 단지 내의 차량이동은 저속을 유지
  ㉡ 2개의 간선로를 곡선형으로 연결시켜 차량속도를 감소시킨다.
  ㉢ 각 주로는 지선로에 의해 연결되지만 지선로에 건물이 직접 면하도록 배치 시킬 수 있다.

③ 집산로(주구 내) 계획
  ㉠ **불규칙한 커브형태** : 운전자의 주의를 집중시키고 감속시키도록 한다.
  ㉡ 자연지형을 따르도록 하며, 수목들을 제거하여 가시거리를 확보한다.
  ㉢ 차량 이외의 수단으로 접근이 가능한 곳에는 보차분리를 시킨다.

④ 주동접근로 계획
  ㉠ 환경적으로 가장 나쁜 지역에 둔다.

핵심문제 ●●○

주거단지 차량도로 계획 시 유의사항으로 가장 부적당한 것은?

① 간선도로의 교차각은 최소 60° 이상이 되게 한다.
② 가급적 단지를 관통하는 통과도로로 사용되지 않도록 한다.
③ 간선도로의 교차를 T자형으로 할 경우 교차지점 간의 간격은 400m 이상으로 한다.
❹ 간선도로에서 횡단보도는 200m 마다 설치한다.

해설
④ 간선도로에서 횡단보도는 최소 300m 마다 설치한다.

핵심문제 ●●○

단지계획 시 교통계획에 대한 서술 중 가장 부적당한 것은?

① 통행량이 많은 고속도로는 근린주구 단위를 분리시킨다.
② 단지 내의 통과교통량을 줄이기 위해서는 고밀도지역을 진입구 주변에 배치시킨다.
❸ 간선도로의 교차각은 최소 30° 이상이어야 한다.
④ 모든 공공시설물은 인접된 둘 이상의 간선도로에서 보행거리 내에 설치하는 것이 좋다

해설
간선도로의 교차각은 최소 60° 이상이어야 한다.

> **핵심문제** ●●○
>
> 쿨데삭(Cul-de-Sac) 도로체계에 관한 설명으로 가장 부적당한 것은?
> ① 보행로의 배치가 자유롭다.
> ② 보행자의 안전에 적합하다.
> ③ 보차분리가 철저하게 이루어진다.
> ❹ 대규모 주거단지 조성에 적합하다.
>
> **[해설]**
> 대규모 주거단지 조성에는 격자형이 적합하다.

> **핵심문제** ●●○
>
> 다음은 주택단지에서 사용되는 도로의 유형이다. 통과교통이 가장 많이 발생할 수 있는 것은?
> ① 루프(LOOP)형
> ❷ 격자형
> ③ 쿨데삭(Cul-de-Sac)형
> ④ T자형
>
> **[해설]**
> 격자형에 대한 설명이다.

> **핵심문제** ●○○
>
> 도로에 대한 설명 중 가장 부적당한 것은?
> ① 주간선 도로는 대도시의 도심과 부도심 또는 주요 지역 간을 연결하는 도로이다.
> ② 보조간선도로는 도시의 주된 자동차도로이다.
> ❸ 지구집산도로는 보조간선도로를 반드시 통과하도록 구성한다.
> ④ 구획도로는 각 주거로의 접근을 목적으로 하는 가장 위계가 낮은 도로이다.
>
> **[해설]**
> 통과하지 않도록 계획

ⓒ 주택의 배열 및 오픈스페이스가 결정된 후 결정
ⓒ 차량조작, 주차 및 완충시설 등을 위한 적절한 공간을 확보하고, 차량과 세대 간의 관계를 설정한다.

⑤ 도로의 형식
  ㉠ 격자형 도로(Grid Pattern) : 교통을 균등분산, 넓은 지역을 서비스, 교차점은 40m 이상 이격, 업무나 주거지역으로 직접 연결되어서는 안 된다.
  ㉡ 선형도로(Linear Road Pattern) : 폭이 좁은 단지에 유리
  ㉢ 쿨데삭(Cul-De-Sac) : 쿨데삭의 적정길이는 120m
  ㉣ 단지순환로(Ring Road) : 도로가 단지 주변에 분포하는 경우 최소한 4~5m정도 완충지를 두고 식재한다. 단지가 공원 또는 다른 오픈 스페이스와 인접 할 경우 7~8m 정도의 여유를 두고 후퇴 배치 고려

⑥ 도로의 위계
  간선(1,000m) - 보조간선(500m) - 집산(250m) - 국지도로(구획도로의 경우 장측 120~150m, 단측 30~60m 정도 간격)
  ㉠ 간선도로 : 도시 내 주요 지역 간, 도시 간 또는 주요 지방 간을 연결하는 도로로 대량 통과교통의 처리를 목적으로 도시 내의 골격을 형성하는 것
  ㉡ 보조간선도로 : 주간선도로와 국지도로 또는 주요 교통발생원을 연결하는 도로로서 근린생활권의 외곽을 형성하고 도시 교통의 집산기능을 하는 도로
  ㉢ 집산도로 : 근린주구 생활권의 교통을 보조간선도로에 연결하는 도로로서 근린생활권의 골격을 형성하고 근린생활권내 교통의 집산기능을 한다.
  ㉣ 국지도로(구획도로) : 가구를 확정하고 대지와의 접근을 목적으로 하는 도로로서 소형가구의 외곽을 형성하고 그 규모 및 형태를 규정하며 일상생활에 필요한 집 앞 공간을 확보하는 도로이다.

(3) 진입로 교통계획

① 주진입로(Main Entrance Road)
  ㉠ 기준도로와 만나는 주진입로는 직각교차로 하며, 양쪽 방향으로부터 시야를 가리지 않도록 한다.
  ㉡ 다른 교차로로부터 최소 60m 이상 떨어져 위치해야 한다.
  ㉢ 운전자들의 시각에 방해물이 없어야 한다.
  ㉣ 진입로 1개소당 200세대까지 서비스할 수 있도록 한다.

② 독립주택단지의 도로
　㉠ 도로면적은 부지면적의 13~17%
　　(부지의 도로를 포함하지 않는다.)
　㉡ 폭은 4m……주택로
　　　　　6m……가구를 연결한다.
　　　　　8m……소방로, 300m 정도의 간격으로 설계한다.

(4) 보행자 교통계획
① 보행자 공간계획 시 유의사항
　㉠ 보행자가 차도를 걷거나 횡단하기 쉽지 않게 할 것
　㉡ 보행로에 흥미를 부여(질감, 밀도, 조경 및 스케일에 변화)
　㉢ 광장 등을 보행자공간에 포함(다양성)
　㉣ 안전하고 쾌적할 것
　㉤ 통행인의 습관이나 형태에 맞추어 최단거리로 한다.
　㉥ 보·차 교차부분은 시계를 넓게 하고 차도를 쉽게 인지할 수 있도록 한다.
　㉦ 교차부분은 직각으로, 단차를 적게 한다.
　㉧ 주민들의 접촉을 보행로에서 일어나도록 한다.
　㉨ 커뮤니티의 중심부에는 유보로(Promenade)를 설치한다.
　㉩ 활동의 결절점(Activity Node)은 커뮤니티의 어느 곳에서도 10분 정도의 보행거리 내에 위치하도록 하며, 오픈 스페이스를 둔다.

② 보행자 도로
　㉠ 최소폭 : 2.4 m 이상(3인 정도 통과 고려)
　㉡ 자전거 도로의 경우 보도와의 사이에 가드레일(Guardrail) 또는 단차가 많이 나는 보도를 설치해야 한다.
　㉢ 보도는 블록 내에서 단절되지 말아야 하며, 다른 시설들로 부터 방해를 받지 말아야 한다.
　㉣ 규모가 큰 건축물의 입구가 직접 면하지 말아야 한다.
　㉤ 도로폭 10m 이상 시 보도가 필요
　㉥ 보도폭 : 주간선 도로(3m), 보조간선도로 및 세로(2m), 통학로(4m 이상)

핵심문제 ●○○

다음 도로위계 중 통과교통이 없도록 하고, 단위구역의 다양한 교통수요를 수용하며 활력있는 가로공간 및 가로환경을 조성하는 도로로 가장 타당한 것은?
① 주간선도로
② 보조간선도로
❸ 집산도로
④ 국지도로

해설
① 주간선도로 : 전국도로망의 주 골격을 형성하는 주요도로
② 보조간선도로 : 지역도로망의 골격을 형성하는 도로
③ 집산도로 : 단위구역 내부의 주요지점을 연결하는 도로
④ 국지도로 : 단위구역 내부의 주거단위에 접근하기 위한 도로

핵심문제 ●○○

단지 내 주진입로의 교통계획에 대한 설명 중 가장 부적당한 것은?
① 기준도로와 만나는 주진입로는 직각교차로 하며, 양쪽 방향으로부터 시야를 가리지 않도록 한다.
❷ 다른 교차로로부터 최소 30m 이내에 위치하는 것이 바람직하다.
③ 운전자들의 시각에 방해물이 없어야 한다.
④ 주변의 교통흐름을 고려하여 위치를 설정하여야 한다.

해설
② 다른 교차로로부터 최소 60m 이상 떨어져 위치해야 한다.

핵심문제 ●●●

단지계획 시 보행자 도로에 대한 설명 중 가장 타당한 것은?
❶ 통행인의 습관이나 형태에 맞추어 보행로 계획은 최단거리로 한다.
② 보행자가 차도를 걷거나 횡단하는 것이 용이하도록 한다.
③ 블록 내에서는 자동차 소통을 먼저 고려하여 차도가 연속되게 보도를 단절한다.
④ 활동의 결절점(Activity Node)은 커뮤니티 어느 곳에서도 30분 정도 이상 보행거리 내에 위치하도록 한다.

6. 공용시설 계획

(1) 녹지 공간

1) 종류

① 방음, 방충식재 : 도로나 주차장 주변의 소음공명 흡수
② 차폐식수 : 차량이나 사람의 보행교통에 주민의 프라이버시와 시환경을 보호하는 것이 목적이다.(울타리 높이는 1.8m 이상)
③ 녹음식재 : 놀이터, 벤치 등을 직사광선으로부터 차폐(주차장용에는 무방)
④ 수경식재 : 주거단지의 조성지면의 회복을 도모
⑤ 위생식재 : 지표의 건조를 예방

2) 기능

① 차음성
② 냉각효과
③ 방풍효과

(2) 놀이터

1) 종류와 기능

① 유아공원 : 주로 취학 전 아동들의 놀이터(보호자나 노인 등을 동반)
② 유년공원 : 주로 초등학교 아동(11~12세 이하) 의 이용을 목적
③ 소년공원 : 중학생들(14~15세 이하)의 이용을 목적(도시공원 중에서도 가장 이용률이 높다.)

2) 위치

① 유아공원 : 단지 내의 교통사고의 위험이 없는 보행자 전용도로에 접하고 있는 곳이 적합하며, 지형조건은 평탄한 곳이 좋다. 4~5세인 경우 주 보도로 부터의 거리는 300~400m가 적당하다.
② 유년 및 소년공원 : 교통이 혼잡한 도로를 지나지 않는 위치로서, 800m 이하의 거리로 400~500m가 적당하다.

핵심문제 ●●○

다음 중 단지 내 녹지기능으로 가장 부적당한 것은?
① 차음성   ❷ 단지의 효율성
③ 냉각효과 ④ 방풍효과

[해설] 녹지기능
• 차음성
• 냉각효과
• 방풍효과

핵심문제 ●○○

계획개발(PUD)기법에 대한 설명으로 부적합한 것은 다음 중 어느 것인가?
① 집약적으로 개발되는 농촌이나 교외지역에 적용하기에 적합하다.
② 간선도로를 제외한 보조 접근로와 분산로를 건축과 함께 계획함으로써 가로 배치에 융통성을 가질 수 있다.
③ 지역제의 변형이라고 할 수 있으며 클러스터 조닝(Cluster Zoning)으로도 알려져 있다.
❹ 한정된 대지에 기존의 지역제에서 보다 더 많은 주거단지를 계획하기 위해 기존의 지역제의 기준을 변경하는 것이다.

[해설]
④ 전체적으로 동일한 밀도의 한도 내에서 부분적으로 고밀도의 주택군을 계획한다.

# 출제예상문제

01 아파트 건축계획에 관한 사항 중 옳은 것은?

① 편복도형에서는 복도에서 프라이버시가 침해되기 쉽고 이웃 간에 친교 형성이 어렵다.
② 계단실형은 편복도형에 비해 밀도를 높일 수 있다.
③ 메조넷형은 양면 개구에 의한 일조, 통풍 및 전망이 양호하다.
④ 플랫형은 소규모 주택에는 면적상 불리하다.

[해설]
아파트의 분류
① 편복도형은 공용 복도에 있어서는 프라이버시가 침해되기 쉬우나, 이웃 간에 친교할 수 있는 기회가 많아진다.
② 편복도형은 계단실형에 비해 밀도를 높일 수 있다.
④ 플랫형은 평면 구성에 제약이 적으며, 작은 면적에서도 설계가 가능하다.

02 공동주택의 외부 공간 구성수법에 있어서 고려할 사항과 관계가 먼 것은?

① 영역성의 확보
② 프라이버시의 확보
③ 안정성의 확보
④ 환경상의 조정

[해설]
주동배치 시 외부 공간 역할
• 일조, 채광, 통풍을 위한 공지 확보
• 프라이버시 확보
• 도로, 주변 공해로부터 완충공지 확보
• 보건 및 안정성 확보
• 영역성의 확보

03 아파트 성립 요건이 아닌 것은?

① 도시의 랜드마크가 되도록 하기 위해
② 도시 근로자의 이동성
③ 핵가족화에 따른 세대 인원 감소
④ 인구 집중에 따른 지가의 상승에 대응하기 위해

[해설]
아파트의 성립배경
②, ③, ④ 외에 도시인구밀도 증가 등이 있다.
※ 랜드마크 : 도시 내 상징적 건축물의 역할을 말한다.
(예) 남산타워, 남대문 등)

04 공동주택에서 코어 시스템(Core System)을 채용하는 가장 큰 이유는?

① 설비비의 절약
② 통로의 절약
③ 구조적인 안전
④ 미관의 고려

[해설]
코어 시스템의 이점(주택)
부엌, 식당, 화장실, 욕실 등의 배관설비가 필요한 실을 한곳에 집중 배치함으로써 설비비가 절약된다.

05 아파트 입체형식 중 복층형에 대한 설명 중 적당하지 않은 것은?

① 엘리베이터의 정지 층수를 적게 할 수 있다.
② 거실의 천장이 2개층 높이로 되어 있어 시원한 공간감을 얻을 수 있다.
③ 통로면적을 감소하고 임대면적을 증가시킬 수 있다.
④ 복도가 없는 층은 남북면이 모두 외기에 면할 수 있다.

[해설]
취발형
동일 건물 내에서 일부는 단층이고, 일부는 중층인 형식으로 ②는 취발형에 대한 설명이다.

정답 01 ③ 02 ④ 03 ① 04 ① 05 ②

06 아파트 건축인 Skip Floor 형식에 대한 다음 사항 중 틀린 것은?

① 전체적으로 유효 면적이 증가된다.
② 복도면적이 늘어난다.
③ 엘리베이터 정지층수를 줄일 수 있다.
④ 복도가 없는 층에서 주거단위 평면이 남북으로 트일 수 있다.

> **해설**
> **Skip Floor**
> 복도가 없는 층은 통로 면적이 감소되고, 임대면적이 증가한다.

07 공동주택의 거주자는 다양한 가족 구성을 가진 가구로 이루어져 있다는 점을 감안할 때, 단위 주호 계획에서 우선적으로 고려해야 할 사항은?

① 거실 공간의 융통성   ② 침실의 독립성
③ 수납공간의 증대   ④ 침실면적의 증대

> **해설**
> **단위주호 계획**
> 거실공간을 융통성 있게 계획함으로써 향후 변경에 대한 고려를 손쉽게 반영할 수 있다.

08 아파트 주거단위계획(Block Plan)의 결정 조건 중 부적당한 것은?

① 중요한 거실이 모퉁이 등에 배치되지 않도록 한다.
② 각 단위 플랜이 1면 이상 외기에 면할 것
③ 현관이 계단에서 멀지 않을 것
④ 모퉁이에서 다른 주거가 들여다 보이지 않을 것

> **해설**
> **블록플랜 결정 조건**
> • 각 단위 플랜이 2면 이상 외기에 접할 것
> • 중요한 거실이 모퉁이에 배치되지 않도록 할 것
> • 각 단위 플랜에서 중요한 실의 환경을 균등히 할 것
> • 현관이 계단에서 멀지 않을 것(6m 이내)
> • 모퉁이에서 다른 주호가 들여다보이지 않게 할 것

09 아파트 형식에 관한 기술 중 옳지 않은 것은?

① 계단실형은 각 주호의 프라이버시 확보가 어렵다.
② 갓복도형은 프라이버시가 중복도형보다 유리하다.
③ 중복도형은 부지이용률은 높으나 채광, 통풍이 불량하다.
④ 중복도형은 도심지의 독신자 아파트에 많이 이용된다.

10 아파트 건축을 평면형태에 의해 분류할 때 각각의 특색 중 옳지 않는 것은?

① 계단실형은 통행부의 면적이 작게 소요되며, 출입하는 데 불편하다.
② 집중형은 대지 이용도가 가장 높아 경제적이나, 주거 환경 조건상 매우 불리하다.
③ 중복도형은 부지 이용률이 좋으며, 도심지 독신자 아파트에 많이 이용된다.
④ 편복도형은 채광, 통풍 등 자연환경 조건이 양호하며 고층·고밀도 주거에 알맞다.

> **해설**
> **계단실형**
> 계단 또는 엘리베이터 홀로부터 직접주거 단위로 들어가는 형식으로 출입하기 편하며 프라이버시 또한 양호하다.

11 아파트의 친교공간 형성에 관한 제안 중 옳지 않은 것은?

① 큰 건물로 설계하고, 작은 단지는 통합하여 큰 단지로 만든다.
② 별도의 계단실과 입구 주위에 집합단위를 만든다.
③ 아파트에서의 통행을 공동 출입구로 집중시킨다.
④ 공동으로 이용되는 서비스 시설은 현관에 인접하며 통행의 주된 흐름에서 약간 벗어난 곳에 위치시킨다.

> **해설**
> **친교공간 형성**
> 작은 건물로 설계하고, 큰 단지는 작은 부분으로 나눈다.

정답 06 ② 07 ① 08 ② 09 ① 10 ① 11 ①

12 아파트의 블록플랜 결정조건으로 옳지 않은 것은?

① 각 단위평면이 3면 이상 외기에 접할 것
② 각 단위평면의 중요한 실이 균등한 환경조건을 가질 것
③ 단위주거가 균등하게 일사면에 노출되도록 할 것
④ 현관은 계단으로부터 멀지 않을 것(6m 이내)

해설
블록플랜
각 단위 평면은 2면 이상 외기에 면할 것

13 아파트 단위 주호 평면계획에서 공간의 융통성을 부여하는 방법으로 가장 옳지 않은 것은?

① 식당과 거실을 동일실로 하고 부엌을 분리한다.
② 거실에 인접한 침실의 출입은 거실을 거치지 않도록 한다.
③ 발코니 면적을 가급적 크게 한다.
④ 침실은 서로 인접되지 않도록 하여 독립성을 유지한다.

해설
평면계획
- 공간의 성격이 유사한 것은 서로 인접시킨다.
- 침실을 서로 분리(독립성 ○, 융통성 ×)

14 공동주택 단지 내 보행자 동선계획 시 가장 중점적으로 고려하여야 할 것은?

① 접근의 편의성을 위해 차량동선과 밀접히 접하도록 한다.
② 놀이터나 공원 등이 인접하고 있는 것이 좋다.
③ 상점 등의 편의시설이 보행자 동선상에 분산 배치되도록 한다.
④ 목적 동선이라도 최단거리의 원칙을 적용시킬 필요가 없다.

해설
보행자 동선
통행인의 습관이나 형태에 맞추어 보행로 계획은 최단거리로 한다.

15 아파트의 단면 형식 중 복층형(Duplex Type)을 설명한 사항 중 틀린 것은?

① 통로면적을 감소하고 임대면적을 증가시킬 수 있다.
② 전용면적비가 작다.
③ 통로가 없는 층의 면적은 일조, 통풍 및 전망이 좋다.
④ 소규모에서는 계단실 등으로 면적감소가 크다.

해설
복층형
전용면적비가 크다.

16 아파트 평면형식에 대한 설명 중 틀린 것은?

① 홀형은 계단 또는 엘리베이터 홀로부터 직접 주거단위로 들어가는 형식으로 프라이버시가 양호하다.
② 트리플렉스형(Triplex Type)은 하나의 주거단위가 3층형으로 구성된 것으로 프라이버시 확보율이 높다.
③ 집중형은 대지의 이용도가 높고 채광, 통풍에도 좋아 경제적이고 이상적인 형이다.
④ 갓 복도형은 프라이버시의 문제성이 있다.

해설
집중형(Core형)
부지의 이용률이 가장 높으나 채광, 환기가 극히 불리하다.(고도의 설비시설 요구)

17 연립주택의 분류형태에서 적합하지 않은 것은?

① 타운 하우스 ② 로우 하우스
③ 중정형 하우스 ④ 플랫 타입

> **해설**
>
> **플랫 타입**
> 단위 주호가 한 개 층으로 구성된 형식

18 아파트 주동 배치 유형 중 클러스터 배치에 대한 설명이 아닌 것은?

① 공용공간에 대한 영역성 확보에 유리하다.
② 클러스터 구성방식에는 ㅁ자형과 ㄷ자형이 있다.
③ 필연적으로 비남향 주거동이 생기게 된다.
④ 평행배치에 비해 단조롭다.

> **해설**
>
> **클러스터 배치**
> 배치의 획일성을 피하고 입면에 다양한 변화를 줄 수 있다.

19 엘리베이터와 연결되는 복도가 2층이나 3층마다 있고 2층에서 상하층이 계단으로 연결되는 아파트의 형식을 무엇이라고 하는가?

① 스킵 플로어
② 플랫 타입
③ 코리도 플로어
④ 듀플렉스 타입

> **해설**
>
> **아파트의 형식**
> ② 단위 주호가 한 개층으로 구성된 형식
> ③ 스킵 플로어의 변형으로 엘리베이터가 정지하는 층에 공동시설을 집중 배치하여 생활의 편리를 도모한다.
> ④ 하나의 주호가 2개 층 이상에 걸쳐 구성되는 형식

20 단지계획에 있어서 교통계획의 주요 착안사항 중 틀린 것은?

① 통행량이 많은 고속도로는 근린주구 단위를 분리시킨다.
② 근린주구단위 내부로의 자동차 통과 진입을 극소화한다.
③ 2차 도로체계는 주도로와 연결하고 통과 도로를 이루게 한다.
④ 단지 내의 교통량을 줄이기 위하여 고밀도 지역은 진입구 주변에 배치시킨다.

> **해설**
>
> **2차 도로체계**
> 주도로와 연결되어 쿨데삭(cul-de-sac)을 이루게 한다.

21 공동주택의 통로형식에 의한 유형 중에서 각 주호의 프라이버시가 가장 양호한 것은?

① 계단실형
② 중복도형
③ 편복도형
④ 집중형

> **해설**
>
> **독립성 유지 순서**
> 계단실형 > 편 > 중 > 집(평면유형상 분류)

22 아파트 평면 형식상 중복도형에 대한 기술 중 옳지 않은 것은?

① 대지에 대해 건물 이용도가 높다.
② 채광, 통풍조건을 양호하게 할 수 있다.
③ 프라이버시가 좋지 않으며 시끄럽다.
④ 독신자 아파트에 많이 이용된다.

> **해설**
>
> **중복도형**
> 채광, 통풍조건이 불리하다.

23 아파트 건축계획에서 2DK 형식이란?

① 하나의 침실에 하나로 된 식당, 주방형식
② 두 개의 침실에 하나로 된 식당, 주방형식
③ 두 개의 침실에 식당과 주방이 별도로 된 것
④ 하나의 침실에 식당과 주방이 별도로 된 것

> **해설**
>
> **2DK(일체형)**
> • 2 : 침실수
> • D : 다이닝(식당)
> • K : 키친(부엌)

정답 18 ④ 19 ① 20 ③ 21 ① 22 ② 23 ②

24 하나의 주거단위가 2층 형식을 취하는 메조넷형(Maisonette Type)에 대한 설명 중 옳지 않은 것은?

① 주택 내의 공간의 변화가 있다.
② 거주성, 특히 프라이버시가 좋다.
③ 소규모 주택에 유리하다.
④ 양면개구부에 의한 일조, 통풍 및 전망이 좋다.

> [해설]
> **메조넷형(복층형)**
> 주호 내에 계단을 두어야 하므로 소규모 주택에서는 비경제적이다.

25 독신자 아파트의 특징으로서 틀린 것은?

① 단위 플랜에 자신의 면적이 극도로 절약되고 공용의 사교적 부분이 충분히 설치되어 있다.
② 단위 플랜에 부엌을 설치한다.
③ 욕실은 공동으로 사용하는 것이 많다.
④ 단위 플랜 내에는 거실 및 침실에 반침을 둔다.

> [해설]
> **독신자 APT**
> 식사는 공용의 식당에서 행해지며 단위 플랜 내 부엌이 없는 것이 보통이다.

26 아파트의 옥외 공간 구성요소가 아닌 것은?

① 영역성   ② 공동체의식
③ 접근성   ④ 과밀

> [해설]
> **옥외 공간의 구성요소**
> • 영역성
> • 접지성
> • 공동체의식
> • 폐쇄성
> • 접근성

27 동일한 대지조건, 동일한 단위주호 면적을 가진 편복도형 아파트가 계단실형에 비해 유리한 점은?

① 채광, 통풍을 위한 개구부가 넓어진다.
② 수용 세대수가 많아진다.
③ 공용 면적이 적어진다.
④ 피난에 유리하다.

> [해설]
> **편복도형**
> 고층, 고밀도 주거에 알맞다.

28 아파트 단위평면 결정 조건에 대한 설명 중 옳지 않은 것은?

① 거실에는 직접 출입이 가능해야 한다.
② 각 실은 다른 실을 통하여 통행하도록 한다.
③ 침실에는 직접 출입이 가능해야 한다.
④ 부엌은 식당과 연결되어야 한다.

> [해설]
> **Unit Plan 조건**
> 각 실은 다른 실을 통하여 통행하지 않도록 한다.

29 공동주택 블록플랜의 결정 조건 중 거리가 먼 것은?

① 각 단위평면이 2면 이상 외기와 접할 것
② 현관이 계단으로부터 멀지 않을 것(6m 이내)
③ 설비공간의 배치가 어떤 규칙성에 준하며 경제성을 고려할 것
④ 동선이 단순하고 혼란치 않을 것

> [해설]
> ④는 Unit Plan 결정조건에 해당된다.

정답 24 ③ 25 ② 26 ④ 27 ② 28 ② 29 ④

30 편복도형 고층 아파트에서 이웃 간의 친교형성을 위한 장소로서 적당한 곳은?

① 주동현관
② 단위주호 내 거실
③ 계단실
④ 발코니

> **해설**
> **친교**
> 이웃 간의 교류를 의미한다.

31 아파트 건축의 평면·단면형식에 관한 설명 중 적당하지 않은 것은?

① 홀형은 프라이버시 보장이 잘되고 출입이 편하다.
② 편복도식은 각 호의 프라이버시의 해결에 난점이 있다.
③ 중복도형은 엘리베이터의 효율은 높으나 일조, 통풍에 난점을 낳기쉽다.
④ 메조넷 형식은 각 주호의 프라이버시 보장은 높으나 주거 단위 규모가 가장 작은 경우에 적합하다.

> **해설**
> **메조넷 형식(복층형)**
> 주거단위 규모가 작은 경우에는 적합하지 않다.(비경제적)

32 다음 기술 중 집합 주택의 장점이 아닌 것은 어느 것인가?

① 대지 이용률이 커진다.
② 어린이공원 등 공공 공간의 확보가 용이하다.
③ 채광 및 통풍 계획이 자유스럽다.
④ 동일 규모의 독립주택보다 유지관리비를 절감할 수 있다.

> **해설**
> **집합주택**
> 벽체의 공유로 인하여 일조, 채광, 통풍이 불리하고 평면계획에 제약을 받는다.

33 아파트의 계획에서 듀플렉스(Duplex)형에 관한 기술 중 옳지 않은 것은?

① 엘리베이터 정지층수를 적게 할 수 있으므로 경제적이고 효율성을 높일 수 있다
② 임대면적이 커지고 통로면적인 공용부분의 면적은 감소한다.
③ 복도가 없는 층은 남북면이 트여져 있으므로 좋은 평면구성이 가능하며 독립성이 가장 좋다.
④ 건물이 구조상 가장 간단하다.

> **해설**
> **듀플렉스 형(복층형)**
> 상하층이 구조상 다르기 때문에 구조, 설비상 복잡하다.

34 아파트의 블록플랜 결정조건으로 옳지 않은 것은?

① 각 단위 평면이 2면 이상 외기에 접할 것
② 현관이 계단으로부터 15m 이내로 멀지 않을 것
③ 설비공간의 배치는 어떠한 규칙성을 가질 것
④ 중요한 거실이 모퉁이에 배치되지 않을 것

> **해설**
> **블록플랜 결정조건**
> - 각 단위 플랜에서 중요한 실의 환경은 균등하게 할 것
> - 현관이 계단에서 멀지 않을 것(6m 이내)
> - 모퉁이에서 다른 주호가 들여다보이지 않을 것
> - 모든 단위 주거가 균등하게 일사면에 노출되도록 유의할 것

35 아파트계획 시에 공동시설로서 사용되는 용어로 부적당한 것은?

① Pipe Shaft
② Dust Chute
③ Mail Chute
④ Disposal

> **해설**
> **Disposal**
> 싱크대에 부착된 음식물 쓰레기 분쇄기

36 캐빈 린치가 정립한 도시의 형태 및 시각적 환경의 지각을 형성하는 이미지 요소가 아닌 것은?

① 패스(Paths)
② 에지(Edge)
③ 링케이지(Linkage)
④ 랜드 마크(Land Mark)

> **해설**
>
> Kevin Lynch의 이미지 요소
> • Paths(통로) : 보도, 운하, 철도
> • Edges(접촉부) : 해안선, 언덕
> • Districts(구역) : 특정인식 구역
> • Nodes(중심) : 교차로 광장
> • Land Marks(기념물) : 건물, 탑, 산

37 공동주택의 남북 간 인동간격을 결정하는 데 관계가 없는 것은?

① 통풍
② 동짓날 정오를 중심으로 4시간 일조
③ 건물의 높이
④ 태양 고도

> **해설**
>
> 동서 간 인동간격 결정요소
> 통풍, 방화

38 아파트 블록플랜(Block Plan)의 결정 조건 중 옳지 않은 것은?

① 중요한 시설이 모퉁이 등에 배치되지 않도록 한다.
② 각 단위 플랜이 2면 이상 외기에 면해야 한다.
③ 현관은 계단에서 10m 이내이어야 한다.
④ 모퉁이에서 다른 주거가 들여다 보이지 않도록 한다.

> **해설**
>
> Block Plan 결정조건
> 현관은 계단에서 6m 이내일 것(계단실 형인 경우)

39 공동주택에서 평면의 융통성(Flexibility)에 관한 설명 중 부적절한 것은?

① 고정부분과 가변 칸막이 부분을 결정하여 고려한다.
② 생활요구의 다양성, 변화에 대한 고려로부터 나온 개념이다.
③ 융통성을 위해 1실(One Room)형으로 고려하여 칸막이를 자유롭게 구성한다.
④ 융통성을 위한 고려에도 생활과 공간의 대응이 검토되어야 한다.

> **해설**
>
> 평면의 융통성
> 반드시 1실형으로 고려할 필요는 없다.

40 아파트 설계 시 승강기의 정지층 수를 적게 할 수 있는 형은?

① 계단실형   ② 단층형
③ 복도형   ④ 복층형

> **해설**
>
> 복층형
> 단위주거가 2개층 이상으로 구성되어 있어 엘리베이터 정지층 수를 줄일 수 있다.

41 아파트의 인동간격 결정요소 중 옳지 않은 것은?

① 일조와 채광
② 통풍과 연소방지
③ 소음전달 방지
④ 프라이버시 유지

> **해설**
>
> 소음
> 건물의 구조로 해결이 가능하다.

정답 36 ③ 37 ① 38 ③ 39 ③ 40 ④ 41 ③

42 테라스 하우스와 같이 각호마다 전용의 뜰을 갖고 있으며 어린이놀이터, 주차장 등의 공용의 오픈 스페이스를 갖고 있는 형식의 공동주택의 한 종류는?

① 2호 연립주택
② 중정형 하우스
③ 타운 하우스
④ 로우 하우스

> [해설]
> **타운 하우스(Town House)**
> 토지의 효율적인 이용, 건설비 및 유지관리비의 절약을 고려한 연립주택의 한 종류로 단독주택의 이점을 최대한 살리고 있는 형식이다.(전정, 후정을 지님)

43 아파트 블록 플랜 결정조건 중 바람직하지 못한 것은?

① 현관은 계단으로부터 멀지 않을 것
② 각 단위평면의 중요한 실이 균등한 조건을 가질 것
③ 각 단위평면이 3면 이상 외기에 면할 것
④ 단위주거가 균등하게 일사면에 노출되도록 할 것

> [해설]
> **Block Plan 결정조건**
> 각 단위평면이 2면 이상 외기에 면할

44 아파트 건축에서 독립성을 위주로 할 때 어떤 평면형을 선택하는가?

① 중복도형
② 편복도형
③ 복층형
④ 계단실형

> [해설]
> **독립성**
> 평면유형상으로는 계단실형이 가장 유리하다.(복층형은 단면유형에 해당)

45 근린주구의 개념을 설명한 것 중 적절하지 못한 것은?

① 규모는 초등학교 하나를 필요로 하는 인구가 적당하다.
② 주구 내에 간선도로가 지나가게 하여 주민의 교통을 편리하게 한다.
③ 소공원 및 레크리에이션 용지를 적절히 계획하여 배치한다.
④ 인구에 적합한 하나 이상의 점포 지구를 주구의 주위에 배치한다.

> [해설]
> **페리의 근린주구 이론**
> 내부에 통과 교통을 두지 않는다.

46 다음 집합주택계획상의 특징에 관한 기술 중 거리가 먼 것은?

① 각 세대의 요구에 대응하는 계획이 가능하다.
② 영역은 계획상 중요한 사항 중의 하나이다.
③ 이용자의 대상은 불특정다수(不特定多數)이다.
④ 거주자를 계층으로 파악하고, 주양식을 파악하는 계획이 필요하다.

> [해설]
> **집합주택**
> 각 세대의 요구에 대응하는 계획이 불가능하다.

47 아파트 건물의 건축을 위한 필연성으로 부적합한 것은?

① 건축비, 대지비, 유지 관리비의 절감
② 세대 인원의 감소
③ 도시 인구의 분산
④ 도시 인구밀도의 증대

> [해설]
> **APT 성립배경**
> 도시 인구의 증가(자연＋유입)

정답 42 ③ 43 ③ 44 ④ 45 ② 46 ① 47 ③

48 아파트의 평면형식에 의한 분류에 속하지 않는 것은?

① 홀형 ② 복도형
③ 분리형 ④ 집중형

> **해설**
> **식당**
> • 분리형 : 거실이나 식사실, 부엌이 완전히 분리된 형식
> • 개방형 : DK, LD, LDK 등

49 홀형 아파트에 관한 설명 중 틀린 것은?

① 프라이버시가 비교적 좋다.
② 통행부의 면적이 근소하므로 건물의 이용도가 높다.
③ 고층에 적당하다.
④ 출입이 용이하다.

> **해설**
> **홀형(계단실형)**
> 고층 아파트일 경우 계단실마다 EV를 설치해야 하므로 시설비가 많이 든다.

50 아파트 유형 중 독립성을 위주로 한 것으로 가장 적당한 것은?

① 갓복도형 ② 속복도형
③ 집중형 ④ 계단실형

> **해설**
> **독립성 유지 순서(평면유형상)**
> 계단실형 > 편(갓) > 중(속) > 집

51 철근콘크리트아파트(지상 15층 중산층용)에서 엘리베이터 경제성과 서비스의 효율을 높일 수 있는 계획 방법 중 가장 적합한 것은?(각 항 모두 엘리베이터를 집중 배치한다.)

① 중복도형의 평면에 각 층 통로형
② 편복도형의 평면에 심플렉스형
③ 중복도형의 평면에 플랫형
④ 편복도형의 평면에 듀플렉스형

> **해설**
> **엘리베이터의 효율적 계획**
> 경제성과 서비스 효율면에서는 엘리베이터의 집중배치가 가능한 편복도형의 평면에 엘리베이터의 정지층 수를 적게 할 수 있는 복층형 입면이 적당하다.

52 다음 아파트의 평면 형식 중 독립성이 가장 양호한 형태는?

① Hall type
② Balcony type
③ Corridor type
④ Maisonette type

> **해설**
> **독립성(프라이버시)**
> • 평면형식상 가장 유리한 것은 계단실(홀)형
> • APT 분류상 가장 유리한 것은 복층형(메조넷형)

53 아파트형에서 복층형인 것은?

① 플랫 ② 메조넷
③ 로우 하우스 ④ 테라스 하우스

> **해설**
> **복층형(Maisonette type)**
> • 한 주호가 2개 층 이상에 걸쳐 구성되는 형식
> • 통로면적이 감소되고, 임대면적이 증가된다.

54 메조넷형 아파트에 관한 설명 중 틀린 것은?

① 통로 면적이 증가되고, 임대 면적이 감소된다.
② 내부 계단으로 2개 층이 연결되며 생활 공간을 층별로 구분하여 사용할 수 있다.
③ 엘리베이터 정지 층수를 적게 할 수 있다.
④ 50m^2 이하의 주거형에는 비경제적이다.

정답 48 ③ 49 ③ 50 ④ 51 ④ 52 ① 53 ② 54 ①

55 아파트의 계획에서 듀플렉스의 형태에 관한 기술 중 옳지 않은 것은?

① 엘리베이터의 정지 층수를 적게 할 수 있으므로 경제적이며 효율성을 높일 수 있다.
② 임대 면적이 커지고 통로 면적인 공용 부분의 면적이 감소한다.
③ 복도가 없는 층은 남북면이 트여져 있으므로 좋은 평면 구성이 가능하며 독립성이 가장 좋다.
④ 복도가 있는 층은 단층형에 비해 일조, 통풍, 채광 및 전망이 양호하다.

해설
듀플렉스형
공용의 복도가 있는 층은 단층형과 별 차이가 없다.

56 스킵 플로어의 장점이 아닌 것은?

① 집중적으로 공동시설을 배치할 수 없다.
② 바닥 면적이 절약된다.
③ 프라이버시가 확립된다.
④ 채광, 통풍이 좋아진다.

해설
코리도 플로어형
• EV 정지층에 공동시설을 집중배치하여 생활의 편의를 도모한다.
• 스킵 플로어형의 변형
① 집중적으로 공동시설을 배치할 수 있다.

57 다음 주택지의 인구밀도 중 틀린 것은?

① 공공단지 중층 아파트(3~4층) - 500인/ha
② 공단단지 테라스 하우스(연립 2층 주택) - 300인/ha
③ 보통의 주택지 - 100인/ha
④ 슬럼지구 - 1,500인/ha

해설
슬럼지구
• 600인/ha 이상 밀집
• 지역이 점차 불량한 지역으로 변화한 지역

58 독신자 아파트의 특징으로 옳지 않은 것은?

① 단위 플랜은 취사용의 부엌이 있는 것이 좋다.
② 욕실은 공동으로 사용하는 것이 많다.
③ 단위 플랜 자신의 면적이 극도로 절약된다.
④ 단위 플랜에 있어서는 거실 및 침실에 반침을 둔다.

해설
독신자 아파트
단위 플랜 내에는 부엌이 없는 것이 보통이다.

59 도시 주택의 대지 선정상 별로 중요하지 않은 것은?

① 일조 및 통풍
② 교통
③ 전망
④ 매연 및 소음 공해

60 집합주택에서 공동사회의 연대의식을 유발시키기 위해 조성하는 시설이 아닌 것은?

① 공동정원
② 어린이 놀이터
③ 집회소
④ 세미프라이빗 스페이스(Seme-private-space)

해설
Space
• 프라이빗 스페이스(사적공간)
• 퍼블릭 스페이스(공적공간)
• 오픈 스페이스(개방된 공간)
④ 세미프라이빗 스페이스는 반사적 공간을 의미한다.

61 아파트(공동주택)설계에서 건물측면의 인동간격은 연소방지와 통풍에 목적을 두고 있다. 다음 2세대 건물에서의 인동간격은?

① $dX = 1bX$
② $dX = \frac{1}{2}bX$
③ $dX = \frac{1}{5}bX$
④ $dX = 2bX$

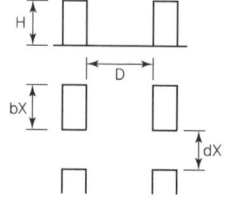

해설

인동간격(측면, 동서 간)
1세대(단독) 건물 $dX = bX$
2세대(연립) 건물 $dX = \frac{1}{2}bX$
다세대(아파트) 건물 $dX = \frac{1}{5}bX$

62 1~2층 규모의 주택단지계획에서 남북의 건물 간격을 정하는 기준으로서 가장 중요한 것은 다음 중 어느 것인가?

① 일조
② 통풍
③ 방화
④ 소음

해설

남북 인동간격 결정 요소
일조, 채광

63 아파트 발코니 손잡이의 높이로 적당한 것은?

① 1.5m
② 1.8m
③ 1.2m
④ 0.8m

해설

발코니
- 서비스 발코니, 리빙 발코니가 있다.
- 난간의 높이는 1.2m 정도
- 비상시 이웃집과 연락이 가능한 곳에 있어야 한다.

64 아파트계획에서 7~9층 규모일 때 Dust chute의 적정 크기는?

① 40cm × 40cm
② 50cm × 50cm
③ 60cm × 60cm
④ 70cm × 70cm

해설

더스트 슈트의 크기
쓰레기 등을 처리하기 위한 수직통로
- 2~3층 : 40 × 40cm
- 4~6층 : 50 × 50cm
- 7~9층 : 60 × 60cm

65 단지계획에 대한 설명 중 옳지 않은 것은?

① 단지 계획은 인간의 여러 가지 활동을 수용하기 위해 물리적 내부 환경을 조작하는 기술이다.
② 단지 계획은 구조물의 성격과 위치, 토지, 인간의 활동, 생물학적인 면을 다루는 분야이다.
③ 단지 계획은 건물과 건물 사이의 상관관계를 다루는 분야이다.
④ 단지 계획은 건축, 조경, 토목공학, 도시 계획과 연관된 분야로서 이들 모든 분야의 전문가들에 의해 계획될 수 있다.

해설

단지계획
인간의 여러 가지 활동을 수용하기 위해 물리적 외부 환경을 조작하는 기술이다.

66 페리(C. A. Perry)의 근린주구 이론과 거리가 먼 것은?

① 내부엔 통과 교통을 두지 않는다.
② 초등학교 학군을 기본 단위로 한다.
③ 중학교와 의료시설은 반드시 갖추어야 한다.
④ 커뮤니티 생활 시설을 안전하게 배치한다.

해설

C. A. Perry의 근린주구 이론
초등학교 1개 설치를 기본으로 한다.

67 아동공원의 위치를 계획할 때 설치 최소 단위로 옳은 것은?

① 근린주구에 하나를 설치한다.
② 근린분구에 하나를 설치한다.
③ 인보구에 하나를 설치한다.
④ 인보구 4개에 하나를 설치한다.

해설

근린분구의 중심시설
유치원, 탁아소, 아동공원

정답 62 ① 63 ③ 64 ③ 65 ① 66 ③ 67 ②

68 인구밀도 400인/ha을 적용할 때 초등학교 (24학급×60명) 하나를 필요로 하는 교외 주택 단지의 적정 크기는 어느 것인가?

① 10ha   ② 25ha
③ 40ha   ④ 55ha

> **해설**
>
> **근린주구**
> - 초등학교 하나를 필요
> - 인구 : 8,000~10,000명
>   8,000~10,000명/400인 = 20~25ha

69 아파트계획에 관한 다음 사항 중 옳지 않은 것은?

① 홀형은 출입이 편하고 프라이버시가 좋다.
② 속복도형은 대지의 이용도가 높다.
③ 갓복도형은 채광, 통풍이 좋고, 프라이버시가 불리하다.
④ 아파트 남북 간 적정 인동 간격은 높이의 1.25배 이상이다.

> **해설**
>
> **남북 간 인동간격**
> - 법적 측면 고려 시 D=0.5H
> - 계획적 측면 고려 시 D=2.0H

70 다음 중 아파트의 주거 형식이 독립 주택 형식과 비교하여 장점이 되지 않는 것은?

① 많은 공동 편의시설을 용이하게 이용할 수 있다.
② 융통성 있는 평면이 가능하다.
③ 건설비의 절감이 가능하다.
④ 보다 높은 토지 이용률이 가능하다.

> **해설**
>
> **공동주택**
> 융통성 있는 평면계획이 불리하다.

71 공동주택의 분류 형식상 나머지 세항과 그 형식 분류가 다른 것은?

① 메조넷형   ② 홀형
③ 복도형   ④ 집중형

> **해설**
>
> **공동주택의 분류**
> 평면형과, 입체형식상의 분류로 나눈다. 메조넷형은 입체(단면)형식상의 분류에 속한다.

72 최근 아파트먼트 호텔로 진화된 아파트로서 옳은 것은?

① 시내 홀형 아파트
② 시내 복도형 아파트
③ 교외 저층 아파트
④ 교외 고층 아파트

> **해설**
>
> **아파트먼트 호텔**
> - 장기간 체재하는 데 적합
> - 부엌과 셀프서비스를 갖춤

73 고층아파트계획에서 엘리베이터의 정지층 수를 줄이고 공유면적의 축소가 가능한 이점을 취할 수 있는 형식은 다음 중 어느 것인가?

① 플랫형(Flat)
② 워크업형(Work Up)
③ 스킵 플로어형(Skip Floor)
④ 홀형(Hall)

> **해설**
>
> **스킵 플로어형**
> - 엘리베이터와 연결하는 복도가 2층 또는 3층마다 있고 2층에서 상하층이 계단으로 연락한다.
> - 구조 및 설비계획상 복잡하다.
> - 일반적으로 복층형으로 보나 단층형과 복층형이 존재한다.

정답 68 ② 69 ④ 70 ② 71 ① 72 ② 73 ③

74 12층 96세대 규모의 아파트에 있어서 엘리베이터의 기능과 경제성이 효율적인 형식은?

① 편복도형
② 복층형
③ 2단위 계단실형
④ 중복도형

해설

복층형
EV 정지층 수를 줄일 수 있다.(효율적, 경제적)

75 고층 아파트의 엘리베이터 대수 산정을 하기 위한 가정으로 적당하지 않은 것은?

① 2층 이상 거주자의 30%를 15분간에 일방향으로 수송한다.
② 출발층(보통 1층)에서 승객을 기다리는 시간을 10초로 본다.
③ 실제의 주행속도를 전속도의 90%로 본다.
④ 1회 운전 시 정원의 80%가 타는 것으로 본다.

해설

EV
실제 주행 속도는 전 속도의 80%로 한다.

76 집단지 주택의 배치계획에서 가장 중요시하여야 하는 것은?

① 통풍과 경관
② 통풍과 독립성
③ 일조와 경관
④ 일조와 통풍

해설

집단지 주택
일조 및 통풍이 양호해야 하며(가장 중요) 또한 전망이 좋고 신선한 공기를 받을 수 있어야 한다.

77 테라스 하우스에 대한 설명 중 옳지 않은 것은?

① 일반적으로 후면에 창이 안 나므로 각 세대 깊이가 너무 깊지 않아야 한다.
② 진입방식에 따라 하향식과 상향식으로 나눌 수 있다.
③ 하향식의 경우 상층에 침실 등의 휴식공간을 두어 프라이버시를 확보한다.
④ 하향식이나 상향식 모두 스플릿 레벨이 가능하다.

해설

테라스 하우스
각 세대가 뜰을 가지는 2호 이상이 수평으로 연결된 연립주택의 일종이며 아파트 형식은 아니다. 하향식 테라스의 경우에 침실 등의 프라이버시 확보 공간을 하층에 계획하는 것이 바람직하다.
(※ 스플릿 레벨 : 반층마다 높이를 달리한 것)

78 집합주택의 형식에 대한 설명 중 옳지 않은 것은?

① 테라스 하우스(Terrace House)는 각 세대마다 테라스를 갖는 연립주택의 일종이다.
② 플랫 시스템(Flat System)은 각 세대가 단층형으로 된 것이다.
③ 발코니 시스템(Balcony System)은 중복도 형식으로 저층에 알맞다.
④ 메조넷 시스템(Maisonnette System)은 각 세대가 2층 이상으로 구성된 형식이다.

해설

발코니 시스템
고층 편복도 형식에 알맞다.

정답 74 ② 75 ③ 76 ④ 77 ③ 78 ③

79 주거단지의 보행자 동선계획 시 옳지 않은 것은?

① 대지 주변부의 보행자 전용로와 연결한다.
② 보행도로의 너비는 생활공간으로서 충분히 넓게 한다.
③ 놀이터와 공원과는 별도로 떨어져서 설치하도록 한다.
④ 주거동의 필로티 이용, 스트리트 퍼니처 등 섬세한 배려가 필요하다.

해설
보행자 동선
놀이터나 공원 등의 동선은 보행지점용 도로에 인접해서 설치한다.
(※ 스트리트 퍼니처 : 도로 위에 설치된 시설물)

80 다음 중 집합주택의 이점이 아닌 것은?

① 가구당 건설비, 관리비를 절감할 수 있다.
② 생활 공동체를 구성할 수 있다.
③ 공동시설을 설치할 수 있다.
④ 융통성 있는 평면계획을 할 수 있다.

해설
집합주택
계획상 융통성이 적다.

81 집합주택 단지의 주동 배치계획에서 외부공간의 역할을 설명한 내용 중 옳지 않은 것은?

① 일조, 채광, 통풍을 위한 공지
② Privacy 확보를 위해 거리를 갖기 위한 공지
③ 도로나 주변 공해로부터 완충을 위한 공지
④ 거주자가 영역감을 갖기 위한 공지

해설
외부공간의 역할
영역감과는 무관하다.

82 공동주택의 단위주호계획에서 공간의 융통성을 보다 높일 수 있는 방안 중 적당하지 않은 것은?

① 침실 간의 벽을 비내력벽으로 한다.
② 거실 공간이 분리될 수 있도록 한다.
③ 침실을 각각 분리시킨다.
④ 발코니 공간을 되도록 크게 한다.

해설
공간의 융통성 계획
침실을 서로 분리시키면 독립성면에서는 유리하나, 융통성면에서는 불리하다.

83 클러스터(Cluster)형 집합 주택에 관한 기술로 옳은 것은?

① 지상층에서 각 주호로 직접 진입이 가능하며, 소규모 연립 주택에서 많이 쓰이는 형식이다.
② 다양하고 풍부한 외부 공간을 구성하기에 불리하다.
③ 배치의 획일성을 피하고 입면에 변화를 줄 수 있으나, 건물의 방향이나 프라이버시 등이 불리하다.
④ 경사지 이용에 적절한 형식으로 각 주호마다 옥상 테라스를 설치하며, 전망 및 채광이 양호하다.

해설
클러스터형
일자형, 분산형과 달리 몇 개의 주동을 ㄷ, ㅁ자 형식으로 조합한 것
• 건물의 방향이나 프라이버시가 불리
• 필연적으로 비남향 주거 발생
• 다양하고 풍부한 외부공간을 구성하기 편리
• 공용공간에 대한 영역성 확보에 유리

정답 79 ③ 80 ④ 81 ④ 82 ③ 83 ③

Engineer Architecture

CHAPTER 04

사무소

01 개요
02 기본계획
03 평면계획
04 코어계획
05 단면계획
06 세부계획
07 환경 및 설비계획
08 주차시설계획
09 인텔리전트 빌딩

CHAPTER 04 사무소

SECTION 01 개요

>>> 대여(임대)계획상의 분류

① 개실별 임대
② 블록별 임대
③ 층별 임대
④ 전층 임대

1. 사무소의 분류

① 전용 : 완전한 자기 전용 사무소(관청)
② 준전용 : 수개의 회사가 모여 하나의 사무소를 건설하여 공동으로 관리운영되는 사무소
③ 대여 : 건물의 전부 또는 대부분을 임대
④ 준대여 : 건물의 주요부분(자기전용), 나머지(임대)

2. 유효율(렌터블비 : Rentable Ratio, %)

연면적에 대한 대실면적 비율

$$유효율 = \frac{대실면적}{연면적} \times 100\%$$

① 연면적에 대하여 70~75%(공용면적 비율 25~30%)
② 기준층에 대하여 80% 정도

핵심문제 ●●○

대실면적이 6,000m²인 사무소의 연면적은 얼마 정도인가?

① 6,500m² ② 7,500m²
❸ 8,500m² ④ 12,000m²

[해설]

$유효율 = \frac{대실면적}{연면적} \times 100(\%)$

$70~75\% = \frac{6,000m^2}{연면적} \times 100(\%)$

연면적 $= 6,000 \times \frac{100}{70~75}$
$= 8,000~8,571m^2$

3. 사무소의 면적 기준

① 사무실의 크기 결정요소 : 사무원 수
② 1인당 바닥면적의 기준

대실면적	연면적
5.5~6.5m²/인	8.0~11.0m²/인

4. 사무실의 남·녀 비율

핵심문제 ●●○

수용인원 1,500명의 임대사무소의 건축을 계획하려고 할 경우 적당한 대실면적의 크기는?

① 7,800m ❷ 9,800m
③ 12,800m ④ 13,800m

[해설]
대실면적에 대한 1인당 소요바닥면적은 5.5~6.5m²/인이므로
1,500명 × 5.5~6.5m²/인
= 8,250~9,750m²

분류	남	여
일반 사무 관계	65~75%	25~35%
은행	60~70%	30~40%
점포	50~60%	40~50%

5. 책상배치의 기본 모듈(Module)

평면배치는 격자치수, 즉 계획모듈이나 기본적 치수단위에 기준을 두고 있다.

특수한 Layout	1.2m 모듈
싱글 Layout	1.5m 모듈(통로와 책상이 평행일 때) 1.8m 모듈(통로와 책상이 직각일 때)
더블 Layout	1.5m 모듈 책상간격을 최저 3m(보통 3, 2m)로 한다.

6. 책상배치

① 4조 직렬(4.15m²/인) : 사무 능률 및 1인에 대한 책상면적상 적합하여 일반 사무실에서 책상을 배치하는 표준이 된다.
② 3조 직렬(4.47m²/인) : 4조 직렬보다 기둥간격이 작은 건물에 많이 이용된다.
③ 2조 직렬(5.28m²/인) : 특수한 경우에 사용한다.

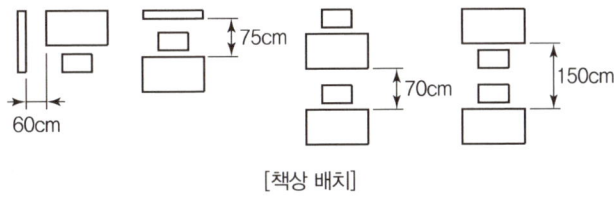

[책상 배치]

▶▶▶ 특수한 레이아웃
일반적 배치에는 조화를 이루지 못함

▶▶▶ 싱글 레이아웃
일방향으로 앉는 배치

▶▶▶ 더블 레이아웃
마주앉는 배치(대면배치)

핵심문제

사무소계획 시 한 방향으로 앉게 하는 배치(Single Layout)에서 가장 적절한 공간구성 단위로서의 기본 모듈은?(단, 책상과 직각인 통로)
① 1.2m　② 1.5m
❸ 1.8m　④ 2.1m

▶▶▶ 4조 직렬 배치
① 책상배치의 표준
② 1인당 바닥면적 최소

SECTION 02 기본계획

1. 대지(부지)선정 조건

① 모퉁이 대지(L자형) 또는 2면 이상의 도로에 접한 대지
② 고층빌딩인 경우 전면 도로 폭 20m 이상
③ 직사각형에 가까우며 전면도로에 길게 접한 대지
④ 도시상업중심지역(CBD : Central Business District)으로 교통이 편리한 곳(단, 전용사무소의 경우 도심을 피하는 것이 좋다.)

▶▶▶ 대지의 위치
임대사무소계획 시 가장 중요하게 고려할 사항

> **핵심문제** ●●○
>
> 사무소 건물계획에 있어서 주요한 검토 항목으로 그 비중이 가장 작은 것은?
>
> ① 임대사무실의 경우는 시장조사에 근거하여 건축계획을 세운다.
> ② 사무실 건축물로서 편리한 주변 환경인가를 검토한다.
> ③ 합리적인 근거에 따라 기본구조 계획을 작성한다.
> ❹ 남향이 여러 면에서 유리하므로 남향이 되도록 계획한다.
>
> [해설]
> 향에 관한 중요성 – 주거건축

2. 배치계획 조건

① 도시의 경제사정, 도시의 성격, 크기에 따르는 사무소의 규모 등을 검토한다.
② 소음, 공해가 적고 채광조건이 양호한 곳
③ 건축법상 유리한 곳
④ 주차면적을 충분히 확보할 수 있는 곳으로 조망이 좋은 곳

SECTION 03 평면계획

> **핵심문제** ●●●
>
> 소음이 적고, 프라이버시가 좋으며, 특히 불황에 더욱 유리한 형식은?
>
> [정답] 개실형

1. 실단위에 의한 분류

(1) 개실 배치(Individual Room System)

복도에 의해 각 층의 여러 부분으로 들어가는 방법(소규모 사무실 임대에 유리)

장점	단점
• 독립성이 좋다. • 채광, 환기 유리 • 소음이 적다.	• 공사비가 비교적 높다. • 방길이 변화가능 (방 깊이에는 변화를 줄 수 없다.)

> **핵심문제** ●●●
>
> 사무소건축의 개방식 배치에 관한 설명으로 옳지 않은 것은?
>
> ❶ 건축주의 입장에서 유지비가 많이 든다.
> ② 평당 임대료가 비교적 싸다.
> ③ 전면적을 유용하게 이용할 수가 있다.
> ④ 건축주의 초기투자가 적게 든다.
>
> [해설]
> ① 유지비가 적게 든다.

(2) 개방식 배치(Open System)

개방된 큰방으로 설계하고 중역들을 위해 분리된 작은 방을 두는 방법

장점	단점
• 전면적을 유효하게 이용(공간절약) • 공사비 절약(칸막이 ×) • 방길이 · 깊이에 변화가능	• 독립성이 떨어진다. • 소음이 크다. • 자연채광+인공조명 필요

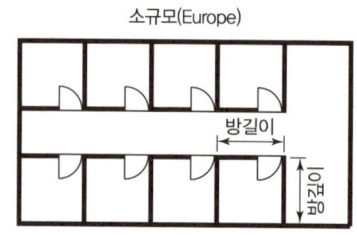
(a) 개실 배치(Inclividual System)

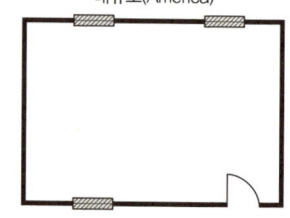
(b) 개방식 배치(Open System)

[개실 배치와 개방식 배치]

(3) 오피스 랜드스케이핑(Office Landscaping)

기존의 계급, 서열에 의한 획일적, 기하학적 배치에서 탈피하여 사무의 흐름이나 작업의 성격을 중시하여 보다 효율적인 사무환경의 향상을 위한 배치 방법이다.

1) 계획원칙
① 직위보다 작업 흐름 및 정보교환을 우선으로 배치한다.
② 고정용 칸막이를 쓰지 않고 낮은 파티션, 가구, 식물로 공간을 구분한다.
③ 평면배치 구성은 기하학적인 배치에서 탈피, 전체적으로 질서 없이 배치(모듈의 개념에서 탈피)
④ 창에서 6m 폭 정도의 외주부는 가급적 빛이 왼쪽에서 비추어지도록 한다.
⑤ 휴식장소는 30m 이내의 거리에 설치

2) 특징(개방식에 속한다.)

장점	단점
• 공간의 가변성(융통성) • 공간이용의 효율성 • 사무능률 향상	• 프라이버시 결여 • 소음
공간의 절약, 공사비(칸막이, 공조, 소화, 조명설비 등) 절약이 가능	

2. 복도형에 의한 분류

(1) 단일지역배치(Single Zone Layout, 편복도식)
① 복도의 한쪽에만 사무실을 둔 형식
② 경제성보다 건강, 분위기 등의 필요도가 중요한 것에 적당

(2) 2중지역 배치(Double Zone Layout, 중복도식)
① 동서방향으로 사무실을 둔 형식
② 주계단과 부계단에서 각 실로 들어갈 수 있다.

(3) 3중지역 배치(Triple Zone Layout, 2중 복도식)
① 방사선 형태의 평면형식으로 고층 전용사무실에 주로 사용
② 교통시설, 위생설비는 건물 내부의 제3지역 또는 중심지역에 위치하며 사무실은 외벽을 따라서 배치한다.
③ 사무소 내부지역에 인공조명, 기계 환기설비가 필요하다.
④ 경제적이며 미적, 구조적 견지에서 많은 이점이 있다.
⑤ 대여사무실을 포함하는 건물에는 부적당하다.

▶▶▶ 오피스 랜드스케이핑
① 개방식 유형
② 경직된 조직 구성에서 탈피
③ 업무환경 개선
④ 획일적 배치(×), 엄격한 그리드 적용(×), 융통성(○)

핵심문제

오피스 랜드스케이핑의 장점이 아닌 것은?
❶ 음향적으로 서로 연결이 되므로 편리하다.
② 사무작업과 레이아웃을 적절히 해서 일의 능률을 올릴 수 있다.
③ 간편한 스크린이나 서류장을 사용하여 변화에 쉽게 적응할 수 있다.
④ 조명배선, 공조설비면에서도 시설비가 저렴화될 수 있다.

[해설]
① 음향적으로 서로 연결되면 소음의 문제가 생긴다.

▶▶▶ 특징 비교

구분	단일	2중	3중
채광	양호	저	저
경제성	저하	높음	높음
규모	소규모	중규모	고층전용

핵심문제

사무소건축에 있어서 3중 지역배치의 특징 중 잘못된 것은?
① 서비스 부분을 중심에 위치하도록 한다.
❷ 대여사무실 건물에 적합하다.
③ 고층사무소 건축에 전형적인 해결방식이다.
④ 부가적인 인공조명과 기계환기가 필요하다.

[해설]
② 대여사무실을 포함하는 건물에는 부적당하다.

SECTION 04 코어계획(Core Plan)

핵심문제 ●●○

사무소의 코어(Core)형 시스템에 관한 설명 중 적합하지 않은 것은?
① 구조계획이 비교적 용이해진다.
② 임대비율을 증대시킬 수 있고 관리가 편리하다.
❸ 피난계획상 매우 유효하다.
④ 공간의 낭비가 적고 설비 시설비가 경감된다.

[해설]
코어형 시스템은 평면상(유효면적 증대), 구조상(내진벽 역할), 설비상(설비비 절감)의 이점이 있다.

코어란 사무소건물에서 평면, 구조, 설비의 관점에서 건물의 일부분에 어떤 집약된 형태로 존재하는 것을 의미한다.

1. 코어의 역할

평면상	구조상	설비상
• 유효면적을 높임 • 사무소 공간의 자유로운 공간 확보 • 실간 계단과의 최단 거리 확보	내진벽 역할	• 설비시설 집약화 • 설비계통의 순환성 향상 • 설비 각 계통에서의 거리 단축 • 신경계통(각종 설비, EV 등)의 집중화

2. 코어의 종류

(1) 편심 코어형(편단 코어형)

① 바닥면적이 작은 경우에 적합하다.
② 바닥면적이 커지면 코어 외에 피난설비, 설비 샤프트 등이 필요하다.
③ 고층일 경우 구조상 불리하다.(소규모 사무실에 주로 쓰임)

(2) 독립(외) 코어형(외 코어형)

① 편심 코어형에서 발전된 형으로 특징은 편심코어형과 거의 동일하다.
② 코어와 관계없이 자유로운 사무실 공간을 만들 수 있다.
③ 설비 덕트, 배관을 사무실까지 끌어 들이는 데 제약이 있다.
④ 방재상 불리하고 바닥면적이 커지면 피난시설을 포함하는 서브코어가 필요하다.
⑤ 코어의 접합부 평면이 과대해지지 않도록 계획할 필요가 있다.
⑥ 사무실 부분의 내진벽은 외주부에만 하는 경우가 많다.
⑦ 코어부분은 그 형태에 맞는 구조형식을 취할 수 있다.
⑧ 내진구조에는 불리하다.

(3) 중심(중앙) 코어형 – 구조적으로 가장 바람직

① 바닥면적이 큰 경우에 적합하다.
② 고층 · 초고층, 내진구조에 적합하다.
③ 내부 공간과 외관이 획일적으로 되기 쉽다.
④ 임대사무소에서 가장 경제적인 코어형

>>> 코어의 종류

① 편심 코어
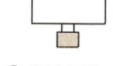

② 독립 코어
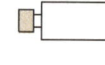

③ 중심 코어

④ 양단 코어

⑤ 기타
• 방재상 유리한 코어
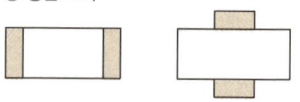

• 중심 코어의 변형으로 구조 비용이 높은 코어형

(4) 양단(분리) 코어형 – 방재계획상 가장 유리

① 코어가 분리되어 2방향 피난에 유리하다.
② 하나의 대공간을 필요로 하는 전용 사무소에 적합하다.
③ 동일층을 분할하여 임대시 복도가 필요하게 되어 유효율이 떨어진다.

(5) 기타형

3. 코어계획 시 고려사항

① 계단과 EV 및 화장실은 가능한 한 접근시킨다.
　　(단, 피난용 특별계단은 법정거리 한도 내에서 가급적 멀리 둔다.)
② 동선간단(코어 내 공간과 사무실 사이의 동선)
③ EV홀이 출입구면에 근접해 있지 않도록 한다.
④ EV는 가급적 중앙에 배치
⑤ 코어 내 각 공간이 각 층마다 공통의 위치에 있어야 한다.
⑥ 잡용실, 급탕실, 더스트 슈트는 가급적 접근시킨다.
⑦ 코어 내 공간의 위치를 명확히 한다.
⑧ 홀이나 통로에서 내부가 보이지 않도록 한다.

4. 코어 내 각 공간

① **실** : 계단실, 화장실, 세면소, 잡용실, 급탕실, 공조실 등
② **샤프트** : 엘리베이터(승용, 화물용), 파이프(급배수 배관, 전기, 통신),
　　덕트(공조, 배연), 메일 슈트
③ **통로** : 엘리베이터 홀, 복도, 특별 피난 계단

≫ 오픈코어타입

① 중심코어형의 일종
② 방재상·설비계획상 문제를 해결하기 위해 코어 부분을 외기에 면하도록 한 형식

핵심문제

사무소 건물의 코어(Core)형식에 관한 설명으로 가장 옳지 않은 것은?
① 편심코어는 일반적으로 소규모 사무소에 많이 쓰인다.
② 중심코어는 구조적으로 가장 바람직하다.
③ 중심코어는 바닥면적이 큰 경우에 많이 사용한다.
❹ 양측코어는 방재상 불리하다.

해설
양측코어는 방재상 유리하다.

핵심문제 ●●○

사무소건축의 코어 안에서 가급적 접근시켜야 할 공간으로서 관계가 먼 것은?
① 잡용실과 급탕실
❷ 승강기홀과 출입문
③ 계단과 승강기 및 변소
④ 파이프와 쓰레기 및 우편물들의 수직 통로

해설
• EV홀 – 사무실 출입구 문(근접 ×)
• EV홀 – 주출입구(근접)

핵심문제

고층 사무소건축에서 코어부분에 꼭 설치하지 않아도 되는 것은?
① 비상계단
② 급탕실
❸ 전기실
④ 덕트 스페이스(Duct Space)

해설
전기실·기계실은 지하에 둔다.(단, 전기배선 덕트 – 코어 내 설치)

SECTION 05 단면계획

층고를 낮게 잡는 이유
① 건축비 절감
② 공조의 효과
③ 많은 층수의 확보
④ 수직동선 단축

핵심문제 ●●○
사무소건축물 기준층의 층고를 좌우하는 조건 중에서 별로 중요하지 않은 것은?
① 건물의 높이 제한과 층수
❷ 엘리베이터의 대수
③ 공기조화(Air Conditioning)
④ 사무소의 안깊이

해설
EV대수와는 무관하다.

핵심문제 ●●○
고층 사무소건물의 기준층 평면형태를 한정하는 요소 중 틀린 것은?
① 구조상 스팬의 한도
❷ 도시의 경관 배려
③ 동선상의 거리
④ 자연광에 의한 조명한계

핵심문제 ●●○
건축설계 시 그리드플래닝을 채용하는 전형적인 건물은?

정답 사무소

1. 층고

(1) 층고 결정 요소
층고와 깊이는 사용 목적, 채광, 공사비에 의해서 결정되며 사무실 깊이는 책상 배치, 채광량 등으로 결정되지만 층고에도 관계된다.

(2) 층고의 크기

1층	• 소규모 건물 : 4m 내외 • 은행 및 넓은 상점 : 4.5~5m 이상 • 고층건물의 1층에 중2층 : 5.5~6.0m 정도
기준층	보통 3.3~4.0m(보 D+설비공간+마감+C·H)
최상층	기준층+30cm
지하층	• 중요한 실을 두지 않는 경우 : 3.5~3.8m • 소규모 난방 보일러실 : 4~4.5m • 대규모 난방 보일러실 : 5~6.5m

2. 기준층 계획

(1) 평면형태 제한(사무소 건축의 기준층 규모산정 시 고려사항)

- 구조상 스팬 한도
- 동선상의 거리
- 각종 설비 시스템상의 한계
- 방화구획상 면적
- 자연광과 실깊이(채광한계)
- 대피상 최대 피난거리

(2) 경제적 관계
기준층 면적이 클수록 임대율(수익성)이 올라간다.

(3) 모듈에 따라 격자식 계획(Grid Planning)
스프링클러와 설비 요소, 책상의 배치, 간막이벽의 설치, 지하 주차장의 주차등을 고려

(4) 대여사무소의 입지적 요인
재실자의 규모와 수 등을 고려(EV 계획, 주차장 이용률 등을 추정, 예측)

3. 스팬(Span)계획

(1) 내부 기둥 간격

철근 콘크리트조	철골 철근 콘크리트조	철골조
5~6m	6~7m	7~9m

(2) 창방향 기둥간격

① 기준층 평면 결정에 가장 기본적인 요소로 실제 경제적인 책상배열에 따라 결정한다.
② 책상배열에 따라 스팬 5.8m가 가장 적절한 기둥간격이다.
③ 지하 주차장의 기둥간격 : 6.0m 전후(5.8~6.2m 정도)

>>> 기둥간격 결정 요인

① 책상단위배치(사무기기배치)
② 채광상 층고에 의한 안깊이
③ 주차배치단위
④ 지하주차장, 코어의 위치 등

핵심문제   ●●○

사무소 건축에서 기둥간격 결정과 관계가 가장 적은 것은?
① 책상배열
② 자동차의 지하차고
③ 치수조정
❹ 건물의 외관

해설
건물의 외관, 용도 등과는 무관하다.

SECTION 06 세부계획

1. 사무실 계획

(1) 사무실의 안깊이(L)

① 외측에 면하는 실내(L/H) : 2.0~2.4
② 채광 정측에 면하는 실내(L/H) : 1.5~2.0

(2) 채광계획(채광면적은 바닥면적의 1/10 정도)

자연채광	인공 조명
• 창의 폭은 1~1.5m • 창대높이는 0.75~0.8m (고층은 0.85~0.9m)	• 조도가 충분히 높을 것 • 실내 전반에 균등한 조도 • 광원의 휘도를 낮게 할 것

(3) 출입구

높이	1.8~2.1m
폭	0.85~1.0m(외여닫이 : 0.75m 이상, 쌍여닫이 : 1.5m 이상)

밖여닫이가 원칙이나 복도 면적이 많이 차지하므로 안여닫이로 한다.

>>> 사무실의 안깊이(H는 층고)

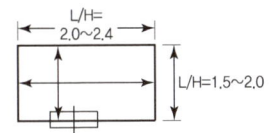

핵심문제   ●●○

철근콘크리트 구조 사무소 건축의 계획에 관한 기술 중 적합하지 않은 것은?
❶ 사무실의 깊이는 채광상 층고의 3배 정도가 적당하다.
② 기둥은 2방향 동일간격으로 배열하는 것이 좋다.
③ 사무실의 출입구문은 안여닫이로 한다.
④ 엘리베이터와 계단은 가급적 근접시킨다.

해설
사무실의 깊이는 채광상 층고의 2배(표준) 정도가 적당

표준계단의 설계

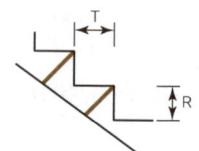

① 폭 : 소규모 1.2m 이상
② R+T=45cm

화장실의 위치

① 동선이 짧은 곳
② 계단, EV홀에 근접
③ 각 층 공통 위치
④ 1개소 또는 2개소에 집중 배치
⑤ 외기에 접할 것(접하지 않은 경우 환기 설비)

세면기 간격

75cm 이상(벽 옆은 50cm 이상)

대변소의 문

① 안여닫이
② 미사용 시 열려 있도록 할 것(관리상, 사용상 편리)

2. 복도 및 계단

복도	• 폭은 편복도 2.0m, 중복도 2~2.5m 정도
계단	• 동선은 간단, 명료, 최단위치에 오게 한다.(주요계단은 1층 주출입구 근처에 배치) • EV홀에 근접시킨다. • 균등배치(가급적 2개소 이상) • 방화구획 내에서는 1개소 이상 배치

3. 화장실

(1) 각부의 치수

대변소의 칸막이 치수	소변기의 간격
• 밖여닫이 : 1.2~1.4m • 안여닫이 : 1.4~1.6m	• 75cm 이상(벽 옆은 50cm 이상) • 변소가 좁을 경우 : 65cm 이상
소변기의 격판 높이 : 1.4m, 깊이 : 40~45cm	

(2) 변기 수의 산정

구분	중 이하의 사무실	중 이상의 사무실
수용 인원	15명	17~24명
기준층 바닥 면적	180m²	300m²
대실 면적	120m²	200m²

각각에 대해 변기 수(대·소변기 포함) 1개의 비율로 한다.

SECTION 07 환경 및 설비계획

EV 조닝(Zoning)

EV 정지층수를 몇 층마다 분리
① 경제성
② 수송(일주)시간 단축
③ 유효면적 증가
④ 조닝 수가 증가할수록 거주인구는 적어진다.

조닝 방식

① 스카이로비 시스템
   100층 이상의 초고층에 채용
② 더블 데크 시스템
   러시아워 해결용

1. 엘리베이터(EV)

(1) 배치계획 시 조건

- 주요출입구, 홀에 직면 배치할 것
- 각 층의 위치는 되도록 동선이 짧고 간단할 것
- 외래자에게 잘 알려질 수 있는 위치일 것(단, 출입구 가까이 근접 금지)
- 한 곳에 집중해서 배치할 것
- 4대 이하(직선배치), 6대 이상(알코브, 대면배치)
- EV홀의 최소 넓이 : 0.5m²/인, 폭은 4m 정도

(2) 대수 결정 조건

① 대수 산정의 기본 : 아침 출근 시 5분간의 이용자

② 1일 이용자가 가장 많은 시간 : 오후 0시~1시

(3) EV 대수 산정

$$S = \frac{60 \times 5 \times P}{T}$$

$$N = \frac{5분간에\ 운반해야\ 할\ 인원수}{S}$$

여기서, S : 5분간에 1대가 운반해야 할 인원수
P : 정원(운전사 포함 ×)
T : 일주시간(초)
N : EV대수

(4) EV 배치

직선형	알코브형	대면형	대면혼용형
	3.5~4.5m	3.5~4.5m	6m 이상 (저층용/중층용/고층용)

2. 스모크 타워(Smoke Tower)

비상계단의 전실에 화재에 의해 침입한 연기를 배기하기 위한 샤프트(Shaft)이다.

① 계단실이 굴뚝역할을 하는 것을 방지
② 전실의 천장은 가급적 높게 한다.
③ 전실 내 스모크 타워 위치
　• 배기 위치 : 계단실보다 복도 쪽에 가깝게
　• 급기 위치 : 계단실 쪽에 가깝게
④ 전실의 창과는 별도로 스모크 타워를 꼭 설치해야 한다.

3. 기타

메일슈트	• EV홀에 둔다. • 최하부 상자 크기 : 폭(50cm), 길이(30cm), 높이(80cm)
급탕실·소제용실	건물 중심 가까운 곳으로 EV홀, 계단, 화장실 등의 근처에 둔다.
더스트 슈트	잡용실 내 부근 편리한 장소에 둔다.(최소 75cm 각)

▶▶ EV 대수 산식

① 연면적 3,000m²에 1대
② 대실(유효)면적 2,000m²에 1대

핵심문제 ●○○

지상 15층인 사무소 건축물에서 아침 출근 시간에 엘리베이터 이용자의 5분간의 최대 인수가 200인이고 1대의 왕복시간(1회)이 2분이라고 할 때 정원 17인승 엘리베이터의 필요 대수는 얼마인가?(단, 엘리베이터의 정원은 17인이나 여기에서는 평균 수송 인원은 16인으로 본다.)

① 3대　　② 4대
❸ 5대　　④ 6대

해설

① $S = \frac{60 \times 5 \times 16}{2 \times 60} = \frac{80}{2} = 40$

② $N = \frac{200}{40} = 5$대

▶▶ 스모크 타워

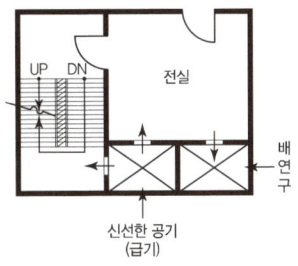

계단실 → 전실 → 스모크 타워의 공기경로를 갖는다.

핵심문제 ●●○

고층 사무소 건축에 있어서 스모크 타워(Smoke Tower)에 관한 기술 중 적합하지 않은 것은 어느 것인가?

① 스모크 타워는 배연을 목적으로 한다.
② 스모크 타워는 계단실 전실에 둔다.
❸ 스모크 타워는 복도로 출입하는 곳에 둔다.
④ 스모크 타워는 전실에 외부에 면한 창이 있어도 설치해야 한다.

해설
비상계단 내 전실에 위치

SECTION 08 주차시설계획

1. 자주식 주차

(1) 주차장 면적

1대 당 40~50m²(차도 포함)

(2) 차도 폭

왕복 5.5m 이상, 일방통행 3.5m 이상

(3) 경사로 구배

직선 : 17%($\frac{1}{6}$) 이하, 곡선 : 14%($\frac{1}{8}$) 이하

(4) 천장 높이

통로부분 2.3m 이상, 주차장소 2.1m 이상

(5) 주차방법

평행주차	• 주차장 폭이 좁을 때 쓰인다. • 1대당 소요면적이 가장 크다.(32.8m²/대)
45° 주차	데드스페이스가 많아진다.(32.3m²/대)
60° 주차	• 직각주차하기에는 통로 폭이 좁을 때 쓰인다. • 운전에 편리(29.8m²/대)
직각 주차	가장 경제적인 주차방법(27.2m²/대)

>>> **점유 소요 면적**

평행>45°>60°>직각

SECTION 09 인텔리전트 빌딩(Intelligent Building, 정보화 빌딩)

>>> **인텔리전트 빌딩**

지능빌딩, 브레인 빌딩

핵심문제 ●●●

인텔리전트 빌딩 정의의 개념과 거리가 먼 것은?
① B · A(Building Automation)
② O · A(Office Automation)
③ Tele-Communication
❹ Tele-Worke

"21세기 지식정보사회에 대응하기 위하여 건물의 규모와 용도, 기능에 적합하게 각종 시스템을 도입하여 쾌적한 환경을 제공함으로써 공간문화를 창출할 수 있으며, 또한 시스템의 확장성을 활용하여 빠르고 안전한 정보서비스가 이루어지고 에너지 절감으로 인해 건물의 경제적 관리가 가능하게 됨으로써 업무의 생산성을 극대화할 수 있는 건물"로 정의된다.

1. 기능(3가지 구성요소)

① OA(Office Automation) : 사무자동화
② BA(Building Automation) : 건물자동화
③ TC(Tele Communication) : 정보통신 시스템

2. 인텔리전트 빌딩의 목표(Amenity : 쾌적성)

① 쾌적한 사무환경 속에서 지적 생산성을 극대화
② 인간과 정보와 빌딩의 안정성을 높임
③ 건설과 유지관리 면에서 경제성을 추구

3. 인텔리전트 빌딩의 경제성

(1) 건물주에게 주는 이익

① 빌딩자동화설비에 의해 에너지 절약, 인력절감
② 건물 및 거주자의 안전도 증가
③ 건물의 부가가치를 향상시켜 입주자의 확보가 유리
④ 유연성 있는 빌딩설비로 개·보수 등에 의한 공사비를 절감
⑤ 건물의 수명을 증가
⑥ 자산의 가치를 증가

(2) 입주자에게 주는 이익

① 보다 나은 업무환경으로 생산성 향상
② 고도의 통신서비스를 효율적, 경제적으로 제공받음
③ 건물의 공용설비를 이용하기 때문에 별도의 공용설비를 위한 설치 공간이 불필요
④ 방범설비가 도입되어 있어 보안 유지
⑤ 인텔리전트 빌딩에 입주함에 따른 대외적인 이미지가 향상

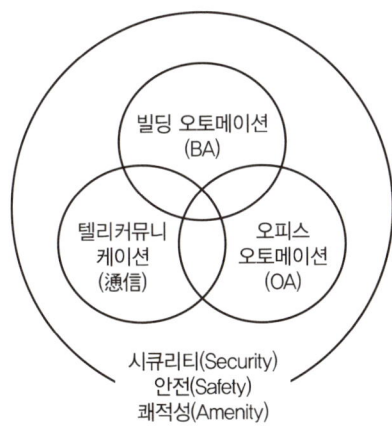

[인텔리전트 빌딩의 구성]

>>> 국내최초 첨단 정보 빌딩

한국통신의 전자운용단 건물

핵심문제 ●○○

정보화 빌딩에서 소유자의 이점이 아닌 것은?
① 빌딩의 부가 가치를 향상시킨다.
② 빌딩의 자동화에 의한 경제성 향상을 꾀한다.
❸ 통신이용에 대한 비용절감의 효과를 누린다.
④ 빌딩의 개·보수에 유연하게 대처한다.

[해설]
③은 입주자의 이점이다.

CHAPTER 04 출제예상문제

01 사무소 건축의 코어플랜에 관한 설명 중 옳지 않은 것은?

① 코어의 위치는 사무소건축의 성격이나 평면형, 구조, 설비방식 등에 따라 결정한다.
② 중심코어형은 바닥면적이 큰 경우에 유리하며, 분리코어형은 2방향 피난에 유리하다.
③ 편심코어형은 기준층 바닥면적이 큰 경우에 유리하며, 독립코어형은 고층일 경우 구조적으로 유리하다.
④ 임대 사무소에서 가장 경제적인 코어형은 중심 코어형이며, 분리코어형은 한 개의 대공간이 필요한 전용사무소에서 적합하다.

해설

코어의 종류

구분	특징
편심코어형 (편단 코어형)	• 바닥면적이 작은 경우에 적합 • 고층일 경우 구조상 불리
독립코어형	• 편심형과 거의 동일 • 코어에 관계없이 자유로운 사무실 공간을 만들 수 있다.
중심코어형 (중앙코어형)	• 바닥면적이 큰 고층, 초고 층사무소에 적합하다. • 임대사무소에서 가장 경제적
양단코어형 (분리코어형)	• 2방향 피난에 이상적이며 방재상 유리하다. • 1개의 대공간을 필요로 하는 전용사무소에 적합하다.

02 오피스 랜드스케이핑의 장점이 아닌 것은?

① 음향적으로 서로 연결이 되므로 편리하다.
② 사무작업과 레이아웃을 적절히 해서 일의 능률을 올릴 수 있다.
③ 간편한 스크린이나 서류장을 사용하여 변화에 쉽게 적응할 수 있다.
④ 조명배선, 공조설비 면에서도 시설비가 저렴화 될 수 있다.

해설

오피스 랜드스케이핑
음향적으로 서로 연결될 경우 소음의 문제가 발생된다.

03 사무소 건축계획에서 개방식 배치(Open Floor Plan)의 장점에 대한 기술 중 옳지 않은 것은?

① 대실 이용면에서의 신축성과 이용률을 높일 수 있다.
② 전면적을 유용하게 이용할 수 있다.
③ 주변공간과 관련하여 사용할 때 깊은 구역이 더 잘 이용된다.
④ 소음이 적고 독립성이 있다.

해설

개방식 배치
• 전면적을 유용하게 이용할 수 있다.
• 칸막이벽이 없어서 공사비가 낮다
• 방의 길이나 깊이에 변화를 줄 수 있다.
• 소음문제 등으로 인해서 독립성이 떨어진다.
• 인공조명이 필요하다.

04 인텔리전트 빌딩 정의의 개념과 거리가 먼 것은?

① B.A(Building Automation)
② O.A(Office Automation)
③ Tele—communication
④ Tele—worker

해설

인텔리전트 빌딩의 구성요소
• 정보통신 시스템(Tele—communicationsystem)
• 사무동화(Office Automation ; O.A)
• 건물자동화(Building Automation ; B.A)
④ Tele—worker : 재택근무

정답 01 ③ 02 ① 03 ④ 04 ④

05 사무소 건축에 관한 기술 중 틀린 것은?

① 기준층 평면형 결정은 채광, 공용시설, 기둥간격, 비상설비 등을 고려하여야 한다.
② 사무소 건축의 부지로서는 집약적으로 일군의 관청 또는 사무소 건축이 있는 비즈니스센터가 유리하다.
③ 창 방향 기둥 간격은 그 기준층의 평면 결정의 기본 요소로서 실질상 경제적인 책상배열에 따라 결정한다.
④ 기둥간격은 철근콘크리트일 때 7~8m가 적당하며 책상 배열에도 합리적이다.

> **해설**

사무소 건축의 기둥 간격
- 철근콘크리트 구조 : 5~6m
- 철골 철근콘크리트 구조 : 6~7m
- 철골구조 : 7~9m

06 코어플랜(Core Plan)의 종류에서 편심 코어에 대한 설명으로 옳지 않은 것은?

① 외벽에서 코어까지의 거리가 6모듈 이하인 경우에 적용이 유리하다.
② 고층인 경우 구조상 불리하다.
③ 바닥면적이 큰 경우 코어 이외에 별도의 피난 시설 및 설비 계획이 필요한 경우가 있다.
④ 임대 사무실인 경우 가장 경제적인 계획을 할 수 있다.

> **해설**

중심(중앙)코어형
유효율이 높고 대여 빌딩에서 가장 경제적인 계획을 할 수 있는 코어형이다.

07 고층 사무소 건물의 기준층 평면 형태를 한정하는 요소 중 틀린 것은?

① 구조상 스팬의 한도
② 도시의 경관 배려
③ 동선상의 거리
④ 자연광에 의한 조명 한계

> **해설**

기준층 규모를 산정할 경우 고려할 사항
- 구조상 스팬한도
- 동선상의 거리
- 각종 설비시스템상의 한계
- 방화구획상 면적
- 자연광과 실 깊이(채광한계)
- 대피상 최대 피난거리

08 사무소 건축계획 시 오피스 랜드스케이핑(Office Landscaping)에 관한 설명 중 옳지 않은 것은?

① 사람과 가구 등의 관계를 고려하여 능률적인 배치를 모색한다.
② 창이나 기둥의 방향에 맞추어서 사무실을 구성할 수 있다.
③ 사무작업과 전체 배치와의 적절한 내용에 의한 능률화를 꾀할 수 있다.
④ 공조설비 등의 설비계획상 유리한 방법이다.

> **해설**

오피스 랜드스케이핑
- 획일적인 계급 서열에 의한 배치 방법에서 탈피하여 문서 흐름이나 작업흐름에 따라 배치하는 방법
- 사무작업과 레이아웃을 적절히 해서 일의 능률을 올릴 수 있다.
- 간편한 스크린이나 서류장을 사용하면 변화에 쉽게 적응할 수 있다.
- 조명, 배선, 공조, 설비면에서도 시설비가 저렴화될 수 있다.
- 소음문제 등으로 인해서 독립성이 떨어진다.
② 오피스 랜드스케이핑은 창이나 기둥의 방향에 관계없이 사무실을 구성할 수 있다.

정답 05 ④ 06 ④ 07 ② 08 ②

09 사무소 건축에서 개방식 배치에 관한 설명으로 옳지 않은 것은?

① 큰 사무실에서 많이 채용되며 임대자가 직접 칸막이를 설치한다.
② 개인적인 환경 조절이 용이하다.
③ 전 면적을 유용하게 이용할수 있으며 융통성이 많다.
④ 소음이나 프라이버시의 결핍이 문제점이다.

> **해설**
> **개방식 배치**
> 개방된 큰 방으로 설계된 형태로 개인적인 환경 조절이 용이하지 않다.

10 사무소의 건축에 있어서 3중 지역 배치(Triple Zone Layout) 특징 중 잘못된 것은?

① 서비스 부분을 중심에 위치하도록 한다.
② 대여 사무실 건물에 적합하다.
③ 고층 사무소 건축에 전형적인 해결 방식이다.
④ 부가적인 인공조명과 기계환기가 필요하다.

> **해설**
> **3중 지역 배치**
> 고층 전용 사무실에 주로 사용

11 고층사무소 건축에서 화재 시 대처해야 할 사항으로 부적당한 것은?

① 피난을 위한 유도표식을 많이 만든다.
② 엘리베이터의 정원을 늘려서 피난을 순조롭게 한다.
③ 중앙방재실의 위치는 방화상 안전하고 외부로부터의 출입이 용이한 곳에 둔다.
④ 건물 밖으로의 출구 폭의 합계를 넓게 취하는 것이 바람직하다.

> **해설**
> **방재계획**
> 엘리베이터의 정원을 늘리는 것보다 다른 피난 시설을 설치하는 것이 바람직하다.

12 인텔리전트 빌딩(Intelligent Building)의 구성요소가 아닌 것은?

① 빌딩자동화 시스템(Building Automation System)
② 사무자동화 시스템(Office Automation System)
③ 정보통신시스템(Tele Communication)
④ 환경의 쾌적성(Amenity)

> **해설**
> **인텔리전트 빌딩**
> • 구성요소 : BA, OA, TC
> • 목적 : 쾌적성

13 그림과 같은 사무소 건축에서 저층부분에 (A)를 설치하는 이점이 될 수 없는 것은?

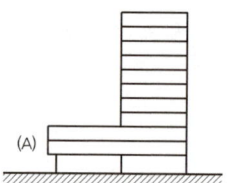

① 옥상정원의 이용
② 사무실 이외의 기능을 충당
③ 부지의 효과적인 이용
④ 랜드마크적인 역할

> **해설**
> **랜드마크**
> 도시 내 상징적 건축물의 역할을 말함

14 사무소 건축물의 인텔리전트화와 거리가 먼 것은?

① 건축물 내의 실내환경 관리의 자동화
② 건물의 대형화
③ 렌터블비의 증대
④ 사무 공간의 쾌적성

> **해설**
> **인텔리전트 빌딩**
> 고층화, 대공간화 등 규모의 변화와는 무관하다.

정답 09 ② 10 ② 11 ② 12 ④ 13 ④ 14 ②

15 초고층 빌딩 건축계획의 풍횡압에 대한 구조적인 고려사항으로서 가장 적합치 않은 것은?

① 벨트 트러스(belt truss)
② 트러스 튜브(truss tube)
③ 강 구조(rigid frame)
④ 포스트와 린텔(post lintel)

[해설]
포스트와 린텔
포스트와 린텔 방식은 가구식 구조를 말한다.

16 오피스 랜드스케이핑에 대한 설명으로 옳지 않은 것은?

① 의사전달과 작업순서에 의해 공간이 배치된다.
② 고정된 칸막이 대신 반고정된 칸막이가 허용된다.
③ 다른 유형에 비해 바닥면적이 많이 소요된다.
④ 넓고 큰 공간이 필요하다.

[해설]
오피스 랜드스케이핑
부서 간 경계는 고정, 반고정 칸막이 대신 파티션, 가구, 식물로 공간을 구분한다.

17 사무소 건축계획에 관한 사항 중 틀린 것은?

① 사무소 건축의 공간 구성은 실(Room), 복도(Corridor), 코어(Core)로 구분된다.
② 대여사무소의 임대비율은 70~75%가 적당하다.
③ 배연탑은 피난 계단과 분리하여 설치하는 것이 좋다.
④ 사무실 칸막이 벽은 간단히 변경될 수 있는 구조로서 모듈에 맞춰 설치한다.

[해설]
배연탑(스모크 타워)
화재 시 계단으로 피난하는 피난자로 하여금 연기를 마시지 않게 하기 위한 설비로서, 피난 계단의 전실에 둔다.

18 고층 건물의 스모크 타워를 설명하는 것 중 맞는 것은?

① 특별 피난 계단의 배연시설로서 피난 계단의 전실에 둔다.
② 보일러실 굴뚝의 보조설비로서 옥상층에 둔다.
③ 쿨링타워의 보조실로서 옥상층에 둔다.
④ 주방 조리대 상부에 설치하는 냄새, 연기, 수증기 등을 흡출하는 장치이다.

19 사무소 건물의 기준층 평면형을 좌우하는 중요한 사항이 아닌 것은?

① 채광조건
② 공용시설
③ 비상시설
④ 엘리베이터 대수

[해설]
기준층 평면형태
EV 대수와는 무관하여, EV 배치와는 관련이 있다.

20 사무소 건축에 있어서 변소 및 화장실의 위치로 적당하지 않은 것은?

① 각 사무실에서의 동선이 간결할 것
② 계단, 엘리베이터 홀에 접근할 것
③ 가급적 외기에 접하지 않도록 할 것
④ 각 층의 공통 위치에 둘 것

[해설]
변소 및 화장실의 위치
가급적 외기에 접하여 계획하는 것이 바람직하다.

21 사무소 지하 주차장 계획에서 가장 면적을 작게 하는 주차 방법은 어느 것인가?

① 평행주차
② 45° 주차
③ 60° 주차
④ 직각 주차

> **해설**

점유 소요 면적
평행 > 45° > 60° > 직각

22 사무소 건축의 실단위 계획에서 개방식 배치의 장점이 아닌 것은?

① 전면적을 유용하게 이용할 수 있다.
② 개별시스템보다 공사비가 저렴하다.
③ 공간을 절약 할 수 있다.
④ 프라이버시가 양호하다.

> **해설**

개방식
소음 등의 문제로 프라이버시가 떨어진다.

23 사무소 건축의 개방식 배치에 관한 설명으로 옳지 않은 것은?

① 건축주의 입장에서 유지비가 많이 든다.
② 평당 임대료가 비교적 싸다.
③ 전면적을 유용하게 이용할 수 있다.
④ 건축주의 초기 투자가 적게 든다.

> **해설**

개방식 배치
건축주의 입장에서 유지비가 적게 소요된다.

24 사무소 건축의 코어(Core) 내 각 공간의 위치 관계에 대한 설명으로 옳지 않은 것은?

① 계단, 엘리베이터, 화장실은 가능한 한 근접시킨다.
② 엘리베이터는 가급적 중앙에 집중시킨다.
③ 코어(Core) 내에 각 공간이 각 층마다 공통의 위치에 있게 한다.
④ 홀이나 통로에서 내부가 보이도록 한다.

> **해설**

Core 계획
변소의 경우 홀이나 복도에서 내부가 보이지 않도록 하여야 한다.

25 사무소 건축계획 시 기둥간격(Span)의 결정요소와 관계가 가장 적은 것은?

① 건물의 용도   ② 사무기기 배치
③ 지하주차장   ④ 코어의 위치

> **해설**

기둥간격 결정 요인
• 책상 단위 배치(사무기기 배치)
• 채광상 층고에 의한 안깊이
• 지하주차배치단위
• 코어의 위치 등

26 고층사무소 건물의 장점이 아닌 것은?

① 건물의 고층화에 따라 공원, 녹지를 부지 내에 충분히 둘 수 있다.
② 전망이 좋고 맑은 공기를 얻을 수 있다.
③ 설비관계의 집약으로 방재에 대해 안전하다.
④ 적절한 계획으로 도시의 스카이라인에 변화를 줄 수 있다.

> **해설**

고층사무소
방재에 대해 불안전하다.

27 임대사무실계획에 관한 조건 중 가장 중요한 것은?

① 각 실의 프라이버시
② 일조 및 통풍
③ 부지의 위치
④ 미관과 경관

정답 22 ④ 23 ① 24 ④ 25 ① 26 ③ 27 ③

> **해설**
>
> **부지조건**
> - 임대사무소 : 접근성 고려(도시상업 중심지역)
> - 전용사무소 : 쾌적성 고려(도심을 피하는 것이 유리)

28 코어 시스템(Core System)계획에 관한 설명으로 적합하지 않은 것은?

① 계단실도 코어 공간에 포함된다.
② 잡용실과 급탕실은 가급적 근접하여 배치한다.
③ 엘리베이터(Elevator)는 가급적 중앙에 집중 배치한다.
④ 코어 내의 각 공간은 각 층마다 상하 다른 위치에 둔다

> **해설**
>
> **코어계획**
> 코어 내 각 공간이 각층마다 공통의 위치에 있어야 한다.

29 사무소 건축의 코어형 중 방재상 가장 유리한 형태는?

① 편단코어형
② 중앙코어형
③ 양단코어형
④ 외코어형

> **해설**
>
> **양단(분리, 양측) 코어형**
> 방재상 가장 유리한 코어형이다.

30 사무소 건축물의 설계에 있어서 사무실의 크기를 결정하는 가장 중요한 요소는?

① 방문자의 수
② 사무실의 위치
③ 사업의 종류
④ 사무원의 수

> **해설**
>
> **사무원의 수**
> - 사무소 크기를 결정
> - 사무원 수를 알면 대실면적과 연면적 산출 가능

31 사무소 건축에서 연면적에 대한 임대면적 비율로 적당한 것은?

① 50~55%　② 60~65%
③ 70~75%　④ 85~95%

> **해설**
>
> **유효율(R.R)**
> - 연면적에 대해서 70~75%
> - 기준층에서는 80% 정도

32 사무소 건물의 코어(Core) 형식에 관한 설명으로 가장 옳지 않은 것은?

① 편심코어는 일반적으로 소규모 사무소 건물에 많이 쓰인다.
② 중심코어는 구조적으로 가장 바람직하다.
③ 중심코어는 바닥면적이 큰 경우에 많이 사용한다.
④ 양측코어는 방재상 불리하다.

> **해설**
>
> **양단(분리, 양측) 코어형**
> 방재상 가장 유리(2방향 피난)

33 사무소 건축의 기준층 층고 결정 시 검토사항 중 거리가 가장 먼 것은?

① 사무실의 깊이와 사용 목적
② 채광조건
③ 냉난방 및 공사비
④ 엘리베이터의 승차거리

> **해설**
>
> **기준층 평면형**
> EV 승차거리와는 무관하다.

정답 28 ④　29 ③　30 ④　31 ③　32 ④　33 ④

34 사무소 건축의 개방식 배치에 관한 사항 중 부적당한 것은?

① 전면적을 유용하게 이용할 수 있다.
② 방의 길이나 깊이에 변화를 줄 수 있다.
③ 공사비가 다소 싸질 수 있다.
④ 독립성이 뛰어나다.

> **해설**
> **개방식**
> 소음 등의 문제로 인해 독립성이 떨어진다.

35 사무소 건축에서 일반사무실의 책상 배치방법 중 배치의 표준이 되며, 1인당 차지하는 바닥면적이 최소가 되는 것은?

① 4조 직렬배치
② 3조 직렬배치
③ 2조 직렬배치
④ 1조 직렬배치

> **해설**
> **책상배치와 1인당 바닥면적**
> • 4조 직렬(4.15m²/인) : 사무능률 및 1인에 대한 책상 면적상 적합(일반 사무실 책상 배치 표준)
> • 3조 직렬(4.47m²/인) : 4조 직렬보다 기둥 간격이 작을 때 이용
> • 2조 직렬(5.28m²/인) : 특수한 경우

36 고층사무소 건물의 특별 계단에 있어서 전실(前室 : 부속실)의 계획상 부적당한 것은?

① 전실의 일부가 가능한 한 외기에 면하는 것이 좋다.
② 전실에는 스모크 타워와 급기시설이 필요하다.
③ 전실의 천장은 가급적 높게 한다.
④ 전실에 있어서 배연구는 계단실 가까이에 급기구는 복도 쪽에 가깝게 둔다.

> **해설**
> **스모크 타워**
> 배연구(복도 쪽), 급기구(계단실 쪽)

37 사무소 건축의 집무공간에서 개방형 배치계획의 특징 중 옳은 것은?

① 방 깊이에 변화를 줄 수 없다.
② 공사비가 비교적 높다.
③ 공간을 절약할 수 있다.
④ 프라이버시 유지가 쉽다.

> **해설**
> **개방식**
> 전면적을 유용하게 사용할 수 있어 공간 절약상 유리하다.
> ①, ②, ④는 개실형 배치에 대한 설명이다.

38 사무소 건물계획에 있어서 주요한 검토 항목 중 그 비중이 가장 적은 것은?

① 임대사무실의 경우는 시장조사에 근거하여 건축계획을 세운다.
② 사무실 건축물로서 편리한 주변환경인가를 우선 검토한다.
③ 합리적인 근거에 따라 기본 구조 계획을 작성한다.
④ 남향이 여러 면에서 유리하므로 남향이 되도록 계획한다.

> **해설**
> **향**
> • 주거 건축에서 중요
> • 사무소의 경우 남향으로 배치 시 에너지 절약상 유리하다.

39 사무소 건축의 코어(Core) 안에서 가급적 접근시켜야 할 공간으로서 관계가 먼 것은?

① 잡용실과 급탕실
② 승강기 홀과 출입구 문
③ 계단과 승강기 및 화장실
④ 파이프와 쓰레기 및 우편물의 수직통로

> **해설**
> **코어계획**
> • EV홀 : 사무실 출입구 문(근접 ×)
> • EV홀 : 주출입구(근접 ○)

정답 34 ④ 35 ① 36 ④ 37 ③ 38 ④ 39 ②

40 사무소 건축의 코어(Core)계획에 대한 설명으로 부적당한 것은?

① 엘리베이터 홀은 출입구에 가급적 근접시켜 동선을 짧게 한다.
② 피난용 특별계단 상호 간의 거리는 법정거리 내에서 가급적 멀리한다.
③ 잡용실과 급탕실은 가급적 근접시킨다.
④ 코어 내의 동선과 임대 사무실 사이의 동선은 간단히 한다.

> 해설
> **코어계획**
> EV홀이 사무실 출입구면에 근접해 있지 않도록 한다.(사무실 출입구인지 건물 전체의 주출입구인지를 구분한다.)

41 사무소 건축설계에서 사무실 크기를 결정하는 데 가장 중요한 요소는?

① 비품의 수와 크기
② 사업의 종별
③ 사무원의 수
④ 내객(來客)의 수

> 해설
> **크기결정**
> • 사무소 : 사무원의 수
> • 은행 : 은행원 수
> • 학교 : 학생 수
> • 호텔 : 객실 수

42 사무소 부지선정에 관한 설명 중 옳지 않은 것은?

① 교통이 편리하고 도심 상업지역이 좋다.
② ㄴ자형 대지 또는 2면 이상의 도로에 면하는 것이 좋다.
③ 형상은 직사각형에 가까운 곳이 좋다.
④ 고층빌딩인 경우 전면도로는 폭이 5m 이상이어야 한다.

> 해설
> **부지선정**
> 고층빌딩인 경우 전면도로 폭 20m 이상

43 사무소 건축의 편심형 코어의 특징이 아닌 것은?

① 바닥면적이 커지면 피난시설을 포함한 서브코어가 필요하다.
② 너무 고층인 것에는 구조상 좋지 않다.
③ 바닥면적이 크지 않은 건물에 적합하다.
④ 외관이 획일적으로 되기 쉽다.

> 해설
> **중심코어형**
> 구조상 가장 안전한 형태로 내부 공간과 외관이 획일적으로 되기 쉽다.

44 사무소 건축에 있어서 개실 시스템에 대한 설명 중 옳지 않은 것은?

① 독립성과 쾌적함이 좋고 공사비가 적게 든다.
② 사용 불가능한 공간 또는 깊은 구역을 없게 하기 위하여 건물의 폭을 넓게 해야 한다.
③ 복도에 의해 각 층의 각 부분으로 들어가는 형식이다.
④ 방 길이에는 변화를 줄 수 있으나, 연속된 긴 복도 때문에 방 깊이에 변화를 주기 어렵다.

> 해설
> **개실배치(Individual Room System)**
> • 복도에 의해 각 층의 여러 부분으로 들어가는 방법
> • 독립성과 쾌적성이 높다.
> • 공사비가 비교적 높다.(칸막이)
> • 방 길이에는 변화를 줄 수 있지만, 연속된 복도 때문에 방 깊이에는 제한이 된다.

정답 40 ① 41 ③ 42 ④ 43 ④ 44 ①

45 사무소 건축의 Elevator Zoning에 있어서 장점이라 볼 수 없는 것은?

① Zoning을 많이 할수록 Zone의 거주 인구가 적어진다.
② 일주시간이 단축되어 서비스가 좋아진다.
③ 고속 승강기의 고속성을 유효하게 발휘할 수 있다.
④ 승강기의 설비비를 절약할 수 있다.

> 해설

엘리베이터의 조닝
㉠ 조닝의 목적
  건물 전체를 몇 개의 그룹으로 나누어 서비스하는 방식으로 경제성, 수송 시간의 단축, 유효면적의 증가에 그 목적이 있다.
㉡ 장점
  • 엘리베이터의 설비비 절약
  • 조닝 수의 증가에 따라 승강로의 연면적이 감소 – 서비스층 바닥면적 감소
  • 일주시간단축 – 수송능력 향상
  • 고층부를 운행하는 고속 엘리베이터는 고속성을 발휘하며 저층, 중층 엘리베이터의 기계실 상부는 대실면적으로 이용 가능하다.
  • 급행부분의 엘리베이터 홀도 화장실, 금고 등으로 이용이 가능하다.
㉢ 단점
  • 건물의 이용상의 제약이 생긴다.
  • 조닝 수가 많을 경우 대실의 규모가 제약된다.
  • 이용자가 혼란에 빠질 우려가 있다.
  • 각 존의 교통 수용 예측을 분명히 해야 한다.(부하가 집중될 우려가 있다.)

46 정보화 빌딩(Intelligent Building)의 기본기능 중 가장 관계가 먼 것은?

① 정보통신 시스템
② 사무자동화 시스템
③ 빌딩자동화 시스템
④ 건축기술 시스템

47 오피스 랜드스케이프의 계획원칙 중 부적당한 것은?

① 직위보다 작업 흐름 및 정보교환을 우선으로 배치한다.
② 창에서 6m폭 정도의 외주부는 가급적 빛이 오른쪽에서 비추어지도록 한다.
③ 책상 간의 거리는 최소 0.7m 이상을 유지시킨다.
④ 휴식장소는 30m 이내의 거리에 설치한다.

> 해설

오피스 랜드스케이프
창에서 6m 폭 정도의 외주부는 가급적 빛이 왼쪽에서 비추어지도록 한다.

48 사무실 깊이는 층고의 몇 배 정도가 적당한가?(단, 채광 정측에 면하는 실 일 경우)

① 0.8~1.0
② 1.2~1.5
③ 1.5~2.0
④ 2.0~2.5

> 해설

사무실 층고(H)에 의한 안 깊이(L)의 비율
• 외측에 면하는 실내(L/H) : 2~2.4
• 채광정측에 면하는 실내(L/H) : 1.5~2.0

49 사무소 건축에서 메일 슈트(Mail Chute) 위치는 다음 중 어디가 가장 좋은가?

① 계단실
② 현관 홀
③ 엘리베이터 홀
④ 관리실

> 해설

메일 슈트
• 우편물을 빌딩 각층에서 아래로 내려 보내는 관
• EV홀과 근접 배치

정답 45 ① 46 ④ 47 ② 48 ③ 49 ③

50 사무소계획 시 한 방향으로 앉게 하는 배치(Single Layout)에서 가장 적절한 공간 구성 단위로서의 기본 모듈은?(단, 책상과 직각인 통로)

① 1.2m
② 1.5m
③ 1.8m
④ 2.1m

> 해설
>
> **싱글 레이아웃**
> - 1.5m 모듈(통로//책상)
> - 1.8m 모듈(통로⊥책상)

51 여러 개의 회사가 모여서 그 건물에 관한 부동산 회사를 설정하고 그 회사에 의해 관리 운영되는 것으로서 사실상 공동 소유로 건축하는 사무소의 종류는?

① 전용 사무소
② 준전용 사무소
③ 준대여 사무소
④ 대여 사무소

> 해설
>
> **사무소의 분류**
> ㉠ 소유상·관리상
> - 전용 사무소 : 완전한 자기 소유의 사무소(관청)
> - 준전용 사무소 : 여러 회사가 모여 관리 운영과 소유를 공동으로 하는 사무소
>
> ㉡ 임대상
> - 대여 : 건물의 전부를 임대하는 사무소
> - 준대여 : 건물의 주요 부분은 자기 전용으로 하고 나머지는 임대하는 사무소

52 고층 사무소 건축의 방재계획의 기본적 사항을 나열한 것 중 옳지 않은 것은?

① 화재 발생이 어려운 구조, 마감재를 사용한다.
② 안전하고 알기 쉬운 피난경로를 1방향으로 확보한다.
③ 방화구획을 적절히 한다.
④ 화재를 조기 발견하여 초기 소화나 피난 유도 대책을 세운다.

> 해설
>
> **방재계획**
> 2방향 이상의 피난 방향을 확보한다.

53 사무소 건축의 코어계획 시 고려사항이 아닌 것은?

① 코어 내의 공간과 임대사무실 사이의 동선이 간단해야 한다.
② 코어 내의 공간의 위치를 명확히 한다.
③ 엘리베이터는 가급적 중앙에 집중시킨다.
④ 잡용실, 급탕실, 더스트 슈트는 냄새 등을 고려하여 가급적 멀리한다.

> 해설
>
> **코어계획**
> 잡용실, 급탕실, 더스트 슈트는 가급적 접근시킨다.

54 사무실 건물에서 엘리베이터의 대수 약산 중 적당한 것은?

① 연면적 2,000m²당 1대
② 연면적 3,000m²당 1대
③ 연면적 4,000m²당 1대
④ 연면적 5,000m²당 1대

> 해설
>
> **약산**
> - 연면적 3,000m²당 1대
> - 대실면적 2,000m²당 1대

정답 50 ③ 51 ② 52 ② 53 ④ 54 ②

55 사무소 건축의 코어(Core)에 대한 설명 중 옳지 않은 것은?

① 코어는 교통부분, 유틸리티부분, 설비부분 등을 갖는 건물의 중추적 역할을 한다.
② 코어는 구조체의 역할을 한다.
③ 복수코어를 두면 2방향 피난이 되므로 재해시 피난이 용이하다.
④ 대규모 건물의 코어는 실크기에 변화를 주기 위해 한쪽으로 편중하는 것이 좋다.

> [해설]
> **코어계획**
> 대규모 건물의 코어는 중심코어 또는 양단코어 형태가 바람직하다.

56 사무소 건축의 개방식 배치에 관한 설명으로서 옳지 않은 것은?

① 전면적을 유용하게 이용할 수 있고 수시로 변경이 가능하다.
② 오피스 랜드스케이프(Office Landscape)는 개방식 사무실 배치 계획의 일종이다.
③ 독립성과 프라이버시가 개실 시스템에 비해 떨어진다.
④ 칸막이벽이 없어서 실질상 개실 시스템보다 공사비가 비싸다.

> [해설]
> **개방식 배치**
> 초기 공사비를 절약할 수 있다.(칸막이 ×)

57 사무소 건축계획에서 엘리베이터 홀의 1인당 점유 면적은?

① 0.4m²
② 0.6m²
③ 0.9m²
④ 1.2m²

> [해설]
> **EV홀의 점유 면적**
> 0.5m²/인, 폭은 4m 정도

58 사무실 층고(H)에 대한 길이(L)의 표준은 얼마인가?

① $L/H=1.5$
② $L/H=2.0$
③ $L/H=3.0$
④ $L/H=4.0$

> [해설]
> **사무실의 안깊이(L)**
> 사무실의 깊이는 채광상 층고의 2배(표준) 정도가 적당하다.

59 고층사무소 건축에서 중심코어 형식에 관한 기술 중 옳은 것은?

① 일반적으로 바닥면적이 크지 않을 경우 많이 사용한다.
② 구조 코어로서 바람직한 형식이다.
③ 바닥면적이 커지면 별도의 피난시설이 필요하다.
④ 너무 고층인 것에는 좋지 않다.

> [해설]
> **중심코어형**
> • 구조적으로 가장 바람직
> • 임대사무소에 가장 적합(경제적)
> • 바닥면적이 큰 경우에 적합
> • 고층·초고층, 내진구조에 적합
> • 내부공간과 외관이 획일적으로 되기 쉽다.

60 오피스 랜드스케이프의 이점이 아닌 것은?

① 공간의 가변성
② 공간이용의 효율성
③ 사무능률의 향상
④ 프라이버시의 확보

> [해설]
> **오피스 랜드스케이프**
> • 개방식의 일종
> • 프라이버시 결여, 소음 등의 문제가 발생한다.

정답 55 ④ 56 ④ 57 ② 58 ② 59 ② 60 ④

61 사무소 건축의 코어 플랜(Core Plan)의 종류에서 중심코어(중앙코어)에 대한 설명으로 적당하지 못한 것은?

① 고층건물에 적용 시 유리하다.
② 내진구조에 적합하다.
③ 모듈과 무관하게 계획할 수 있어 일반적으로 많이 적용된다.
④ 임대사무실 공간으로 가장 경제적인 계획이 가능하다.

> **해설**
> **사무소 건축**
> 평면배치는 기본적인 격자치수, 즉 계획 모듈이나 치수단위에 항상 기준을 둔다.

62 고층 사무소 건축에서 코어 부분에 꼭 설치하지 않아도 되는 것은?

① 비상계단
② 급탕실
③ 전기실
④ 덕트 스페이스(Duct Space)

> **해설**
> **전기실, 기계실**
> 지하층에 배치(※전기배선의 덕트는 코어 내 설치)

63 사무소 건축물에서 최근 층고를 낮게 잡는데 그 이유로서 적합하지 않은 것은?

① 건축비를 절감하기 위하여
② 같은 높이에 많은 층수를 얻기 위하여
③ 실내 공기조화의 효율을 높이기 위하여
④ 엘리베이터의 왕복시간을 단축하기 위하여

> **해설**
> **층고를 낮게 잡은 경우**
> 많은 층수를 얻게 되므로 EV의 정지층수가 많아진다.(운행시간 증가)

64 엘리베이터는 몇 대 이상을 한 열로 연속하여 배치하면 안 되는가?

① 3대
② 4대
③ 6대
④ 8대

> **해설**
> **엘리베이터의 계획**
> 4대 이하는 직선배치로 하고 6대 이상은 앨코브 또는 대면배치가 효과적이다.

65 다음 사무소의 관리상에 의한 분류에서 관공서는 어디에 속하는가?

① 전용 사무소
② 준전용 사무소
③ 준대여 사무소
④ 대여 사무소

> **해설**
> **전용 사무소**
> 완전 자기 전용 사무소

66 다음 사무소 분류 중 틀린 것은?

① 전용 사무소 : 순수한 자기 전용 사무소
② 준전용 사무소 : 몇 개의 회사가 모여 하나의 사무소를 건설하여 공동 소유하는 것
③ 준대여 사무소 : 건물의 주요 부분을 임대하고 나머지 부분을 자기 전용으로 쓰는 것
④ 대여 사무소 : 건물의 전부 또는 대부분을 대여하고 관리인만을 두는 것

> **해설**
> **준대여 사무소**
> 건물의 주요 부분은 자기전용으로 하고 나머지 부분을 임대하는 것이다.

67 건축 설계 시 그리드 플래닝을 채용하는 전형적인 건물은?

① 학교
② 기숙사
③ 공동주택
④ 사무소

정답 61 ③ 62 ③ 63 ④ 64 ④ 65 ① 66 ③ 67 ④

> [해설]
G.P
격자형 공간설계

68 사무소 건축에서 유효율이란 다음 중 어느 것인가?

① 건축면적에 대한 대실면적 비율
② 기준층 면적에 대한 대실면적 비율
③ 연면적에 대한 대실면적 비율
④ 연면적에 대한 건축면적 비율

> [해설]
유효율(R.R)
연면적에 대한 대실(임대) 면적 비율

69 사무소 건축에서 1인당 소요 임대면적은?

① 4~7m²
② 8~11m²
③ 12~15m²
④ 16~19m²

> [해설]
1인당 바닥면적 기준
- 대실면적당 : 5.5~6.5m²/인
- 연면적당 : 8~11m²/인

70 대실 면적이 5,000m²인 사무소의 연면적으로 적당한 것은?

① 4,000m²
② 7,000m²
③ 10,000m²
④ 12,000m²

> [해설]
유효율
유효율은 연면적에 대하여 70~75% 정도
$$유효율 = \frac{대실면적}{연면적} \times 100(\%)$$
$$70\text{~}75\% = \frac{5,000}{연면적} \times 100(\%)$$
$$연면적 = \frac{5,000}{0.7\text{~}0.75} = 6,667\text{~}7,143 m²$$

71 사무소계획 시 마주 앉는 배치에서 가장 적절한 공간구성 단위로서 기본 모듈은?

① 1.2m
② 1.5m
③ 1.8m
④ 2.1m

> [해설]
더블 레이아웃
- 1.5m 모듈
- 책상간격을 최저 3m(보통 3.2m)로 한다.

72 사무소 건축의 규모에 따라 유리한 기준층 평면형으로 잘못 짝지어진 것은?

① 소규모 – 복도가 없는 형
② 중규모, 대규모 – 중복도형
③ 20층 이상 고층 – 중복도 방사선형
④ 소규모, 중규모 – 편복도형

> [해설]
편복도형
중규모

73 사무소 건축계획에서 개방식 배치(Open Floor Plan)의 장점에 관한 기술 중 옳지 않은 것은?

① 전면적을 유용하게 이용할 수 있다.
② 소음이 적고 독립성이 있다.
③ 주변공간과 관련하여 사용할 때 깊은 구역이 잘 이용된다.
④ 방의 길이나 깊이에 변화를 줄 수 있고 대실에서의 효율적인 이용을 할 수 있다.

> [해설]
개방식
소음으로 인해 독립성이 저하된다.

정답 68 ③ 69 ① 70 ② 71 ② 72 ④ 73 ②

74 사무소 건축에 있어서의 개실 시스템에 대한 설명 중 옳지 않은 것은?

① 독립성과 쾌적함이 좋고 공사비가 적게 든다.
② 유럽에서 널리 쓰이는 형식이다.
③ 복도에 의해 각 층의 각 부분으로 들어가는 형식이다.
④ 방 길이에는 변화를 줄 수 있으나 연속된 긴 복도 때문에 방의 깊이에는 변화를 주기 어렵다.

> 해설
> **개실형**
> 칸막이 공사로 인해 초기 공사비가 많이 든다.

75 사무소 건축에서 기둥 간격 결정과 관계가 적은 것은 어느 것인가?

① 치수 조정　　② 자동차 지하 차고
③ 책상 배열　　④ 건물의 외관

> 해설
> **기둥간격 결정요소**
> 건물의 외관과는 무관하다.

76 코어 시스템의 장점으로 부적당한 것은?

① 배관 설비가 좋다.
② 시설비가 저렴하다.
③ 이용이 편리하다.
④ 독립성이 좋다.

> 해설
> **core system**
> 공용부를 집약시키는 계획으로 독립성과는 무관하다.

77 엘리베이터의 조닝에 있어서의 장단점 중 옳지 않은 것은?

① 엘리베이터의 설비비가 감소한다.
② 일주시간(一週時間)이 증가한다.
③ 이용자가 혼란에 빠질 우려가 있다.
④ 건물 이용상에 제약이 생긴다.

> 해설
> **EV 조닝**
> 일주시간이 단축된다.

78 사무소 건축의 코어 내 각 공간의 위치 관계에 대한 설명이 옳지 않은 것은?

① 계단, 엘리베이터, 변소는 가능한 한 근접시킨다.
② 엘리베이터는 가급적 중앙에서 집중시킨다.
③ 코어 내의 각 공간이 각 층마다 공통의 위치에 있게 한다.
④ 피난용 특별 계단 상호 간은 법정 거리에서 가급적 가까이 둔다.

> 해설
> **피난용 특별계단**
> 법정 거리 한도 내에서 가급적 멀리 둔다.

79 30층 대형 규모의 사무소 건축물 시공 시 엘리베이터의 설치계획 중 부적합한 것은?

① 엘리베이터 대수 산정을 위해 이용자 수는 아침 출근 시간을 기점으로 하였다.
② 출근 시간 5분간의 수송 인원을 대상으로 계산한다.
③ 5분간 처리 인원이란 전체 수용 인원의 70%이다.
④ 저층용과 고층용의 두 그룹으로 형성시켰다.

> 해설
> **엘리베이터의 계획**
> 5분간의 처리인원은 전체수용인원의 80%이다.

80 사무실 코어 설계에서 방재 설비와 관계가 있는 것은?

① 엘리베이터　　② 더스트 슈트
③ 메일 슈트　　　④ 스모크 타워

정답　74 ①　75 ④　76 ④　77 ②　78 ④　79 ③　80 ④

> [해설]
>
> **스모크 타워**
> 비상계단의 전실에 화재에 의해 침입한 연기를 배기하기 위한 샤프트이다.

81 대부분의 사무소 건축에 있어서 코어 시스템을 평면 계획에 도입한다. 방재상 가장 유리한 코어형은?(단, 빗금친 부분이 코어 부분)

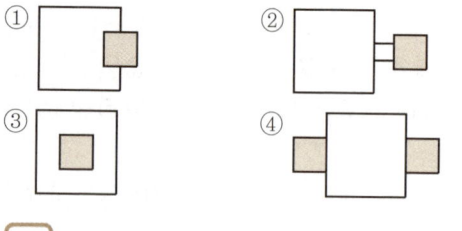

> [해설]
>
> **양단(분리)코어**
> • 방재상 가장 유리(2방향 피난)
> • 전용사무소에 적합

82 사무소 건축의 기준층 층고를 좌우하는 요인이 아닌 것은?

① 사무실의 깊이
② 엘리베이터 대수
③ 공기 조화 설비
④ 구조 방식

> [해설]
>
> **기준층 층고 결정**
> EV 대수와는 무관하다.

83 철골 구조의 사무소 건물 설계 시 가장 적당한 기둥 간격은 어느 것인가?

① 3~4m ② 5~6m
③ 7~9m ④ 8~9m

> [해설]
>
> **Span 계획**
> • 철근콘크리트조 : 5~6m
> • 철골철근콘크리트조 : 6~7m
> • 철골조 : 7~9m

84 일반적으로 대규모 사무소 건축에 있어서 다음 중 높이를 가장 높게 계획하는 층은 어느 층인가?(단, 중 2층 없음)

① 1층 ② 기준층
③ 최상층 ④ 지하층

> [해설]
>
> **층고의 크기**
> • 1층 : 4m 내외
> • 기준층 : 3.3~4m
> • 최상층 : 기준층 + 30cm
> • 지하층 : 소규모(4~4.5m), 대규모(5~6.5m)

85 사무실의 깊이는 천장 높이의 몇 배 정도가 알맞은가?

① 0.8~1
② 1.2~1.5
③ 2~2.5
④ 3~3.5

86 사무소계획에 관한 설명 중 옳지 않은 것은?

① 대지에 접하는 도로는 일방도로가 아닌 L형 대지나 2개 이상 도로에 접하는 것이 좋다.
② 코어(Core)는 설비 계통에 순환이 좋아져 각 층에서의 계통거리가 최단 거리가 되는 이점이 있다.
③ 사무실 폭은 자연 채광을 이용할 때 층고의 2배 정도를 한다.
④ 사무실 채광 면적은 바닥 면적의 1/15을 표준으로 한다.

정답 81 ④ 82 ② 83 ③ 84 ④ 85 ③ 86 ④

> **해설**
>
> **채광계획**
> 채광면적은 바닥면적의 1/10 정도

87 사무소 건축의 사무실의 채광면적 중 옳은 것은 어느 것인가?

① 바닥면적이 1/5 이상
② 바닥면적의 1/7 이상
③ 바닥면적의 1/10 이상
④ 바닥면적의 1/12 이상

88 지상 15층인 사무소 건축에서 아침 출근시 5분간의 최대 이용자가 150명이고, 1대의 왕복시간(1회)이 3분이라고 할 때 엘리베이터(정원17명)의 필요대수는?

① 4대　　② 5대
③ 6대　　④ 7대

> **해설**
>
> **EV 대수 산정**
> $S = \dfrac{60초 \times 5 \times a}{T}$
>
> $N = \dfrac{5분간에\ 운반해야\ 할\ 인원(5분간\ 집중도)}{S}$
>
> $N = \dfrac{150}{S}$
>
> $S = \dfrac{60 \times 5 \times 17}{3 \times 60} = 28.3$
>
> $N = \dfrac{150}{28.3} = 5.3 ≒ 6대$

89 사무소 화장실의 위치에 대한 설명 중 옳지 않은 것은?

① 사무실에서의 동선이 간결할 것
② 계단, 엘리베이터 홀과는 멀리 떨어질 것
③ 분산하지 말고 1개소 또는 2개소에 집중할 것
④ 각 층 동일한 위치에 둘 것

> **해설**
>
> **코어계획**
> 계단, EV, 화장실은 가능한 한 접근시킨다.

90 "렌터블(Rentable)비가 높다."는 말을 설명한 것으로 가장 적절한 것은?

① 서비스를 보다 좋게 할 수 있다.
② 임대료 수입을 보다 올릴 수 있다.
③ 주차장 공간을 보다 많이 확보할 수 있다.
④ 코어 부분에 대한 면적을 보다 많이 확보할 수 있다.

> **해설**
>
> **렌터블비(유효율)**
> • 연면적에 대한 대실면적 비율
> • 유효율이 높을수록 대실면적이 크다.(임대료 수입 증가)

91 규모가 큰 대여 사무소 건축 평면에서 공용면적 비율로서 적합한 것은?

① 10~15%　　② 20~25%
③ 30~35%　　④ 40~45%

> **해설**
>
> **유효율**
> 연면적에 대해서 70~75% 정도이므로 공용면적은 25~30% 정도로 볼 수 있다.

92 다음 그림과 같은 사무실 통로로서 한 사람이 다닐 수 있는 가장 경제적인 폭(d)은 얼마인가?

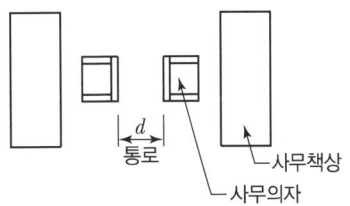

① 450mm　　② 600mm
③ 900mm　　④ 1,000mm

93 사무소 건축의 사무실에서 서로 등을 맞대고 앉은 책상 사이의 거리는 등뒤로 사람이 통행할 경우 최소 얼마나 띄우는 것이 적절하겠는가?

① 60cm
② 100cm
③ 150cm
④ 200cm

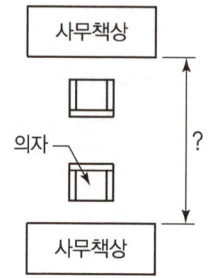

94 사무소 건축에 있어서 개방식 배치에 관한 설명 중 틀린 것은?

① 공사비를 줄일 수 있다.
② 시각 차단이 없으므로 독립성이 적어진다.
③ 실의 깊이나 길이에 변화를 주기 어렵다.
④ 경영자의 입장에서 전체를 통제하기가 쉽다.

> **해설**
> **개방식**
> 실의 깊이나 길이에 변화를 주기 쉽다.

95 Office Landscaping에 관한 기술 중에서 옳지 않은 것은?

① 공기 조절 등의 설비면에서 좋은 방법이다.
② 창이나 기둥의 방향에 관계 없이 사무실을 구성할 수 있다.
③ 사무소 공간을 모듈에 의하여 일정한 크기로 할 수 있다.
④ 시설비가 적게 든다.

> **해설**
> **오피스 랜드스케이핑**
> 평면배치 구성은 기하학적인 배치에서 탈피, 전체적으로 질서 없이 배치(모듈의 개념에서 탈피)

96 지하층에 설치하는 것이 적절하지 못한 것은 다음 중 어느 것인가?

① 보일러실
② 변전실
③ 축전지실
④ 전화 교환실

> **해설**
> **전화 교환실**
> 1층이나 2층에 둔다.

97 지상 12층인 사무소 건축물에서 아침 출근 시간에 엘리베이터 이용자가 5분간 최대 인원수가 150인이고, 1대의 왕복시간(1회)이 4분이라고 할 때, 정원 19인승 엘리베이터 필요 대수는?(단, 엘리베이터의 정원은 19인이나 여기서는 평균 수송 인원을 18인으로 본다.)

① 4대
② 5대
③ 6대
④ 7대

> **해설**
> **EV 대수 산정**
> $S = \dfrac{60초 \times 5 \times a}{T}$
> $N = \dfrac{5분간에\ 운반해야\ 할\ 인원(5분간\ 집중도)}{S}$
> $N = \dfrac{150}{S}$
> $S = \dfrac{60 \times 5 \times 18}{4 \times 60} = 22.5$
> $N = \dfrac{150}{22.5} = 6.6 ≒ 7대$

98 다음과 같은 조건의 고층 사무소에서 엘리베이터는 몇 대가 필요한가?

[조건] 5분간 수송 인원 : 150명
엘리베이터 1대의 1회 왕복시간 : 2분
엘리베이터 1대의 1회 승차인원 : 15명

① 2대 ② 3대
③ 4대 ④ 5대

해설

EV 대수 산정

$N = \dfrac{150}{S}$

$S = \dfrac{60 \times 5 \times 15}{2 \times 60} = 37.5$

$N = \dfrac{150}{37.5} = 4$대

정답 98 ③

Engineer Architecture

CHAPTER 05

은행

01 기본계획
02 평면계획
03 세부계획
04 드라이브 인 뱅크

CHAPTER 05 은행

SECTION 01 기본계획

>>> 은행계획 시 유의사항

① 능률화
② 쾌적성
③ 신뢰감
④ 친근감
⑤ 통일성
⑥ 안정감

>>> 대지의 형태와 입지

① 폭에 비해 깊이가 깊은 것
② 동남쪽 가로 모퉁이가 가장 이상적이다.

1. 대지선정 시 조건

① 교통이 편리하고 눈에 띄기 쉬울 것(넓은 전면도로·가로모퉁이)
② 고객밀집지역 및 지역 개발 장래성
③ 상점가나 번화가(상업지역 내)
④ 비즈니스 센터나 공장지대에 근접할 것

2. 형태

정방형 또는 직사각형에 가까운 것이 이상적이다.

3. 방위

① 남측 또는 동측이 좋고 동남의 가로 모퉁이가 이상적이다.
② 서쪽에 면할 경우 루버(Louver)로 일사조절한다.

4. 도로와 인접대지와의 관계

양측 도로, 가로 모퉁이의 도로 등이 이상적이다.

SECTION 02 평면계획

1. 규모의 산정

은행의 규모는 은행원수로 나타낸다.

(1) 은행실 면적의 산정

영업실(장)	고객용 로비(객장)
행원수 × 4~6m²	1일 평균 고객수 × 0.13~0.2m²

(2) 면적 비율

영업장 : 객장 = 3 : 2(1 : 0.8~1.5)

2. 동선계획

① 고객의 공간과 업무공간의 사이에는 원칙적으로 구분이 없어야 한다.
② 고객이 지나는 동선은 되도록 짧게 한다.
③ 고객과 직원의 출입구 분리(항상 열어둠)
④ 업무 내부의 일의 흐름은 되도록 고객이 알기 어렵게 한다.
⑤ 큰 건물의 경우 고객 출입구는 되도록 1개소로 한다.(안여닫이)
⑥ 고객부분과 내부객실과의 긴밀한 관계가 요구된다.

(빗금친 부분 : 객장)

평면형	설명	평면형	설명
	소규모 지점		기본 평면 규모가 큰 본점에 적용
	약간 크고, 길모퉁이에 적합		규모가 큰 본점에 적용
	외국에서 보편적으로 채용되고 있는 형식		규모가 크나 정면 넓이가 좁을 때 사용

[평면의 종류]

>>> **은행규모의 결정요인**

① 은행원 수
② 내방 고객수
③ 고객 서비스 시설규모
④ 장래 예비 공간

핵심문제

은행의 공간계획으로 옳지 않은 것은?
① 고객이 지나는 동선은 되도록 짧게 한다.
② 업무내부의 일의 흐름은 되도록 고객이 알기 어렵게 한다.
③ 큰 건물의 경우 고객출입구는 되도록 1개소로 하고 안으로 열리도록 한다.
❹ 고객의 공간과 업무공간과의 사이에는 원칙적으로 구분이 있어야 한다.

해설
고객의 공간과 업무공간 사이에는 원칙적으로 구분이 없어야 한다.

SECTION 03 세부계획

1. 은행실(객장과 영업장으로 구분)

(1) 주출입구(현관)
① 전실을 두거나 방풍을 위한 칸막이를 설치한다.
② 도난방지상 안여닫이(전실을 둘 경우 바깥문은 외여닫이 또는 자재문)로 한다.

(2) 객장(고객 대기실)
① 최소폭은 3.2m 정도(살롱같은 분위기 조성)
② 영업장 : 객장의 면적비율 3 : 2(1 : 0.8~1.5)

(3) 영업장
영업장의 넓이는 은행건축의 규모를 결정한다.

면적	은행원 1인당 기준 4~6m^2
천장높이	5~7m
소요조도	책상면상 300~400lux가 표준

2. 금고실

(1) 종류

현금고 증권고	• 일반적으로 금고실이라 한다. • 칸막이 격자로 구분하여 사용
보호금고	• 보호예치업무를 위한 금고(보관증서 교부)
대여금고	• 고객에게 일정 금액으로 대여해 주는 금고 • 전실에는 비밀실(넓이 3m^2 정도)을 설치(금고실 내에 대 · 소 철제 상자 설치)
야간금고	폐점 후, 휴일 등에 고객이 금전을 보관시킬 수 있는 금고 (가능한 주출입구 근처에 위치, 조명시설)
화재고	트렁크나 상자 등의 큰 귀중품을 보관하는 곳 (규모가 큰 은행에 설치)

(2) 구조
① 철근콘크리트 구조(벽, 바닥, 천장)
  • 두께 : 30~45cm(규모가 큰 경우 60cm 이상)
  • 지름 : 16~19mm 철근(15cm 간격으로 이중배근)
② 금고문 및 맨홀 문은 문틀 문짝면 사이에 기밀성 유지

>>> 회전문
① 인원통제
② 실내기밀유지
③ 어린이 출입이 많은 곳에선 사용 금지

>>> 카운터(Tellers Counter)

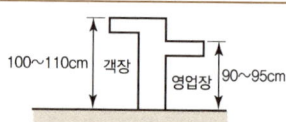

높이	• 객장 : 100~110cm • 영업장 : 90~95cm
폭	60~75cm
길이	150~180cm

>>> 임대금고(고객용 금고)
① 보호금고, 대여금고
② 일반금고실과 달리 고객의 출입이 자유로워야 한다.
③ 객장에서 출입가능

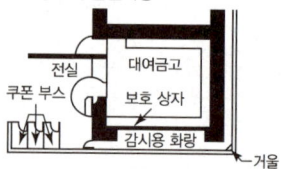

핵심문제

은행 건축계획에 대한 기술 중 옳은 것은?
① 금고는 보안 · 도난방지상 2~3개소로 분산시키는 것이 좋다.
❷ 영업실 면적은 은행원수에 따라 결정한다.
③ 가로 모퉁이에 위치한 은행계획에서 주출입구는 모퉁이를 피하여 계획한다.
④ 고객실에서 영업 카운터의 높이는 75~80cm 정도가 적당하다.

해설
① 금고는 도난방지 · 방재상 지하실에 배치하는 것이 안전
③ 주출입구 : 동남의 가로 모퉁이가 가장 이상적
④ 카운터 높이(객장) : 100~110cm

SECTION 04 드라이브 인 뱅크(Drive In Bank)

사람이 차를 탄채로 은행업무를 보는 행위

1. 계획 시 주의사항

① 드라이브 인 창구에 자동차의 접근이 쉬울 것
② 은행 창구에의 자동차 주차는 교차 또는 평행이 되도록 한다.
③ 창구는 운전석 쪽으로 한다.
④ 드라이브 인 뱅크 입구에는 차단물이 없어야 한다.
⑤ 외부에 면할 경우는 비, 바람을 막기 위한 차양시설이 필요하다.

2. 배치계획

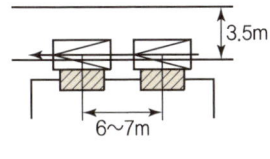

[1차선의 경우]

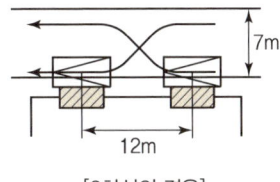

[2차선의 경우]

3. 창구의 소요설비

① 모든 업무가 드라이브 인 창구 자체에서만 되는 것이 아니다.
 (별도 영업장과의 긴밀한 연락을 취할 수 있는 시설이 필요)
② 자동, 수동식을 겸비하여 서류를 처리할 수 있도록 한다.
③ 쌍방 통화설비(Two-Way Communication)를 할 것
④ 한랭 시 동결에 대비하여 창구를 청결히 할 수 있는 보온장치를 부착한다.
⑤ 방탄설비를 부착한다.

▶▶▶ 평면형식

① 아일랜드형(섬형)

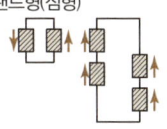

② 외측주변형

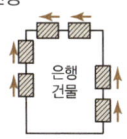

③ 돌출형

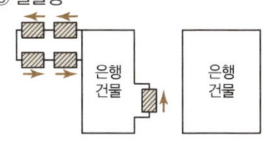

핵심문제

드라이브 인 뱅크(Drive In Bank)의 계획 시 참고사항 중 옳지 않은 것은?

① 주위에 충분한 주차시설을 두어야 한다.
② 너무 복잡한 중심부 도로가에 있으면 교통 혼잡 때문에 좋지 않다.
③ 쌍방 통화설비를 해야 한다.
❹ 모든 업무는 드라이브 인 창구에서만 처리한다.

해설
모든 업무가 드라이브인 창구 자체에서만 되는 것이 아니기 때문에 별도의 영업장과 긴밀한 연락을 취할 수 있는 시설이 필요

CHAPTER 05 출제예상문제

01 은행 건축에 관한 사항 중 부적당한 것은?

① 금고실 구조체는 벽, 바닥, 천장 모두 R.C조로 두께 30~45cm가 표준이다.
② 은행실의 면적은 은행원 1인당 10m²를 기준으로 한다.
③ 영업실의 조도는 책상 위 100~200lux를 표준으로 한다.
④ 임대금고의 비밀실 넓이는 3m² 정도가 보통이다.

해설
영업장의 조도
책상 위 300~400lux(표준)

02 은행 건축의 설계에 관한 다음 설명 중 부적당한 것은?

① 고객 대기실은 넓고 안락하게 하며, 최소 폭은 3.2m 이상으로 한다.
② 영업대의 높이는 고객 대기실에서 80~90cm가 적당하다.
③ 영업실의 면적은 은행원 1인당 4~6m²를 기준으로 한다.
④ 정문 출입문의 2중문 중 바깥문은 외여닫이로 한다.

해설
카운터(Tellers Counter)
- 높이 : 100~110cm(영업장 쪽에서는 90~95cm)
- 폭 : 60~75cm
- 길이 : 150~180cm
- 영업장 면적 1m²당 카운터의 길이 : 10cm

03 은행 건축 시 배치계획을 위한 고려사항 중 부적당한 것은?

① 이웃 대지와 인접한 경우 방화, 채광, 도난에 대한 예비 계획이 필요하다.
② 야간금고의 설치를 고려한다.
③ 드라이브 인 뱅크의 1차선 통로 폭을 최소 3.5m로 한다.
④ 경비 및 관리의 능률상 은행 내 출입은 주출입구 하나로 집약시킨다.

해설
출입구 계획
- 은행의 출입구는 고객용과 행원 및 기타용의 2개 이상이 있어야 한다.
- 큰 건물의 경우라도 고객출입구는 1개소를 한정하며 이용자가 많은 경우 출입구 폭을 넓힌다.
- 어린이들의 출입이 많은 곳에서는 회전문이 위험하므로 사용하지 않는 것이 좋다.

04 은행의 내부 공간계획에 대한 설명 중 옳지 않은 것은?

① 고객의 공간과 업무공간과의 사이에는 원칙적으로 구분이 없어야 한다.
② 고객이 지나는 동선은 되도록 짧아야 한다.
③ 업무내부의 일의 흐름은 되도록 고객이 알기 어렵게 한다.
④ 큰 건물의 경우에 고객출입구는 되도록 2~3개소로 한정하고 안으로 열리도록 한다.

정답 01 ③ 02 ② 03 ④ 04 ④

05 은행 영업장의 주출입구에 관한 기술 중 틀린 것은?

① 도난방지상 안여닫이로 하는 것이 좋다.
② 방풍실을 마련하는 것이 좋다.
③ 어린이들의 출입이 많은 곳에서는 회전문을 설치하는 것이 좋다.
④ 전실을 둘 경우는 바깥문을 외여닫이 또는 자재문으로 하는 것이 좋다.

06 은행의 건축계획에 관한 기술 중 옳지 않은 것은?

① 고객 공간과 일반 업무공간과는 구분을 확실히 하여 업무의 효율을 높인다.
② 보호금고는 동선적으로 고객의 출입이 자유로워야 하므로 고객 대기실에서 가까운 곳에 두어야 한다.
③ 야간금고의 투입구는 고객의 사용에 편리하도록 건물의 외벽에 설치한다.
④ 은행 카운터의 높이는 고객 대기실에서 100~110cm 정도가 좋다.

> 해설
>
> **세부계획**
> 고객공간과 일반 업무공간의 사이는 원칙적으로 구분이 없어야 한다.

07 은행 건축의 세부계획 사항 중 옳지 않은 것은?

① 주출입구는 안여닫이문으로 한다.
② 객장의 최소폭은 4.5m이다.
③ 영업용 카운터의 높이는 100~110cm, 폭은 60~75cm로 한다.
④ 은행실의 면적은 은행원 1인당 10m²이고, 천장고는 5~7m로 한다.

> 해설
>
> **객장**
> 최소폭은 3.2m로 한다.

08 은행 건축에 대한 다음 설명 중 부적당한 것은 어느 것인가?

① 보호금고는 동선적으로 객 대기실과 분리하고 별도의 독립 출입구와 연결할 수 있는 위치에 두는 것이 좋다.
② 객 대기실 출입문은 안여닫이문으로 한다.
③ Unit 방식은 한 사람 혹은 극소수의 인원으로 카운터를 담당하게 하여 고객을 맞아 현금 출납까지를 전부 처리하는 운영방식이다.
④ 야간금고의 투입구는 고객의 사용에 편리하도록 건물의 외벽에 설치한다.

> 해설
>
> **보호금고(임대금고)**
> • 일반 금고실과는 달리 고객의 출입이 자유로워야 한다.
> • 고객용 금고

정답 05 ③ 06 ① 07 ② 08 ①

CHAPTER

06

상점

01 개요
02 기본계획
03 평면계획
04 세부계획
05 슈퍼마켓

CHAPTER 06 상점

SECTION 01 개요

핵심문제 ●●●
상점 입면구성의 광고 요소에 관한 설명 중 틀린 것은?
① 주의(Attention) ❷ 전시(Display)
③ 흥미(Interest) ④ 기억(Memory)

핵심문제 ●●○
상점계획에서 파사드(Facade)와 숍 프런트(Shop Front)의 계획요소와 거리가 먼 것은?
❶ 전면 도로의 크기
② 인상적이고 개성적인 디자인
③ 대중성
④ 상점 내로의 유인성

[해설]
②, ③, ④ 외에
• 취급 상품을 알릴 수 있는 시각적 표현
• 셔터를 내렸을 때의 배려
• 경제적인 제약의 고려
• 필요 이상의 간판(미관 ×)
• 발을 멈추게 하는 효과

▶▶ **대면판매 형식**
시계, 안경점, 화장품점 등

▶▶ **측면판매 형식**
양복점, 서점, 운동구점

▶▶ **규모별 판매형식**
① 대면판매 – 소규모 상점
② 측면판매 – 대규모 상점

핵심문제 ●●●
상점의 판매형식 중 대면판매의 장점이 아닌 것은?
① 상품의 설명을 하기에 편리하다.
② 판매원의 고정 위치를 정하기가 용이하다.
③ 포장, 계산이 편리하다.
❹ 상품의 구매와 선택이 용이하다.

[해설]
④는 측면판매에 해당

1. 상점의 광고요소(AIDMA법칙)

정면, 입면(Facade) 구성 시 필요로 하는 광고요소
① A(주의, Attention) : 주목시킬 수 있는 배려
② I(흥미, Interest) : 공감을 주는 호소력
③ D(욕망, Desire) : 욕구를 일으키는 연상
④ M(기억, Memory) : 인상적인 변화
⑤ A(행동, Action) : 들어가기 쉬운 구성

2. 상점가로서 고객의 발길을 유도할 수 있는 조건

① 한 가지 용무만이 아닌 몇 가지 일을 볼 수 있어야 함
② 특정상품에 대한 비교와 자유로운 선택이 가능한 곳
③ 신개발 지역으로 그 곳에서 특유활동이 요구되는 곳
④ 예전부터 사람들의 발길이 그 곳에 오는 습관이 있고 그 것이 지속되는 경우
⑤ 여러 성질의 다른 매력이 조합되어 있는 곳
⑥ 지역 일대 분위기 : 번화함, 활기, 참신함 등

3. 판매형식

(1) 대면판매

진열장을 사이에 두고 상담 또는 판매하는 형식

장점	단점
• 설명을 하기에 편리 • 종업원의 정위치를 정하기 용이 • 포장, 계산이 편리	• 진열면적이 감소 • 진열장이 많아지면 상점의 분위기가 딱딱해진다.

(2) 측면판매

진열상품을 같은 방향으로 보며 판매하는 형식

장점	단점
• 충동적 구매와 선택이 용이 • 진열면적이 커진다. • 상품에 대한 친근감	• 종업원의 정위치를 정하기 어렵고 불안정하다. • 설명, 포장이 불편

SECTION 02 기본계획

1. 대지선정 시 조건

① 눈에 잘 띄는 장소로 교통이 편리한 곳
② 2면 이상 도로에 면한 곳
③ 사람의 통행이 많고 변화한 곳
④ 대지가 불규칙적이고 구석진 곳은 피한다.
⑤ 전면도로의 폭이 너무 넓으면 좋지 않음(보통 8~12m)
⑥ 접근성 고려

2. 상점의 방위

① **부인용품점** : 오후에 그늘이 지지 않는 방향
② **식료품점** : 강한 석양은 상품을 변색시키므로 서향은 피한다.
③ **양복점, 가구점, 서점** : 가급적 도로의 남측이나 서측을 선택(일사에 의한 퇴색, 변형, 파손 등을 방지)
④ **음식점** : 더운 곳보다는 시원한 곳
⑤ **여름용품점** : 도로의 북측을 택하여 남측광선을 취입하는 것이 효과적이다.(겨울용품은 이와 반대)
⑥ **귀금속점** : 1일 중 태양광선이 직사하지 않는 방향이 좋다.

>>> **대지의 형**

폭 : 깊이 = 1 : 2

핵심문제 ●●○

상점계획에서 부지의 선정 조건 중 가장 부적당한 것은?
① 사람의 통행이 많고 변화한 곳이 좋다.
② 교통이 편리하고 눈에 잘 띄는 곳이 좋다.
③ 도로면에 많이 접할수록 좋다.
❹ 유사한 업종이 주위에 없는 것이 좋다.

해설
유사한 업종이 주위에 밀집된 곳

>>> **향과 도로의 관계**

도로의 동측 = 서향을 받는다.

SECTION 03 평면계획

1. 상점구성

판매부분(매장)	부대(관리)부분(복지, 후생)
• 도입 공간 • 통로 공간 • 상품 전시 공간 • 서비스 공간	• 상품 관리 공간 • 점원 후생 공간 • 영업 관리 공간 • 시설 관리 공간 • 주차장

2. 동선계획(상점계획 시 가장 중요)

(1) 고객의 동선

① 통로폭은 최소 0.9m 이상
② 바닥의 단 차이는 될 수 있으면 피한다.

>>> **상점의 총면적**

건축면적 가운데 영업을 목적으로 사용되는 면적(판매 + 부대부분)

핵심문제 ●○○

상점 건축에서 판매부분에 속하지 않는 것은?
❶ 상품관리부분
② 서비스부분
③ 상품전시부분
④ 통로부분

해설
①은 부대부분

핵심문제

상점 내의 진열 케이스의 배치계획에 있어 가장 고려해야 할 사항은?
① 조명의 조도
❷ 동선의 원활
③ 진열 케이스의 수
④ 천장의 높이

해설
진열장 배치계획 시 가장 먼저 고려할 사항은 동선이다.

③ 동선의 길이는 길게(충동적 구매유발) 하고 입구 부분에서 전체 매장이 한눈에 보이도록 배치한다.

(2) 종업원의 동선

① 가능한 짧게 하여 작업능률에 지장이 없도록 한다.(효율적 관리)
② 고객동선과 서로 교차되지 않도록 한다.
③ 카운터, 쇼케이스의 배치는 고객동선과 종업원 동선이 만나는 위치에 둔다.

(3) 상품 동선

상품의 취급에 따른 충분한 통로폭을 유지한다.

3. 파사드(Facade)

쇼윈도, 출입구 및 홀의 입구부분을 포함한 평면적 구성요소와 아케이드, 광고판 등 외부장치를 포함한 입체적인 구성요소의 총체이다.

▶▶▶ 파사드(Facade)

건물의 입면 또는 정면

(1) 숍 프런트(Shop Front)에 의한 분류

개방형	도로에 면한 곳이 완전 개방된 구조(시장, 일용품상점, 철물점, 서점)
폐쇄형	출입구 외에는 벽 또는 장식장으로 차단되는 형식 (귀금속점, 카메라, 보석상, 미용원)
중간형	개방형과 폐쇄형을 조합한 형식으로 가장 많이 이용된다.

▶▶▶ 숍 프런트(Shop Front)

전면도로와 상점내부와의 경계

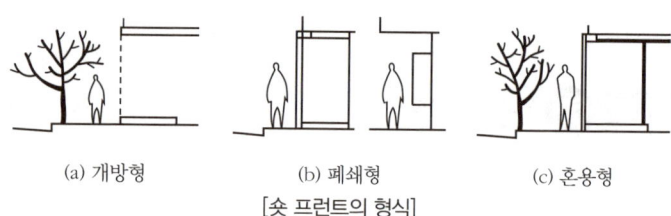

(a) 개방형   (b) 폐쇄형   (c) 혼용형
[숏 프런트의 형식]

(2) 진열창 형태에 의한 분류

평형	• 쇼윈도를 평면으로 만든 형식(가장 일반적) • 채광이 좋고, 점내를 넓게 사용할 수 있다.
돌출형	• 점내의 일부를 돌출시킨 형(특수 도매상에 쓰임)
만입형	• 점두의 일부를 상점 안으로 후퇴(만입)시킨 형 • 점내면적과 자연채광이 감소 • 혼잡한 도로에서 마음놓고 상품을 볼 수 있는 형
홀형	• 점두가 쇼윈도로 둘러져 있는 형식 • 점내면적이 감소
다층형	• 큰 도로나 광장에 면할 경우 효과적 • 2층 또는 그 이상의 층을 연속되게 취급한 형식

▶▶▶ 평형

통행인이 많을 경우 전면에 경사를 주어 처리

핵심문제

혼잡한 도로에서 진열된 상품을 쉽게 볼 수 있고, 점내에 들어가지 않고도 상품의 품목을 알 수 있으며, 비교적 규모가 큰 상점에 적당한 쇼윈도 형식은?

정답 만입형

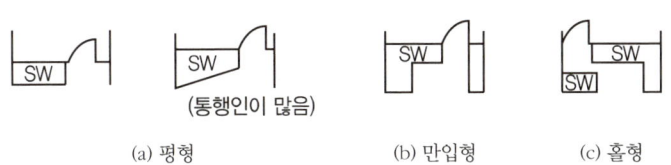

(a) 평형　　(b) 만입형　　(c) 홀형
(통행인이 많음)

[진열창의 평면형식]

(3) 진열장(판매대) 배치방법

직렬 배열형	• 통로가 직선, 고객의 흐름이 가장 빠르다. • 부분별 상품진열 용이, 대량 판매 형식 가능 • 침구점, 실용의복점, 서점, 식기점, 가정전기점 등
굴절 배열형	• 진열장 배치와 고객 동선이 굴절, 곡선으로 구성 • 대면판매와 측면판매의 조합으로 구성 • 양복점, 안경점, 모자점, 문방구 등
환상 배열형	• 중앙에 케이스, 대 등에 의한 직선 또는 곡선에 의한 환상 부분을 설치 • 민예품점, 수예품점 등
복합형	• 위와 같은 제반 형태를 적절히 조합한 형태 • 뒷부분은 대면판매 또는 접객 부분이 된다. • 부인복지점, 피혁제품점, 서점 등

핵심문제

상점 평면배치에서 가장 적합하지 않은 형식은?

① 굴절 배열형
② 복합형
③ 직렬 배열형
❹ 유선식 배열형

[해설] 백화점 판매대 배치방법
• 직각(직교)배치
• 사행(사교)배치
• 방사선식 배치
• 자유유선(유동)식 배치

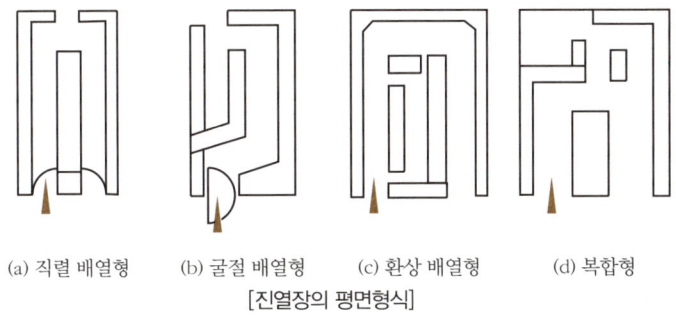

(a) 직렬 배열형　(b) 굴절 배열형　(c) 환상 배열형　(d) 복합형

[진열장의 평면형식]

SECTION 04 세부계획

핵심문제 ●●○

상점의 진열창계획 조건 중 관계가 가장 적은 것은?
① 상점의 위치 및 출입구
❷ 도로 폭과 교통량
③ 진열방법과 정돈상태
④ 상품의 종류와 품질

[해설] 진열창계획 결정의 요소
- 상점의 위치
- 보도 폭과 교통량(도로폭 ×)
- 상점의 출입구
- 상품의 종류와 정도 및 크기
- 진열방법 및 정돈상태

>>> 상품의 진열

주요상품의 진열은 선 사람의 눈높이보다 약간 낮게 한다.

핵심문제 ●●●

상점건축물의 매장가구 배치상 고려해야 할 점이 아닌 것은?
① 손님 쪽에서 상품이 효과적으로 보이도록 한다.
② 감시하기 쉽고 손님에게 감시한다는 인상을 주지 않게 한다.
③ 동선이 원활하여 다수의 손님을 수용하고 소수의 종업원으로 관리하게 한다.
❹ 들어오는 손님과 종업원의 시선이 직접 마주치게 하여 친근감을 갖게 한다.

[해설]
④ 들어오는 손님과 종업원의 시선이 직접 마주치지 않도록 한다.

1. 진열창(Show Window)

진열창은 출입구의 위치와 함께 결정되며 점포 입구의 형식, 상품의 종류 점포 폭의 크기 및 손님을 유치할 수 있는 위치를 중심으로 계획한다.

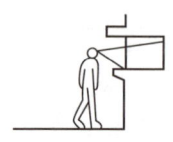
(a) 장신구 등 소품종

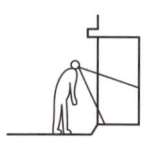
(b) 구두

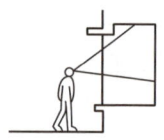
(c) 양품·모자

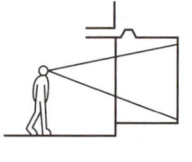
(d) 양복·양장

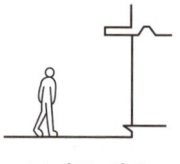
(e) 가구·차종

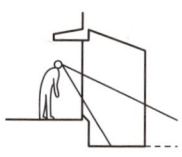
(f) 가구 등 배치

[쇼윈도의 단면형식]

(1) 진열창의 크기

결정요소	• 상점의 종류 · 전면길이 · 대지조건
창대높이	• 0.3~1.2m 정도(보통 0.6~0.9m 정도)
바닥높이	• 스포츠 용품, 양화점은 낮게 • 시계, 귀금속은 높게
유리높이	• 2.0~2.5m 정도(그 이상은 비효과적)

(2) 반사(현휘, 눈부심, Glare) 방지

외부조도가 내부의 10~30배일 때 현휘 발생

주간 시	• 쇼윈도 내부의 조도를 외부보다 밝게 한다. • 차양을 달아 외부에 그늘을 준다. • 건너편의 건물이 비치는 것을 방지하기 위해 가로수를 심는다. • 유리면을 경사지게 하고 특수한 곡면유리를 사용
야간 시	• 광원을 감춘다. • 눈에 입사하는 광속을 적게 한다.

(3) 흐림(결로) 방지

창대 밑에 난방장치를 하여 내·외부 온도차를 적게 한다.

(4) 내부조명
① 전반조명과 국부조명을 병용
② 바닥면상의 조도 : 최저 150lux
(바닥면으로부터 85cm 높이의 수평면 조도는 300lux)

2. 진열장(Show Case)

상점에 따라 각기 다르나 동일 상점의 것은 규격을 통일시키는 것이 좋으며, 이동식 구조로 한다.

폭	길이	높이
0.5~0.6m	1.5~1.8m	0.9~1.1m

3. 출입구

크기는 외여닫이의 경우 0.8~0.9m² 의 넓이 정도

4. 계단

(1) 설치
① 상점 깊이가 깊을 때 : 측벽에 따라 설치
② 정방형 평면일 경우 : 중앙에 설치

(2) 경사
소규모 상점에 있어서 계단의 경사가 너무 낮을 경우에는 매장 면적을 감소시키게 되므로 규모에 알맞은 경사도 선택(경사로 설치 부적절)

(3) 상점에서의 계단은 훌륭한 장식적 요소가 된다.

(4) 계단의 뚫리는 부분은 매장의 면적과 관련시켜 고려

핵심문제 ●○○

상점 내 입식 카운터의 높이로 가장 적당한 것은?
① 70~90cm ❷ 90~110cm
③ 110~130cm ④ 130~150cm

[해설] 진열장의 크기
• 폭 : 0.5~0.6m
• 길이 : 1.5~1.8m
• 높이 : 0.9~1.1m

▶▶▶ 출입구 최소폭
① 상점 : 최소 0.9m 이상
② 슈퍼 : 최소 1.5m 이상
③ 백화점 : 최소 1.8m 이상

▶▶▶ 계단의 형식
① 벽면위치계단
② 중앙위치계단
③ 나선계단
④ 중 2층 구조의 계단

SECTION 05 슈퍼마켓

>>> **슈퍼마켓**

종합식품을 셀프서비스로 판매하는 상점

1. 기본계획

① 상점배열과 구성은 상품 전체를 충분히 돌아볼 수 있도록 한다.
② 고객이 많은 쪽을 입구로 한다.(입구로 넓게, 출구는 좁게)
③ 식료품과 비식료품일 경우 입구근처에는 생활필수품과 식료품을 진열(고객유도)

핵심문제 ●●○

슈퍼마켓에 관한 다음 기술 중 부적당한 것은?
① 매장의 바닥에는 단을 두지 않는다.
② 회계 카운터는 Peak시를 고려하여 그 수를 결정한다.
❸ 매장 내의 통로의 폭은 3m 이상으로 한다.
④ 매장 벽면의 요철은 가능한 한 피한다.

[해설] 매장 내 통로의 폭
1.5m 이상

2. 평면계획

(1) 동선

① 일방통행
② 입·출구분리
③ 통로의 폭 : 1.5m 이상(상점의 경우 0.9m 이상)

(2) 시설물

체크아웃 카운터	시간당 500~600인/대
바구니	• 개점 시 : 총 입장 고객수의 10%×3 • 개점 이후 : 총 입장 고객수의 10%
카트(Cart)	500m² 판매장에 40대 정도

(3) 구조(가변성 도입 구조)

바닥에 고저차를 두지 않으며 매장의 진열장은 이동식 구조로 한다.

>>> **동선배치**

대면판매 장소까지 직선으로 도입하고 거기서 각 코너로 분산

>>> **체크아웃 카운터**

① 슈퍼마켓 : 400~600인/대
② 슈퍼스토어 : 400~500인/대

>>> **바구니**

10%는 상점 앞에, 20%는 Stock에 둔다.

CHAPTER 06 출제예상문제

01 상점 건축의 진열장계획 시 반사방지를 위한 대책 중 잘못된 것은?

① 쇼윈도 안의 조도를 외부, 즉 손님이 서 있는 쪽보다 어둡게 한다.
② 특수한 곡면유리를 사용하여 외부의 영상이 객의 시야에 들어오지 않게 한다.
③ 차양을 설치하여 외부에 그늘을 준다.
④ 평유리는 경사지게 설치한다.

[해설]
반사방지
진열창 내부 조도를 외부보다 밝게 한다.

02 쇼윈도의 내부와 외부가 어느 정도 이상의 차이일 때 현휘가 일어나는가?

① 내부 조도가 외부의 10~30배일 때
② 내부 조도가 외부의 50~80배일 때
③ 외부 조도가 내부의 10~30배일 때
④ 외부 조도가 내부의 50~80배일 때

[해설]
현휘가 일어나는 경우
보통 외부 조도가 내부 조도의 10~30배에 달하는 경우

03 상점계획 중 그 방위가 가장 적절하지 못한 것은?

① 식료품점 – 도로의 서측
② 음식점 – 도로의 북측
③ 여름용품점 – 도로의 북측
④ 양복점, 서점 – 도로의 남측

[해설]
음식점
더운 곳보다는 시원한 쪽(북향)이 좋다.

04 상점을 계획할 때 고려할 사항으로서 옳지 않은 것은?

① 고객의 동선은 가능한 짧게 하여 고객에게 편의를 준다.
② 심리적인 저항을 배제하는 방향으로 매장을 계획한다.
③ 외관이 고객에게 좋은 인상을 주도록 한다.
④ 상점 내의 동선을 원활하게 한다.

[해설]
동선계획
고객의 동선은 가능한 한 길게 함으로써 가능한 한 고객이 많은 상품을 둘러보게 한다. 계단이 있는 경우 고객은 일반적으로 올라가기보다는 내려가는 것을 좋아하므로 올라간다는 느낌이 덜 들게 하는 것이 중요하다.

05 상점 건축물의 매장 가구배치상 고려해야 할 점이 아닌 것은?

① 손님 쪽에서 상품이 효과적으로 보이도록 한다.
② 감시하기 쉽고 손님에게 감시한다는 인상을 주지 않게 한다.
③ 동선이 원활하여 다수의 손님을 수용하고 소수의 종업원으로 관리하게 한다.
④ 들어오는 손님과 종업원의 시선이 직접 마주치게 하여 친근감을 갖게 한다.

[해설]
진열장 계획
들어오는 손님과 종업원의 시선이 직접 마주치지 않도록 한다.

정답 01 ① 02 ③ 03 ② 04 ① 05 ④

06 상점 건축계획에서 평면계획상 방위로서 옳지 못한 것은?

① 부인용품점 : 오후에 그늘이 지지 않는 방향으로 하는 것이 좋다.
② 음식점 : 도로의 남측으로 하는 것이 좋다.
③ 식료품점 : 강한 석양은 상품을 변색시키므로 특별히 유의하는 것이 좋다.
④ 가구점, 서점, 양복점 : 가급적 도로의 북측이나 동측을 선택하되, 일사에 의한 퇴색, 변형, 파손방지에 유의하는 것이 좋다.

해설

양복점, 가구점, 서점
가급적 도로의 남측(북향)이나 서측(동향)을 선택하여 일사에 의한 퇴색, 변형, 파손 방지에 유의한다.

07 상점 건축에서 Show Window의 Glare를 방지하는 방법 중 옳지 않은 것은?

① Show Window의 내부의 밝기를 인공적으로 높게 한다.
② 유리면을 경사지게 하고 특수한 경우에는 곡면유리를 사용한다.
③ 내·외부의 밝기가 균등하게 인공적으로 내부의 밝기를 조절한다.
④ 차양을 달아 외부에 그늘을 준다.

해설

진열창의 반사 방지법
- 가로수를 심는다.
- 진열창 내의 밝기를 외부보다 밝게 한다.
- 유리면을 경사지게 곡면유리를 사용한다.
- 차양을 설치한다.

08 일반 상점이나 시장 또는 일상용품을 취급하는 상점에 가장 많이 이용되는 점두(店頭)의 형식으로 옳은 것은?

① 혼합형
② 폐쇄형
③ 분리형
④ 개방형

해설

Shop Front
- 개방형 : 도로에 면한 곳이 완전 개방된 구조(시장, 일용품상점, 철물점, 서점 등)
- 폐쇄형 : 출입구 외에는 벽 또는 장식장으로 차단되는 형식(귀금속점, 카메라, 보석상, 미용원 등)
- 중간형 : 개방형 + 폐쇄형(가장 많이 이용)

09 상점계획에 관한 설명 중 옳지 않은 것은?

① 진열창의 상품은 도로에 선 사람의 눈높이보다 약간 낮게 하는 것이 이상적이다.
② 객측에서 상품이 효과적으로 보이도록 매장가구를 배치한다.
③ 고객이 점내로 들어오면서 점원과 시선이 마주치게 계획한다.
④ 고객 동선은 원활한 경우 다소 길어도 상관 없다.

해설

진열장 계획
고객이 점내로 들어오면서 점원과 시선이 마주치지 않도록 계획한다.

10 상점 건축의 진열창계획 시 반사 방지를 위한 대책 중 잘못된 것은?

① 곡면 유리를 사용해서 밖의 영상이 객의 시야에 들어오지 않게 한다.
② 유리를 사면으로 설치하여 밖의 영상이 객의 시야에 들어오지 않게 한다.
③ 진열창의 조도를 외부 조도보다 낮추어 준다.
④ 평유리를 경사지게 설치한다.

해설

반사방지
진열창의 조도를 외부조도보다 밝게 한다.

정답 06 ④ 07 ③ 08 ④ 09 ③ 10 ③

11 상점 건축을 계획할 때 고려할 사항으로서 옳지 않은 것은?

① 상점 건축의 매장내 진열장을 배치할 때 원활한 고객 동선을 우선적으로 고려해야 한다.
② 혼합형 숍 프런트(Shop Front)형식은 일반 상점가나 시장 또는 일용상품의 상점에 가장 많이 사용된다.
③ 상점의 평면배치방법 중 직렬배열형은 고객의 흐름이 가장 빠르고 부분별 진열이 가장 용이한 형식이다.
④ 상점의 판매형식 중 측면판매형식은 판매원의 위치를 정하기 어렵고 상품의 설명이나 포장 등이 불편하다.

해설
Shop Front
시장이나 일용상품점에서는 개방형이 주로 사용이 된다.

12 점두 외관형식을 개방형으로 할 수 있는 상점은?

① 서점   ② 이발소
③ 보석상   ④ 귀금속상

해설
개방형
시장, 일용상품점, 철물점, 서점

13 상점 내의 진열 케이스 배치계획에 있어서 가장 유의해야 할 사항은?

① 조명   ② 객을 감시하는 것
③ 동선의 원활   ④ 상품의 다소

해설
진열장의 계획
• 진열장 배치계획 시 가장 먼저 고려할 사항은 동선이다.
• 고객 동선을 가능한 한 길게 유도한다.(충동적 구매 유발)

14 상점입면 구성의 광고요소에 관한 설명 중 틀린 것은?

① 주의(Attention)   ② 전시(Display)
③ 흥미(Interest)   ④ 기억(Memory)

해설
광고 요소(AIDMA법칙)
• Attention → 주의
• Interest → 흥미
• Desire → 욕망
• Memory → 기억
• Action → 행동

15 상점 건축에 대한 설명 중 틀린 것은?

① 매장 바닥은 고저차를 두어 안정감 있게 계획한다.
② 슈퍼마켓은 입구와 출구를 분리하는 것이 좋다.
③ 상점은 고객 동선을 가능한 한 길게 하여 많은 손님을 수용할 수 있도록 한다.
④ 슈퍼마켓에서의 상품 배치는 입구 근처에서는 주로 생활 필수품을 배치한다.

해설
세부계획
매장의 바닥에는 단(요철)을 두지 않는다.

16 상점 건축계획에 관한 기술 중 부적당한 것은?

① 쇼윈도는 상품에 따라 다르다.
② 상품 진열에 따른 동선을 고려한다.
③ 일조를 가장 우선적으로 처리한다.
④ 외관은 호소력을 발휘할 수 있게 한다.

해설
상점계획
일조는 크게 고려하지 않는다.

정답 11 ② 12 ① 13 ③ 14 ② 15 ① 16 ③

17 상점계획에 관한 설명 중 부적당한 것은?

① 가구배치 시 손님과 종업원의 시선이 마주치지 않게 고려한다.
② 계단을 올라갈 때와 내려올 때 매장전체를 볼 수 있게 고려한다.
③ 실내 배색은 진열된 상품에 대하여 충분히 고려한다.
④ 종업원 동선은 길게, 고객 동선은 짧게 계획한다.

> **해설**
> **동선계획**
> 고객(길게), 종업원(짧게)

18 상점 건축의 판매부분에 포함되지 않는 것은?

① 상품전시부분
② 서비스부분
③ 통로부분
④ 관리부분

> **해설**
> **부대(관리)부분**
> • 상점관리공간
> • 점원후생공간
> • 영업관리공간
> • 시설관리공간
> • 주차장

19 상점 건축의 매장 내 진열장(Show Case)을 배치계획할 때 가장 먼저 고려할 사항은?

① 상품의 진열
② 고객 동선의 원활
③ 진열장의 수
④ 조명관계

> **해설**
> **동선계획**
> • 상점계획 시 가장 중요
> • 진열장 배치계획 시 가장 먼저 고려할 사항은 동선이다.

20 상점계획에서 부지의 선정 조건에 관한 기술 중 가장 부적당한 것은?

① 사람의 통행이 많고 번화한 곳이 좋다.
② 교통이 편리하고 눈에 잘 띄는 곳이 좋다.
③ 도로면에 많이 접할수록 좋다.
④ 유사한 업종이 주위에 없는 것이 좋다.

> **해설**
> **상점부지**
> 유사한 업종이 주위가 밀집된 곳이 좋다.

21 상점의 진열창 계획조건 중 관계가 가장 적은 것은?

① 상점의 위치 및 출입구
② 도로폭과 교통량
③ 진열방법과 정돈상태
④ 상품의 종류 및 품질

> **해설**
> **진열창 계획 결정 요소**
> ② 도로폭(×) → 보도폭(○)

22 상점의 판매형식 중 대면판매(對面販賣)의 장점이 아닌 것은?

① 상품을 설명하기에 편리하다.
② 판매원의 고정위치를 정하기가 용이하다.
③ 포장, 계산이 편리하다.
④ 상품의 구매와 선택이 용이하다.

> **해설**
> **대면판매**
> 고객이 직접 상품을 만질 수 없어 상품에 대한 구매와 선택이 용이하지 못하다.

23 시가지 점포의 계획에 관한 기술 중 적합하지 않은 것은?

① 쇼윈도의 형식은 영업의 종류에 따라 결정한다.
② 도로에 면한 입면은 객에게 호소력을 발휘할 수 있도록 한다.
③ 상품의 진열은 객의 동선을 충분히 고려하여야 한다.
④ 창은 일조를 우선적으로 고려해서 배치한다.

> **해설**
> **상점계획**
> 상점계획 시 일조는 크게 고려하지 않는다.(인공조명을 사용하여 일사에 의한 변색 및 퇴색을 방지)

24 쇼윈도(Show Window)의 현휘방지 방법으로 적당하지 않은 것은?

① 해가리개로 일사를 막는다.
② 곡면 혹은 경사면 유리를 설치하여 밖의 영상유입을 막는다.
③ 해가리개의 접는 장치로 점내를 어둡게 한다.
④ 가로수로 건물이 비치는 것을 막는다.

> **해설**
> **현휘(반사)방지**
> 점내를 외부보다 밝게 한다.

25 상점계획에서 진열창의 반사를 방지하는 방법으로 부적당한 것은?

① 유리면을 경사지게 한다.
② 차양을 달아 외부에 그늘을 준다.
③ 내부를 외부보다 어둡게 조명한다.
④ 곡면유리를 사용한다.

26 상점 건축에서 대면판매 형식이 갖는 장점은?

① 상품의 충동적 구매와 선택이 용이하다.
② 판매원이 설명을 하기에 편리하다.
③ 진열면적이 커진다.
④ 상품에 대한 친근감이 높다.

> **해설**
> **판매형식**
> ①, ③, ④는 측면판매 형식의 특징이다.

27 상점 건축에 있어서 진열창(Show Window)의 반사방지를 위한 방법이 아닌 것은?

① 창대 밑에 냉난방 장치를 하여 상점 내외부의 온도차를 적게 한다.
② 진열창 내의 밝기를 인공적으로 외부보다 밝게 한다.
③ 차양을 설치하여 진열창에 그늘이 지게 한다.
④ 유리면을 경사지게 설치한다.

> **해설**
> **흐림(결로)방지**
> ①의 설명은 흐림방지에 대한 설명이다.

28 상점 내의 진열 케이스의 배치계획에 있어서 가장 고려해야 할 것은?

① 조명의 조도　　② 동선의 원활
③ 진열 케이스의 수　　④ 천장의 높이

> **해설**
> **진열장의 계획**
> 매장 내 진열장 배치계획은 고객의 동선을 우선적으로 고려하여 고객이 구석구석까지 살펴보고 상품의 구매력을 증가시키도록 한다.

정답　23 ④　24 ③　25 ③　26 ②　27 ①　28 ②

29 구매의욕을 높이기 위한 상점 건축의 보편적인 색채의장 계획 중 틀린 것은?

① 따뜻하고 부드러운 색조로서 친근감을 준다.
② 약간 자극적인 색채를 사용하여 풍부한 색상감을 준다.
③ 빨간 계통의 원색을 사용하여 근대적 감각을 높인다.
④ 호화로운 색조를 띠게 하여 밝은 분위기를 조성한다.

해설
색채계획
원색은 되도록이면 피한다.

30 상점의 판매형식에 대한 설명 중 틀린 것은?

① 대면판매의 장점은 충동적 구매와 선택이 용이한 점이다.
② 대면판매의 단점은 진열면적이 감소되는 것이다.
③ 측면판매의 장점은 진열면적이 커지며, 상품에 친근감을 느낄 수 있다.
④ 측면판매의 단점은 판매원의 위치를 정하기 어렵고, 상품의 설명이나 포장 등이 불편하다.

해설
측면판매
- 장점 : 충동적 구매와 선택이 용이하며 진열면적이 커진다.
- 단점 : 판매원의 위치를 정하기 어렵고, 상품의 설명, 포장 등이 불편하다.

31 상점 건축계획 시 상점가로 고객을 유도할 수 있는 조건 중 옳지 않은 것은?

① 한 가지 용무만이 아니고 몇 가지 일을 상점지역에서 볼 수 있어야 한다.
② 신개발지역으로 그 곳에서의 보통활동이 요구되는 곳이라야 한다.
③ 특정상품에 대한 비교와 자유로운 선택을 할 수 있는 곳이라야 한다.
④ 오래전부터 사람들의 발길이 그 곳에 오는 습관이 있고 그것이 계속되고 있어야 한다.

해설
상점계획
신개발지역으로 그곳에서 특유활동이 요구되는 곳이 적당하다.

32 상점의 동선을 분류한 것 중 적당하지 않은 것은?

① 상품 진열시의 동선
② 고객이 점포 내로 유도되는 동선
③ 고객을 응대하고 출납사무를 하는 점원동선
④ 뒷문, 창고, 거주실과 연결하는 관리동선

해설
상점의 동선
고객, 종업원, 상품동선이 있다.

33 그림과 같은 건물에 상점의 배치가 방위상 가장 불합리한 것은?

① 식료품점
② 가구점
③ 부인용품점
④ 여름용품점

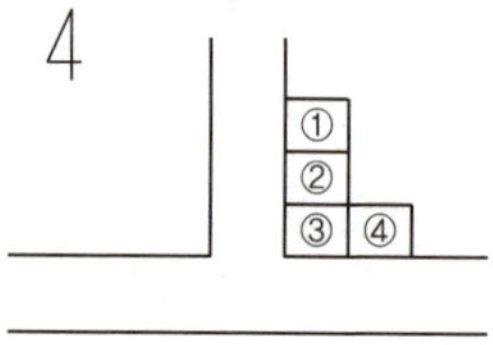

해설
식료품점
강한 석양은 상품을 변색시키므로 서향은 피한다.

34 상점의 판매방식 중 측면판매에 관한 설명으로 옳지 않은 것은?

① 고객과 종업원이 진열상품을 같은 방향으로 보며 판매하는 방식이다.
② 충동적 구매와 선택이 용이하다.
③ 판매원의 정위치를 정하기 어렵고 불안정하다.
④ 진열면적이 감소하고 상품에 친근감이 간다.

정답 29 ③ 30 ① 31 ② 32 ④ 33 ① 34 ④

해설

측면판매
진열면적이 커지며 상품에 대한 친근감이 간다.

35 상점 건축의 부지선정 조건으로 틀린 것은?

① 교통이 편리한 곳
② 사람의 눈에 잘 띄는 곳
③ 부지가 불규칙적이고 구석진 곳을 피할 것
④ 1면 이상이 도로에 접할 것

해설

상점부지
2면 이상 도로에 면한 곳이 좋다.

36 상점 건축계획에서 평면계획상 방위로서 옳지 못한 것은?

① 부인용품 - 오후에 그늘이 지지 않는 방향으로 하는 것이 좋다.
② 음식점 - 도로의 남측으로 하는 것이 좋다.
③ 식료품점 - 강한 석양은 상품을 변색시키므로 특별히 유의하는 것이 좋다.
④ 가구점, 서점, 양복점 - 가급적 도로의 북측이나 동측을 선택하되 일사에 의한 퇴색, 변형, 파손방지에 유의하는 것이 좋다.

해설

가구점, 서점, 양복점
가급적 도로의 남측이나 서측을 선택

37 다음 그림에서 양품점(주택겸용)을 건축하는 후보지로 가장 적당한 것은?

① ㉠
② ㉡
③ ㉢
④ ㉣

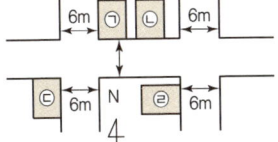

해설

양품점
- 서양식으로 만든 물품(의류, 잡화 등)
- 도로의 남측이나 서측(북동향)
- 주택 : 향 고려

38 충동적인 구매 및 계획적인 구매상품의 상점 각 부분 면적 배분에서 가장 심한 차이를 나타내는 부분은?

① 도입 부분
② 통로 부분
③ 전시 부분
④ 서비스 부분

해설

전시부분
상품별로 상점 내 차지하는 면적의 차이가 심할 수 있다.

39 상점계획 시 파사드와 숍 프론트의 계획 요소에 해당되지 않는 것은?

① 전면의 도로의 크기
② 인상적이고 개성적인 디자인
③ 대중성
④ 상점 내의 유인성

해설

파사드(facade)
- 건물의 입면 또는 정면
- 계획 시 전면도로의 크기보다는 보도폭과 교통량에 중점을 두어 계획한다.

40 상점의 숍 프론트 디자인에 있어서 고려할 사항이 아닌 것은 어느 것인가?

① 개성적이고 인상적인 표현
② 취급상품을 알릴 수 있는 시각적 표현
③ 경제적인 제약의 배제
④ 상점 내로 고객을 유도하는 효과

정답 35 ④ 36 ④ 37 ③ 38 ③ 39 ① 40 ③

> [해설]

숍 프런트(Shop Front)
전면도로와 상점 내부와의 경계
③ 경제성도 고려

41 상점 내의 점두 형식을 폐쇄형으로 계획할 수 있는 것은?

① 지물포   ② 미용원
③ 서점   ④ 철물점

> [해설]

폐쇄형
- 출입구 외에는 벽 또는 장식장으로 차단되는 형식
- 귀금속점, 카메라, 보석상, 미용원

42 상점을 설계할 때의 사항을 기술한 것 중 부적당한 것은?

① 고객의 동선은 짧아야 유리하다.
② 점원의 동선과 고객의 동선이 분리되는 것이 좋다.
③ 고객이 통과하는 통로는 적어도 90cm 이상이 되면 좋다.
④ 2개 층 이상의 매장이 있을 경우 계단은 중요한 시각적 요소가 된다.

> [해설]

동선계획
- 고객동선 : 길게(충동적 구매 유발)
- 종업원 동선 : 짧게(효율적 관리)
- 상품동선 : 상품의 취급에 따른 충분한 통로폭을 유지

43 상점계획 시 고려할 사항으로서 옳지 않은 것은?

① 심리적인 저항을 배제하는 방향으로 매장을 계획한다.
② 종업원의 동선은 가능한 한 길게, 고객의 동선은 짧게 하여 고객에게 편의를 주게 한다.
③ 외관이 고객에게 좋은 인상을 주도록 한다.
④ 상점 내의 동선을 원활하게 한다.

44 상점 건축에서 정방향에 가까운 평면이 있을 경우 계단의 위치로 가장 적당한 것은 다음 그림 중 어느 것인가?

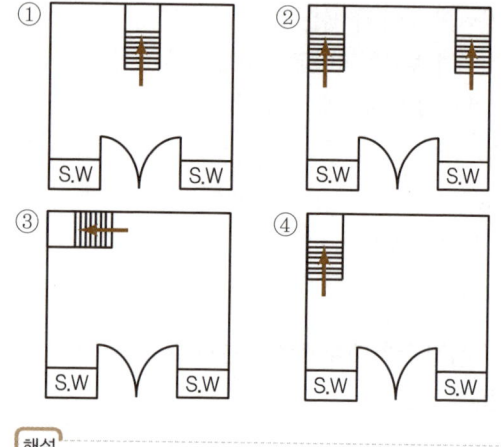

> [해설]

계단의 위치
- 정방형 평면 : 중앙
- 깊이가 깊을 때 : 측벽

45 상점 건축의 평면 배치에서 직렬 배열형으로 적합하지 않은 것은?

① 침구점   ② 실용 의복점
③ 서점   ④ 수예점

> [해설]

환상 배열형
민예점, 수예점

46 쇼윈도 내부 조명에서 바닥면 조도의 최저 표준은?

① 50Lux   ② 100Lux
③ 150Lux ④ 200Lux

정답 41 ② 42 ① 43 ② 44 ① 45 ④ 46 ③

> **해설**
>
> **바닥면상의 조도**
> - 최저 150lux
> - 바닥면으로부터 85cm 높이의 수평면 조도는 300lux

47 여름철에 사용하는 물건을 파는 상점은 그림 중 어느 곳이 적합한가?

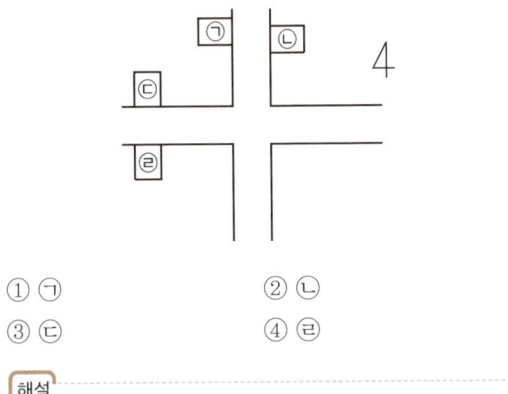

① ㉠ ② ㉡
③ ㉢ ④ ㉣

> **해설**
>
> **여름용품점**
> 도로의 북측을 택하여 남측광선을 취입하는 것이 효과적이다.(겨울용품점은 이와 반대)

48 상점 건축에서 진열창에 대하여 바르게 설명된 것은?

① 일반적으로 창대의 높이가 0.3~1.2m 범위이다.
② 스포츠용품, 시계, 귀금속 등의 진열대는 높게 한다.
③ 진열 바닥은 낮게 할수록 유리하다.
④ 주목을 끌 수 있는 상품은 서 있는 사람의 눈높이보다 약간 높게 한다.

> **해설**
>
> **진열창**
> ② 스포츠용품, 양화점은 낮게, 시계, 귀금속은 높게 한다.
> ③ 진열바닥은 상품에 따라 다르다.
> ④ 주목을 끌 수 있는 상품은 서 있는 사람의 눈높이보다 약간 낮게 한다.

49 상점계획에 관한 설명 중 옳지 않은 것은?

① 점내 고객의 동선은 짧게, 종업원의 동선은 길게 한다.
② 조명방법은 국부조명과 전체조명 두 가지를 같이 사용한다.
③ 고객의 동선과 종업원의 동선이 만나는 곳에 카운터 케이스를 놓는다.
④ 슈퍼마켓의 매장 바닥은 고저차가 없어야 효과적이다.

> **해설**
>
> **동선**
> 고객 동선(길게), 종업원 동선(짧게)

Engineer Architecture

CHAPTER 07

백화점

01 개요
02 기본계획
03 평면계획
04 세부계획
05 환경 및 설비계획
06 기타

CHAPTER 07 백화점

SECTION 01 개요

>>> **출입구 계획**
고객의 출입구와 종업원의 출입구는 분리

1. 백화점의 기능 및 분류

1) 고객권
① 고객용 출입구, 통로, 계단, 휴게실, 식당 등의 서비스 시설 부분
② 대부분 판매권 등 매장에 결합되며, 종업원권과 접한다.

2) 종업원권
① 종업원의 입구, 통로, 계단, 사무실, 식당 기타 부분
② 고객권과는 별개의 계통으로 독립되고 매장 내에 접한다.
 (매장 외에 상품권과도 접한다.)

3) 상품권
① 상품의 반입, 보관, 배달에 해당하는 부분
② 판매권과 접하고, 고객권과는 절대 분리시킨다.

4) 판매권(매장)
① 상품의 전시, 진열, 선전, 보관, 설명, 대금수령, 포장
② 상품을 위한 가장 효과적인 전시장이 된다.

>>> **상품수취 순서**
수취 주차장 → 하치 하역장 → 수취 카운터 → 상품 검사실 → 상품 집배실 → 매장

SECTION 02 기본계획

1. 대지계획

계획 시 고려사항	대지형태
• 고객이 될 인구의 조사 • 부근의 상업 상태 조사 • 구매력 예상 • 교통기관의 관계와 교통량 • 고객유치를 위한 시설	• 정방형에 장방형이 좋다. • 긴변이 주요도로에 면하고 다른 1변 또는 2변이 상당한 폭원이 있는 도로에 면함이 좋다.

>>> **대지의 규모**

① 중규모 : 3,000m²
② 대규모 : 4,000~10,000m²
③ 중·소규모 : 1,000~4,000m²

2. 배치계획

① 주요 도로에서의 고객의 교통로와 상품의 반입 및 반송을 위한 교통로는 분리시킨다.
② 고객, 점원, 상품의 반출입에 해당하는 각 교통로를 어느 도로에서 유도하느냐 하는 문제는 주위 도로의 폭원, 교통량, 부근의 상황 등을 고려하여 결정한다.

3. 예상고객인원수(1일)

판매장 면적 100m²당 180~200명(1.8~2.0배) 정도

핵심예제 ●○○

백화점의 대지 조건으로 가장 중요 하지 않은 것은?
❶ 일조의 통풍이 좋을 것
② 2면 이상 도로와 면할 것
③ 역이나 버스 정류장에 가까울 것
④ 사람이 많이 왕래하는 곳일 것

[해설]
일조와 통풍이 중요한 것은 주택이다.

SECTION 03 평면계획

1. 동선

고객·종업원·상품의 동선을 말한다.

2. 매장 면적비

① 연면적에 대해 60~70% 정도
② 순매장 면적은 연면적에 대해 50% 정도며 다음과 같이 구성된다.

가구 배치 소요 면적	매장 면적의 50~70% 정도
순수 통로 면적	매장 면적의 30~50% 정도

핵심문제 ●○○

매장면적이 15,000m²정도의 백화점에 있어서 순조로운 경영이 기대될 수 있는 1일 입장객의 수는 얼마 정도인가?
① 10,000~15,000m²
② 18,000~23,000m²
③ 23,000~27,000m²
❹ 27,000~30,000m²

[해설]
• 판매장 면적 100m²당 180~200명(1.8~2.0배)의 고객이 요구
• 15,000×1.8~2.0=27,000~30,000

제7장 백화점 | 143

>>> 통로면적

통로면적은 고객의 통행량과 밀접한 관계가 있다.(동선을 길게 유도하여 충동구매 유도)

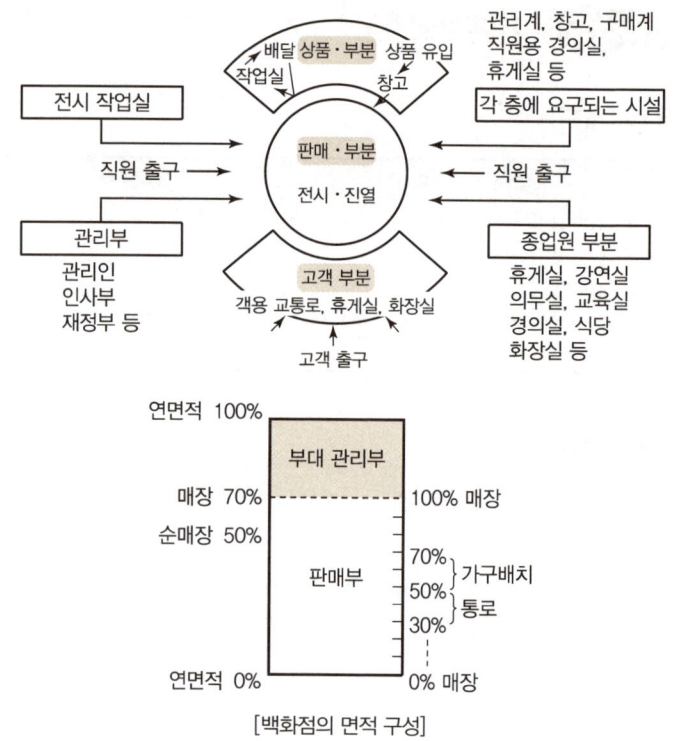

[백화점의 면적 구성]

SECTION 04 세부계획

>>> 기둥간격 결정요소(사무소)

① 책상배치 단위
② 채광상 층고에 의한 안깊이
③ 주차 배치 단위

1. 기둥간격 및 결정요소

기둥 간격	결정 요소

• 보통 6.0m × 6.0m 정도
• 이상적인 것
  – 9.15m × 9.15m(K.C.Urch의 안)
  – 10.6m × 10.6m(L.Parnes의 안)
  – 5.7m × 5.7m(미국)
	• 진열장(show case)
	• 지하 주차 단위
	• 에스컬레이터의 배치

2. 층고

① 층고는 제한된 높이 가운데 매장별로 유효한 분할이 되어야 한다.

지하층	1층	2층 이상
3.4~5.0m	3.5~5.0m	3.3~4.0m

② 최상층은 식당 또는 연회장으로 사용되는 경우가 많으므로 층고를 높게 한다.

3. 출입구

점내의 EV홀, 계단에의 통로, 주요 진열창의 통로를 향하여 설치

출입구 수	도로에 면하여 30m에 1개소씩 설치
크기	점포의 규모, 위치, 기둥간격, 스팬에 관계
길이	진열창의 깊이와 일치되게 한다.(2중문 · 개방식)

4. 매장

1) 종류

① 일반 매장 : 자유 형식으로 수층에 걸쳐 동일 면적으로 설치한다.
② 특별 매장 : 일반 매장 내에 설치한다.

>>> **특별매장**

일반매장 내 설치

2) 통로

주통로	객통로
폭 2.7~3.0m	폭 1.8m 이상

>>> **주통로**

EV, 로비, 계단, Es앞, 현관을 연결하는 통로

>>> **통로**

① 편측통로 : 1.4m
② 양측통로 : 1.9m
③ 부통로 : 2.6m
④ 주통로 : 3.3m

5. 진열장(판매대)의 배치

1) 직각(직교)배치법

가구와 가구 사이를 직교배치, 직각의 통로가 나오게 하는 배치

- 가장 간단한 배치방법(단조로움)
- 판매장 면적을 최대한 이용(경제적)
- 판매대의 이동 및 변경이 자유롭다.
- 고객 통행량에 따른 통로 폭의 변화가 어렵다.(국부적 혼란 야기)

2) 사행(사교)배치법

주통로를 직각배치, 부통로를 주통로에 45°경사지게 배치

- 상호 교통로를 가깝게 연결할 수 있다.
- 많은 객이 매장 구석까지 가기 쉽다.(동선 단축)
- 이형의 판매대가 많이 필요하다.

3) 방사 배치법

판매장의 통로를 방사형으로 배치

일반적으로 적용이 곤란한 방식

4) 자유 유동(유선) 배치법

고객의 유동 방향에 따라 자유로운 곡선으로 통로를 배치

- 전시에 변화를 주고 판매장의 특수성을 살릴 수 있다.
- 진열대 제작비가 많이 들고 매장의 변경이 어렵다.

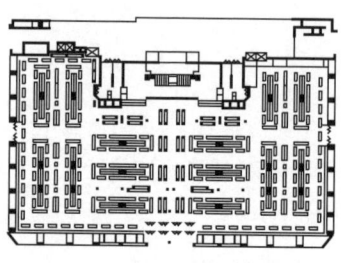
(a) 직교법

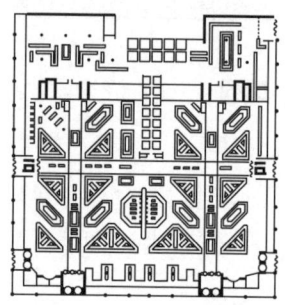
(b) 사교법

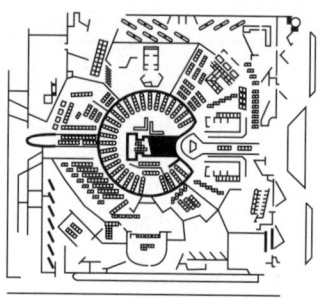
(c) 방사법

(d) 자유 유동법

[진열장의 배치법]

SECTION 05 환경 및 설비계획

1. 승강설비

1) 엘리베이터(EV)

최상층 급행용 이외에는 보조수단으로 이용(에스컬레이터와 병용하는 경우)

대수	연면적 2,000~3,000m²에 대해서 15~20인승 1대 정도
속도	• 저층(4~5층) : 45~100m/min 정도 • 중층(8층) : 110m/min 정도
배치	• 가급적 집중 배치(6대 이상 : 분산배치) • 고객용, 화물용, 사무용으로 구분 배치
위치	주출입구로부터 먼 곳에

>>> **엘리베이터 Cage 면적**

손님 1명에 대해서 0.2m² 이상

>>> **EV**

에스컬레이터에 비해 수송이 계속적이지 못하고 수송량도 적은 편이나, 소요면적이 작고 승강이 병행되어 경제적이다.

2) 에스컬레이터(Es)

고객의 70~80%가 이용하게 되며 EV의 10배 수송 능력

① 특징

장점	• 수송력에 비해 점유면적이 작다.(엘리베이터의 1/4~1/5 정도) • 종업원이 적어도 된다. • 고객으로 하여금 기다리지 않게 한다. • 매장을 바라보며 승강할 수 있다.
단점	• 설비비가 고가이다. • 층고와 보의 간격에 제약을 받는다.

>>> **에스컬레이터의 필요성**

① 4대 이상의 EV를 필요로 할 때
② 2,000명/h 이상의 수송력을 필요로 할 때

② 위치

엘리베이터와 출입구의 중간 또는 매장의 중앙에 가까운 장소로서 고객이 알아보기 쉬운 곳

③ 배치형식

배치 형식의 종류		승객의 시야	점유 면적
직렬식		가장 좋으나, 시선이 한 방향으로 고정되기 쉽다.	가장 크다.
병렬	단속식	양호하다.	크다.
	연속식	일반적이다.	작다.
교차식		나쁘다.	가장 작다.

>>> **에스컬레이터 배치형식**

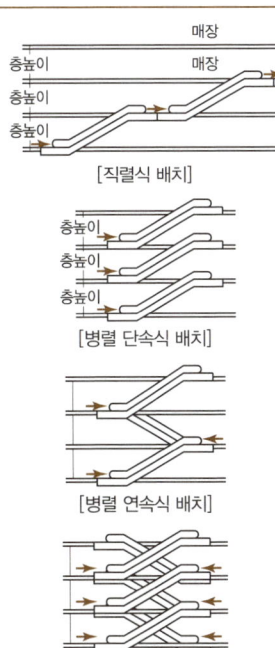

[직렬식 배치]

[병렬 단속식 배치]

[병렬 연속식 배치]

[교차식 배치]

④ 규격 및 수송능력

60cm 폭	90cm 폭	120cm 폭
4,000명/h	6,000명/h	8,000명/h

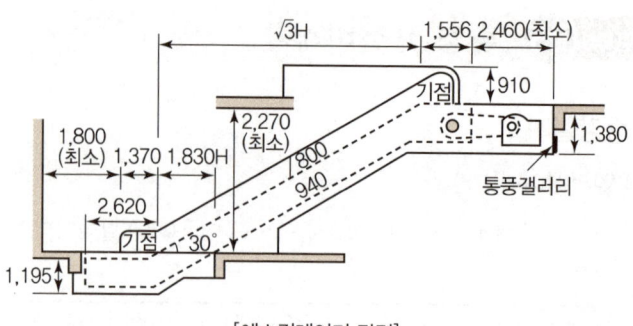

[에스컬레이터 단면]

2. 계단
승강설비의 보조용으로서 또한 비상계단으로 계획한다.

3. 화장실 및 수세기

1) 위치
① 각층의 주 계단, 엘리베이터 로비 부근에 배치한다.
② 남녀별로 화장실과 전실에 둔다.

2) 변기수의 산정

객용	남자용	대변기, 수세기	매장면적 1,000m²에 대해서 1개
		소변기	매장면적 700m²에 대해서 1개
	여자용	변기, 수세기	매장면적 500m²에 대해서 1개
종업원용	남자용	대변기, 수세기	50명에 대해서 1개
		소변기	40명에 대해서 1개
	여자용	변기, 수세기	30명에 대해서 1개

핵심문제 ●○○

백화점 연면적이 500m²인 경우 몇 명 정도의 종업원이 알맞은가?
① 10명 ② 15명
❸ 20명 ④ 30명

[해설]
- 종업원수는 연면적 20~25m²에 대해 1인의 비율로 한다.
- 종업원의 남녀의 비 = 4 : 6 정도
- 500m² ÷ 20~25m² = 20~25명 정도

SECTION 06 기타

1. 무창 백화점

실내의 진열면을 늘리거나 분위기의 조성을 위해 백화점의 외벽을 창이 없게 처리하는 방법

장점	• 창의 역광으로 인한 내부 의장의 불리한 요소 제거 • 매장 내의 냉난방 효율이 증가 • 외부 벽면에 상품 전시 가능(매장 배치상 유리)
단점	화재나 정전 시 고객들이 큰 혼란에 빠질 우려

2. 터미널 데파트먼트 스토어(Terminal Department Store)

철도여객을 대상으로 한 백화점
① 역의 공공성과 기업성의 조화
② 역 승강객과 백화점 고객의 동선이 교차하지 않도록 한다.(특히, EV, 에스컬레이터 등의 수직 동선에 유의)
③ 1층 매장은 가능한 한 크게 한다.(고객 유치에 가장 유리)
④ 승강객, 백화점 고객이 백화점 또는 역사로 직접 진입할 수 있는 전용 개찰구가 필요하다.
⑤ Rush hour나 밤 늦은 시간에 백화점은 폐쇄 상태이므로 백화점과 역사 사이에 명확한 구획을 하여 동선의 흐름을 유도한다.
⑥ 상품의 반입, 반출시 역사 안 또는 역 광장에서 보행자나 자동차 동선과 교차하지 않도록 출입구를 선정한다.

3. 쇼핑센터

1) 기능 및 공간의 구성요소

① **핵상점** : 쇼핑센터의 핵으로 고객을 끌어당기는 기능(백화점, 종합 슈퍼마켓)
② **전문점** : 주로 단일종류의 상품을 전문적으로 취급하는 상점과 음식점 등의 서비스점으로 구성
③ **몰**
 • 쇼핑센터 내의 주요 보행동선으로 고객을 각 상점으로 고르게 유도하는 쇼핑거리인 동시에 고객의 휴식처로서의 기능도 갖고 있다.
 • 고객의 주보행 동선으로 핵상점과 각 전문점에서 출입이 이루어지는 곳이므로 확실한 방향성, 식별성이 요구
 • 고객에게 변화감, 다채로움, 자극과 흥미를 주며 쇼핑을 유쾌하게

핵심문제 ●●○

터미널 데파트에 관한 설명 중 부적당한 것은?
① 역시설 부근에 설치하는 엘리베이터, 계단의 위치는 충분히 고려한다.
② 1층의 매장은 역구내 기능에 방해되지 않는 범위에서 크게 잡는다.
③ 승강장, 여객 통로 등에서 직접 데파트에 들어갈 수 있는 전용 개찰구를 설치하는 것이 좋다.
❹ 승객을 유치하기 위해 백화점 고객 흐름과 역의 승강객의 흐름을 같이 한다.

해설
역승강객과 백화점 고객의 동선이 교차하지 않도록 한다.

핵심문제 ●○○

다음 중 일반적인 쇼핑센터의 입지조건으로 적당하지 않은 것은?
❶ 신흥공업지역
② 교외지역으로 교통의 중심지
③ 도심의 중심상업지역
④ 신도시 주변지역

해설
공업지역을 제외한 전지역에 가능

▶▶ 몰의 폭과 길이

① 폭 : 6~12m가 일반적
② 길이 : 240m가 한계(길이 20~30m마다 변화를 주어 단조로움이 들지 않게 한다.)

> **핵심문제** •••
> 쇼핑센터를 구성하는 요소가 아닌 것은?
> ① 핵점포
> ② 몰(Mall)
> ③ 코트(Court)
> ❹ 터미널(Terminal)
>
> **해설** 쇼핑센터의 기능 및 공간의 구성 요소
> • 핵 상점
> • 전문점
> • 몰
> • 코트
> • 주차장

할 수 있는 휴식장소를 제공해 주어야 한다.
- 자연광을 끌어들여 외부 공간과 같은 느낌을 주도록 한다.
- 몰은 개방된 오픈몰(Open Mall)과 닫혀진 실내공간으로 형성된 인클로즈드 몰(Inclosed Mall)로 계획할 수 있으며, 일반적으로 공기조화에 의해 쾌적한 실내 기후를 유지할 수 있는 인클로즈드 몰이 선호된다.
- 몰은 페디스트리언 지대(Pedestrain Area)의 일부이며, 페디스트리언 지대에는 몰, 코트, 분수, 연못, 조경이 있다.

④ **코트(Court)** : 고객이 머무를 수 있는 넓은공간으로서 몰의 군데군데에 위치하여 고객의 휴식처가 되는 동시에 각종 행사의 장이 되기도 한다.

⑤ **주차장** : 차를 이용하는 고객의 편의와 고객 유치를 위해 필수적이다.(10~15분이 소요되는 운전거리)

2) 면적구성

핵상점	전체면적의 약 50%
전문점	전체면적의 약 25%
몰, 코트 등 공유 공간	전체면적의 약 10% 정도
관리시설, 화물 처리장, 기계실 등	15%(나머지)

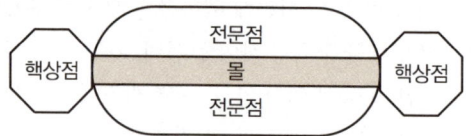

[쇼핑센터의 구성요소]

CHAPTER 07 출제예상문제

01 다음 백화점의 평면계획 내용 중 적합하지 않은 것은?

① 백화점의 기준층에 있어서 외부창을 가급적 적게 계획한다.
② 백화점 진열창의 조명은 가급적 휘도가 낮도록 계획한다.
③ 백화점의 고객권은 상품권의 동선과 가능한 한 분리시킨다.
④ 엘리베이터, 에스컬레이터 등 수직동선 설비는 고객 출입구에 근접시켜 동선의 원활한 연결이 가능하게 한다.

해설
수직동선계획
- 엘리베이터 : 주출입구의 반대쪽
- 에스컬레이터 : 주출입구와 엘리베이터의 중간(매장의 중앙)에 설치

02 백화점의 계획에서 매장부분의 외관을 무창으로 하는 이유 중 옳지 않은 것은?

① 창으로부터의 역광이 없도록 하여 디스플레이(display)가 유리하도록 하기 위함이다.
② 실내의 공기조화 또는 냉방시설에 유리하고 조도를 일정하게 하기 위함이다.
③ 인접건물의 화재 시 백화점으로의 인화를 방지하기 위함이다.
④ 외부벽면에 상품을 전시하고 그 옆으로 통로를 만들어 매장에 유리함을 주기 위함이다.

해설
무창백화점
㉠ 장점
 - 창의 역광에 의한 상품전시의 불리한 요소를 배제시킨다.
 - 벽면 자체도 진열면적이 될 수 있다.
 - 조도가 균일하고, 매장 내의 냉난방 효율이 증가한다.
㉡ 단점
 화재나 정전 시 고객들이 혼란에 빠질 우려가 있다.

03 쇼핑센터의 공간 구성 요소인 몰(Mall) 계획에 관한 설명 중 틀린 것은?

① 몰은 쇼핑센터 내의 주요 보행동선으로 쇼핑거리인 동시에 고객의 휴식공간이다.
② 몰에는 개방된 Open Mall과 실내공간으로 된 Enclosed Mall이 있다.
③ 몰에는 코트(Court)를 설치해 각종 연회, 이벤트 행사 등을 유치하기도 한다.
④ 몰의 길이는 핵상점들 간에 20~30m마다 다양한 변화를 줌으로써 300m 이상도 가능하다.

해설
몰(Mall)
핵상점들 사이의 몰의 길이는 240m를 초과하지 않아야 하며, 길이 20~30m마다 변화를 주어 단조로운 느낌이 들지 않도록 하는 것이 바람직하다.

04 백화점의 에스컬레이터 배치에 관한 기술 중 틀린 것은?

① 교차식 배치는 점유면적이 적다.
② 직렬식 배치는 점유면적이 크나 승객의 시야가 좋다.
③ 병렬 연속식 배치는 점유면적이 가장 작다.
④ 병렬 단속식 배치는 백화점 내를 내려다보기가 용이하다.

해설
승객의 시야, 점유면적
직렬식 > 병렬(단속)식 > 병렬(연속)식 > 교차식

정답 01 ④ 02 ③ 03 ④ 04 ③

05 백화점의 대지 조건으로 가장 중요하지 않은 것은?

① 일조와 통풍이 좋을 것
② 2면 이상 도로와 면할 것
③ 역이나 버스정류장에 가까울 것
④ 사람이 많이 왕래하는 곳일 것

> 해설
> **입지계획**
> 백화점은 대부분 무창구조로 만들어지기 때문에 일조 및 통풍의 영향을 받지 않는다.

06 백화점에서 에스컬레이터를 설치하는 이유에 해당하지 않은 것은?

① 엘리베이터에 비해 수송능력이 월등히 크다.
② 매장을 바라보며 이동하기 때문에 전시효과가 있다.
③ 엘리베이터의 설치비에 비해 경제적이기 때문이다.
④ 수송 능력에 비해 종업원수가 적어도 된다.

> 해설
> **에스컬레이터**
> EV에 비해 설치비는 고가이다. 다만 수송능력을 고려했을 때는 EV보다 경제적이라 볼 수 있다.

07 백화점계획 중에서 에스컬레이터를 설치하는 위치로 가장 적당한 장소는?

① 주 출입구 부근
② 매장(賣場)의 가장 깊은 곳
③ 매장(賣場)의 한쪽 측면
④ 주 출입구(出入口)와 엘리베이터의 중간

> 해설
> **에스컬레이터의 위치**
> 엘리베이터와 주 출입구의 중간에 위치하는 것이 좋으며 매장의 중앙에 가까운 장소로서 매장 전체를 볼 수 있어야 한다.

08 백화점 건축의 기본 계획에 관한 설명 중 부적당한 것은?

① 고객권은 판매권과 결합하며 종업원권, 상품권과 접한다.
② 순매장면적은 전체 면적의 50%, 유효면적에 대하여는 60~70% 정도로 한다.
③ 출입구는 모퉁이를 피하고 점내 주요 통로의 직선적 위치에 설정한다.
④ 에스컬레이터는 엘리베이터와 출입구의 중간이 좋으며, 매장의 중앙에 가까운 장소에 배치한다.

> 해설
> **백화점의 기능도**
> • 고객권은 대부분 판매권 등 매장에 결합되며, 종업원권과 접한다.
> • 상품권과는 절대분리

09 다음 중 백화점계획에 대한 설명으로 적당하지 못한 것은?

① 매장 전체가 전망이 좋고 내용을 알기 쉽게 한다.
② 동일층에서 약간의 수직적 Level 차이를 두어 쇼핑의 지루함을 없게 한다.
③ 융통성이 있고 넓게 연속된 판매장 공간을 구성한다.
④ 수직동선 배치를 기능적으로 하여 점내 손님들의 동선을 고르게 이르도록 한다.

> 해설
> **매장**
> 동일층에서는 고저차를 두지 않아야 유모차, 수레차 등의 운행이 좋고 심리적인 부담감도 적다.

10 고객이 매장 구석까지 가기 쉬운 백화점의 매장 배치방식은?

① 자유 유선 배치   ② 직각 배치
③ 방사 배치   ④ 사행 배치

정답 05 ① 06 ③ 07 ④ 08 ① 09 ② 10 ④

> **[해설]**
>
> **사행 배치법**
> - 주통로를 직각 배치하고 부통로를 주통로에 45° 경사지게 배치
> - 부통로(45° 통로)에 의해 매장 구석까지 가기 쉽다.

11 백화점의 매장계획에 관한 기술로 옳지 않은 것은?

① 기둥 간격의 결정은 계단, 엘리베이터와 관련되며, 층고 계획과 밀접한 관계가 있다.
② 매장의 통로폭은 전시형식, 매장의 종류에 따라 결정되어야 한다.
③ 판매대의 경사배치는 고객이 매장의 구석까지 유도하기 쉬운 배치 방법이다.
④ 판매대는 매장의 손쉬운 변경을 고려하여 규격화된 것을 사용하는 것이 보통이다.

> **[해설]**
>
> **기둥간격 결정요소**
> - 진열장
> - 지하 주차 단위
> - 에스컬레이터의 배치

12 백화점 진열대 배치법으로 가장 부적당한 것은?

① 직각 배치법
② 유선형 배치법
③ 사행배치법
④ 굴절배치법

> **[해설]**
>
> **가구배치(상점과 백화점 구분)**
> - 상점 진열대 배치법 : 직렬배열형, 굴절배열형, 환상배열형, 복합형
> - 백화점 진열대 배치법 : 직각(직교)배치법, 사행(사교)배치법, 방사배치법, 자유유동(유선)배치법

13 백화점 건축의 기본계획에 관한 설명 중 옳지 않은 것은?

① 특수매장은 일반매장 내에 함께 배치하는 것이 이상적이다.
② 출입구는 모퉁이를 피하고 점내 주요통로의 직선적 위치에 설정한다.
③ 에스컬레이터의 배치는 직렬식으로 하는 것이 시야가 넓고 점유 면적이 적게 든다.
④ 백화점의 판매장 바닥 면적을 13,000m²로 할 경우, 전체 건물면적은 20,000m²가 적당하다.

> **[해설]**
>
> **직렬식**
> 승객의 시야가 가장 좋으나 점유면적이 가장 크다.
> ※ 매장(판매장) 면적비는 연면적의 60~70% 정도이다.

14 쇼핑센터의 공간구성에서 페디스트리언지대(Padestrian Area)의 일부로서 고객을 각 상점에 유도하는 보행자 동선인 동시에 고객의 휴식처로서 기능을 갖고 있는 곳을 무엇이라 하는가?

① 몰(Mall)
② 코트(Court)
③ 핵상점(Magnet Store)
④ 허브(Hub)

> **[해설]**
>
> **몰(Mall)**
> - 고객의 주 보행 동선으로 핵상점과 각 전문점에의 출입이 이루어진다.
> - 전문 상점과 핵상점의 주출입구는 몰(Mall)에 면한다.
> - 몰(Mall)의 폭 6~12m, 길이 240m를 초과하지 않도록 하고, 길이 20~30m마다 단조로운 느낌이 들지 않도록 한다.
> - 자연광을 끌어들여 외부공간과 같은 성격을 형성하여 시간에 따른 공간감의 변화를 준다.
> - 오픈 몰(Open Mall)과 인클로즈드 몰(Enclosed Mall) 등으로 구분한다.

정답 11 ① 12 ④ 13 ③ 14 ①

15 백화점의 진열장 배치에 대한 설명 중 부적합한 것은?

① 직교 배치는 매장면적을 최대한으로 이용할 수 있다.
② 사행배치는 상하 교통로를 가깝게 연결할 수 있다.
③ 자유 유선 배치는 매장의 이동 및 변경이 자유롭다.
④ 방사배치법은 판매장 중심에서 방사형 통로를 두고 배치한다.

> [해설]
> **자유 유선(유동)배치**
> 진열대 제작비가 많이 들고 매장의 변경이 어렵다.

16 백화점 매장 내에 판매대(Show-case) 배치방법에서 고객의 동선을 짧게 할 수 있으며, 또한 매장의 구석까지 가기 쉬운 것은?

① 직각 배치
② 사행 배치
③ 방사 배치
④ 자유 유선 배치

> [해설]
> **사행(사교) 배치법**
> 동선 단축의 이점은 있으나 이형의 판매대가 많이 필요하다.

17 백화점 에스컬레이터 배치방식 중 매장에 대한 고객의 시야가 가장 제한되는 방식은?

① 직렬식
② 병렬 단속식
③ 병렬 연속식
④ 교차식

> [해설]
> **교차식**
> • 승객의 시야가 가장 나쁘다.
> • 점유면적이 가장 작다.

18 백화점의 각부 계획에 대한 설명 중 부적당한 것은?

① 가구배치법 중 방사법이 많이 사용되고 있다.
② 출입구는 모퉁이를 피하도록 한다.
③ 매장은 동일 층에서 수평적으로 높이의 차가 없도록 한다.
④ 중소 백화점에서 엘리베이터는 출입구 정면의 반대 측에 설치하는 것이 좋다.

> [해설]
> **방사 배치법**
> • 판매장의 통로를 방사형으로 배치
> • 일반적으로 적용이 곤란한 방식

19 백화점 스팬(Span)의 결정요인으로 볼 수 없는 것은?

① 매장 진열장의 배치와 치수
② 엘리베이터, 에스컬레이터의 유무와 배치
③ 지하주차장의 주차방식과 주차 폭
④ 공조실의 폭과 위치

> [해설]
> **Span 결정요인**
> 공조실의 폭과 위치와는 무관하다.

20 슈퍼마켓 건축계획에 있어서 동선처리방법으로 부적당한 것은?

① 일방통행으로 한다.
② 입구와 출구를 분리한다.
③ 통로를 2.0m 이상으로 한다.
④ 동선 배치는 대면 판매 장소까지 직선으로 도입한다.

> [해설]
> **통로폭(최소)**
> 상점(0.9), 슈퍼마켓(1.5), 백화점(1.8)

정답 15 ③ 16 ② 17 ④ 18 ① 19 ④ 20 ③

21 백화점 기능을 고객권, 종업원권, 상품권, 판매권으로 분류할 때 평면 계획상 서로의 관계가 가장 적은 것은?

① 고객권과 종업원권   ② 종업원권과 판매권
③ 상품권과 판매권   ④ 상품권과 고객권

> **해설**
> **기능도**
> 상품권과 고객권은 절대 분리시킨다.

22 다음 백화점 건축계획에 있어서 기능 배분에 관한 고려사항 중 불합리한 것이 섞인 것은?

① 객부분 – 엘리베이터, 휴게실, 화장실
② 상품부분 – 상품 검수, 창고, 관리
③ 종업원 부분 – 갱의실, 사무실, 종업원 휴게실
④ 판매 부분 – 가격표시, 배달부, 발송부, 포장부

> **해설**
> **판매부분**
> 상품의 전시, 진열, 선전, 보관, 설명, 대금수령, 포장 등

23 백화점, 극장 및 호텔 등에 있어서 공통으로 중요하게 고려해야 할 사항은?

① 외관의 의장   ② 자연채광
③ 서비스 시설   ④ 피난 동선

> **해설**
> **피난동선**
> 사람의 왕래가 많은 용도는 특히 피난동선에 유의하여 계획하여야 한다.

24 백화점 연면적이 500m²인 경우 몇 명 정도의 종업원이 알맞은가?

① 10명   ② 15명
③ 20명   ④ 30명

> **해설**
> **종업원**
> • 종업원 수는 연면적 20~25m²에 대해 1인의 비율로 한다.
> • 500 ÷ (20~25) = 20~25명

25 백화점의 순수 매장면적 중 통로로 쓰이는 부분은 어느 정도가 합당한가?

① 10~20%   ② 20~30%
③ 30~50%   ④ 50~60%

> **해설**
> **매장면적**
> • 연면적에 대해서 60~70% 정도
> • 매장면적을 100으로 보았을 때 가구 배치소요면적(순매장면적)은 50~70% 정도이며, 순수통로면적은 30~50% 정도이다.

26 백화점에 에스컬레이터를 놓는 이유 중 가장 적합치 않은 것은?

① 수송 능력이 크다.
② 점유 면적이 수송력에 비해 적다.
③ 염가로 설치된다.
④ 종업원이 필요치 않다.

> **해설**
> **에스컬레이터**
> 설치비는 고가이지만 수송능력을 고려하면 EV보다 경제적이라 볼 수 있다.

27 백화점 건축에 관한 사항 중 옳지 않은 것은?

① 특별매장과 일반매장은 각각 층별로 구분 배치하는 것이 이상적이다.
② 출입구는 도로에 면하는 30m에 1개소씩 설치하는 것이 좋고 모퉁이는 피한다.
③ 엘리베이터보다 에스컬레이터를 설치하는 것이 상층매장을 활용하는 데 유리하다.

정답 21 ④ 22 ④ 23 ④ 24 ④ 25 ③ 26 ③ 27 ①

④ 고객을 유인하기 위하여 전시장, 연예장 등을 갖추는 것이 효과적이다.

> [해설]
> **특별매장**
> 일반매장 내에 설치하는 일시적, 한시적인 매장

28 백화점 매장부분의 파사드(Facade)를 무창으로 계획하는 이유에 대한 설명 중 틀린 것은?

① 건물 내 공기조화, 냉난방시설에 유리하다.
② 조도가 균일하다.
③ 외관의 특성을 주기 위해서다.
④ 창에 의한 역광으로 전시에 불리하기 때문이다.

> [해설]
> **무창 백화점**
> 실내의 진열면을 늘리거나 분위기의 조성을 위해 백화점의 외벽을 창이 없게 처리하는 방법

29 다음 쇼핑센터의 계획상 부적당하게 고려되고 있는 것은 어느 것인가?

① 10~15분이 소요되는 운전거리를 유치거리로 본다.
② 페디스트리언 몰(Pedestrian Mall)의 구성을 통해 자극과 변화구매 의욕을 도모하고 휴식 공간을 마련한다.
③ 상점가에서는 가급적 보행거리를 단속시키지 않는다.
④ 2차적 고객 유도를 위해 은행, 우체국, 이발소 등 소규모 편익시설을 포함시킨다.

> [해설]
> **Mall(몰)**
> 20~30m마다 변화감을 주도록 계획한다.

30 백화점 기능의 4영역에 포함되지 않는 것은?
① 고객권   ② 상품권
③ 점원권(종업원권) ④ 영업권

> [해설]
> **기능도**
> 고객권, 종업원권, 판매권, 상품권

31 쇼핑센터의 가장 특징적인 요소로서의 페디스트리언 지대(보행자동선, Pedestrian Area)에 관한 설명으로 옳지 않은 것은?

① 고객에게 변화감과 다채로움, 자극과 흥미를 제공한다.
② 바닥면의 고저, 천장 및 층높이를 다양하게 구성하도록 한다.
③ 바닥면에 사용하는 재료는 붉은 벽돌, 타일, 돌 등을 사용한다.
④ 사람들의 유동적 동선이 방해되지 않는 범위에서 나무나 관엽식물을 둔다.

> [해설]
> **페디스트리언 몰 계획**
> • 페디스트리언 지대는 쇼핑센터의 가장 특징적인 요소로서, 기업경영자 측에서나 고객측에서 다같이 그 효율성을 인정하고 있다.
> • 페디스트리언 지대는 고객에게 변화감과 다채로움, 자극과 변화와 흥미를 주고 쇼핑을 유쾌하게 하며 휴식할 수 있는 장소를 제공하여 준다.
> • 친근감이 있고 면적상의 크기와 형상 및 비례감이 잘 정리된 각기 연속된 크고 작은 공간들의 조합으로써 계획되어져야 한다.
> • 나무나 관엽식물이 위치하는 낮은 플랜팅베드(Planting Bed)같은 것은 사람들의 유동적인 동선에 방해가 되지 않도록 자연스럽고 세련된 형태로 설계되어야 한다.
> • 바닥면에 사용하는 재료는 붉은 벽돌, 타일, 돌 등 다양하게 주위 상황과 조화시켜 계획한다.
> • 바닥면은 가급적 고저차를 두지 않도록 한다.

정답 28 ③ 29 ③ 30 ④ 31 ②

CHAPTER 08

학교

01 기본계획
02 평면계획
03 교실계획
04 기타 계획

CHAPTER 08 학교

SECTION 01 기본계획

핵심문제 ●●○

도심지의 초등학교 대지 조건으로 부적합한 곳은?
① 통학권의 중심에 가까운 곳
❷ 간선도로에 직접 면하는 곳
③ 일조, 배수가 잘 되는 곳
④ 상업지역으로부터 떨어진 곳

핵심문제 ●○○

1,320명을 수용하는 초등학교에서 1인당 교지면적은?(단, 학급당 55명)
❶ 15m²　　② 20m²
③ 30m²　　④ 40m²

[해설]
1,320÷55=24학급 → 15m²

▶▶ 교사의 방위

정남, 남남동, 남남서

1. 교지계획

1) 교지선정 시 유의할 점

① 학생의 통학 지역 내 중심이 될 수 있는 곳이 좋다.
② 학교의 규모에 따른 장래의 확장면적을 고려해야 한다.
③ 간선 도로 및 번화가의 소음으로부터 격리되어야 한다.
④ 도시의 서비스시설 등을 활용할 수 있는 곳이어야 한다.
⑤ 의도하는 학교 환경을 구성하는 데 필요한 부지형과 지형을 택한다.
⑥ 필요한 일조 및 여름철 통풍이 좋은 곳이어야 한다.
⑦ 기타 법규적 제한을 받지 않는 곳이어야 한다.

2) 교지의 면적과 형태

① 교지의 면적(학생 1인당 교지의 점유면적)

학교의 종류	규모, 학교 시설	학생 1인당 점유면적(m²)
초등학교	12학급 이하	20
	13학급 이상	15
중학교	학생수 480명 이하	30
	학생수 481명 이상	25
고등학교	보통과, 상업과, 가정에 관한 학과를 둔 학교	70
	농업, 수산, 공업에 관한 학과를 둔 학교	110 (실습지 제외)
대학교		60

② 교지의 형태

정형에 가까운 직사각형이 유리하며 이때 장변과 단변의 비는 4 : 3 정도로 한다.

2. 교사계획

1) 교사의 배치형

① 폐쇄형 : 운동장을 남쪽에 확보하여 부지의 북쪽에서 건축하기 시작해서 ㄴ자 형에서 ㅁ자형으로 완결지어 가는 종래의 일반적인 형이다.

장점	• 부지의 효율적인 이용이 가능하다.(유기적 구성 가능)
단점	• 교사 주변에 활용되지 않는 부분이 많다. • 화재 및 비상시에 불리 • 일조, 통풍 등 환경 조건이 불균등 • 운동장에서 교실에의 소음이 크다.

② 분산 병렬형 : 일종의 핑거 플랜(Finger Plan)이다.

장점	• 각 건물 사이에 놀이터와 정원이 생겨 생활환경이 좋아진다. • 일조, 통풍 등 교실의 환경 조건이 균등 • 구조 계획이 간단하고 규격형의 이용이 편리
단점	• 넓은 부지가 필요하다. • 편복도로 할 경우 유기적인 구성을 취하기가 어렵다.

③ 새로운 형 : 인구 증가에 따른 교육시설의 지역 계획이 차츰 가능하게 되어, 교지의 한쪽에서 교사를 짓기 시작할 때부터 최대 규모를 전제로 하여 유기적인 구성으로 계획한다.

2) 교사의 면적(학생 1인당 교사의 점유면적)

초등학교	중학교	고등학교	대학교
3.3~4.0m²/인	5.5~7.0m²/인	7.0~8.0m²/인	16m²/인

3) 층별 구성에 따른 특징

원칙적으로 초등학교의 교사는 고층화될 수 없다.

단층교사	다층교사
• 학습활동의 실외 연장 • 재해 시 피난 상 유리 • 채광·환기 유리 • 내진·내풍구조가 용이	• 치밀한 평면계획 가능 • 부지의 이용률이 높다. • 부대시설의 집중화(효율적) • 저학년(1층), 고학년(2층 이상)

>>> 교사의 배치형

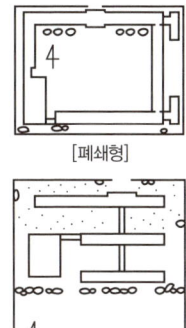

[폐쇄형]

[분산병렬형]

핵심문제 ●●●

학교의 배치형식 중 분산 병렬형의 특징이 아닌 것은?

① 일조, 통풍 등의 교실 환경 조건이 균등하다.
❷ 복도면적을 많이 차지하지 않고 유기적인 구성을 하고 있다.
③ 구조계획이 간단하다.
④ 동선이 길어지고 각 건물 사이의 연결을 필요로 한다.

[해설]
② 편복도로 한 경우 복도의 면적이 커지고 길어지며 단조로워 유기적인 구성을 취하기 어렵다.

핵심문제 ●○○

학교 건축계획에서 1,500명 정도의 초등학교를 설치할 경우 교사 면적으로 가장 적당한 것은?

① 3,000m²　② 7,000m²
❸ 6,000m²　④ 4,500m²

[해설]
1,500명×3.3~4.0m²/인
=4,950~6,000m²

핵심문제 ●●○

단층교사의 이점이 아닌 것은?

① 학습활동을 실외에 연장할 수가 있다.
② 재해 시 피난상 유리하다.
❸ 치밀한 평면계획을 할 수가 있다.
④ 내진·내풍구조가 용이하다.

[해설]
③은 다층교사의 이점이다.

SECTION 02 평면계획

1. 학교 운영방식

>>> **종합교실형**
① 초등학교 저학년
② 이용률 100%(높고), 순수율 낮다.

>>> **U+V형**
① 초등학교 고학년
② 현재 가장 많이 채택

>>> **V형(특별교실형)**
① 일반교실이 필요 없다.
② 순수율 높음

>>> **P형**
2분단형

>>> **D형**
능력형

종류	운영방식	장점	단점	비고
U(A)형 (종합교실형)	교실 수는 학급 수와 일치하며, 각 학급은 자기 교실에서 모든 학습을 한다.	학생의 이동이 전혀 없고, 각 학급마다 가정적인 분위기를 만들 수 있다	시설의 정도가 낮은 경우에는 가장 빈약한 예가 되며, 특히 초등학교의 고학년에는 무리가 있다.	초등학교의 저학년에 가장 적합하며, 외국에서는 1개 교실에 1~2개의 화장실을 가지고 있다.
U+A형 (일반교실+ 특별교실형)	일반교실은 각 학급에 하나씩 배당하고 그 밖에 특별 교실을 갖는다.	전용의 학급교실이 주어지기 때문에 홈룸활동 및 학생의 소지품을 두는데 안정된다.	교실의 이용률은 낮아진다. 따라서, 시설의 수준을 높일수록 비경제적이다.	우리나라 학교의 70%를 차지하고 있으며, 가장 일반적인 형이다.
V형 (교과교실형)	모든 교실이 특정 교과를 위해 만들어지고, 일반교실은 없다.	각 학과에 순수율이 높은 교실이 주어지며, 따라서, 시설의 수준(이용률)은 높아진다.	학생의 이동이 심하다. 순수율을 100%로 하는 한 이용률은 반드시 높다고 할 수 없다.	이동에 대비해서 소지품을 보관할 장소와 이동에 대한 동선에 주의해야 한다.
E형 (U·V형과 V형의 중간)	일반교실 수는 학급수보다 적고 특별교실의 순수율은 반드시 100%가 되지 않는다.	이용률을 상당히 높일 수 있으므로 경제적이다.	학생의 이동이 비교적 많다. 학생이 생활하는 장소가 안정되지 않고 많은 경우에는 혼란이 온다.	
P형 (플래툰형)	각 학급을 2분단으로 나누어 한 쪽이 일반교실을 사용할 때, 다른 한쪽은 특별교실을 사용한다.	E형 정도로 이용률을 높이는 동시에 학생의 이동을 정리할 수 있다. 교과담임제와 학급담임제를 병용할 수 있다.	교사수와 적당한 시설이 없으면 실시가 어렵다. 시간을 배당하는데 상당한 노력이 든다.	미국의 초등학교에서 과밀 해소를 위해 운영한다.
D형 (달톤형)	학급과 학년을 없애고 학생들은 각자의 능력에 따라서 교과를 선택하고 일정한 교과가 끝나면 졸업한다.	교육방법에 기본적인 목적이 있으므로 시설 면에서 장·단점을 말할 수는 없다. 하나의 교과에 출석하는 학생수가 일정하지 않기 때문에 크고 작은 여러 가지의 교실을 설치해야 한다.		우리나라의 사설학원, 야간 외국어 학원, 직업학교, 입시 학원

종류	운영방식	장점	단점	비고
Open School (개방 학교)	종래의 학급단위로 하던 수업을 부정하고 개인의 능력, 자질에 따라 경우에 따라서는 무학년제로 하여 보다 다양한 학습활동을 할 수 있게끔 운영하여 종래의 교실에 비해 넓고 변화 많은 공간으로 구성하는 학교	각자의 흥미, 능력, 자질 등에 의해 그룹핑되고 참여할 수 있기 때문에 잘 적용되면 가장 좋은 방법이 된다.	변화가 심한 교과 과정에 충분히 대응할 수 있는 교원의 자질과 풍부한 교재, 때로는 티칭머신(Teaching Machine)의 활동 등이 전제되고 거기다 시설적으로도 공기조화가 요구되는 등 항상 일반적일 수는 없다.	최근 구미 일각에서 발달한 것이나 일반화시키기는 너무 어렵다. 저학년이나 유치원에 적용시켜 보거나 혹은 전체 학급 중 일부분을 이러한 방식으로 채용해 볼 만하다.

2. 이용률과 순수율

$$이용률(\%) = \frac{교실이\ 사용되고\ 있는\ 시간}{1시간\ 평균\ 수업\ 시간} \times 100(\%)$$

$$순수율(\%) = \frac{일정한\ 교과를\ 위해\ 사용되고\ 있는\ 시간}{그\ 교실이\ 사용하고\ 있는\ 시간} \times 100(\%)$$

3. 블록 플랜(Block Plan) 결정 조건

1) 일반교실군과 특별교실군

① 일반교실과 특별교실을 분리
② 특별교실군은 교과내용에 대한 융통성·보편성, 학생의 이동과 그 때의 소음 방지를 검토한다.

2) 학년 단위로 정리

초등학교(저학년)	• 가급적 1층에 배치(교문에 근접) • 중정을 중심으로 둘러싸인 형이 좋다.(차폐, 고립된 형) • A(U)형이 이상적
초등학교(고학년)	U+V 형의 학교의 운영방식이 이상적

① 저학년과 고학년의 출입구는 별도로 둔다.
② 동일학년의 교실은 집중 배치하는 것이 좋다.

3) 기타

실내체육관	학생이 이용하기 쉬운 곳(주민이용고려)
관리 부분	전체의 중심 위치(학생 동선을 피한다.)

핵심문제

학교 건축계획에서 팀티칭과 가장 관련이 깊은 것은?
❶ 오픈스쿨 ② 종합교실형
③ 플래툰형 ④ 특별교실형

[해설] Open School
• 2인 이상의 교사가 공동 책임 수업 제(팀티칭) 방식(가장 이상적)
• 인공조명과 공기조화설비 필요

핵심문제

음악실이 주당 28시간 사용되고 있는 중학교에서 1주간의 평균 수업시간은?(단, 음악실의 이용률은 80%이다.)
① 22시간 ② 23시간
③ 34시간 ❹ 35시간

[해설]
$80\% = \frac{28}{x} \times 100(\%)$
$x = 35시간$

핵심문제

학교 건축에서 특별교실의 블록플랜 조건으로 볼 수 없는 것은?
① 교과내용에 대한 융통성
❷ 교과내용에 대한 특수성
③ 학생의 이동
④ 소음 방지

[해설]
② 교과내용에 대한 보편성이다.

핵심문제

학교 건축의 블록플랜 사항 중 옳지 않은 것은?
❶ 동일학년의 교실은 분산 배치하는 것이 좋다.
② 모든 교실이 직접 외부와 연락되게 하는 것이 이상적이다.
③ 초등학교 저학년은 가급적 1층에 있게 한다.
④ 관리부분의 배치는 전체의 중심이 좋다.

[해설]
① 동일학년의 교실은 집중 배치하는 것이 좋다.

> 장래확장

① 최대 1,000명 정도
② 이상적 : 600~700명 정도
③ 교과 내용의 변화가 확장을 요구

핵심문제 ●●○

초등학교 건축계획에서 융통성의 요구를 해결할 수 있는 효율적 방안이 되는 것은?
① 내력벽 구조로 한다.
❷ 공간을 다목적으로 사용한다.
③ 각 교실을 특수화한다.
④ 교지를 충분히 확보한다.

[해설] 학교건축의 융통성
• 칸막이의 변경
• 융통성 있는 교실 배치
• 공간의 다목적성

4. 확장성과 융통성

1) 확장성

인구의 집중 · 증가 등에 의한 학생수가 늘어나는 것에 대비

2) 융통성

원인	해결 방법
확장에 대한 융통성	칸막이의 변경(건식 구조)
광범위한 교과 내용이 변화하는 데 대응할 수 있는 융통성	융통성 있는 교실의 배치 (특별교실을 일단으로 하여 배치)
학교 운영방식이 변화하는데 대응할 수 있는 융통성	공간의 다목적성

SECTION 03 교실계획

1. 교실의 배치

1) 엘보 액세스(Elbow Access)형(소음 방지에 유리)

복도를 교실에서 이격시키는 형

장점	단점
• 학습의 순수율이 높다. • 실내 환경 균일하다. • 좁은 대지에서도 가능하다.	• 복도의 면적이 커지면 소음이 클 수 있다. • 학생의 배치가 불명확하다.

핵심문제 ●●●

교실의 배치형식 중에서 클러스터 형에 관한 설명이 옳지 않은 것은?
① 각 교실이 외부에 접하는 면적이 많다.
② 교실 간의 방해가 적다.
❸ 좁은 대지에서도 가능하다.
④ 관리부의 동선이 길어진다.

[해설]
• 엘보 액세스형 : 좁은 대지 가능
• 클러스터형 : 넓은 대지 필요

2) 클러스터(Cluster)형

① 교실을 소단위로 분리하여 배치
② 각 학급이 전용의 홀로 구성

장점	단점
• 외부와 접하는 면이 많다. • 교실 간에 방해(소음)가 적다. • 독립성 크다(학급단위 · 교실단위) • 전체 배치에 융통성 발휘	• 넓은 대지가 필요하다. • 관리부의 동선이 길어진다. • 운영비가 많이 든다.

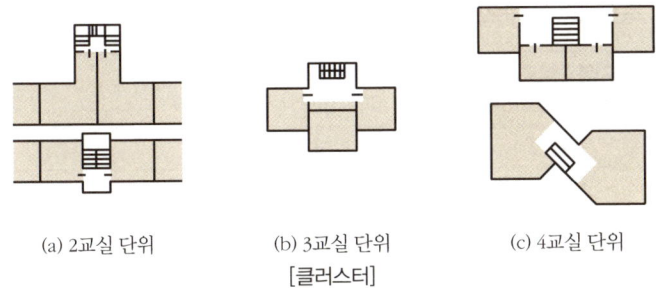

(a) 2교실 단위　　(b) 3교실 단위　　(c) 4교실 단위
　　　　　　　　　　[클러스터]

2. 배치계획 시 주의사항

1) 교실의 채광 : 일조시간이 긴 방위를 택한다.
① 교실을 향해 좌측 채광이 원칙이며, 칠판의 현휘를 막기 위해서 정면의 벽에 접해 1m 정도의 측면벽을 남긴다.
② 채광창의 유리 면적은 실면적의 1/10 이상으로 한다.
③ 조명은 실내에 음영이 생기지 않게 칠판의 조도가 책상면의 조도보다 높아야 한다.(최저 100lux 이상)

2) 세부사항

출입구	각 교실마다 2개소에 설치(밖여닫이)
교실의 크기	7m×9m(저학년은 9m×9m) 정도가 적당
창대의 높이	초등학교(80 cm), 중학교(85m)가 적당(단층교실에서는 이보다 낮게 한다.)

3) 색채계획
① 저학년은 난색계통, 고학년이 되면 남녀의 색감이 차이가 나지만 대체로 사고력 증진을 위해 중성색이나 한색계통이 좋다. 그 외에 음악, 미술교실 등 창작 적이고 학습활동을 위한 교실은 난색계통이 좋다.
② 반자는 교실 내의 음향이 조절될 수 있도록 설계되어야 하며 교실내 조도분포를 위해 80% 이상의 반사율을 확보하기 위해서는 백색에 가까운 색으로 마감 하여야 한다.(반사율 – 반자는 80~85%, 벽은 50~60%, 바닥은 15~30% 정도로 한다.)

▶▶▶ 각 실의 조도

명칭	표준(lux)
제도 · 제봉 · 미술실	200
보통교실의 책상면, 칠판면도서 · 실험실, 체육관	120
강당, 집회실, 식당	100
복도, 계단, 화장실	40

핵심문제

학교 건축의 계획에서 채광문제를 가장 고려해야 될 실은 어느 곳인가?
❶ 보통교실
② 강당 및 체육관
③ 직원실
④ 기숙사

해설 교실
일조시간이 긴 방위를 택한다.

▶▶▶ 색채계획
① 저학년 : 난색
② 고학년 : 중성색, 한색

교실면적의 기준

(학생 1인당 교실 점유면적)

교실 종류	점유 바닥 면적
보통	1.4m²/인
음악 · 미술	1.9m²/인
자연(이과)	2.4m²/인
공작	2.5m²/인
체육관	4.0m²/인
도서관	1.8m²/인

핵심문제 ●○○

각종 교실에 있어서의 학생 1인에 대한 바닥 면적이 큰 것으로부터 작은 것의 순서로 기술한 것은?

① 보통 교실－이과 교실－음악 교실
② 음악 교실－이과 교실－보통 교실
❸ 이과 교실－음악 교실－보통 교실
④ 보통 교실－음악 교실－이과 교실

3. 특별 교실계획

자연과학교실 (화학실)	드래프트 챔버(Draft Chamber) 설치 (실험에 따른 유독가스 제거)
미술실	북측채광(균일한 조도)
생물 교실	남면 1층에 배치(직접 옥외에서 출입)
음악 교실	반사재와 흡음재를 적절히 사용(잔향고려)
지학 교실	교정 가까이에 배치
가사실습실	배기시설에 유의, 청소 용이, 내수적 · 보온적
컴퓨터실	프린트 실은 분리하는 것이 바람직하다.
도서실	학생이용의 편리상 교실군의 중심부에 위치 (개가식으로 한다.)

SECTION 04 기타 계획

핵심문제 ●●○

학급인원 50명으로 24학급을 수용하는 중학교 강당의 크기는?

① 300m² ② 450m²
❸ 600m² ④ 1,050m²

[해설]
• 50명×24학급=1,200명
• 1,200명×0.5m²/인=600m²

강당 겸 체육관

사용빈도가 높은 체육관 위주로 계획한다.

급식실의 크기

학생 수	급식실 면적
600명	60m²
900명	90m²
1,200명	120m²
1,500명	150m²

1. 강당

1) **위치** : 외부와의 연락이 좋은 교문 부근에 배치

2) **규모** : 전교생을 수용할 필요는 없다.

3) **학생 1인당 강당의 소요면적**

고정식이나 이동식 의자인 경우 조건은 같게 한다.

초등학교	중학교	고등학교	대학교
0.4m²/인	0.5m²/인	0.6m²/인	0.8m²/인

2. 체육관

1) **크기** : 농구 코트를 둘 수 있을 정도
   ① 최소 400m²(코트 12.8m × 22.5m)
   ② 보통 500m²(코트 15.2m × 28.6m)

2) **천장 높이** : 6m 이상(농구코트 규격 : 7m)

3) **바닥 마감** : 목재 마루판 2중 깔기

4) 징두리벽의 높이 : 각종 운동기구를 설치할 수 있도록 2.5~2.7m 정도로 한다.

5) 샤워 수 : 체육학급 3~4를 1개로 표준한다.

3. 복도 및 계단

1) 복도
   ① 편복도 : 1.8m 이상
   ② 중복도 : 2.4m 이상

2) 계단
   ① 위치
   - 각 층 계단의 위치는 상하로 동일한 위치일 것
   - 각 층의 학생이 균일하게 이용할 수 있는 위치일 것
   - 옥외체육장 및 기타 출입구와의 연결이 쉬운 곳일 것
   ② 보행거리
   - 내화구조인 경우 : 50m 이내
   - 비내화구조인 경우 : 30m 이내

4. 화장실 및 수세장

1) 화장실
   ① 수세식으로 하는 것이 원칙이다.
   ② 제거식일 경우 교실과 별도의 장소에 설치
      (보통 교실로부터 35m 이내, 그 외에는 50m 이내에 설치)

2) 수세장
   ① 4학급당 1개소 정도로 분산하여 설치한다.
   ② 급수전과 청소, 회화, 서도용을 겸하며 식수용을 겸하는 것을 피한다.

3) 식수장
   ① 학생 75~100명당 수도꼭지 1개가 필요하다.

>>> **식당의 크기**

0.7~1.0m²/인

>>> **학생 100명당 소요변기수**

구분	소변기	대변기
남자	4	2
여자		5

CHAPTER 08 출제예상문제

01 오픈 플랜 스쿨(Open Plan School)을 설명한 것으로 부적당한 것은?

① 자연 채광과 자연 통풍에 크게 의존한다.
② 칠판, 수납장 등의 가구는 이동식이 많다.
③ 바닥 마감재는 흡음성 및 활동성을 고려하여 부드러운 것이 좋다.
④ 평면형은 가변식 벽구조(Movable Partition)로 하여 융통성을 갖도록 한다.

[해설]
오픈 플랜 스쿨(Open Plan School)
인공조명과 공기조화설비 필요

02 초등학교 건축계획에서 융통성의 요구를 해결할 수 있는 효율적 방안이 되는 것은?

① 내력벽 구조로 한다.
② 공간을 다목적으로 사용한다.
③ 각 교실을 특수화한다.
④ 교지를 충분히 확보한다.

[해설]
융통성의 원인과 해결방법

원인	해결방법
확장에 대응	칸막이 변경
교과 내용 변화에 대응	융통성 있는 교실 배치 (특별교실군을 일단에 배치)
운영 방식 변화에 대응	공간의 다목적성

03 학교운영방식에 관한 기술 중 옳지 않은 것은?

① 종합교실형(A)은 교실수와 학급수가 일치하며, 각 학급은 자기교실에서 모든 학습을 진행하므로 초등학교 고학년에 적당한 방식이다.
② 교과교실형(V)은 각 교과에 순수율이 높은 교실이 되지만 학생의 이동이 잦아 소지품 보관 장소가 필요한 방식이다.
③ 플라톤형(P)은 각 학급을 2분단(일반교실, 특별교실)으로 나누어 운영하는 방식으로 충분한 교사수와 적당한 시설을 요구하고 있다.
④ 달톤형(D)은 학급과 학년을 없애고 학생들의 능력에 따라 교과목을 선택하는 방식이다.

[해설]
종합교실형(A형)
- 한 교실에서 모든 교과를 행하므로 교실수는 학급수에 일치한다.
- 학생의 이동이 전혀 없어 동선 계획 이 줄고 학급마다 가정적인 분위기가 조성된다.
- 모든 교과를 행해야 하므로 시설의 정도가 높고, 고학년에는 불리하다(저학년에 적합)
- 교실의 이용률은 높고 상대적으로 순수율은 낮아진다.

04 학교의 블록 플랜(Block Plan)에 관한 사항으로 옳지 않은 것은?

① 초등학교의 경우 저학년과 고학년은 분리 배치한다.
② 학생의 이동소음을 고려하여 엘보(Elbow)시스템을 취한다.
③ 학년단위로 구성되게 한다.
④ 특별교실로 구성되게 한다.

[해설]
블록 플랜(Black Plan)
일반교실과 특별교실을 분리하여 계획한다.

정답 01 ① 02 ② 03 ① 04 ④

05 중·고등학교 계획에 있어서 특별교실군의 계획방침을 정하는 방법으로 옳지 않은 것은?

① 학년 구분에 관계없이 전 학년의 균등한 동선 거리에 그룹핑하여 둔다.
② 음악실과 시청각실의 유기적인 관계를 고려한다.
③ 화학실험실은 가급적 1층에 배치하되 드래프트 체임버(Draft Chamber)를 중심으로 고정 실험대를 갖춘다.
④ 미술교과실은 채광 효율이 가장 좋은 남향채광으로 하고 복도를 북측에 둔다.

> 해설
> **미술실**
> 미술실은 균일한 조도를 얻기 위해서 북측 채광을 삽입한다. 미술실은 공작실과 연락이 되게 하고 이 경우 준비실은 미술과 공작 겸용으로 하여서는 안 된다.

06 학교를 지역사회 시설의 일환으로 파악할 경우 지역사회의 요구 측면에서 계획할 때 고려할 수 있는 사항 중 적당하지 않은 것은?

① 그 지역의 아동 및 통학권 내의 아동수를 고려하여 학교 규모를 계획한다.
② 비상 재해 때 지역 주민의 피난 장소로 고려한다.
③ 지역사회의 사회교육장소로 제공할 것을 고려한다.
④ 옥외 공간을 지역 주민의 주차공간으로 활용할 것을 고려한다.

> 해설
> **학교와 지역사회의 관계**
> • 그 지역의 아동 및 학생들이 걸어서 다니는 통학권 내의 인구수를 고려하여 학교의 규모를 결정한다.
> • 학교 건축물은 비상재해 때 지역주민의 피난 장소로서 구상할 수 있다.
> • 학교를 중심으로 한 지역의 완결로서 주구계획을 구상할 수 있다.
> • 초등학교나 중학교의 체육관은 지역사회교육 장소로서 제공되는 경우를 생각하여 강당 등의 출입구는 교내·교외 두개의 동선을 고려하여야 한다.

07 학교건축에 관한 사항 중 옳지 않은 것은?

① 교과실형(V형)은 순수율은 높으나 동선 계획에 유의하여야 한다.
② 미래지향적으로 융통성(Flexibility)이 고려된 학교 건축을 위해서는 소위건식공법(Dry Construction)의 채용이 바람직하다.
③ 종합교실형(U형)은 동선계획상 가장 무리가 없으나 순수율 및 이용률이 낮은게 흠이다.
④ 교실마감재의 반사율은 천장 – 벽 – 바닥의 순이다.

> 해설
> **종합교실형**
> 교실 수가 학급 수에 일치하고 각 학급은 자기의 교실 내에서만 교과를 행하기 때문에 순수율은 낮고 이용률은 100%에 가깝다.

08 학교 건축계획에서 팀 티칭(Team Teaching)과 가장 관련이 깊은 것은?

① 오픈 스쿨　　② 종합교실형
③ 플라톤형　　④ 특별교실형

> 해설
> **오픈스쿨**
> 종래의 학급 단위의 수업 방식을 부정하고 학생 각자의 능력, 자질 등에 따라 소수를 그룹 지도하는(Team Teaching) 무학년제 수업방식이다.

09 초등학교 운영방식에 대한 기술 중 부적당한 것은?

① 교과 교실형(V형) : 학생의 이동이 심한 것이 단점이다.
② 플래툰형(P형) : 교사의 수가 대체적으로 많아야 하고 시설이 좋아야 한다.
③ 달톤형(D형) : 우리나라에서는 입시학원이나 사설외국어 학원에서 사용하고 있다.
④ 종합교실형(A형) : 특히 초등학교 고학년에 적합하다.

정답　05 ④　06 ④　07 ③　08 ①　09 ④

> [해설]
>
> **종합교실형(A형)**
> 초등학교 저학년에 적합하다.

10 학교 운영방식에 관한 설명으로 옳지 않은 것은?

① 종합교실형은 학생의 이동이 없고 초등학교 저학년에 적합하다.
② 플래툰(Platoon) 형은 교사의 전체면적이 절감되지만 이용률이 낮다.
③ 일반교실, 특별교실형은 각 학급마다 일반교실을 하나씩 배당하고 그 외에 특별교실을 갖는다.
④ 교과교실형은 각 교과에 순수율이 높은 교실이 되지만 학생의 이동이 심하다.

> [해설]
>
> **플래툰형(P형)**
> 플래툰형은 교사 수와 적당한 시설이 없으면 실시하기 어렵다. 또한 E형 정도로 이용률을 높일 수가 있다.

11 학교 건축계획에서 종합교실형(Activity Type)에 대한 기술 중 옳지 않은 것은?

① 교실의 이용률을 높일 수 있다.
② 교실의 순수율을 높일 수 있다.
③ 초등학교 저학년에 대하여 가장 적당한 형이다.
④ 각 학급마다 가정적인 분위기를 만들 수 있다.

> [해설]
>
> **종합교실형**
> 이용률은 높으나 순수율은 낮다.

12 학교건축에서 교실을 2~3개의 소단위로 분리시킨 것을 무엇이라고 하는가?

① 클러스터 시스템
② 엘보 액세스
③ 플래툰 타입
④ 폐쇄형

> [해설]
>
> **Cluster형**
> • 교실을 소단위로 분리하여 배치
> • 각 학급이 전용의 홀로 구성

13 학교운영 방식에 대한 설명 중 부적당한 것은?

① U형은 초등학교 저학년에 적합한 형식이다.
② U+V형은 일반교실이 각 학급에 하나씩 할당되고 특별교실이 있는 형이다.
③ P형은 특별 교실로만 구성되어 있으며, 따라서 학생의 이동이 많다.
④ D형은 능력형으로 학원이나 직업학교에 주로 채용하고 있다.

> [해설]
>
> **P형(플래툰형)**
> 각 학급을 2분단으로 나누어 한 쪽이 일반교실을 사용할 때, 다른 한쪽은 특별교실을 사용한다.
> ③은 V형에 대한 설명이다.

14 학교 건축의 배치계획에서 분산병렬형(일종의 Finger Plan)의 이점에 관한 기술 중 옳지 않은 것은?

① 각 교실은 일조, 통풍 등 환경조건이 균등하게 된다.
② 편복도 사용 시 유기적인 구성을 취하기 쉽다.
③ 구조계획이 간단하고 규격형의 이용이 편리하다.
④ 각 건물 사이에 놀이터와 정원이 생겨 생활환경이 좋아진다.

> [해설]
>
> **분산병렬형**
> 편복도로 할 경우 동선이 길어져 유기적인 구성을 취하기 어렵다.

15 교실의 배치형식 중에서 엘보형(Elbow Access)에 관한 설명으로 적당하지 못한 것은?

① 학습의 순수율이 높다.
② 일조, 통풍 등 실내 환경이 균일하다.
③ 복도의 면적이 절약된다.
④ 소음이 작다.

해설
엘보형
복도를 교실에서 이격시키는 형으로 복도면적이 증가한다.

16 오픈플랜 스쿨을 설명한 것 중 옳지 않은 것은?

① 고정칸막이 벽을 두지 않는다.
② 칠판, 자료장 등을 이동식으로 한다.
③ 인공조명을 줄이고 자연 채광을 많이 이용한다.
④ 책상, 의자 수는 수요 학생 수보다 적어도 된다.

해설
오픈플랜 스쿨
인공조명과 공기 조화 설비가 필요하다.

17 학교 건축에서 교과별 교실계획 기준으로 적합하지 않은 것은?

① 생물교실은 옥외 사육장이나 교재원(敎材園)과의 연계가 필요하다.
② 음악교실 계획 시에는 타 교과활동에 영향을 미치지 않도록 배치할 필요가 있다.
③ 미술실은 일조가 양호한 남측이나 실 깊숙이 빛이 들어오는 서향이 좋다.
④ 실험실습 관련 교실들은 교실에 인접하여 준비실을 부속시킬 필요가 있다.

해설
미술실
균일한 조도를 얻기 위해 북측채광을 한다.

18 학교의 배치계획에서 분산병렬형에 대한 설명으로 옳지 않은 것은?

① 일조, 통풍 등 교실의 환경조건이 균등하다.
② 편복도로 할 경우 유기적인 구성을 할 수 있다.
③ 구조계획이 간단하고 규격형의 이용도 편리하다.
④ 상당히 넓은 부지를 필요로 한다.

해설
분산병렬형
편복도로 할 경우 복도의 면적이 커지고 길어지며 단조로워 유기적인 구성을 취하기 어렵다.

19 한 층의 교실수가 10개인 4층의 중학교 건물에서 계단의 위치를 결정하는 방법으로 옳지 않은 것은?

① 각 층의 계단의 위치는 상하로 동일한 위치일 것
② 각 층의 학생이 균일하게 이용할 수 있는 위치일 것
③ 옥외 체육장 및 기타 출입구와의 연결이 쉬운 곳일 것
④ 소음처리 관계상 교실군에서 격리된 위치일 것

해설
계단의 위치
이용상 누구나 찾을 수 있고 피난 안전상 적절한 위치에 배치하는 것이 바람직하다.

20 학교계획에서 종합교실형(Activity Type)에 관하여 틀리게 기술한 것은?

① 교실의 이용률을 높일 수 있다.
② 교실의 순수율을 높일 수 있다.
③ 초등학교 저학년에 대하여 가장 적당한 형이다.
④ 학생의 이동을 최소한으로 할 수 있고 학급마다 가정적인 분위기를 만들 수 있다.

해설
종합교실형(A형)
이용률은 높으나 순수율은 낮다.

정답 15 ③ 16 ③ 17 ③ 18 ② 19 ④ 20 ②

21 학교 건축의 배치계획에 관한 설명으로 옳지 않은 것은?

① 폐쇄형은 대지의 이용률은 높일 수 있으나 화재 및 비상시 불리하다.
② 폐쇄형은 운동장에서 교실에의 소음이 크다.
③ 분산병렬형은 일조, 통풍 등 환경조건이 좋으나 구조 계획이 복잡하다.
④ 분산병렬형은 넓은 교지가 필요하다.

교사의 배치 형태

형태	특징
폐쇄형	• 화재 및 비상시 불리 • 대지를 효율적으로 사용할 수 있다. • 소음이 크고, 일조·통풍이 안 좋다. • 활용되지 않는 부분이 크다.(담장과 벽 사이)
분산 병렬형 (핑거플랜)	• 넓은 부지 필요 • 편복도로 할 경우 복도 면적이 크고 단조롭다. • 건물과 건물의 유기적인 구성이 어렵다. • 일조, 통풍 좋다. • 생활환경이 좋아진다. • 구조계획이 간단
새로운 형 (클러스터형)	• 마스터 플랜을 한다. – 규모 크게, 동선 짧게 배치 • 융통성과 가변성 있는 배치계획

22 학교 교실 배치방식 중 클러스터형(Cluster Type)에 관한 기술 중에서 가장 부적당한 것은?

① 교실을 소단위로 분리하여 설치하는 방식을 말한다.
② 각 학급의 전용의 홀로 구성된다.
③ 전체배치에 융통성을 발휘할 수 있다.
④ 복도의 면적이 커지면 소음의 발생이 크다.

클러스터형
교실을 소단위로 분리하여 배치하는 형태로 각 학급이 전용의 홀로 구성이 된다.
• 장점 : 교실이 외부와 접하는 면이 많다. 독립성이 크다.
• 단점 : 넓은 교지가 필요, 동선이 길다.
④는 엘보 액세스형의 단점이다.

23 학교 도서관계획에 대한 설명 중 옳지 않은 것은?

① 서고 계획은 장래의 확장을 고려해야 한다.
② 아동 열람실은 자유 개가식이 바람직하다.
③ 학교가 소규모일 경우에도 열람실, 토론실, 정리실 등을 독립 설치해야 한다.
④ 학교 학습활동의 중심이 될 수 있는 위치가 좋다.

24 학교 건축에 있어서 강당과 실내 체육관 계획 시 틀린 점은?

① 실내체육관과 강당을 겸용할 경우 강당 전용으로 계획한다.
② 커뮤니티 시설로 자주 이용될 수 있도록 고려한다.
③ 외관 계획시 강당은 폐쇄적이고, 실내체육관은 개방적인 성격을 띤다.
④ 강당 및 실내 체육관계획 시 음향설비에 대한 고려가 매우 중요하다.

강당 겸 체육관
사용빈도가 높은 체육관 위주로 계획한다.

25 학교 체육관계획에서 틀리게 설명된 항목은?

① 표준으로 농구코트를 둘 수 있는 크기가 필요하다.
② 천장의 높이는 6m 이상으로 한다.
③ 체육관을 강당으로 겸용하게 계획해도 된다.
④ 창을 크게 하여야 하므로 징두리벽은 2m 이하로 한다.

체육관
징두리벽의 높이는 2.5~2.7m 정도로 한다.

26 다음 학교 운영방식 중 아래의 설명에 가장 적합한 것은?

> 1. 전체가 교과교실군으로 구성되어 있다.
> 2. 전체 동선의 편리한 위치에 Locker를 둘 필요가 있다.
> 3. 교과교실군의 관계는 규칙적이 아닌 이동이 있을 것으로 충분히 고려한 통로가 필요하다.

① U형
② U+V형
③ V형
④ E형

해설
교과 교실형(V형)
- 모든 교실이 특정한 교과를 위해 만들어지고 일반교실은 없다
- 순수율이 높아진다. 시설의 수준이 높아진다.
- 교실의 이용률이 가장 낮다. 학생의 이동이 심하다.
- 이동시 소지품 보관 장소와 동선에 주의해야 한다.

27 도시 초등학교의 부지로 부적당한 곳은?

① 일조 배수가 좋은 곳
② 통학권의 중심에 가까운 곳
③ 상업지역의 중심에 가까운 곳
④ 유해가스나 매연 등을 내는 공장이 부근에 없는 곳

해설
교지계획
번화가의 소음으로부터 격리되어야 한다.

28 학교시설을 지역사회에 개방할 경우 가장 바람직한 공간은?

① 컴퓨터실
② 과학실
③ 강당
④ 미술실

해설
강당
- 외부와의 연락이 좋은 교문 부근에 배치
- 커뮤니티 시설로의 이용을 고려

29 학교 운영방식에 관한 기술 중 옳지 않은 것은?

① 종합교실형은 초등학교 고학년에 적합한 방식이다.
② 플라톤형은 각 학급을 2분단으로 나누어 운영하는 방식이다.
③ 교과교실형은 모든 교실이 특정교과 때문에 만들어지며 일반교실은 없다.
④ 달톤형은 학급과 학생의 구분을 없애고 학생들의 능력에 맞게 선택하여 운영하는 방식이다.

해설
학교의 운영방식
종합교실형(A형)은 초등학교 저학년에 알맞은 방식이며, 초등학교 고학년은 U+V형의 운영방식이 일반적이다.

30 학교 건축에서 핑거플랜(Finger Plan)을 맞게 설명한 것은?

① 화재, 비상시에 불리하다.
② 일조, 통풍 등 환경조건이 균등하다.
③ 부지를 효율적으로 이용할 수 있다.
④ 교사를 교지의 1단에서 시작할 때 최대 규모를 전제로 한 유기적 구성으로 계획을 한다.

해설
분산병렬형
일종의 핑거플랜이며, ①, ③, ④는 폐쇄형에 대한 특징을 말한다.

31 학급, 학년을 없애고 학생 각자의 능력에 따라 일정한 교과를 끝내면 졸업하게 되는 학교 운영방식은?

① P형(Platoon Type)
② A형(Activity Type)
③ V형(Department System)
④ D형(Dalton Type)

정답 26 ③ 27 ③ 28 ③ 29 ① 30 ② 31 ④

해설

D형(달톤형)
능력형

32 학교의 블록플랜에 관한 설명 중 옳지 않은 것은?

① 초등학교의 경우 저학년과 고학년은 분리 배치시킨다.
② 초등학교 저학년은 2층 이상에 배치하여 전망이 좋게 한다.
③ 클러스터 시스템은 교실을 소단위마다 분리한다.
④ 초등학교 및 중학교의 배치 계획은 학년 단위로 정리하는 것을 기본원칙으로 한다.

해설

블록플랜
초등학교 저학년은 가급적 1층에 배치(교문과 근접)

33 음악실이 주당 28시간 사용되고 있는 중학교 1주간 평균 수업시간은?(단, 음악실의 이용률은 80%임)

① 22시간 ② 23시간
③ 34시간 ④ 35시간

해설

이용률

이용률 = $\dfrac{\text{교실이 사용되고 있는 시간} \times 100(\%)}{\text{1주간 평균 수업 시간}}$

$80\% = \dfrac{28}{x} \times 100(\%)$

$x = 35$시간

34 각급 학교 교실형태의 설명으로 맞지 않는 것은?

① U+V형(일반교실, 특별교실 병용형)은 전체면적의 이용률이 낮아진다.

② P형(Platon형)은 교사의 전체면적은 절감되지만 이용률이 낮다.
③ A형(종합교실형)은 초등학교 저학년에 적합하며 가정적 분위기를 만들 수 있다.
④ V형(교과교실형)은 각교과의 순수율은 높일 수 있으나 학생의 이동이 심하다.

해설

P형(플라톤형)
플라톤형은 교사수와 적당한 시설이 없으면 실시하기 어려우며, E형 정도로 이용률을 높일 수 있다.

35 교실의 배치 형식 중에서 클러스터형에 관한 설명으로 옳지 않은 것은?

① 각 교실이 외부에 접하는 면적이 많다.
② 교실 간의 방해가 적다.
③ 좁은 대지에서도 가능하다.
④ 관리부의 동선이 길어진다.

해설

클러스터형
넓은 교지가 필요하며 동선이 길어진다.

36 학교시설에서 일반 교실 수는 학급수의 반으로 하고 나머지는 특별 교실화하여 교실의 순수율과 질을 높일 수 있도록 한 학교 형식은?

① 일반 교실과 특별교실형(U+V형)
② 특별교과교실형(V형)
③ 플래툰형(P형)
④ 달톤형(D형)

해설

P형
2분단형

정답 32 ② 33 ④ 34 ② 35 ③ 36 ③

37 학교의 배치형태 중 폐쇄형의 단점이 아닌 것은?

① 일조, 통풍 등 환경조건이 불균등하다.
② 상당히 넓은 부지를 필요로 한다.
③ 교사 주변에 활용되지 않는 부분이 많다.
④ 운동장에서의 소음이 크다.

해설
폐쇄형
부지의 효율적인 이용이 가능하다.
②는 분산병렬형에 대한 설명이다.

38 학교의 배치형에 있어서 분산병렬형의 특징이 아닌 것은?

① 일조, 통풍 등의 교실 환경 조건이 균등하다.
② 복도면적을 많이 차지하지 않고 유기적인 구성을 취할 수 있다.
③ 구조계획이 간단하다.
④ 각 건물 사이에 놀이터와 정원이 생겨 생활환경이 좋아진다.

해설
분산병렬형
편복도로 할 경우 복도 면적이 커지고 길어지며 단조로워 유기적인 구성을 취하기 어렵다.

39 학교 건축에서 Cluster Plan에 관한 설명 중 옳지 않은 것은?

① 토지가 적게 요구됨
② 교실을 소단위로 분리하여 독립시키는 방법
③ 유지비가 높아짐
④ 교실 간에 소음 등의 방해가 적어짐

해설
Cluster Plan
넓은 대지가 필요하다.

40 학교 건축의 블록 플랜(Block Plan)에 대한 사항 중 옳지 않은 것은?

① 동일 학년의 교실은 분산 배치하는 것이 좋다.
② 모든 교실이 직접 외부와 연락되게 하는 것이 이상적이다.
③ 초등학교 저학년은 가급적 1층에 있게 한다.
④ 관리부분의 배치는 전체의 중심이 좋다.

해설
블록플랜 결정조건
동일학년의 교실은 집중배치 하는 것이 좋다.

41 학교 운영방식을 설명한 것 중 V형에 해당하는 것은?

① 교실 수는 학급 수에 일치한다.
② 일반교실이 각 학급에 하나씩 배당되고 기타에 특별 교실을 갖는다.
③ 모든 교실이 특정한 교과를 위해 만들어진다.
④ 능력에 따라 학급 또는 학년을 편성하는 방법이다.

해설
운영방식
①은 A(U)형, ②는 U+V형이며, ④는 D형을 말한다.

42 학교 배치계획에서 분산병렬형(Finger Plan)의 특성에 해당되지 않은 것은?

① 교실 환경 조건이 불균등해진다.
② 생활환경이 좋아진다.
③ 넓은 부지를 필요로 한다.
④ 편복도로 할 경우 유기적인 구성을 하기 어렵다.

해설
①은 폐쇄형의 특징에 해당된다.

정답 37 ② 38 ② 39 ① 40 ① 41 ③ 42 ①

43 다음 조합 중 옳은 것은?

1. 주택지의 교통계획
2. 학교의 화학실험실
3. 공장의 운반설비
4. 사무소의 배연설비

㉠ 드래프트 체임버(draft chamber)
㉡ 호이스트(hoist)
㉢ 쿨드삭(cul-de-sac)
㉣ 스모크타워(smoke tower)

① 1-㉢, 2-㉣, 3-㉡, 4-㉠
② 1-㉡, 2-㉢, 3-㉣, 4-㉠
③ 1-㉡, 2-㉠, 3-㉢, 4-㉣
④ 1-㉢, 2-㉠, 3-㉡, 4-㉣

정답 43 ④

Engineer Architecture

CHAPTER 09

도서관

01 출납시스템(열람방식)
02 열람실계획
03 서고계획

CHAPTER 09 도서관

SECTION 01 출납시스템(열람방식)

1. 자유개가식(Free Open System)
① 열람자가 서가에서 직접 책을 고르고 열람하는 방식
② 보통 1실형이고, 10,000권 이하의 서적 보관·열람에 적당
③ 아동열람실, 정기간행물실, 참고열람실

장점	단점
• 선택이 자유롭다. • 책의 목록이 없어 간편 • 대출수속이 가장 간편	• 책의 마모, 망실이 된다. • 서가의 정리가 안되면 혼란스럽게 된다.

2. 안전개가식(Safe Quarded Open Access)
열람자가 서가에서 직접 책을 꺼내지만 관원의 검열을 받고 대출의 기록을 남긴 후 열람하는 방식

특징	• 도서 열람의 체크시설이 필요하다. • 출납 시스템이 필요치 않아 혼잡하지 않다. • 감시가 필요하지 않다. • 자유개가식과 반개가식의 혼용형

3. 반개가식(Semi Open Accss)
서가에 면하여 책의 체제나 표지 정도는 볼 수 있으나 내용을 보려면 관원에게 대출기록을 남긴 후 열람하는 방식

특징	• 출납시설이 필요하다. • 서가의 열람이나 감시가 불필요하다. • 신간서적 안내에 채용(다량의 도서에는 부적당)

4. 폐가식(Closed System)
① 목록에 의해 책을 선택하여 관원에게 대출기록을 제출한 후 대출받는 형식
② 서고와 열람실이 분리되어 있다.

장점	단점
• 도서의 유지·관리 양호 • 감시할 필요가 없다.	• 대출 절차가 복잡하다. • 관원의 작업량이 많다.

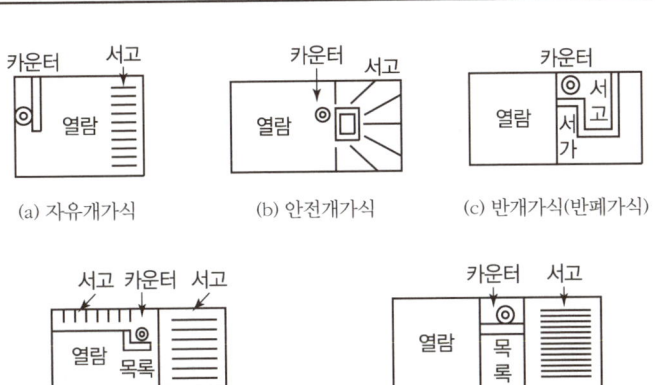

[출납시스템 종류]

핵심문제

도서관에서 폐가식에 관한 내용 중 잘못된 것은?
① 도서의 유지관리가 좋아 도서의 손실이 적다.
❷ 열람자가 책을 볼 동안 감시할 필요가 있다.
③ 목록에 의하여 책이 대출되므로 희망한 내용이 아닐 수 있다.
④ 책을 대출받는 절차가 번잡하다.

[해설]
② 감시할 필요가 없다.

SECTION 02 열람실계획

1. 일반 열람실(성인 열람실)

이용률	일반인 : 학생 = 7 : 3 (일반인과 학생용 열람실 분리)
크기	• 성인 1인당 1.5~2.0m² • 아동 1인당 1.1m² 정도 • 실전체로서 1석 평균 2.0~2.5m²

2. 특별 열람실(개인 연구실)

① 캐럴(Carrel) : 서고 내에 설치하는 소연구실
② 크기 : 1인당 1.4~4.0m²의 면적이 필요

3. 아동 열람실

① 자유개가식, 획일적 책상 배치 탈피(자유롭게 배치)
② 성인과 구별하여 열람실 설치, 현관출입도 되도록 분리
③ 크기 : 아동 1인당 1.2~1.5m² 기준

핵심문제

도서열람실의 1인당 점유면적은 통로를 포함할 때 어느 정도가 가장 적당한가?
① 1.5m² ❷ 2.5m²
③ 3.5m² ④ 5.5m²

핵심문제

열람실 내의 개인전용의 연구 및 교수를 위한 소열람실은?
❶ 캐럴
② 개가식 열람실
③ 레퍼런스 서비스
④ 자동차 문고

[해설]
① 캐럴은 특별열람실로서 서고 내에 둔다.

핵심문제 ●●○

다음 용어 중 도서관 건축과 관계가 없는 것은 어느 것인가?
❶ Green Room
② Open Stack
③ Reference Room
④ Carrel

해설
① 출연자 대기실(극장)
② 개가식 서고
③ 참고실
④ 캐럴(소연구실)

4. 신문, 잡지 열람실
① 출입이 편리한 현관, 로비, 1층 출입구 부근에 설치
② 일반 열람실과는 떨어진 곳이 좋다.

5. 참고실(Reference Room)
목록실이나 출납실 가까이에 설치

SECTION 03 서고계획

>>> 서고와 서가

① 서고 : 책을 보관하는 곳
② 서가 : 책꽂이

핵심문제 ●●○

도서관 서고계획에 관한 설명 중 옳지 않은 것은?
① 서고 부분은 장래의 증축을 고려한다.
② 서고 안에 캐럴을 둔다.
❸ 서고와 열람실은 층높이를 같게 한다.
④ 규모가 작은 도서관의 경우 개가식이 유리하다.

해설
서고의 유형(단독식, 적층식 등)을 고려하여 서고와 열람실의 층높이를 적절하게 계획한다.
• 단독식 서고의 층높이 : 서고＝열람실
• 적층식 서고의 층높이 : 서고＜열람실

핵심문제 ●●●

도서관에서 서고의 면적을 산정할 때 장서가 50만 권일 경우 어느 정도 필요한가?
① 1,000～1,500m²
② 1,500～2,000m²
❸ 2,000～2,500m²
④ 3,000～4,000m²

해설
500,000권÷150～250권/m²
＝2,000～3,000m²

1. 계획 시 고려사항
① 폐가식(규모가 큰 도서관), 개가식(규모가 작은 도서관)
② 도서의 수장, 보존에 적합하도록 방습 · 방화 · 유해가스 제거에 유의하며 공조설비를 갖춘다.
③ 도서의 증가에 따른 장래확장을 고려
④ 모듈에 의한 계획이 가능
⑤ 서고의 층고는 2.3m 전후로 한다.

2. 서고의 위치
① 건물의 후부에 독립된 위치
② 열람실의 내부나 주위
③ 지하실

3. 서고의 크기(수용능력)

서고 1m²당	서가 1단	서고 공간 1m³당
150～250권	25～30권 정도	약 66권 정도

✏ 서고 1m²당 평균 200권, 밀집서가의 경우 280～350권

4. 서가의 배열
① 평행직선형이 보통이며, 불규칙한 배열은 손실이 많다.
② 통로폭 : 0.75～1.0m(서가 사이를 열람자가 이용할 경우 : 1.4m 정도)
③ 높이 : 2.1m 전후

5. 자료 보존상의 고려사항

① 온도 16°, 습도 63% 이하
② 도서 보존을 위해 어두운 편이 좋다.
③ 서고의 내부는 무창으로 한다.(인공조명과 기계환기)
④ 자료 자체가 내구적(소독, 제본, 수리에 편리)이어야 한다.
⑤ 철저한 관리 및 점검 등
⑥ 건물과 서가가 재해에 견딜 수 있을 것(내진, 내화 등)

>>> 서가 배치 기준(cm)

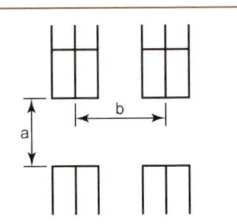

	폐가식	개가식
a	90~150	150~200
b	135~153	165~180

CHAPTER 09 출제예상문제

01 도서관의 출납시스템에 관한 설명 중 옳지 않은 것은?

① 자유개가식은 대출 수속이 가장 간편하며, 소규모 아동열람실에 편리하다.
② 자유개가식은 책이 상하기 쉽고, 배가 순서가 뒤바뀌기 쉽다.
③ 폐가식은 수속이 번거롭고, 책의 내용을 알고 청구해야 한다.
④ 폐가식은 큰 서고의 방재설비가 쉬우나 서가열람실에서 감시가 필요하다.

[해설]
폐가식
- 서고와 열람실이 분리
- 감시할 필요가 없다.

02 건축물의 종류와 공간 형식과의 조합 중 틀린 것은?

① 공동주택 – 메조넷형
② 극장 – 캐럴
③ 학교 – 클러스터형
④ 병원 – 큐비클 시스템

[해설]
캐럴(carrel)
서고 내에 설치하는 소연구실

03 도서관의 서고에 대한 계획 조건으로 옳지 않은 것은?

① 개가식 서고 통로는 폐쇄식 서고의 통로보다 커야 한다.
② 아동 열람실은 개가식으로 하는 것이 이상적이다.
③ 서고 내부의 창호는 채광과 통풍을 원활히 할 수 있는 넓은 창호가 되어야 한다.
④ 서고의 층고는 열람실의 층고와 달리 별도계획도 할 수 있다.

[해설]
서고
창을 크게 하여 채광량을 많이 사입할 경우 퇴색·변형에 의한 책의 파손이 우려된다. 서고 내부는 무창으로 하고 인공조명과 기계환기에 의한다.

04 박물관 수장고계획에 관련된 사항으로 옳은 것은?

① 수장고는 자료 정리실, 수리실, 학예 연구실 등을 포함한다.
② 증축을 고려해야 하며, 전시 면적의 50% 이상을 환산하여 설정할 수 있다.
③ 채광, 통풍을 고려하여 개구부를 가급적 크게 하도록 한다.
④ 관람자 출입구와 별도의 자료 반출입구가 필요하며 전시실에서 가급적 분리되어 멀리 떨어져 있도록 한다.

[해설]
수장고계획
② 증축을 고려, 전시면적의 10~15% 이상을 환산하여 설정
③ 개구부를 가급적 작게(인공조명 + 기계환기)
④ 전시실과 근접시킴

05 도서관의 실 중에서 개가식 서가로 부적당한 것은?

① 참고 도서실
② 시청각 자료실
③ 아동 도서실
④ 정기간행물 자료실

정답 01 ④ 02 ② 03 ③ 04 ① 05 ②

해설
자유개가식
자유개가식은 자신이 서가에서 책을 꺼내어 고르고 그대로 검열을 받지 않고 열람하는 형식으로 아동열람실, 정기간행물실, 참고열람실 등 소규모 도서관에서 채용되는 방식이다.

06 다음은 도서관 건축계획에서 중요한 사항들이다. 다른 종류의 건축계획에서 보다 상대적으로 그 중요도가 가장 큰 내용은?

① 관내시설과 인근의 유아시설과 상호 관계 검토
② 시설물의 운영 목적, 내용, 방법의 구체적 분석
③ 도서관의 성장에 따른 증축 고려
④ 건설기금과 경상비에 대한 검토

해설
평면계획
도서관계획 시 중요한 것은 규모와 성장의 문제로서, 건축적으로 적어도 50% 이상의 확장 또는 변화에 순응할 수 있는 평면 계획이 필요하다.

07 도서실계획 시 일반 열람실의 1인당 점유면적은 통로를 포함할 때 어느 정도가 가장 적당한가?

① 1.5m²   ② 2.5m²
③ 3.5m²   ④ 4.5m²

해설
일반 열람실
일반 열람실은 성인 1인당 1.5~2.0m²(통로 포함 2.5m²) 정도로 한다.

08 도서관계획에 관한 다음 설명 중 옳지 않은 것은?

① 서고의 층 높이는 일반적으로 2.3~2.5m 정도로도 가능하다.
② 아동 열람실은 자유 개가식이 좋다.
③ 도서관 이용자에게 가장 바람직한 열람제도는 개가식이다.
④ 도서관 서고의 위치는 Modular System에 의하여 위치를 고정시킨다.

해설
서고
서고의 위치는 도서의 수가 증가함에 따라 장래의 확장을 고려해야 한다.(Modular System에 의하여 위치를 고정시키지 않는다.)

09 도서관 건축계획에 관한 사항 중 옳은 것은?

① 캐럴은 열람자의 도서 접근을 용이하도록 도서 가까이 설치한 개인 연구용 열람실이다.
② 단독식 서가 서고는 장서능률이 높아 대단위 서고에 적당하다.
③ 적층식 서가 서고는 평면 계획상 유연성이 있다.
④ 반개가식 열람은 목록카드에 의해 자료를 찾고 직원의 수속을 받은 다음 책을 받아서 열람한다.

해설
도서관 건축계획
② 장서능률이 높아 대단위 서고에 적당한 것은 적층식 서가 서고이다.
③ 고정식이 아니므로 평면 계획상 유연성이 있는 것은 단독식 서가 서고이다.
④ 반개가식 열람은 책의 체제나 표지 정도는 볼 수 있으나 내용을 보려면 관원에게 요구하여 대출기록을 남긴 후 열람한다.

10 도서관 서고의 모듈을 결정하는 관계 요인 중 관계없는 것은?

① 서가와 서가 중심거리
② 서가 한 개의 길이
③ 일렬 서가의 수
④ 폐가식 및 개가식의 유형

해설
서가
서가 1개의 길이는 서가의 최적 깊이를 결정하는 데 관계한다.

정답 06 ③ 07 ② 08 ④ 09 ① 10 ②

11 도서관의 공간계획 중 옳지 않은 것은?

① 열람실 및 참고실이 가장 많은 면적을 차지한다.
② 소규모 도서의 경우 안전개가식을 이용할 수 있다.
③ 서고 내 기후는 온도 20℃ 이하, 습도 40% 이상이 되도록 한다.
④ 소규모 도서관에서는 1칸만 목록실을 서가에 배치하기도 한다.

> **해설**
> **서고계획**
> 서고 내의 기후는 자료보존상 온도 16℃, 습도 63% 이하가 적당하다.

12 도서관 열람실 내의 개인전용의 연구 및 교수를 위한 소열람실은?

① 캐럴(Carrel)
② 개가식 열람실(Open Access)
③ 레퍼런스 서비스(Reference Service)
④ 자동차 문고(Book Movile)

> **해설**
> **캐럴(Carrel)**
> 열람자가 도서 가까이에 있을 필요가 있을 때 원하는 도서의 가까운 위치에 작은 연구실 형식을 취한 열람실로서 1인당 바닥면적은 1.4~4.0m^2 정도로 계획한다.

13 다음 공공도서관을 계획하기 위한 고려사항으로 옳지 않은 것은?

① 서고의 바닥 면적은 1m^2당 200권 정도로 계산한다.
② 캐럴(Carrel)은 서고 내부에 두어도 좋다.
③ 서고의 내부는 무창으로 하고, 인공조명과 기계환기에 의한다.
④ 서고의 천장높이를 5m 정도로 하여 수장 능력을 크게 한다.

> **해설**
> **서고계획**
> 서고의 층고는 2.3m 전후로 한다.

14 도서관의 열람실 및 서고계획에 관한 내용 중 옳지 않은 것은?

① 서고 안에 캐럴(Carrel)을 둘 수도 있다.
② 서고면적 1m^2당 보통 150~250권의 수장 능력이 있다.
③ 서고실은 모듈러 플래닝(Modular Planning)이 가능하다.
④ 열람실은 성인 1인당 3.0~3.5m^2가 적당하다.

> **해설**
> **열람실(일반, 성인)**
> 성인 1인당 1.5~2.0m^2가 필요하며 통로를 포함하였을 때 1인당 바닥면적은 2.5m^2가 적당하다.

15 도서관설계에 채용되는 Modular Planning에 대한 설명으로 옳지 않은 것은?

① 도서관의 모듈계획은 건물의 치수를 기둥간격의 배수가 되게 하는 방법이다.
② 계단, 승강기, 덕트, 파이프 등의 스페이스는 모듈을 이용하여 가능한 한 분산 배치시켜 증축이나 개조가 용이하도록 한다.
③ 모듈러 플랜을 적용할 경우는 열람실과 서고를 통합할 수가 있다.
④ 도서관의 천장 높이는 서가의 호환성을 고려하여 일정하게 하는 것이 좋다.

> **해설**
> ②의 내용은 가능한 한 집중 배치시키는 것이 바람직하다.

정답 11 ③ 12 ① 13 ④ 14 ④ 15 ②

16 도서관 출입구의 배치에 대한 설명 중 옳지 않은 것은?

① 출입구의 배치 장소에 따라 건물내부의 공간 배치가 좌우된다.
② 이용자 측과 직원, 자료의 출입구를 가능한 한 별도로 계획한다.
③ 이용자의 계층을 구분해서 출입구를 별도로 설정하는 것이 바람직하다.
④ 집회공간의 출입구는 이용자 출입구와 공용으로 하는 것이 바람직하다.

해설

동선계획(기능별 분리)
• 소도서관 : 이용자, 직원, 서적의 출입구 분리
• 규모가 큰 도서관 : 성인과 아동의 출입구 분리
• 집회를 위한 강당 : 전용출입구 설치

정답　16 ④

Engineer Architecture

CHAPTER 10

공장 및 창고

01 기본계획
02 Layout 계획
03 구조계획
04 기타
05 창고

CHAPTER 10 공장 및 창고

SECTION 01 기본계획

>>> 공장의 입지조건

분지형(×), 인구밀집지역(×)

핵심문제 ●●●

공장의 조건에 관한 기술 중 부적당한 것은?
① 유사공업의 집단지이고 관련공장과의 편리한 점이 있을 것
② 원료의 공급이 쉽고 풍부해야 한다.
❸ 확장에 따르는 작업공정은 확장할 때 결정하는 것이 좋다.
④ 공장계획에서 동력에 관한 내용도 중요하다.

[해설]
공장설계 시 장래의 증축, 확장 을 충분히 고려해서 배치계획을 한다.

핵심문제 ●●○

공장 배치계획에서 고려할 사항 중 옳지 않은 것은?
① 장래의 확장계획 고려
② 견학자를 위한 동선 고려
③ 중요한 작업은 공정상 유리한 위치에 둠
❹ 생산, 관리, 연구, 위생 등의 시설은 집중 배치

[해설]
생산, 관리, 연구, 위생 등의 시설을 유기적으로 분산 배치시킨다.

>>> 분관식

화학공장. 중층공장(RC조)에 적합

>>> 집중식

일반기계조립공장. 단층건물(철골조)에 적합

1. 대지선정 시 조건

① 국토계획, 도시계획상으로 적합하고 교통이 편리한 곳
② 노동력의 공급이 쉽고 원료의 공급이 풍부할 것
③ 유사 공업의 집단지이고 관련공장과의 편리한 점이 있을 것
④ 평탄한 지형으로 정지 비용이 적게 드는 지형일 것
⑤ 지가가 저렴해서 토지 공급이 용이할 것
⑥ 동력원을 이용할 수 있는 곳으로 잔류물, 폐수처리가 쉬울 것
⑦ 지반이 양호하고 습윤하지 않으며 배수가 편리할 것
⑧ 재료 또는 작업에 대해 기후 풍토가 적합할 것

2. 배치계획

① 각 건물의 배치는 작업내용을 충분히 검토한 후 결정하는 것이 바람직하다.
② 장래계획, 확장계획을 충분히 고려해서 배치 계획한다.
③ 이상적으로 부지 내의 종합계획을 하고 그 일부로서 현 계획을 한다.
④ 원료 및 제품을 운반하는 방법, 작업동선을 고려한다.
⑤ 동력의 종류에 따라 배치하는 계통을 합리화한다.
⑥ 생산, 관리, 연구, 후생 등의 각 부분별 시설을 명쾌하게 나누고 유기적으로 결합시킨다.
⑦ 견학자 동선을 고려한다.
⑧ 가장 중요한 작업에 대하여 가장 유리한 위치에 배치한다.

3. 공장건축의 형식과 특징

(1) 분관식(Pavilion Type)

대지가 부정형이나 고저차가 있을 때 유리하며, 화학공장, 일반기계조립공장, 중층공장의 경우에 알맞다.

(2) 집중식(Block Type)

대지가 평탄하거나 정형일 때 유리하며, 일반기계조립공장, 단층건물이 많으며 평지붕 무창 공장에 적합하다.

(3) 특징 비교

분관식	집중식
• 신설, 확장이 용이 • 조기 건설 가능 • 통풍, 채광이 양호 • 배수, 물홈통설치가 용이 • 경사지붕, 다층공장	• 공간 효율이 좋다. • 건축비 저렴 • 운반이 용이 • 내부 배치 변경의 탄력성 • 평지붕, 단층공장

핵심문제

공장건축에서 블록타입에 대한 설명으로 틀린 것은?
① 내부배치 변경에 탄력성이 있다.
② 건축비가 저렴하다.
③ 비교적 공간효율이 높다.
❹ 확장성이 높다.

해설
④는 분관식의 특징이다.

SECTION 02 Layout 계획

1. 레이아웃(Layout)의 개념

① 공장 사이의 여러 부분, 작업장 내의 기계 설비, 작업자의 작업 구역, 자재나 제품을 두는 곳 등 상호 위치 관계를 가리키는 것을 말한다.
② 장래 공장 규모의 변화에 대응한 융통성이 있어야 한다.
③ 공장 생산성에 미치는 영향이 크고 공장 배치계획, 평면계획 시 레이아웃을 건축적으로 종합한 것이 되어야 한다.

2. 레이아웃의 형식

(1) 제품 중심의 레이아웃(연속 작업식)

생산에 필요한 공정, 기계 종류를 작업의 흐름에 따라 배치하는 방식

특징	• 대량생산에 유리하고, 생산성이 높다. • 공정 간의 시간적·수량적 균형을 이룰 수 있다. • 상품의 연속성이 유지된다.

(2) 공정 중심의 레이아웃(기계설비 중심)

다종 소량생산으로 예상 생산이 불가능한 경우나 표준화가 행해지기 어려운 경우에 채용

특징	• 생산성이 낮으나 주문생산에 적합 • 공정 간의 시간적·수량적 균형을 이루기 어렵다.

(3) 고정식 레이아웃

주가 되는 재료나 조립 부품이 고정된 장소에 있고 사람이나 기계는 그 장소에 이동해가서 작업이 행해지는 방식

특징	제품이 크고, 생산 수량이 극히 적은 경우에 적합 (선박, 건축 등에 적용)

핵심문제

공장건축의 레이아웃에 관한 기술 중 부적당한 것은?
① 레이아웃이란 공장건축의 평면 요소 간의 위치관계를 결정하는 것을 말한다.
② 레이아웃은 장래성을 고려하여 융통성을 가져야 한다.
❸ 중화학공업, 시멘트공업 등 장치공업 등으로 불리는 공장의 레이아웃은 융통성을 크게 할 수 있다.
④ 생산공정 간의 시간적, 수량적 균형을 이루기 쉽다.

해설
③ 장치공업은 융통성이 없다.

》》 장치공업(중화학, 시멘트)
① 규모가 크다.(연속작업)
② 융통성이 없다.
③ 고정도가 높아 레이아웃 변경이 불가능(유연성 낮다)

핵심문제

공장의 레이아웃에 대한 설명으로 옳지 않은 것은?
① 장래성을 충분히 고려한다.
② 제품 중심 레이아웃 방식은 대량 생산에 유리
③ 공정 중심 레이아웃 방식은 표준화가 행해지기 어려울 때 채용
❹ 고정식 레이아웃 방식은 제품이 작고 수량이 많을 때 채용

해설
④ 고정식은 제품이 크고, 수량이 극히 적을 때 채용

(4) 혼성식 레이아웃
위의 방식이 혼성된 형식

SECTION 03 구조계획

1. 공장의 형태
① 단층 : 기계, 조선, 주물 공장 등 무거운 것 취급
② 중층 : 제지, 제분, 제과, 제약, 방직 공장 등 가벼운 원료나 재료 취급
③ 단층, 중층 병용 : 양조, 방적 공장
④ 특수 구조 : 제분, 시멘트

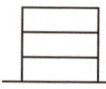  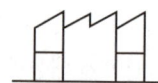 

(a) 중층 공장   (b) 단층 공장   (c) 갤러리를 갖는 공장   (d) 중기계 제조 공장

[공장의 형태]

  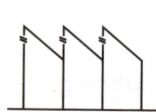 

(a) 뾰족 지붕   (b) 솟을 지붕   (c) 톱날 지붕   (d) 샤렌구조

[지붕의 형태]

2. 지붕의 형태

평지붕	중층식 건물의 최상층
뾰족지붕	• 동일면에 천장을 내는 방법 • 어느 정도 직사광선을 허용하는 결점
솟을지붕	채광 · 환기에 적합
톱날지붕	• 공장 특유의 지붕 형태 • 채광창이 북향으로 균일한 조도 유지
샤렌지붕	기둥이 적게 소요되는 장점

핵심문제 ●●●

기계 공장에서 톱날지붕을 하는 이유는?
❶ 균일한 조도
② 진동 방지
③ 소음 완화
④ 온도와 습도조절

해설
채광창을 북쪽으로 두어 균일한 조도를 유지하기 위함이다.

3. 구조재료

목구조	• 소규모 단층공장(내구, 내화에 난점) • 스팬 18m 이하, 천장높이 6m 이내, 주행크레인 2t 이하
RC	• 중층공장, 기밀형 공장(내화, 내풍, 내구적) • 비교적 경제적인 구조체
철골조	• 대규모 단층공장, 처마높이가 높은 경우 • 지내력이 약한 지반이나 스팬이 긴 경우에 유리
SRC	RC보다 스팬, 층높이로 크게 할 수 있으나 고가이다.

✎ RC : 철근콘크리트 구조, SRC : 철골철근콘크리트 구조

핵심문제 ●○○
공장 건축의 구조계획에서 PS 콘크리트 구조의 경제 스팬은?
① 6m   ② 9m
❸ 15m   ④ 20m

해설 PS콘크리트 구조의 특징
• 공기 단축 가능
• 스팬이 길다.(15m)

핵심문제 ●○○
주물공장에 사용되는 바닥 재료는?
❶ 흙바닥
② 콘크리트바닥
③ 벽돌바닥
④ 아스팔트바닥

SECTION 04 기타

1. 채광 및 조명

공장 내의 채광상태는 생산능률, 제품의 질, 화재예방, 위생 등의 영향이 크다.

(1) 자연채광(창)
① 기계류를 취급하므로 가능한 한 창을 크게 낼 것
② 톱날지붕의 채광법 이용(균일 조도 유지)
③ 젖빛유리나 프리즘 유리 사용(광선을 부드럽게 확산)
④ 빛의 반사에 대한 벽 및 색채에 유의

(2) 측면창에 의한 채광
① 개구부를 가능한 크게 낸다.
② 창의 유효면적을 넓히기 위해 스틸 새시 사용
③ 창유리는 빛을 확산시켜 줄 수 있는 것을 사용
④ 가능한 한 동일패턴의 창을 반복하는 것이 좋다.

(3) 천창(Top Light)
넓은 면적에 균일한 채광을 많이 받기 위한 방법

종류	• 지붕경사에 따라 유리창을 다는 경우 • 평지붕에 경사가 완만한 유리창을 내는 경우 • 뾰족지붕에 난 유리창 • 톱날지붕의 창

▶▶ 주의사항
① 충분한 채광이 될 것
② 적당한 채광법 선택
③ 자연채광과 인공조명의 조절

핵심문제 ●●○
공장 건축의 채광, 조명을 위한 체크포인트로서 다소 거리가 먼 것은?
① 적정조도
② 조도분포도
❸ 굴절유무
④ 현휘유무

해설
①, ②, ④ 외에 조도의 시간적 변동 유무 등이 있다.

핵심문제 ●●●
공장의 자연 채광에 있어서 하루 종일 조도의 변화가 가장 적은 것은?
① 동쪽 창   ② 서쪽 창
③ 남쪽 창   ❹ 북쪽 창

해설 북측채광
균일한 조도

핵심문제

공장 건축 입면계획에서 무창공장의 설명 중 옳지 않은 것은?

❶ 온습도의 조절이 유창공장에 비해 어렵다.
② 방적공장 등에서 무창공장형식이 사용된다.
③ 공장내 조도가 일정해진다.
④ 외부로부터 자극이 적으나 오히려 실내 소음은 커진다.

[해설]
① 온습도의 조절이 유창공장에 비해 쉽다.

핵심문제

남자 300명을 수용하는 공장 작업장의 소변기와 대변기의 수는?

[정답]
- 소변기수 300÷20~25 = 12~15대
- 대변기수 300÷25~30 = 10~12대

핵심문제

모니터(Monitor)에 의한 환기방법은 어느 건축에 많이 사용되는가?

① 음식점   ② 사무소
③ 병원   ❹ 공장

[해설]
모니터는 지붕 위에 연속으로 돌출한 채광, 통풍용의 작은 지붕(공장의 자연환기를 촉진)을 말한다.

2. 무창공장

방직공장 또는 정밀 기계 공장에 적합

특징	• 실내의 조도는 인공조명을 통해 조절(균일한 조도) • 창호를 설치할 필요가 없다.(건설비저렴) • 실내에서의 소음이 크다. • 외부로부터의 자극이 적어 작업 능률 향상 • 온·습도 조정이 쉽고, 유지비가 싸다.

3. 변기 수 산정

남자용	소변기	20~25인에 1대
	대변기	25~30인에 1대
여자용	대변기	10~15인에 1대

4. 클린룸(Clean Room)

ICR(Industrial Clean Room) BCR(Biological Clean Room)	• 산업체 클린룸 • 병원 무균실 클린룸

SECTION 05 창고

1. 면적 결정 조건

① 화물의 성질 : 일반 화물, 특수 화물(식량, 생사, 식품, 가구 등)
② 화물의 대소 : 포장이 큰 것과 잡화 종류와 같이 변화가 심한 것
③ 화물의 다소 : 대량 화물이 일시에 들어오는 것과 소량씩 출입하는 것
④ 화물의 빈도 : 입·출고가 빈번한 것과 비교적 장기 보관을 요하는 것

2. 바닥 및 천장 높이

바닥	• 지반면에서 20~30cm 정도 높게 • 바닥면은 실의 중앙부에서 5~15cm 높게
천장	• 하역작업에 필요한 여유 60~90cm를 더한 것 • 최상층 = 기준층 + 0.3~0.6m(복사열 방지)

3. 하역장 형식

외주 하역장	• 수·육운이 편리 • 채광조건이 좋은 장소에서 포장을 고칠 수 있다. • 해안부두 등 대규모 창고에 적당
중앙 하역장	• 각 창고가 모두 하역장까지의 거리가 평준화(짐의 처리, 판매가 비교적 빠르다.) • 일기에 관계없이 하역할 수 있으나 채광상 분리
분산 하역장	소규모 창고에 채용
무인 하역장	• 수용면적이 가장 크다. • 일고일기가 고장일 때 가장 불편

외주 하역장식	중앙 하역장식	분산 하역장식	무인 하역장식

1. 하역장, 2. 창고, 3. 기계부(수직계통)

핵심문제 ●○○

창고의 크기를 결정하는 데 필요한 기본 조건이 아닌 것은?
① 화물의 성질
② 화물의 대소
❸ 화물의 적재순서
④ 화물의 빈도

[해설]
화물의 성질·대소·다소·빈도

핵심문제 ●●○

창고 건축계획 시 고려해야 할 사항 중 가장 적합하지 않은 것은?
① 평면계획 시 하역장의 면적은 75~80%로 한다.
❷ 천창은 직사광선에 불리하므로 창의 위치를 낮게 둔다.
③ 창에는 직사광선에 의한 화물의 변질에 대비하여 차광설비가 필요하다.
④ 바닥의 높이는 지반면에서 20~30cm 높이는 것이 좋다.

[해설]
② 천창은 직사광선에 유리, 창의 위치가 낮으면 화물에 의해 광선이 차단되므로 높게 한다.

CHAPTER 10 출제예상문제

01 공장 건축계획에 관한 기술로 옳지 않은 것은?

① 공장부지 선정은 노동력의 공급이 쉽고, 재료의 공급이 용이한 곳에 정한다.
② 공장 건축의 형식에서 집중식(block type)은 건축비가 저렴하고, 공간 효율도 좋다.
③ 레이아웃 형식 중 공정중심의 레이아웃은 소종다량생산으로 표준화를 행하기 쉬운 경우이다.
④ 공장작업장의 지붕형식으로 균일한 조도를 얻기 위해 톱날지붕을 도입하는 경우가 있다.

해설
공정 중심의 레이아웃(기계 설비 중심)
- 동종의 공정, 동일한 기계, 기능이 유사한 것을 하나의 그룹으로 집합 시키는 방식
- 다종소량생산으로 예상 생산이 불가능한 경우, 표준화가 행해지기 어려운 경우에 채용한다.
- 생산성이 낮으나 주문 생산품 공장에는 적합하다.

02 공장 녹지계획의 효용성과 관계가 없는 것은?

① 생산 및 노동 환경의 보전
② 공해 및 재해 방지의 완화
③ 상품이미지의 향상과 선전
④ 원료 수급 및 저장의 원활

03 다음 그림의 단면 형식 중 중기계(重機械) 생산공장으로 채택하기에 가장 적합한 것은?(단, 그림의 스케일은 모두 같으며 종단면의 형상이다.)

① 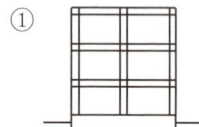 ②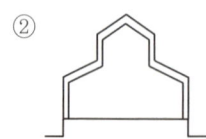

③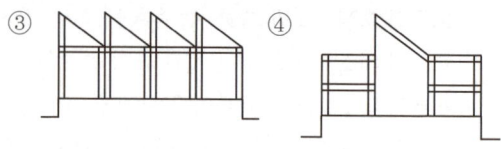

해설
솟을지붕
중기계 생산공장에는 크레인을 천장에 설치해야 하므로 솟을지붕이 적당하다.

04 공장계획에 관한 기술 중 옳지 않은 것은?

① 수운은 육운에 비하여 싸므로 충분히 고려하는 것이 좋다.
② 위치는 원료공급 및 노동력 조달이 가까운 곳이 좋다.
③ 큰 기계의 설치는 건물 기초에 튼튼하게 연결시킨다.
④ 공장에는 대체로 작업 환경상 습도 공급이 가장 아쉽다.

해설
공장계획
기계 설치는 하중, 진동 등으로 인해 기계를 위한 별도의 조치를 취해야 한다.

05 공장 건축에 대한 기술 중 부적당한 것은?

① 중량이 있는 제품의 경우에는 크레인(Crane)을 이용하기 때문에 단층 건물이 좋다.
② 장래의 증축, 확장을 충분히 고려해야 한다.
③ 채광, 환기에 적합한 지붕의 형식은 솟을지붕이다.
④ 시멘트, 중화학공업 등은 레이아웃(Layout)의 변경이 가능하여 융통성이 크다.

정답 01 ③ 02 ④ 03 ② 04 ④ 05 ④

해설

장치공업(시멘트, 중화학)
- 규모가 크다.(연속작업)
- 융통성이 없다.
- 고정도가 높아 레이아웃 변경이 불가능(유연성 낮음)

06 공장 건축의 건물형식 중에서 분관식과 집중식에 관한 설명 중 부적당한 것은?

① 분관식은 대지가 부정형이나 고저차가 있을 때 유리하다.
② 집중식은 대지가 평탄하거나 정형일 때 유리하며 일반 기계 조립공장 등에 유리하다.
③ 분관식은 공장확장의 빈도가 클 때에 적합하며 건설기간의 단축이 가능하다.
④ 집중식은 내부배치에 탄력성이 있고 건축비가 저렴하나 공간의 효율이 나쁘다.

해설

집중식
내부배치에 탄력성이 있고 건축비가 저렴하며, 공간의 효율이 좋다.

07 공장계획에 있어서 운반계획 시 우선 고려해야 할 사항이 아닌 것은?

① 운반속도와 하중
② 운반대상
③ 운반방향
④ 운반시간과 빈도

해설

운반계획
우선 고려해야 할 사항은 운송속도와 운반대상 및 운반시간과 빈도 등이다.

08 공장 건축의 레이아웃 계획에 관한 설명 중 옳지 않은 것은?

① 다품종 소량생산이나 주문생산 위주의 공장에는 공정중심의 레이아웃이 적합하다.
② 레이아웃 계획은 작업장 내의 기계설비 배치에 관한 것으로 공장 규모가 커지더라도 별다른 변화는 없다.
③ 고정식 레이아웃은 조선소와 같이 제품이 크고 수량이 적을 경우에 적용된다.
④ 플랜트 레이아웃은 공장 건축의 기본 설계와 병행하여 이루어진다.

해설

레이아웃 계획
공장생산에 있어서 그 공정의 합리화를 위해 중심이 되는 기계나 설비의 배치방법을 결정하는 것으로 장래 공장 규모의 변화에 대응한 융통성이 있어야 한다.
※ 플랜트(Plant) : 생산을 하는 일련의 기계나 공장 따위의 시설이나 설비시스템을 통틀어 이르는 말

09 공장 건축의 레이아웃에 대한 기술 중 부적당한 것은?

① 레이아웃이란 평면 요소 간의 위치관계를 결정하는 것을 말한다.
② 고정식 레이아웃 방식은 제품이 크고, 수가 많을 때 사용한다.
③ 장래의 변화에 대처해야 하고 융통성을 가져야 한다.
④ 공정과 기계는 제품의 흐름에 따라 배치해야 한다.

해설

고정식 레이아웃
제품이 크고, 생산 수량이 극히 적은 경우에 적합하다.

10 기계 공장에서 톱날지붕을 사용하는 이유로 옳은 것은?

① 온도와 습도를 일정하게 조절하기 위하여
② 소음도를 줄이기 위하여
③ 고창채광으로 실내조도를 균일하게 하기 위하여
④ 풍압에 저항을 적게 하기 위하여

> **해설**
>
> **톱날지붕**
> 공장 특유의 지붕 형태로서, 채광창의 면적에 관계없이 채광을 하며, 채광창이 북향으로 조도분포가 균일하게 이루어진다.

11 공장 건축에 작업장 레이아웃(Layout)에 관한 설명 중 옳지 않은 것은?

① 고정식 레이아웃은 선박, 건축 등에 적용된다.
② 제품 중심의 레이아웃은 전기제품 등의 생산시스템에 적당하다.
③ 공정 중심 레이아웃은 주문품 생산에 적합하며, 공정 간의 시간적, 수량적 생산 균형을 이룰 수 있다.
④ 시멘트공업, 중화학공업 등 장치공업은 레이아웃의 융통성이 없는 연속작업과 공정도가 높은 방식으로 구성된다.

> **해설**
>
> **공정 중심의 레이아웃**
> 주문품 생산에 적합하며, 공정 간의 시간적, 수량적 생산 균형을 이루기 어렵다.

12 공장 건축에서 제품 중심의 레이아웃(Layout)에 관한 기술로 적당치 않은 것은?

① 대량생산이 가능하고 생산성이 높다.
② 생산에 필요한 공정 간의 시간적, 수량적 균형을 이룰 수 있다.
③ 표준화가 행해지기 어려운 경우에 채용되며, 주문 생산품 공정에 적합하다.
④ 생산에 필요한 공정, 기계종류를 작업의 흐름에 따라 배치한다.

> **해설**
>
> ③은 공정 중심의 레이아웃(기계설비 중심의 레이아웃)에 대한 설명이다.

13 공장 배치계획에서 고려할 사항 중 옳지 않은 것은?

① 장래의 확장 계획 고려
② 견학자를 위한 동선 고려
③ 중요한 작업은 공정상 유리한 위치에 둠
④ 생산, 관리, 연구, 후생 등의 시설은 집중배치

> **해설**
>
> **배치계획**
> 생산, 관리, 연구, 후생 등의 각 부분별 시설을 명쾌하게 나누고 유기적으로 결합시킨다.

14 공장의 조건에 관한 기술 중 부적당한 것은?

① 유사공업이 집단지이고 관련 공장과의 편리한 점이 있어야 한다.
② 원료의 공급이 쉽고 풍부해야 한다.
③ 확장에 따르는 작업 공정은 확장할 때 결정하는 것이 좋다.
④ 공장 계획에서 동력에 관한 내용도 중요하다.

> **해설**
>
> **배치계획**
> 공장 설계 시 장래의 증축, 확장을 충분히 고려해서 배치계획을 한다.

15 공장의 자연 채광에 있어서 하루종일 조도의 변화가 가장 적은 것은?

① 동쪽 창   ② 서쪽 창
③ 남쪽 창   ④ 북쪽 창

> **해설**
>
> **채광**
> 공장의 자연 채광에 있어서 하루종일 조도의 변화가 가장 적은 방향은 북쪽이다.

16 창고 및 공장 건축의 기술 중에서 가장 부적당한 것은?

① 레이아웃이란 작업장 내의 기계설비, 작업자의 작업 영역, 자재나 제품을 두는 장소 등 상호의 위치 관계를 가리키는 말이다.
② 공장 지붕형식 중에서 톱날 형식을 취하는 이유는 작업장 내의 일정한 조도를 얻기 위한 것이다.
③ 창고의 바닥높이는 지반면에서 30cm 이상으로 하는 것이 이상적이다.
④ 지붕형식상 샤렌식 지붕은 기둥이 많이 소요되는 단점이 있다.

해설

샤렌지붕
기둥이 적게 소요되는 장점이 있다.

17 공장 건축의 입지조건 선정 시 경제성을 높이기에 적합하지 않은 사항은?

① 교통, 노동력의 공급이 유리한 곳
② 같은 종류의 공업집합 또는 자재 취득이 편리한 곳
③ 교통이 조용한 곳
④ 지반은 견고하고 습윤하지 않은 곳

해설

입지계획
교통이 조용한 곳보다는 편리한 곳이 우선되어야 한다.

Engineer Architecture

CHAPTER 11

병원

01 개요 및 기본계획
02 평면계획
03 세부계획

CHAPTER 11 병원

SECTION 01 개요 및 기본계획

핵심문제
병원건축의 배치형식에서 집중식에 대한 설명으로 적당하지 않은 것은?
❶ 전체적으로 통풍과 일조가 유리하다.
② 시설 및 설비를 집중시킬 수 있어 관리비, 설비비가 절약된다.
③ 고층이 되기 쉽다
④ 최근 많이 적용되고 있는 형태이다.
[해설]
①은 분관식의 특징

1. 건축형식에 의한 분류

(1) 분관식(Pavilion Type : 평면 분산식)
각 건물은 3층 이하의 저층 건물로 외래진료부, 중앙(부속)진료부, 병동부를 각 각 별동으로 분산시켜 복도로 연결시킨 형식

특징	• 각 병실을 남향으로 할 수 있다.(일조 · 통풍 유리) • 넓은 대지 필요, 설비가 분산적, 보행거리가 멀어짐 • 내부 환자는 주로 경사로 이용(보행 · 들것)

(2) 집중식(Block Type : 집약식)
외래진료부, 중앙(부속)진료부, 병동부를 합쳐서 한 건물로 하고, 특히 병동부의 병동은 고층으로 하여 환자를 운송하는 형식

특징	• 일조 · 통풍 조건 불리(각 병실의 환경이 불균일) • 관리가 편리, 설비 등의 시설비가 적게 든다.

(3) 다익형
최근 의료수요의 변화, 진료기술 및 설비의 진보와 변화에 따라 병원 각 부의 증·개축이 필요하게 되어 출현하게 된 형식

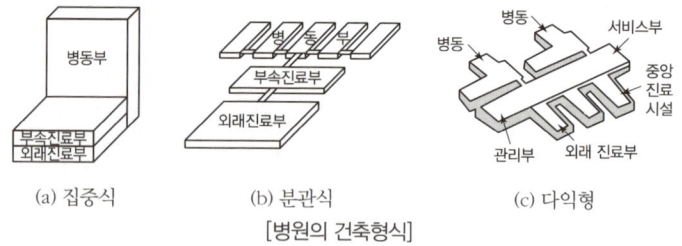

(a) 집중식   (b) 분관식   (c) 다익형
[병원의 건축형식]

핵심문제
결핵요양원의 대지선정에서 다음 사항 중 특별히 고려할 필요가 적은 것은?
① 조용한 곳
② 햇빛이 잘 들고 전망이 좋은 곳
❸ 화재위험이 적은 곳
④ 교통이 편리한 곳
[해설]
③은 정신병원 설계 시 계획

2. 대지선정 시 조건
① 주거 전용 지역, 공업 지역, 전용 공업 지역에서는 병원 건축이 금지된다.
② 매연, 진애, 소음, 진동 등의 공해가 적은 조용한 곳
③ 환자가 도보로 1km 이내의 이용 거리일 것
④ 충분한 수압과 양질의 급수량을 확보할 수 있는 장소로 배수가 잘될 것
⑤ 남향, 동향 혹은 동 · 서향으로 경사지고 전망, 풍경이 양호한 곳

⑥ 환자 1인당 100~150평의 대지 면적이 필요하며 100% 확장 가능한 대지를 확보해야 한다.(아울러 충분한 주차 면적도 확보해야 한다.)

3. 병원의 규모

(1) 병상 1개에 대한 각 면적의 표준

병실 면적	10~13m²/bed
병동 면적	20~27m²/bed
건축 연면적	43~66m²/bed(외래, 간호원 숙사 포함)

(2) 병원의 면적 구성 비율

① 병동부 : 30~40%(가장 큼)
② 중앙진료부 : 15~17%
③ 외래진료부 : 10~15%
④ 관리부 : 8~10%
⑤ 서비스부 : 20~25%

>>> 병원의 규모

병상수를 통해 산정

핵심문제

병상 수 200bed를 둘 때 일반 종합병원의 건축 연면적으로 알맞은 것은?
① 5,000m²
❷ 10,000m²
③ 15,000m²
④ 20,000m²

해설
200bed×43~66m²/bed
=8,600~13,200m²

SECTION 02 평면계획

1. 병원의 주요부 구성도

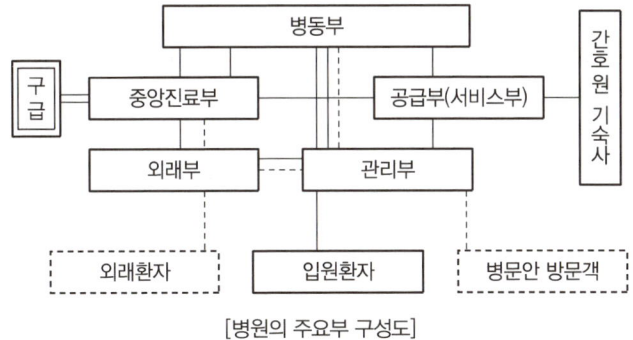

[병원의 주요부 구성도]

2. 동선계획

1) **복도** : 들것, 휠체어 등 2대가 서로 교차할 수 있는 폭
2) **EV** : 환자가 눕고 주위에 의사, 간호사가 설 수 있는 넓이

핵심문제

다음은 병원의 중앙 진료부이다. 이 중 외래 쪽에 가장 가까워야 할 순서에 맞게 적은 것은?
① 임상검사실-주사실-약국-X선실
② X선실-약국-임상검사실-주사실
❸ 약국-주사실-X선실-임상검사실
④ 주사실-약국-X선실-임상검사실

해설
약국은 외래진료부, 현관과의 연락이 좋은 위치에 설치한다.

>>> 복도

① 중복도 : 2.4m 이상
② 편복도 : 1.6m 이상
③ 천장높이 : 2.8m
④ 경사로 : 1/20 이하

>>> 동선계획

① 환자와 물건의 교차 방지
② 환자동선 : 저층 설치

3) 종합병원의 주요 출입구

제1입구	외래부 출입구로서, 병원 전체의 주출입구 역할
제2입구	병동부 출입구로서, 입원환자 및 방문객의 출입구
제3입구	구급차 및 사체의 출입구(되도록 눈에 띄지 않게)
제4입구	보급을 위한 출입구(창고, 기계실, 세탁실 등)

SECTION 03 세부계획

핵심문제 ●●○

병원의 평면계획상 구급동선은 어디에 연결되어야 하는가?
① 병동부
② 외래부
❸ 중앙진료부
④ 서비스부

1. 중앙(부속)진료부

약국, 주사실, 수술실, 중앙소독재료부, X선부, 분만부, 검사부, 구급(응급)부 등으로 구성

(1) 계획상의 요점

① 외래부와 병동부의 중간 위치가 좋다.
② 수술실, 물리치료실, 분만실 등은 통과 교통이 되지 않도록 한다.
③ 약국은 외래진료부, 현관과의 연락이 좋은 곳에 설치

(2) 세부구성

1) 수술실

① 위치
- 타 부분의 통과교통이 없는 건물의 익단부로 격리된 위치
- 중앙 소독 공급부와 수직 또는 수평적으로 근접된 부분
- 병동 및 응급부에서 환자 수송이 용이한 곳

>>> 수술실의 크기

① 대수술실 : 6m×6m
② 소수술실 : 4.5m×4.5m

② 계획상의 요점

규모	• 100병상에 대하여 2실(1실은 대수술실) • 50병상 증가 시 1실씩 증가한다.
온·습도	실온 : 26.6℃, 습도 : 55% 이상
공조 설계	• 공조설비 시 공기는 재순환시키지 않는다. • 중앙식보다 개별식으로 한다.
벽 재료	녹색계 타일(적색의 식별이 용이)
바닥재료	전기 도체성 타일(불침투질 재료)
출입구	• 쌍여닫이로 1.5m 전후의 폭 • 손잡이는 팔꿈치 조작식 또는 자동문
천장높이	3.5m 정도
방위	전혀무관, 인공조명(무영등)으로 하여 직사광선을 피하고 밝기가 일정하게 한다.
안과 수술실	암막 장치가 필요하다.

핵심문제 ●●●

병원의 공조설계 시 가장 중요하게 다루어야 할 실은?
① 대기실
② 병실
③ 환자 식당
❹ 수술실

해설
공기감염방지를 위해 수술실은 공조설비 시 공기를 재순환시키지 않는다.

2) 약국
보통 외래 환자들이 이용하기 쉬운 곳(출입구 부근)

3) 중앙 소독재료부
각종 기구, 포장, 비품, 의료 재료 등을 저장해 두었다가 요구시 수술실에 공급 하는 장소로 수술실 부근에 둔다.

4) 분만부
20병동 이하의 산과 병상수에 대해 1실을 둔다.

5) X – 레이실
각 병동에 가깝거나 외래진료부나 구급부 등으로부터 편리한 장소에 위치하게 한다.

6) 물리요법부
외래환자가 많으므로 외래 이용에 편리한 위치에 둔다.

7) 검사부
① 병동과 외래진료부에서 가까운 곳으로 북향이 좋다.
② 오물소각로에 가깝게 둔다.

8) 혈액은행

9) 의료사업부
의료 신변 상담 등을 하는 곳으로 외래진료부의 일부에 두는 것이 좋으며, 상담실 등이 필요하다.

10) 구급(응급)부
병원 후면의 1층에 위치하여 구급차가 출입할 수 있도록 플랫홈을 설치한다.

11) 육아부
산과의 중앙에 배치하며 분만실과는 격리시킨다.

핵심문제 ●○○

무영등은 다음 중 어느 곳에 사용 되는가?
① 중기제작공장
② 호텔 비상구
③ 극장 비상구
❹ 수술실

해설 무영등
• 병원의 수술실에서 사용
• 그림자가 생기지 않는 조명등

>>> Supply Center

① 중앙 소독 및 공급실
② 수술실 부근에 둔다.

핵심문제 ●●○

종합병원 건축에 있어서 가급적 1층에 설치하는 것이 요망되는 것은 어느 것인가?
❶ 물리치료실
② 방사선심부치료실
③ 분만실
④ 수술실

해설
물리치료실은 외래환자가 많으므로 출입이 편리한 1층에 설치한다.

2. 외래진료부

(1) 진료방식의 분류

1) 클로즈드 시스템(Closed System)

대규모의 각 종과를 필요로 하고 환자가 매일 병원에 출입하는 형식

① 계획상의 요점
- 1일 외래 환자수는 보통 병상 수의 2~3배
- 약국, 중앙주사실, 회계 등은 정면 출입구에 둔다.
- 외래진료, 간단한 처치, 소검사 등을 주로 한다.
  (특수시설을 요하는 의료·검사 시설은 중앙 진료부에 둔다)
- 동선은 체계화, 대기공간을 통로공간과 분리
- 환자의 이용이 편리하도록 1층 또는 2층 이하에 둔다.
- 장래확장, 용도 변경 등에 대응할 수 있는 융통성
- 의료사업부(의료, 신병상담)는 외래에 두는 것이 좋다.
- 외래진료실 : 1실당 1일 최대 30~35인 정도 진료

2) 오픈 시스템(Open System)

종합병원 근처의 일반 개업 의사는 종합병원에 등록되어 있어서 종합병원 내의 큰 시설을 이용할 수 있고 자신의 환자를 종합병원 진찰실에서 예약된 장소와 시간에 행할 수 있으며 입원시킬 수 있는 제도

(2) 각 과별 계획

내과	진료검사에 시간이 걸리므로 소 진료실을 다수 설치
외과	• 진찰실과 처치실로 구분(소수술실, 깁스실을 인접설치) • 각과는 1실에 여러 환자를 볼 수 있도록 대실로 한다.
소아과	• 부모가 동반하므로 충분한 넓이 필요 • 소음, 전염 등에 주의하여 배치
정형외과	병원의 저층 부분인 1~2층에 설치, 물리 치료실은 외래환자가 많고 치료시간이 길기 때문에 이용이 편리한 1층에 위치
산부인과	• 내진실은 외부에서 보이지 않도록 커튼 등으로 차단 • 내진실과 진찰실로 조합하여 몇 개의 유닛으로 구분
피부비뇨기과	변소를 인접시킨다.
이비인후과	• 남쪽광선 차단(북측채광) • 소수술 후 휴양하는 침대를 설치
안과	• 진료, 처치, 검사, 암실을 설치 • 검안을 위해 5m 정도의 거리를 확보
치과	• 진료실(북쪽), 기공실(배기설비), 휴게실 설치 • X선기계 : 1m × 1m

>>> 클로즈드 시스템
① 우리나라 종합병원에서 채용
② 외래환자수 = 병상수 × 2~3배

>>> 실의 깊이
① 치과, 이비인후과 : 4.5m
② 기타 : 5.5m

>>> 창대높이
0.75~0.9m

>>> 천장높이
2.7m

>>> 오픈시스템
① 미국 등에서 채용
② 개업의사는 종합병원에 등록

핵심문제 ●●○

외래 진료부 계획시 고려하여야 할 사항 중 적당치 않은 것은?
① 이비인후과 – 남쪽 광선 차단
② 소아과 – 부모 동반 공간 확보
❸ 정형외과 – 최상층에 위치
④ 내과 – 외래 환자 최다

[해설]
③ 보행부자유자가 많으므로 주출입구에서 접근이 용이한 저층부분에 둔다.

3. 병동부

병실, 의원실, 간호원 대기실, 면회실 등으로 구성

(1) 면적 구성비

종합 병원	결핵 병원	정신 병원
연면적의 1/3	연면적의 1/2	연면적의 2/3 정도

(2) 간호단위(Nurse Unit) 구성(1간호 단위)

1조(8~10명)의 간호원이 간호하기에 적절한 병상수로 25Bed가 이상적이며, 보통 30~40Bed이다.

(3) 세부 구성

1) 병실크기

① 1인용실 : 6.3m² 이상
② 2인용실 : 8.6m² 이상(1인에 대해 4.3m² 이상)
③ 소아 전용실은 성인의 2/3 이상

2) 병실 구성

천장	조도가 높고 반사율이 큰 마감 재료는 피한다.
조명	• 형광등이 반드시 좋은 것은 아니다. • 환자마다 머리 후면에 개별 조명시설을 설치 • 실중앙에 전등을 달지 않는다.
출입문	• 안여닫이로 하고 문지방을 두지 않는다. • 외여닫이문으로 폭은 1.15m 이상으로 한다.
창면적	바닥면적의 1/3~1/4 정도
창대높이	90cm 이하(외부 전망 가능)
복도	중복도(1.6m 이상) 편복도(1.2m 이상)

3) 특수병실

① I.C.U(Intensive Care Unit) : 중증환자를 수용하여 24시간 집중적인 간호와 치료를 행하는 간호단위
② C.C.U(Coronary Care Unit) : 심근, 협심증환자를 대상으로 집중 치료를 행하는 간호단위

4) 큐비클 시스템(Cubicle System : 총실)

보통 천장에 닿지 않는 가벼운 커튼이나 몇 개의 큐비클로 나누어 병상을 배치

>>> 간호 단위의 분류

① 일반 간호 단위
② 특별 간호 단위
   (결핵, 전염, 정신병 등)
③ 총실(경환자)과 개실(중환자)
④ 남녀별

핵심문제

단위실 출입구의 폭을 85cm로 했을 경우 가장 협소한 경우는?
① 사무실   ❷ 병실
③ 호텔 객실 ④ 주택

[해설] 병실 출입문
폭 1.15m 이상(침대폭 1m 고려)

핵심문제

병원건축에서 병실계획 중 잘못된 것은?
① 병실의 창면적은 바닥면적의 1/3~1/4 정도가 적당하다.
② 창대의 높이는 90cm 이하로 한다.
❸ 병실 출입구는 쌍여닫이로 한다.
④ 침대의 방향은 환자의 눈이 창과 직면하지 않도록 한다.

[해설]
③ 안여닫이로 한다.
   (외여닫이로 폭 1.15m 이상)

특징	• 공간을 유효하게 사용 • 북향 부분도 실의 환경이 균일 • 개방감이 있으나 독립성이 나쁘다. • 실내공기 오염 가능성이 높다.

5) 병실의 구분
① 총실과 개실의 그룹별로 층 구성을 한다.
② 병상수의 비율은 4 : 1 혹은 3 : 1로 한다.

6) 간호원 대기실(Nurse Station)

위치	• 각 간호 단위 또는 층별, 동별로 설치 • 간호 작업에 편리한 수직 통로 가까운 곳(외인 출입도 감시 기능)
부속시설	• 간호사 호출벨 및 인터폰 설비 • 카운터 및 서랍 • 약품장 및 자물쇠 장치가 된 마약장치 • 싱크, 주사기 등의 소독설비용 전열장치 • 시계, 에어슈트(의무기록과 차트 운송) • 환자 체온표, 전화, 기타
보행거리	간호사의 보행거리는 24m 이내(병실군의 중앙에 위치)

핵심문제 ●●●

일반적인 종합병원에서 간호단위의 구성 기준을 정함에 있어 가장 적당한 것은?
① 10~20Bad, 간호부 보행거리 15m 이내
② 40~50Bad, 간호부 보행거리 12m 이내
③ 20~30Bad, 간호부 보행거리 36m 이내
❹ 30~40Bad, 간호부 보행거리 24m 이내

[해설]
• 1간호 단위 : 30~40Bed(25Bed : 이상적)
• 간호사 보행거리 : 24m 이내

출제예상문제

01 병원 건축의 배치형식에서 집중식(Block Type)에 대한 설명으로 적당하지 않은 것은?

① 전체적으로 통풍과 일조가 유리하다.
② 시설 및 설비를 집중시킬 수 있어 관리비, 설비비가 절약된다.
③ 고층이 되기 쉽다.
④ 최근 많이 적용되고 있는 형태이다.

해설
①은 분관식의 특징이다.

02 병원계획에 관한 설명 중 옳지 않은 것은?

① 수술부는 가급적 외과 병동과는 동일한 층으로 하되 일반적으로 중앙진료부의 최상층 또는 1층에 두는 수가 많다.
② 중앙 진료부는 외래 진료부와 병동의 중간인 곳이 좋다.
③ 종합병원에 있어 배수는 하수도의 종류에 불구하고 모든 정화조를 통하여 배수한다.
④ 병원의 연면적 중 병동부가 차지하는 면적은 약 30~40% 정도이다.

해설
수술실의 위치
- 타 부분의 통과교통이 없는 위치
- 중앙 소독 공급부와 수직 또는 수평적으로 근접된 부분
- 병동 및 응급부에서 환자 수송이 용이한 곳

03 종합병원에서는 크게 4종류의 주요 출입구를 두게 되는데 그 설명으로 옳지 않은 것은?

① 외래부분 출입구는 출입이 가장 많으나 장시간 체재하지 않으므로 주출입구는 아니다.
② 병동부 출입구는 입원환자 및 방문객의 주출입구가 된다.
③ 구급차 및 사체의 출입구는 가장 눈에 띄지 않도록 배려한다.
④ 병원 종업원과 보급을 위한 출입구는 환자 및 방문객의 출입구와는 분리되어야 한다.

해설
병원의 출입구
- 제1입구 : 외래부 출입구로서 병원 전체의 주출입구 역할을 한다.
- 제2입구 : 병동부 주출입구로서 입원환자 및 방문객의 주출입구가 된다.
- 제3입구 : 구급차 및 사체의 출입구로서 되도록 사람의 눈에 띄지 않고 출입할 수 있게 한다.
- 제4입구 : 창고, 기계실, 세탁실, 취사장, 창고 등의 보급을 위한 출입구이다.

04 병원의 건축계획에 관한 설명 중 옳지 않은 것은?

① 분관식(Pavillion Type)은 유럽에서 발달된 형태로 치료와 의사본위적 병원형식이다.
② 집합식(Block Type)은 병원의 기능을 집약적으로 편성하므로 관리가 쉽고 기능이 양호하다.
③ 종합병원식의 큐비클시스템(Cubicle System)은 간호, 급식, 서비스 등이 용이하고 공간을 유용하게 사용할 수 있다.
④ 병실의 출입문은 환자의 독립성 보호를 위하여 안에서 잠글 수 있도록 하며, 폭은 90cm 이상 보통 110cm로 한다.

해설
병실의 출입문
병실 출입문은 외여닫이로 폭은 1.15m 이상으로 한다.
(침대폭 1.0m 고려)

정답 01 ① 02 ③ 03 ① 04 ④

05 일반 종합병원의 계획에 있어서 옳지 않은 것은?

① 병동부는 면적상 전체 면적의 약 1/3배를 차지한다.
② 병실의 바닥 면적은 1인용의 경우 6.3m²으로 계획한다.
③ X선부는 각 병동부에 가깝고 외래 진료부로부터 편리한 위치에 둔다.
④ 수술부는 사용빈도가 많으므로 다른 부분과 긴밀한 위치가 좋다.

해설

수술실
타 부분의 통과교통이 없는 건물의 익단부로 격리된 위치가 좋다.

06 종합병원의 수술실 계획에 관한 설명으로 옳지 않은 것은?

① 실내의 온도 26.6℃, 습도 55% 이상으로 한다.
② 출입구는 110cm 이상으로 하고, 자동문으로 설치하는 것이 좋다.
③ 수술실에 대한 기계실을 별도로 고려한다.
④ 수술실의 위치는 통과 교통이 없는 독립된 곳에 설치한다.

해설

수술실 계획
- 크기 : 대수술실 : 6×6m, 소수술실 : 4.5×4.5m
- 출입구 : 쌍여닫이로 1.5m 전후 폭
- 실온 : 26.6℃, 습도 : 55% 이상

07 병상수 200Bed를 둘 때 일반 종합병원의 건축 연면적으로 알맞은 것은?

① 5,000m²
② 10,000m²
③ 15,000m²
④ 20,000m²

해설

병상 한 개에 대한 각 면적의 표준
- 건축연면적(외래, 간호원 숙사 포함) : 43~66m²/Bed
- 병동면적 : 20~27m²/Bed
- 병실면적 : 10~13m²/Bed
∴ 200×(43~66) ≒ 10,000m²

08 종합병원에서 가장 면적 배분이 큰 부분은?

① 병동부
② 외래부
③ 중앙진료부
④ 관리부

해설

병원 면적 구성 비율
- 병동부 : 30~40%
- 부속(중앙) 진료부 : 15~17%
- 외래진료부 : 10~14%
- 관리부 : 8~10%
- 서비스부 : 20~25%

09 병동 배치에서 분관식의 장점을 열거한 내용 중 옳은 설명은?

① 각 병실의 일조와 통풍이 유리하다.
② 고층화가 용이하다.
③ 난방, 급배수의 길이가 짧다.
④ 의사, 사무원의 보행거리가 단축된다.

해설

분관식과 집중식의 비교

비교 내용	분관식	집중식
배치형식	저층 분산식(별동)	고층 집약식
환경조건	양호(균등)	불량(불균등)
부지의 이용도	비경제적 (넓은 부지)	경제적 (좁은 부지)
설비시설	분산적	집중적
관리상	불편함	편리함
보행거리	멀다.	짧다.
적용 대상	특수병원	도심 대규모 현대병원

②, ③, ④는 집중식에 대한 설명이다.

정답 05 ④ 06 ② 07 ② 08 ① 09 ①

10 종합병원 건축의 클로즈드시스템(Closed System)의 외래 진료부 계획상 요점 중 적당하지 않은 것은?

① 환자의 이용이 편리하도록 1층 또는 2층 이하에 둔다.
② 중앙 주사실, 회계, 약국 등은 정면 출입구 근처에 설치한다.
③ 외과 계통 각 과는 소진료실을 다수 설치하도록 한다.
④ 전체 병원에 대한 외래부의 면적 비율은 10~15% 정도로 한다.

해설
외래 진료부
외과 계통 각 과는 1실에서 여러 환자를 볼 수 있도록 대실(大室)로 한다.
③은 내과계통 각 과에 대한 설명이다.

11 종합병원계획에 관한 기술 중 부적당한 것은?

① 중앙 공급실은 병원 전체의 의료품을 소독, 지급하는 곳이므로 병동 가까이에 계획한다.
② 외래부는 외부로부터의 연결이 잘 되는 곳에 위치하도록 계획한다.
③ I.C.U에는 집중적인 간호력과 고도의 의료시설을 갖추도록 한다.
④ 수술실은 통과 교통을 피한 장소에 두고 직접 복도로부터 사람의 출입이 없도록 계획한다.

해설
중앙 소독 공급부(Supply Center)
수술실 부근에 둔다.

정답 10 ③ 11 ①

CHAPTER 12 호텔 및 레스토랑

01 개요 및 기본계획
02 평면계획
03 세부계획
04 레스토랑

CHAPTER 12 호텔 및 레스토랑

SECTION 01 개요 및 기본계획

1. 호텔의 종류 및 특징

(1) 시티 호텔(City Hotel)

도시 시가지에 위치하여 일반 여행객의 단기 체재나 연회 등의 장소로 이용

커머셜 호텔	• 일반 여행자용 호텔(비즈니스 주체) • 외래객에게 개방(집회, 연회) • 교통이 편리한 도시 중심지에 위치 • 주로 고층화 한다.(대지 제한)
레지덴셜 호텔	• 사업상(상업상) 단기체재하는 여행자용 호텔 • 커머셜 호텔보다 규모가 작고, 설비는 고급 • 도심을 피하여 안정된 곳에 위치
아파트먼트 호텔	• 장기간 체재하는 데 적합 • 부엌과 셀프서비스를 갖춤
터미널 호텔	• 철도역 호텔(station hotel) • 부두 호텔(Harvor hotel) • 공항 호텔(Airport hotel)

(2) 리조트 호텔(Resort Hotel)

피서, 피한을 위주로 하여 관광객이나 휴양객에게 많이 이용되는 숙박시설

① 해변 호텔(Beach Hotel)
② 산장 호텔(Mountain Hotel)
③ 온천 호텔(Hot Spring Hotel)
④ 스키 호텔(Ski Hotel)
⑤ 스포츠 호텔(Sport Hotel)
⑥ 클럽 하우스(Club House) : 스포츠 및 레저 시설을 위주로 이용되는 시설

(3) 기타

1) 모텔(Motel)

모터리스트의 호텔(Motorist Hotel)이라는 뜻으로서 자동차 여행자를 위한 숙박 시설로 자동차 도로변, 도시 근교에 많이 위치한다.

>>> 시티 호텔

① 커머셜 호텔
② 레지덴셜 호텔
③ 아파트먼트 호텔
④ 터미널 호텔

>>> 터미널 호텔

교통의 발착지점에 위치한 호텔

[핵심문제]

사업상, 사무상의 여행자, 관광객, 단기 체재자 등의 일반 여행자를 대상으로 한 호텔을 무엇이라고 하는가?
① 커머셜 호텔
❷ 레지덴셜 호텔
③ 아파트먼트 호텔
④ 터미널 호텔

[해설]
① : 비즈니스 주체
③ : 장기체재에 적합
④ : 교통의 발착지점

[핵심문제]

리조트(Resort) 호텔의 종류가 아닌 것은?
① 해변 호텔
❷ 아파트먼트 호텔
③ 산장 호텔
④ 클럽 하우스

[해설]
②는 시티호텔이다.

>>> 모텔(Motel)

도심지(×)

2) 유스 호스텔(Youth Hostel)

청소년 국제 활동을 위한 장소로 서로 환경이 다른 청소년이 우호적 분위기 가운데서 사용할 수 있는 숙박시설

① 종류 : 여행 호스텔, 휴가(하계·동계·주말) 호스텔, 도시 호스텔 등이 있다.

② 건축기준

구조	주요구조는 내화 또는 불연재 구조
침실	• 입구에서 남·녀로 구분한다. • 바닥면적은 1bed당 2.4m²로 한다. • 수용인원에 대비한 라커를 설치
침실의 수	• 4bed 이상 8bed 이하의 침대를 준비 • 침실은 총수의 반수 이상으로 한다. • 1실 20bed를 초과하지 않는다.
집회실	150m²를 초과하는 경우 2실로 구분
식당	1인당 0.5m² 이상(자취 가능한 조리실 설치)
샤워실	15인 이하를 기준으로 1개의 온수 샤워시설

2. 호텔의 입지조건

시티호텔	• 교통이 편리할 것 • 환경이 양호하고 쾌청할 것 • 자동차 접근(Approach)이 양호할 것 • 주차설비가 충분할 것 • 근처 호텔과의 경영상의 경쟁과 제휴를 고려
리조트 호텔	• 수질이 좋고, 수량이 풍부한 곳 • 식료품이나 린넨류의 구입이 쉬울 것 • 조망이 좋고 자연재해의 위험이 없을 것 (계절풍에 대한 대비가 있을 것) • 관광지의 정경을 충분히 이용할 수 있는 곳

3. 호텔의 배치계획

① 여러 계통의 접근 체계와 고객의 자동차 동선을 고려한 교통계획이 중요하다.

② 고객 동선은 가능한 한 주접근로와 주차장과의 관계가 대지 내에서 순환되도록 한다.

③ 시티호텔 : 대지의 제약으로 복도면적을 작게 하고 고층화에 적합한 평면형이 요구된다.

④ 리조트 호텔 : 복도면적이 다소 많다 해도 조망, 쾌적함을 위주로 계획

⑤ 아파트먼트 호텔 : 특히 거주성(통풍·채광)이 좋은 평면으로 계획

핵심문제 ●○○

호텔계획 중 잘못 설명된 것은?

❶ 유스 호스텔의 위치는 도심지 가까운 곳이 좋다.
② 호텔의 위치는 교회, 학교, 병원 근처를 피하는 것이 좋다.
③ 조반실은 투숙객의 25%가 일시에 앉을 수 있게 한다.
④ 식당은 투숙객의 50% 규모로 충분히 크게 한다.

해설
① 도시 근교나 주위환경이 좋은 곳에 위치하도록 한다.

》》 린넨(linen)류

간단히 사용하는 물품 종류

핵심문제 ●●○

호텔의 기본계획 조건으로 가장 관계가 먼 것은?
① 장래의 증축을 고려할 것
② 레크리에이션 시설은 가급적 하층부에 둘 것
③ 리조트 호텔은 서비스 면적이 많아져도 쾌적함을 위주로 할 것
❹ 시티 호텔은 수직 교통의 단축을 위해 전체를 저층으로 구성할 것

해설
④ 시티 호텔은 대지의 제약으로 건물을 고층화한다.

SECTION 02 평면계획

핵심문제 ●●●

다음은 호텔구성의 4가지 구성 요소이다. 각 항에 적합하지 않은 것은?
❶ 숙박부분 : 객실, 린넨실, 식당
② 공공부분 : 로비, 라운지, 나이트클럽
③ 관리부분 : 지배인실, 사무실, 전화 교환실
④ 요리부분 : 배선실, 주방, 식기실

해설
① 식당은 공공부분에 속함

▶▶ 프런트 오피스
① 안내계
② 객실계
③ 회계계

▶▶ 클로크룸
집회 등이 있을 때 개인용품을 예치하는 곳

핵심문제 ●○○

객실 200개 규모의 시가지 호텔의 연면적으로 가장 적절한 것은?
❶ 5,600~10,000m²
② 11,000~13,000m²
③ 14,000~15,000m²
④ 16,000~18,000m²

해설
200개×28~50m² = 5,600~10,000m²

핵심문제 ●●●

다음 호텔 중에서 연면적에 대한 숙박면적의 비가 가장 큰 것은 어느 것인가?
① 아파트먼트 호텔
② 레지덴셜 호텔
③ 리조트 호텔
❹ 커머셜 호텔

해설
커머셜>리조트>아파트먼트

1. 호텔의 기능별 실의 배치

기능	주요 기능별 각 실의 명칭
숙박부분	객실, 이에 부수되는 공동변소, 욕실, 보이실, 메이드실, 린넨실, 트렁크실, 복도, 계단 등
공용(사교)부분	현관 홀, 로비, 라운지, 식당, 연회장, 오락실, 매점, 나이트클럽, 커피숍, 그릴, 담화실, 독서실, 흡연실, 프런트 카운터, 미용실, 이용실, 엘리베이터, 계단, 정원
관리 부분	프런트 오피스, 클로크룸, 지배인실, 사무실, 공작실, 창고, 전화 교환실, 종업원 관계 제실 및 이에 부수되는 화장실, 복도, 계단 등
요리 관계 부분	배선실, 주방, 식기실, 냉장고, 식료 창고 및 이에 부수되는 창고, 복도, 계단 등
설비 관계 부분	보일러실, 각종 기계실, 세탁실 및 이에 부수되는 창고, 복도, 계단 등
대실	상점, 창고, 대사무실, 클럽실 등

2. 각 실의 면적 구성비

구분	리조트 호텔	시티 호텔	아파트먼트 호텔
규모(객실 1에 대한 연면적)	40~91m²	28~50m²	70~100m²
숙박부 면적비(연면적에 대한)	41~56%	49~73%	32~48%
공용 면적비(연면적에 대한)	22~38%	11~30%	35~58%
관리부 면적비(연면적에 대한)	6.5~9.3%		
설비 면적비(연면적에 대한)	약 5.2%		

① 숙박면적비 : 시티(커머셜)>리조트>아파트먼트
② 공용면적비(퍼블릭 스페이스) : 아파트먼트>리조트>시티
③ 1객실 면적 : 아파트먼트>리조트>시티

SECTION 03 세부계획

1. 객실

(1) 크기

구분	실폭	실깊이	층높이	출입문 폭
1인용실	2~3.6m	3~6m	3.3~3.5m	0.85~0.9m
2인용실	4.5~6m	5~6.5m		

실의 종류	싱글	더블	트윈	스위트	욕실의 최소 크기
1실의 평균 면적(m²)	18.55	22.414	30.43	45.89	1.5~3.0

>>> 객실의 형

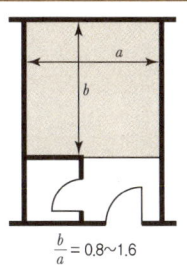

$\frac{b}{a} = 0.8 \sim 1.6$

(2) 객실의 형

① 가로·세로의 비, 욕실, 벽장의 위치에 의해서 침대의 배치를 검토하여 결정한다.

② 평면형의 결정 조건 : 침대·욕실·변소의 위치

2. 종업원 관계 제실

1) 종업원 수 : 객실의 2.5배 정도의 인원

2) 종업원의 숙박시설 : 종업원의 1/3 정도의 규모

보이실·룸서비스	• 숙박시설이 있는 각층 코어에 인접 배치 • 객실 150Bed당 리프트 1개 설치 (25~30실당 1대씩 추가 설치)
린넨실	숙박객의 세탁물 보관 또는 객실 내부에서 사용하는 물건들을 보관하는 실
트렁크룸	숙박객의 짐을 보관하는 장소(화물용 EV 필요)

핵심문제 ●●○

호텔에 있어서 린넨룸(Linen Room)의 용도는?

① 주방의 식품고
② 룸 보이의 대기실
③ 숙박비를 계산하는 곳
❹ 객실의 시트, 수건, 비누 등을 넣어 두는 곳

해설
① : 팬트리
② : 보이실
③ : 프런트 카운터

3. 식당 및 부엌

(1) 식당

① 식당과 주방의 관계에서 식당이 차지하는 면적은 70~80% 정도이다.

② 크기

1석당 면적	1.1~1.5m²/석
1평당 수용인원	2.0~2.5인/평

핵심문제 ●●○

도심에 있는 호텔 식당 면적에 대한 주방 면적의 비율로 옳은 것은?

① 10% 정도   ② 20% 정도
❸ 30% 정도   ④ 40% 정도

해설
25~35% 정도

(2) 주방

① 능률적, 경제적, 위생적이어야 한다.
② 조리실 등의 주요부분의 면적 : 식당면적의 25~35% 정도

4. 연회장

대연회장	중·소 연회장	회의실
1.3m²/인	1.5~2.5m²/인	1.8m²/인

>>> **연회장의 출입**
연회장은 외부에서 직접 출입할 수 있어야 한다.

5. 기타

(1) 복도의 폭(법규상)

① 중복도인 경우 : 1.6m 이상
② 편복도인 경우 : 1.2m 이상

(2) 화장실

① 공용부분의 층에서는 60m 이내마다 설치
② 종업원의 변소는 따로 설치(고객과의 혼용 방지)
③ 공통용 변기 수 : 25인에 대해 1개의 비율로 설치
   (대 : 소 : 여 = 2 : 4 : 2)

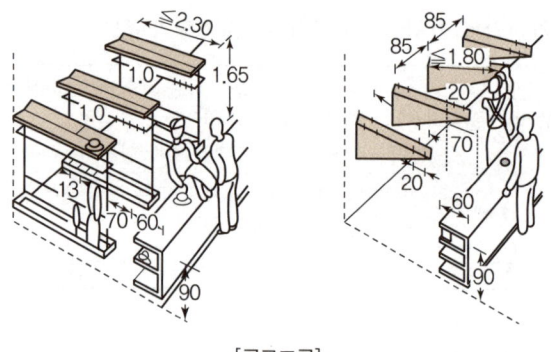

[클로크룸]

SECTION 04 레스토랑(Restaurant)

1. 레스토랑의 형태

(1) 테이블 서비스 레스토랑

웨이터가 요리상을 방으로 옮기는 시스템

특징	• 조용하고 쾌적한 분위기 • 신속하지 않아도 정중하게 취급한다. • 비경제적(인건비·유지비·손님의 순환율) • 손님도 고급이고 가격도 높다.

(2) 카운터 서비스 레스토랑

카운터 앞에서 웨이터 없이 서비스로 식사를 하는 형식

특징	• 서비스가 신속하고 손님의 순환율이 좋다. • 면적의 이용률이 높다. • 어떠한 대지에도 자유로이 배치 가능 • 소음이 크고, 안정되지 못하다.

(3) 셀프 서비스 레스토랑(카페테리아 형식이 주로 이용)

손님 자신이 서비스를 하는 형식

특징	• 식사의 선택이 자유롭고 값이 싸다. • 손님의 동선계획이 중요하다.

2. 레스토랑의 종류

(1) 식사를 주로 하는 음식점

레스토랑	• 넓은 의미로 서양식 식당을 말함 • 일정한 시각에 정식을 손님에게 제공 • 테이블 서비스(웨이터 서비스)
런치 룸	• 레스토랑을 실용화(경식당) • 부엌 앞 런치 카운터에서 식사를 함
그릴	• 불고기·생선구이 등 특징 있는 일품요리를 내는 음식점 • 카운터 서비스가 주체
카페테리아	셀프 서비스
드라이브 인 레스토랑	• 자동차 이용자를 위한 식사 서비스 시설 • 신속, 간편, 고급식사 가능 • 철야 영업 원칙
스낵바	• 간단한 식사제공 • 카운터 서비스 또는 셀프 서비스
뷔페	• 취향에 맞게 음식 선택 • 셀프 서비스

>>> 테이블 서비스

다른 형식에 비해 비경제적

핵심문제 ●●○

음식점 설계에 관한 다음 설명 중 틀린 것은?
① 레스토랑의 부지 선정은 변화한 곳이 좋다.
② 손님의 동선과 웨이터, 부엌관계 동선은 구별되어야 한다.
❸ 카운터 서비스 레스토랑은 서비스가 느리고 손님의 순환율이 늦다.
④ 손님 1인당 식당 점유면적은 $1m^2$ 정도로 한다.

[해설]
③ 서비스가 신속하고 손님의 순환율이 좋다.

핵심문제 ●○○

다음 중 셀프서비스(Self Service) 형식의 음식점은?
① 레스토랑(Restaurant)
② 그릴(Grill)
❸ 카페테리아(Cafeteria)
④ 스낵바(Snack Bar)

[해설]
• 레스토랑 : Table Service
• 그릴·스낵바 : Counter Service
• 카페테리아 : Self Service

>>> 카페테리아

레스토랑의 변형으로 간단한 식사를 하려는 사람들의 요구에 따라 발달된 형식

(2) 가벼운 음식을 주로 하는 음식점

Tea Room(다방), Bakery(빵집), Candy Store(과자점), Fruits Parlour(과일점), Drug Store(약국 부속 스낵바)

(3) 주류를 주로 하는 음식점

Bar(바), Beer Hall(비어 홀), Cafe(카페), Stand(스탠드)

(4) 사교를 주로 하는 음식점

Cavaret(카바레), Night Club(나이트 클럽), Dance Hall(댄스 홀)

출제예상문제

01 현대 호텔 건축계획에 관한 설명 중 옳은 것은?

① 일반적으로 호텔 건축의 형태는 공동(Public)부분에 의하여 결정된다.
② 연회장 출입은 명확한 동선을 위해 주출입구 및 로비를 통하도록 하는 것이 좋다.
③ 커머셜(Commercial) 호텔의 기준층 평면계획은 복도의 면적을 가능한 한 적게 해도 좋다.
④ 호텔 기준층에 있어서 층당 객실 수는 엘리베이터가 설치되지 않을 경우 평균 39실 정도가 알맞다.

해설
각 실 계획
① 숙박부분은 호텔의 가장 중요한 부분으로 이에 의해 호텔의 형이 결정된다.
② 연회장은 가급적 외부에서 직접 출입할 수 있도록 하는 것이 좋다.
④ 객실수는 공중위생법에 정한 호텔 시설 객실 기준으로 하되, 서울의 경우 50실 이상, 부산은 40실 이상으로 한다.

02 호텔기능에 관한 설명 중 부적당한 것은?

① 숙박 시설이 개인의 기밀성을 요구한다면 사교부분은 공공이 있어야 한다.
② 아파트먼트 호텔의 유닛에 주방이 부속되어 있으므로 호텔 자체의 식당과 주방은 필요하지 않다.
③ 숙박부분에 의해 호텔의 형이 결정된다.
④ 숙박부분과 연회부분의 동선은 분리해야 한다.

해설
아파트먼트 호텔
아파트먼트 호텔은 객이 장기간 체제 하는 데 적합한 호텔로서 각 객실에는 부엌설비를 갖추고 있는 것이 대부분이며, 호텔은 별도로 전체를 대상으로 한 식당과 주방설비를 갖추어야 한다.

03 다음 호텔 중에서 연면적에 비하여 숙박면적의 비가 가장 큰 것은?

① 리조트 호텔
② 아파트먼트 호텔
③ 커머셜 호텔
④ 레지덴셜 호텔

해설
면적 구성비
- 숙박면적비 : 시티(커머셜)＞리조트＞아파트먼트
- 공용면적비 : 아파트먼트＞리조트＞시티
- 1객실 면적 : 아파트먼트＞리조트＞시티

04 연면적에 대한 퍼블릭 스페이스의 면적이 가장 큰 비율로 되어 있는 호텔은?

① 리조트 호텔　② 레지덴셜 호텔
③ 커머셜 호텔　④ 터미널 호텔

해설
각 실의 면적 구성 비율

구분 \ 종류	리조트 호텔	시티 호텔	아파트먼트 호텔
규모(객실 1에 대한 연면적)	40~91m²	28~50m²	70~100m²
숙박부 면적 (연면적에 대한)	41~56%	49~73%	32~48%
퍼블릭 스페이스 면적비 (연면적에 대한)	22~38%	11~30%	35~58%
관리부 면적비 (연면적에 대한)	6.5~9.3%		
설비부 면적비 (연면적에 대한)	약 5.2%		
로비 면적 (객실 1에 대한 면적)	3~6.2m²	1.9~3.2m²	5.3~8.5m²

정답　01 ③　02 ②　03 ③　04 ①

05 호텔 건축의 배치계획에 대한 다음 설명 중 옳지 않은 것은?

① 여러 계통의 접근체계와 고객의 자동차 동선을 고려한 교통계획이 중요하다.
② 고객 동선은 가능한 주접근로와 주차장과의 관계가 대지 내에서 순환되도록 한다.
③ 리조트 호텔의 면적은 복도 면적이 다소 많더라도 거주성이 좋은 평면으로 계획한다.
④ 시티 호텔은 복도면적을 작게 하고 고층화에 적합한 평면형이 요구된다.

> **해설**
> **리조트 호텔**
> • 복도면적이 다소 많더라도 조망, 쾌적함을 위주로 하며 장래 증축을 고려한다.
> • 거주성은 시티 호텔과 리조트 호텔의 중간적 성격의 아파트먼트 호텔에서 요구된다.

06 도심에 있는 호텔식당 면적에 대한 주방 면적의 비율로 옳은 것은?

① 10% 정도　　② 20% 정도
③ 30% 정도　　④ 40% 정도

> **해설**
> **주방**
> 조리실 등의 주요 부분 면적 : 식당면적의 25~35%

07 최근 나타나고 있는 호텔 건축의 복합화 경향이 아닌 것은?

① 지역 재개발 빌딩과의 복합화
② 터미널(공항, 역 또는 버스터미널)과의 복합화
③ 공공서비스 시설(관공서 또는 병원)과의 복합화
④ 산업시설(도시형 공장 또는 창고)과의 복합화

> **해설**
> **호텔건축의 복합화**
> 최근의 호텔건축의 복합화 과정 중에서 특이할 만한 사항은 재개발 빌딩을 리모델링(Remodeling)이나 리노베이션(Renovation)하여 낙후시설을 고급화 하여 호텔의 수익성을 높이는 것이다. 터미널과 호텔의 복합화는 터미널호텔, 병원과의 복합화는 호피스텔이란 개념이 등장하여 건축계획적 측면을 고려하고 있으며, 아직까지는 산업시설과의 복합화 과정은 호텔 본연의 목적인 사업 수익성의 타당성 조사가 이루어지지 않고 있다.

08 호텔계획에 관한 설명 중 옳지 않은 것은?

① 로비(Lobby)는 퍼블릭 스페이스(Public Space)의 중심이 되도록 계획한다.
② 일반적으로 호텔의 형태는 숙박부분 계획에 의해 영향을 받는다.
③ 로비(Lobby)는 라운지(lounge)와 구별하여 계획한다.
④ 공공부분(사교부분)은 일반적으로 저층에 배치하는 것이 이용성이 좋다.

> **해설**
> **로비**
> 로비는 퍼블릭스페이스의 중심으로 휴게, 면회, 대담, 독서 등 다목적으로 사용되는 공간으로서 라운지와는 확실한 구분은 없다.

09 시가지 호텔(City Hotel)계획에서 크게 고려하지 않아도 되는 것은?

① 연회장　　② 레스토랑
③ 발코니　　④ 주차장

> **해설**
> **시티호텔**
> 시티호텔은 리조트호텔과는 달리 조망을 크게 고려하지 않으므로 계획에서 발코니는 크게 고려하지 않는다.

10 호텔의 명칭 중 리조트 호텔의 종류가 아닌 것은?

① Beach Hotel　　② Club House
③ Harbor Hotel　　④ Mountain Hotel

> [해설]

호텔의 종류
부두 호텔(Harbor Hotel)은 터미널 호텔로서 시티 호텔에 속한다.

11 다음 중 리조트(Resort)의 종류가 아닌 것은?

① 해변 호텔(Beach Hotel)
② 아파트먼트 호텔(Apartment Hotel)
③ 산장 호텔(Mountain Hotel)
④ 클럽 하우스(Club House)

> [해설]

리조트 호텔
- Beach Hotel(해변)
- Mountain Hotel(산악)
- Ski Hotel(스키)
- Sport Hotel(스포츠)
- Club House
- Hot Spring Hotel(온천) 등이 있다.

12 호텔 건축의 기능에 대한 사항 중 옳지 않은 것은?

① 숙박관계부분은 가장 중요한 블록으로 이에 따라 호텔형이 결정된다.
② 호텔의 퍼블릭 스페이스는 1층이나 하층에 위치시킨다.
③ 관리부분은 가능한 한 지하층에 위치시킨다.
④ 보이실, 린넨실, 트렁크 룸 등은 각 층마다 있도록 한다.

> [해설]

관리부분
지상 및 지하층의 적절한 곳에 배치한다.

13 일반적으로 호텔의 소요실 중 클로크룸(Cloak Room)은 기능상 어느 부분에 속하는가?

① 관리부분 ② 공공부분
③ 숙박부분 ④ 대실부분

> [해설]

관리부분
프런트오피스, 클로크룸, 재배인실, 사무실, 공작실, 창고, 복도, 변소, 전화교환실

※ 클로크룸 : 연회 등에 참석하는 손님들의 물품을 보관하는 곳

정답 11 ② 12 ③ 13 ①

CHAPTER 13

미술관

01 전시실계획
02 채광 및 조명계획
03 기타

CHAPTER 13 미술관

SECTION 01 전시실계획

>>> 용도별 면적구성

① 전시 : 40~50%
② 교육 : 4~8%
③ 수집·보관 : 10~15%
④ 조사·연구 : 3~8%
⑤ 관리 : 7~8%
⑥ 기타 : 30% 정도

>>> 입지(미술관)

쉽게 접근할 수 있도록 도심과 주거지 사이가 적당

핵심문제 ●●○

대규모의 미술관 평면 계획에 있어서 전시실의 순회 형식으로 가장 효과적인 것은?
① 연속 순회 형식
❷ 중앙 홀 형식
③ 갤러리 및 복도 형식
④ 중앙 홀 형식과 갤러리 형식의 혼합 방식

[해설]
② 중앙 홀 형식은 대규모 전시실에 가장 적합

1. 전시공간의 면적

① 미술관의 경우 : 연면적의 50% 이상
② 박물관의 경우 : 연면적의 30~50% 정도

2. 전시실의 순로(순회)형식

(1) 연속 순로 형식

구형 또는 다각형의 각 전시실을 연속적으로 연결하는 형식

특징	• 단순하고 공간이 절약된다. • 소규모의 전시실에 적합하다. • 전시 벽면을 많이 만들 수 있다. • 많은 실을 순서별로 통해야 한다.(1실을 닫으면 전체동선이 막힘)

(2) 갤러리(Gallery) 및 코리도(Corridor) 형식

연속된 전시실의 한쪽 복도에 의해서 각 실을 배치한 형식

특징	• 각 실에 직접 들어갈 수 있는 점이 유리(필요시 자유로이 독립적으로 폐쇄 가능) • 복도 자체도 전시 공간으로 이용 가능

(3) 중앙 홀 형식

중심부에 하나의 큰 홀을 두고 그 주위에 각 전시실을 배치하여 자유로이 출입하는 형식

특징	• 중앙 홀이 좁으면 동선의 혼란을 가져오기 쉽다. • 장래 확장에 많은 무리가 따른다. • 대규모 전시실에 가장 적합

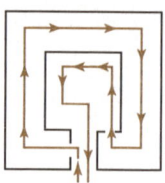 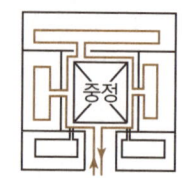 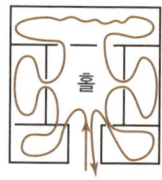

(a) 연속 순로 형식   (b) 갤러리 및 코리도 형식   (c) 중앙 홀 형식

[전시실의 순로 형식]

3. 전시실의 크기

(1) 매그너스(Magnus) 안

① 천장 높이 : 전시실 폭의 5/7
② 벽면의 진열 범위 : 바닥에서 1.25~4.7m까지(실 폭이 11m일 경우)
③ 천장의 폭 : 전시실 폭의 1/3~1/2
④ 벽면의 최고 조도 위치 : 천장에서 5.3m의 밑점까지(실 폭이 11m일 경우)

(2) 티드(Tiede) 안

① 회화 높이의 중심에서 수평선과 실의 중심선과의 교차점을 중심으로 원을 그렸을 때 바닥에서 0.95m의 벽면에서부터 회화 전시면으로 하고 이에 대한 45° 선과 교차점을 천창과 천장 높이로 한다.
② 실 폭과 실 길이는 자연채광의 경우 창 상단의 높이와의 관계로 정해진다.

(3) 기타

실폭	최소 5.5m 이상
	큰 전시실에서는 최소 6m 이상(평균 8m)
실길이	실 폭의 1.5~2배 정도(소형 : 1.8m 이상, 대형 : 6.0m 이상)
시각	45° 이상 떨어져 관람하는 것이 보통이다.(최량시각 : 27~30°)
통로	다수의 관객이 통행 시 2m 이내의 여유 필요

4. 특수 전시기법

(1) 디오라마(Diorama) 전시

① 하나의 사실 또는 주제의 시간적 상황을 고정시켜 연출
② 현장감(사실감) 있는 입체적인 전시방법

(2) 파노라마(Panorama)전시

① 넓은 시야의 실제 경치를 보는듯한 감각이 연출된다.
② 벽면전시와 입체물이 병행된다.

(3) 아일랜드(Island) 전시

① 벽이나 천장을 직접 이용하지 않는다.
② 전시물의 입체물 자체를 전시공간에 배치
③ 큰 전시물, 작은 전시물 모두 전시 가능

>>> **천장고**

최근의 천장고는 인공조명의 발달로 3.6~4m의 낮은 천장도 가능해졌다.(3.6~4m 이하는 관람객에게 중압감을 줄 수 있다.)

핵심문제 ●●○

전시실의 제한 중 가장 틀린 것은?
① 최근 천장고는 3.6~4.0m정도로 한다.
② 실폭은 최소 6m 이상 평균 8m이다.
❸ 실 길이와 폭은 동일하게 산출한다.
④ 보통 바닥에서 0.95m 벽면을 회화 전시면으로 이용한다.

[해설]
③ 실길이 = 실폭의 1.5~2배 정도

핵심문제 ●●●

배경과 실물의 종합 전시에 적합한 전시방법은?
① 파노라마 전시
❷ 디오라마 전시
③ 아일랜드 전시
④ 하모니카 전시

[해설] 디오라마 전시
현장감을 살리기 위해 실물과 배경 스크린을 이용한 전시방법

(4) 하모니카(Harmonica) 전시

① 전시 평면이 하모니카 흡입구처럼 동일 공간으로 연속 배치
② 동일 종류의 전시물을 반복 전시 때 유리하다.

>>> 영상전시

현물을 직접 전시 할 수 없는 경우에 쓰이며 오브제 전시의 한계를 극복하기 위한 목적으로 사용된다.

(5) 영상전시

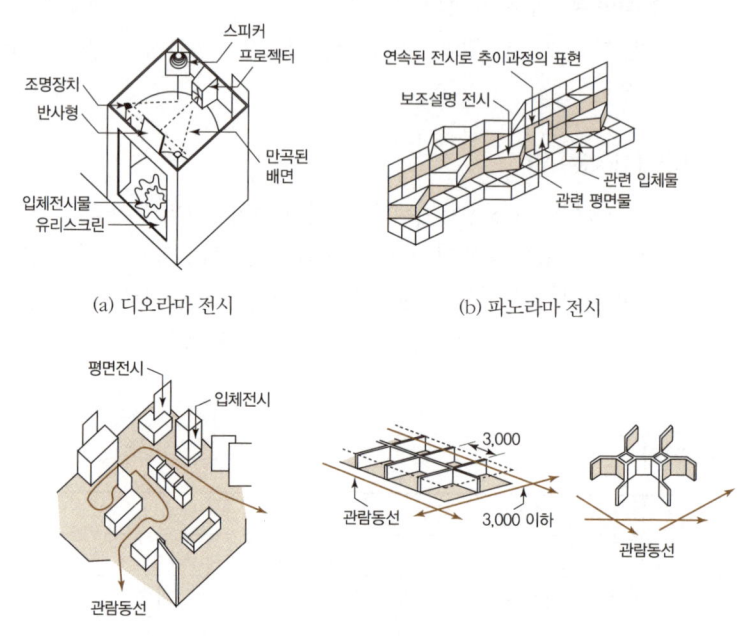

(a) 디오라마 전시
(b) 파노라마 전시
(c) 아일랜드 전시
(d) 하모니카 전시

[특수전시기법]

SECTION 02 채광 및 조명계획

핵심문제 ●●○

미술관 전시실의 조명설계에 관한 설명 중 부적당한 것은?
❶ 광색이 부드럽고 변화가 있어야 한다.
② 조명설계는 인공광선과 자연광선을 종합해서 고려한다.
③ 대상에 따라서 Spot light도 고려되어야 한다.
④ 광원에 의한 현휘를 방지하도록 한다.

[해설]
① 광색이 적당하고 변화가 없어야 한다.

1. 채광설계

(1) 채광조건

① 수직·수평면 확산 가능성, 전시방식의 융통성, 가변적 조명, 에너지 절약을 우선 고려
② 햇빛은 건물의 창문과 옆 건물과의 거리와 높이의 비가 적어도 2 : 1 인 경우가 적합
③ 반사벽은 전시품의 색과 실내온도 상승에 영향을 끼침
④ 다층 건물 시 직접 아래층까지 자연광을 유입시킨다.

(2) 자연채광방식

1) 정광형식(Top Light)

① 천장의 중앙에 천창을 설계하는 방법
② 전시실의 중앙부를 가장 밝게 하여 전시 벽면의 조도를 균등하게 한다.

특징	• 조각 등의 전시실에는 채광량이 많기 때문에 적당 • 유리케이스 내의 공예품 전시물에는 부적합 • 반사장애가 일어나기 쉽다.(루버설치, 2중구조)

2) 측광형식(Side Light)

측면 창에서 직접 광선을 사입하는 방법

특징	• 소규모 전시실 외에는 부적합 • 전시실 채광방식 중 가장 불리

3) 정측광 형식(Top Side Light Monitor)

① 측벽에 가깝게 채광창을 설치하는 방법
② 관람자가 서 있는 위치, 중앙부는 어둡게 하고 전시벽면에 조도를 충분하게 하는 방법

4) 고측광 형식(Clerestory)

천장에 가까운 측면에서 채광하는 방법으로 측광식과 정광식을 절충한 방법

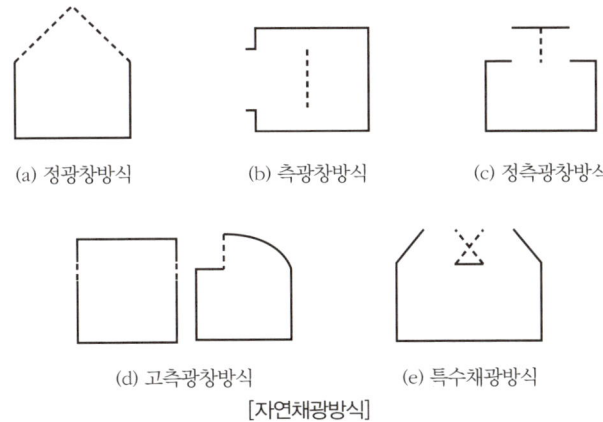

(a) 정광창방식   (b) 측광창방식   (c) 정측광창방식
(d) 고측광창방식   (e) 특수채광방식
[자연채광방식]

2. 전시물에 대한 광원의 위치

① 벽면전시물은 최량의 각도(15~45°) 이내에 광원의 위치 결정
② 실내의 조명은 눈부심, 반사가 생기지 않는 확산광으로 한다.
③ 회화를 감상하는 시점의 위치는 화면 대각선의 1~1.5배의 거리가 이상적(높이는 성인일 때 1.5m를 기준)

핵심문제 ●●●

미술관의 채광방식 중 가장 좋지 않은 것은?

❶ 측광창형식
② 정광창형식
③ 고측광창형식
④ 정측광창형식

해설
①은 측면창에서 광선이 사입되므로 전시물을 볼 경우 눈부심이 생길 수 있다.

핵심문제 ●●○

미술관계획에서 최량시각에 적합한 사항은?

❶ 30°   ② 45°
③ 50°   ④ 60°

해설
광원의 위치와 사선과의 관계

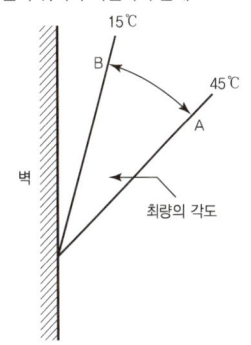

※ 최량시각 : 27~30°

④ 벽면의 색은 화면과 유사하지 않은 색상으로 한다.
⑤ 조각류의 작품은 보조조명 시설을 한다.
⑥ 케이스 내 전시물인 경우 유리면에 생기는 다른 영상이 없어야 한다. (케이스 내의 조도를 외부보다 밝게 한다.)
⑦ 인공조명의 경우 관객에게 광원을 감추어 보이지 않게 한다.

SECTION 03 기타

핵심문제

현대적 개념으로 부상하고 있는 미술관의 기능적 역할은?
① 수집 기능 ② 보관 기능
③ 전시 기능 ❹ 교육 기능

[해설] 미술관의 기능
- 전시, 교육, 수집·보관, 조사·연구, 관리, 기타
- 최근 교육기능이 현대적 개념에서 중요하게 다루어지고 있다.

1. 미술관의 출입 동선계획

① 일반 관객용과 서비스용을 분리
② 오리토리움 전용 입구나 단체용 입구를 예비로 설치
③ 현관 내에서는 입구와 출구를 별도로 사용
④ 상설전시장과 특별전시장은 입구를 분리한다.
⑤ 각 출입구는 방재시설로서 셔터나 그릴 셔터를 설치부를 가급적 작게 한다.(인공조명 + 기계환기)
④ 수장고는 박물관의 가장 중요한 요소로 전시실과 근접시킴

2. 박물관의 수장고계획

① 수장고는 자료정리실, 수리실, 학예 연구실 등을 포함
② 증축을 고려, 전시면적의 10~15% 이상을 환산하여 설정
③ 개구

CHAPTER 13 출제예상문제

01 다음 미술관 전시실 계획에 관한 설명 중 연속 순로 형식에 해당하는 것은?

① 각 실에 직접 들어갈 수 있고 필요시에는 부분적으로 폐쇄할 수 있다.
② 단순하고 공간절약의 장점이 있으나 여러 실을 순서별로 통해야 하는 불편이 있다.
③ 중앙에 큰 홀을 두어 동선의 혼란을 줄이고 높은 천장을 설치할 수 있다.
④ 연속된 전시실의 한쪽으로 복도를 두어 각 실을 배치할 수 있다.

[해설]
연속 순로(순회) 형식
- 사각형 또는 다각형의 각 전시실을 연속적으로 연결한 형식
- 단순하고 공간이 절약되는 이점이 있다.
- 많은 실을 순서별로 통해야 하고 한 실을 폐문시키면 전체 동선이 막히게 되는 단점이 있다.
- 소규모의 전시실에 적합하다.

①, ④는 갤러리 및 코리터 형식이며, ③은 중앙 홀 형식에 대한 설명이다.

02 미술관에 대한 기술 중 옳지 않은 것은?

① 케이스 내의 전시물인 경우 유리면에 생기는 다른 영상을 없애려면 케이스 내의 조도를 외부보다 어둡게 한다.
② 광원의 위치는 수직벽면에 대해 15~45°의 범위 내에서 하향조명이 좋다.
③ 회화를 감상하는 시점의 위치는 화면 대각선의 1~1.5배의 거리가 이상적이다.
④ 인공조명의 경우 관객에게 광원을 감추어 보이지 않게 한다.

[해설]
반사방지(현휘방지)
유리 케이스 내에 전시물을 전시할 때에는 케이스내의 조도를 외부조도보다 높게 하여 유리면에 반사가 생기지 않도록 한다.

03 전시물에 대한 광원의 위치 선정 시 옳지 않은 것은?

① 벽면 전시물에 대한 광원의 위치는 눈부심 방지를 위해 15~45°의 범위에 둔다.
② 관람객의 위치는 화면의 1~1.5배 거리에서 눈높이 1.5m를 기준으로 한다.
③ 자연채광시 벽면진열은 천창, 책상 위 진열은 측창, 독립물체는 고측창 방식을 취한다.
④ 조명의 광원은 감추고 눈부심이 생기지 않는 방법으로 투사한다.

[해설]
자연채광방식
- 벽면진열 : 정측창방식이 유리
- 책상 위 진열 : 고측창방식이 유리
- 독립물체 진열 : 정광창방식이 유리

04 대규모의 미술관 계획에 있어서 전시실의 순회 형식으로 바람직하지 않은 것은?

① 연속순로 형식
② 갤러리 형식
③ 중앙 홀식
④ 복도 형식

[해설]
연속 순로 형식
소규모 전시실에 적합

정답 01 ② 02 ① 03 ③ 04 ①

05 전시실의 채광방식 중 아래 그림의 단면에서 보는 채광 형식은?

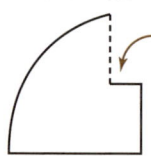

① 고측광형식(Clerestory)
② 정광 형식(Top Light)
③ 측광 형식(Side Light)
④ 정측광형식(Top Side Light)

해설

채광형식의 종류

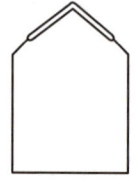
(a) 정광형식

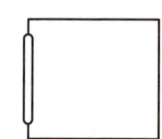
(b) 측광형식

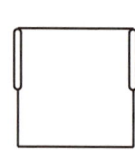
(c) 고측광형식

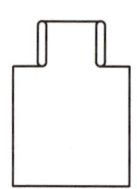
(d) 정측광 형식

06 현대적 개념으로 부상하고 있는 미술관의 기능적 역할은?

① 수집기능
② 보관기능
③ 전시기능
④ 교육기능

해설

미술관의 기능
- 전시, 교육, 수집·보관, 조사·연구, 관리, 기타
- 최근 교육기능이 현대적 개념에서 중요하게 다루어지고 있다.

07 미술관의 건축계획에 관한 기술 중 옳은 것은?

① 눈부심을 방지하기 위하여 전시화면 부근의 조도보다 관람자 부근의 조도가 높아야 한다.
② 특정의 진열실만을 보고 가는 관람자가 없도록 모든 진열실을 거쳐서 출구로 나가도록 한다.
③ 갤러리 및 복도 형식의 전시형식은 각실에 직접 출입이 가능하고 필요시 자유롭게 독립적으로 폐쇄할 수 있다.
④ 인공조명에 의해 다양한 조명효과가 얻어지므로 자연 채광의 고려는 필요가 없다.

해설

미술관 건축계획
① 눈부심 방지는 관람자 부근의 조도를 화면보다 낮게 하면 된다.
② 의 경우는 연속 순로 형식으로 소규모 이외에는 부적합하다.
④ 진열실 조명은 인공광선과 자연광선을 종합하여 고려해야 한다.

08 미술관 전시실의 조명 및 채광 계획에 관한 기술 중 부적당한 것은?

① 광원에 의한 현휘가 없어야 한다.
② 실내의 조도 및 휘도 분포가 적당해야 한다.
③ 화면 또는 케이스의 유리에 다른 영상이 나타나지 않게 해야 한다.
④ 점광원(Spot Light)을 고려하지 않아야 한다.

해설

미술관 전시실의 조명 설계
- 광원이 현휘를 주지 않을 것
- 전시물이 항상 적당한 조도로 균등하게 조명되어 있을 것
- 화면 또는 케이스의 유리에 다른 영상이 나타나지 않을 것
- 대상에 따라 필요한 점광원을 고려 할 것
- 광색이 적당해야 하며, 변화가 없을 것

09 미술관 자연채광법에서 정측광형식에 관한 설명으로 옳은 것은?

① 전시실의 중앙부를 가장 밝게 하여 전시 벽면의 조도를 균등하게 한다.
② 전시실의 측면 창에서 직접광선을 사입하는 방법으로 소규모전시에 적합하다.
③ 관람자가 서 있는 위치의 상부에 천장을 불투명하게 하여 중앙부는 어둡게 하고 전시벽면에 조도를 충분하게 하는 방법이다.
④ 천장 가까운 측면에서 채광하는 방법으로 측광식과 정광식을 절충한 방법이다.

> 해설
> **정측광 형식**
> 관람자가 서 있는 위치 상부에 천장을 불투명하게 하며 측벽에 가깝게 채광창을 설치하는 방법
> • 관람자의 위치(중앙부)는 어둡고 전시벽면의 조도가 밝은 이상적인 형식이다.
> • 천장이 높기 때문에 측광창의 광선이 약할 우려가 있다.
>
> ① 정광형식
> ② 측광형식
> ④ 고측광형식에 대한 설명이다.

10 미술관 전시실의 순회형식 중 갤러리 및 코리도 형식에 관한 설명 중 옳지 않은 것은?

① 연속된 전시실의 한쪽 복도에 의해서 각 실을 배치한 형식이다.
② 많은 실을 순서별로 통하여야 한다.
③ 각 실에 직접 들어갈 수 있다.
④ 필요시에는 자유로이 독립적으로 실을 폐쇄 할 수 있다.

> 해설
> ②는 연속 순로 형식에 대한 설명이다.

11 주요 미술관 사례에서 전시 공간의 융통성을 가장 많이 부여하고 있는 것은?

① 뉴욕 구겐하임 미술관
② 과천 현대 미술관
③ 파리 퐁피두 센터
④ 파리 루브르 박물관

> 해설
> **퐁피두 센터**
> 리차드 로저스(Richard Rodgers)가 설계하고, 렌조 피아노(Renzo Piano)가 기술적 지원을 한 파리의 퐁피두센터의 설계 개념은 Flexibility(공간의 융통성)로서, 다양한 전시공간의 요구에 따른 변화에 대처하는 가변적 융통성을 극대화시킨 건물이다.

12 미술관 설계 시 대공간(Major Space)을 두는 의미와 관계가 먼 것은?

① 중앙에 위치하여 전시관람 동선을 도와준다.
② 그 미술관을 돋보이게 하기 위함이다.
③ 아트리움(Atrium)으로 처리하기도 한다.
④ 2, 3개 층을 오픈(Open)시킨다.

> 해설
> **Major Space**
> • 어떤 건축의 중심적 역할을 하는 중요한 대공간을 의미한다.
> • 중정 또는 전시실의 전실

13 미술관 전시실의 조명설계에 관한 설명 중 부적당한 것은?

① 광색이 부드럽고 변화가 있어야 한다.
② 조명설계는 인공광선과 자연광선을 종합해서 고려한다.
③ 대상에 따라서 Spot Light도 고려되어야 한다.
④ 광원에 의한 현휘를 방지하도록 한다.

> 해설
> **전시실의 조명설계**
> 광색이 부드럽고 변화가 없어야 한다.

정답 09 ③ 10 ② 11 ③ 12 ④ 13 ①

14 미술관의 건축계획에 관한 설명 중 부적당한 것은?

① 대지는 도심가까이 교통이 편리한 곳을 선정하되 매연, 소음, 방재에 안전한 장소를 선정한다.
② 진열실의 조명 및 채광은 항상 적당한 조도로서 균일하여야 하며, 방향성이 나타나는 점광원을 사용할 경우도 고려한다.
③ 회화를 감상할 위치는 화면 대각선의 1~1.5배의 거리가 이상적이다.
④ 특정의 진열실만을 보고 가는 관람자가 없도록 모든 진열실을 거쳐서 출구로 나가도록 한다.

해설
④의 경우는 연속순로 형식으로 소규모 이외에는 부적합하다.

15 미술관의 수장고에 대한 설명으로 옳지 않은 것은?

① 가능하면 외기의 온도, 습도의 변화에서 오는 영향을 받지 않는 곳을 선택한다.
② 출입구는 1개소를 원칙으로 하며 자료 운반용 차가 지나갈 수 있도록 턱을 만들지 않도록 한다.
③ 자료의 하중을 감안하여 필요한 적재하중을 고려해야 한다.
④ 장시간 작업을 하게 되므로 햇볕이 잘 드는 곳을 선택하되 필요에 따라 채광이 가능하도록 한다.

해설
박물관의 수장고 계획
개구부를 가급적 작게 한다.(인공조명＋기계환기)

정답 14 ④ 15 ④

CHAPTER

14

극장 및 영화관

01 개요
02 극장의 평면형
03 세부계획
04 영화관

CHAPTER 14 극장 및 영화관

SECTION 01 개요

▶▶▶ 대지선정 조건

① 도시계획적 조사
② 교통의 편리성
③ 활동의 복합성
④ 2면 이상의 넓은 도로(개방된 공지)
⑤ 주차시설 확보

1. 관람석의 바닥면적(m²)

① 1인당 0.5~0.6m² 정도가 필요
② 건축연면적의 약 50% 정도

SECTION 02 극장의 평면형

핵심문제 ●●○

수용인원 500명의 영화관에서 객석을 의자식으로 할 경우 요구되는 객석 바닥 면적은?

❶ 250m²   ② 350m²
③ 450m²   ④ 550m²

[해설]
객석 1인당 바닥면적 : 0.5~0.6m²
500×0.5~0.6 = 250~300m²

1. 아레나 스테이지형(Arena Stage, Center Stage)

무대를 관객석이 360° 둘러싼 형

특징	• 가까운 거리에서 가장 많은 관객을 수용 • 연기 도중 다른 연기자를 가리는 결점 • 무대 배경은 주로 낮은 가구로 구성(배경을 만들지 않으므로 경제적) • 마당놀이, 판소리 등

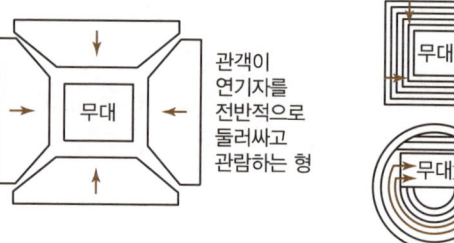

[아레나형]   [아레나형 변형의 예]

2. 오픈 스테이지형(Open Stage)

무대를 중심으로 객석이 동일 공간에 있는 형
① 관객이 210°로 둘러싼 형 : 그리스 극장 형식
② 관객이 180°로 둘러싼 형 : 로마 극장 형식

③ 관객이 90°로 둘러싼 형 : 부채꼴
④ 앤드 스테이지(End stage) : 각도가 없는 관객석을 가진 형

특징	• 관객이 연기자에 좀 더 근접하여 관람 • 관객이 부분적으로 연기자를 둘러싸고 있는 형태 • 연기자는 다양한 방향감으로 통일된 효과를 내기가 어렵다.

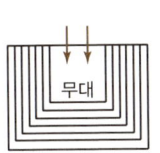   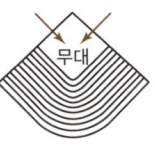

[오픈 스테이지형]

핵심문제 ●●○

실의 1인당 소요 바닥 면적 중 가장 부적당한 것은?
① 대여사무소 : 5.5~6.5m²
② 캐럴 : 1.4~4.0m²
③ 대연회장 : 1.3~1.6m²
❹ 극장 : 1.0~1.5m²

해설
④ 극장 : 0.5~0.6m²

3. 프로시니엄형(Proscenium, 픽쳐 프레임 스테이지)

프로시니엄벽에 의해 연기 공간이 분리되어 관객이 프로시니엄 아치의 개구부를 통해서 무대를 보는 형

특징	• 연기자가 제한된 방향으로만 관객을 대하게 된다. • 갖가지 무대배경이 용이, 조명효과가 좋다. • 스테이지에 가깝게 많은 관객을 넣는 것은 곤란 • 배경은 한 폭의 그림과 같은 느낌을 준다. • 강연, 콘서트, 독주, 연극에 가장 좋다. • 일반극장의 대부분이 여기에 속한다.

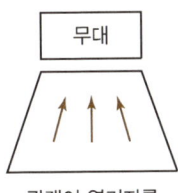 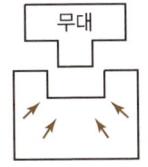

관객이 연기자를 향하여 일방향으로 관람하는 형   관객이 부분적으로 연기자를 둘러싸고 관람하는 형

[프로시니엄형]

핵심문제 ●●●

아레나(Arena)형 평면계획과 관계없는 것은?
① 가까운 거리에서 가장 많은 관객을 수용할 수 있다.
❷ 갖가지 무대배경이 용이하며, 조명효과가 좋다.
③ 연기 도중 다른 연기자를 가리는 결점이 있다.
④ 무대배경을 주로 낮은 가구로 구성된다.

해설
②는 프로시니엄형

4. 가변형 무대(Adaptable Stage)

필요에 따라 무대와 객석이 변화될 수 있는 형

(1) 특징

① 최소한의 비용으로 극장 표현에 대한 선택 가능성 부여
② 대학 연구소 등 실험적 요소가 있는 공간에 많이 이용

핵심문제 ●●○

극장 평면형식의 종류가 아닌 것은?
① 아레나형
② 프로시니엄형
③ 오픈 스테이지형
❹ 코리도형

해설
①, ②, ③ 외에 가변형 무대가 있다.

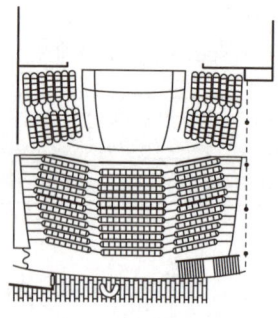

[가변형 무대]

SECTION 03 세부계획(관객석, 무대)

1. 관객석 계획

(1) 평면형

부채형, 우절형이 많이 쓰여지고 있으며, 시각적, 음향적으로 우수한 형이다.

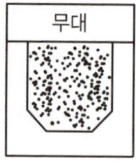 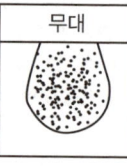  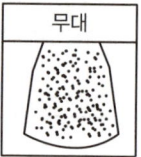

(a) 각형　　(b) 마제형　　(c) 부채형　　(d) 우절형

[관람석의 평면형]

>>> 객석의 호감도

A > B > C

(2) 가시거리 한계

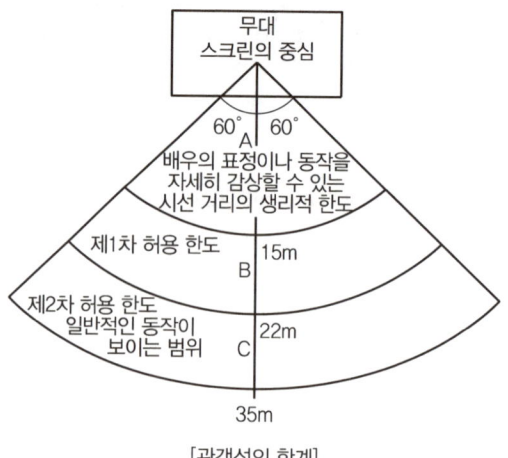

[관객석의 한계]

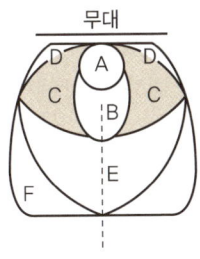

(a) 극장의 경우   (b) 영화관의 경우

[선호좌석 영역]

① A구역 : 생리적 한계(15m), 인형극, 아동극
② B구역 : 제1차 허용한도(22m), 국악, 신극, 실내악
③ C구역 : 제2차 허용한도(35m), 그랜드 오페라, 발레, 뮤지컬, 연극, 심포니 오케스트라

📝 무대 예술의 감상에 있어서 배우 상호 간, 배우와 배경 간의 관계 때문에 수평 편각의 허용도는 중심선에서 60°의 범위로 한다.

(3) 스크린과 객석의 거리
 ① 최소 : 스크린 폭의 1.2~1.5배
 ② 최대 : 스크린 폭의 4~6배(30cm)
 ③ 뒷벽 객석의 폭 : 스크린 폭의 2.5~3.5배

(4) 좌석의 배열

객석 의자 크기	통로의 폭

① 폭 : 45cm 이상
② 전후의 간격
  ㉠ 횡렬 6석 이하 80cm 이상
  ㉡ 횡렬 7석 이상 85cm 이상
	① 세로통로의 폭 : 80cm 이상
	② 편측통로의 폭 : 60~100cm
	③ 가로통로의 폭 : 100cm 이상
	④ 구배 : 1/10(1/12) 정도

(5) 객석의 음향계획

 1) 음의 전달계획
  ① 직접음과 1차 반사음 사이의 경로차는 17m 이내
  ② 천장은 음을 객석에 고루 분산시키는 형일 것
  ③ 발코니는 객석 길이의 1/3 이내일 것
  ④ 발코니 저면 및 후면은 특히 흡음에 유의할 것
  ⑤ 발코니 밑면의 천장 및 뒷벽은 파음에 주의한다.
  ⑥ 잔향시간을 조절할 것

 2) 소음방지 계획
  ① 객석 내의 소음은 30~35dB 이하로 한다.
  ② 출입구는 밀폐하고 도로면을 피한다.(가능한 한 2중문으로 한다.)

좌석의 한도

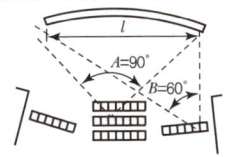

① 평면상 최전열 좌석의 한도
 • 중앙부(A) ≤ 90°
 • 측면부(B) ≤ 60°

② 단면상 최전열 좌석의 한도

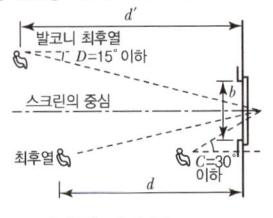

→ $C ≤ 30°$, $D ≤ 15°$

객석의 치수

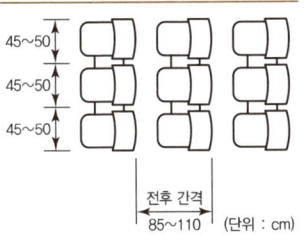

극장 타입의 의자대

핵심문제 ●●○
오디토리엄의 음향계획에서 에코형성을 줄이기 위한 방법으로 옳은 것은?
① 객석의 형을 원형이나 타원형으로 한다.
❷ 천장과 뒤쪽 벽면과의 사이에 경사면을 둔다.
③ 발코니 앞면의 핸드레일을 큰 곡률 반경의 오목형으로 한다.
④ 무대에 가까운 양쪽, 측면벽에 흡음재를 사용한다.
[해설]
① 객석의 형은 부채꼴 형으로 한다.
③ 에코가 생기므로 흡음재료를 사용하든가 확산작용을 하도록 계획한다.
④ 무대 가까이는 반사재, 객석 뒷면 벽에는 흡음재 사용

③ 창은 2중으로 하고 지붕과 천장은 차음구조로 한다.
④ 영사실은 천장에 반드시 흡음재를 사용한다.
⑤ 공기의 난류에 의한 소음을 방지하기 위하여 덕트를 유선화한다.

(a) 극장 측면 벽의 반사재 및 (b) 극장 종단면도상의 반사재 및
   흡음재의 사용 부분도   흡음재의 사용 부분도

[음향계획의 재료 사용]

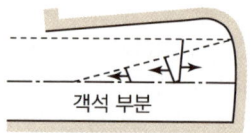 

(a) 발코니 하부 뒷벽면이 경사지게 된 (b) 발코니 하부 뒷벽면이 수직으로 처리된
   경우 음은 뒷벽으로부터 발코니 밑   경우 뒷벽에 맞은 음은 객석 부분의
   전면에 균등하게 반사된다.   시청자에게는 이르지 않고 오디토리
                                        엄의 가운데 부분으로 반사된다.

[발코니 하부단면]

2. 무대계획

(1) 무대의 평면

① 에이프런 스테이지(Apron Stage) : 막을 경계로 객석쪽으로 나온 부분의 무대(앞무대)
② 측면무대(Side Stage) : 객석의 측면벽을 따라 돌출한 부분
③ 연기부분 무대(Acting Area) : 앞무대에 대해서 커튼라인 안쪽무대
④ 무대의 폭과 깊이
  ㉠ 무대의 폭 : 프로시니엄 아치폭의 2배 정도
  ㉡ 무대의 깊이 : 프로시니엄 아치폭 정도 이상

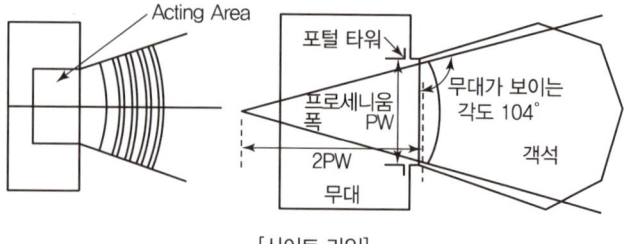

[사이트 라인]

>>> 커튼 라인(Curtain Line)

프로시니엄 아치 바로 뒤에 처진 막

>>> 무대의 크기

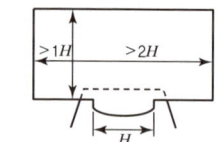

여기서, H : 프로시니엄 아치의 폭

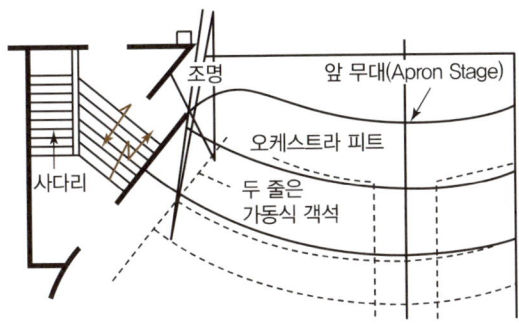

[앞 무대(Apron Stage)의 예]

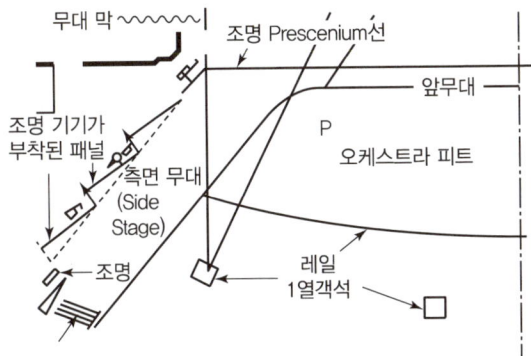

[측면 무대(Side Stage)의 예]

(2) 무대의 단면

① 플라이 로프트의 높이 : 프로시니엄 높이의 4배 정도

📝 플라이 로프트(Fly Loft) : 무대 상부의 공간

② 사이클로라마의 높이 : 프로시니엄 높이의 3배 정도

📝 사이클로라마 : 무대 제일 뒤에 설치되는 무대 배경용의 벽

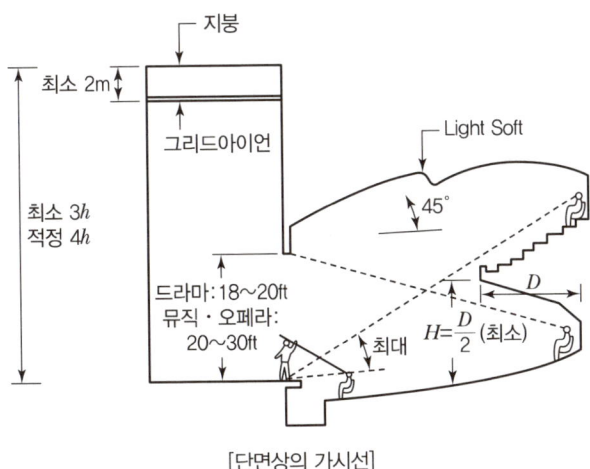

[단면상의 가시선]

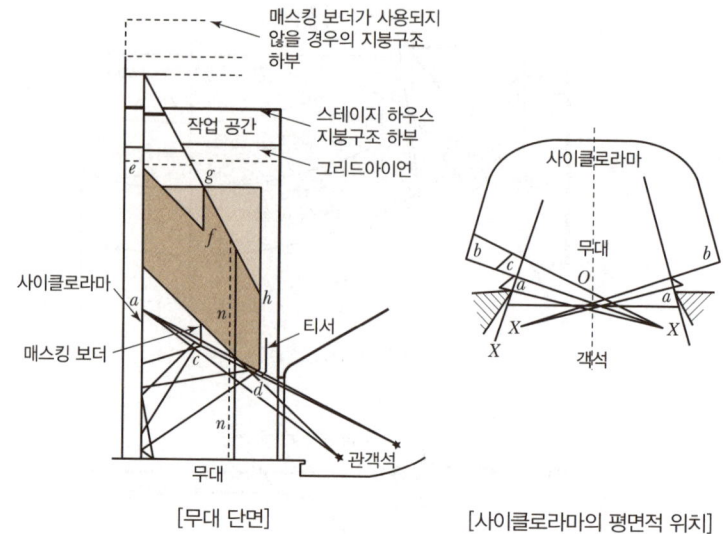

[무대 단면]   [사이클로라마의 평면적 위치]

(3) 무대의 천장부분

① **그리드아이언(Gridiron : 격자철판)**
  ㉠ 무대의 천장 밑에 위치하는 곳에 철골로 촘촘히 깔아 바닥을 이루게 한 것으로, 여기에 배경이나 조명기구, 연기자 또는 음향 반사판 등을 매어 달 수 있게 한 장치이다.
  ㉡ 무대 천장 밑의 제일 낮은 보 밑에서 1.8m의 위치에 바닥이 위치하면 된다.

② **플라이 갤러리(Fly Gallery)**
  그리드 아이언에 올라가는 계단과 연결되게 무대 주위의 벽에 6~9m 높이로 설치되는 좁은 통로(폭은 1.2~2m 정도)

③ **라이트 브리지(Light Bridge : 잔교)**
  ㉠ 플라이 갤러리 가운데 프로시니엄 아치 바로 뒤에 접한 부분
  ㉡ 조명 또는 눈이 내리는 장면을 위해 사용한다.

④ **록 레일(Lock Rail)** : 와이어로프를 한 곳에 모아서 조정하는 장소

⑤ **티이서** : 객석의 중앙부 단면에서(좌석의 눈 위치) 무대 뒷부분을 가리기 위함

⑥ **매스킹 보더** : 객석의 앞쪽에서(좌석의 눈 위치) 무대 상부를 가리기 위함

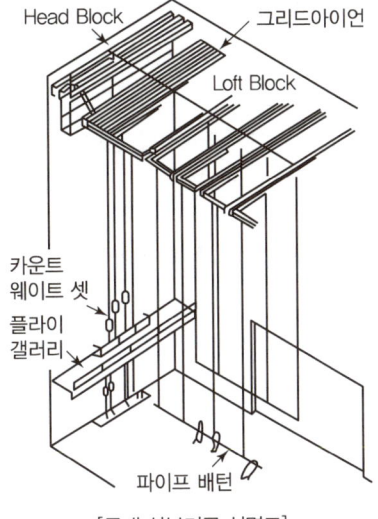

[무대 상부기구 설명도]

(4) 무대의 바닥부분

　① 활주이동 무대(Sliding Stage)
　　　무대 자체를 활주 이동시켜 무대를 전환시키는 것
　② 회전무대
　　　㉠ 고정식 회전무대 : 무대의 바닥 밑에 설치
　　　㉡ 이동식 회전무대 : 무대의 바닥 위에 설치
　　　㉢ 복합식 회전무대 : 2개 이상의 회전체로 구성
　　　㉣ 궁형왕복 활주무대 : 부채꼴의 무대를 3등분하여 궁형으로 왕복
　　　　　운동을 시키면서 무대를 전환
　③ 플로어 트랩(Floor Trap)
　④ 승강무대
　　　㉠ 트랩 EV : 승강과 높이를 자유롭게 조절
　　　㉡ 테이블 EV : 계단식으로 승강(콘서트, 코러스 등에 편리)
　　　㉢ 플래토 EV : 무대바닥의 대부분을 움직이게 하는 것(대규모)

(5) 프로시니엄 아치

　관람석과 무대 사이에 격벽이 설치되고 이 격벽의 개구부를 통해 극을 관람하게 된다. 이 개구부의 틀을 프로시니엄 아치라 한다.

특징	• 관객의 눈을 무대에 집중시키는 시각적 효과 • 조명기구나 막을 막아 후면무대를 가리는 역할 • 무대와 사이클로라마 사이에 설치 • 화재시를 대비해 개구부에 방화막을 설치

핵심문제　●○○

극장계획에 있어서 일반적인 프로시니엄 아치(Proscenium Arch) 형식의 무대를 위한 무대전환 방식이 아닌 것은?
① 이동 무대
② 회전 무대
③ 승강 무대
❹ 아레나 스테이지

[해설]
• 무대전환 방법
　- 수직이동(승강무대)
　- 수평이동(이동, 회전무대)
• 아레나 스테이지는 극장의 평면형이다.

핵심문제　●●○

극장의 프로시니엄과 가장 가까운 위치에 있는 시설물은?
❶ 티이서(Teaser)
② 사이클로라마(Cyclorama)
③ 플라이 갤러리(Fly Gallery)
④ 그리드아이언(Gridiron)

[해설] 티이서
프로시니엄 뒤에 내려지도록 매달아 객석 중앙부 객관의 수직 시선을 가리기 위해 설치된 것

(6) 오케스트라 박스(Orchestra Box 또는 Otchestra Pit)

① 오페라, 연극 등의 경우 음악을 연주하는 곳으로 객석의 최전방 무대의 선단에 둔다.
② 넓이는 적은 수의 것은 10~40명, 많은 수의 것은 100명 내외, 점유면적은 1인 당 1m² 정도

(7) 프롬프터 박스(대사 박스, Prompter Box)

무대 중앙에 설치하여 프롬프터가 들어가는 박스로서, 객석 쪽은 둘러싸고 무대 측만 개방되어 이곳에서 대사를 불러주며 기타 연기의 주의환기를 하는 곳이다.

(8) 배경제작실

① 무대에 가까울수록 편리
② 차음설비 필요
③ 넓이는 규모에 따라 다르나 보통 5×7m 내외
④ 천장의 높이는 6m 이상인 경우가 많다.
⑤ 배경의 반출입 관계상 외부의 출입구는 물론 내부의 천장높이를 충분히 고려할 필요가 있다.

>>> 그린룸(Green Room)
① 출연 대기실
② 무대와 같은 층
③ 크기 : 보통 30m² 정도

>>> 앤티룸
① 무대와 그린룸 사이의 조그만 방
② 출연 바로 직전 기다리는 방

SECTION 04 영화관

핵심문제 ●○○

회중석의 수용 인원이 1,000명 이상인 교회 평면 그림에서 좌석 중심각 A와 가청값으로 가장 적합한 것은?
① $A \leq 120°$, $B = 23m$
② $A \leq 120°$, $B = 25m$
③ $A \leq 90°$, $B = 25m$
❹ $A \leq 90°$, $B = 23m$

해설
• 부채꼴형 : 좌우중심각을 90° 이내로 하고 가청거리를 23m 이내로 하는 것이 좋다.
• 교회건축의 평면형 : 장방형, 십자형, 중심형, 복합형, 복합중심형, 평행좌 석형, 부채꼴형 등

1. 객석 바닥면적 및 용적

1인당 객석 바닥면적	용적(객석당)
0.5m² 정도 (종·횡 통로 포함)	• 영화관 : 4~5m² 음악홀 : 5~9m² • 공회당 다목적 홀 : 5~7m²

2. 스크린의 위치

① 최전열 객석에서 스크린 폭의 최소 1.5배 이상
② 보통 최전열 객석으로부터 6m 이상
③ 무대 바닥면에서 50~100cm의 높이
④ 뒷벽면과의 거리는 1.5m 이상

3. 영사실

① 영사실 출입구의 폭은 70cm 이상, 높이는 175cm 이상, 개폐 방법은 외여닫이로 하고, 자폐방화문을 단다.
② 영사실과 스크린과의 관계는 영사각이 0°가 되는 것이 최적이나 최소 평균 15° 이내로 한다.

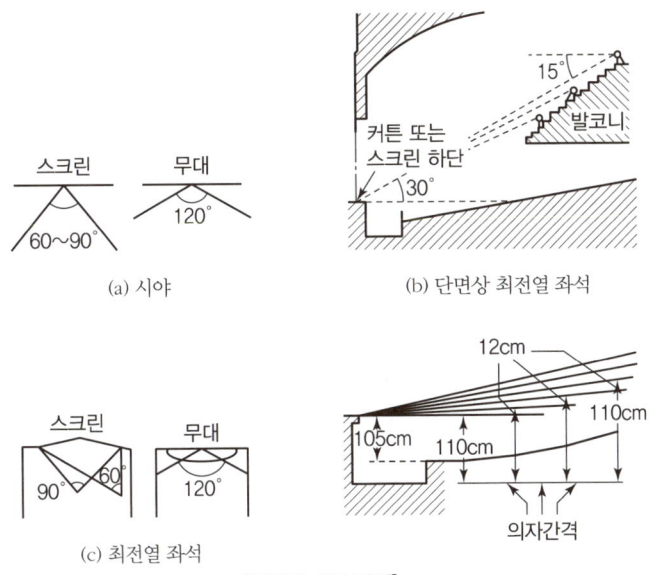

(a) 시야
(b) 단면상 최전열 좌석
(c) 최전열 좌석
[객석의 시선 관계]

핵심문제

영화관 평면 계획에서 다음 그림의 A와 B의 값으로서 가장 적절한 것은?

❶ $A \leq 90°$, $B \leq 60°$
② $A \leq 90°$, $B \leq 90°$
③ $A \leq 100°$, $B \leq 90°$
④ $A \leq 120°$, $B \leq 60°$

해설 최전열 좌석의 스크린 근접한도
중앙부(90°), 측면부(60°)

출제예상문제

01 보기의 설명에 맞는 극장의 평면형은 다음 중 어느 것인가?

〈보기〉
① 관객이 부분적으로 연기자를 둘러싸고 있는 형태
② 연기자는 다양한 방향감으로 통일된 효과를 내기가 어렵다.
③ 관객이 연기자에 좀 더 근접하여 관람할 수 있다.

① 오픈 스테이지형
② 아레나형
③ 프로시니엄형
④ 가변형

해설

극장 무대 형식에 의한 분류
㉠ 프로시니엄형
  • 한 방향으로만 관객을 대한다.
  • 배경 설치가 용이하므로 관객은 한 폭의 그림을 배경으로 보는 느낌을 받는다.
㉡ 오픈 스테이지형
  • 한 방향 이상으로 관객을 대한다.
  • 관객은 연기자에 근접하여 관람 할 수 있다.
  • 배경 설치는 프로시니엄형에 비하여 어렵다.
㉢ 아레나형
  • 관객이 연기자를 둘러싸고 관람 하는 형식이다.
  • 많은 관객을 수용할 수 있으나 배경 설치가 곤란하다.
  • 배우는 관객석 사이나 무대 아래에서 출입한다.
㉣ 가변형
  • 필요에 따라 무대와 객석이 변화 될 수 있는 형
  • 최소한의 비용으로 극장 표현에 대한 선택 가능성 부여

02 극장의 무대에 관한 기술 중 틀린 것은?

① 그리드아이언(Gridiron)은 무대막을 받들기 위한 구조이다.
② 플라이 로프트(Fly Loft)는 무대 상부의 공간이다.
③ 플라이 갤러리(Fly Gallery)는 무대장치를 보관하는 곳이다.
④ 그린 룸(Green Room)은 연기자 대기실이다.

해설

플라이 갤러리(Fly Gallery)
플라이 갤러리(Fly Gallery)는 그리드아이언으로 올라가는 계단과 연결되게 무대 주의의 벽에 6~9m 높이로 설치하는 좁은 통로로서 폭은 1.2~2.0m 정도가 적당하다.
③은 록레일에 대한 설명이다.

03 극장 음향 계획에 관한 설명 중 옳은 것은?

① 오디토리엄 양측면 벽은 반사재를 사용한다.
② 오디토리엄 천장에는 흡음재를 사용한다.
③ 발코니 하부 뒷벽에 반사재를 사용한다.
④ 오디토리엄 뒤쪽 벽면과 천장면 사이에는 경사면을 피한다.

해설

극장의 음향 계획
② 반사재 사용
③ 흡음재 사용
④ 적절한 경사면을 둔다.

04 건축물의 소요 바닥면적 중에서 옳지 않은 것은?

① 레스토랑 식당 : 0.9~1.9m²/인
② 극장의 관람석 : 1.0~3.0m²/인
③ 대여 사무실 : 5~6m²/인
④ 호텔 대 연회장 : 1.0~1.6m²/인

해설

관람석의 크기
극장 관람석의 바닥면적은 1인당 0.5m² 정도가 적당하고, 건축 연면적의 약 50% 정도로 한다.

정답 01 ① 02 ③ 03 ① 04 ②

05 극장의 평면형에 관한 기술 중 옳은 것은?

① 프로시니엄형은 강연, 콘서트, 독주, 연극 등에 가장 좋다.
② 오픈 스테이지형은 가까운 거리에서 관람하면서 가장 많은 관객을 수용할 수 있다.
③ 아레나형은 관객이 연기자에게 좀 더 근접하여 관람할 수 있다.
④ 가변형은 무대의 배경을 만들지 않으므로 경제성이 있다.

> [해설]
> 극장의 평면형
> ② 아레나 스테이지형
> ③ 오픈 스테이지형
> ④ 아레나 스테이지형

06 극장의 무대 구성에 관한 설명으로 틀린 것은?

① 사이클로라마의 높이는 프로시니엄 높이의 3배 가량이 적당하다.
② 무대의 깊이는 최소 프로시니엄 아치 폭의 두 배 이상이어야 한다.
③ 플라이 로프트(무대 상부공간)는 프로시니엄의 네 배 이상이어야 한다.
④ 무대폭은 프로시니엄아치 폭의 두 배 이상이어야 한다.

> [해설]
> 무대계획
> 무대의 깊이는 최소 프로시니엄 아치 폭 정도 이상이어야 한다.

07 극장 관객석에서 무대 중심을 볼 수 있는 2차 허용 한계는 얼마인가?

① 15m ② 22m
③ 35m ④ 40m

> [해설]
> 가시거리 한계
> 생리적 한계(15m), 1차 허용한계(22m), 2차 허용한계(35m)이다.

08 극장에서 잘 보여야 하는 동시에 많은 관객을 수용하기 위한 시선거리의 1차 허용한계 및 연기자의 일반적 동작을 어느 정도 감상할 수 있는 2차 허용한계는 각각 얼마인가?

① 15m, 22m ② 22m, 35m
③ 35m, 42m ④ 42m, 52m

> [해설]
> 가시거리 한계
> • 생리적 한계(15m) : 표정, 동작 감상
> • 1차 허용한계(22m) : 보다 많은 관객 수용
> • 2차 허용한계(35m) : 일반적 동작 감상

09 극장계획에서 연극을 감상하는 경우 연기자의 표정을 읽을 수 있는 시각 한계는?

① 5m   ② 10m
③ 15m ④ 20m

> [해설]
> 가시 한계 처리
> • 배우의 표정, 동작을 자세히 감상할 수 있는 한도(인형극, 아동극의 객석) : 15m 이내
> • 국악, 신극, 실내악 : 22m 이내(1차 허용한도)
> • 그랜드 오페라, 발레, 뮤지컬 : 35m 이내(2차 허용한도)

10 극장계획에 있어서 일반적인 프로시니엄 아치(Prosceium Arch) 형식의 무대를 위한 무대 전환방식이 아닌 것은?

① 이동무대(Wagon Stage)
② 회전무대(Revolving Stage)
③ 승강무대(Lift Stage)
④ 아레나 스테이지(Arena Stage)

정답 05 ① 06 ② 07 ③ 08 ② 09 ③ 10 ④

> **해설**
>
> **무대 전환 방법**
> - 수직이동(승강무대)
> - 수평이동(이동, 회전무대)
>
> ④는 극장의 평면형이다.

11 극장건축의 음향계획에 대한 내용 중 틀린 것은?

① 객석의 소음은 30~35 dB 이하가 되도록 설계되어야 한다.
② 발코니의 길이는 객석 길이의 1/3 이하가 되도록 한다.
③ 영사실 천장은 반사재를 사용한다.
④ 발코니의 뒷면, 바닥은 흡음재를 사용한다.

> **해설**
>
> **음향 계획**
> 영사실 천장은 흡음제(석고보드)를 사용한다.

12 극장 무대에 관한 기술 중 틀린 것은?

① 무대막을 만들기 위한 구조로 그리드아이언(Gridiron)이 있다.
② 무대상부공간을 플라이 로프트(Fly Loft)라 한다.
③ 무대장치를 보관하는 공간을 플라이 갤러리(Fly Gallery)라 한다.
④ 무대 제일 뒤에 설치하는 무대 배경용 벽을 사이클로라마(Cyclorama)라 한다.

> **해설**
>
> ③의 무대장치를 보관하는 곳은 록 레일(Rock Rail)이다.

13 아레나(Arena)형 극장의 특성이 아닌 것은?

① 강연, 콘서트, 독주, 연주 등에 좋다.
② 가까운 거리에서 관람하면서 가장 많은 관객수용이 가능하다.
③ 배경을 만들지 않으므로 경제적이다.
④ 무대배경은 주로 낮은 가구들로 구성한다.

> **해설**
>
> **아레나(Arena)형**
> 아레나형은 오픈 스테이지형으로 여러 방향에서 관람할 수 있으며 강연, 콘서트, 독주, 연주 등은 프로시니엄형이 적당하다.

14 극장의 각 평면 형식을 설명한 내용에서 잘못된 것은?

① 프로시니엄형 – 많은 관람석을 만들려면 수용능력에 제한을 받는다.
② 오픈 스테이지형 – 무대장치를 꾸미는 데 어려움이 있다.
③ 아레나형 – 최소한의 비용으로 극장 표현에 대한 최대한의 선택가능성을 부여한다.
④ 가변형 무대 – 무대의 객석의 크기 등을 필요에 따라서 변경할 수 있다.

> **해설**
>
> ③은 가변형에 대한 설명이다.

15 다음 용어 중 극장 계획과 관련이 없는 것은?

① 큐비클 시스템
② 프롬프터 박스
③ 오픈 스테이지
④ 그리드아이언

> **해설**
>
> **큐비클 시스템(총실)**
> 보통 천장에 닿지 않는 가벼운 커튼이나 몇 개의 큐비클로 나누어 병상을 배치하는 것(병원 건축 용어)

정답 11 ③ 12 ③ 13 ① 14 ③ 15 ①

16 무대 후면의 벽 주위에 6~9m 높이로 설치되는 통로를 무엇이라고 하는가?

① 그린룸
② 호리존트
③ 플라이 갤러리
④ 슬라이딩 스테이지

> 해설

플라이 갤러리
- 그리드아이언으로 올라가는 통로
- 무대 후면에 비나 눈이 오는 장면을 연출하는 통로

정답 16 ③

Engineer Architecture

CHAPTER

15

서양 건축사

01 서양 건축의 개요
02 고대 건축
03 중세 건축
04 근세 건축
05 근대 과도기 건축
06 근대 건축
07 현대 건축

서양 건축사

SECTION 01 서양 건축의 개요

핵심문제

서양 건축양식의 발달 순서로 옳은 것은 어느 것인가?
① 이집트-그리스-로마-비잔틴-초기 그리스도교-고딕-로마네스크-르네상스
❷ 이집트-그리스-로마-초기 그리스도교-비잔틴-로마네스크-고딕-르네상스
③ 이집트-그리스-로마-비잔틴-초기 그리스도교-로마네스크-고딕-르네상스
④ 이집트-그리스-로마-비잔틴-로마네스크-초기 그리스도교-고딕-르네상스

해설 시대별 건축양식
원시→이집트→그리스→로마→초기기독교→비잔틴→사라센→로마네스크→고딕→르네상스→바로크→로코코

고대	원시, 이집트, 그리스, 로마
중세	초기기독교, 비잔틴, 로마네스크, 고딕
근세	르네상스, 바로크, 로코코
근대과도기	고전주의, 낭만주의, 절충주의
근대 건축운동	수공예운동(영국), 아르누보(프랑스), 유겐트스틸(독일), 세제션(오스트리아), 시카고파(미국), 공작연맹(독일), 표현주의(독일), 데 스틸(네덜란드), 미래파(이탈리아), 구성주의(러시아), 바우하우스(독일)
근대 국제주의	발터 그로피우스(독일), 프랭크 로이드 라이트(미국), 미스 반 데 로에(독일), 르 코르뷔지에(프랑스), CIAM
현대	지역주의, 팀 텐, GEAM, 아키그램, 메타볼리즘, 형태주의, 브루탈리즘
	포스트 모던, 레이트 모던
	대중주의, 지역주의, 해체주의

SECTION 02 고대 건축

1. 이집트 건축

(1) 건축양식의 특성

시기	• 고왕조(1~10왕조, BC 3200~2160년) • 중왕조(11~17왕조, BC 2160~1580년) • 신왕조(18~30왕조, BC 1580~1100년)	재료	• 갈대, 파피루스, 점토(주로 주거건축) • 흙벽돌(점차 일반 주거건축에 사용) • 석회암, 사암, 화강암(후기)

구조 및 특징	• 점토 및 석재를 주로 사용
	• 분묘 및 신전 건축이 성행
	  – 분묘 건축 : 영혼 불멸 사상, 육체복귀 사상으로 분묘를 영원한 주거로 생각하고 시체를 미이라 분묘에 보관
	  – 신전 건축(장제신전, 예배 신전)
	• 석재의 가구식 구조와 암굴의 일체식 구조를 결합한 형식
	• 중심에서 성소로 들어갈수록 바닥이 높아지고 천장은 낮아짐
	  – 공간의 투시효과 창출
	• 외부형태(진입순서)
	  – 스핑크스 → 오벨리스크 → 파일런 → 중정 → 다주실 → 성소
		석조 건축	• 기둥 및 보로 건축(가구식)
			• 안쪽으로 경사지게함(batter)
			• 기둥형식
			  – 기하학주(각기둥) : 4각, 8각, 16각
			  – 식물주 : 로터스, 파피루스, 종려
			  – 조각주 : 헤토로신, 오시리스신

		신전 건축	• 파일런 : 거대한 대문
			• 중정
			• 다주실(Hypostyle hall)
			  – 채광(고측창)
			  – 석조가구식 (기둥 간격이 좁다.)
			• 성소 : 최종적으로 도달하는 공간

>>> **이집트 건축**

이집트 통일왕조가 세워진 BC 3200년경부터 페르시아에 의해 정복된 BC 530년경까지 나일강 유역에서 형성된 고대 이집트 문명을 배경으로 전개되었던 건축양식

>>> **이집트의 대표 건축가**

① 임호텝(Imhotep)
고왕조 조세르왕시대의 건축가로서 고위성직자이자 수상. 죽음 후 신의 대열에 오름
② 센무트(Senmut)
신왕조 핫셉수트여왕시대의 건축가

(2) 분묘 건축

현세는 일시적 주거이고 사후의 분묘가 영원한 주거라 믿었던 이집트인들의 독특한 종교관에 의해 분묘건축이 성행

1) 마스타바(Mastaba)

① 피라미드의 전 단계 형식
② 왕, 왕족, 귀족, 위인의 묘
③ 외부는 구형입방체(외벽은 안쪽으로 경사지게 한 단조로운 형태)
④ 내부구조는 의식공양실, 사자(死者)조상실, 시체보관실 등 다소 복잡한 계획 구성

핵심문제 ●●○

피라미드, 신전과 같은 불멸의 이집트 건축을 형성시킨 배경과 관계가 없는 것은?
① 부패하지 않는 석재의 선택
❷ 로마 문화의 영향
③ 강력한 왕권에 의한 노동력
④ 인간과 자연에 파괴되지 않는 규모 선택

해설
②와는 무관하다.

⑤ 방향은 장축을 남북으로 배치하고 석판으로 평지붕하고 출입구도 옥상에서 출입하도록 하고, 측벽은 가문(假門)을 두었다.

2) 피라미드(Pyramid)

① 왕의 분묘로서 이집트 고대문명을 대표하고 상징하는 건축물
② 신과 같이 절대적인 왕의 권력을 상징하고자 건설
③ 내부에 왕의 사체와 사후생활에 필요한 물품을 보관(영혼불멸성, 유체복귀사상)
④ 변천과정(Step → Bent → Common)
 • 단형(Step) 피라미드 : Zoser(조세르)왕
 • 굴절(Bent) 피라미드 : 스네프루왕
 • 일반형(Common) 피라미드 : 4각 추체 – 쿠프왕(4왕조 때 완성)

Reference

지구라트와 피라미드의 비교

구분	지구라트	피라미드
방향	모서리가 동서남북	면이 동서남북
재료	흙벽돌	돌
내부	밀적체(비공간적)	묘실
기능	관측소와 제단	분묘

지구라트
① 신에게 제사를 드리는 신전의 기능과 천문관측과 예언을 행하는 천문관측대로서의 기능을 동시에 지님
② 평면은 장방형, 내부는 밀적체, 외관은 계단형 형태
③ 최상부에는 사당이 위치하며 이 사당이 신의 거소이자 천체 관측소
④ 각 모서리가 동서남북 방향에 일치하며 동쪽의 모서리는 춘분, 추분의 일출지점과 일치
⑤ 고단 : 하늘, 태양 등 자연신을 숭상하기 위해 제사 지내는 자가 신에 더 가까이 위치한다는 개념에서 나옴

3) 암굴분묘

① 피라미드 축조로 인한 사회적, 경제적 문제로 인하여 BC 21세기에 등장
② 타 민족의 침입, 미술공예품의 약탈을 막기 위해 건설
③ 마스타바, 피라미드는 비공간적인 밀적체임에 반해 암굴분묘는 공간을 형성
④ 베니핫산의 암멘-엠-헤트(Amen–Em–Het) 암굴분묘
 • 조적식의 비공간적인 피라미드에서 암산을 굴착하는 일체식 구조의 공간적인 분묘로 변천
 • 그리스의 도리아 주범의 원형(16각 기둥과 주두를 창안, 프로토도릭(Proto Doric)이라 불린다.)

핵심문제 ●●●

이집트 건축에 관한 것 중 틀린 것은?
① Beni Hassan 암굴분묘 전실기둥은 Doria order와 비슷하며 Proto Doric이라 한다.
❷ 피라미드는 마스타바, 벤트피라미드, 스텝피라미드의 순으로 발달하였다.
③ 신전의 전면 벽면 파일론은 경사지어졌고 batter라 한다.
④ 피라미드의 4면은 동, 서, 남, 북과 일치한다.

[해설] 피라미드의 발전순서
마스타바 → Step → Bent → Common 의 순이다.

핵심문제 ●○○

이집트 건축의 유구(遺構)가 아닌 것은?
❶ 공중정원(Hanging Graden)
② 마스타바(Mastaba)
③ 베니핫산(Beni–Hassan)의 암굴분묘
④ 암몬(Amon)대신전

[해설]
①은 서아시아 건축 중 신바빌로니아 시대의 건축이다.

- 석재를 목조양식과 똑같이 시공하였다.(석조양식 원형이 목조건축이었음을 증명)

(3) 신전 건축

현인신인 파라오(Pharao)와 태양신인 라(Ra)와 암몬(Amon)을 위한 신전 건설

1) 예배신전

태양신인 라와 암몬과 그들의 방계신 들을 위한 예배의 신전

2) 장제신전

현인신 파라오를 위한 신전으로 피라미드적인 사체 보관소의 개념과 암굴분묘 적인 공간성을 결합시킨 신전

장제신전	예배신전
파라오를 위한 신전	태양신인 암몬과 라 등의 신을 위한 신전
멘투헤텝 신전	카르낙의 암몬신전
핫셉수트 신전(신왕조)	룩소르의 암몬신전
람세스 2세 암굴신전, 아부심벨	테베스의 람세스 2세 신전

(4) 기타 건축

오벨리스크 (obelisk)	• 신전의 정면에 위치한 단순기둥 형태의 석조탑으로 왕권을 상징 • 탑신에는 배흘림 기법을 적용(왕권찬양, 전승축사, 건립상황 등을 음각으로 조각)
스핑크스 (sphinx)	• 피라미드 또는 신전에서 수호신이나 제단의 역할 • 수두인신 – 동물조상관에 따라 머리는 동물 몸은 사람의 형태 • 인두수신 – 신인동격관에 따라 머리는 사람 몸은 짐승의 형태
Kahun의 주거지	• BC 2500년경 피라미드 건설에 종사하는 사람들을 수용하기 위해 건설된 도시 • 고왕국시대 주거지 • 각 주호는 hall 침실과 사용인실로 구성 • 가로는 직선형, 가로 중앙에 석조의 배수구가 설치되었고, 노예들의 도망을 방지하기 위해 막힌 골목의 체계를 형성하였다. • 텔–엘–아마르나 주거

핵심문제

이집트 신전 중 장제 신전은?
❶ 멘트 헤텝 신전
② 콘스 신전
③ 카르나크의 암몬 대신전
④ 테베의 람세스 2세 신전

해설
②, ③, ④는 예배신전이다.

》》 Tel – El – Amarna

흙벽돌을 이용한 평지붕, 중정형식으로서 2층 규모의 귀족주택

그리스 건축

에게시대의 미노아와 미케네가 붕괴된 후 그리스 문화가 본격적으로 형성된 BC 1100년경부터 로마제국에 의해 정복된 BC 30년까지, 서양문화의 근원인 그리스의 헬레니즘 문화를 배경으로 고대 그리스에서 전개된 건축양식으로서 로마 건축과 함께 고전주의 건축의 원형 적인 양식

핵심문제

그리스 건축의 3개 오더양식에 대한 내용 중 다른 것은?

① 코린트 오더의 기둥은 아칸터스 잎을 2단으로 배열 장식하였다.
② 도리아 오더의 기둥에는 초석이 없었다.
③ 이오니아 오더의 기둥은 도리아 오더보다 직경이 작고 높이는 높았다.
④ 코린트 오더는 화려한 주두 모습으로 로마 시대에 주류를 이룬다.
❺ 도리아 오더의 원기둥에는 직경이 커서 배흘림이 없다.

[해설]
도리아 오더는 배흘림(엔타시스)이 큰 편이다.

2. 그리스 건축

(1) 건축양식의 특성

시기	• 에게시대(BC 3000~1100) : 미노아, 미케네 • 초기그리스(BC 1100~479) • 중기그리스(BC 479~323) • 후기그리스(BC 323~30)	재료	• 풍부한 석재가 주재료 : 기둥(석재), 보(석재, 목재) • 특수한 아칸서스를 이용하여 조각과 색깔을 많이 이용 • 목재, 흙벽돌도 사용

구조 및 특징	• 포스트 린텔(Post-lintel)식 사용오더
	• 3가지 기둥양식
	  – 도리아식(Doric) : 주초 없음. 남성적, 엔타시스
	  – 이오니아식(Ionic) : 주초(Base) 있음. 여성적, 엔타시스 약함
	  – 코린티안식(Corinthian) : 아칸터스 나뭇잎 장식
	• 신전 건축이 성행
	• 민중 건축 발달(극장, 경기장)
	• 조화와 균형에 중점 (형태미 추구)
	• 석조 건축문화를 대성
	• 구성의 척도가 매우 명확
	• 관념적인 비례(진보적)
	• 삼각형(이등변) 시스템 도입
		신전 건축	• 구성요소
			  – 박공(Pediment)
			  – 코니스(Cornice)
			  – 프리즈(Frieze) : 메토프+트리글리프
			  – 아키트레이브(Architrave)
			  – 주두(Capital) : 아바커스(Abacus)
			    에키누스(Echinus)
			  – 주신(Shaft)
			  – 주초(Base)
			• 파르테논 신전
			  – 전승의 처녀 신전
			  – 전후 8주식
			  – 외부는 도리아식, 내부는 이오니아식
			  – 동적 균제법 사용
			  – 착각의 교정
			  – 주초가 없다.

Reference

그리스 기둥양식의 특징

도리아 주범 (Doric Order)	• 가장 단순, 장중한 느낌, 힘에서 유추 • 가장 오래된 양식(이집트 베니핫산 암굴분묘의 16각 석주에서 그 원형을 모방) • 주초가 없다. • 착시교정(엔타시스)
이오니아 주범 (Ionic Order)	• 동방 여러 문화의 영향 • 우아, 경쾌, 유연
코린티안 주범 (Corinthian Order)	• 주두에 아칸서스 나뭇잎을 화려하게 장식 • 너무 화려한 탓으로 소규모의 기념건축 이외에는 별로 사용하지 않음

(2) 에게(Aege) 시대의 건축

에게시대는 본격적인 그리스 문화가 형성되기 이전의 시기로서 개략 BC 3100~1100년 해당(그리스 헬레니즘 문화의 선구적 역할)

미노아 건축	• 지중해의 크레타섬에서 발생(이집트와 문화교류 활발) • 개방적인 건축형식 • 크노소스 궁전 • 카마이지의 타원형 주거
미케네 건축	• 미케네 궁전(티린스 궁전과 비슷, 사자문) • 아트레우스의 보고(아가멤논의 분묘) • 티린스 궁전

(3) 신전 건축

배치	• 신전은 도시의 아크로폴리스 구릉지 • 장축이 동서방향에 일치
평면 구성	• 전면에 제단, 전주량 현관, 신상실 • 후면에 후주량현관, 보고실 등으로 구성
입면 구성	• 3단의 기단 • 원기둥의 열(파르테논 신전은 8열) • 넓은 회랑 • 기둥 위 엔타블레처 • 박공(페디먼트) • 지붕틀 : 목재틀+지붕에 테라코타 또는 대리석판 기와
외부 공간	• 공간보다는 형태를 중시한 조각적 형태의 건축 • 형식미(열주성, 구성성, 착시교정, 비례) 〉 실용적 내용미(공간성, 기능성)
각부의 구성	• 구조 : Post+Lintel 방식 • 박공(Pediment) : 지붕 위에 군상 등의 조각 • 엔타블레처 : Architrave+Frieze+Cornice • 기둥 : 주두+주신+주초 • Portico(기둥 상부에서 하부까지로 정면도의 출입구 부분을 의미)
주요 건축물	• 파르테논 신전(BC 447~432년) 　- 그리스의 대표적인 건물로서 아테네의 아크로폴리스에 위치 　- 도리아식 주범이며 전후면 8주, 측면 17주의 주주식 신전 　- 건축가인 익티누스와 카리크라테스 그리고 조각가인 피디아스에 의해 건축 　- 페르시아와의 전쟁에서 아테네를 구출한 전승의 처녀를 기념하기 위한 신전 • 에렉테이온 신전(BC 420~393년) 　- 이오니아식의 대표적인 신전으로 아테네의 아크로폴리스 언덕 위 파르테논 신전 북측에 위치 　- 경사지에 3개의 신전이 복합구성화되었으며 남측입면의 여신상주가 특이 • 포세이돈 신전(BC 450년) 　- 도리아식

> **크노소스 궁전**
>
> 중정형 평면의 궁전으로 주신이 하부로 갈수록 가늘어지는 독특한 기둥을 사용

> **티린스 궁전**
>
> 중앙에 왕의 거실인 메가론을 중심으로 모든실을 배치

> **메가론**
>
> 3실형의 구조물로 고전적 신전의 원형적 형태

핵심문제 ●○○

그리스 신전 건축이 열주(列柱)를 사용한 양식으로 발전하는 데 모태가 된 건축내용은?

❶ 메가론(Megaron)
② 스타디온(Stadion)
③ 페디먼트(Pediment)
④ 스토아(Stoa)

해설 메가론
고전적 신전의 원형적 형태

> **외관 구성요소**
>
> ① 기단(Stylobate)
> ② 열주(Peristyle)
> ③ 엔타블레처(Entablature)
> ④ 박공(Pediment)

핵심문제

그리스, 로마 건축양식에서 박공부분의 명칭은 다음 중 어느 것인가?

❶ Pediment
② Capital
③ Shaft
④ Stylobate

핵심문제

그리스 시대의 공공광장으로 시장, 집회, 업무 등의 역할을 담당했던 곳을 무엇이라 하는가?

❶ 아고라(Agora)
② 히포드롬(Hippodrome)
③ 스타디온(Stadion)
④ 아크로폴리스(Acropolis)

[해설] 아고라(Agora)
그리스 시대의 공공광장으로 로마시대의 포럼으로 전승된다

(4) 기타 건축

구분	내용
아고라 (Agora)	• 광장으로서 옥외공간을 의미 • 점포와 열주로 둘러싸여 있는 여러 가지 업무를 위한 야외의 공간이 형성 • 공공, 회합의 장소로 사회생활, 업무, 정치활동의 중심지 • 도시국가의 심장부로서의 역할을 도모 • 주위에 Stoa Poikile, 도서관, 의회당, 국정청, 군무청, 재판소, 풍탑, 신전 등을 배치
극장	• 신전 다음으로 중요한 건축으로 신전과 함께 아크로폴리스에 위치 • 도시근방의 자연적 구릉을 이용(로마는 평지에 극장을 세움) • 오디토리엄 : 관객석(2/3원) • 오케스트라 : 완전한 원형으로 합창과 군무를 위한 장소 • 무대 또는 로케이온 : 몇 사람의 인물이 대화하기 위한 높은 단 • 스켄 : 무대 뒤의 탈의실, 기타 준비물로 쓰이는 영구적 배경건물
스토아 (Stoa)	• Stoa Poikile(열주사랑) • 노약친소(老若親疎), 백가쟁명(百家爭鳴)의 논객이 모이는 정자

기타
건축
	• 스타디온 또는 스타디아
	  – 육상경기장
	  – 직선코스 끝은 마제형
	• 힙포드롬 : 경마장으로, 로마시대 원형경기장의 기원 또는 전차경주장
	• Gymnsion : 육상 5종목의 노천도장
	• Palaestra : 역기 운동용의 실내도장

핵심문제

그리스 건축의 착시교정기법이 아닌 것은?

① 기둥의 배흘림
② 기단과 코니스의 수평선을 중앙부가 위쪽으로 휘도록 처리함
③ 모서리 쪽의 기둥간격을 좁게 처리함
❹ 모서리 기둥의 솟음

[해설]
④는 귀솟음으로 한국건축의 특성이다.

Reference

착시교정 기법
그리스 신전건축은 형태미를 중요시. 완벽하고 이상적인 건축형태의 표현을 위해 착시현상을 교정하는 기법들을 사용

구분	내용
배흘림	• 수직의 평행선인 경우 중앙부가 오목해 보이는 착시현상이 발생 • 기둥의 중앙부가 가늘어 보이는 것을 교정하기 위해 기둥중앙부의 직경을 기둥 상하부의 직경보다 약간 크게 하는 기법
라이즈 (Rise)	• 긴 수평선의 경우 중앙부가 처져 보이는 착시현상이 발생 • 착시현상을 교정하기 위해 건물외관의 수평적 요소인 기단과 엔타블레처의 중앙부를 약간씩 솟아 오르게 하는 기법
안쏠림	• 건물모서리 기둥의 상단이 약간씩 외측으로 벌어져 보여 건물이 불안정해 보이는 착시현상이 발생 • 건물에 안정감을 주기 위해 양측 모서리 기둥을 약간씩 안쪽으로 기울이는 기법
기둥 직경	• 건물을 정면에서 볼 때 건물자체를 배경으로 하는 중앙부의 기둥들에 비해 허공을 배경으로 하는 양측 모서리의 기둥들이 가늘어 보이는 착시현상이 발생 • 착시현상을 교정하기 위해 모서리 기둥의 직경을 3~5cm 정도 크게 함
기둥 간격	• 건물정면에서 볼 때 기둥의 간격이 양측 모서리로 갈수록 넓어보이는 착시현상이 발생 • 착시현상을 교정하기 위해 모서리로 갈수록 기둥간격을 좁게 함 • 파르테논 신전의 경우 기둥간격이 중앙부는 2.4m, 모서리는 1.8m

3. 로마 건축

(1) 건축양식의 특성

시기	· 에트러스컨 　(BC 750~300) · 전기로마(BC 300~27) · 후기로마 　(BC 27~AD 365)	재료	· 석재를 주로 사용 · 콘크리트 발명(로만 콘크리트) 　- 화산재 + 석회석
구조 및 특징	· 복합양식 　- 구조특징 : 에트러스컨 건축 　- 의장특징 : 그리스 건축 · 벽돌로 리브(Rib)를 만들고 볼트(반 원통형 및 교차볼트 등)을 사용 · 궁륭과 아치를 병용하고, 아케이드는 아치와 기둥을 자유로이 조합하여 사용 · 기둥, 보, 아치의 혼용 그리스 건축의 가구식 구조를 채용(아치, 볼트 및 돔을 장식적 기법으로 활용) 　- 에트러스컨 건축에서 인용(기둥, 보, 아치 등에 구조체로 활용) · 실용구조물 발전 　- 상수도, 교량 등 　- 세속적, 실제적, 공리적 · 5가지 기둥양식 　- 그리스 기둥양식(3) 　- 터스칸 오더 　- 콤포지트 오더	신전 건축	[판테온 신전] · 시기 : AD 118~128년경 · 콘크리트, 거푸집 사용 · 채광(Top Light) · 원형 평면 + 돔 · 실내지름(44.15m), 　벽두께(6m) · 7개의 니치(Niche), 7개의 신상을 안치, 벽에는 창이 없음 · 현관에 8개의 코린티안 주범의 기둥이 있고 지붕은 돔 형태 · 채광은 돔 정상에 있는 지름 9m의 정광(頂光, Top Light)으로 처리 · 정방형 평면과 원형 평면으로 이루어지는 복합입면을 결속 · 돔 내부에 움푹 패인 Coffer가 보임 · 원형 평면 부분을 Rotunda라고 함 · 입구에 사각형 신전 모습은 그리스의 영향이며 Corinthian Order로 구성

1) 여러 나라의 건축양식을 통일·종합하여 로마식으로 만들었다.

2) 아치와 궁륭을 사용했으며, 이집트 및 아시아 여러 나라들의 요소를 결합하여 만들었다.

3) 그리스에서 사용된 3가지 주범 이외에 터스칸 주범, 복합 주범(콤포지트 오더) 등 5가지 주범이 사용되었다.
　① 터스칸주범은 도리아식 주범의 단순화된 형태
　② 복합주범은 코린티안식과 이오니아식의 복합(개선문같이 화려한 건물에 많이 사용)
　③ 도릭 오더는 그리스와 달리 주초가 생기는 등의 변화가 생겼다.

≫ 로마 건축

로마가 최초로 건축된 BC 753년부터 로마제국이 동로마와 서로마로 분리된 365년까지 이탈리아 반도의 로마제국과 유럽, 북부 아프리카, 서 아시아 등의 로마 식민지에서 전개 되었던 건축양식

핵심문제

건축사상 대규모의 조적조 건물에 석회와 화산재를 사용한 천연모르타르(접착제)를 써서 조적조를 획기적으로 발달하게 한 것은 다음 중 어느 건축에 해당되는가?
① 이집트 건축
② 그리스 건축
③ 에트러스칸 건축
❹ 로마 건축

해설
로만콘크리트의 발생으로 돔구조가 발달

핵심문제

고대 건축양식의 5대 오더 중 컴포지트(Composite)오더란 다음 중 어느 것인가?
① 그리스시대 이전에 크레타 섬을 중심으로 한 미케네 문화의 양식이다.
② 로마시대 이전에 존재하였던 양식이다.
③ 그리스의 도리아식과 이오니아식이 합쳐진 양식이다.
❹ 로마시대에 만들어진 것으로, 그리스의 이오니아식 주두와 코린트식 주두장식이 합쳐진 양식이다.

해설
복합주범은 코린티안식과 이오니아식의 복합이다.

핵심문제 •••
로마 건축에 관한 사항 중 틀린 것은? ① 콘크리트조는 로마 건축의 중요한 건축구조가 되었다. ② 로마 건축은 5형식의 오더를 사용하였다. ③ 바실리카는 후에 기독교 건축의 근간이 되었다. ❹ 로마 건축은 구조적인 부분은 그리스의 영향을 받고 의장적인 것은 에트러스칸의 영향을 받았다. **[해설]** 로마 건축 • 구조 : 에트러스칸의 영향 • 의장 : 그리스의 영향

4) 아치, 볼트, 돔 구조의 발전으로 진정한 의미의 내부공간을 이룬 최초의 양식이다.

① 벽돌로 리브를 만들고, 볼트(반원통형 및 교차형 볼트)를 사용
② 궁륭과 아치를 병용하고, 아케이드는 아치와 기둥을 자유로이 조합하여 사용
③ 기둥, 보, 아치의 혼용 – 그리스 건축의 가구식 + 에트러스칸 건축의 아치, 볼트

(2) 에트러스컨(Etruscan) 건축

개요	• BC 10세기경부터 에게해 북쪽 해안에서 국가를 형성 • BC 8세기경 중부 이탈리아로 이주하여 문화권을 형성하였으며 BC 3세기경 멸망
특징	• 건축구조 기술이 매우 발달 – 진정한 아치를 최초로 사용. 아치를 발전시켜 보울트 기법을 개발하여 사용 • 에트러스컨의 발달된 건축 구조기술은 로마건축에 직접적인 영향을 미침
건축실례	• 클로아카 막시마(Cloaca Maxima) • 쥬피터(Jupiter)신전

(3) 포럼(Forum)

1) 그리스의 아고라와 동일한 기능을 지니는 공공광장

2) 도시구조의 중심으로서 정치, 산업, 사교, 교통 등의 제기능이 집약되는 공공광장

3) 광장주위에 바실리카, 신전 등의 공공건축물과 개선문, 기념주 등의 기념건축물이 위치

4) 건축실례

① 포럼 로마나(Forum Romana)
② 폼페이의 포럼

>>> 포럼 로마나

① 가장 오래된 대표적 포럼
② 포럼 5개소, 신전 14개동, 바실리카 4개동, 개선문 등으로 구성(복합포럼)
③ 트라얀 포럼이 가장 대규모

(4) 신전 건축

1) 로마인들은 그리스인들에 비해 종교에 무관심했기 때문에 신전의 중요성이 감소

2) 신전형식은 그리스의 신전형식과 에트러스컨의 신전형식으로 혼합

3) 평면형태에 따라 사각형평면의 신전과 원형평면의 신전으로 구분

사각형 평면	원형 평면
• 마르스 울토르(Mars Ultor) 신전 • 메종 꼬레(Maoson Coree) 신전 • 비너스와 로마(Venus and Rome) 신전 • 발베크(Baalbek) 신전	• 판테온(Pantheon) 신전 • 시빌(Sibil) 신전 • 베스타(Vesta) 신전

4) 판테온(Pantheon) 신전

① 로마의 대표적인 건축물로서 서양 건축 역사상 내부 공간의 형성과 발전의 출발점이 됨
② 로툰다(Rotunda)라 불리는 원통형의 벽체와 돔형의 지붕으로 구성
③ 로툰다의 직경은 44m, 벽의 두께는 6m, 돔형지붕의 최고 천장고는 44m
④ 로툰다의 실내측 벽면에는 7개의 벽감을 파고 각각의 내부에 신상을 안치
⑤ 돔형 지붕의 정상에 위치한 직경 9m의 천창이 유일한 채광수단(벽에 창이 없다.)
⑥ 전면의 열주현관(Portico)은 코린트식 주범의 기둥 8개로 구성

(5) 바실리카(Basilica)

법정과 상업교역소의 역할을 하며 포럼에 면하여 위치

1) 평면형태는 장방형으로 길이는 너비의 2~2.5배 정도

2) 내부공간은 2열의 열주에 의해 중앙의 신랑과 양측의 측랑으로 분리

3) 포럼에 면한 방향에 주출입구를 설치하고 그 반대편에 법관석으로 사용되는 반원형의 후진을 설치

4) 신랑의 천장은 높고 측랑의 천장은 낮아, 신랑과 측랑의 고저차를 이용해 고측창을 설치하여 내부공간에 채광

5) 건축실례

① 콘스탄틴 바실리카
 ㉠ 막센티우스 바실리카라고도 하며 포럼 로마나에 위치
 ㉡ 신랑상부의 지붕은 교차 보울트 구조
 ㉢ 교차 보울트의 횡력을 지키기 위해 플라잉 버트레스를 설치
② 줄리아 바실리카
③ 트라얀의 바실리카

핵심문제

천장채광(Top Light)으로 된 건축은 어느 것인가?
① 파리의 노틀담 성당
② 이스탄불의 성 소피아 성당
❸ 로마의 판테온 신전
④ 아테네의 파르테논 신전

해설 판테온 신전
천창채광이 유일한 채광 수단이다.

> **기타 체육시설**
> ① 베로나의 투기장, 베로나
> ② 폼페이의 투기장, 폼페이
> ③ 막센티우스 전차 경주장

(6) 체육시설

1) 콜로세움(Colosseum) 원형경기장(70~82년)
   ① 장축 190m, 단축 156m의 타원형 경기장으로 50,000명을 수용하는 대규모 경기장
   ② 외관은 원래 3층의 아케이드로 구성
   ③ 1층 도리아식, 2층은 이오니아식, 3층은 코린트식이고 4층은 후에 증축

(7) 공공욕장(Thermac)

1) 카라칼라 욕장(211~217년)
   ① 로마의 욕장 중 최대 규모, 천장은 교차 보울트 구조
   ② 욕장, 휴게실, 도서실, 소극장, 운동장, 광장, 점포 등으로 구성된 대규모 욕장

2) 스타비안 욕장

(8) 주거 건축

그리스의 중정형 평면이 지속적으로 사용되었다.

1) 로마 주거 건축의 세 가지 유형
   ① 도무스(Domus) : 개인주택
   ② 빌라(Villa) : 별장 또는 전원주택
   ③ 인슐라(Insulla) : 평민, 노예들을 위한 공동집합주택

2) 오스티아의 주택(인슐라 형식의 주거)

3) 하드리아누스 별장

(9) 기타 건축

1) 개선문과 기념주
   ① 황제나 장군의 승전을 기념하기 위해 건설
   ② 공적이나 승전의 내용을 조각으로 기록
   ③ 개선문에는 일문식과 삼문식이 있음
   ④ 티투스의 개선문
   ⑤ 콘스탄틴의 개선문

> **핵심문제** ●●●
> 고대 로마 주택에 대한 설명으로 틀린 것은?
> ① 빌라란 상류신분의 고급 교외 별장이다.
> ② 도무스란 상류신분의 일반주택이다.
> ③ 고급 빌라에는 욕실, 극장, 경기장 등을 시설하기도 했다.
> ❹ 인슐라란 지배계급층의 도시 공동주택이다.
>
> **해설**
> 인슐라란 평민, 노예들을 위한 공동 집합주택이다.

2) 극장건축

① 그리스의 극장은 자연적 구릉지를 이용한 반면, 로마는 발전된 건축 기술을 이용하여 극장을 평지에 인공적으로 건설
② 영구적 무대배경 건물인 스케네가 2,3층으로 대규모화되고 화려하게 장식됨
③ 마르셀루스 극장

3) 궁전건축

① 언덕 위 또는 구릉 위에 대규모로 건설
② 팔라티움 궁전
③ 디오클렌티안 궁전

> **Reference**
>
> **비트루비우스(Vitruvius)**
> - 서양건축 역사상 최초의 건축 이론가로서 고전주의 건축이론을 최초로 정립
> - 그리스 건축을 비롯한 고전 건축을 연구 분석하여 건축 이론서인 '건축십서'를 저술
> - 건축십서는 후에 르네상스 시대의 건축사 알베르티가 다시 분석 정리하여 건축론으로 발간
> - 비트루비아우스의 선구적 고전주의 건축이론을 르네상스 건축을 비롯한 고전주의 양식에 지대한 영향

SECTION 03 중세 건축

▶▶ 초기 기독교 건축

로마의 콘스탄티누스 황제의 밀라노 칙령에 의해 기독교가 공인된 313년부터 로마네스크 양식이 시작된 9세기경 사이에 기독교 건축에 집중되어 이탈리아 반도를 중심으로 유럽지역에서 전개된 기독교적 건축 양식

1. 초기 기독교 교회

(1) 건축양식의 특성

시기	AD 313~604 (밀라노 칙령)	재료	새로운 기술이 개발되지 못해 로마 양식을 계승
구조 및 특징	• 주축(동서) : 서 → 동 • 지붕 : 간단한 목조 트러스 • 채광 : 신랑과 측랑의 높이 차이에 고측창을 설치 • 측랑 : 2층의 트리포리움을 설치 • 의장 : 종교적 존엄성과 인상적인 분위기를 조성하기 위하여 실내에 긴 열주로 반복미와 투시효과 조성. 신자의 마음을 영광의 문(Triumphal Arch)이 있는 곳으로 유인하도록 고려		[바실리카식 교회당] 전문 → 아트리움(중정) → 전실(나르텍스) → 회중석(Nave), 좌우의 측랑(Aisle) → 성단(Apse), 후진(Bema)

1) 로마에서 사용되었던 두 가지 구조방식을 사용
   ① 기둥과 보의 의한 가구식 구조
   ② 기둥과 아치에 의한 아케이드 구법

2) 기독교 건축의 발달(교회, 세례당)

3) 교회 건축양식의 정립
   ① 로마시대의 공공건물이었던 바실리카를 교회건물로 전용
   ② 바실리카식 교회는 중세 교회건축의 원형으로서 로마네스크 양식을 거쳐 고딕양식에 이르러 완성됨

> **Reference**
>
> **카타콤(Catacomb)**
> • 기독교 문화 중에서 최고의 영조물이며 분묘로 평면은 미궁으로 되어 있다.
> • 기독교 교주가 박해를 피하기 위하여 도성 밖에 있는 분묘를 피난처로 사용하게 되어서 분묘의 주인들은 성회의 회합장소로 동지에게 이를 대여하게 되었고, 부유한 신자들은 대규모의 카타콤을 만들게 되었다.
> • 어원은 지하공동묘소로 Cata(지하)+Combae(묘소)의 합성어
> • 지하에 만든 것으로 복도로 소실을 연결한 형식
> • 전실을 통하여 내부로 출입
> • 내부는 채광이 안되므로 등불을 사용
> • 유해보관은 양쪽 벽의 벽감(Niche)에 안치
> • 채광, 환기는 광갱(Luminaria)으로 함

핵심문제 ●●○

바실리카 교회 평면과 관계가 없는 것은?
① 아일   ② 나르텍스
③ 네이브   ❹ 나오스

[해설] 바실리카 평면
• 네이브
• 트리포리움
• 아일
• 나르텍스
• 엡스
• 클리어스토리
※ 나오스(Naos) : 성상 안치소

2. 비잔틴 건축

(1) 건축양식의 특성

시기	AD 330~1453		
구조 및 특징	• 사라센 문화의 영향 • 동양적 요소를 가미한 건축형식 장려 • 동서 건축의 기조(dosseret) • 돔, 아케이드 구법이 발달 　- 펜덴티브 돔을 창안 • 평면 　- 각 부분이 정사각형으로 취급(집중형, 유심형) 　- 로마 가톨릭에서 그리스 정교로 분리되면서 라틴 십자형에서 그리스 십자를 많이 사용 • 외부는 재료의 본질성 강조 (단조롭다.) • 내부는 조각, 회화, 장식을 화려하게 마감	재료	• 콘크리트나 벽돌로 구체 구성 • 표면을 대리석으로 포장 • 벽돌쌓기는 색을 달리하여 횡선을 만드는 비잔틴식 쌓기법
		[펜덴티브 돔]	
		• 비잔틴 건축 구조법의 주요 특징 • 4각형의 평면 + 돔 (펜덴티브라는 3각형 곡면부 도입) • 주두에 부주두(dosseret)를 겹쳐 얹음	
		주요 건축물	• 성 소피아 성당 • 성 마르크 성당 • 성 비탈레 성당 • 성 세르기우스와 바커스 성당

➕ Reference

도서렛(Dosseret : 부주두)
• 비잔틴 건축의 기둥은 주두가 2중으로 되어 있다.
• 2중주두 중 상부는 부주두(Dosseret)라 한다.
• 도서렛은 아치를 지지하는 베이스(base)가 되었다.
• 부주두에 동양식의 주두와 서양식의 주두가 혼합되어 나타난다.
• 혼합된 양식을 통해 비잔틴을 동·서문화가 합쳐진 양식이라고 이해한다.

성소피아 성당(532~537년)
• 비잔틴 양식의 대표적인 건물이자 최대규모의 성당
• 건축가 안테미우스와 이시도루스에 의해 건설
• 서로마의 바실리카식 장축형 평면구성과 동로마의 중앙집중식 평면구성을 성공적으로 통합
• 주공간인 중앙 돔 하부의 신랑과 부공간인 반구형 돔 하부의 후진과 측랑 등의 공간이 상호 유기적으로 통합됨
• 벽돌로 조적된 직경 30m의 중앙 돔은 펜덴티브와 주위의 반구형 돔에 의해 지지
• 벽과 기둥은 대리석으로 돔과 보울트, 바닥은 모자이크로 치장(내부공간이 매우 화려)

≫ 비잔틴 건축

로마의 콘스탄틴 황제가 수도를 콘스탄티노플로 환도하고 동로마 제국을 건국한 330년부터 오스만 투르크족의 침입으로 콘스탄티노플이 함락된 1453년까지 동로마 지역에서 전개된 건축양식으로 로마건축에 동양적인 건축요소를 혼합한 건축양식

핵심문제 ●●○

펜덴티브(Pendentive)구조에 관한 다음 설명 중 맞는 것은 어느 것인가?

❶ 정사각형 평면에서 인접기둥과 반원아치 구성 후 생긴 아치 사이의 삼각곡면
② 직사각형 평면에서 대각선의 기둥과 아치 구성 후 생긴 볼트 구조
③ 평면이 원형인 벽체 위에 올린 반원돔의 볼트구조
④ 여러 개의 드럼으로 구성되는 돌기둥의 구조로 드럼의 이음기법

핵심문제 ●●○

성소피아 성당에 대한 설명으로 부적합한 것은?

① 구조적으로 장대한 내부공간을 형성하는 펜덴티브 돔이 특징이다.
❷ 시기적으로 로마네스크 양식에 속한다.
③ 설계자는 안테미우스(Anthemius)와 이시도루스(Isidorus)이다.
④ 교회전면에는 내·외부 두 겹의 나르텍스가 있다.

해설
시기적으로 비잔틴 양식에 속한다.

로마네스크 건축

게르만 민족에 의한 프랑크 왕국이 동유럽을 지배한 8세기 말부터 고딕 양식이 발생된 13세기초까지 이탈리아를 중심으로 프랑스, 독일, 영국 등의 유럽에서 교회건축에 집중되어 전개된 건축양식으로, 교회건축의 초기양식인 초기기독교 양식으로부터 완성양식인 고딕양식에 이르기까지 과도기적인 건축 양식

핵심문제 ●●●

로마네스크 건축에 관한 다음 설명 중 틀린 것은?
❶ 로마제국이 멸망하고부터 르네상스건축이 발생하기까지 동부유럽에 생성된 건축 양식이다.
② 의(擬) 로마식이라 하기도 한다.
③ 수도원 건물이 많이 축조되었다.
④ 대표적인 건물로 피사(Pisa)사원이 있다.

해설 로마네스크 건축
고딕 건축이 출현하기 이전까지를 말한다.

핵심문제 ●●○

로마네스크 건축에 관한 기술로 가장 부적합한 것은?
① 교회당의 탑이 처음으로 고안되어 사용되었다.
② 평면형태는 라틴 십자형으로 실내는 아일(Aisle)과 네이브(Nave)로 구분되고 아일의 폭은 네이브 폭의 1/2배가 되었다.
③ 내부장식으로서는 스테인드글라스의 사용과 함께 모자이크 사용이 많았다.
❹ 벽은 고대 로마의 수법을 답습하였으며 외벽의 곳곳에 필라스터(Pilaster)를 설치하여 장식적인 변화를 주었다.

해설
④는 르네상스에 대한 설명이다.

3. 로마네스크 건축

(1) 건축양식의 특성

시기	AD 1000~1200		
구조 및 특징	• 성당, 수도원 건축이 활발 • Bay system 구축 : 벽체 없이 기둥만으로 평면 구성 • 리브볼트 : 하중을 리브를 통해 피어로 전달 • 클러스터 피어 • 버트레스 : 벽체에 축대를 쌓음 • 스테인드글라스(채광창) • 교차궁륭 : 아치 구조법 발달 • 라틴크로스의 장축형 평면 • 종탑의 첨가	프랑스	• 아베이 오홈 (Abbey Aux-hemmes) • 성 데니스(S. Denis) 성당 • 성 프롱(S. front) 성당 • 앙골렘(Angouleme) 성당 • 르 푸이(Le Puy) 성당
		이탈리아	• 피사(Pisa)의 성당, 세례당, 종탑 • 미니아토(S. Miniato) • 몬리아레 성당(Monrele) • 제노 마지오레 (S. Zeno Maggiore) 성당 • 암브로지오 성당
		영국	• 더램(Durham) 성당 • 엘리(Ely)성당
		독일	• 보름 대성당(출구가 측면) • 마인쯔 대성당

① 초기 기독교 바실리카식 교회로부터 발전한 평면형식은 이 시기에 와서는 중정(Atrium)을 없애고 현관을 도로에 접하게 하여 고탑을 올림
② 신자의 증가에 따라 신랑(Nave)과 측랑(Aisle)의 장·단축의 길이를 연장하고, 성직자 전용의 기도소(Transept : 수랑)를 측랑 끝에 둠으로써 라틴 십자형 평면 형식을 완성(세로방향 공간)

Reference

피사(Pisa)의 성당
• 이탈리아 로마네스크 건축양식의 대표건축물, 일명 피사의 사탑(Leaning Tower)이라 불리는 종탑이 유명
• 로마네스크 건축양식부터 세례당, 종탑, 예배당으로 기능별 분류

4. 고딕 건축

(1) 건축양식의 특성

시기	AD 12~16C		
구조 및 특징	• 첨두아치(Pointed Arch) – 반경길이를 자유롭게 가감 – 정점의 위치가 자유로이 변화 – 하중지지 능력 증가 • 플라잉 버트레스 – 횡력을 합리적으로 처리 – 수직 하중은 피어에서, 수평 하중은 플라잉 버트레스에서 부담 • 플라잉 버트레스와 기둥이 하중 전담 : 벽체의 개구부 면적 증가 • 수직성과 수평성 : 이전 시대의 장축형 교회의 내부공간에 형성된 수평축에 수직축을 첨가 • 상승감과 신비감 : 벽체가 하중으로부터 해방, 고측창을 넓게 형성, 착색유리로 장식	프랑스	• 파리 노트르담(Notre Dame) 사원 • 론(Laon) 성당 • 샤르트르(Chartres) 대성당 • 랑스(Rheimns) 대성당 • 아미앵(Amiens) 대성당 • 성 데니스(S. Denis) 대성당
		영국	• 솔즈베리(Salisbury) 성당 • 링컨(Lincoln) 성당 • 웰즈(Wells) 성당 • 웨스트민스터 애비 • 요크(York) 성당
		독일	• 퀼른 대성당(헬렌 키르헤 또는 홀식) • 빈의 성 스테판(St. Stephen) 대성당 • 성 엘리자베스 대성당(표준형의 홀식) • 울름 대성당(Ulm Cathedral)
		이탈리아	• 밀라노 대성당(milano Cathedral) • 플로렌스 대성당

(2) 주요 요소의 특징

① 첨두아치(Pointed Arch) : 기둥간격과 관계없이 가변적인 아치의 높이조절 가능
② 플라잉 버트레스(Flying Buttress) : 증가된 횡하중을 내민 형상의 플라잉 버트레스로 해결
③ 트레이서리(Tracert) : 첨두형 아치의 내부창의 모습 중 첨두 부분의 장식
④ 멀리온(Mullion) : 첨두형 아치는 몇 개의 아치 형상으로 분절되는데 그때 수직 기둥형상의 부재를 멀리온이라 함
⑤ 장미창(Rose Window) : 차륜창(Wheel Window)이라고도 하며 성당의 입구 위에 거대하고 아름다운 원형의 창을 지칭, 특히 프랑스 고딕성당의 특징임
⑥ 콰이어(Choir) : 성가대석
⑦ 채플(Chapel) : 아일 바깥쪽 소예배실
⑧ 엠블리터리(Ambulatory) : 앱스 주변을 둥글게 돌며 예배의식을 드리는 공간

>>> **고딕 건축**

13세기 초 프랑스에서 발생되어 르네상스 건축이 발생된 15세기까지 프랑스, 독일, 영국 등 중북부 유럽에서 전개된 중세의 건축양식으로 초기 기독교 시대, 로마네스크 시대에 걸쳐 형성된 중세 교회건축을 완성함으로써 역사상 종교건축의 최절 정기를 이룸

핵심문제 ●●●

고딕 건축에 관한 다음 설명 중 틀린 것은?
① 건축역학적인 역할을 하는 구조가 건축의 예술적인 표현에 직접 참가한 건축이다.
② 건축의 자중(自重)을 경감시키는 방법으로 리브 볼트(Rib Vault)의 특질을 올바르게 이해하고 그것을 건축의 구성원리로 삼은 건축이다.
③ 구조적인 요구에 의하여 부축벽(Flying Buttress)을 적극적으로 사용한 건축이다.
❹ 전(煎) 시대에 속하는 그리스건축과 로마건축의 건축적인 특성을 적극적으로 수용하여 변형시킨 건축이다.

해설 고딕 건축
그리스, 로마의 고전적 형식과는 거리가 있으며, 종교건축의 최절정기를 이루었다.

핵심문제 ●●○

고딕 건축의 특성이 아닌 것은?
① 스콜라 철학, 장인 제도, 종교 체계가 종합된 건축이다.
② 첨두형 아치와 리브 볼트(Rib Vault)가 발달하였다.
③ 노트르담(Notre Dame) 대성당, 아미앵(Amiens) 대성당이 대표적인 건축이다.
❹ 펜덴티브 돔(Pendentive Dome)과 도세레트(Dosseret)가 발달하였다.

해설
④는 비잔틴 건축의 설명이다.

SECTION 04 근세 건축

>>> 르네상스 건축

봉건제도와 기독교 정신 위주의 중세가 붕괴되고 상공업 위주의 시민 사회가 성립된 15세기 초 이탈리아에서 발생되어 15, 16세기에 걸쳐 이탈리아를 중심으로 유럽에서 전개 된 고전주의적 경향의 건축양식

핵심문제

르네상스 건축에 관한 설명으로 가장 부적합한 것은?
① 브루넬레스키는 현상설계를 통하여 플로렌스 성당의 돔을 설계하였다.
② 알베르티는 「건축론」을 저술하였다.
❸ 로마의 성 베드로 성당은 브라만테에 의해 설계되고 완성되었다.
④ 팔라디오는 빌라(Villa) 건축의 양식을 확립하였다.

<u>해설</u> 성베드로 성당(ST. Pietro)
• 최초설계자 : 브라만테(르네상스)
• 완성 : 베르니니(바로크)
• 참여건축가 : 브라만테 → 상갈로 → 지오콘다 → 라파엘로 → 페롯찌 → 미켈란젤로 → 베르니니

>>> 팔라초(Palazzo)

① 귀족의 대저택
② 르네상스를 대표하는 유형의 건축

>>> 러스티케이션 기법

재질감을 강조, 외벽이 중층일 때 매층마다 돌림띠(코니스)로 수평성 강조, 위층으로 향할수록 점차 강에서 유로 다룸

1. 르네상스 건축

(1) 건축양식의 특성

시기	AD 17~18C		
구조 및 특징	• 실제 구조로 조적식, 외부입면 가구식으로 표현 • 돔은 이중구조(구조체 노출) • 인본주의 • 복고주의(고전형식미 추구) • 외벽의 경우 벽면을 거칠게 마감하여 재질감을 강조하는 러스티케이션 기법 적용 • 비례와 미적 대칭 중시 • 코니스에 의해 수평성 강조 (수직성을 강조한 고딕과 대조) • 공간의 형태는 정적 • 건축저서 - 알베르티의 건축론 - 쟈코모 바로찌다 비그뇨라의 건축의 5주범 - 팔라디오의 건축 4서 • 재료와 구조의 다양화 • Plaster를 많이 사용(장식) • 중층일 때 층마다 다른 주범 사용 • 교회는 간단, 탑수가 줄어듦 • 궁전은 엄격한 대칭성 강조	이탈리아	• 브루넬레스키 : 플로렌스의 성당의 돔(최초의 르네상스 건축물), 로렌조 성당, 스피리토 성당, 파찌 예배당, 피티궁 • 미켈로쪼 : 플로렌스의 리카르디궁(일명 메디치궁이라 불림), 플로렌스의 스트로찌궁 • 알베르티 : 루체라이궁, 만투아의 성 안드레아 성당, 플로렌스의 성 마리아 노벨라, 건축론(비투루비우스 이후 건축 디자인 이론을 최초로 정리) • 브라만테 : 로마의 칸셀레리아궁, 템피 에토, 베드로 성당 최초 설계 • 미켈란젤로 : 플로렌스의 메디치가 능묘, 로마의 캐피톨, 로마의 성 피터 성당의 돔, 라우렌치 도서관, 캄피돌리오 광장 • 안드레아 팔라디오 : 건축4서, 비첸차의 바실리카, 카프라 별장, 베니스의 성지 오르지오 마지오레, 베니스의 일 레덴 토레
		프랑스	• 블로아(Blois)성 • 샹보르(Chambord)성 • 루브르(Louvre)궁 • 베르사이유(Versailles)궁
		영국	이고니존스 : 화이트 홀 궁전의 향연장

① 신 중심의 사고관에서 벗어나 합리적, 과학적 사고방식을 한 르네상스 예술가 들은 수학적 비례체계가 우주의 질서를 표현한다고 봄
② 수학적 비례체계가 건축물의 기본적 구성원리로서 르네상스 양식 건축물의 평면과 입면을 지배
③ 르네상스 건축은 주관적, 임의적, 감상적이 아닌 규범과 법칙에 의한 객관적, 합리적, 수학적 건축양식

2. 바로크 건축

(1) 건축양식의 특성

시기	AD 17~18C		

구조 및 특징	• 고전적 법칙의 무시 : 고전주의 건축양식의 대칭, 비례, 질서, 조화 등의 정적이고 2차원적인 건축구성 원리를 무시
	• 극적 효과의 추구
	  – 비대칭, 대비, 과장
	  – 투시도적 효과
	• 화려한 장식
	  – 주범의 변형
	  – 곡선형 코니스
	  – 파동벽면
	• 공적 생활 위주로 규모가 장대
	  – 공공적 특성
	  – 종교와 절대왕권을 배경
		이탈리아	• 마데르나(Maderna)
			  – 성 수잔나 성당
			  – 성 피터 사원 네이브 부분과 정면
			• 베르니니(Bernini)
			  – 성 베드로 사원의 광장과 콜로나데
			  – 스칼라레지아(성베드로 사원과 바티칸 궁전을 연결하는 계단으로 과장 된 투시도적 효과를 잘 나타냄)

		프랑스	• 알도안 만사르(Jule Hardouin Mansart)
			  – 앙발리드 교회당
			  – 베르사이유 궁전 확장 계획

		영국	• 크리스토퍼 렌(Christopher Wren)
			  – 성 파울 사원
			• 존 반브로우
			  – 블렌하임궁

1) 이탈리아의 바로크 건축

① 16세기말부터 교황청의 후원 아래 로마를 중심으로 전개

② 성 베드로 대성당의 완성

③ 르네상스 건축의 미켈란젤로의 개성적이고 독창적인 작품들에서 이미 바로크적 경향이 존재

④ 베르니니, 보로미니, 구아리니 등이 대표적인 건축가로서 바로크 양식을 선도

2) 프랑스의 바로크 건축

① 17, 18세기에 프랑스는 유럽의 최강국으로서 문화적 중심지의 역할

② 루이 14세 등의 절대왕정의 후원 아래 1643~1715년 절정기를 맞아

③ 프랑스의 바로크 양식은 후에 로코코 양식을 유발

④ 베르사이유 궁전이 프랑스의 바로크 건축의 대표작

3) 영국의 바로크 건축

① 프랑스로부터 도입되어 17세기 후반부터 18세기 초까지 전개

② 프랑스의 절대왕정이나 로마의 교황청 같은 강력한 후원자가 없었으므로 그 세력이 미약

>>> **바로크 건축**

르네상스의 고전주의, 합리주의적 경향에 반대하여 17세기 초 이탈리아에서 발생되어 17, 18세기에 걸쳐 로마를 중심으로 이탈리아, 프랑스, 독일, 영국 등의 유럽국가에서 전개된 건축양식으로 건축에 있어서 감각적, 역동적, 장식적 효과를 추구

핵심문제 ●●●

바로크 건축의 특성으로 가장 부적당한 것은?

① 동적이며 극적인 효과를 추구하였다.
② 미켈란젤로의 캄피돌리오 광장이 대표적이다.
③ 회화, 조각, 광선을 종합한 건축이다.
❹ 우아하고 섬세한 장식의 건축이다.

[해설]
④는 로코코 건축의 설명이다.

핵심문제 ●●○

영국 바로크 건축의 대표적 건축가인 크리스토퍼 렌의 대표적 작품은?

① 옥스포드 성당
② 하워드 성
❸ 성 폴 성당
④ 웨스터 민스터 애비

핵심문제 ●●●

바로크 건축의 새로운 의의와 정신을 예시한 미켈란젤로의 중요한 작품은 어느 것인가?

① 성 베드로 성당 광장
❷ 캄피돌리오 광장
③ 성 카를로 성당
④ 베르사이유 궁전
⑤ 세인트 폴 성당

[해설]
캄피돌리오 광장은 미켈란젤로 작품으로 과장된 원근감, 전이적 수법으로 바로크의 전개가 되었다.

> **Reference**
>
> **베르사이유 궁전**
> - 루이 14세가 지은 바로크 시대의 궁전(르보, 망사르, 가브리엘 등의 건축가에 의하여 건립)
> - 넓고 아름다운 정원과 호화찬란한 의상이 루이 14세의 성격을 그대로 나타낸 것으로 17개의 아치형 창문이 달려 있고(거울의 방), 곡선상의 천정에는 도금 몰딩의 벽화가 찬연하다. 후세의 궁전 건축에 큰 영향을 주었다.

≫ 로코코 건축

루이 15세의 등장과 함께 바로크적 성격을 계승한 로코코양식이 파리에서 발생, 18세기 초부터 1770년까지 프랑스를 중심으로 전개되며 영국, 독일 등에 영향

핵심문제 ●●○

다음의 로코코 건축에 대한 기술 중 바르지 못한 것은?

① 개인의 프라이버시를 위주로 한 양식으로 주로 실내공간을 아담하게 꾸미고 장식하는 데 중점을 두었다.
② 엄격한 고전적 법칙을 무시하고 규칙이나 형식에 속박되거나 육중하고 어두운 음영을 피하는 경향으로 건축되었다.
③ 오더는 장식으로서 자유로운 수정이 가해지고, 모든 돌출부의 몰딩은 가늘고 약하며, 조건은 엷고 평탄한 것으로 되었다.
❹ 직선, 특히 수평적인 직선과 직각을 중요시 하였으며 특이한 착상으로 장식되었다.
⑤ 장대한 것과 규칙적인 것을 배격하였으며, 주거건축에 큰 발전을 보았다.

 해설
로코코 건축은 여성적인 곡선과 장식을 많이 사용

3. 로코코 건축

(1) 건축양식의 특성

시기	AD 18C		
구조 및 특징	• 개인의 사적 생활을 위주로 전개(프라이버시 중시) • 개인위주의 소규모 공간 창조 : 섬세, 우아, 화려 • 구조적 특징 없이 장식적 측면의 양식 발달 • 실내를 곡면과 곡면을 이용하여 우아하고 화려하게 장식 • 주범은 장식에 의해 자유로운 수정이 가해졌으며 모든 돌출부의 몰딩은 가늘고 약하며 조각은 엷고 평탄하다.	프랑스	• 제르망 보프랑 (Gremain Boffrand) 　- 스비스 호텔의 공작 부인 내실 　- 암로 호텔 • 장 꾸르티엔느(Jean Courtinne) 　- 드 마티뇽 호텔
		영국	• 더비경 주택 • 조지아식 주택 • 베스(Bath)의 광장
		독일	뷔르첸 하일리겐 교회당

> **Reference**
>
> **바로크와 로코코의 비교**
>
> | 바로크 | 로코코 |
> |---|---|
> | • 강렬한 극적 효과를 추구(감각적, 주관적)
• 건축의 구조, 표현, 성장 등 모든 것이 전체의 효과를 위해 사용
• 교향악적인 특성 : 공간과 매스, 움직임과 정지, 빛과 음영, 돌출과 후퇴, 큰 것과 작은 것 등의 대조적인 것들을 종합적으로 통합
• 기하학적으로 명확히 감지되지 않는 공간, 확산 공간, 역동적인 공간, 풍요한 공간의 특징으로 구성
• 곡선의 도입, 파동치는 벽, 타원 평면의 선호, 현란한 장식이 많이 사용
• 과장된 투시도적 효과의 수평, 수직적 요소 간의 상호관입 | • 프랑스 바로크의 최후 단계
• 바로크의 둔중한 인상에 비해 세련되아 름다운 곡선으로 표현(여성적인 인상)
• 개인 위주의 프라이버시를 중요시한 양식
• 기능적 공간구성과 개인적인 쾌락주의 공간 구성으로 주거건축에 큰 발전 도래
• 장식하는 데 중점을 두었고 특히 부분적 효과를 중시
• 벽, 천장은 일련의 곡선으로 연결하여 유동성 있는 공간을 만들고 수직선만 명확히 표현 |

SECTION 05 근대 과도기 건축

1. 과도기적 건축양식의 유형 및 특성

(1) 신고전주의

주요 특징	건축가와 작품
• 18세기 전반기에는 고대유적에 대한 발굴과 고고학적 연구가 활발하여 고전건축에 대한 관심이 증가 • 시대를 초월하는 절대적 미는 그리스와 로마의 건축이라고 믿고 그리스와 로마양식을 모방 • 그리스와 로마 건축양식의 정확한 복원과 모방에 열중하였으며 특히 주범을 중시 • 르네상스 건축은 로마건축을 규범으로 하여 창조적으로 이용한 반면, 신고전주의 건축은 그리스와 로마의 건축을 정확하게 복원하는데 주력 • 블레, 르두, 길리 등의 신고전주의 건축가들은 고대건축과 같은 장대한 규모와 순수 기하학적 입방체를 결합한 단순 거대한 건축을 추구 • 순수한 고전 건축의 복원이나 모사에 주력(모방적 고전주의) • 단순한 모사가 아닌 원리를 추구하여 결과적으로 로마 건축에 바탕을 둠(이념적 고전주의) • 프랑스는 로마양식을, 영국은 그리스양식과 로마양식을 주로 사용	**[이념적 고전주의]** • 로지에(Laugier) : '원시 오두막'(Primitive Hut) 이론 • 르두(Ledous : 1736~1806) - 농장관리인 주택(플라토닉한 형태로 디자인 한 주택계획안) - 하천관리인의 주택 - 나무꾼의 집 계획안 - 쇼(Chaux) 지역의 이상도시 계획안 • 불레(Boulee : 1728~1799) - 건축의 제일 원리는 순수기하학적 대칭을 갖는 입체에서 발견된다고 주장(육면체, 구, 원통형, 피라미드 등) - 뉴튼기념관 계획안, 1784년 • 듀랑(Durand) - 백과사전파의 영향을 받음 - 건축물의 입면, 평면, 디테일 등을 같은 스케일로 한 장의 도면에 모아 놓고 이를 일종의 어휘처럼 사용할 수 있도록 교육 - 건축교육에 영향을 미침 **[모방적 고전주의]** • 스폴로(프)아ㅣ 파리 판테온 - 성제 네브에브 교회당 - 로마의 판테온 모방 • 쉰켈(독)의 고대 박물관 • 소온(영)경의 영국 은행 • 스머크(영)경의 대영박물관 : 그리스 양식을 재현한 영국 신고전주의 대표작

1) 프랑스의 신고전주의 건축

① 신고전주의 건축의 발상지로서 유럽에 전파

② 로마양식을 모방한 신고전주의 건축양식

③ 로마문화를 동경하고 숭배한 나폴레옹 1세는 로마건축을 모방한 장엄하고 웅장한 대규모 건축물을 건설하여 정치적, 군사적 강대함을 과시

④ 주로 로마의 신전과 개선문을 모방한 기념건축물을 다수 건립

>>> 근대 과도기 건축

바로크 건축양식이 쇠퇴하기 시작한 18세기 말로부터 현대건축이 발생한 19세기말 이전까지의 양식적 혼란기에 전개된 과도기적인 건축양상으로서 신고전주의 건축, 낭만주의 건축, 절충주의 건축의 세 가지 경향으로 전개

핵심문제 ●●●

18세기에서 19세기 초에 있었던 고전주의 건축양식의 경향은?

① 고딕건축의 정열적인 예술 창조 운동의 경향

❷ 로마와 그리스건축의 우수성에 대한 모방

③ 각 시대의 건축양식의 자유로운 선택의 경향

④ 장대하고 허식적인 벽면 장식의 경향

해설 고전주의

• 바로크, 로코코의 수법이 퇴폐적이라 하여 이에 반대하여 그리스, 로마의 우수한 문화를 모방 하려는 경향
• 대표적인 건축실례
 - 파리의 판테온 신전
 - 에딘버리 중학교
 - 대영 박물관
 - 베를린 왕립극장 등이다.

2) 영국의 신고전주의 건축

주범, 열주랑, 박공(Pediment), 엔타블레처(Entablature) 등을 이용한 그리스 복고 양식이 성행

3) 독일의 신고전주의

베를린의 쉰켈과 뮤헨의 크렌제가 주도

(2) 낭만주의

> **존 러스킨의 저서**
> ① 건축의 7등(Seven Lamps of Architecture)
>   건축의 7가지 덕목 서술. 노동가치 주장, 후에 윌리엄 모리스에 영향을 미침
> ② 베니스의 건축(Stone of Venice)

주요 특징	건축가와 작품

• 고전복원의 신고전주의 건축이 자신들과 시간, 거리상으로 먼 이국적 양식을 도입하고 건물 외관의 피상적 형태를 추구하는 데 반발
• 고대보다는 당시와 시간적으로 가까우며 자기 국가와 민족의 기원으로 삼고있던 중세의 고딕양식에 주목
• 오거스투스 퓨긴은 [고딕건축 실례집(1821~23년)]을 출판하여 고딕건축을 전파
• 신고전주의 건축이 그리스와 로마의 고전건축에 열중한 반면 낭만주의 건축은 중세의 고딕건축에 관심
• 자신들의 국가와 민족의 기원이 중세에 있는 것을 보고 중세를 낭만주의의 이상으로 삼음
• 구조와 재료의 정직한 표현이라는 진실성이 반영된 고딕건축의 양식과 방법을 그대로 유지하려고 시도
	[영국]
	• 퓨진(August Pugin)
	  - 카톨릭의 우수성을 보이기 위해 고딕을 찬양
	  - 노팅엄 성당
	  - 람스티케이트의 성 어거스틴 성당
	• 바리경(Sir Charles Barry) : 국회의사당 (1839~1852년, 고딕 양식)
	• 존 내시(John Nash) : 브라이튼 궁전 (1815~1821년)
	• 존 러스킨(J. Ruskin)
	[프랑스]
	• 비올레 르 뒤크(Violet-le-Duc)
	  - 중세건축의 연구를 통해 고딕건축의 구조적 합리성과 우수성을 지적(고딕건축의 대가)
	  - 모든 건축형태는 재료와 구조의 논리적 사용에 의해 결정된다는 구조합리주의 이론 주장
	  - 비올레 르 뒤크의 구조합리주의 이론은 후에 현대 건축에 영향
	  - 피에르퐁 성 복원(고딕양식)
	  - 데니스 성당(고딕양식)
	[독일]
	• 쉰켈(F. Schinkel)
	  - 베를린 성당(1819년)
	  - 베르덴 교회당(1825년, 고딕양식)

1) 영국의 낭만주의 건축

① 낭만주의 건축의 발상지로서 유럽에 전파
② 영국의 낭만주의 건축은 후에 19세기말의 현대건축운동인 미술공예운동을 유발

2) 프랑스의 낭만주의 건축

신고전주의 건축이 활발했으므로 낭만주의 건축은 상대적으로 저조

3) 독일의 낭만주의 건축

고딕양식이야말로 진정한 게르만적 양식이라고 생각되어 퀼른성당, 울름성당 등 중세 성당들을 중수

(3) 절충주의

주요 특징	건축가와 작품

• 그리스, 로마 위주의 신고전주의 건축과 고딕 위주의 낭만주의 건축을 통해 과거 건축 양식의 복원에 의한 새로운 건축양식의 접근방법을 습득
• 과거양식에 관한 객관적 이해와 평가로 사라센, 비잔틴, 바로크 등 건축양식 선택대상의 범위가 확대
• 그리스, 로마 위주의 신고전주의 건축과 고딕 위주의 낭만주의 건축처럼 일정한 양식에 국한되지 않고 과거의 모든 양식을 이용
• 과거양식의 절충을 통하여 새로운 양식의 창조를 시도
• 일정한 기준이 없이 건축가의 주관에 의해 각종 양식을 선택하거나 종합
	[프랑스]
	• 앙리 라브루스테(Henri Labrouste)
	  - 성 제네브에브 도서관(철을 구조체로 사용)
	  - 국립도서관(주철 사용, 르네상스 양식)
	• 찰스 가르니에(Charles Garnier)
	  파리 오페라 하우스(바로크 양식에 르네상스 양식을 혼합한 신바로크 양식)
	[영국]
	• 바리경(Sir c. Barry) : 런던의 여행자 클럽(이탈리아 르네상스 양식)
	[독일]
	• 카트너(Friendrich Von Cartner) : 뮌헨의 국립도서관(신 르네상스 양식)
	• 젬퍼(Karl Gottfried Semper)
	  - 드레스덴의 국립 가극장(신 르네상스 양식)
	  - 빈의 부르크 극장(신 르네상스 양식)
	• 슈미트(Friedrich Von Schmit) : 빈 시청사(독일 고딕 양식)

핵심문제

절충주의 건축가와 작품을 묶은 것 중 잘못된 것은 어느 것인가?
① H. Labrouste – 성 쥬네브에브 도서관, 파리
② Charles Garnier – 오페라 하우스, 파리
③ C. G. Sacconi – 빅터 임마누엘 기념관, 로마
❹ J. F. Soufflot – 판테온, 파리

해설
스폴로의 파리 판테온은 신고전주의 건축이다.

SECTION 06 근대 건축

핵심문제 ●●○

산업혁명 이후 근대 건축의 발전을 촉진시킨 건축재료로 가장 적절한 것은?
① 플라스틱, 철, 유리
② 목재, 철, 유리
❸ 철, 유리, 시멘트
④ 시멘트, 플라스틱, 철

[해설] 근대건축의 발전
- 철, 유리의 대량생산
- 시멘트 재료발견(철근콘크리트 구조)

▶▶ **성쥬네브에브 도서관**
① 기초에서 지붕까지 철을 사용한 최초의 건물
② 절충주의

▶▶ **수정궁**
① 런던 박람회 전시관
② 철과 유리로 이루어진 온실형 건물
③ 공업화 건축의 효시(공장생산 현장조립)

▶▶ **에펠탑**
① 1889년 파리 박람회 기념탑
② 철골구조

핵심문제 ●●○

공업화 건축의 효시는 어느 것인가?
① 암스테르담 증권거래소
② AEG 터빈 공장
③ 파리 에펠탑
❹ 런던 박람회의 수정궁

1. 근대 건축의 태동

산업혁명과 계몽주의 철학의 등장이라 할 수 있다.

(1) 산업혁명

1) 신재료, 신기술의 발달(철, 유리, 철근콘크리트)
   ① 철근콘크리트 건축의 발달
      ㉠ 19세기 초 애습딘(Aspdin)이 Portland 시멘트 개발
      ㉡ 토니 가르니에(Tony Garnier)의 공업도시 계획안
      ㉢ 오거스트 페레(August Perret)의 랭시 성당
   ② 철을 건축에 사용한 예
      ㉠ 앙리 라브로스테(Henry Labrouste)의 성 쥬네브에브 도서관(1843~50)
      ㉡ 조셉 팩스턴(Joseph Paxton)의 수정궁(Crystal Palace : 1851)
      ㉢ 구스타프 에펠(Gustave Effel)의 에펠탑(1889)
      ㉣ 뒤테트(Dutert) : 파리 박람회 기계전시관

2) 도시의 발달
   ① 건축가들은 건물의 디자이너에서 새로운 산업도시의 미래를 제시하는 유토피아니스트(Utopianist)로 발전
      ㉠ 르두 : Chaus 이상 도시계획안
      ㉡ 로티 가르니에 : 공업도시 계획안
      ㉢ 르 코르뷔지에 : "빛나는 도시", "인구 3만을 위한 도시"
   ② 새로운 도시건축의 발전
      아파트, 지하철역, 공공건물 등 새로운 유형의 건축물이 급증

(2) 계몽주의 철학

① 기능주의 : 부르조아 취향의 장식을 배제하고 "형태는 기능을 따른다."(설리 반)는 기능주의 미학대두
② 기계미학 : 주거를 "살기 위한 기계"(르 코르뷔지에)로 간주할 정도로 건축을 일종의 기계로 간주
③ 결과적으로 수공예운동, 아르누보 운동 등 기계생산에 반대하는 건축운동이 일어났다.

2. 근대적 건축운동(여명기)

(1) 수공예 운동(Art and Crafts Movement, 1860~1905, 영국)

개요	• 산업혁명 이후 19세기 중반 기계의 대량생산에 대한 반작용으로 전개 • 존 러스킨(John Ruskin)의 영향을 받음 – 건축의 7가지 등불, 베니스의 돌
특징	• 미술과 공예를 통일하여 대량생산 제품의 질자체를 예술적인 높이로 상승시키고자 함 • 아르누보에 영향을 미침 • 앙리반데벨데에게 영향을 미침(아르누보 → 공작연맹 : 끝까지 수공업 주장함) • 독일 공작연맹 창립의 발판을 이룸 • 값이 비싸 대중성을 상실하여 시대에 적응하지 못함
주요 건축가와 작품	• 윌리암 모리스(William Morris : 1834~1896) – 러스킨 사상을 실천에 옮겨 수공예 운동을 창시 – 대표작 "Red House" 실제 건축설계는 필립 웹(Philip Webb)이 담당하였고 모리스는 실내장식 담당 • 애쉬비 : 노만체플주택, Guild 학교 설립 이후 기계주의로 전환 • 보이세이 : 전원주택 전문가, 페리크라프트 주택, 블로들레이 주택 • 레타비 : "건축 신비주의 신화"저서 • 크레인 : 모리스의 제작, 모리스의 신념과 일치

(2) 아르누보(Art – Nouveau)

개요	• 19세기 말 벨기에 브뤼셀에서 시작 • 영국의 수공예운동의 영향을 받아 기계생산에 대한 반작용으로 전개(주관적이고 낭만적인 사조) • 수공예 운동이 민중을 위한 예술을 주장한 반면 아르누보는 심미적인 운동이었다.
특징	• 기계생산에 대한 거부 • 과거 역사적 양식건축 거부 • 새로운 양식의 추구 • 자연에서 모티브 추구 : 곡선의 장식적 가치를 강조 • 철과 유리의 사용
주요 건축가와 작품	• 빅터 호르타(Victor Horta)의 타셀 주택(Tassel House) • 핵토르 기마르(Hector Guimard)의 파리 지하철역 입구 • 앙리 반 데 벨데(Henty Van de Velde)의 공작연맹극장 • 안토니오 가우디(Antonio Gaudi) – 사그라다 파밀리아(Sagrada Familia) – 카사 밀라(Casa Mila) – 카사 바틀로(Casa Battlo) – 구엘 공원(Park Guell)

핵심문제

아르누보 건축에 대한 설명으로서 가장 부적당한 것은?
① 곡선 장식
② 철과 유리의 사용
③ 타셀(Tassel)주택
❹ 역사주의의 부흥

해설
과거 역사적 양식건축 거부

핵심문제

아르누보 건축에 해당되지 않는 것은 어느 것인가?
① 사그라다 파밀리아 성당, 바르셀로나(가우디)
❷ 우편저금은행, 빈(오토 바그너)
③ 글래스고우 미술학교, 글래스고우(찰스 매킨토시)
④ 타셀 주택, 브뤼셀(빅터 오르타)

해설
②는 오스트리아 빈에서 시작된 세제션(후기분리파)에 해당된다.

오토 바그너(Otto Wagner)

① 비인 분리파의 이론적 배경 제공
② 저서 "근대건축"(합목적적 건축 이론)
  • 목적을 정확히 파악하고 충족시킬 것
  • 적당한 시공재료 선택할 것
  • 경제적인 구조를 채택할 것

(3) 비인 분리파(Vien Secession)

개요	• 19세기 말 오스트리아는 고딕이나 고전, 바로크 건축을 모방하는 사조가 성행하였는데 이에 몇몇 건축가들이 반기를 들었다. (과거 역사주의적인 양식건축 에서의 분리)
특징	• 기계생산에 미온적 태도 • 과거 역사적 양식건축 거부(기하학적 형태추구) • 새로운 양식의 추구 : 과거 건축과의 분리 • 새로운 재료와 신기술을 이용한 실용적, 합리적 건축추구
주요 건축가와 작품	• 오토 와그너(Otto Wagner) : 빈 우편저금국 • 요셉 올브리히(J. M. Olbrich) : 세제션관 • 아돌프 로스(Adolf Loos) : 슈타이너 주택, 뮬러하우스, 루스하우스 • 요셉 호프만(Josep Hoffman) : 스트클레 궁정

윌리엄 르 베런 제니
① 시카고 학파의 창시자
② 철골구조와 방화구조 개발

다니엘 번함
① 사업가로서의 건축가
② 미국 대규모 건축사무소의 발전 예고
③ 릴라이언스 빌딩

루이스 설리반
① 프랭크 로이크 라이트의 스승 건축가
② "형태는 기능을 따른다.(Form Follows Function)"
③ 초기 건축에는 아르누보 장식의 영향이 있음

(4) 시카고 학파(Chicaho School)

개요	• 1891년 시카고 대화재와 1893년 만국박람회 이후 철골구조에 의한 고층건축을 건축가와 기술자에 의해 발전 • 근대적 사무소 건축의 발전에 이바지
특징	• 과거 역사주의 양식건축 거부 • 구조의 노출(단기간의 공사로 구조가 노출) • 구조체 사이의 전면유리(창을 내고 창의 가장자리만 여닫을 수 있도록 한 시카고 창 유행) • 철골구조와 엘리베이터 결합으로 고층건물 가능

주요 건축가와 작품	• 윌리엄 르 베런 제니(Willam Le Baron Jenny)
	• 헤리 홉슨 리차즌(Herry richardson)
	• 다니엘 번함(Daniel Burnham)
	• 루이스 설리반(Louis Sullivan)
	  - 오디토리엄 빌딩(Aditorium Building)
	  - 웨인라이트 빌딩(Wainwright Building)
	  - 개런티 빌딩(Guaranty Buillding)
	  - 카슨 피리에 스코트 백화점(Carson Pirie Scott)

핵심문제

20세기 전후 아방가르드 운동의 하나로, 근대공업 즉, 기계생산을 수용하는 방향으로 전개된 새로운 건축사상 운동은?
❶ 독일 공작연맹(Deutcher Werkbund)
② 빈 세제션(Wien Secession)
③ 유겐트스틸(Jugendstil)
④ 예술 및 수공예운동(Arts & Crafts Movement)

해설
독일은 유럽의 여타 국가에 비해 산업화가 늦게 시작되어 후진기술로 선진국과 경쟁할 수 있는 방안으로 기계생산을 적극 수용하였다.

(5) 독일 공작 연맹(Deutcher Werkbund)

개요	• 독일 공업제품의 질적 향상을 목표로 기계생산에 의한 기술개선과 생산품질 향상에 기여(영국 미술공예운동의 영향) • 수공예운동, 아르누보 운동 등 기계생산에 대해 적극적이지 못했던 유럽의 건축상황에서 건축의 선진적 주도권이 독일로 건너오게 되었다.
특징	• 기계화와 공업화의 수용 • 규격화, 표준화를 건축에 최초로 도입 • 바이센호프 지들렁(스튜가르트에 있는 바이센 호프에 세계적으로 유명한 건축가들을 초빙하여 공동주택 단지 개발, 참여 건축가는 코르뷔지에, 그로피우스, 페터 베흐렌스, 오우드, 힐버자이머, 한스 샤로운, 한스 필치히, 미스 반 데로에, 프랭크로이트 라이트 등이다.)
주요 건축가와 작품	• 무테지우스(Muthesius) : 영국의 집 • 페터 베흐렌스(Peter Behrens) : A.E.G 터빈공장 • 앙리 반데 벨데 • 발터 그로피우스 : 파구스 제화공장

(6) 데 스틸(De Still)

개요	• 1917년 네덜란드에서 결정 • 입체파(Cubism)의 영향 • 추상화의 선구자 피엣 몬드리안의 신조형주의의 영향 • 수평·수직에 의한 기하학적 질서를 건축구성의 원리로 삼음
특징	• 화가 몬드리안의 신조형주의의 영향을 받아 드 스틸 건축의 구성원리가 됨 • 수평 및 수직에 의한 기하학적 질서를 건축구성의 원리로 삼음 • 추상적인 형태의 언어를 사용(직교직선, 색채대비, 역동적으로 분해된 순수입 방체 등)

주요 건축가와 작품	• 피엣 몬드리안(Piet Mondrian)
	• 테오 반 도즈버그(Theo van Doesburg) : 모돈의 자택
	• 게리트 리트벨트
	  - 적청의자(Red and Blue chair)
	  - 슈뢰더 하우스(Schroder House) : 데 스틸의 대표적 건축
	• 오우드(J.J.P.Oud) : 카페 드 유니에(Cafe de Unie)

>>> **무테지우스**

① 독일공작연맹 창립 주도
② 최초로 기계화 공업화에 의한 규격화와 표준화를 디자인에 도입할 것을 주장

>>> **피터 베흐렌스**

① A.E.G 회사의 전속 디자이너
② 베흐렌스의 사무실에 코르뷔지에, 그로피우스, 미스 등의 거장 건축가들이 거쳐감

>>> **앙리 반데 벨데**

① 무테지우스의 표준화, 규격화 주장에 반대
② 예술가의 창조적 개성을 주장

>>> **피엣 몬드리안**

① 20세기 추상화의 선구자
② 몬드리안의 신조형주의 추상화 이론이 데스틸 건축의 구성원리가 됨

>>> **테오 반 도즈버그**

① 데스틸의 주도자
② 구성주의의 엘 리치스키와 함께 바우하우스에 영향 끼침

핵심문제

데 스틸(De Stijl)에 대한 설명으로 적합하지 않은 것은 어느 것인가?
① 네덜란드 화가이며 건축가인 테오 반 도즈부르그(Theo van Doesburg)에 의해 시작되었다.
❷ 바우하우스에서 나타난 움직임이다.
③ 몬드리안(Piet Modrian)이 대표적 화가이다.
④ 기하학적 단순 형태로 요소를 추구하였다.

[해설] 데 스틸
프랑스(순수파), 러시아(구성주의), 독일(바우하우스)에 영향을 주었다.

> **제3인터내셔널 기념탑**

국제 공산당 3차 대회를 기념하는 탑
- 철골구조로 계획되었으나 에펠탑 보다 높은 나선형 형태는 당시 기술로 실현 불가능하였다.
- 역동성의 새로운 미학을 잘 나타냄

> **엘 리시츠키**

구성주의 이념을 유럽에 전파함

> **프라우다 신문사 사옥계획안**

6m×6m의 좁은 대지에 구조와 설비를 외부에 노출시켜 최대의 내부 공간 확보

> **긴즈부르그**

- 브후데마스의 교수
- 사회적 응축기(Social Cond−ensor)이론 : 사회주의에 적합한 건축을 만들고 건축이 사회주의에 적합한 인간을 개조시키고 개조된 인간이 더욱 사회주의에 맞는 콤뮨주거를 만든다는 이론
- 콤뮨 하우징 개념

> **독일의 표현주의, 이탈리아 미래파**

제1차 세계대전(1914~1918)을 전후하여 단명한 건축운동

> **안토니오 산텔리아**

스케치와 도면만을 남기고 1차 세계 대전 중 젊은 나이로 사망하였지만 러시아 구성주의 등 근대건축에 강한 영향을 남겼다.

(7) 러시아 구성주의(Russia Constructivism)

개요	• 1917년 러시아 혁명으로 인하여 사회주의 국가에 적합한 새로운 기능의 건물과 새로운 미학이 대두 • 입체파(Cubism)와 미래파(Futurism)의 영향을 받았고 러시아 화가 말레비치(Malevich)의 절대주의(Supermatism) 이론으로 시작 • 바우하우스와 유사한 건축학교인 브후데마스(Vkhutemas)가 구성주의 이론의 실험의 장
특징	• 예술가 등의 정치참여가 우선시되었고 ASVOVA와 OSA 등 건축가들 단체가 조직 • 기능주의, 기술지상주의, 비대칭의 기하학적 역동성이 새로운 미학으로 수용

주요 건축가와 작품	• 타틀린(Vladmir Tatlin) : 제3인터내셔널 기념탑
	• 엘 리시츠키(El Lissitzky)
	  − 프라운(Proun)
	  − 레닌을 위한 연단
	  − 구름지주(Cloud Props)
	• 베스닌형제(Victor & Leonid Vesnin) : OSA 주도
	  − 프라우다 신문사 사옥 계획안
	  − 모스크바 노동궁
	• 긴즈부르그(Moisei Ginzburg)
	• 멜니코프(Konstantine Melinikov)의 파리 장식미술박람회
	• 러시아관 : 최초로 구성주의 건축을 서구에 보여줌
	• 레오니도프(Ivan Leonidov)의 레닌 연구소 계획안

(8) 독일 표현주의(Expressionsism)

개요	1901년부터 1925년까지의 유럽과 특히 독일을 중심으로 환상적인 이상향이나 극단적인 색채 및 조형을 추구
특징	• 주관적이고 비정형적인 표현적 건축 추구 • 개인적인 현대건축운동으로 리듬감 있는 조형구성, 동적인 표현이 특징
주요 건축가와 작품	• 브루노 타우트(Bruno Taut) : 유리전시관 • 한스 펠치히(Hans Poelzig) : 베를린 대극장 • 에릭 멘델존(Eric Mendelsohn) : 아인슈타인 타워

(9) 이탈리아 미래파(Futurism)

개요	1909년 마리네티의 미래파 선언으로 시작
특징	• 기계를 찬미하고 산업화된 미래의 도시를 예견 • 조형의 기본적인 관심은 기계, 속도감
주요 건축가와 작품	안토니오 산텔리아(Antonio Sant'Elia) : 신도시 계획안

(10) 바우하우스(Bauhaus)

구분	내용
개요	• 1919년 4월 발터 그로피우스(W. Gropius)가 바이마르(Weimar)에 만든 미술 학교와 공예학교를 합병하여 Weimar 국립 바우하우스(Staaatliches Bauhaus in Weimar)라고 명명 • 수공예운동이나 앙리 반 데 벨데(Henry van de Velde)의 공예학교의 낭만적인 수공예방식보다는 공업과의 협력을 통하여 조형예술을 조합화
특징	• 예술과 공업의 협력 • 기계화, 표준화를 통한 대량생산 방식 도입 • 모든 예술을 건축의 구성요소로 재통합 • 이론교육과 실제교육의 병행(직인 – 도제 – 마스터)
주요 건축가와 작품	• 발터 그로피우스(Walter Gropius) 　– Fagus 공장 　– 하버드대학원 Center 　– 아테네 미 대사관 　– 바그다드 대학

>>> 교육과정

- 예비교육과정(직인, Apprentice)
- 이론연구 및 실습과정(도제, Journey Nan)
- 최종과정(Meister)

핵심문제 ●●○

바우하우스(Bauhaus)와 가장 관계가 없는 것은?
① 한네스 마이어(Hannes Meyer)
② 데사우(Dessau)
❸ 도미노 시스템(Dom–ino System)
④ 바이마르(Weimar)

해설
③은 르 코르뷔지에의 이론이다.

3. 정착기

(1) 국제주의 건축

구분	내용
개요	• 발터 그로피우스가 제창한 1920년대 이후 기능주의에 입각하여 순수 형태를 추구하는 양식 • 기본 이념의 순수함으로 이해 현대건축의 기반을 형성하고 강력한 국제주의적 연대 감정으로 육성
특징	• 대칭성 배제 • 조형의 주안점을 정면에 국한하지 않고 평면계획에 의하여 공간이나 매스를 유동적으로 배치 • 몰딩, 조각 등 장식을 배격하고 단순한 수직, 수평의 직선적 구성 위주(곡선이 나 곡면을 기피) • 백색이나 엷은 색을 많이 사용하고, 재료의 특색을 그대로 표현 • 이와 같은 특성을 실용적 기능을 중시하여, 재료 및 구조의 합리적 적용과 민족적, 지역적 차를 없애고 어느 곳에서도 적합한 현대적인 합리적, 주지적 정신에 기초를 두는 새로운 건축양식을 수립
주요 건축가와 작품	• 르 코르뷔지에(Le Corbusier) • 발터 그로피우스(W. Gropius) • 멘델존(E. Mendelson) • 타우트(B. Taut) • 미스 반 데어 로에(Miss van der Rohe) • 프랭크 로이드 라이트(F.L. Wright) • 앙리 반 데 벨데(H. Van De Velde) • 알바 알토(A. Aalto) • 타트린(V. Tatlin) • 엘 리시츠키(El Lissitzky)

핵심문제 ●○○

국제주의 건축의 특징으로서 틀린 것은?
① 비대칭으로서의 규칙성 강조
❷ 역동성의 추구
③ 볼륨으로서의 건축
④ 과거 건축의 전통성 거부

해설
국제주의 건축은 순수형태를 추구하는 양식이다.

(2) 근대거장

① 발터 그로피우스

특징	• 독일 공작 연맹, 바우하우스를 통하여 국제주의 양식 확립, 건축에 있어서 표준화, 대량생산 시스템과 합리적 기능주의 추구
주요 작품	• 데사우 바우하우스 교사 • 아테네 미국 대사관 • 파구스 공장 • 하버드 대학교 대학원

② 프랭크 로이드 라이트

특징	• 미국의 풍토와 자연에 근거한 자연과 건물의 조화추구, 유기적 건축
주요 작품	• 일련의 초원주택(Prairie House) – 주거용 개인 주택 • 로비 하우스(Robie House) • 유니티 교회(UNity Church) • 제국 호텔 • 낙수장(Kaufman House) • 존슨 왁스 사무소 • 구겐하임 미술관(Newyork) • Taliasin

③ 미스 반 데어 로에

특징	• 지지체와 비지지체의 분리(철골구조의 기능성 추구) • "Less is More(보다 적은 것이 더 많은 것이다)" : 장식을 배제한 순수한 형태 강조(건축미 강조) • Flow space : 폐쇄공간이 아닌 공간의 상호관입과 전이를 이룩함 • Universal space(보편적 공간, 다목적 공간) : 내부 공간 구획을 파티션으로 자유롭게 구획하여 사용함 • 철과 유리만의 사용
주요 작품	• 바르셀로나 파빌리온(Barcelona Pavilion) • 투겐하트 주택(Tugenhadt House) • I.I.T 대학 마스터플랜 • 판스워스 하우스(Farnsworth House) • 레이크 쇼어 드라이브 아파트(Lake Shoer Drive APT) • I.I.T 크라운 홀(Crown Hall) • 시그램 빌딩(Seagram building) • 베를린 국립박물관(National Gallery)

핵심문제

근대/현대 건축에 있어 가장 영향력 있는 저술과 그 저자를 연결한 것 중 틀린 것은?

❶ 그로피우스 : 국제양식
② 르 코르뷔지에 : 새로운 건축을 향하여
③ 로버트 벤추리 : 건축의 복합성과 대립성
④ 찰스 젱크스 : 빛나는 도시

[해설] 르 코르뷔지에
빛나는 도시

핵심문제

스페인 빌바오의 구겐하임 박물관(Guggenheim Museum)의 건축가는?

① 찰스 젱크스(Charles Jencks)
② 아이 엠 페이(I.M. Pei)
③ 노만 포스터(Norman Foster)
❹ 프랭크 게리(Frank O. Gehey)

[해설]
• 미국 뉴욕의 구겐하임 미술관 : 프랭크 로이드 라이트
• 스페인 빌바오의 구겐하임 미술관 : 프랭크 게리

핵심문제

커튼월(Curtain Wall)기법의 완결판으로 유명한 미국 뉴욕의 시그램 빌딩(Seagram Building)을 설계 한 건축가는?

❶ 미스 반 데어 로에
 (MIes van der Rohe)
② 르 코르뷔지에(Le Corbusier)
③ 프랭크 로이드 라이트
 (Frank Lioyd Wright)
④ 알바 알토(Alvar Aalto)

[해설] 시그램 빌딩
세계 최초의 커튼월 건축물로 평가

④ 르 코르뷔지에

특징	• 합리적 기능주의 • 신정신(L'Esprit Nouveau) 창간 : 오장팡과 순수주의(purism) 운동 전개(큐비즘의 영향) • 근대 건축의 5원칙 : 필로티, 옥상정원, 자유로운 평면, 자유로운 입면, 수평 띠창
주요 작품	• 시트로함 주택(Citroham House) • 사보이 주택(Villa Savoye) : 건축 5원칙 적용 • 마르세이유 아파트(Marseills Unit d'Habitation) : 메조넷 구조 • 롱샹 성당(Ronchamp Church) • 메송 주울(Maison Jaoul) • 샹디갈 도시계획 • 라투레트 수도원 • 저서 및 도시계획 　– '새로운 건축을 향하여(Toward a New Architecture)' 　– '인구 3만을 위한 도시계획' 　– '빛나는 도시(Radiant City)' 　– 브라질 도시계획

⑤ 알바 알토

특징	강한 개성의 직접적인 반영이며, 평범하고, 세련되지 않고, 순진하며 환상적 감수성이 강하지 않고, 또한 인생철학에 정착되어 있어서 단순성의 가장 높은 실재성을 간직하고 있다.
주요 작품	• 파이미오(Paimio) 요양소 • 비이퓨리(Viipuri) 시립도서관 • M.I.T 기숙사(Baker House) • 세이나 찰로(Synatsalo) 시청사

(3) C.I.A.M(Congress International Architecture Modern)

개요	• 현대 건축운동의 핵심적인 추진단계로 각국 건축가의 자유롭고 활발한 교류를 자극하여 국제적인 성격이 강한 기능주의, 합리주의 건축을 보급
특징	• 인간활동과 자연환경이 서로 조화, 육성하는 것 • 그에 따른 인간의 정신적, 물질적 요구를 만족시키는 것 • 건축과 도시계획에 있어서 사회적, 과학적, 윤리적, 미학적 개념과 일치 하는 환경을 창조하는 것 • 커뮤니티의 생활과 통일된 개성의 발달

>>> 주택의 4가지 유형

① 라로슈 주택
② 가르슈 주택
③ 슈투트가르트 주택
④ 사보아 주택

핵심문제

르 코르뷔지에의 '현대 건축의 5가지 요점'이 아닌 것은 어느 것인가?
① 자유로운 평면과 입면
② 필로티
③ 옥상 정원
❹ 새로운 재료

[해설]
①, ②, ③ 외에 수평띠창(골조와 벽의 기능적 독립)이 있다.

>>> M.I.T 기숙사

실내부를 회벽으로 마감하지 않고 벽돌벽의 거친 면이 그대로 노출되게 만들었으며 학생들의 침실과 공부방은 주위의 분위기를 파괴하지 않을 정도로 컴팩트하게 만들어져 있고, 같은 방법이 집회제실에도 적용되어 있다.

>>> 현대 건축 국제회의

제1차	La Sarraz 선언 발표(1928) (스위스의 라사라 성에서 발표)
제2차	저소득층 주택건설 계획 (1929, 독일)
제3차	→ 최소한의 주거 대지계획의 합리적 방법(1930, 벨기에)
제4차	기능적 도시(1933, 아테네) → 현대 도시계획의 여러 원칙을 아테네 헌장으로 규정(기능별 사전 확보 지역, 녹지대, 고층(밀집주택단지), 넓은 인동간격)
제8차	도시의 책
제9차	인간의 Habitat (1953년, 프랑스)
제10차	'Team 10'의 회의 준비 크러스터, 이동성, 성장과 변화, 도시와 건축(1956, Dubrovnik) 'Team 10'의 급진론자에 의해 회의 끝날 무렵 C.I.A.M 해체

SECTION 07 현대 건축

1. 현대 건축의 태동과 유형

- CIAM 해체 이후 양식의 혼란기 맞이
- 합리주의, 기능주의, 국제주의 양식에 대한 한계 인식
- 근대건축에 무시되던 상징성, 장식 등이 건축에 반영

(1) 풍토적 건축

주요 특징	주요 건축가 및 건축물
핀란드의 자연에 영향을 받은 알토는 핀란드의 전통적인 재료와 자연적인 감성, 민족적인 특징을 그의 건축세계에 구현	파이미오 요양소, 비이퓨리 시립도서관, M.I.T. 기숙사, 세이나 찰로시청사

(2) 유기적 건축

>>> 유기적 건축

① 프랭크 로이드 라이트가 처음 사용
② 그의 스승인 루이스 설리반의 유기론을 계승, 발전
③ 루이스 설리반은 '삶이란 삶의 표현 속에서 있는 것이며, 형태는 기능에 따른다'라고 말했다.
④ 라이트는 설리반의 철학을 확대, 발전시켜 형태와 기능은 하나로 되어야 한다고 주장, 이러한 개념을 전달하기 위해서 '유기적 건축'이란 용어를 채용

주요 특징	주요 건축가 및 건축물
[유기적 건축의 특성] • 기능과 형태상의 필요성에 의한 전통 요소 도입(라이트와 알토는 지역적 요소와 전통 요소에 강했다.) • 주변환경과의 조화 • 경직된 정방형의 형태 탈피 • 친근한 재료의 사용 • 공간 매스의 휴먼스케일 • 그 지역의 맥락적인 요소 도입 • 자연이나 전통적인 대상물을 통한 은유적 표현 • 기능을 외부형태로 표현	• 프랭크 로이드 라이트 • 휴고 헤링 • 한스 샤론 • 알바 알토

(3) Team 10

주요 특징	주요 건축가 및 건축물
• CIAM 해체주도(10차 회의) • 전체보다는 부분을 • 고정보다는 변화를 • 획일성보다는 다양성을 주장	• 카를로(Giancarlo de Carlo) • 칸딜리스(Georges Candilis)와 우즈(S. Woods) • 스미손 부부 • 알도 반 야크(Aldo van Eyck)와 바케마(J.B. Bakema)

(4) G.E.A.M

주요 특징	주요 건축가 및 건축물
• '움직이는 建築研究 그룹'의 약칭 • 생활양식의 변화에 대응할 수 있는 가변성, 유연성을 지닌 건축과 도시의 건설을 주장함 • 스페이스, 프레임, 플라스틱에 의한 막구조, 확장구조 등 새로운 구조기술을 사용	• 요나 프리드만 • 프라이 오토

(5) Archigram

주요 특징	주요 건축가 및 건축물
• 1960년대 영국의 젊은 건축가 그룹 '아키그램(Archigram)은 현대미술처럼 건축 또한 변 화무쌍한 상상력의 유연성을 추구 • 블록건물, 열린 도시 등의 개념은 실행되지 않았지만, 실험적 양식구상은 이후 1980~90년대 포스트모던 건축의 중요한 영향을 준다.	• 피터 쿡 : Instant City(1968년), Fulham Study(1963년), Plug-in(1964~1966년) • 론 해론(Ron Herron)의 Walking City(1964년)

(6) Metaubolism

주요 특징	주요 건축가 및 건축물
• 일본의 건축그룹 • 건축 및 도시를 생물체의 신진대사와 동일시	• 기요노리 기꾸다케 (Kjyonori Kikutake, 1928~) • 기쇼 구로가와 (Kisho Kurokawa, 1934~)

>>> 메타볼리즘

① 1960년대 일본에서 나온 건축양식
② 변화를 계속하는 건축, 성장해나가는 사회라는 의미의 건축양식

(7) Formalism(형태주의 건축)

주요 특징	주요 건축가 및 건축물
• 건축의 표현적, 조형적 특성을 강조하는 미학적 측면에 관심 • 건축의 내용보다도 형태를 강조 • 현대건축에서 배척되었던 전통적, 상징적 요소를 도입 • 건축에 있어 형태 표현의 영역을 확장하려 시도 • 전통적 건축이 지녔던 장식적 요소를 현대화하고 현대건축의 규범 속에서 표현의 가능성을 예시	• 에로 사리넨 : 제너럴 모터스 기술연구소, M.I.T. 대학교 강당 및 예배당, 뉴욕 케네디 공항, T.W.A. 전용 터미널, 달라스 국제 공항 • 필립 존슨 : 유리주택, 시그램 빌딩 (미스와의 공동작품), 뉴욕 링컨 센터의 시립극장, 펜조 일 플레이스 복합건물, 미국 전신 전화국 사옥 • 에드워드 듀렐 스톤 : 인도 미국 대사관, 브뤼셀 박람회 미국 전시관 • 폴 루돌프 : 사라소타 고등학교, 예일 대학교 예술 건축학부 건물, 그래픽 아트센터

브루탈리즘

1950년대 중반 영국 건축가 스미손(Smithson) 부부에 의해서 제시되어 반함(R. Banham)에 의해서 이론적으로 정의

핵심문제 ●●○

포스트 모더니즘 건축을 정의하는 내용이 아닌 것은?
① 복합성
❷ 장소성의 부정
③ 은유와 연상
④ 역사적 형태의 인용

[해설] **포스트 모더니즘**
기존환경의 지역적, 전통적, 문화적 맥락을 중요시한다.

건축의 복합성과 대립성

① 로버트 벤투리의 저서
② 단순성, 순수성의 허구 지적
③ 복합성과 다양성의 건축을 강조

(8) Brutalism

주요 특징	주요 건축가 및 건축물
• 건축의 구성요소로서 각 요소의 정체성과 연관성을 강조 • 건축의 윤리성과 진실성을 강조 • 구조와 재료를 정직하고 솔직하게 표현(설비와 서비스 시설을 노출시킴) • 건물의 공간적, 구조적, 재료적 개념을 뚜렷하게 기억될 수 있는 이미지의 형태로 정직하게 표현	• 스미손 부부 : 헌스텐톤 중고등학교, 골든레인 주거단지 계획안, 쉐필드 대학교 계획안, 이코노미스트 빌딩 • 루이스 칸 : 예일 대학교 미술관 증축, 리차드 의학 연구소, 솔크 생물학 연구소, 킴벨 미술관, 방글라데시 정부 종합청사 • 제임스 스털링 : 햄커먼 공동주택, 라이체스터 대학교 공학부 건물, 캠브리지 대학교 역사학부 건물

(9) Post Modernism(탈-현대건축)

주요 특징	주요 건축가 및 건축물
현대건축에서 배제되었던 건축의 상징성, 의미, 장식과 지역 문호, 역사와 전통을 연계시킴으로써 새로운 건축 양식을 모색하려는 건축 사조	• 로버트 벤투리(Robert Venturi) • 찰스 무어(Charles Moore) • 마이클 그레이브스(Michael Graves) • 알도 로시(Aldo Rossi) • 크리에 형제(Leon & Robert Krier) • 랄프 어스킨(Ralph Erskine)
상징성의 회복 시도	• 역사와 장소성, 전통적 형태를 참조 • 이미지, 기억, 연상, 은유 등을 중요한 조형개념으로 활용(건축을 언어처럼 의미를 전달하는 체계로 봄)
전통적, 역사적 건축요소와 장식 도입	• 고전주의적 수법(비례, 대칭, 정면성, 장식성) • 절충주의적 수법을 이용 • 지역과 장소, 개인 등의 다양성과 다원화를 표방
맥락주의 건축	• 건물이 위치한 도시의 환경 및 문화, 역사적 맥락을 중시 • 현대건축의 오브제(Object)적 건축을 반대
혼성적 표현과 모호성을 인정	기능과 형태의 의미적 해체와 재구성, 순수 기하학적 재구성, 비구조를 이용한 공간의 관입과 확장을 시도

(10) Late Modernism(후기 – 현대건축)

주요 특징	주요 건축가 및 건축물
현대건축의 구조, 기능, 기술 등의 합리적 해 결방식을 계승, 발달된 공업기술을 바탕으로 추상적 형태언어와 건물의 구조, 기술적 이미지를 과장한 것이 특징이다.	• 노만 포스터(Norman Foster) • 리차드 로저스(Richard Rogers) • 시저 펠리(Cesar Pelli) • 케빈 로쉬(Kevin Roche) • 아이 엠 페이(I. M. Pei) • 존 포트만(John Portman)
미니멀리스트적 표현	건물을 주변과 독립된 자립적인 대상으로 간주
기계미학	• 현대 공업기술을 바탕으로 하며 기술적 이미지를 보다 과장 • 재료의 규격화, 표준화, 공업화되고 극단적으로 분절된 부재를 사용 • 리차드 로저스와 렌조 피아노의 퐁피두(Pompidou)센터에서 잘 볼 수 있다.
구조 왜곡 및 표피 강조	• Slicktech적인 미학(투명성, 반사성, 평활성을 강조) • 유리, 금속판 등으로 건물을 피복함으로써 매끄러움과 극단적인 부드러움이 표출하는 과장된 기술적 이미지를 표현

핵심문제 ●●○

레이트 모던(Late Mordern) 건축의 특징에 관한 설명으로서 가장 타당한 것은?
① 이상주의와 기능주의
② 참여주의와 다원주의의 조화
③ 반장식적인 것과 국제주의의 조화
❹ 기계미학과 슬릭텍(slick-tech)의 조화

[해설] 레이트 모던
• 기계미학
• 구조의 왜곡과 표피의 강조
• 실용성 강조

≫ 미니멀리스트

되도록 소수의 단순한 요소를 통해 최대 효과를 이루려는 사고방식을 지닌 예술가

2. 최근 현대 건축물 동향

(1) 대중주의(大衆主義 : Populism)

주요 특징	주요 건축가 및 건축물
• 맥락주의 : 주위환경의 지역적, 문화적, 역사적 맥락을 건축에 반영 • 복고주의 : 전통적, 역사적, 지역적 건축요소와 장식을 이용 • 대중적, 상업적 이미지를 건축에 부여 • 건축을 상징화 : 은유, 유추, 기억, 연상	• 로버트 벤투리 • 찰스 무어 • 로버트 스턴 • 프랭크 게리 • 랄프 어스킨

≫ 맥락주의

주위 환경에서 적합성, 기존 맥락과의 동질성(identity)의 확보를 주장하여, 지역적, 문화적, 전통적, 맥락의 연속성을 추구하고 지역적 요소와 장식을 건축에 도입한다.

핵심문제

신합리주의 건축가로서 가장 부적당한 것은?
① 마리오 보타(Mario Botta)
❷ 프라이 오토(Frei Otto)
③ 리차드 마이어(Richard Meier)
④ 알도 로시(Aldo Rossi)

해설
②는 신공업기술주의 건축가이다.

>>> 지역주의

① 지역적 특성 반영
② 기후특성 반영
③ 지역환경 부응성
④ 지역 문화환경 대응
⑤ 지역환경 적합성

>>> 블록하우징

블록이 옆으로 세워진 모습의 주거 군 디자인. 구조주의 건축가인 피레트 블롬 작품

(2) 신합리주의(Neo-Rationalism)

텐덴자(La Tendenza)라 불리며 이탈리아 건축가 알도 로시(Aldo Rossi)에 의해 시작

주요 특징	주요 건축가 및 건축물
• 알도 로시는 '도시의 건축'이라는 저서를 통해 '기념비적 건물의 결정적 역할의 복귀'를 주장(예술작품으로서의 도시에 관해 언급) • 유추의 건축을 주장	• 알도 로시 • 오스발트 마티어스 웅거스 • 마리오 보타 • 리차드 마이어

(3) 지역주의(地域主義 : Regionalism)

주요 특징	주요 건축가 및 건축물
• 환경에의 융합(자연주의) • 장소성의 존중 • 전통에 대한 고려 • 심리적, 감정적 요소를 설계에 도입 • 인도주의적 건축행위 및 표현 • 건축에 무형식을 표방	• 요른 웃존 • 알바로 시자 • 리카르도 보필 • 오리올 보히가스 • 파올로 솔레리

(4) 구조주의(構造主義 : Structuralism)

구조주의는 요소는 변하더라도 변하지 않는 관계를 인식하려는 사고방법(부분의 요소는 전체의 구조 안에서 통합이 될 때 비로소 의미가 있고, 인식이 된다.)

주요 특징	주요 건축가 및 건축물
구조주의 사고방식의 주된 원리는 이 세계가 사물로 구성된 것이 아니라 관계들로 구성되어 있다는 개념이다.	• 알도 반 아이크 • 헤르만 헤르츠 베르거 • 피레트 블롬

(5) 신공업기술주의(Neo-Productivism), 하이테크(High-Tech) 건축

20세기 초 이탈리아 미래파와 러시아 구성주의의 기계미학의 건축이념에 영향을 받음

주요 특징	주요 건축가 및 건축물
• 공업기술의 이미지를 과장하는 건축양식(기계미의 표현) • 신기술, 신공법을 적극적으로 활용 • 표피를 외관에 표현(커튼월 등) • 가변성과 융통성을 가지는 평면 및 구조, 설비체계	• 노만 포스터 • 리차드 로저스 • 캐빈 로쉬 • 시저 펠리 • 헬무트 얀

(6) 해체주의(Deconstrectivism)

주요 특징	주요 건축가 및 건축물
• 고정관념의 해체를 목적 • 비정형적 성격 • 러시아의 구성주의 영향(형태면)	• 버나드 추미 : 라 빌레뜨 공원 • 피터 아이젠만 : 뉴욕 파이브의 구성원, 주택 시리즈, 웩스너 시각예술센터, IBA 집합주택 • 프랑크 게리 : 게리 하우스, 고베 일식당, 로 욜라 법학대학, 캘리포니아 항공 우주 박물관, 비트라 디자인 박물관, 스페인 빌바오 지역의 구겐하임미술관 • 렘 쿨하스 : 국립무용극장

핵심문제

해체주의 건축이론에 대한 설명 중 가장 타당한 것은?

① 건축분야에서 해체주의 운동은 소위 텐덴자(Tendenza)라고도 불린다.
② "Less is more"의 금욕적인 건축의 관점에서 건물 형태를 위한 새로운 의미를 되찾으려 한다.
❸ 명백히 구별되어 있는 카테고리를 역전시키고 정해진 우선 순위와 그 개념체계의 해체까지 시도한다.
④ 모더니즘에 대한 거부반응으로 고대건축으로의 회귀, 기호학 등의 도입을 통한 새로운 건축적 시도이다.

해설
① 신합리주의
② 미스반데로에의 건축철학
④ 포스트 모더니즘

CHAPTER 15 출제예상문제

01 고대 로마 건축의 성격에 관한 기술 중 옳지 않은 것은?

① 에트루스컨(Etruscan)의 건축을 모태(母胎)로 한다.
② 아치 볼트의 구조적 활용으로 대규모의 건축이 가능하였다.
③ 시민생활과 관련하여 욕장(浴場), 극장, 상수도, 교량 등의 축조가 발달되었다.
④ 고대 그리스의 3가지 주범형식이 그대로 계승되었다.

해설
로마 건축의 오더형식
그리스의 3가지 오더(도릭, 이오닉, 코린트)에 터스칸, 콤포지트 오더 5가지가 사용되었다.

02 펜덴티브 돔(Pandentive Dom)과 관계 없는 것은?

① 스퀸치(Squinch) ② 비잔틴 건축
③ 성 소피아 성당 ④ 그리스 정교

해설
스퀸치 구법
- 사라센 건축의 구법
- 돔(Dome)을 지지하기 위해 만든 고안 품
- 고딕 건축양식에서 스퀸치 아치는 8각형 첨탑을 지지하기 위해서, 정사각형 탑의 내부에 자주 이용되었다.

03 플라잉 버트레스(Flying Buttress)는 어느 시대의 건축양식에서 나온 것인가?

① 로마 건축양식
② 로마네스크양식
③ 르네상스양식
④ 고딕양식

해설
플라잉 버트레스
구조적 요구에서 출발한 고딕양식의 독특한 수법

04 다음 고딕 건축 특색에 대한 기술 중 적합하지 않은 것은?

① 횡측력에 대한 비공주(飛空柱 : flying buttress)의 창안
② 신에 대한 희생, 봉사의 종교적 상징으로서의 첨탑
③ 대형석재의 일체식구조법
④ 첨두아치의 대두

해설
원시시대 건축
대형석재의 일체식 구조

05 다음 중 고딕 건축과 관계가 없는 사항은 어느 것인가?

① 리브 볼트(Rib Vault) 구조
② 프렌치 노르만(French Norman) 양식
③ 플라잉 버트레스(Flying Buttress)
④ 펜덴티브 돔(Pendentive Dome)

해설
비잔틴 건축
펜덴티브 돔

06 사탑으로 유명한 피사의 성당은 다음 중 어느 양식인가?

① 사라센 양식 ② 초기 그리스도교 양식
③ 비잔틴 양식 ④ 로마네스크 양식

정답 01 ④ 02 ① 03 ④ 04 ③ 05 ② 06 ④

> 해설

로마네스크 건축
피사의 성당

07 다음의 건물과 그 양식이 서로 관련이 없는 것은 어느 것인가?

① 피사의 사탑 – 바로크 양식
② 산타소피아 사원 – 비잔틴 양식
③ 노틀담 사원 – 고딕 양식
④ 성 피에트로 대성당 – 르네상스 양식

> 해설

로마네스크 양식
피사의 성당 · 사탑

08 르네상스 교회 건축 양식의 특징으로 옳은 것은?

① 수평을 강조하며 정사각형, 원 등을 사용하여 유심적 공간 구성을 하였다.
② 직사각형의 평면 구성으로 볼트 구조의 지붕을 구성하며 종탑을 설치하였다.
③ 플라잉 버트레스는 회중석의 벽체를 높여 빛을 내부로 도입하고 공간에 상승감을 부여하였다.
④ 타원형 등 곡선 평면을 사용하여 동적이고 극적인 공간 연출을 하였다.

> 해설

르네상스 교회 건축양식
- 수평성 강조
- 정사각형과 정탑을 둔 돔을 사용
- 유심적 공간 구성

② 로마네스크
③ 고딕
④ 바로크

09 이탈리아의 르네상스 건축가들과 그들의 대표적 작품의 연결이 잘못된 것은?

① 미켈란젤로 – 로마의 캄피돌리오
② 팔라디오 – 베니스의 성 지오르지오 마지오레
③ 알베르티 – 성 마리아 노벨라 성당
④ 브루넬레스키 – 로마의 성 피터 사원 돔

> 해설

브라만테
로마의 성 피터 사원의 돔

10 건축 양식과 대표적 작품 및 건축가의 연결이 바르게 된 것은?

① 르네상스 건축 – 빌라 로툰다 – 팔라디오
② 바로크 건축 – 성 피터 사원 – 알베르티
③ 신고전주의 – 알테스 박물관 – 베르니니
④ 국제주의 – 바르셀로나 파빌리온 – 그로피우스

> 해설

성피터 사원은 르네상스의 많은 건축가들이 참여하였으며, 알테스 박물관은 쉰 켈의 작품이며, 바르셀로나 파빌리온은 미스의 작품이다.

11 다음은 바로크 건축에 관한 기술이다. 부적당한 것은 어느 것인가?

① 15세기 중엽 이탈리아 로마를 근원으로 전 유럽에 확산된 건축양식이다.
② 회화, 조각, 공예들이 건축과 결합하여 통합 예술적 효과를 도모하였다.
③ 공간과 매스, 움직임과 정치, 빛과 음영, 돌출과 후퇴, 큰 것과 작은 것 등의 대조적인 것들을 종합적으로 통합하였다.
④ 과장된 투시효과의 수평, 수직적 요소간의 상호관입을 시켰다.

> **[해설]**
> 바로크 건축
> 17~18세기 시대

12 18세기에서 19세기 초에 있었던 고전주의 건축양식의 경향은?

① 고딕건축의 정열적인 예술 창조 운동의 경향
② 로마와 그리스건축의 우수성에 대한 모방
③ 각 시대의 건축양식의 자유로운 선택의 경향
④ 장대하고 허식적인 벽면 장식의 경향

> **[해설]**
> 고전주의
> 18세기 중기에 바로크, 로코코의 수법이 퇴폐적이라 하여 이에 반대하여 그리스와 로마의 우수한 여러가지 문화를 모방하려는 경향을 띠었으며, 대표적인 건축 사례로는 파리의 판테온 신전, 에딘버러 중학교, 대영 박물관, 베를린 왕립극장이 있다.

13 르 코르뷔지에(Le Corbusier)와 관련 없는 것은?

① 샤보아 저택(Villa Savoie)
② 알지에 도시계획
③ 제네바 국제연합 본부 계획안
④ 탈리아신(Taliesin)

> **[해설]**
> 탈리아신은 프랭크 로이드 라이트의 작품이다.

14 다음 조합 중 틀린 것은?

① 라이트(Wright) - 유기적 건축 - 낙수장
② 페레(Perret) - 철근콘크리트구조의 선구자 - 론샹 교회
③ 그로피우스(Gropious) - 국제주의 건축 - 바우 하우스
④ 설리반(Sullivan) - 기능주의 건축 - 고층 건축

> **[해설]**
> 론샹 교회는 르 코르뷔지에의 작품이다.

15 론헤론의 "움직이는 도시"의 계획은 어느 건축 운동과 관계가 깊은 것인가?

① CIAM   ② Archigram
③ Post-Modernism   ④ Bauhaus

> **[해설]**
> 아키그램
> • 피터 쿡을 중심으로 결성
> • 론헤론의 Walking City(1964년)

16 근대 건축가들의 주요 건축사상을 나타낸 것 중 바르게 짝지어진 것은?

① 르 코르뷔지에 - 근대 건축의 5원칙
② 프랭크로이드 라이트 - 유니버설 스페이스
③ 알바알토 - 국제주의 건축
④ 미스 반 데어 로에 - 유기적 건축

> **[해설]**
> ② 프랭크 로이드 라이트 - 유기적 건축
> ③ 알바알토 - 지역주의 건축
> ④ 미스 반 데어 로에 - 유니버설 스페이스

17 다음 건축양식의 시대적 순서가 가장 옳게 된 항은 어느 것인가?

A. 이집트	B. 초기 그리스도교
C. 고딕	D. 그리스
E. 비잔틴	F. 바로크
G. 르네상스	H. 로마
I. 로코코	J. 로마네스크

① A-B-D-H-J-C-I-E-F-G
② A-D-H-J-C-I-G-B-F-E
③ A-B-D-H-J-C-E-F-G-I
④ A-D-H-B-E-J-C-G-F-I

> 해설

시대흐름
- 고대 – 이집트, 그리스, 로마
- 중세 – 초기 기독교, 비잔틴, 로마네스크, 고딕
- 근세 – 르네상스, 바로크, 로코코

18 다음 연결 내용이 틀린 것은?

① 메타볼리즘(Metabolism) – 겐조 당게
② 바우하우스(Bauhouse) – 발터 그로피우스
③ 아르누보(Art Nouveau) – 안토니오 가우디
④ 시카고파(Chicago school) – 존 러스킨

> 해설

낭만주의 – 존 러스킨

19 르네상스 건축의 시점으로 보는 피렌체성당(플로렌스성당)의 돔에 대한 설명으로 옳지 않은 것은?

① 브루넬레스키의 현상설계가 당선된 작품이다.
② 반원형 돔의 형태를 띄고 있다.
③ 안팎 2중 쉘(Shell)로 되어 있다.
④ 8개의 매인리브와 16개의 마이너리브로 되어 있다.

> 해설

피렌체 성당의 돔
지상 55m의 높은 곳에 얹혀진 직경 42.4m의 8각형 형태로서 8개의 주축과 16개의 보조축으로 골격을 이룬 2중각 구조로 되어 있다.

20 다음 중 옳지 않은 연결은?

① 암몬대신전 – 카르나크
② 파르테논신전 – 아크로폴리스
③ 카타콤 – 베니스
④ 성 소피아사원 – 콘스탄티노플

> 해설

카타콤
로마시의 근교에 있는 지하 분묘로 기독교가 박해를 받던 시절 집회소 및 피난 장소로 사용되었다.

21 바로크 건축가와 작품 사이의 연결이 옳지 않은 것은?

① 카를로 마데르나(Carlo Maderan) – 성 베드로 성당, 로마
② 프란체스코 보로미니(Prancesco Boromini) – 성 카를로 성당, 로마
③ 알베르티(leon Battlsta Alberti) – 루첼라이 궁, 플로렌스
④ 구아리노 구아리니(Guarino Guarini) – 성 로렌스 성당, 트린

> 해설

구아리노 구아리니
- 바로크시대의 건축가(이탈리아)
- 보로미니의 조각전 건축을 계승하여 오스트리아, 남부독일의 바로크 양식에 큰 영향을 끼침
- 구조적, 기하학적 탁월성의 기초하에 신비하고 무한한 느낌을 주는 공간을 창조함

※ 성 로렌스 성당 – 브루넬레스키(르네상스, 이탈리아)

22 르네상스 시대의 건축가가 아닌 사람은?

① 비트루비우스
② 부르넬레스키
③ 미켈란젤로
④ 알베르티

> 해설

비트루비우스
- 로마시대의 건축가
- 건축 10서

23 다음 건축물 중 천창채광(Top Light)으로 된 것은?

① 파리의 노트르담 성당
② 이스탄불의 성 소피아 성당
③ 아테네의 파르테논 신전
④ 로마의 판테온 신전

> 해설
> **판테온 신전**
> • 정방형 평면과 원형 평면으로 이루어지는 복합 입면
> • 채광은 돔 정상에 있는 지름 9m의 정광(Top Light)으로 한다.

24 근대 건축운동과 발생국의 관계가 잘못된 것은?

① 미술공예운동 – 영국
② 아르누보 – 프랑스
③ 유겐트스틸 – 벨기에
④ 더 스테일 – 네덜란드

> 해설
> ③ 유겐트스틸 – 독일

25 서양 건축사에 관련된 기술 중 옳지 않은 것은?

① 고딕 건축 구조의 특징은 리브 볼트에 걸리는 하중을 플라잉 버트레스에 흡수시킴으로써 벽면에 커다란 개구부를 낼 수 있었다.
② 비잔틴 건축의 과제는 장방형 공간에 어떻게 돔을 가설하느냐 하는 것인데 이를 펜덴티브로 해결했다.
③ 르네상스 건축은 엄격한 비례를 통하여 조용하고 차분한 인상을 주며 수직성을 강조하고 유심적 구성을 보여준다.
④ 바로크 건축은 조형적 활력과 공간적 풍요로움 속에 하부단위들을 전체 속에 통합함으로써 역동성과 체계화라는 상이한 개념을 종합해 내고 있다.

> 해설
> **르네상스 건축**
> 수평성을 강조

26 포스트 모더니즘의 건축가로 건축의 복합성과 대립성(Complexity and Contradiction in Architecture)이라는 저서를 쓴 건축가는?

① 다니엘 번함   ② 피터 아이젠만
③ 로버트 벤추리   ④ 조셉 팍스턴

> 해설
> **포스트 모더니즘**
> • 상징적, 대중적 건축을 표방
> • 맥락과 대중성 강조
> • 공간의 애매성

27 그리스 건축의 착시교정기법이 아닌 것은?

① 기둥의 배흘림(Entasis)
② 긴 수평선을 위쪽으로 볼록하게 처리
③ 모서리 쪽의 기둥간격을 좁게 처리
④ 모서리 기둥의 솟음

> 해설
> ④는 귀솟음으로 한국 건축의 특성이다.

28 판테온(Pantheon)은 어느 시대 건축인가?

① 그리스 시대   ② 로마시대
③ 르네상스 시대   ④ 고딕시대

> 해설
> 판테온 신전 : 로마

29 안드레이 팔라디오의 작품이 아닌 것은?

① 빌라 로툰다   ② 일 제수 성당
③ 일 레덴토레 성당   ④ 성 조르조 마조레 성당

정답 23 ④ 24 ③ 25 ③ 26 ③ 27 ④ 28 ② 29 ②

해설
② 일 제수 성당 : 비뇰라

30 다음 설명 중 옳은 것은?
① 이집트 건축에서는 볼트와 아치가 적극적으로 이용되었다.
② 비잔틴 건축에서는 모자이크가 많이 사용되었다.
③ 그리스 건축에서의 기둥은 분리되지 않은 단일한 석재로 되어 있었다.
④ 로마건축에서는 첨두 아치(Pointed Arch)가 주로 사용되었다.

해설
① 로마, ③ 이집트, ④ 고딕 건축에 관한 설명이다.

31 건축양식의 변천과정 중 옳은 것은?
① 그리스 – 로마 – 비잔틴 – 르네상스 – 바로크
② 이집트 – 로마 – 비잔틴 – 로마네스크 – 르네상스 – 고딕
③ 로마 – 고딕 – 로마네스크 – 비잔틴 – 르네상스 – 바로크
④ 초기 기독교 – 비잔틴 – 로마네스 – 로코코 – 르네상스

32 이집트 건축의 유구가 아닌 것은 어느 것인가?
① 베니핫산의 암굴분묘
② 마스타바
③ 공중정원
④ 암몬 대신전

해설
공중정원(Hanging garden)
서아시아 건축 중 신바빌로니아 시대의 건축이다.

33 지구라트(Ziggurat)에 관한 것 중 틀린 것은?
① 방위는 각 면이 동서남북을 향한다.
② 평면은 정방형 또는 장방형이다.
③ 내부는 비공간적인 밀적체이다.
④ 구축재는 흙벽돌이다.

해설
지구라트
방위는 모서리가 동서남북으로 되게 배치

34 그리스 건축의 3대 오더양식에 대한 내용 중 다른 것은?
① 이오니아 오더의 기둥은 도리아 오더보다 직경이 작고 높이는 높았다.
② 도리아 오더의 원기둥에는 직경이 커서 배흘림이 없다.
③ 코린트 오더의 기둥은 아칸터스 잎을 2단으로 배열 장식하였다.
④ 도리아 오더의 기둥에는 초석이 없었다.

해설
도리아식
주신은 착각교정을 위해 Entasis(배흘림, 엔타시스)를 두었다.

35 그리스, 로마 건축양식에서 박공부분의 명칭은 다음 중 어느 것인가?
① Pediment   ② Capital
③ Shaft   ④ Stylobate

해설
오더 구성
- 박공(Pediment)
- 엔터블리처(Entablature)
- 주범(Order)
  - 주두(Capital)
  - 주신(Shaft)
  - 주초(Base)

정답 30 ② 31 ① 32 ③ 33 ① 34 ② 35 ①

36 바실리카식 교회당의 각부 명칭과 관계가 없는 것은?

① 아일(Aisle)
② 파일론(Pylon)
③ 트란셉트(Trancept)
④ 나르텍스(Narthex)

해설
㉠ 바실리카식 교회(평면)
- 아일 : 측랑
- 트란셉트 : 수랑
- 나르텍스 : 전랑
- 엡스 : 후진
- 네이브 : 신랑
㉡ 파일론 : 이집트 신전의 탑문

37 비잔틴건축의 구성 요소가 아닌 것은?

① 펜덴티브(Pendentive)
② 아치(Arch)
③ 부주두(Dosseret)
④ 스퀸치(Squinch)

해설
사라센 건축
스퀸치

38 바로크 건축의 시조라고 불리는 건축가는 누구인가?

① 임호텝(Imhotep)
② 익티누스(Ictinus)
③ 미켈란젤로(Michelangelo)
④ 브루넬레스키(Brunelieschi)

해설
① 이집트의 피라미드 건축
② 파르테논 신전 설계자
④ 최초의 르네상스 건축가

39 파리의 클로틸드(Clotilde) 교회당을 설계한 건축가는?

① 스머크　② 팩스턴
③ 슈미트　④ 발류

해설
① 신고전주의(대영박물관)
② 수정궁(1851)
③ 절충주의(빈 시청자)

40 근대 건축을 발전시켰던 재료는?

① 플라스틱, 철골, 유리
② 벽돌, 철, 유리
③ 철, 유리, 시멘트
④ 시멘트, 플라스틱, 철

해설
근대 건축의 주재료
철, 유리, 콘크리트

41 다음 근대 건축의 작가와 작품 중 아르누보의 영역 이외의 것은?

① 윌리엄 모리스 – 붉은 집(Red House)
② 맥무르드 – 책 '도시의 교회당' 장정
③ 빅터 오르타 – 튜린가 12번지 저택
④ 헥토르 기마르 – 파리 지하철 역사

해설
수공예 운동의 대표적 작가

42 CIAM에 관한 기술 중 틀린 것은?

① 1928년 라 사라에서 창립총회
② 르 코르뷔지에의 주도적 역할
③ 합리주의, 표준화, 근대도시문제, 기술적 지식 창달
④ 1953년 아키그램으로 총회 주체 이양

정답　36 ②　37 ④　38 ③　39 ④　40 ③　41 ①　42 ④

> **해설**
> 제10차 회의 때 총회 주관을 Team 10에 이양하며 해산

43 Charles Moore의 사조는 다음 중 어느 것이 적당한가?

① 신합리주의   ② 대중주의
③ 표현주의   ④ 브루탈리즘

> **해설**
> **대중주의**
> 로버트 벤추리, 찰스무어

CHAPTER

16

한국 건축사

01 한국 건축의 특징
02 한국 건축의 시대별 특징
03 불교 · 궁궐건축의 이해
04 한국 건축의 구조와 형식

CHAPTER 16 한국 건축사

SECTION 01 한국 건축의 특징

>>> 배치계획상

① 경사지의 적절한 활용
② 자연지세 활용
③ 지붕면은 정면

핵심문제

한국전통건축의 의장적 특성으로서 틀린 것은?
① 자연과의 조화
② 다양하고 변화 있는 장식수법
③ 비대칭의 평면구성
❹ 장중한 아름다움

[해설]
한국 건축은 소박하고 유려한 아름다움이 특징이며 장중함은 중국건축의 특징이다.

>>> 착시보정

시각의 착각을 교정하기 위해 기둥의 중간경(中間經)을 크게 하는 것이다.

1. 한국 건축의 주요 특징

(1) 한국 건축의 일반적 특성

1) 자연과의 조화
   ① 외관은 간소, 질박, 조야, 겸허한 맛을 풍긴다.
   ② 계획과 시공면에서 인위적인 기교를 많이 쓰지 않았다. (자연미 표현)
   ③ 풍수지리설 이치에 순응(자연 지세와 환경을 잘 분석, 활용)

2) 친근감을 주는 척도
   ① 척도 기준(Module) 사용(변화가 가능했기에 외관이 부드럽고 아름답다.)
   ② 규모가 장대하지 않다.(중압감을 주지 않는다.)
   ③ 인간적 척도(Human Scale)의 크기와 내용(외관이 아담하고 친근감)

3) 착시보정기법
   ① 기둥에 배흘림(Entasis)을 두었다.
   ② 기둥에 안쏠림과 우주(隅柱)의 솟음을 두었다.
      ㉠ 안쏠림 : 기둥 상단을 안쪽으로 쏠리게 세우는 것으로 시각적으로 건물 전체에 안정감을 준다.
      ㉡ 우주를 중간에 있는 평주보다 약간 길게하여 솟아 올리게 해서 처마 곡선과 조화를 이루도록 한다.
   ③ 지붕처마 곡선의 후림과 조로 수법
      ㉠ 후림 : 평면에서 처마의 안쪽으로 휘어 들어오는 것
      ㉡ 조로 : 입면에서 처마의 양끝이 들려 올라가는 것

(2) 주거공간의 특성

1) 공간구성

가정적 공간	• 취사, 수면 등의 가사 기능	• 안방, 부엌 중심
제사적 공간	• 조상의 위패를 봉안, 제사의 기능	• 사당 중심
사회적 공간	• 사랑채를 중심으로 하여 대인 접촉, 학문의 기능 • 거실, 서재, 후원 중심의 공간	

2) 구성 수법의 특징

① 비대칭성 : 자연 지세에 따라 주요 부속 건물을 비대칭적으로 배치
② 공간의 폐쇄성 : 내적 개방적, 외적 폐쇄성
③ 연속성 : 주 공간과 부 공간들을 상호 유기적으로 연결
④ 위계적 공간구성 : 지붕의 크기, 지형의 고저차 등을 이용하여 위계를 표현
⑤ 정연하고 계획적인 비례

> **핵심문제** ●○○
> 한국 전통 건축의 특성에 대한 다음 설명 중 타당한 것은?
> ❶ 공간은 위계성을 가지며 비대칭적인 균형을 이룬다.
> ② 형태는 면적(面的)인 구성이다.
> ③ 공간은 서로 교차되지 않고 각각 분리된다.
> ④ 주요 구조는 조적식 구조이다.
> [해설]
> ② 형태는 선적인 구성
> ③ 공간의 연속성
> ④ 가구식 구조

SECTION 02 한국 건축의 시대별 특징

1. 삼국시대 건축

(1) 고구려 건축

개요	• 진취적, 건설적, 호전적 • 세찬 힘의 표현, 규모가 크고, 장엄, 견실하다.

일반건축	• 건물유지, 와당편, 고분의 건축양식 요소 등을 건축도에서 추측할 수 있다.
	• 한식 건축형식을 계승
	• 석주(石柱)
	  – 4각, 8주각, 원주가 사용되었다.
	  – 배흘림이 뚜렷하다.
	  – 기둥 머리의 모서리가 둥글다.

궁궐	• 불교 가람배치
	• 기와
	  – 궁실과 사찰에만 사용
	  – 최고의 와당은 태왕릉, 장군총, 천추총에서 발견

분묘	• 석총묘 : 통구지방을 중심으로 발견 • 토총묘 : 평양지방을 중심으로 발견
불사	• 백제 가람배치 형식인 일탑식 가람배치가 형성 • 불사는 도성 가까이에 건립 • 청암리(淸岩里) 건축지

> **핵심문제** ●○○
> 다음 건축지 가운데에서 삼국시대의 것이 아닌 것은 어느 것인가?
> ① 금강사지   ② 정능사지
> ③ 황룡사지   ❹ 흥왕사지
> [해설]
> ① 백제, ② 고구려, ③ 신라, ④ 고려 말

(2) 백제 건축

개요	• 동방문화의 발달에 선구적 역할 • 온아하고 유려하며, 정에 두터운 느낌의 예술문화
궁궐	• 처음은 소박했으나 차츰 다양 • 사비성에는 사비궁, 망해궁, 황화궁, 태장궁, 궁남지 등이 있었다. • 발달된 건축기술, 조원기술을 일본에 전파

불사	• 전형적인 백제 가람 배치
	  – 부여의 정림사지, 신라 황룡사지, 일본 사천왕사, 부여 군수리 사지, 가 탑리 사지
	  – 일탑을 중심으로 중문, 탑, 금당, 강당의 건물 중심이 자오선 상에 놓이게 되도록 좌우대칭으로 배치하고 회랑을 돌린다. (일탑식 가람배치)
	• 익산 미륵사지
	  – 일탑식 가람배치가 3개 복합된 형태
	  – 서탑원, 동탑원, 중탑원의 3탑원(塔院)이 품자(品字) 형식으로 건축

(3) 신라 건축

개요	• 고구려 문화(중국북조의 영향)와 백제 문화(남조의 영향)를 동시에 수용하여 신라문화를 형성 • 고유의 문화 특성과 신라적인 감각으로 신라의 조형문화를 형성

불사	• 가장 먼저 건축된 불사는 흥륜사(534~544년)와 영흥사이다.
	• 황룡사지
	  – 9층탑은 한국 최대의 목조탑파였으나 소실
	  – 전형적인 일탑식 가람배치 형식
	  – 탑을 포함하여 착공에서 완성까지 90년이 소요된 대사찰
	  – 삼국시대의 가람배치 형식을 잘 나타내었다.
	• 분황사탑
	  – 안산암을 벽돌과 같은 모양으로 다듬어서 축조한 모전탑의 일부와 당간 지주가 보존되어 온다.
	  – 처음에는 9층이었으나 현재 3층만 남았다.

첨성대	• 천상(天象)과 기후를 관측하는 동양 최고(最古)의 천문대 • 경주에 잔존한 석조물 중 최대 규모(높이 : 9.17m) • 부드러우면서도 단아한 곡선미 • 전체 석축은 27단, 12단, 17단 사이에 정방형 입구가 있다.

2. 통일신라 건축

개요	• 조형미술이 크게 발달 • 조화미, 정제미의 극치 : 중국과 서역 불교미술(간다라, 굽타 미술)의 전래
궁궐	• 장엄하였으나 현존하는 것은 없다. • 임해 전지, 안압지 및 포석정

불사	• 삼국을 통일한 후 불교의 중흥에 힘써 전국적으로 많은 절을 창건
	• 경주의 감은사, 사천왕사, 망덕사, 불국사, 합천의 해인사, 동래의 범어사, 구례의 화엄사, 보은의 법주사
	• 일탑식 가람 배치와는 달리 2탑식 가람 배치가 도입
	• 불국사
	  – 통일 신라기의 대표적인 절
	  – 법흥왕 때에 초창되어 경덕왕 10년(752)에 김대성에 의하여 세워졌다.

>>> **포석정**

국가 중대사 발생 시 왕이 직접 제사를 지내던 곳

3. 고려 건축

개요	• 전체적 외관이 높고 웅대 • 기둥은 상단 내사 방법과 Entasis 양식을 도입(건물의 안정감) • 일조 효율 향상(처마 끝과 주춧돌과의 일조 각도가 30° 내외) • 공포(栱包) 양식이 발전 • 풍수지리설의 영향

목조건물	• 주심포식
	  – 봉정사 극락전(한국 최초 목조건물)
	  – 부석사 무량수전
	  – 수덕사 대웅전
	  – 강릉 객사문
	• 다포식
	  – 심원사 보광전
	  – 석왕사 응진전
	  – 성불사 응진전

궁궐	• 만월대(개경) • 수녕궁 • 3경설치

>>> **주심포식**

고려 초기에 통일신라시대의 건축형식을 바탕으로 하고 주로 송(宋)의 건축 수법의 영향을 받아 발전된 일반 목조 건축형식

>>> **다포식**

고려말 원나라에서 전래된 것으로 주심과 주심 사이에도 공포가 배열 된 구조형식으로서 주로 고려시대 이후 많이 쓰였음

핵심문제 ●●●

봉정사 극락전의 건립시대는?
① 삼국시대
② 통일신라시대
❸ 고려시대
④ 조선시대

[해설]
현존하는 가장 오래된 목조 건축물

›› 조선시대

① 조선 초기
고려문화 계승, 다포식, 주심포식, 절충식을 겸용한 시기
② 조선 중기
- 한국의 고유 수법이 발전된 시기
- 구조, 수법의 독자적 발전
③ 조선 후기
장식이 번잡하고 독자적인 세부 장식 요소를 사용

핵심문제 ●●●

우리나라의 목조 건축양식 중 다포식 건축물이 아닌 것은?

① 서울 남대문(숭례문)
② 창덕궁 돈화문
③ 불국사 극락전
❹ 부석사 무량수전

[해설]
④는 고려시대 주심포식 건축물이다.

›› 절충식

다포식 건축 수법을 주로 하고, 주심포식 세부수법을 혼합 절충하여 만들어진 건축 형식

핵심문제 ●●●

다음 목조 건축물 중 다포식(多包式)인 것은?

① 봉정사 극락전
② 부석사 무량수전
③ 수덕사 대웅전
❹ 심원사 보광전

[해설]
①, ②, ③은 고려시대 주심포식 건축물

›› 익공식

주로 궁궐의 침전, 각 전각, 누정(樓亭), 성곽의 일반 문루, 관아 건축 사찰의 전각, 향교, 서원에 이 형식이 사용됨

4. 조선 건축

개요	• 궁궐과 성곽, 성문, 학교 건축이 중심(불교 건축의 쇠퇴) • 건물 규모를 신분에 따라 규제 • 건물 자체의 균형 및 주위 환경과의 조화 • 자연 그대로 살린 정원 설계(비원, 창경궁)
궁궐	• 장대하고 화려하게 조영 • 한성내에 현존하는 것 : 경복궁, 창경궁, 창덕궁, 덕수궁이 있다.

목조건축	• 다포식 : 조선시대 궁궐이나 사찰의 전각에서 많이 이용
	  – 초기 건축 : 개성 남대문, 서울 남대문, 안동 봉정사 대웅전, 청양 장곡사 대웅전 등
	  – 중기 건축 : 서울 창경궁 명정전, 명정문 및 홍화문, 서울 창덕궁 돈화문(선조대), 창녕 관룡사 대웅전, 강화 전등사 대웅전 등
	  – 후기 건축 : 경주 불국사 극락전, 불국사 대웅전, 수원 팔달문, 서울 창덕궁 인정전, 서울 동대문, 서울 경복궁 근정전, 서울 덕수궁 중화전 등
	• 절충식
	  – 주요건축물 : 평양 숭인전, 서산 개심사 대웅전 등
	• 주심포식
	  – 초기 건축 : 영주 부석사 조사당, 강화 정수사 법당, 강진 무위사 극락전, 승주 송광사 국사전 등
	  – 중기 건축 : 달성 도동서원 강당 및 사당, 안동 봉정사 화엄강당, 안동 봉정사 고금당 등
	  – 후기 건축 : 전주 풍남문, 밀양 영남루 등
	• 익공식
	  – 초기 건축 : 합천 해인사 장경판고(초익공), 강릉 오죽헌(이익공) 등
	  – 중기 건축 : 충무 세병관(이익공), 서울 동묘(초익공), 서울 문묘 명륜당(이익공), 남원 광한루(이익공) 등
	  – 후기 건축 : 수원 화서문(이익공), 제주 관덕정(이익공) 등

불사	• 송광사 : 대웅전을 중심으로 지형에 따라 비교적 자유롭게 배치 • 금산사 : 미륵전(1635년 중건), 다포식 3층 불전 • 안동 봉정사 대웅전 : 초기 다포식, 단층 8각 지붕 • 부여 무량사 극락전 : 다포식, 중층 8각 지붕 • 양산 통도사 대웅전 : 단층, 정자형 지붕, 다포식 • 구례 화엄사 : 각황전(다포식), 대웅전(다포식)

5. 근대 건축

(1) 구한말의 건축

	건축물	시기	양식	비고
종교 건축	약현 성당	1892	삼랑식 고딕 성당	
	명동 성당	1892~1898	한국유일의 순수고딕	
	정동 교회	1895~1898	단순화된 고딕	
	정관헌	1900년경	서양식 절충	고종 때의 정자
	천주교 원효로 성당	1907	고딕	현 성심여중고 예배당
상업 건축	일본 제일은행	1897~1899	후기 르네상스	현 조달청 인천 사무소
	부산 세관	1910	영국 르네상스	현 부산 세관
기 타	독립문	1896~1897	순수한 석조	
	덕수궁 석조전	1900~1910	고대 그리스 이오니아식 주범	

핵심문제 ●○○

현존하고 있는 한국 근대 건축의 실례들이다. 이중 러시아인 「사바틴」의 설계는 어느 것인가?
① 서울 약현성당(1892)
② 서울 영국영사관(1892)
❸ 서울 독립문(1897)
④ 서울 명동성당(1898)

[해설] 독립문
• 서재필이 독립문 축조를 발의했고, 설계는 러시아인 사바틴이 했다.
• 조형적으로 재래식 성벽 축조 방법을 택해 프랑스의 개선문을 모방하였다.

(2) 일제시대의 건축

	건축물	시기	양식	비고
공공건축	조선 총독부 청사	1916~1926	돔을 가설한 르네상스식	국립 중앙 박물관으로 사용 중 1995년 해체
	경성 부청	1925~1926	철근 콘크리트 절충주의	현 서울 시청
	경성 역사	1922~1925	대형 돔 르네상스식	현 서울역
한국인 건축가	보성 전문 학교(본관 및 도서관)	1833~2937	고딕양식	박동진 설계 현 고려대 본관
	화신 백화점	1937	근대 합리주의	박길용 설계
	경성 제대 본관	1931		박길용 설계 (현 문예진흥원)
기 타	서울 성공회 성당	1922~1926	로마네스크	벽돌, 화강석
	경성 부민관	1935	절충주의	현서울시의회청사

핵심문제 ●●○

우리나라 현대 건축사에서 1960년 대 전통논의를 촉발시킨 작품은 다음 중 어느 것인가?
① 박동진의 고려대학교 본관
② 박길룡의 화신백화점
③ 김중업의 서산부인과
❹ 김수근의 부여박물관

[해설]
한국 현대 건축 1세대인 김수근씨가 설계한 연구소 건물은 원래 국립부여박물관이었다. 1967년 시공 도중, 왜색논쟁이 벌어진 문제작으로 각계 전문가들로 구성된 건축심의 위원회의 논의 끝에 지붕에 기와를 얹고 설계를 변경한 뒤 1971년 개관했다.

> **핵심문제** ●●○
>
> 1934년에 건축된 고려대학 본관의 설계자는 누구인가?
> ❶ 박동진
> ② 박길룡
> ③ 사바틴(러시아)
> ④ 하딩(영국)
>
> [해설] 고려대(보성전문)
> 본관, 도서관은 박동진씨가 설계

(3) 해방 이후의 건축

1) **김중업** : 프랑스 대사관, 서강 대학교 본관, 제주 대학교 본관, 삼일 빌딩

2) **김수근** : 자유센터, 국립 진주 박물관

3) **이희태** : 절두산 복자 기념 성당, 혜화동 성당

4) **엄덕문** : 세종문화회관

5) **이광노** : 어린이회관, 중국 대사관

6) **이해성** : 남산 시민 도서관

SECTION 03 불교 · 궁궐 건축의 이해

1. 불교 건축

(1) 우리나라 사찰건축의 가람배치 특징

>>> **가람배치**

① 가람(승원, 절) : 승려와 신도가 모여 사는 곳
② 구성
 • 강당 : 초기 승려의 수도, 참선
 • 탑 : 석가모니 사후 사리봉안
 • 금당 : 후기 불상을 중요시하는 불상 중심

> **핵심문제** ●○○
>
> 한국 불교 사찰에서 아미타불을 주불로 모신 전각은 다음 중 어느 것인가?
> ❶ 극락전(極樂殿)
> ② 대웅전(大雄殿)
> ③ 명부전(冥府殿)
> ④ 각황전(覺皇殿)

구분	특징	사찰 명칭
1탑식	• 한 개의 탑을 중심으로 중문, 탑, 금당, 강당의 건물의 축선에 높이도록 좌우 대칭으로 배치하고 회랑을 돌리는 방법 • 백제 시대에 도입되어 일본에 전파	부여 정림사지 경주 황룡사지 부여 군수리 사지 보은 법주사
2탑식	• 통일 신라 시대부터 시작된 배치 방법 • 금당을 중심으로 하고, 그 앞에 2개의 탑을 세움 • 중문 동서양탑, 금당, 강당, 회랑의 건물들이 중심축 좌우로 배치된다.	경주 사천왕사지 장흥 보림사 남원 실상사
무탑식	• 풍수지리설과 선종의 유행으로 형성된 배치법 • 탑의 중요도가 거의 없어져 탑이 사라지게 됨	순천 송광사 강화 전등사 예천 용문사 영천 은해사

(2) 단청(丹靑)

① 목조 건물에다 여러 가지 상징적인 요소를 문양화하여, 여러가지 색으로 무늬를 그려 아름답게 꾸미는 장식을 말하며 영원 불멸의 세계를 상징적으로 나타내고자 하였다.
② 단청이 필요하게 된 요인
 ㉠ 건축물의 영구보존(부패방지 및 옹이 은폐)
 ㉡ 궁전 및 법당의 위풍과 권위를 상징

ⓒ 기념적인 성격으로서의 전시, 기록
③ 채색과 무늬의 상징적 배경
  ㉠ 음양오행 사상과 연관이 깊다.
  ㉡ 단청색은 목(木), 화(火), 토(土), 금(金), 수(水)를 상징하는 다섯 가지 색의 청(靑), 적(赤), 황(黃), 백(白), 흑(黑)을 기본으로 한다.
  ㉢ 각 방위와 위치에 따라 일정한 질서와 약속된 언어가 있음을 알 수 있다.

2. 궁궐건축

(1) 조선시대 궁궐건축의 특징

① 조선시대의 궁궐건축은 왕실의 존엄과 권위를 상징하기 위해 대규모로 화려하게 조영되었다.(정무공간, 생활공간, 정원공간의 세 영역으로 구성)
② 현재는 경복궁, 창경궁, 창덕궁, 덕수궁이 남아 있는데, 경복궁은 이 중 가장 규모가 크고 대표적인 궁궐로서 태조 3년에 시창되었으며, 임진왜란 때 소실 된 것을 고종 때 재건하였다.

(2) 종류 및 특징

종류	특징	정전
경복궁	• 정전인 근정전을 중심으로 하여 주요 건물이 남북측을 중심으로 좌우대칭으로 배치 • 부속 건물과 정원은 비대칭적으로 자유스럽게 배치	근정전
창덕궁	• 태종 5년에 창건(경복궁 다음으로 큰 궁궐) • 광해군 때 재건했다가 인정전 화재로 인해 순조 4년에 재건 • 평지에 건설된 다른 궁궐과 달리 경사지형에 건물들을 자유스럽게 비정형적으로 배치 • 비원이라는 잘 조성된 궁궐 후원이 있고, 연경당이라는 양반 가옥도 후대에 세워짐	인정전
덕수궁	• 임진왜란 후에 정궁(正宮)으로 사용 • 조선 말기에 최초의 서양식 건축물인 석조전이 지어져 미술관으로 쓰이고 있다.	중화전
창경궁	• 현존하는 궁궐 중 시대적으로 가장 오래된 궁궐 • 일제 때 동물원으로 개조되면서 많은 건물이 헐림	명정전 (동향)

> **핵심문제** ●○○
>
> 불교사찰 탑파건축에 관한 설명으로 부적당한 것은 다음 중 어느 것 인가?
> ① 탑파형식은 인도에서 간다라 지방을 거쳐 중국에 들어왔으며, 중국식 목조누각건축의 영향을 받아 다층탑으로 변하였다.
> ② 일탑식(단탑식) 가람배치란 중문, 탑, 금당, 강당이 일축선상에 배치된 가람을 뜻한다.
> ③ 분황사탑은 모전석탑이다.
> ❹ 부여 정림사지는 삼금당 일탑식 배치를 하고 있다.
>
> [해설]
> ④ 1탑 1금당

>>> **정전**

국가적인 행사. 외국 사신 영접

> **핵심문제** ●●●
>
> 조선시대 궁궐에 대한 설명으로 가장 부적당한 것은?
> ① 덕수궁은 원래 왕족의 사지(私邸)이었으나 고종 말에 가서 궁궐로 사용되었다.
> ❷ 창경궁 명정전은 현존하는 궁궐 건물 중 가장 오래된 것이며, 남향 배치이다.
> ③ 경복궁은 태조 때 초창된 것으로 중심 건물들이 남북 축선 상에 좌우대칭으로 배치되어 있다.
> ④ 창덕궁은 임진왜란 이후 경복궁 재건 시까지 정궁으로 사용되었으며, 입지는 산지형이다.
>
> [해설]
> 창경궁 명정전은 동향배치이다.

SECTION 04 한국 건축의 구조와 형식

> **건축 행사**
> ① 개기식 : 기초를 다질 때, 모탕고사(대목주관)를 동시에 거행하여 공사 중의 안전을 기함
> ② 입주식 : 첫 기둥을 세울 때 시행
> ③ 상량식 : 보를 처음 걸어둘 때 시행

1. 규모와 부재의 방향

(1) 칸
① 1칸은 7자에서 10자 정도로 구획
② **어칸** : 중앙부로 넓은 칸
③ **협칸** : 좌우의 좁은 칸
④ **퇴칸** : 말단부의 퇴부분

(2) 량
량이라 함은 도리 부재를 의미하며 도리가 많을수록 대체로 규모가 크고 지붕선의 변화를 수반할 수 있다.

(3) 수평재
방향표시 건축물을 정면으로 볼 때 전후 방향으로 놓이는 부재를 보방향 부재, 정면에서 볼 때 좌우 방향으로 놓이는 부재를 도리방향 부재

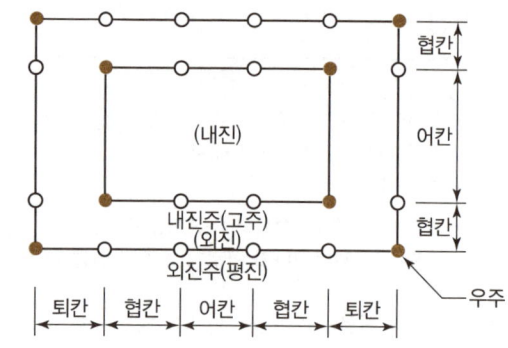

[전통 건축의 기둥 배치]

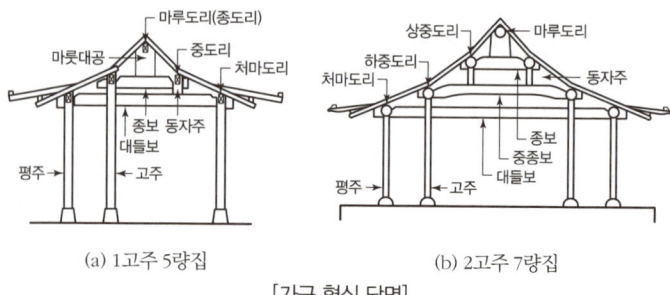

(a) 1고주 5량집   (b) 2고주 7량집

[가구 형식 단면]

2. 건축의 구축과 주요 사항

(1) 기초의 지정 : 땅을 견고하게 다짐

1) **적심석 지정**

    전자갈 또는 자갈 + 석비레(생석회 + 화강석 풍화)

2) **입사 지정**

    왕모래를 두께 7~8인치를 5~6번 정도 물을 부어 다짐

3) **장대석 지정**

    지반이 특히 약하거나 건물의 규모가 매우 크고 하중이 과할 때 방형 단면의 길쭉한 가공 화강석을 정(井)자 형으로 쌓아 올림

4) **판축 지정**

    단순히 흙만을 달고질하여 층층이 다지면서 쌓아 올림

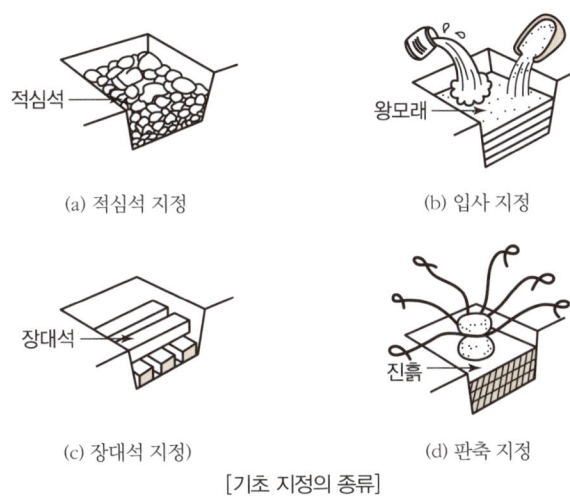

[기초 지정의 종류]

(2) 기단 : 제습처리, 높이는 대략 2~5자(약 60~150cm)

1) **토축 기단**

    일반 살림집에서 많이 사용되는 것으로 진흙을 쌓아올려 만든다.

2) **자연석 기단**

    크고 작은 자연석을 이용해 쌓은 기단으로 매우 폭넓게 사용되었다.

3) **장대석 기단**

    조선시대 가장 널리 사용되던 기단으로 일정한 길이로 가공된 장대석을 층층이 쌓아 만든다.(조선시대 5대궁, 봉정사 극락전, 수덕사 대웅전의 기단)

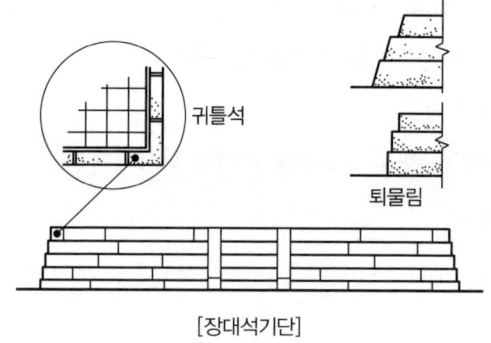

[장대석기단]

4) 가구식 기단

매우 고급스런 기단으로 돌을 가구식으로 놓으면서 기단을 형성

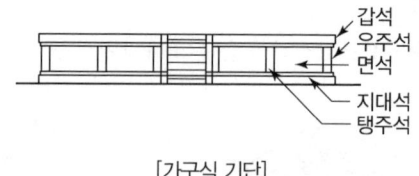

[가구식 기단]

5) 전축 기단

벽돌로 만든 기단을 의미(현존하는 유일한 유적은 수원 방화수류정)

6) 화적 기단

기와편을 쌓아 기단을 만든 것이다.

7) 혼합식 기단

두 가지 이상을 혼합한 기단

(3) 계단

1) 디딤돌 : 계단을 오르는 부분

2) 계단 면석 : 계단의 경사에 따라 양쪽 측면을 막는 판

3) 소맷돌 : 계단 면석 위에 경사지게 높이는 돌

4) 지대석 : 계단 면석 아래에 놓여 지면에 깔리는 돌

(4) 초석(주춧돌)

1) 정평주초
   ① 초석을 가공하는 것
   ② 주좌, 쇠시리가 있음(몰딩)
   ③ 궁궐건축에 주로 사용

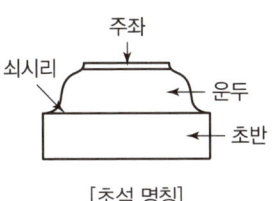
[초석 명칭]

>>> 그랭이질, 그랭이기법

초석을 다듬지 않고 기둥을 초석 형상에 맞추어 깎는 기법

2) 덤벙주초(막돌초석, 호박돌 초석)
   ① 자연석을 그대로 사용
   ② 조선시대 주류를 이룸
   ③ 그랭이질

(5) 기둥

구분	세분류	특징	비고
단면형상	원주 (두리기둥)	사각의 방주보다 격이 높다. 정전, 큰 건물사용	조선조 살림집은 원주 사용 금함. 조선조 후기에 사랑채는 원주, 안채는 방주 사용
	방주(각주)	격이 낮음 소규모에 사용	
기둥 입면	직립주	위아래 곧음	
	민흘림	뿌리에서 머리로 작아짐	방주에서 많이 이용
	배흘림	밑 뿌리에서 1/3 부분이 가장 큼	정전, 큰 건물
건물위치	외진주	건물 외곽의 외진 칸을 감싸고 있는 기둥	퇴기둥, 퇴주
	내진주	건물 내부에 위치한 기둥	
	우주	모서리에 위치한 기둥	
기둥높이	평주	같은 높이 기둥 열, 외진주	측면도상 파악될 수 있음
	고주	높은 기둥, 내진주	
기타	활주	추녀 밑을 받치고 있는 기둥	
	동자주	1고주 5량집이나 7량집에서 대들보나 중보 위에 올라가는 짧은 기둥	
	동바리	고임 기둥 또는 받침기둥의 의미로 보통은 마루 밑을 받치는 짧은 보조기둥	

>>> 배흘림 기둥

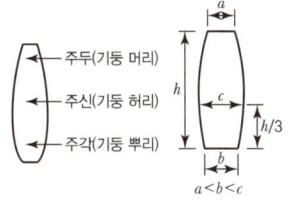

(6) 공포 구조

1) 역할
   ① 기둥 위에 놓여 지붕의 하중을 원활하게 기둥에 전달한다.
   ② 공포 위에는 보와 도리 및 장혀가 올라가게 된다.

>>> 공포

① 주심포
② 다포
③ 익공
   • 초익공(일익공)
   • 2익공
   • 무익공

핵심문제

우리나라 목조건축의 결구에 보이는 공포에 관한 것 중 틀린 것은?
① 공포가 주심 위에만 짜여진 것을 주심포계 공포라고 부른다.
② 공포의 기본형은 주두와 첨차로 이루어져 있다.
❸ 우리나라 목조건축의 배치기법과 건축이론을 이해하는 데 중요한 역할을 한다.
④ 공포는 건물의 천장을 높여주고 지붕하중을 받아 기둥에 전달해주는 역할을 한다.

|해설| 공포는 목조건축의 구조형식, 법식을 이해하는 데 중요한 역할을 한다.

핵심문제

다음 중 조선시대의 궁궐이나 사찰의 전각에서 가장 많이 보여지는 공포의 형식은?
① 하앙양식 ② 익공양식
③ 주심포 양식 ❹ 다포양식

|해설| 주요 건축물은 상징성을 가지므로 공포의 양식이 화려한 다포양식을 주로 사용

2) 구성부재

① 목구조의 형성은 기둥 – 창방(기둥 머리를 연결하는 것으로 민도리 형식은 창방이 없음에 주의) – 평방(다포식의 경우만 해당) – 주두(민도리 구조는 주두가 없는 경우도 있음에 주의) – 첨차(또는 익공식의 경우 행공) – 살미 첨차(또는 제공이라고도 함) – 소로의 순서로 결구된다.
② 공포를 구성하는 부재는 주두, 첨차, 살미 첨차, 소로로 구성되게 한다.
③ 행공첨차는 도리 방향부재, 살미첨차는 보 방향 부재가 된다.

3) 공포의 분류

① 주심포식과 다포식

구분	주심포식	다포식
전래	고려 중기 남송에서 전래	고려 말 원나라에서 전래
공포특징	• 배흘림이 큰 편 • 단아한 외관 • 다포에 비해 중요도 낮은 건물에 사용 • 주로 맞배지붕 많이 사용 • 주로 단장혀 사용	• 주심포식보다 덜 현저한 배흘림 • 외형이 정비되고 장중한 외관 • 중요도가 높은 건축물에 사용 • 주로 팔작지붕 많이 사용 • 주로 긴 장혀 사용공포배치
공포배치	기둥 위에 주두를 놓고 배치	기둥 위에 창방과 평방을 놓고 그 위에 공포배치
공포의 출목	보통 2출목 이하	보통 2출목 이상
소로 배치	비교적 자유스럽게 배치	상·하로 동일 수직선상에 위치를 고정
내부 천장	연등천장	우물천장
고려시대 건축물	• 안동의 봉정사 극락전 • 영주 부석사 무량수전(팔작지붕)과 조사당 • 예산의 수덕사 대웅전 • 강릉 객사문	• 심원사 보광전 • 석왕사 응진전
조선시대 건축물	• 초기 건축 : 영주 부석사 조사당(1377), 강화 정수사법당(1423), 강진 무위사 극락전(1476), 승주 송광사 국사전 등 • 중기 건축 : 달성 도동서원 강당 및 사당(1604), 안동 봉정사 화엄강당, 안동 봉정사 고금당 등 • 후기 건축 : 전주 풍남문, 밀양 영남루 등	• 초기 건축 : 개성남대문(1394), 서울남대문(1448), 안동봉정사 대웅전, 청양장 곡사대웅전등 • 중기 건축 : 서울 창경궁 명정전(1616년), 명정문 및 홍화문(1616), 서울 창덕궁 돈화문(선조대), 창녕 관룡사 대웅전(1617), 강화 전등사 대웅전(1621) 등 • 후기 건축 : 화엄사 각황전(1702), 경주 불국사 극락전(1751), 불국사 대웅전(1765), 수원 팔달문(1796), 서울 창덕궁 인정전(1804), 서울 동대문(1869), 서울 경복궁 근정전 및 경회루(1870), 서울 덕수궁 중화전(1906) 등

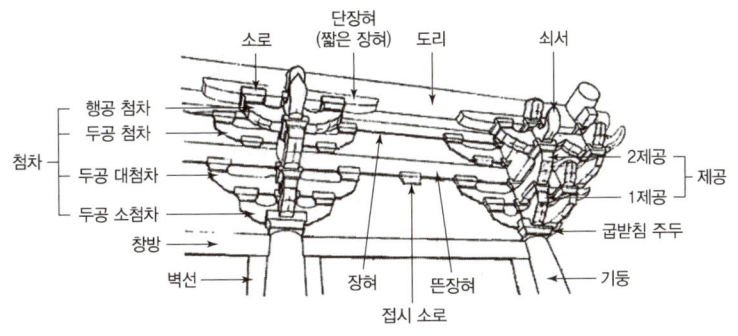

[주심포양식]

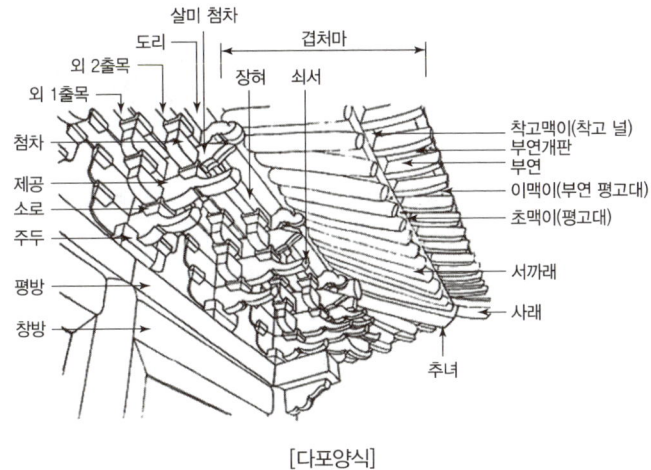

[다포양식]

② 절충식

다포식 건축 수법을 주로 하고, 주심포식 세부 수법을 혼합 절충하여 만들어진 건축 형식

③ 익공식
  ㉠ 주로 궁궐의 침전, 각 전각, 누정(樓亭), 성곽의 일반 문루, 관아 건축 사찰의 전각, 향교, 서원에 이 형식이 사용됨
  ㉡ 초익공(初翼工)은 창방 위치에 직교되게 주상단, 주두하, 익공을 놓게 되어 그 높이가 창방보다 약간 높으므로 주두와 같이 짜이게 된다.
  ㉢ 이익공(二翼工)은 초익공 윗부분에 익공을 하나 더 올려놓고, 그 위의 주심 부에 소형 주두를 놓아서 보를 받도록 만들었다.

>>> **이익공의 재주두**

주두 상부에 주두보다 조금 작은 동일한 형태의 주두

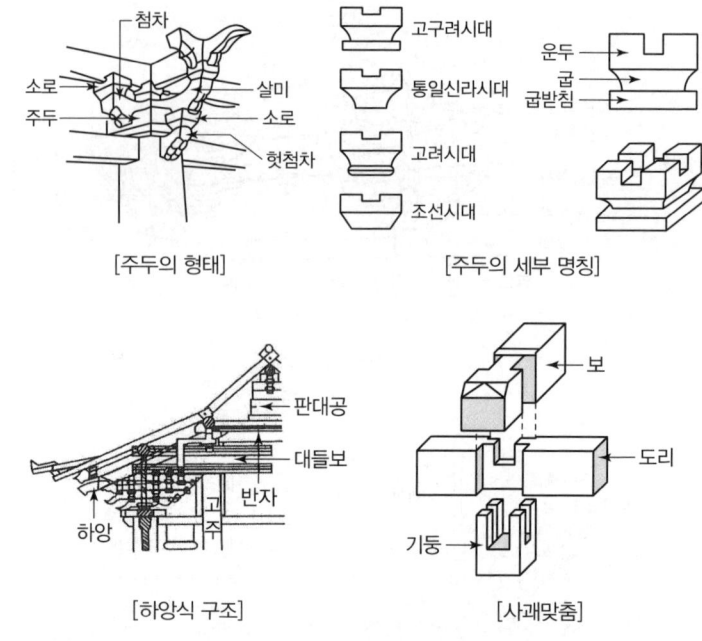

[주두의 형태]   [주두의 세부 명칭]

[하앙식 구조]   [사괘맞춤]

(7) 가구형성

1) 보

① **창방** : 기둥머리를 연결하는 부재
② **평방** : 다포형식에 주간포를 받기 위해 창방 위에 같은 방향으로 가로로 놓이는 부재(단면적은 일반적으로 창방보다 더 큼)
③ **퇴보** : 툇간은 대개 반칸 정도의 크기를 가지며 퇴간의 평주와 고주를 연결하는 보
④ **충량** : 내부 기둥이 없을 경우 대들보 위에 얹어 놓은 보
⑤ **우미량** : 소꼬리처럼 생긴 곡선부재로 조선 초기까지 주심포 형식에서만 주로 나타남(다포형식이나 익공형식의 집에서는 나타나지 않았다.) 수덕사 대웅전에서 양쪽으로 각각 3개씩 6개의 우미량 있음
⑥ **귀보** : 평면상 건물 모서리에 45도 각도로 걸리는 보(건물의 뒤틀림 방지)
⑦ **보아지** : 대들보나 퇴보 밑을 받치는 초각형 부재
⑧ **구형보** : 장방형에서 모서리 부분만 곡선으로 올린 보
⑨ **항아리보** : 전체 모양을 둥글게 처리하여 항아리 모양처럼 만든 보(고려시대 주심포 건물)

2) 도리

① 도리의 높낮이에 따라 지붕의 물매가 결정
② 단면 형상에 따라 굴도리(원형), 납도리(각형)
③ 구조 부재 중에 가장 위에 놓인다.

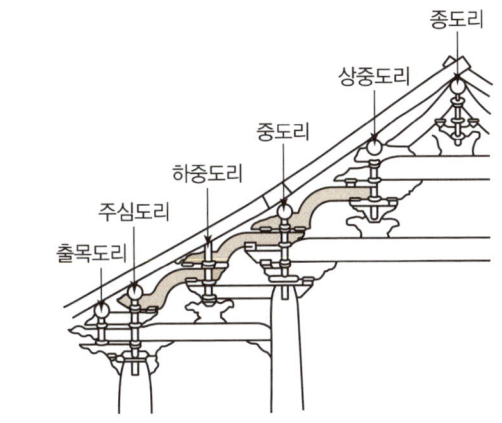

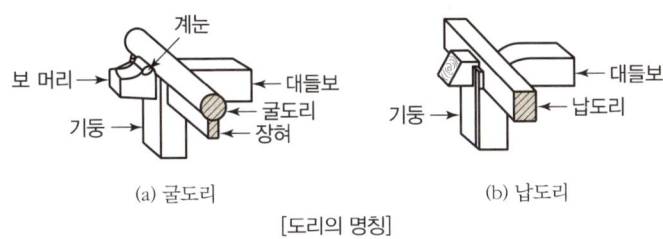

[도리의 명칭]

3) 지붕

① 지붕의 형성

구분	종류	특 징
처마	홑처마	부연이 없는 것(서까래)
	겹처마	서까래를 겹으로 설치(초연+부연)
45° 부재	추녀	건물 모서리에서 45°방향으로 걸리는 방형단면의 부재 보통 처마(서까래 부분)보다 2~4치(6~12센티)를 더 빼는 것이 일반적
	사래	겹처마의 경우 부연의 모서리에 걸리는 방형단면의 부재 추녀와 같은 방향으로 놓이게 되며 그 위치는 추녀 위에 올라감 즉, 모서리에서 가장 외곽부에 놓이는 부재가 사래임
기타	부연	겹처마인 경우에 서까래 위에 얹히는 것
	연함	평고대 위에 올라가는 기와받침부재 치목은 자귀로 하는데 기와를 다루는 와공이 맡음
	평고대	추녀와 추녀를 연결하는 가늘고 긴 곡선부재를 지칭

> **핵심문제** ●●○
>
> 한국전통 건축용어에 관한 설명으로 부적합한 것은 다음 중 어느 것인가?
>
> ① "그랭이질"이란 기둥을 반듯하게 세우기 위하여 기둥 하단을 초석 형상에 맞추어서 가공하는 수법을 말한다.
> ② "가람집"이란 조선시대 노비계급 중 외거노비의 주택을 말한다.
> ③ "연등천장"이란 지붕면의 전후가 경사지게한 지붕을 말한다.
> ❹ "납도리"란 도리의 모양이 둥근 것을 말한다.
>
> **해설**
> 납도리(각형), 굴도리(원형)

>>> **처마**

서까래가 기둥 밖으로 빠져나와 형성된 공간으로 기둥 뿌리에서 처마 끝을 연결하는 내각이 보통 28~33° 정도를 범위로 한다. 한편 처마 끝에 소나무가지를 꺾어 달아내는 것을 송첨이라 한다.

② 서까래의 종류
  ㉠ 초연, 부연 : 겹처마의 경우 서까래가 2중으로 설치되므로 처음 설치한 것을 초연, 위에 올라가는 것을 부연이라고 구분한다.
  ㉡ 목기연 : 맞배지붕이나 팔작지붕의 박공이 만들어지는 부분에는 부연보다 훨씬 짧은 서까래가 걸리는데 이를 말한다.
  ㉢ 단연 : 중도리와 중도리 사이의 길이가 짧은 서까래
  ㉣ 장연 : 중도리와 주심도리 위에 얹히는 긴 서까래

③ 형태에 따른 지붕의 종류

구분	내용
맞배지붕	• 측면에 지붕이 없는 것(추녀라는 부재가 없다.) • 비바람을 막기 위해 고려시대에는 측면지붕이 많이 빠짐 • 조선 시대에는 지붕을 많이 빼지 않는 대신 풍판을 사용
우진각 지붕	• 4면에 모두 지붕면이 있는 것(양측면이 삼각형으로 보임) • 초가집, 일반 살림채에 많이 사용 • 권위 있는 건물에는 거의 사용하지 않았음 • 내림마루가 없이 용마루와 추녀마루만이 있다.
팔작(합각) 지붕	• 우진각지붕 위에 맞배지붕을 올려놓은 것과 같은 형태 • 내림마루, 용마루, 추녀마루가 갖춰짐 측면지붕은 전체적으로 삼각형으로 구성되었으나 하부에서 상부로 올라가면서 사다리꼴과 삼각형이 합한 형태로 모여지며, 삼각형은 작은 박공으로 구성 • 맞배지붕이나 우진각지붕에 비해 권위 높은 용도에 사용 • 목재량이 더 많이 소요되고, 내부에서 지붕을 보면 많은 가구가 복잡하고 혼란스럽기 때문에 우물천장을 가설하는 경우가 대부분
모임 지붕	• 용마루가 없이 하나의 꼭짓점에서 지붕골이 만나는 형태 • 사모(4각)지붕, 육(6각)모지붕, 팔모(8각)지붕 • 비일상적인 정자 건물과 탑 등에 주로 이용
까치 구멍집	• 팔작지붕과 같은 형태이나 합각 부분이 매우 작고 환기 구멍으로 열려 있는 지붕 • 강원도 산간에서 폭설과 맹수로 인해 마구간과 변소가 처마 안에 있는 특징

④ 지붕마루 형태

구분	팔작지붕	맞배지붕	우진각지붕	모임지붕
용마루(수평)	●	●	●	
내림마루(수직)	●	●	×	
추녀마루(45° 방향)	●	×	●	●

>>> 지붕마루

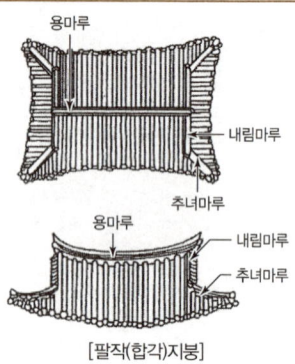

[팔작(합각)지붕]

핵심문제 ○○○
지붕이 두 면으로 나누어지고 처마는 있으나 추녀를 가지지 않는 지붕형태는 다음 중 어느 것인가?
① 팔작지붕   ② 우진각 지붕
❸ 맞배지붕   ④ 모임지붕

해설 **맞배지붕**
가장 간단한 형태의 지붕으로 추녀 및 활주가 없다.

(8) 기타 용어

1) 지붕머리 장식
① **치미 · 취두** : 용마루 양쪽 끝에 새 날개나 물고기의 꼬리 모양을 한 장식기와를 치미라고 하며, 조선 기대 이후로 치미 대신에 용마루 양쪽을 물고 있는 용 머리 장식을 취두라고 한다.
② **용두** : 내림마루 끝에 용머리 모양의 장식
③ **잡상** : 추녀마루 끝에 제일 앞에 앉아있는 사람 모양의 장식기와를 필두로 여러 가지 동물 형상의 기와를 말함. 화재나 액을 막아준다는 상징적 의미. 보통 살림집에서는 사용되지 않았고 사찰이나 권위 있는 건물에 사용. 건물의 크기에 따라 잡상도 3, 5, 7, 9 등 홀수로 사용

2) 천장
① **우물천장** : 천장의 모양이 우물 정자처럼 보이는 천장
② **연등천장** : 천장을 가설하지 않고 지붕의 구조가 노출되어 있는 천장
③ **지반자(방반자)** : 달대＋반자틀＋천장지를 붙여 만든 것을 의미
④ **소경반자** : 일반 서민의 경우 반자를 틀지 않고 노출된 서까래 위에 도배지만을 싸 발라 사용한 것

3) 장혀, 단장혀
공포 위의 수평재로서 주심포식은 주로 단장혀, 다포식은 주로 긴 장혀를 사용하였다. 이 장혀(또는 단장혀)위에 도리가 배치된다.

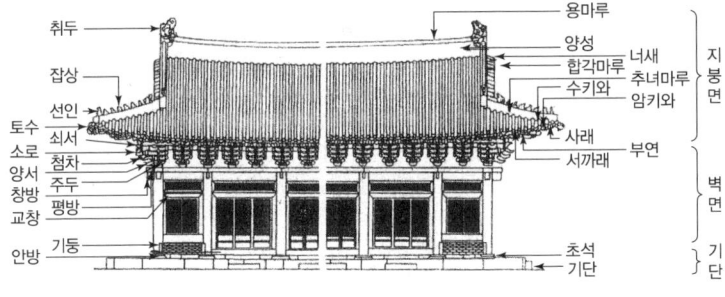

[입면 각부 용어]

CHAPTER 16 출제예상문제

01 목조 건축물로서 우리나라에서 가장 오래된 것은 어느 것인가?

① 부석사 무량수전
② 봉정사 극락전
③ 법주사 팔상전
④ 화엄사 보광대전

> [해설]
> **봉정사 극락전(고려)**
> 현존하는 한국 최고의 목조 건물

02 현존하는 한국 목조 건축물 중 고려시대의 건축물은 어느 것인가?

① 송광사 국사당
② 강릉 객사문
③ 범어사 대웅전
④ 화엄사 각황전

> [해설]
> ①, ③, ④는 조선시대 건축물

03 불사 건축의 진입 방법에서 누하 진입 방식을 취한 것은?

① 부석사
② 통도사
③ 화엄사
④ 범어사

> [해설]
> 부석사는 누 윗부분의 마루 밑을 거쳐서 누하 진입을 이루는 방식을 취한다.

04 주심포계 건축양식의 일반적인 설명 중 틀린 것은?

① 기둥의 주두 위에만 공포를 둔다.
② 출목은 2출목 이하이고 대부분 연등천장이다.
③ 창방 위에 평방을 받아 구조적 안정을 가진다.
④ 대표적인 건물로는 봉정사 극락전, 관음사 원통전이 있다.

> [해설]
> ③은 다포식에 대한 설명

05 다음 중 주심포양식의 건물은?

① 수덕사 대웅전
② 화엄사 각황전
③ 통도사 대웅전
④ 범어사 대웅전

> [해설]
> ②, ③, ④는 다포식

06 다음 중 다포식(多包式) 건축양식의 특징이 아닌 것은?

① 기둥 위에 평방이 있다.
② 기둥은 일반적으로 민흘림 기둥과 통기둥을 많이 사용한다.
③ 공포는 주심과 주간에 배치한다.
④ 공포의 출목은 2출목 이하로 한다.

> [해설]
> ④ 공포의 출목은 2출목 이상

정답 01 ② 02 ② 03 ① 04 ③ 05 ① 06 ④

07 한국 전통 건축물의 양식을 나타낸 것 중에서 바르게 짝지어진 것은?

① 남대문 – 다포 양식
② 동대문 – 주심포 양식
③ 부석사 무량수전 – 익공 양식
④ 강릉 오죽헌 – 주심포 양식

> **해설**
> ② 다포양식
> ③ 주심포 양식
> ④ 익공식

08 다음 조선시대 건축 중 익공계(翼工系)의 건축을 설명한 것 중 해당 되지 않는 것은?

① 대규모의 중요 건축에 주로 쓰이던 형식이다.
② 평방이 생략된다.
③ 내부는 출목(出目)이 없이 보아지를 꾸미는 것이 보통이다.
④ 초기의 익공은 간략한 초각에서 후기에는 장식화 되어가는 경향이다.

> **해설**
> **익공식**
> • 사당, 향교, 서원 등의 주요 건물에 사용
> • 주로 소규모 건물에 사용

09 다음 열거한 한국 건축물 중 익공식(翼工式) 건물은?

① 서울 문묘의 명륜당(明倫堂)
② 영주 부석사 조사당(祖師堂)
③ 평양 보통문(普通門)
④ 창덕궁 돈화문(敦化門)

> **해설**
> ② 고려(주심포식)
> ③ 절충식
> ④ 조선 중기(다포식)

10 한국 건축사에서 시대와 건축물이 바르게 짝지어진 것은?

① 삼국시대 – 부석사 무량수전
② 통일신라시대 – 정림사지
③ 고려시대 – 봉정사 극락전
④ 조선시대 – 수덕사 대웅전

> **해설**
> ① 부석사 무량수전 – 고려
> ② 정림사지 – 백제
> ④ 수덕사 대웅전 – 고려

11 다음 한국목조 건축양식에 관한 기술 중 옳은 것은?

① 다포식은 고려초기부터 시작되어 조선시대에 이르러 많이 사용되었다.
② 주심포식은 다포식에 비해 외형이 정비되고 장중한 외관을 갖는다.
③ 절충식은 다포식을 주로 하고 주심포식의 세부수법을 절충한 형식이다.
④ 익공식은 고려시대에 형상이 체계화되어 조선시대의 대규모 건축물에 널리 사용되었다.

> **해설**
> ① 다포식은 고려 말 전래
> ② 주심포식(단아한 외관), 다포식(외형이 정비되고 장중한 외관)
> ④ 익공식(소규모 건물)

12 고려대학교 본관 건물은 누구의 작품인가?

① 박동진   ② 박길룡
③ 김수근   ④ 김중업

> **해설**
> **박동진**
> 보성전문학교 본관 및 도서관(현 고려대 본관)을 설계하였다.

정답 07 ① 08 ① 09 ① 10 ③ 11 ③ 12 ①

13 조선시대에 건립된 경복궁에 대한 설명 중 틀린 것은?

① 평지에 조영된 궁궐로 일제시대 때 건축규모가 많이 축소되었다.
② 경회루의 석주에는 적당한 민흘림이 있다.
③ 정전인 근정전을 중심으로 하는 중심건물은 남북 축선상에 좌우대칭으로 배치되어 있다.
④ 남쪽에는 광화문, 동쪽에는 영추문, 서쪽에는 건춘문, 북쪽에는 신무문이 있다.

[해설]
경복궁
남쪽(광화문), 동쪽(건춘문), 서쪽(영추문), 북쪽(신무문)

14 해방 후 한국건축계는 일제강점기의 타율적 근대화의 시기에서 자립해야 하는 과제를 안게 되었다. 당시 다양한 사무소 중 다른 건축가들과는 달리 구조기술을 익힌 후에 건축설계를 수행한 구조사 건축기술연구소를 개소한 사람이 있었다. 이 건축가의 이름은?

① 김희춘
② 정인국
③ 김정수
④ 배기형

[해설]
배기형
• 건축기술연구소 개소
• 유네스코회관

15 한국 고대사찰배치 중 1탑 3금당 배치의 대표적인 예는?

① 미륵사지
② 불국사지
③ 청암리사지
④ 정림사지

[해설]
고구려시대의 가람배치
• 1탑 3금당식 : 탑을 중심으로 동, 서, 북쪽 세 방향에 금당이 있고 탑의 남쪽에 중문이 있는 배치
• 청암리사지, 상오리사지, 정릉사지 등

16 다음의 한국 근대 건축 중 로마네스크양식을 취하고 있는 것은?

① 명동성당
② 정관헌
③ 서울 성공회 성당
④ 정동교회

[해설]
근대 건축
① 명동성당 : 순수고딕
② 정관헌 : 서양식 절충
④ 정동교회 : 단순고딕

17 다음 중 조선 후기의 대표적 건축물이 아닌 것은?

① 수원 팔달문
② 경복궁 근정전
③ 서울 동대문
④ 봉정사 대웅전

[해설]
봉정사 대웅전
• 조선 초기 목조건물
• 다포양식
• 팔작지붕

18 한국은행 본점 구관(舊館)은 어느 양식의 건물인가?

① 비잔틴 양식
② 르네상스 양식
③ 로마네스크 양식
④ 고딕 양식

[해설]
조선은행
• 현 한국은행 본점
• 르네상스 양식 건축물

정답 13 ④ 14 ④ 15 ③ 16 ③ 17 ④ 18 ②

19 고려시대 다포계 양식에 관한 설명 중 옳지 않은 것은 어느 것인가?

① 대부분 우물천장이다.
② 출목은 2출목 이상으로 전개된다.
③ 주심포 사이에 공간포가 있다.
④ 다포계 양식의 건물로 수덕사 대웅전이 있다.

해설
수덕사 대웅전은 주심포식 양식이다.

20 주심포계 목조 건축에 나타나지 않은 것은?

① 평방 ② 공포
③ 운공 ④ 창방

해설
평방은 다포식에만 있다.

21 다음 우리나라 전통건축 중 익공계의 실례가 아닌 것은?

① 하동 쌍계사 대웅전
② 합천 해인사 장경판고
③ 강릉 오죽헌
④ 충무 세병관

해설
①은 다포식이다.

정답 19 ④ 20 ① 21 ①

Engineer Architecture

APPENDIX

과년도 출제문제 및 해설

2017년 건축기사/건축산업기사
2018년 건축기사/건축산업기사
2019년 건축기사/건축산업기사
2020년 건축기사/건축산업기사
2021년 건축기사

건축기사 (2017년 3월 시행)

01 종합병원의 건축계획에 관한 설명으로 옳지 않은 것은?

① 간호사의 보행거리는 24m 이내가 되도록 한다.
② 외래진료부는 환자의 이용이 편리하도록 1층 또는 2층 이하에 둔다.
③ 일반적으로 병원건축의 시설규모는 입원환자의 병상 수에 의해 결정된다.
④ 병동 배치방식 중 분관식(Pavilion Type)은 동선이 짧게 되는 이점이 있다.

[해설]

분관식과 집중식 비교

구분	분관식	집중식
배치 형식	저층, 분산식(별동)	고층, 집약식
환경 조건	양호(균등)	불량(불균등)
대지의 이용도	비경제적(넓은 대지)	경제적(좁은 대지)
설비 시설	분산적	집중적
관리의 편의성	불편함	편리함
보행 거리	멀다.	짧다.
적용 대상	특수병원	도심의 대규모 병원

02 호텔의 퍼블릭 스페이스(Public Space) 계획에 관한 설명으로 옳지 않은 것은?

① 로비는 개방성과 다른 공간과의 연계성이 중요하다.
② 프런트 데스크 후방에 프런트 오피스를 연속시킨다.
③ 주 식당은 외래객이 편리하게 이용할 수 있도록 출입구를 별도로 설치한다.
④ 프런트 오피스는 기계화된 설비보다는 많은 사람을 고용함으로써 고객의 편의와 능률을 높여야 한다.

[해설]

호텔의 기능별 실의 배치
- 숙박부 : 객실, 보이실, 메이드실, 린넨실, 트렁크실 등
- 공용부 : 현관, 홀, 로비, 라운지, 연회장, 프런트 카운터 등
- 관리부 : 프런트 오피스, 클로크룸, 전화교환실 등
- 요리관계부 : 배선실, 주방 등
- 설비관계부 : 보일러실 등
- 대실 : 상점, 대사무실 등

03 건축계획단계에서의 조사방법에 관한 설명으로 옳지 않은 것은?

① 설문조사를 통하여 생활과 공간 간의 대응관계를 규명하는 것은 생활행동 행위의 관찰에 해당된다.
② 주거단지에서 어린이들의 행동특성을 조사하기 위해서는 생활행동 행위 관찰방식이 일반적으로 적절하다.
③ 이용 상황이 명확하게 기록되어 있는 시설의 자료 등을 활용하는 것은 기존 자료를 통한 조사에 해당된다.
④ 건물의 이용자를 대상으로 설문을 작성하여 조사하는 방식은 생활과 공간의 대응관계 분석에 유효하다.

[해설]

관찰법
인간의 행태에 대한 연구에 주로 사용되는 방법(관찰 및 해석의 객관성이 필요)

04 전통적인 주택의 골목길을 적층(積層) 주택인 아파트에 구현하고자 했던 설계어휘는?

① 진입광장
② 공중가로
③ Eco-bridge
④ 데크식 주차장

[해설]

공중가로
거주자의 동선 또는 다양한 공간(집과 집 등)을 연결하는 보행 위주의 공간개념

정답 01 ④ 02 ④ 03 ① 04 ②

05 다음 중 공공 도서관에서 능률적인 작업용량을 고려할 경우 200,000권의 책을 수장하는 서고의 바닥면적으로 가장 적당한 것은?

① 300m² ② 500m²
③ 600m² ④ 1,000m²

> **해설**
>
> 서고의 크기(수용능력)
> - 서고 1m²당 : 150~250권(≒200권)
> - 서가 1단 : 25~30권
> - 서고 공간 1m³당 : 약 66권 정도
> ∴ 200,000 ÷ 200 = 1,000m²

06 주택 부엌의 작업 삼각형(Work Triangle)에 관한 설명으로 옳지 않은 것은?

① 세 변의 길이 합은 7~8m 정도가 기능적이다.
② 삼각형의 한 변의 길이는 1.8m 이하가 바람직하다.
③ 냉장고, 개수대, 레인지의 중간 지점을 연결한 삼각형이다.
④ 삼각형의 한 변 길이가 너무 길어지면 동선이 길어지므로 기능상 좋지 않다.

> **해설**
>
> ① 세 변의 길이 합은 3.6~6.6m 정도가 적당하다.

07 미술관의 연속 순로 형식에 관한 설명으로 옳은 것은?

① 필요시에는 각 실을 자유로이 독립적으로 폐쇄할 수 있다.
② 평면적인 형식으로 2, 3개 층의 입체적인 방법은 불가능하다.
③ 많은 실을 순서별로 통하여야 하는 불편이 있으나 공간 절약의 이점이 있다.
④ 중심부에 하나의 큰 홀을 두고 그 주위에 각 전시실을 배치하여 자유로이 출입하는 형식이다.

> **해설**
>
> 연속 순로 형식
> 구형 또는 다각형의 각 전시실을 연속적으로 연결하는 형식
> - 단순하고 공간이 절약된다.
> - 소규모의 전시실에 적합하다.
> - 전시 벽면을 많이 만들 수 있다.
> - 많은 실을 순서별로 통해야 한다.(1실을 닫으면 전체동선이 막힘)

08 공장 건축에 관한 설명으로 옳은 것은?

① 계획 시부터 장래 증축을 고려하는 것이 필요하며 평면형은 가능한 한 요철이 많은 것이 유리하다.
② 재료반입과 제품반출 동선은 동일하게 하고 물품 동선과 사람 동선은 별도로 하는 것이 바람직하다.
③ 외부인 동선과 작업원 동선은 동일하게 하고, 견학자는 생산과 교차하지 않는 동선을 확보하도록 한다.
④ 자연환기방식의 경우 환기방법은 채광형식과 관련하여 건물형태를 결정하는 매우 중요한 요소가 된다.

> **해설**
>
> ① 평면형은 가능한 한 요철이 적은 것이 유리
> ② 재료 반출·입 동선은 분리
> ③ 외부인 동선과 작업원 동선은 분리

09 현존하는 우리나라 목조 건축물 중 가장 오래된 것은?

① 봉정사 극락전
② 법주사 팔상전
③ 부석사 무량수전
④ 화엄사 보광대전

> **해설**
>
> 봉정사 극락전
> - 현존하는 가장 오래된 목조 건축물
> - 주심포식(고려)

정답 05 ④ 06 ① 07 ③ 08 ④ 09 ①

10 학교운영방식 중 교과교실형에 관한 설명으로 옳지 않은 것은?

① 교실의 순수율이 높다.
② 학생들의 동선계획에 많은 고려가 필요하다.
③ 시간표 짜기와 담당교사 수 맞추기가 용이하다.
④ 학생 소지품을 두는 곳을 별도로 만들 필요가 있다.

> **해설**
> 교과교실형은 교과목에 따라 학생이 이동해야 하므로 시간표 구성이 복잡하고 전문적인 교과교사가 배치되어야 하므로 담당교사 공급이 쉽지 않다.

11 극장의 평면형 중 아레나(Arena)형에 관한 설명으로 옳은 것은?

① Picture Frame Stage라고도 불린다.
② 무대의 배경을 만들지 않으므로 경제적이다.
③ 연기자가 한쪽 방향으로만 관객을 대하게 된다.
④ 투시도법을 무대공간에 응용함으로써 하나의 구상화와 같은 느낌이 들게 한다.

> **해설**
> **아레나 스테이지형(Arena stage, Center stage)**
> 무대를 관객석이 360° 둘러싼 형
> • 가까운 거리에서 가장 많은 관객을 수용
> • 연기 도중 다른 연기자를 가리는 결점
> • 무대 배경은 주로 낮은 가구로 구성(배경을 만들지 않으므로 경제적)
> • 마당놀이, 판소리 등에 적합

12 래드번(Radburn) 계획의 5가지 기본원리로 옳지 않은 것은?

① 기능에 따른 4가지 종류의 도로 구분
② 자동차 통과도로 배제를 위한 슈퍼블록 구성
③ 보도망 형성 및 보도와 차도의 평면적 분리
④ 주택단지 어디로나 통할 수 있는 공동 오픈 스페이스 조성

> **해설**
> ③ 보도망 형성 및 보도와 차도의 입체적 분리

13 백화점 매장의 배치 유형에 관한 설명으로 옳지 않은 것은?

① 직각형 배치는 매장 면적의 이용률을 최대로 확보할 수 있다.
② 직각형 배치는 고객의 통행량에 따라 통로 폭을 조절하기 용이하다.
③ 경사형 배치는 많은 고객이 매장공간의 코너까지 접근하기 용이한 유형이다.
④ 경사형 배치는 Main 통로를 직각 배치하며, Sub 통로를 45° 정도 경사지게 배치하는 유형이다.

> **해설**
> ② 직각(직교) 배치는 고객 통행량에 따른 통로 폭의 변화가 어렵다.(국부적 혼란 야기)

14 바실리카식 교회당의 구성에 속하지 않는 것은?

① 아일   ② 파일론
③ 트란셉트   ④ 나르텍스

> **해설**
> **파일론(Pylon)**
> 신전의 정문 등에 사용하였던 탑문

15 다음 설명에 알맞은 사무소 건축의 코어 유형은?

> • 코어와 일체로 한 내진구조가 가능한 유형이다.
> • 유효율이 높으며, 임대사무소로서 경제적인 계획이 가능하다.

① 편심형   ② 독립형
③ 분리형   ④ 중심형

정답 10 ③ 11 ④ 12 ③ 13 ② 14 ② 15 ④

해설

중심(중앙)코어형
- 구조적으로 가장 바람직하다.
- 바닥면적이 큰 경우에 적합하다.
- 고층·초고층, 내진구조에 적합하다.
- 내부공간과 외관이 획일적으로 되기 쉽다.
- 임대사무소에서 가장 경제적인 코어형이다.

16 서양 건축양식의 역사적인 순서가 옳게 배열된 것은?

① 로마 → 로마네스크 → 고딕 → 르네상스 → 바로크
② 로마 → 고딕 → 로마네스크 → 르네상스 → 바로크
③ 로마 → 로마네스크 → 고딕 → 바로크 → 르네상스
④ 로마 → 고딕 → 로마네스크 → 바로크 → 르네상스

해설

시대별 건축양식
원시 → 이집트 → 그리스 → 로마 → 초기기독교 → 비잔틴 → 로마네스크 → 고딕 → 르네상스 → 바로크 → 로코코

17 사무소 건축에서 오피스 랜드스케이핑에 관한 설명으로 옳지 않은 것은?

① 대형 가구 등 소리를 반향시키는 기재의 사용이 어렵다.
② 작업장의 집단을 자유롭게 그루핑하여 불규칙한 평면을 유도한다.
③ 변화하는 작업의 패턴에 따라 조절이 가능하며 신속하고 경제적으로 대처할 수 있다.
④ 개실시스템의 한 형식으로 배치를 의사전달과 작업흐름의 실제적 패턴에 기초를 둔다.

해설

④ 오피스 랜드스케이핑은 개방식의 일종이다.

18 다음 설명에 알맞은 도서관의 자료 출납시스템 유형은?

이용자가 직접 서고 내의 서가에서 도서자료의 제목 정도는 볼 수 있지만 내용을 열람하고자 할 경우 관원에게 대출을 요구해야 하는 형식

① 폐가식
② 반개가식
③ 자유개가식
④ 안전개가식

해설

반개가식(Semi Open Access)
서가에 면하여 책의 체제나 표지 정도는 볼 수 있으나 내용을 보려면 관원에게 대출기록을 남긴 후 열람하는 방식

※ 특징
- 출납시설이 필요하다.
- 서가의 열람이나 감시가 불필요하다.
- 신간서적 안내에 채용된다.(다량의 도서에는 부적당)

19 은행의 건축계획에 관한 설명으로 옳지 않은 것은?

① 고객이 지나는 동선은 되도록 짧게 한다.
② 직원과 고객의 출입구는 따로 설치하는 것이 좋다.
③ 규모가 큰 건물에 은행을 계획하는 경우, 고객 출입구는 최소 2개소 이상 설치하여야 한다.
④ 일반적으로 출입문은 안여닫이로 하며, 전실을 둘 경우 바깥문은 밖여닫이 또는 자재문으로 하기도 한다.

해설

③ 큰 건물의 경우 고객 출입구는 되도록 1개소로 한다.(안여닫이)

정답 16 ① 17 ④ 18 ② 19 ③

20 자연형 테라스 하우스에 관한 설명으로 옳지 않은 것은?

① 각 세대마다 전용의 정원을 가질 수 있다.
② 하향식이나 상향식 모두 스플릿 레벨이 가능하다.
③ 하향식의 경우 각 세대의 규모를 동일하게 할 수 없다.
④ 일반적으로 후면에 창을 설치할 수 없으므로 각 세대 깊이가 너무 깊지 않도록 한다.

> [해설]
>
> **테라스 하우스(Terrace House)**
> - 경사지 이용에 적절한 형식으로 각 주호마다 전용의 뜰(정원)을 가진다.
> - 상향식과 하향식 테라스 하우스로 구분한다.
>
> | 상향식 | 하향식 |
> | --- | --- |
> | 하층에 거실 등의 주생활 공간을 두어 도로로부터의 진입을 짧게 한다. | • 상층 : 거실 등의 주생활 공간
• 하층 : 침실 등의 휴식, 수면공간 |
> | 상향식 하향식 모두 스플릿 레벨(Split Level) 가능 ||

건축산업기사 (2017년 3월 시행)

01 공장 녹지계획의 효용성과 가장 거리가 먼 것은?

① 근로자의 피로 경감
② 상품의 이미지 향상
③ 제품의 유출입 원활
④ 재해파급의 완충적 기능

[해설]

①, ②, ④ 외에 생산 및 노동환경의 보전, 공해 및 재해 방지의 완화 등이 있다.(제품의 유출입 또는 원료 수급 및 저장의 원활과는 관계가 적다.)

02 상점 내 진열장 배치계획에서 가장 우선적으로 고려하여야 할 사항은?

① 동선의 흐름
② 조명의 밝기
③ 천장의 높이
④ 바닥면의 질감

[해설]

동선계획(상점계획 시 가장 중요)
㉠ 고객 동선 : 가능한 한 길게 유도(충동적 구매 유발)
㉡ 종업원 동선 : 되도록 짧게 유도(효율적 관리)
㉢ 상품 동선
※ ㉠, ㉡, ㉢은 서로 교차되지 않아야 한다.

03 다음 설명에 알맞은 사무소 건축의 코어 유형은?

• 단일용도의 대규모 전용사무실에 적합한 유형이다.
• 2방향 피난에 이상적인 관계로 방재/피난상 유리하다.

① 외코어형
② 편단코어형
③ 양단코어형
④ 중앙코어형

[해설]

양단(분리)코어형
• 방재계획상 가장 유리하다.
• 코어가 분리되어 2방향 피난에 유리한다.
• 하나의 대공간을 필요로 하는 전용 사무소에 적합하다.
• 동일 층을 분할하여 임대 시 복도가 필요하게 되어 유효율이 떨어진다.

04 초등학교 저학년에 가장 알맞은 학교 운영방식은?

① 플래툰형(P형)
② 종합교실형(U형)
③ 교과교실형(V형)
④ 일반교실, 특별교실형(U+V형)

[해설]

종합교실형
• 초등학교 저학년에 가장 적합하다.
• 이용률 100%(높고), 순수율 낮다.

05 다음 설명에 알맞은 공장 건축의 레이아웃 형식은?

• 기능식 레이아웃으로 기능이 동일하거나 유사한 공정, 기계를 집합하여 배치하는 방식이다.
• 다품종 소량 생산의 경우, 표준화가 이루어지기 어려운 경우에 채용된다.

① 혼성식 레이아웃
② 고정식 레이아웃
③ 공정 중심의 레이아웃
④ 제품 중심의 레이아웃

정답 01 ③ 02 ① 03 ③ 04 ② 05 ③

> [해설]

공정 중심의 레이아웃(기계설비 중심)
- 다품종 소량생산으로 예상 생산이 불가능한 경우나 표준화가 행해지기 어려운 경우에 채용한다.
- 기능이 동일하거나 유사한 공정 또는 기계를 집합배치하는 방식이다.
- 생산성이 낮으나 주문생산에 적합하다.
- 공정 간의 시간적·수량적 균형을 이루기 어렵다.

06 아파트 평면형식 중 중복도형에 관한 설명으로 옳지 않은 것은?

① 채광과 통풍이 용이하다.
② 대지에 대한 이용도가 높다.
③ 프라이버시가 나쁘고 시끄럽다.
④ 세대의 향을 동일하게 할 수 없다.

> [해설]

중(속)복도형(Middle Corridor System)
복도 양측에 각 주호가 배치된 형식

장점	단점
부지의 이용률이 높다.	• 독립성이 나쁘며 시끄럽다. • 채광, 환기가 불리하다. • 복도의 면적이 넓어진다.

※ 중복도형은 남북으로 길게 건물을 설계하는 것이 좋다.

07 다음과 같은 조건에서 요구되는 침실의 최소 바닥 면적은?

- 성인 3인용 침실
- 침실의 천장 높이 : 2.5m
- 실내 자연환기 횟수 : 3회/h
- 성인 1인당 필요로 하는 신선한 공기 요구량 : 50m³/h

① 10m² ② 15m²
③ 20m² ④ 30m²

> [해설]

50m³/h ÷ 3회/h ÷ 2.5m × 3인 = 20m²
* 소요공간(m³) = 신선공기요구량(m³/h) ÷ 환기횟수(회/h)

바닥면적(m²) = 소요공간(m³) ÷ 천장고(m)

08 학교 건축의 교사(校舍) 배치형식 중 분산병렬형에 관한 설명으로 옳은 것은?

① 소규모 대지에 적용이 용이하다.
② 화재 및 비상시 피난에 불리하다.
③ 구조계획이 복잡하고 규격형의 이용이 불가능하다.
④ 일조, 통풍 등 교실의 환경조건을 균등하게 할 수 있다.

> [해설]

분산 병렬형
일종의 핑거 플랜(Finger plan)이다.

장점	• 각 건물 사이에 놀이터와 정원이 생겨 생활환경이 좋아진다. • 일조, 통풍 등 교실의 환경조건이 균등하다. • 구조계획이 간단하고 규격형의 이용이 편리하다.
단점	• 넓은 부지가 필요하다. • 편복도로 할 경우 유기적인 구성을 취하기가 어렵다.

09 백화점계획에 관한 설명으로 옳지 않은 것은?

① 출입구는 모퉁이를 피하도록 한다.
② 매장은 동일 층에서 가능한 한 레벨차를 두지 않는 것이 바람직하다.
③ 에스컬레이터는 일반적으로 승객수송의 70~80%를 분담하도록 계획한다.
④ 매장의 배치 유형은 매장 면적의 이용률이 가장 높은 사행 배치가 주로 사용된다.

> [해설]

직각(직교)배치법
- 가구와 가구 사이를 직교배치하고, 직각의 통로가 나오게 하는 배치방법
- 가장 간단한 배치방법(단조로움)
- 판매장 면적을 최대한 이용(경제적)
- 판매대의 이동 및 변경이 자유로움
- 고객 통행량에 따른 통로 폭의 변화가 어려움(국부적 혼란 야기)

정답 06 ① 07 ③ 08 ④ 09 ④

10 사무소 건축에서 유효율(Rentable Ratio)이 의미하는 것은?

① 연면적과 대지면적의 비
② 임대면적과 연면적의 비
③ 업무공간의 공용공간의 면적비
④ 기준층의 바닥면적과 연면적의 비

> **해설**
>
> **유효율(렌터블비 : Rentable Ratio, %)**
> 연면적에 대한 대실면적 비율
>
> $$유효율 = \frac{대실면적}{연면적} \times 100\%$$
>
> - 연면적에 대하여 70~75%(공용면적비율 25~30%)
> - 기준층에 대하여 80% 정도

11 탑상형(Tower Type) 공동주택에 관한 설명으로 옳지 않은 것은?

① 원형, ㅁ형, +자형 등이 있다.
② 각 세대에 시각적인 개방감을 준다.
③ 각 세대의 거주 조건이나 환경이 균등하게 제공된다.
④ 도심지 및 단지 내의 랜드마크로서의 역할이 가능하다.

> **해설**
>
> **아파트의 형태상 분류**
>
> | 구분 | 판상형 | 탑상형 |
> |---|---|---|
> | 장점 | 환경 균등 | • 경관
• 랜드마크적 역할
• 음영분포 작음
• 옥외 환경 풍부
• 시각적 개방감 |
> | 단점 | • 경관, 조망 불리
• 음영분포 큼 | 환경 불균등 |

12 상점의 매장 및 정면구성에 요구되는 AIDMA 법칙의 내용에 속하지 않는 것은?

① Design
② Action
③ Interest
④ Attention

> **해설**
>
> **상점의 광고요소(AIDMA 법칙)**
> 정면, 입면(facade) 구성 시 필요로 하는 광고요소
> - A(주의, Attention) : 주목시킬 수 있는 배려
> - I(흥미, Interest) : 공감을 주는 호소력
> - D(욕망, Desire) : 욕구를 일으키는 연상
> - M(기억, Memory) : 인상적인 변화
> - A(행동, Action) : 들어가기 쉬운 구성

13 주택의 부엌과 식당계획 시 가장 중요하게 고려해야 할 사항은?

① 조명배치
② 작업동선
③ 색채조화
④ 수납공간

> **해설**
>
> **부엌과 식당계획**
> - 작업동선의 최소화
> - 다른 공간과의 유기적 동선 연결
> - 전기·가스시설 등의 안전성
> - 합리적인 수납계획
> - 식생활 패턴에 적합한 부엌의 유형 등

14 주거단지 내 동선계획에 관한 설명으로 옳지 않은 것은?

① 보행자 동선 중 목적동선은 최단거리로 한다.
② 보행자가 차도를 걷거나 횡단하기 쉽게 계획한다.
③ 근린주구 단위 내부로 차량 통과교통을 발생시키지 않는다.
④ 차량 동선은 긴급차량 동선의 확보와 소음대책을 고려한다.

> **해설**
>
> ② 보행자가 차도를 걷거나 횡단하기 쉽지 않게 할 것

정답 10 ② 11 ③ 12 ① 13 ② 14 ②

15 사무소 건축에 있어서 사무실의 크기를 결정하는 가장 중요한 요소는?

① 방문자의 수
② 사무원의 수
③ 사무소의 층수
④ 사무실의 위치

> **해설**
> **사무소의 면적기준**
> ㉠ 사무실의 크기 결정요소 : 사무원 수
> ㉡ 1인당 바닥면적의 기준
>   • 대실면적 : 5.5~6.5m²/인
>   • 연면적 : 8.0~11.0m²/인

16 다음의 근린생활권 중 규모가 가장 작은 것은?

① 인보구
② 근린분구
③ 근린지구
④ 근린주구

> **해설**
> **인보구**
> 가장 작은 생활권 단위
> (인보구 → 근린분구 → 근린주구 → 근린지구)

17 공간의 레이아웃(Layout)과 가장 밀접한 관계를 가지고 있는 것은?

① 재료계획
② 동선계획
③ 설비계획
④ 색채계획

> **해설**
> 공간 레이아웃(Layout)은 일종의 공간분할계획 또는 조닝 및 동선계획과 관련이 있다.

18 단독주택 부엌의 작업대 배치 유형에 관한 설명으로 옳지 않은 것은?

① ㄱ자형은 식사실과 함께 구성할 경우에 적합하다.
② 병렬형은 작업 시 몸을 앞뒤로 바꾸어야 하는 불편이 있다.
③ 일렬형은 설비기구가 많은 경우에 동선이 길어지는 경향이 있으므로 소규모 주택에 적합하다.
④ ㄷ자형은 평면계획상 외부로 통하는 출입구의 설치가 용이하나 작업동선이 긴 단점이 있다.

> **해설**
> ④ 평면계획상 외부로 통하는 출입구의 설치가 용이(병렬형), 작업동선이 긴 단점이 있음(직선형 또는 일렬형)
> ※ ㄷ자형
>   • 병렬형과 ㄱ자형을 혼합한 평면형
>   • 세 면의 벽에 작업대를 배치하는 형태로 어느 정도 공간이 확보된 주방이라면 가장 효율적이다.

19 사무소 건축의 엘리베이터에 관한 설명으로 옳지 않은 것은?

① 외래자에게 직접 잘 알려질 수 있는 위치에 배치한다.
② 승객의 층별 대기시간은 평균 운전간격 이하가 되게 한다.
③ 피난을 고려하여 두 곳 이상으로 분산하여 배치하는 것이 바람직하다.
④ 초고층, 대규모 빌딩인 경우는 서비스 그룹을 분할(조닝)하는 것을 검토한다.

> **해설**
> ③ 엘리베이터는 한 곳에 집중해서 배치한다.(단, 계단은 피난을 고려하여 분산 배치)

정답 15 ② 16 ① 17 ② 18 ④ 19 ③

20 단독주택 현관의 위치 결정에 가장 주된 영향을 끼치는 것은?

① 대지의 크기
② 주택의 층수
③ 도로와의 관계
④ 주차장의 크기

해설

현관(Entrance, 표출적 공간)
- 연면적의 7%(폭 1.2m 이상, 깊이 0.9m 이상)
- 현관은 가구 등의 운반을 고려한 개구부 폭과 여유공간을 고려
- 도로의 위치에 크게 영향을 받음
- 경사도 및 대지의 형태에 영향을 받음(그러나 현관의 위치는 향, 방위와 무관)
- 현관은 평면상의 크기와 위치 등에 따라 건축의 내외부 특징을 결정짓는 중요한 표출적 공간(Expressional Space)

정답 20 ③

건축기사 (2017년 5월 시행)

01 백화점의 진열장 배치에 관한 설명으로 옳지 않은 것은?

① 직각배치는 매장 면적의 이용률을 최대로 확보할 수 있다.
② 사행배치는 주 통로 이외의 제2통로를 상하교통계를 향해서 45° 사선으로 배치한 것이다.
③ 사행배치는 많은 고객이 매장 구석까지 가기 쉬운 이점이 있으나 이형의 진열장이 필요하다.
④ 자유유선배치는 획일성을 탈피할 수 있으며, 변화와 개성을 추구할 수 있고 시설비가 적게 든다.

해설

자유 유동(유선) 배치법
- 고객의 유동방향에 따라 자유로운 곡선으로 통로를 배치
- 전시에 변화를 주고 판매장의 특수성을 살릴 수 있다.
- 진열대 제작비가 많이 들고 매장의 변경이 어렵다.
- 고객의 입장에서 가장 우수한 배치법

02 다음의 주요 사례에서 전시공간의 융통성을 가장 많이 부여하고 있는 것은?

① 과천 현대미술관
② 파리 퐁피두센터
③ 파리 루브르 박물관
④ 뉴욕 구겐하임 미술관

해설

퐁피두센터
- 렌조피아노, 리차드로저스
- 다양함(오락이나 대중성 등)과 변화감(고정보다는 변화)이 주요 특징
- 성장을 고려하여 일부분의 마감을 하지 않은 상태로 건립

03 극장의 프로시니엄에 관한 설명으로 옳은 것은?

① 무대배경용 벽을 말하며 쿠펠 호리존트라고도 한다.
② 조명기구나 사이클로라마를 설치한 연기 부분 무대의 후면 부분을 일컫는다.
③ 무대의 천장 밑에 설치되는 것으로 배경이나 조명기구 등을 매다는 데 사용된다.
④ 그림에 있어서 액자와 같이 관객의 시선을 무대에 쏠리게 하는 시각적 효과를 갖는다.

해설

프로시니엄 아치
관람석과 무대 사이에 격벽이 설치되고 이 격벽의 개구부를 통해 극을 관람하게 된다. 이 개구부의 틀을 프로시니엄 아치라 한다.

※ 특징
- 관객의 눈을 무대에 집중시키는 시각적 효과
- 조명기구나 막을 막아 후면무대를 가리는 역할
- 무대와 사이클로라마 사이에 설치
- 화재 시를 대비해 개구부에 방화막을 설치

04 백화점계획에서 매장 부분의 외관을 무창으로 하는 이유로 옳지 않은 것은?

① 실내의 조도를 일정하게 하기 위해서
② 벽면에 상품 전시공간을 확보하기 위해서
③ 인접건물의 화재 시 백화점으로의 인화를 방지하기 위해서
④ 창으로부터의 역광이 없도록 하여 디스플레이(Display)를 유리하게 하기 위해서

해설

무창 백화점
실내의 진열면을 늘리거나 분위기의 조성을 위해 백화점의 외벽을 창이 없게 처리하는 방법

정답 01 ④ 02 ② 03 ④ 04 ③

장점	• 창의 역광으로 인한 내부의장의 불리한 요소 제거 • 매장 내의 냉·난방 효율이 증가 • 외부 벽면에 상품 전시 가능(매장 배치상 유리)
단점	화재나 정전 시 고객들이 큰 혼란에 빠질 우려

05 능률적인 작업용량으로서 10만 권을 수장할 도서관 서고의 면적으로 가장 알맞은 것은?

① 350m²
② 500m²
③ 800m²
④ 950m²

[해설]

서고 1m²당 : 150~250권(≒200권)
100,000권 ÷ 150~250권/m² ≒ 500m²

06 병원 건축의 병동배치형식 중 집중식(Block Type)에 관한 설명으로 옳지 않은 것은?

① 재난 시 환자의 피난이 용이하다.
② 병동에서의 조망을 확보할 수 있다.
③ 대지를 효과적으로 이용할 수 있다.
④ 공조설비가 필요하게 되어 설비비가 높다.

[해설]

집중식(Block type, 집약식)
외래진료부, 중앙(부속)진료부, 병동부를 합쳐서 한 건물로 하고, 특히 병동부의 병동은 고층으로 하여 환자를 운송하는 형식
• 일조·통풍 조건 불리(각 병실의 환경이 불균일)
• 관리가 편리, 설비 등의 시설비가 적게 소요됨

07 사무소 건축에서 엘리베이터 계획 시 고려사항으로 옳지 않은 것은?

① 수량 계산 시 대상 건축물의 교통수요량에 적합해야 한다.
② 승객의 층별 대기시간은 평균 운전간격 이상이 되게 한다.
③ 군 관리 운전의 경우 동일 군 내의 서비스 층은 같게 한다.
④ 초고층, 대규모 빌딩인 경우에는 서비스 그룹을 분할(조닝)하는 것을 검토한다.

[해설]

② 층별 대기시간은 허용값(평균 운전간격) 이하가 되게 한다.

08 다음의 건축물과 양식의 연결이 옳지 않은 것은?

① 판테온 – 로마양식
② 파르테논 신전 – 그리스양식
③ 성 소피아 성당 – 비잔틴양식
④ 노트르담 성당 – 로마네스크양식

[해설]

④ 노트르담 성당 – 고딕양식

09 일반주택의 동선계획에 관한 설명으로 옳지 않은 것은?

① 하중이 큰 가사노동의 동선은 길게 처리한다.
② 동선에는 공간이 필요하고 가구를 둘 수 없다.
③ 일반적으로 동선의 3요소라 함은 속도, 빈도, 하중을 의미한다.
④ 개인, 사회, 가사노동권의 3개 동선은 서로 분리하는 것이 바람직하다.

[해설]

가사노동의 동선
• 하중이 크므로 굵게 한다.
• 되도록 남쪽에 오도록 짧게 한다.

정답 05 ② 06 ① 07 ② 08 ④ 09 ①

10 아파트의 평면형식 중 계단실형에 관한 설명으로 옳은 것은?

① 대지에 관한 이용률이 가장 높은 유형이다.
② 통행을 위한 공용 면적이 크므로 건물의 이용도가 낮다.
③ 각 세대가 양쪽으로 개구부를 계획할 수 있는 관계로 통풍이 양호하다.
④ 엘리베이터를 공용으로 사용하는 세대가 많으므로 엘리베이터의 효율이 높다.

> 해설
>
> 계단실형(홀형)
> 계단실이나 E/V 홀로부터 직접 각 주호에 들어가는 형식
>
> | 장점 | 단점 |
> | --- | --- |
> | • 독립성이 좋다.
• 통행부 면적 감소(건물의 이용도가 높다.)
• 출입이 편하다. | 고층 아파트일 경우 계단실마다 EV를 설치해야 하므로 시설비가 많이 소요된다. |

11 주거단지의 도로형식에 관한 설명으로 옳지 않은 것은?

① 격자형은 가로망의 형태가 단순·명료하고, 가구 및 획지 구성상 택지의 이용효율이 높다.
② 쿨데삭(Cul-de-sac)형은 각 가구와 관계없는 자동차의 진입을 방지할 수 있다는 장점이 있다.
③ 루프(Loop)형은 우회도로가 없는 쿨데삭형의 결점을 개량하여 만든 패턴으로 도로율이 높아지는 단점이 있다.
④ T자형은 도로의 교차방식을 주로 T자 교차로 한 형태로 통행거리가 짧아 보행자 전용도로와의 병용이 불필요하다.

> 해설
>
> T자형
> • 도로 교차방식이 주로 T자형으로 발생
> • 격자형이 갖는 택지의 효율성 강조
> • 지구 내 통과교통 배제 및 주행속도 감소
> • 통행거리 증가
> • 보행거리가 증가하므로 보행전용도로와 결합해서 사용하면 좋음

12 한국 건축에 관한 설명으로 옳지 않은 것은?

① 대부분의 한국 건축은 인간적 척도 개념을 나타내는 특징이 있다.
② 기둥의 안쏠림으로 건축의 외관에 시지각적인 안정감을 느끼게 하였다.
③ 한국 건축은 서양 건축과 달리 박공면이 정면이 되고 지붕면이 측면이 된다.
④ 한국 건축은 공간의 위계성이 있어 각 공간의 관계가 주(主)와 종(從)의 관계를 갖는다.

> 해설
>
> ③ 한국 건축은 서양 건축과 달리 박공면이 측면이 되고, 안정감을 주기 위해 좌우 폭이 넓은 지붕면이 정면이 된다.

13 초기 기독교 시기의 바실리카 양식의 본당의 평면도에서 회랑의 중앙부분을 나타내는 용어는?

① 아일(Aisle)
② 네이브(Nave)
③ 아트리움(Atrium)
④ 페디먼트(Pediment)

> 해설
>
> 네이브(Nave, 신랑)
> • 교회 건축에서 중앙 회랑에 해당하는 중심부
> • 교회 내부에서 가장 규모가 크고 넓은 부분
> • 예배자를 위한 공간 (긴 의자 설치)
>
> ① 아일(Aisle) : 측랑, 측면복도
> ③ 아트리움(Atrium) : 개방된 뜰
> ④ 페디먼트(Pediment) : 박공(그리스 신전)

14 극장에서 인형극이나 아동극 및 연극과 같이 배우의 표정과 동작을 자세히 감상할 필요가 있는 공연에 적합한 가시거리의 한계는?

① 10m
② 15m
③ 22m
④ 38m

> [해설]

가시거리 한계
- A구역 : 생리적 한계(15m), 인형극, 아동극
- B구역 : 제1차 허용한도(22m), 국악, 신극, 실내악
- C구역 : 제2차 허용한도(35m), 그랜드 오페라, 발레, 뮤지컬, 연극, 심포니 오케스트라

15 호텔 건축에 관한 설명으로 옳은 것은?

① 호텔의 동선에서 물품 동선과 고객 동선은 교차시키는 것이 좋다.
② 프런트 오피스는 수평동선이 수직동선으로 전이되는 공간이다.
③ 현관은 퍼블릭 스페이스의 중심으로 로비, 라운지와 분리하지 않고 통합시킨다.
④ 주 식당은 숙박객 및 외래객을 대상으로 하며, 외래객이 편리하게 이용할 수 있도록 출입구를 별도로 설치하는 것이 좋다.

> [해설]

연회장 등
연회장 등 사람들이 빈번하게 왕래하는 곳은 외부에서 직접 출입할 수 있어야 한다.

16 건축공간의 치수계획에서 "압박감을 느끼지 않을 만큼의 천장 높이 결정"은 다음 중 어디에 해당하는가?

① 물리적 스케일
② 생리적 스케일
③ 심리적 스케일
④ 입면적 스케일

> [해설]

건축공간 스케일(Scale)
- 물리적 스케일 : 인간이나 물체의 크기 등에 따라 결정 (출입구)
- 생리적 스케일 : 실공간의 소요환기량(창문의 크기)
- 심리적 스케일 : 압박감 등의 심리와 공간의 크기 등(천장높이)

17 공장 건축의 레이아웃(Layout)에 관한 설명으로 옳지 않은 것은?

① 제품 중심의 레이아웃은 대량생산에 유리하며 생산성이 높다.
② 레이아웃은 장래 공장 규모의 변화에 대응한 융통성이 있어야 한다.
③ 공정 중심의 레이아웃은 다품종 소량생산이나 주문생산에 적합한 형식이다.
④ 고정식 레이아웃은 기능이 동일하거나 유사한 공정, 기계를 접합하여 배치하는 방식이다.

> [해설]

고정식 레이아웃
- 주가 되는 재료나 조립 부품이 고정된 장소에 있고 사람이나 기계는 그 장소에 이동해가서 작업이 행해지는 방식
- 제품이 크고, 생산 수량이 극히 적은 경우에 적합(선박, 건축 등에 적용)

18 2층 단독주택에서 1층에 부모가, 2층에 자녀들이 거주할 경우 가족의 단란에 가장 큰 영향을 줄 수 있는 요소는?

① 계단의 배치
② 침실의 방위
③ 건물의 층고
④ 식당과 부엌의 연결방법

> [해설]

접근성, 원활한 동선계획이 필요하다.

19 학교운영방식 중 플래툰형에 관한 설명으로 옳은 것은?

① 교실 수는 학급 수와 동일하다.
② 초등학교 저학년에 가장 적합한 형식이다.
③ 교과담임제와 학급담임제를 병용할 수 있는 형식이다.
④ 모든 교실이 특정한 교과 수업을 위해 만들어진 형식으로, 일반교실은 없다.

정답 15 ④ 16 ③ 17 ④ 18 ① 19 ③

> [해설]
> ① 종합교실형
> ② 종합교실형
> ④ 교과교실형

20 사무소 건축의 기준층 평면형태 결정요소와 가장 거리가 먼 것은?

① 방화구획상 면적
② 구조상 스팬의 한도
③ 대피상 최소 피난거리
④ 덕트, 배선, 배관 등 설비 시스템상의 한계

> [해설]
> **기준층 평면형태의 결정요소**
> • 구조상 스팬의 한도
> • 동선상의 거리
> • 각종 설비 시스템상의 한계
> • 방화구획상 면적
> • 자연광과 실 깊이(채광한계)
> • 대피상 최대 피난거리

건축산업기사 (2017년 5월 시행)

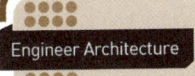

01 아파트의 평면형식 중 홀형에 관한 설명으로 옳은 것은?

① 통풍 및 채광이 극히 불리하다.
② 각 세대에서의 프라이버시 확보가 용이하다.
③ 도심지 독신자 아파트에 가장 많이 이용된다.
④ 통행부 면적이 크므로 건물의 이용도가 낮다.

해설

계단실형(홀형)
계단실이나 E/V 홀로부터 직접 각 주호에 들어가는 형식

장점	단점
• 독립성이 좋다. • 통행부 면적 감소(건물의 이용도가 높다.) • 출입이 편하다.	고층 아파트일 경우 계단실마다 EV를 설치해야 하므로 시설비가 많이 든다.

02 숑바르 드 로브의 주거면적기준 중 한계기준으로 옳은 것은?

① $6m^2$
② $8m^2$
③ $14m^2$
④ $16m^2$

해설

숑바르 드 로브(Chombard de lawve)의 기준
• 병리기준 : $8m^2$/인(거주자의 신체 및 건강에 나쁜 영향을 준다.)
• 한계기준 : $14m^2$/인(개인, 가족적인 거주의 융통성을 보장하지 못함)
• 표준기준 : $16m^2$/인(적극적으로 추천)

03 테라스 하우스(Terrace House)에 관한 설명으로 옳지 않은 것은?

① 테라스 하우스는 경사도에 따라 그 밀도가 좌우된다.
② 테라스 하우스는 지형에 따라 자연형과 인공형으로 구분할 수 있다.
③ 자연형 테라스 하우스는 평지에 테라스형으로 건립하는 것을 말한다.
④ 경사지의 경우 도로를 중심으로 상향식 주택과 하향식 주택으로 구분할 수 있다.

해설

③ 테라스 하우스는 지형에 따라 자연형(경사지에 건립)과 인공형(평지에 건립)으로 구분한다.

04 건물의 주요 부분은 전용으로 하고 나머지를 빌려주는 형태의 사무소 형식은?

① 대여사무소
② 전용사무소
③ 준대여사무소
④ 준전용사무소

해설

사무소의 분류
• 전용 : 완전한 자기 전용 사무소(관청)
• 준전용 : 여러 개의 회사가 모여 하나의 사무소를 건설하여 공동으로 관리 · 운영되는 사무소
• 대여 : 건물의 전부 또는 대부분을 임대
• 준대여 : 건물의 주요 부분은 자기 전용, 나머지는 임대

05 학교운영방식에 관한 설명으로 옳지 않은 것은?

① 달톤형은 하나의 교과에 출석하는 학생 수가 정해져 있지 않다.
② 교과교실형은 각 교과교실의 순수율은 높으나 학생의 이동이 심하다.
③ 플래툰형은 적당한 시설이 없어도 실시가 용이하지만 교실의 이용률은 낮다.
④ 종합교실형은 초등학교 저학년에 적합하며 가정적인 분위기를 만들 수 있다.

정답 01 ② 02 ③ 03 ③ 04 ③ 05 ③

> 해설

P형
- 2분단형
- 교사 수와 적당한 시설이 없으면 실시가 어렵다.
- 시간을 배당하는 데 상당한 노력이 필요하다.
- 과밀 해소를 위해 운영된다.

06 다음 중 공동주택의 남북 간 인동간격을 결정하는 요소와 가장 관계가 먼 것은?

① 일조시간
② 대지의 경사도
③ 앞 건물의 높이
④ 건축물의 동서 길이

> 해설

동서 간(측면) 인동간격 결정요소
통풍, 방화(소화활동)

07 부엌에 식사공간을 부속시키는 형식으로 가사노동의 동선 단축 효과가 큰 것은?

① 리빙 다이닝
② 다이닝 키친
③ 다이닝 포치
④ 다이닝 테라스

> 해설

식당(Dining room)
㉠ 분리형
  거실이나 부엌과 완전히 독립된 식사실
㉡ 개방형
  - Dining Kitchen(DK) : 부엌의 일부에 식탁을 놓은 것
  - Dining Alcove(LD) : 거실의 일부에 식탁을 놓은 것
  - Living Kichen(LDK) : 거실+식사실+부엌을 겸함
  - Kitchen play room : 부엌일을 하며 어린이를 돌볼 수 있는 공간
  - Dining Porch, Dining Terrace : 여름철 등 좋은 날씨에 포치나 테라스에서 식사하는 것

08 한식주택의 특징으로 옳지 않은 것은?

① 단일용도의 실
② 좌식 생활 기준
③ 위치별 실의 구분
④ 가구는 부차적 존재

> 해설

- 한식주택 : 은폐적, 분산식, 다용도, 위치별 분화
- 양식주택 : 개방적, 집중식, 단일용도, 기능별 분화

09 모듈계획(MC ; Modular Coordination)에 관한 설명으로 옳지 않은 것은?

① 대량생산이 용이하다.
② 설계작업이 간편하고 단순화된다.
③ 현장작업이 단순해지고 공기가 단축된다.
④ 건축물 형태의 자유로운 구성이 용이하다.

> 해설

MC의 장단점

장점	단점
• 대량생산 가능(공장화) • 공사기간 단축(조립화) • 설계작업과 시공이 간편 • 연중공사 가능(건식화) • 재료 규격의 표준화	• 융통성이 없음 • 인간성, 창조성 상실 우려 • 배색에 신중을 기해야 함(동일한 집단)

10 다음 중 공장건축의 레이아웃(Layout) 형식과 적합한 생산제품의 연결이 가장 부적당한 것은?

① 고정식 레이아웃 – 소량의 대형 제품
② 제품 중심의 레이아웃 – 가정전기제품
③ 공정 중심의 레이아웃 – 다량의 소형 제품
④ 혼성식 레이아웃 – 가정전기 및 주문생산품

> 해설

제품 중심의 레이아웃(연속 작업식)
생산에 필요한 공정, 기계 종류를 작업의 흐름에 따라 배치하는 방식
- 대량생산에 유리하고, 생산성이 높다.
- 공정 간의 시간적·수량적 균형을 이룰 수 있다.
- 상품의 연속성이 유지된다.

정답   06 ④   07 ②   08 ①   09 ④   10 ③

11 사무소 건축의 실단위계획 중 개방식 배치에 관한 설명으로 옳지 않은 것은?

① 소음이 크고 독립성이 떨어진다.
② 방의 길이나 깊이에 변화를 줄 수 없다.
③ 간막이벽이 없어서 개실시스템보다 공사비가 저렴하다.
④ 전 면적을 유용하게 이용할 수 있어 공간절약상 유리하다.

> **해설**
>
> **개방식 배치(Open System)**
> 개방된 큰 방으로 설계하고 중역들을 위해 분리된 작은 방을 두는 방법
>
> | 장점 | 단점 |
> |---|---|
> | • 전 면적을 유효하게 이용(공간절약)
 • 공사비 절약(칸막이×)
 • 방길이·깊이에 변화 가능 | • 독립성이 떨어짐
 • 소음이 큼
 • 자연채광+인공조명 필요 |
>
> ※ 오피스 랜드스케이프(Office Landscape) : 개방식의 일종으로 기존의 계급, 서열에 의한 획일적·기하학적 배치에서 탈피하여 사무의 흐름이나 작업의 성격을 중시하여 보다 효율적인 사무환경의 향상을 위한 배치방법이다.

12 다음의 공장 건축 지붕형식 중 채광과 환기에 효과적인 유형으로 자연환기에 가장 적합한 것은?

① 평지붕　　② 뾰족지붕
③ 톱날지붕　　④ 솟을지붕

> **해설**
>
> **지붕의 형태**
>
> | 평지붕 | 중층식 건물의 최상층 |
> |---|---|
> | 뾰족지붕 | • 동일 면에 천장을 내는 방법
 • 어느 정도 직사광선을 허용하는 결점 |
> | 솟을지붕 | 채광·환기에 적합 |
> | 톱날지붕 | • 공장 특유의 지붕 형태
 • 채광창이 북향으로 균일한 조도 유지 |
> | 샤렌 지붕 | 기둥이 적게 소요되는 장점 |

13 다음 중 임대사무소 계획에서 가장 중요한 사항은?

① 심미성　　② 수익성
③ 독창성　　④ 보안성

> **해설**
>
> 임대사무소는 도시상업중심지역(CBD)으로 교통이 편리한 곳이 적당(단, 전용사무소의 경우 임대비, 수익성보다는 업무의 쾌적성이 요구되므로 도심을 피하는 것이 좋다.)

14 다음 중 쇼핑센터를 구성하는 주요 요소로 볼 수 없는 것은?

① 핵점포　　② 역광장
③ 몰(Mall)　　④ 코트(Court)

> **해설**
>
> **쇼핑센터의 기능 및 공간의 구성요소**
> • 핵 상점
> • 전문점
> • 몰
> • 코트
> • 주차장

15 상점 건축에서 외관의 형태에 의한 분류 중 가장 일반적인 형식으로 채광이 용이하고 점 내를 넓게 사용할 수 있는 것은?

① 평형　　② 만입형
③ 돌출형　　④ 홀(Hall)형

> **해설**
>
> **평형**
> • 가장 보편적임
> • 도로에 SW가 평형
> • 통행량이 많을 때에는 도로와 SW가 약간 경사진 평형 이용
> • 실내 깊숙이 자연채광 유입 가능

정답　11 ②　12 ④　13 ②　14 ②　15 ①

16 고리형이라고도 하며 통과교통은 없으나 사람과 차량의 동선이 교차된다는 문제점이 있는 주택단지의 접근도로 유형은?

① T자형
② 루프형(Loop)
③ 격자형(Grid)
④ 막다른 도로형(Cul-de-sac)

> **해설**
>
> **Loop형**
> - 불필요한 차량진입 배제
> - 우회로 없는 Cul-de-sac의 결점 보완
> - Cul-de-sac과 같이 통과교통이 없으므로 주거환경 양호, 안전성 확보

17 상점의 쇼케이스 배치방법 중 고객의 흐름이 가장 빠르고, 상품 부문별 진열이 용이한 것은?

① 복합형
② 직렬배열형
③ 환상배열형
④ 굴절배열형

> **해설**
>
> **직렬배열형**
> - 통로가 직선, 고객의 흐름이 가장 빠름
> - 부분별 상품진열 용이, 대량 판매형식 가능
> - 침구점, 실용의복점, 서점, 식기점, 가정전기점 등

18 주택계획에 있어서 동선의 3요소에 속하지 않는 것은?

① 속도
② 빈도
③ 하중
④ 반복

> **해설**
>
> **동선의 3요소**
> - 속도(피난 용도 등 복도의 폭과 거리)
> - 빈도(실의 배치, 다빈도의 경우 최단거리 유지)
> - 하중(밀도 개념으로 길이·빈도·교차성의 총합적 개념)

19 다음 설명에 알맞은 사무소 건축의 코어 유형은?

> - 코어와 일체로 한 내진구조가 가능한 유형이다.
> - 유효율이 높으며, 임대 사무소로서 경제적인 계획이 가능하다.

① 외코어형
② 편단코어형
③ 중앙코어형
④ 양단코어형

> **해설**
>
> **중심(중앙)코어형**
> - 구조적으로 가장 바람직하다.
> - 바닥면적이 큰 경우에 적합하다.
> - 고층·초고층, 내진구조에 적합하다.
> - 내부공간과 외관이 획일적으로 되기 쉽다.
> - 임대사무소에서 가장 경제적이다.

20 학교 건축에서 단층 교사에 관한 설명으로 옳지 않은 것은?

① 재해 시 피난상 유리하다.
② 채광 및 환기가 유리하다.
③ 학습활동을 실외로 연장할 수 있다.
④ 구조계획이 복잡하나 대지의 이용률이 높다.

> **해설**
>
> **층별 구성에 따른 특징**
> 원칙적으로 초등학교의 교사는 고층화될 수 없다.
>
> | 단층 교사 | 다층 교사 |
> |---|---|
> | • 학습활동의 실외 연장
• 재해 시 피난상 유리
• 채광·환기 유리
• 내진·내풍구조가 용이 | • 치밀한 평면계획 가능
• 부지의 이용률이 높음
• 부대시설의 집중화(효적)
• 저학년(1층), 고학년(2층 이상) |

정답 16 ② 17 ② 18 ④ 19 ③ 20 ④

건축기사 (2017년 9월 시행)

01 미술관 전시실의 순회형식에 관한 설명으로 옳은 것은?
① 연속순회형식은 각 실에 직접 들어갈 수 있다는 장점이 있다.
② 갤러리 및 코리도 형식은 하나의 실을 폐쇄하면 전체 동선이 막히게 되는 단점이 있다.
③ 연속순회형식은 연속된 전시실의 한쪽 복도에 의해서 각 실을 배치한 형식이다.
④ 중앙홀형식에서 중앙홀을 크게 하면 동선의 혼란은 없으나 장래의 확장에는 다소 무리가 따른다.

[해설]
① 갤러리 및 코리도 형식
② 연속순회 형식
③ 갤러리 및 코리도 형식

02 극장의 평면 형식 중 아레나형에 관한 설명으로 옳지 않은 것은?
① 무대의 배경을 만들지 않으므로 경제성이 있다.
② 무대의 장치나 소품은 주로 낮은 가구들로 구성된다.
③ 연기는 한정된 액자 속에서 나타나는 구상화의 느낌을 준다.
④ 가까운 거리에서 관람하면서 가장 많은 관객을 수용할 수 있다.

[해설]
③은 프로시니엄형(픽처프레임 스테이지)에 대한 설명이다.

03 은행의 주출입구에 관한 설명으로 옳지 않은 것은?
① 겨울철의 방풍을 위해 방풍실을 설치하는 것이 좋다.
② 내부와 면한 출입문은 도난 방지상 바깥여닫이로 하는 것이 좋다.
③ 이중문을 설치하는 경우, 바깥문은 바깥여닫이 또는 자재문으로 계획할 수 있다.
④ 어린이들의 출입이 많은 곳에서는 안전을 고려하여 회전문 설치를 배제하는 것이 좋다.

[해설]
② 내부와 면한 출입문은 도난 방지상 안여닫이로 하는 것이 좋다.

04 주택단지 안의 건축물에 설치하는 계단의 유효 폭은 최소 얼마 이상이어야 하는가?(단, 공동으로 사용하는 계단의 경우)
① 90cm ② 120cm
③ 150cm ④ 180cm

[해설]
공동주택, 오피스텔
• 양측에 거실이 있는 복도의 폭 : 1.8m 이상
• 기타 복도의 폭 : 1.2m 이상

05 병원 건축의 형식 중 분관식(Pavilion type)에 관한 설명으로 옳은 것은?
① 저층 분산형의 형태이다.
② 각 병실의 채광 및 통풍 조건이 불리하다.
③ 환자의 이동은 주로 에스컬레이터를 이용한다.
④ 외래부 및 부속진료부는 저층부에, 병동은 고층부에 배치한다.

[해설]
②, ③, ④는 집중식(Block Type)에 대한 설명이다.

정답 01 ④ 02 ③ 03 ② 04 ② 05 ①

06 사무소 건축의 실단위계획에 관한 설명으로 옳지 않은 것은?

① 개실 시스템은 독립성과 쾌적감의 이점이 있다.
② 개방식 배치는 전 면적을 유용하게 이용할 수 있다.
③ 개방식 배치는 개실 시스템보다 공사비가 저렴하다.
④ 개실 시스템은 연속된 긴 복도로 인해 방 깊이에 변화를 주기가 용이하다.

해설
④ 개실 시스템은 연속된 긴 복도로 인해 방 깊이에는 변화를 줄 수 없다(방 길이 변화 가능).

07 주택의 거실계획에 관한 설명으로 옳지 않은 것은?

① 거실에서 문이 열린 침실의 내부가 보이지 않게 한다.
② 거실이 다른 공간들을 연결하는 단순한 통로의 역할이 되지 않도록 한다.
③ 거실의 출입구에서 의자나 소파에 앉을 경우 동선이 차단되지 않도록 한다.
④ 일반적으로 전체 연면적의 10~15% 정도의 규모로 계획하는 것이 바람직하다.

해설
④ 일반적으로 전체 연면적의 30% 전후한 정도의 규모로 계획하는 것이 바람직하다.

08 사무소 건축의 엘리베이터계획에 관한 설명으로 옳지 않은 것은?

① 대면배치에서 대면거리는 동일 군 관리의 경우에는 3.5~4.5m로 한다.
② 여러 대의 엘리베이터를 설치하는 경우, 그룹별 배치와 군 관리 운전방식으로 한다.
③ 일렬 배치는 8대를 한도로 하고, 엘리베이터 중심 간 거리는 8m 이하가 되도록 한다.
④ 엘리베이터 홀은 엘리베이터 정원 합계의 50% 정도를 수용할 수 있어야 하며, 1인당 점유 면적은 $0.5~0.8m^2$로 계산한다.

해설
③ 일렬 배치는 4대를 한도로 하고, 엘리베이터 중심 간 거리는 8m 이하가 되도록 한다.

09 불사 건축의 진입방법에서 누하진입방식을 취한 것은?

① 부석사
② 통도사
③ 화엄사
④ 범어사

해설
부석사
• 누하진입방식
• 무량수전 : 주심포양식, 팔작지붕

10 다음 건축물 중 익공식(翼工式)에 속하는 것은?

① 강릉 오죽헌
② 서울 동대문
③ 봉정사 대웅전
④ 무위사 극락전

해설
② 다포식
③ 다포식
④ 주심포식

11 도서관 출납 시스템에 관한 설명으로 옳지 않은 것은?

① 자유개가식은 책 내용의 파악 및 선택이 자유롭다.
② 자유개가식은 서가의 정리가 잘 안 되면 혼란스럽게 된다.
③ 폐가식은 규모가 큰 도서관의 독립된 서고의 경우에 채용한다.
④ 폐가식은 서가나 열람실에서 감시가 필요하나 대출절차가 간단하여 관원의 작업량이 적다.

정답 06 ④ 07 ④ 08 ③ 09 ① 10 ① 11 ④

> **해설**
> ④ 폐가식은 서가나 열람실에서 감시할 필요가 없으며, 대출절차가 복잡하여 관원의 작업량이 많다.

12 고대 이집트의 분묘 건축 형태에 속하지 않는 것은?

① 인술라 ② 피라미드
③ 암굴분묘 ④ 마스터바

> **해설**
> **로마 주거 건축의 세 가지 유형**
> • 도무스(Domus) : 개인주택
> • 빌라(Villa) : 별장 또는 전원주택
> • 인술라(Insula) : 평민, 노예들을 위한 공동집합주택

13 학교 운영방식에 관한 설명으로 옳지 않은 것은?

① 달톤형은 다양한 크기의 교실이 요구된다.
② 교과교실형은 각 교과교실의 순수율이 낮다는 단점이 있다.
③ 플래툰형은 교사 수 및 시설이 부족하면 운영이 곤란하다는 단점이 있다.
④ 종합교실형은 학생의 이동이 없으며, 초등학교 저학년에 적합한 형식이다.

> **해설**
> **교과교실형(V형)**
> • 일반교실이 필요 없다.
> • 순수율이 높다.

14 주택의 평면과 각 부위의 치수 및 기준척도에 관한 설명으로 옳지 않은 것은?

① 치수 및 기준척도는 안목치수를 원칙으로 한다.
② 거실 및 침실의 평면 각 변의 길이는 100m를 단위로 한 것을 기준척도로 한다.
③ 거실 및 침실의 층높이는 2.4m 이상으로 하되, 5cm를 단위로 한 것을 기준척도로 한다.
④ 계단 및 계단참의 평면 각 변의 길이 또는 너비는 5cm를 단위로 한 것을 기준척도로 한다.

> **해설**
> **주택의 평면과 각 부위의 치수 및 기준척도**
> • 치수 및 기준척도는 안목치수를 원칙으로 할 것. 다만, 한국산업규격이 정하는 모듈정합의 원칙에 의한 모듈격자 및 기준면의 설정방법 등에 따라 필요한 경우에는 중심선 치수로 할 수 있다.
> • 거실 및 침실의 평면 각 변의 길이는 5센티미터를 단위로 한 것을 기준척도로 할 것
> • 부엌·식당·욕실·화장실·복도·계단 및 계단참 등의 평면 각 변의 길이 또는 너비는 5센티미터를 단위로 한 것을 기준척도로 할 것. 다만, 한국산업규격에서 정하는 주택용 조립식 욕실을 사용하는 경우에는 한국산업규격에서 정하는 표준모듈호칭치수에 따른다.
> • 거실 및 침실의 반자높이(반자를 설치하는 경우만 해당한다)는 2.2미터 이상으로 하고 층 높이는 2.4미터 이상으로 하되, 각각 5센티미터를 단위로 한 것을 기준척도로 할 것
> • 창호설치용 개구부의 치수는 한국산업규격이 정하는 창호개구부 및 창호부품의 표준모듈호칭치수에 의할 것. 다만, 한국산업규격이 정하지 아니한 사항에 대하여는 국토교통부장관이 정하여 공고하는 건축표준상세도에 의한다.

15 다음 중 기계 공장의 지붕을 톱날형으로 하는 이유로 가장 적당한 것은?

① 모양이 좋다.
② 소음이 줄어든다.
③ 빗물 처리가 용이하다.
④ 균일한 조도를 얻을 수 있다.

> **해설**
> **톱날지붕**
> • 공장 특유의 지붕 형태
> • 채광창이 북향으로 균일한 조도 유지

16 극장 건축에서 무대의 가장 뒤에 설치되는 무대 배경용의 벽을 나타내는 용어는?

① 프로시니엄 ② 사이클로라마
③ 플라이 로프트 ④ 그리드아이언

> **해설**
>
> **사이클로라마**
> • 무대 제일 뒤에 설치되는 무대 배경용의 벽
> • 높이 : 프로시니엄 높이의 3배 정도

17 메조넷형(Maisonette Type) 공동주택에 관한 설명으로 옳지 않은 것은?

① 주택 내 공간의 변화가 있다.
② 거주성, 특히 프라이버시가 높다.
③ 소규모 단위평면에 적합한 유형이다.
④ 양면 개구에 의한 통풍 및 채광 확보가 양호하다.

> **해설**
>
> ③ 소규모 단위평면에는 비경제적이다.

18 다음 중 리조트 호텔에 속하지 않는 것은?

① 해변호텔(Beach hotel)
② 부두호텔(Harbor hotel)
③ 산장호텔(Mountain hotel)
④ 클럽 하우스(Club house)

> **해설**
>
> ② 부두호텔(Harbor Hotel) : 교통의 중심지 역할을 하는 호텔로서 시티호텔에 속한다.

19 페리(C. A. Perry)의 근린주구에 관한 설명으로 옳지 않은 것은?

① 경계 : 4면의 간선도로에 의해 구획
② 지구 내 상업시설 : 지구 중심에 집중하여 배치
③ 오픈 스페이스 : 주민의 일상생활 요구를 충족시키기 위한 소공원과 위락공간체계
④ 지구 내 가로체계 : 내부 가로망은 단지 내의 교통량을 원활히 처리하고 통과 교통을 방지

> **해설**
>
> ② 지구 내 상업시설 : 지구 중심에 집중하여 배치하면 불필요한 통과교통이 빈번히 발생하므로 교통의 결절점이거나 인접 상점 지구와 근접하여 배치하는 것이 바람직하다.

20 쇼핑센터에서 고객의 주 보행동선으로서 중심 상점과 각 전문점에서의 출입이 이루어지는 곳은?

① 몰(Mall)
② 코트(Court)
③ 터미널(Terminal)
④ 페데스트리언 지대(Pedestrian area)

> **해설**
>
> **몰(Mall)**
> • 쇼핑센터 내의 주요 보행동선
> • 쇼핑거리 + 고객의 휴식처
> • 폭 : 6~12m가 일반적
> • 길이 : 240m가 한계(길이 20~30m마다 변화를 주어 단조롭지 않게 한다.)

정답 16 ② 17 ③ 18 ② 19 ② 20 ①

건축산업기사 (2017년 8월 시행)

01 주택의 욕실계획에 관한 설명으로 옳지 않은 것은?

① 방수성, 방오성이 큰 마감재료를 사용한다.
② 욕조, 세면기, 변기를 한 공간에 둘 경우 일반적으로 4m² 정도가 적당하다.
③ 부엌에서 사용하는 물과는 성격이 다르므로 욕실과 부엌은 근접시키지 않도록 한다.
④ 욕실은 침실 전용으로 설치하는 것이 이상적이나 그러지 아니할 경우 거실과 각 침실에서 접근하기 쉽도록 한다.

[해설]
부엌, 욕실, 화장실 등의 설비부분은 건물의 일부에 집약배치시켜 설비관계 공사비를 감소시키는 것이 바람직하다.

02 사무소 건축에서 건물의 주요 부분을 자기 전용으로 하고 나머지를 대실하는 형식을 무엇이라고 하는가?

① 전용 사무소
② 대여 사무소
③ 준전용 사무소
④ 준대여 사무소

[해설]
사무소의 분류
- 전용 : 완전한 자기 전용 사무소(관청)
- 준전용 : 여러 개의 회사가 모여 하나의 사무소를 건설하여 공동으로 관리·운영되는 사무소
- 대여 : 건물의 전부 또는 대부분을 임대
- 준대여 : 건물의 주요 부분은 자기 전용, 나머지는 임대

03 타운하우스(Town House)에 관한 설명으로 옳지 않은 것은?

① 각 세대마다 자동차의 주차가 용이하다.
② 프라이버시 확보를 위하여 경계벽 설치가 가능한 형식이다.
③ 일반적으로 1층에는 생활공간, 2층에는 침실, 서재 등을 배치한다.
④ 경사지를 이용하여 지형에 따라 건물을 축조하는 것으로 모든 세대 전면에 테라스가 설치된다.

[해설]
④는 테라스 하우스에 대한 설명이다.

04 전 학급을 2분단으로 하고, 한쪽이 일반교실을 사용할 때 다른 분단은 특별교실을 사용하는 형태의 학교운영 방식은?

① 달톤형(D형)
② 플래툰형(P형)
③ 종합교실형(U형)
④ 교과교실형(V형)

[해설]
P형
- 2분단형
- 교사 수와 적당한 시설이 없으면 실시가 어렵다.
- 시간을 배당하는 데 상당한 노력이 든다.
- 과밀해소를 위해 운영된다.

05 상점의 공간을 판매공간, 부대공간, 파사드공간으로 구분할 경우, 다음 중 판매공간에 속하지 않는 것은?

① 통로 공간
② 서비스 공간
③ 상품전시 공간
④ 상품관리 공간

정답 01 ③ 02 ④ 03 ④ 04 ② 05 ④

> **해설**
>
> **상점구성**
>
> | 판매부분(매장) | 부대(관리)부분(복지, 후생) |
> |---|---|
> | • 도입 공간
• 통로 공간
• 상품 전시 공간
• 서비스 공간 | • 상품 관리 공간
• 점원 후생 공간
• 영업 관리 공간
• 시설 관리 공간
• 주차장 |

06 다음 중 단독주택 현관의 위치결정에 가장 주된 영향을 끼치는 것은?

① 용적률
② 건폐율
③ 주택의 규모
④ 도로의 위치

> **해설**
>
> **현관(Entrance, 표출적 공간)**
> • 연면적의 7%(폭 1.2m 이상, 깊이 0.9m 이상)
> • 현관은 가구 등의 운반을 고려한 개구부 폭과 여유공간을 고려
> • 도로의 위치에 크게 영향을 받음
> • 경사도 및 대지의 형태에 영향을 받음(그러나 현관의 위치는 향, 방위와 무관)
> • 현관은 평면상의 크기와 위치 등에 따라 건축의 내외부 특징을 결정짓는 중요한 표출적 공간(Expressional Space)

07 사무소 건축의 코어계획에 관한 설명으로 옳지 않은 것은?

① 계단과 엘리베이터 및 화장실은 가능한 한 접근시킨다.
② 엘리베이터홀이 출입구 문에 바싹 접근해 있지 않도록 한다.
③ 코어 내의 각 공간을 각 층마다 공통의 위치에 있도록 한다.
④ 편심 코어형은 기준층 바닥면적이 큰 경우에 적합하며 2방향 피난에 이상적이다.

> **해설**
>
> **편심코어형(평단코어형)**
> • 바닥면적이 작은 경우에 적합하다.
> • 바닥면적이 커지면 코어 외에 피난설비, 샤프트 등이 필요하다.
> • 고층일 경우 구조상 불리하다.(소규모 사무실에 주로 쓰임)

08 주택의 다이닝 키친(Dining-kichen)에 관한 설명으로 옳지 않은 것은?

① 가사노동의 동선 단축효과가 있다.
② 공간을 효율적으로 활용할 수 있다.
③ 부엌에 식사 공간을 부속시킨 형식이다.
④ 이상적인 식사공간 분위기 조성이 용이하다.

> **해설**
>
> **다이닝 키친(Dining-kitchen)**
> 부엌의 일부에 식탁을 놓은 것

09 공동주택의 평면형식에 관한 설명으로 옳지 않은 것은?

① 집중형은 부지의 이용률이 높다.
② 계단실(홀)형은 동선이 짧아 출입이 편하다.
③ 중복도형은 통행부 면적이 작아 건물의 이용도가 높다.
④ 편복도형은 각 세대의 자연조건을 균등하게 할 수 있다.

> **해설**
>
> ③은 계단실형(홀형)에 대한 설명이다.

10 단지계획에서 다음 설명에 알맞은 도로의 유형은?

> • 가로망 형태가 단순·명료하고, 가구 및 획지구성상 택지의 이용효율이 높기 때문에 계획적으로 조성되는 시가지에 많이 이용되고 있는 형태이다.
> • 교차로가 +자형이므로 자동차의 교통처리에 유리하다.

① 격자형
② T자형
③ Loop형
④ Cul-de-sac형

> 해설

국지도로의 패턴
㉠ 격자형
- 가로망 형태가 단순, 명료
- 가구 및 획지구획상 택지 이용효율이 높음
- 계획적 조성 시가지에 가장 많이 적용
- 자동차교통이 편리
- 통과교통이 많이 발생

㉡ T자형
- 도로 교차방식이 주로 T자형으로 발생
- 격자형이 갖는 택지의 효율성 강조
- 지구 내 통과교통 배제 및 주행속도 감소
- 통행거리 증가
- 보행거리가 증가하므로 보행전용도로와 결합해서 사용하면 좋음

㉢ Cul-de-sac형
- 통과교통 없음(자동차 진입 방지, 자동차 진입의 최소화)
- 주거환경의 쾌적성 및 안전성 확보 용이
- 각 가구와 관계없는 차량진입 배제
- 우회도로가 없어 방재, 방범상 불리
- 주택 배면에 보행자 전용도로가 함께 설치되어야 효과적임
- Cul-de-sac의 최대길이는 150m 이하로 계획

㉣ Loop형
- 불필요한 차량 진입 배제
- 우회로 없는 Cul-de-sac의 결점 보완
- Cul-de-sac과 같이 통과교통이 없으므로 주거환경 양호, 안전성 확보

11 상점 진열창 유리면의 반사를 방지하기 위한 대책으로 옳지 않은 것은?

① 곡면 유리를 사용한다.
② 유리를 사면으로 설치한다.
③ 진열창 내부의 조도를 외부 조도보다 낮게 한다.
④ 캐노피를 설치하여 진열창 외부에 그늘을 조성한다.

> 해설

③ 진열창 내부의 조도를 외부 조도보다 밝게 한다.

12 아파트 단위주거의 단면구성형식 중 스킵 플로어형에 관한 설명으로 옳지 않은 것은?

① 전체적으로 유효면적이 증가한다.
② 공용부분인 복도면적이 늘어난다.
③ 엘리베이터 정지층수를 줄일 수 있다.
④ 단면 및 입면상의 다양한 변화가 가능하다.

> 해설

스킵 플로어형
- 복층형과 구조가 유사
- 공용부분인 복도면적은 줄어든다.

13 무창공장에 관한 설명으로 옳지 않은 것은?

① 공장 내 발생 소음이 작아진다.
② 온·습도 조절 유지비가 저렴하다.
③ 실내의 조도는 인공 조명에 의해 조절된다.
④ 외부로부터의 자극이 적어 작업 능률이 향상된다.

> 해설

① 공장 내 발생 소음이 크다.

14 학교 건축에서 블록플랜에 관한 설명으로 옳지 않은 것은?

① 관리부분의 배치는 전체의 중심이 되는 곳이 좋다.
② 클러스터형이란 복도를 따라 교실을 배치하는 형식이다.
③ 초등학교는 학년단위로 배치하는 것이 기본적인 원칙이다.
④ 초등학교 저학년은 될 수 있으면 1층에 있게 하며, 교문에 근접시킨다.

> 해설

클러스터(Cluster)형
- 1~2개의 교실을 1개 단위 건물로 묶어서 분산시켜 배치
- 각 학급이 전용의 홀로 구성

정답 11 ③ 12 ② 13 ① 14 ②

장점	단점
• 채광 및 통풍이 양호, 좋은 학습분위기 조성이 가능하다. • 교실 간에 방해(소음)가 적다. • 독립성이 크다. (학급단위·교실단위) • 전체 배치에 융통성을 발휘할 수 있다.	• 넓은 대지가 필요하다. • 관리부의 동선이 길어진다. • 운영비가 많이 든다.

※ ②는 일반적인 복도형(편복도) 교실에 대한 설명이다.

15 다음과 같은 조건에 있는 어느 학교 설계실의 순수율은?

- 설계실 사용시간 : 20시간
- 설계실 사용시간 중 설계실기수업 시간 : 15시간
- 설계실 사용시간 중 물리이론수업 시간 : 5시간

① 25%
② 33%
③ 67%
④ 75%

해설

순수율(%)
$= \dfrac{\text{일정한 교과를 위해 사용되는 시간}}{\text{그 교실이 사용되고 있는 시간}} \times 100(\%)$
$= \dfrac{20-5}{20} \times 100 = 75(\%)$

16 백화점에 요구되는 대지조건과 가장 관계가 먼 것은?

① 일조, 통풍이 좋을 것
② 2면 이상이 도로에 면할 것
③ 사람이 많이 왕래하는 곳일 것
④ 역이나 버스정류장에서 가까울 것

해설

백화점(대지계획)

계획 시 고려사항	대지형태
• 고객이 될 인구의 조사 • 부근의 상업 상태 조사 • 구매력 예상 • 교통기관의 관계와 교통량 • 고객유치를 위한 시설	• 정방형에 장방형이 좋다. • 긴 변이 주요 도로에 면하고 다른 1변 또는 2변이 상당한 폭원이 있는 도로에 면함이 좋다.

17 MC(Modular Coordination)에 관한 설명으로 옳지 않은 것은?

① 공기가 길어진다.
② 현장작업이 단순해진다.
③ 설계 작업이 단순하고 간편해진다.
④ 대량생산이 용이하고 생산단가가 내려간다.

해설

① 공사기간이 단축(조립화)

18 사무소 건축에서 엘리베이터 배치에 관한 설명으로 옳지 않은 것은?

① 일렬 배치는 8대를 한도로 한다.
② 교통동선의 중심에 설치하여 보행거리가 짧도록 배치한다.
③ 대면배치 시 대면거리는 동일 군 관리의 경우 3.5~4.5m로 한다.
④ 여러 대의 엘리베이터를 설치하는 경우, 그룹별 배치와 군 관리 운전방식으로 한다.

해설

4대 이해(직선배치), 6대 이상(알코브, 대면배치)

정답 15 ④ 16 ① 17 ① 18 ①

19 고층사무소 건축에서 그림과 같은 저층 부분 (A)을 설치하였을 경우, 장점으로 옳지 않은 것은?

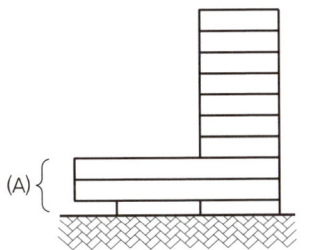

① 대지의 효율적인 이용
② 사무실 이외의 복합기능 부여
③ 대지의 개방성 및 공공성 확보
④ 고층 동에 대한 스케일감의 완화

> 해설
> ①, ②, ④ 외에 옥상정원 등의 활용이 가능하다.

20 한식주택에 관한 설명으로 옳지 않은 것은?

① 좌식생활 중심이다.
② 위치별 실의 분화이다.
③ 각 실은 단일용도이다.
④ 가구는 부차적 존재이다.

> 해설
> ③ 한식주택은 방의 혼합용도(다용도)의 특징이 있다. (양식주택 – 실의 단일용도)

건축기사 (2018년 3월 시행)

01 상점 정면(facade)구성에 요구되는 5가지 광고 요소(AIDMA 법칙)에 속하지 않는 것은?

① Attention(주의) ② Identity(개성)
③ Desire(욕구) ④ Memory(기억)

해설

상점의 광고요소(AIDMA 법칙)
정면, 입면(facade) 구성 시 필요로 하는 광고요소
- A(Attention, 주의) : 주목시킬 수 있는 배려
- I(Interest, 흥미) : 공감을 주는 호소력
- D(Desire, 욕망) : 욕구를 일으키는 연상
- M(Memory, 기억) : 인상적인 변화
- A(Action, 행동) : 들어가기 쉬운 구성

02 공장 건축의 레이아웃 계획에 관한 설명으로 옳지 않은 것은?

① 플랜트 레이아웃은 공장건축의 기본설계와 병행하여 이루어진다.
② 고정식 레이아웃은 조선소와 같이 제품이 크고 수량이 적을 경우 적용된다.
③ 다품종 소량생산이나 주문생산 위주의 공장에는 공정 중심의 레이아웃이 적용된다.
④ 레이아웃 계획은 작업장 내의 기계설비 배치에 관한 것으로 공장규모 변화에 따른 융통성은 고려대상이 아니다.

해설

레이아웃(Layout)의 개념
- 공장 사이의 여러 부분, 작업장 내의 기계 설비, 작업자의 작업구역, 자재나 제품을 두는 곳 등 상호 위치 관계를 가리키는 것을 말한다.
- 장래 공장 규모의 변화에 대응한 융통성이 있어야 한다.
- 공장 생산성에 미치는 영향이 크고 공장 배치계획, 평면계획 시 레이아웃을 건축적으로 종합한 것이 되어야 한다.

03 쇼핑센터의 몰(Mall)의 계획에 관한 설명으로 옳지 않은 것은?

① 전문점들과 중심상점의 주출입구는 몰에 면하도록 한다.
② 몰에는 자연광을 끌어들여 외부공간과 같은 성격을 갖게 하는 것이 좋다.
③ 다층으로 계획할 경우, 시야의 개방감을 적극적으로 고려하는 것이 좋다.
④ 중심상점들 사이의 몰 길이는 150m를 초과하지 않아야 하며, 길이 40~50m마다 변화를 주는 것이 바람직하다.

해설

몰의 폭과 길이
- 폭 : 6~12m가 일반적
- 길이 : 240m가 한계(길이 20~30m마다 변화를 주어 단조롭지 않게 한다.)

04 다음과 같은 특징을 갖는 부엌의 평면형은?

- 작업 시 몸을 앞뒤로 바꾸어야 하는 불편이 있다.
- 식당과 부엌이 개방되지 않고 외부로 통하는 출입구가 필요한 경우에 많이 쓰인다.

① 일렬형 ② ㄱ자형
③ 병렬형 ④ ㄷ자형

해설

부엌의 유형
부엌의 설비기구들의 배치는 인체의 동작과 밀접하게 관련된다. 일반적으로 부엌의 평면형은 일렬형, 병렬형, ㄱ자형, ㄷ자형으로 구분되며, 주택의 규모와 배치에 따라 적합한 평면형을 결정하도록 한다.

일렬형 (직선형)	면적이 작을 경우에 유리하고 동선에 혼란이 없는 것이 장점이며 설비기구가 많은 경우에는 동선이 길어지므로 작업량이 많아지는 단점이 있다. 소규모 주택에만 적합하다.

정답 01 ② 02 ④ 03 ④ 04 ③

병렬형	일렬형에 비하여 작업동선이 줄어들기는 하지만 작업 시 몸을 앞뒤로 바꾸어야 하는 불편이 있다. 식당과 부엌이 개방되지 않고 외부로 통하는 출입구가 필요한 경우에 많이 사용한다.
ㄱ자형 (ㄴ자형)	정방향의 부엌에 적당한 형태로, 비교적 넓은 부엌에서 능률적이며 작업동선이 효율적이지만 여유 공간이 많이 남기 때문에 식사실과 함께 이용할 경우 적합하다.
ㄷ자형 (U자형)	병렬형과 ㄱ자형을 혼합한 평면형으로 3면의 벽에 작업대를 배치하는 형태이며 어느 정도 공간이 확보된 주방이라면 가장 효율적이다. 양측의 벽면을 이용할 수 있으므로 수납공간을 크게 할 수 있는 장점이 있다. 하지만 평면계획상 외부로 통하는 출입구 설치가 곤란하다.

05 다음 중 일반적으로 연면적에 대한 숙박 관계 부분의 비율이 가장 큰 호텔은?

① 해변 호텔
② 리조트 호텔
③ 커머셜 호텔
④ 레지덴셜 호텔

해설

각 실의 면적구성비
- 숙박면적비 : 시티(커머셜) > 리조트 > 아파트먼트
- 공용면적비(퍼블릭 스페이스) : 아파트먼트 > 리조트 > 시티
- 1객실 면적 : 아파트먼트 > 리조트 > 시티

06 건축양식의 시대적 순서가 가장 올바르게 나열된 것은?

㉠ 로마네스크	㉡ 바로크
㉢ 고딕	㉣ 르네상스
㉤ 비잔틴	

① ㉠ → ㉢ → ㉣ → ㉡ → ㉤
② ㉠ → ㉢ → ㉣ → ㉤ → ㉡
③ ㉤ → ㉣ → ㉢ → ㉠ → ㉡
④ ㉤ → ㉠ → ㉢ → ㉣ → ㉡

해설

시대별 건축양식
원시 → 이집트 → 그리스 → 로마 → 초기기독교 → 비잔틴 → 사라센 → 로마네스크 → 고딕 → 르네상스 → 바로크 → 로코코

07 고대 로마 건축에 관한 설명으로 옳지 않은 것은?

① 인슐라(insula)는 다층의 집합주거 건물이다.
② 콜로세움의 1층에는 도릭 오더가 사용되었다.
③ 바실리카 울피아는 황제를 위한 신전으로, 배럴 볼트가 사용되었다.
④ 판테온은 거대한 돔을 얹은 로톤다와 대형 열주현관이라는 두 주된 구성 요소로 이루어진다.

해설

바실리카 울피아(Basilica Ulpia)
- 트라야누스 광장의 일부분
- 로마제국 내에서 가장 큰 광장
- 현실적 필요성보다는 제국의 권력을 예찬하는 과시적 수단으로 건설

※ 배럴 볼트(Barrel Vault) : 반원형 아치 모양으로 된 천장구조로 직사각형 평면을 덮는다.

08 아파트의 평면형식에 관한 설명으로 옳지 않은 것은?

① 중복도형은 모든 세대의 향을 동일하게 할 수 없다.
② 편복도형은 각 세대의 거주성이 균일한 배치 구성이 가능하다.
③ 홀형은 각 세대가 양쪽으로 개구부를 계획할 수 있는 관계로 일조와 통풍이 양호하다.
④ 집중형은 공용 부분이 오픈되어 있으므로, 공용 부분에 별도의 기계적 설비계획이 필요 없다.

해설

집중형(코어형)
계단실과 EV를 중심으로 다수의 주호를 배치한 형식

장점	단점
• 부지의 이용률이 가장 높다. • 많은 주호를 집중배치	• 독립성이 극히 나쁘다. • 채광, 환기가 극히 불리하다. • 복도의 환기 문제 : 고도의 설비시설 필요

정답 05 ③　06 ④　07 ③　08 ④

※ 집중형(코어형)은 집중되는 주호 수에 따라 환경적 조건의 정도가 달라질 수 있음에 유의한다.

09 다음 중 사무소 건축에서 기둥간격(Span)의 결정 요소와 가장 관계가 먼 것은?

① 건물의 외관
② 주차배치의 단위
③ 책상배치의 단위
④ 채광상 층고에 의한 안깊이

해설

기둥간격 결정요인(사무소)
- 책상배치단위(사무기기 배치)
- 채광상 층고에 의한 안깊이
- 주차배치단위
- 지하주차장, 코어의 위치 등

10 연극을 감상하는 경우 배우의 표정이나 동작을 상세히 감상할 수 있는 시각 한계는?

① 3m ② 5m
③ 10m ④ 15m

해설

가시거리 한계
- 생리적 한계(15m) : 인형극, 아동극
- 제1차 허용한도(22m) : 국악, 신극, 실내악
- 제2차 허용한도(35m) : 그랜드 오페라, 발레, 뮤지컬, 연극, 심포니 오케스트라

11 종합병원의 건축계획에 관한 설명으로 옳지 않은 것은?

① 부속진료부는 외래환자 및 입원환자 모두가 이용하는 곳이다.
② 간호사 대기소는 각 간호단위 또는 각층 및 동별로 설치한다.
③ 집중식 병원건축에서 부속진료부와 외래부는 주로 건물의 저층부에 구성된다.
④ 외래진료부의 운영방식에 있어서 미국의 경우는 대개 클로즈드 시스템인 데 비하여, 우리나라는 오픈 시스템이다.

해설

외래진료부
㉠ 클로즈드 시스템
  - 우리나라 종합병원에서 채용
  - 외래환자 수 = 병상 수 × 2~3배
㉡ 오픈시스템
  - 미국 등에서 채용
  - 개업의사는 종합병원에 등록
※ 오픈시스템(Open System) : 종합병원 근처에 일반 개업 의사는 종합병원에 등록되어 있어서 종합병원 내의 큰 시설을 이용할 수 있고 자신의 환자를 종합병원 진찰실에서 예약된 장소와 시간에 진료할 수 있으며 입원시킬 수 있는 제도

12 다음 중 단독주택의 부엌 크기 결정 요소로 볼 수 없는 것은?

① 작업대의 면적
② 주택의 연면적
③ 주부의 동작에 필요한 공간
④ 후드(hood)의 설치에 의한 공간

해설

부엌의 크기 결정기준
- 작업대의 소요 면적
- 작업인의 동작에 필요한 공간
- 식기, 식품, 조리용 기구의 수납에 필요한 공간
- 연료의 종류와 공급방법
- 주택의 연면적, 가족 수, 평균 작업인 수

13 다음 중 다포양식의 건축물이 아닌 것은?

① 내소사 대웅전   ② 경복궁 근정전
③ 전등사 대웅전   ④ 무위사 극락전

해설

강진 무위사 극락전은 조선 초기 주심포 양식의 건축물이다.

14 단독주택계획에 관한 설명으로 옳지 않은 것은?

① 건물이 대지의 남측에 배치되도록 한다.
② 건물은 가능한 한 동서로 긴 형태가 좋다.
③ 동지 때 최소한 4시간 이상의 햇빛이 들어오도록 한다.
④ 인접 대지에 기존 건물이 없더라도 개발 가능성을 고려하도록 한다.

해설
건물을 대지의 북측에 배치함으로써 남면의 공지를 확보할 수 있다.

15 현장감을 가장 실감나게 표현하는 방법으로 하나의 사실 또는 주제의 시간 상황을 고정하여 연출하는 것으로 현장에 임한 느낌을 주는 특수전시기법은?

① 디오라마 전시 ② 파노라마 전시
③ 하모니카 전시 ④ 아일랜드 전시

해설
디오라마(Diorama) 전시
현장감을 살리기 위해 실물과 배경 스크린을 이용한 전시방법
- 하나의 사실 또는 주제의 시간적 상황을 고정하여 연출
- 현장감(사실감) 있는 입체적인 전시방법

16 학교의 강당계획에 관한 설명으로 옳지 않은 것은?

① 체육관의 크기는 배구코트의 크기를 표준으로 한다.
② 강당은 반드시 전교생을 수용할 수 있도록 크기를 결정하지는 않는다.
③ 강당 및 체육관으로 겸용하게 될 경우 체육관 목적으로 치중하는 것이 좋다.
④ 강당 겸 체육관은 커뮤니티의 시설로서 이용될 수 있도록 고려하여야 한다.

해설
체육관의 크기
㉠ 초등학교 : 리듬 운동을 할 수 있는 넓이(8인 1조의 원 (직경 4m)을 7~8개 만들 수 있는 크기)
㉡ 중학교 : 농구 코트를 둘 수 있을 정도
- 최소 400m² (코트 12.8m × 22.5m)
- 보통 500m² (코트 15.2m × 28.6m)

17 사무소 건축의 엘리베이터 설치 계획에 관한 설명으로 옳지 않은 것은?

① 군 관리운전의 경우 동일 군내의 서비스 층은 같게 한다.
② 승객의 층별 대기시간은 평균 운전간격 이상이 되게 한다.
③ 서비스를 균일하게 할 수 있도록 건축물 중심부에 설치하는 것이 좋다.
④ 건축물의 출입층이 2개 층이 되는 경우는 각각의 교통수요량 이상이 되도록 한다.

해설
엘리베이터 설계 시 고려사항
- 수량 계산 시 대상 건축물의 교통수요량에 적합해야 한다.
- 층별 대기시간은 허용값(평균 운전간격) 이하가 되게 한다.
- 엘리베이터 배치 시는 운용에 편리한 배열로 되어야 하며, 서비스를 균일하게 할 수 있도록 건물의 중심부에 설치하도록 하여야 한다.
- 건물의 출입층(출발 기준층)이 2개 층이 되는 경우는 각각의 교통수요량 이상이 되어야 한다.
- 군 관리운전의 경우 동일군 내의 서비스층은 같게 한다.
- 초고층, 대규모 빌딩인 경우는 서비스 그룹을 분할(조닝)한다.

18 다음 중 모듈 시스템의 적용이 가장 부적절한 것은?

① 극장 ② 학교
③ 도서관 ④ 사무소

모듈러 플랜(Modular Plan)
- 그리드 플랜을 더욱 규격화하여 조명, 흡출구, 배기구, 스프링클러, 전화 등 각종 설비시스템을 균등하게 배치하는 것이다.
- 임의의 격자모양과 간벽설치가 용이하다.

19 도서관의 출납 시스템 유형 중 이용자가 자유롭게 도서를 꺼낼 수 있으나 열람석으로 가기 전에 관원의 검열을 받는 형식은?

① 폐가식   ② 반개가식
③ 자유개가식 ④ 안전개가식

안전개가식(safe quarded open access)
열람자가 서가에서 직접 책을 꺼내지만 관원의 검열을 받고 대출의 기록을 남긴 후 열람하는 방식

특징	• 도서 열람의 체크시설이 필요하다. • 출납 시스템이 필요치 않아 혼잡하지 않다. • 감시가 필요하지 않다. • 자유개가식과 반개가식의 혼용형이다.

20 극장의 평면형식 중 프로시니엄형에 관한 설명으로 옳지 않은 것은?

① 픽처 프레임 스테이지형이라고도 한다.
② 배경은 한 폭의 그림과 같은 느낌을 준다.
③ 연기자가 제한된 방향으로만 관객을 대하게 된다.
④ 가까운 거리에서 관람하면서 가장 많은 관객을 수용할 수 있다.

아레나 스테이지형(Arena Stage, Center Stage)
관객석이 무대를 360° 둘러싼 형

특징	• 가까운 거리에서 가장 많은 관객 수용 • 연기 도중 다른 연기자를 가리는 결점 • 무대 배경은 주로 낮은 가구로 구성(배경을 만들지 않으므로 경제적) • 마당놀이, 판소리 등

정답 19 ④ 20 ④

건축산업기사 (2018년 3월 시행)

01 1주간 평균 수업시간이 35시간인 어느 학교에서 미술실의 사용 시간이 25시간이다. 미술실 사용시간 중 20시간은 미술수업에 사용되며, 5시간이 학급토론수업에 사용된다면, 이 교실의 순수율은?

① 20% ② 29%
③ 71% ④ 80%

해설

이용률과 순수율

- 이용률(%) = $\dfrac{\text{교실이 사용되고 있는 시간}}{\text{1주간 평균 수업시간}} \times 100(\%)$

- 순수율(%)
  = $\dfrac{\text{일정한 교과를 위해 사용되는 시간}}{\text{그 교실이 사용되고 있는 시간}} \times 100(\%)$
  = $\dfrac{25-5}{25} \times 100(\%) = 80(\%)$

02 사무소 건축의 엘리베이터 계획에 관한 설명으로 옳지 않은 것은?

① 군 관리운전의 경우 동일 군내의 서비스 층은 같게 한다.
② 승객의 층별 대기시간은 평균 운전간격 이하가 되게 한다.
③ 교통수요량이 많은 경우는 출발기준층이 2개 층 이상이 되도록 계획한다.
④ 초고층, 대규모 빌딩인 경우는 서비스 그룹을 분할(조닝)하는 것을 검토한다.

해설

엘리베이터 설계 시 고려사항
- 수량 계산 시 대상 건축물의 교통수요량에 적합해야 한다.
- 층별 대기시간은 허용값(평균 운전간격) 이하가 되게 한다.
- 엘리베이터 배치 시는 운용에 편리한 배열로 되어야 하며, 서비스를 균일하게 할 수 있도록 건물의 중심부에 설치하도록 하여야 한다.
- 군 관리운전의 경우 동일군 내의 서비스층은 같게 한다.
- 초고층, 대규모 빌딩인 경우는 서비스 그룹을 분할(조닝)한다.

03 주택의 동선계획에 관한 설명으로 옳지 않은 것은?

① 개인, 사회, 가사노동권의 3개 동선은 서로 분리하는 것이 좋다.
② 동선상 교통량이 많은 공간은 서로 인접 배치하는 것이 좋다.
③ 거실은 주택의 중심으로 모든 동선이 교차, 관통하도록 계획하는 것이 좋다.
④ 화장실, 현관 등과 같이 사용빈도가 높은 공간은 동선을 짧게 처리하는 것이 좋다.

해설

거실(Living Room), 가족생활의 중심
통로에 의해 실이 분할되지 않도록 배치하고, 거실이 통로로 되는 것을 지양한다.

04 백화점 건축에서 기둥 간격의 결정 시 고려할 사항과 가장 거리가 먼 것은?

① 공조실의 위치
② 매장 진열장의 치수
③ 지하주차장의 주차방식
④ 에스컬레이터의 배치방법

해설

기둥간격 결정요소(백화점)
- 진열대의 치수와 배치방법
- 에스컬레이터의 배치
- 매장의 통로
- 지하주차장의 주차방식과 주차폭

정답 01 ④ 02 ③ 03 ③ 04 ①

05 공동주택의 단위세대 평면형식 중 LDK형에서 D가 의미하는 것은?

① 거실
② 부엌
③ 식당
④ 침실

해설
Living Kitchen(LDK)
거실(L) + 식사실(D) + 부엌(K)을 겸함

06 홀(Hall)형 아파트에 관한 설명으로 옳지 않은 것은?

① 거주의 프라이버시가 높다.
② 대지의 이용률이 가장 높은 형식이다.
③ 엘리베이터 홀에서 직접 각 세대로 접근할 수 있다.
④ 각 세대에 양쪽 개구부를 계획할 수 있는 관계로 일조와 통풍이 양호하다.

해설
집중형(코어형)
계단실과 EV를 중심으로 다수의 주호를 배치한 형식

장점	단점
• 부지의 이용률이 가장 높다. • 많은 주호를 집중 배치한다.	• 독립성이 극히 나쁘다. • 채광, 환기가 극히 불리하다. • 복도의 환기 문제 : 고도의 설비시설이 필요하다.

07 사무소 건축의 코어형식 중 중심코어형에 관한 설명으로 옳지 않은 것은?

① 외관이 획일적일 수 있다.
② 유효율이 높은 계획이 가능하다.
③ 구조코어로서 바람직한 형식이다.
④ 바닥면적이 큰 경우에는 사용할 수 없다.

해설
중심(중앙)코어형
• 구조적으로 가장 바람직하다.
• 바닥면적이 큰 경우에 적합하다.
• 고층·초고층, 내진구조에 적합하다.
• 내부공간과 외관이 획일적으로 되기 쉽다.
• 임대사무소에서 가장 경제적인 코어형이다.

08 상점의 판매방식 중 측면판매에 관한 설명으로 옳지 않은 것은?

① 충동적 구매와 선택이 용이하다.
② 판매원의 정위치를 정하기 어렵고 불안정하다.
③ 고객과 종업원이 진열상품을 같은 방향으로 보며 판매하는 방식이다.
④ 진열면적은 감소하나 별도의 포장 공간을 둘 필요가 없다는 장점이 있다.

해설
측면판매
진열상품을 같은 방향으로 보며 판매하는 형식

장점	단점
• 충동적 구매와 선택 용이 • 진열면적이 커짐 • 상품에 대한 친근감	• 종업원의 정위치를 정하기 어렵고 불안정 • 설명, 포장이 불편

09 학교 건축에서 단층교사에 관한 설명으로 옳지 않은 것은?

① 재해 시 피난이 용이하다.
② 학습활동의 실외 연장이 가능하다.
③ 구조계획이 단순하며, 내진·내풍구조가 용이하다.
④ 집약적인 평면계획이 가능하나 채광·환기가 불리하다.

해설
층별 구성에 따른 특징
원칙적으로 초등학교의 교사는 고층화될 수 없다.

단층교사	다층교사
• 학습활동의 실외 연장 • 재해 시 피난상 유리 • 채광환기 유리 • 내진·내풍구조가 용이	• 치밀한 평면계획 가능 • 부지의 이용률이 높음 • 부대시설의 집중화(효율적) • 저학년(1층), 고학년(2층 이상)

정답 05 ③ 06 ② 07 ④ 08 ④ 09 ④

10 사무소 건축의 화장실 계획에 관한 설명으로 옳지 않은 것은?

① 각 층마다 공통된 위치에 설치한다.
② 각 사무실에서 동선이 짧거나 간단하도록 한다.
③ 가급적 계단실이나 엘리베이터 홀에 근접하여 계획한다.
④ 1개소에 집중시키지 말고 2개소 이상으로 분산시켜 배치하도록 한다.

> 해설

화장실 위치
- 동선이 짧은 곳
- 계단, EV홀에 근접
- 각 층 공통 위치
- 1개소 또는 2개소에 집중배치
- 외기에 접할 것(접하지 않은 경우 환기설비)

11 표준화가 어렵거나 다종을 소량 생산하는 경우에 채용되는 공장의 레이아웃(Layout) 방식은?

① 고정식 레이아웃
② 혼성식 레이아웃
③ 공정 중심 레이아웃
④ 제품 중심 레이아웃

> 해설

공정 중심의 레이아웃(기계설비 중심)
- 다종 소량생산으로 예상 생산이 불가능한 경우나 표준화가 어려운 경우에 채용
- 기능이 동일하거나 유사한 공정 또는 기계를 집합 배치하는 방식

특징	• 생산성이 낮으나 주문생산에 적합 • 공정 간의 시간적·수량적 균형을 이루기 어려움

12 주택 부엌의 작업대 배치 방식 중 L형 배치에 관한 설명으로 옳지 않은 것은?

① 정방형 부엌에 적합한 유형이다.
② 부엌과 식당을 겸하는 경우 활용이 가능하다.
③ 작업대의 코너 부분에 개수대 또는 레인지를 설치하기 곤란하다.
④ 분리형이라고도 하며, 모든 방향에서 작업대의 접근 및 이용이 가능하다.

> 해설

부엌의 작업대 배치 방식

직선형	동선이 길어지는 경향이 있다.(좁은 부엌)
L자형	모서리 부분의 이용도가 낮다.(정방형 부엌)
U자형	• 수납공간이 넓고 이용하기 편리(양측 벽면 이용) • 위치 설정이 어렵다.
병렬형	외부로 통하는 출입구가 필요한 경우에 쓰인다.

※ 분리형 : 거실이나 부엌과 완전히 독립된 식사실

13 은행의 주출입구 계획에 관한 설명으로 옳지 않은 것은?

① 회전문 설치 시 안전성에 대한 고려가 필요하다.
② 고객을 내부로 자연스럽게 유도하는 것이 계획상 중요하다.
③ 이중문을 설치할 경우, 바깥문은 안여닫이로 계획하여야 한다.
④ 겨울철에 실내온도의 유지 및 바람막이를 위해 방풍실의 전실(前室)을 계획하는 것이 좋다.

> 해설

전실을 둘 경우 은행 내부에서 전실 출입구는 안여닫이로 하나, 바깥문은 밖여닫이 또는 자재문으로 하기도 한다.

14 근린생활권 중 인보구의 중심시설은?

① 파출소   ② 유치원
③ 초등학교   ④ 어린이놀이터

> 해설

인보구
- 가장 작은 생활권 단위
- 중심시설 : 어린이놀이터, 공동세탁장

15 다음 중 공간의 레이아웃(Layout)과 가장 밀접한 관계를 가지고 있는 것은?

① 입면계획　　② 동선계획
③ 설비계획　　④ 색채계획

> **해설**
> 레이아웃(Layout)
> 평면요소 간의 위치관계를 결정하는 것으로 동선계획과 밀접한 관계가 있다.

16 주택의 각 부위별 치수계획으로 가장 부적절한 것은?

① 복도의 폭 : 120cm
② 현관의 폭 : 120cm
③ 세면기의 높이 : 75cm
④ 부엌의 작업대 높이 : 65cm

> **해설**
> 작업대(싱크대)의 크기
> 인체치수, 활동치수와 관계있다.
> • 폭 : 50~60cm
> • 높이 : 73~83cm
> • 깊이 : 55cm 정도

17 다음 중 초등학교 저학년에 가장 적당한 학교 운영방식은?

① 일반교실, 특별교실형(U+V형)
② 교과교실형(V형)
③ 종합교실형(U형)
④ 플래툰형(P형)

> **해설**
> 종합교실형(U형)
> • 초등학교 저학년
> • 이용률 100%(높고), 순수율 낮음

18 아파트 단지 내 주동배치 시 고려하여야 할 사항으로 옳지 않은 것은?

① 단지 내 커뮤니티가 자연스럽게 형성되도록 한다.
② 옥외주차장을 이용하여 충분한 오픈 스페이스를 확보한다.
③ 주동 배치계획에서 일조, 풍향, 방화 등에 유의해야 한다.
④ 다양한 배치기법을 통하여 개성적인 생활공간으로서의 옥외공간이 되도록 한다.

> **해설**
> 아파트 단지 내에 충분한 오픈스페이스를 확보하기 위해서는 지하주차장 공간을 충분히 확보한다.

19 상점의 숍 프런트(Shop Front) 형식을 개방형, 폐쇄형, 혼합형으로 분류할 경우, 다음 중 일반적으로 개방형의 적용이 가장 곤란한 상점은?

① 서점　　② 제과점
③ 귀금속점　　④ 일용품점

> **해설**
> 숍 프런트(Shop Front)에 의한 분류
>
> | | |
> |---|---|
> | 개방형 | 도로에 면한 곳이 완전 개방된 구조 (시장, 일용품상점, 철물점, 서점) |
> | 폐쇄형 | 출입구 외에는 벽 또는 장식장으로 차단되는 형식 (귀금속점, 카메라, 보석상, 미용원) |
> | 중간형 | 개방형과 폐쇄형을 조합한 형식으로 가장 많이 이용 |

20 단독주택의 각 실 계획에 관한 설명으로 옳지 않은 것은?

① 거실은 남북 방향으로 긴 것이 좋다.
② 욕실의 천장은 약간 경사지게 함이 좋다.
③ 거실과 정원은 유기적으로 시각적 연결을 갖게 한다.
④ 침실의 침대는 머리 쪽에 창을 두지 않는 것이 좋다.

> **해설**
> 거실은 동서방향으로 약간 긴 것이 좋다.

정답　15 ②　16 ④　17 ③　18 ②　19 ③　20 ①

건축기사 (2018년 4월 시행)

01 사방에서 감상해야 할 필요가 있는 조각물이나 모형을 전시하기 위해 벽면에서 띄어놓아 전시하는 특수전시기법은?

① 아일랜드 전시   ② 디오라마 전시
③ 파노라마 전시   ④ 하모니카 전시

해설

아일랜드(Island) 전시
- 벽이나 천장을 직접 이용하지 않음
- 전시물의 입체물 자체를 전시공간에 배치
- 관람객의 동선이 전시물 사이를 통과할 수 있도록 함
- 대형 또는 아주 소형 전시물에 유리(전시물의 크기에 관계없이 배치 가능)

02 은행 건축계획에 관한 설명으로 옳지 않은 것은?

① 은행원과 고객의 출입구는 별도로 설치하는 것이 좋다.
② 영업실의 면적은 은행원 1인당 1.2m²를 기준으로 한다.
③ 대규모의 은행일 경우 고객의 출입구는 되도록 1개소로 하는 것이 좋다.
④ 주출입구에 이중문을 설치할 경우, 바깥문은 바깥 여닫이 또는 자재문으로 할 수 있다.

해설

은행실 면적의 산정

영업실(장)	고객용 로비(객장)
행원 수 × 4~6m²	1일 평균 고객 수 × 0.13~0.2m²

※ 은행의 시설 규모
- 연면적 = 행원 수 × 16~26m²(지점) 또는 은행실 면적 × 1.5~3배
- 은행실 면적 = 행원 수 × 10m²

03 극장 무대 주위의 벽에 6~9m 높이로 설치되는 좁은 통로로, 그리드아이언에 올라가는 계단과 연결되는 것은?

① 그린룸   ② 록 레일
③ 플라이 갤러리   ④ 슬라이딩 스테이지

해설

플라이 갤러리(Fly Gallery)
그리드 아이언에 올라가는 계단과 연결되게 무대 주위의 벽에 6~9m 높이로 설치되는 좁은 통로(폭은 1.2~2m 정도)

04 병원 건축의 형식 중 분관식에 관한 설명으로 옳지 않은 것은?

① 동선이 길어진다.
② 채광 및 통풍이 좋다.
③ 대지면적에 제약이 있는 경우에 주로 적용된다.
④ 환자는 주로 경사로를 이용한 보행 또는 들것으로 운반된다.

해설

분관식(Pavilion type : 평면 분산식)
- 각 건물은 3층 이하의 저층 건물로 외래진료부, 중앙(부속)진료부, 병동부를 각각 별동으로 분산시켜 복도로 연결시킨 형식
- 종래에 전염병의 확산을 방지하기 위해 운영되기 시작

특징	• 각 병실을 남향으로 할 수 있다.(일조·통풍 유리) • 넓은 대지가 필요하고 설비가 분산적이며 보행거리가 멀어진다. • 내부 환자는 주로 경사로를 이용한다.(보행·들것)

05 다음 중 도서관에서 장서가 60만 권일 경우 능률적인 작업용량으로서 가장 적정한 서고의 면적은?

① 3,000m²   ② 4,500m²
③ 5,000m²   ④ 6,000m²

정답   01 ①   02 ②   03 ③   04 ③   05 ①

> **해설**

서고의 크기(수용능력)

서고 1m²당	서가 1단	서고 공간 1m³당
150~250권	25~30권 정도	약 66권 정도

600,000권 ÷ 150~250권 = 2,400~4,000m²

06 다음 중 백화점의 기둥간격 결정요소와 가장 거리가 먼 것은?

① 화장실의 크기
② 에스컬레이터의 배치방법
③ 매장 진열장의 치수와 배치방법
④ 지하주차장의 주차방식과 주차폭

> **해설**

기둥간격 결정요소(백화점)
- 진열대의 치수와 배치방법
- 에스컬레이터의 배치
- 매장의 통로
- 지하주차장의 주차방식과 주차폭

07 건축계획에서 말하는 미의 특성 중 변화 혹은 다양성을 얻는 방식과 가장 거리가 먼 것은?

① 억양(Accent)   ② 대비(Contrast)
③ 균제(Proportion)   ④ 대칭(Symmetry)

> **해설**

대칭
- 가장 중요한 고전건축의 원리
- 기본적인 대칭의 종류 : 반사대칭, 이동대칭, 회전대칭 등
- 원시 고전건축에서 중요시되었으며, 안정감과 위엄성 등 풍부
- 기념건축이나 종교건축 등에 많이 사용

08 주택단지 안의 건축물에 설치하는 계단의 유효 폭은 최소 얼마 이상으로 하여야 하는가?(단, 공동으로 사용하는 계단의 경우)

① 0.9m   ② 1.2m
③ 1.5m   ④ 1.8m

> **해설**

공동주택, 오피스텔에 설치하는 계단의 유효폭
- 양측에 거실이 있는 복도의 폭 : 1.8m 이상
- 기타의 복도 : 1.2m 이상

09 사무소 건축의 코어 형식에 관한 설명으로 옳은 것은?

① 편심코어형은 각 층의 바닥면적이 큰 경우 적합하다.
② 양단코어형은 코어가 분산되어 있어 피난상 불리하다.
③ 중심코어형은 구조적으로 바람직한 형식으로 유효율이 높은 계획이 가능하다.
④ 외코어형은 설비 덕트나 배관을 코어로부터 사무실 공간으로 연결하는 데 제약이 없다.

> **해설**

① 편심코어형은 각 층의 바닥면적이 작은 경우에 적합하다.
② 양단코어형은 코어가 분리되어 그 방향 피난에 유리하다.
④ 외코어형은 설비 덕트나 배관을 코어로부터 사무실 공간으로 연결하는 데 제약이 있다.

10 학교 건축계획에서 그림과 같은 평면 유형을 갖는 학교운영방식은?

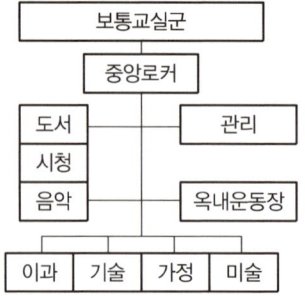

① 달톤형   ② 플래툰형
③ 교과교실형   ④ 종합교실형

정답 06 ① 07 ④ 08 ② 09 ③ 10 ②

> [해설]
>
> **플래툰형(P형)**
> 각 학급을 2분단으로 나누어 한쪽이 일반 교실을 사용할 때, 다른 한쪽은 특별교실을 사용한다.

11 공장 건축의 지붕형에 관한 설명으로 옳지 않은 것은?

① 솟을지붕은 채광, 환기에 적합한 방법이다.
② 샤렌지붕은 기둥이 많이 소요되는 단점이 있다.
③ 뾰족지붕은 직사광선을 어느 정도 허용하는 결점이 있다.
④ 톱날지붕은 북향의 채광창으로 일정한 조도를 유지할 수 있다.

> [해설]
>
> **샤렌지붕**
> 기둥이 적게 소요되는 장점이 있다.

12 다음 중 학교건축계획에 요구되는 융통성과 가장 거리가 먼 것은?

① 지역사회의 이용에 의한 융통성
② 학교운영방식의 변화에 대응하는 융통성
③ 광범위한 교과내용의 변화에 대응하는 융통성
④ 한계 이상의 학생 수의 증가에 대응하는 융통성

> [해설]
>
> **확장성과 융통성**
> • 확장성 : 인구의 집중·증가 등에 의한 학생 수가 늘어나는 것에 대비
> • 융통성
>
> | 원인 | 해결 방법 |
> |---|---|
> | 구조상 확장에 대한 융통성 | 칸막이 변경(건식 구조) |
> | 배치계획상 광범위한 교과내용이 변화하는 데 대응할 수 있는 융통성 | 융통성 있는 교실 배치 (특별교실을 1단으로 하여 배치) |
> | 평면계획상 학교 운영방식이 변화하는 데 대응할 수 있는 융통성 | 공간의 다목적성 |

13 극장의 평면형식 중 아레나(Arena)형에 관한 설명으로 옳지 않은 것은?

① 무대의 배경을 만들지 않으므로 경제성이 있다.
② 무대의 장치나 소품은 주로 낮은 기구들로 구성한다.
③ 가까운 거리에서 관람하면서 많은 관객을 수용할 수 있다.
④ 연기자가 일정한 방향으로만 관객을 대하므로 강연, 콘서트, 독주, 연극 공연에 가장 좋은 형식이다.

> [해설]
>
> **프로시니엄형(Proscenium, 픽처 프레임 스테이지)**
> 프로시니엄 벽에 의해 연기 공간이 분리되어 관객이 프로시니엄 아치의 개구부를 통해서 무대를 보는 형
>
> | 특징 | |
> |---|---|
> | | • 연기자가 제한된 방향으로만 관객을 대하게 된다.
• 갖가지 무대배경이 용이, 조명효과가 좋다.
• 스테이지에 가깝게 많은 관객을 넣는 것은 곤란
• 배경은 한 폭의 그림과 같은 느낌을 준다.
• 강연, 콘서트, 독주, 연극에 가장 좋다.
• 일반극장의 대부분이 여기에 속한다. |

14 사무소 건축의 실단위계획에서 개방식 배치(Open Plan)에 관한 설명으로 옳지 않은 것은?

① 독립성과 쾌적감 확보에 유리하다.
② 공사비가 개실시스템보다 저렴하다.
③ 방의 길이나 깊이에 변화를 줄 수 있다.
④ 전면적을 유효하게 이용할 수 있어 공간 절약상 유리하다.

> [해설]
>
> **개실 배치(Individual Room System)**
> 복도에 의해 각 층의 여러 부분으로 들어가는 방법(소규모 사무실 임대에 유리)
>
> | 장점 | 단점 |
> |---|---|
> | • 독립성이 좋다.
• 채광·환기가 유리하다.
• 소음이 적다. | • 공사비가 비교적 높다.
• 방 길이를 변화시킬 수 있다.
(방 깊이에는 변화를 줄 수 없다.) |

정답 11 ② 12 ④ 13 ④ 14 ①

15 주택 부엌에서 작업삼각형(Work Triangle)의 구성 요소에 속하지 않는 것은?

① 개수대   ② 배선대
③ 가열대   ④ 냉장고

> **해설**
>
> **작업삼각형**(냉장고 + 개수대 + 가열대를 연결하는 삼각형)
> - 능률적인 길이는 3.6~6.6m
> - 가장 짧은 변은 개수대와 가열대
> - 세 변의 합이 짧을수록 효과적
> - 개수대는 창에 면하는 것이 좋다.
> - 개수대와 조리대의 길이 : 1.2~1.8m가 적당

16 다음 중 건축가와 그의 작품의 연결이 옳지 않은 것은?

① Marcel Breuer – 파리 유네스코본부
② Le Corbusier – 동경 국립서양미술관
③ Antonio Gaudi – 시드니 오페라하우스
④ Frank Lloyd Wright – 뉴욕 구겐하임 미술관

> **해설**
>
> Jorn Utzon(요른 웃존) – 시드니 오페라하우스

17 다음의 한국 근대 건축 중 르네상스양식을 취하고 있는 것은?

① 명동성당
② 한국은행
③ 덕수궁 정관헌
④ 서울 성공회성당

> **해설**
>
> ① 명동성당 : 한국 유일의 순수고딕 양식
> ③ 덕수궁 정관헌 : 로마네스크 양식
> ④ 서울 성공회성당 : 로마네스크 양식

18 다포식(多包式) 건축양식에 관한 설명으로 옳지 않은 것은?

① 기둥 상부에만 공포를 배열한 건축양식이다.
② 주로 궁궐이나 사찰 등의 주요 정전에 사용되었다.
③ 주심포형식에 비해서 지붕하중을 등분포로 전달할 수 있는 합리적 구조법이다.
④ 간포를 받치기 위해 창방 외에 평방이라는 부재가 추가되었으며 주로 팔작지붕이 많다.

> **해설**
>
> ①은 주심포 건축양식에 대한 설명이다.
>
> ※ 다포양식 : 기둥상부(주상포) 및 기둥과 기둥 사이(주간포)에도 공포를 배치

19 아파트의 평면형식에 관한 설명으로 옳지 않은 것은?

① 집중형은 기후조건에 따라 기계적 환경조절이 필요하다.
② 편복도형은 공용복도에서 프라이버시가 침해되기 쉽다.
③ 홀형은 승강기를 설치할 경우 1대당 이용률이 복도형에 비해 적다.
④ 편복도형은 단위면적당 가장 많은 주호를 집결할 수 있는 형식이다.

> **해설**
>
> **편(갓)복도형**(Balcony System, Side Corridor System)
> 복도에 의해 각 주호로 출입하는 형식
>
> | 장점 | 단점 |
> |---|---|
> | • 복도개방 시 채광·환기 유리
• 중복도에 비해 독립성 유리
• 고층아파트에 적합 | • 복도 폐쇄 시 채광·환기 불리
• 고층아파트의 경우 난간을 높게 해야 함
• 복도 개방 시 외부에 노출(위험) |

정답 15 ② 16 ③ 17 ② 18 ① 19 ④

20 근린생활권에 관한 설명으로 옳지 않은 것은?

① 인보구는 가장 작은 생활권 단위이다.
② 인보구 내에는 어린이놀이터 등이 포함된다.
③ 근린주구는 초등학교를 중심으로 한 단위이다.
④ 근린분구는 주간선도로 또는 국지도로에 의해 구분된다.

> [해설]
>
> ④ 근린분구는 보조간선도로 또는 집산도로에 의해 구획되며 국지도로 등으로 다른 분구와 구별이 된다.
>
> ※ 근린주구는 간선도로에 의해 구획되며, 보조간선도로 또는 집산도로에 의해 다른 주구와 구별이 된다.

정답 20 ④

건축산업기사 (2018년 4월 시행)

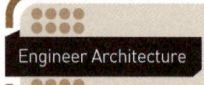

01 다음 중 단독주택의 현관 위치 결정에 가장 주된 영향을 끼치는 것은?

① 용적률 ② 건폐율
③ 주택의 규모 ④ 도로의 위치

해설

현관(Entrance), 표출적 공간
- 연면적의 7%(폭 1.2m 이상, 깊이 0.9m 이상)
- 현관은 가구 등의 운반을 고려한 개구부 폭과 여유 공간 고려
- 도로의 위치에 크게 영향
- 경사도 및 대지의 형태에 영향(그러나 현관의 위치는 방향, 방위와 무관)
- 현관은 평면상의 크기와 위치 등에 따라 건축의 내외부 특징을 결정지어주는 중요한 표출적 공간(Expressional Space)

02 다음 설명에 알맞은 백화점 건축의 에스컬레이터 배치 유형은?

- 승객의 시야가 다른 유형에 비해 넓다.
- 승객의 시선이 1방향으로만 한정된다.
- 점유면적이 많이 요구된다.

① 직렬식 ② 교차식
③ 병렬 연속식 ④ 병렬 단속식

해설

에스컬레이터 배치 형식

배치 형식의 종류		승객의 시야	점유 면적
직렬식		가장 좋으나, 시선이 한 방향으로 고정되기 쉽다.	가장 크다.
병렬	단속식	양호하다.	크다.
	연속식	일반적이다.	작다.
교차식		나쁘다.	가장 작다.

03 다음 중 단독주택 설계 시 거실의 크기를 결정하는 요소와 가장 거리가 먼 것은?

① 가족 구성
② 생활 방식
③ 주택의 규모
④ 마감재료의 종류

해설

거실의 크기
- 주택규모나 가족 수, 가족구성, 생활양식, 가구배치, 타 실과의 관계 등에 의해 결정된다.
- 대지의 방위는 거실의 방향과 밀접한 관계가 있으나 크기와는 무관하다.

04 메조네트(Maisonette)형 공동주택에 관한 설명으로 옳지 않은 것은?

① 통로 면적이 감소된다.
② 복도가 없는 층이 생긴다.
③ 엘리베이터 정지층수가 적다.
④ 소규모 주택에 주로 적용된다.

해설

복층형(Duplex, Maisonnette)
한 주호가 2개 층 이상에 걸쳐 구성되는 형

장점	단점
• 독립성이 가장 양호 • 통로면적 감소 → 임대면적 증가 • EV의 정지층 수를 적게 할 수 있다. (효율적, 경제적) • 복도가 없는 층 : 남북이 트여 채광 유리	• 복도가 없는 층 : 피난상 불리 • 소규모 주택에서는 비경제적 • 구조상 복잡 (스킵플로어형)

정답 01 ④ 02 ① 03 ④ 04 ④

05 주택단지 내 도로의 유형 중 쿨데삭(Cul-de-sac) 형에 관한 설명으로 옳지 않은 것은?

① 통과교통을 방지할 수 있다.
② 우회도로가 없어 방재·방범상 불리하다.
③ 주거환경의 쾌적성 및 안전성 확보가 용이하다.
④ 대규모 주택단지에 주로 사용되며, 도로의 최대 길이는 600m 이하로 계획한다.

> **해설**
> **Cul-de-sac형**
> - 통과교통 없음(자동차 진입 방지, 자동차 진입 최소화)
> - 주거환경의 쾌적성 및 안전성 확보 용이
> - 각 가구와 관계없는 차량진입 배제
> - 우회도로가 없어 방재, 방범상 불리
> - 주택 배면에 보행자 전용도로가 함께 설치되어야 효과적임
> - Cul-de-sac의 최대 길이는 150m 이하로 계획

06 다음 중 상점건축의 매장 내 진열장(Show Case) 배치계획 시 가장 우선적으로 고려하여야 할 사항은?

① 조명 관계　　② 진열장의 수
③ 고객의 동선　④ 실내 마감재료

> **해설**
> **동선계획(상점계획 시 가장 중요)**
> ㉠ 고객의 동선
>   - 통로폭은 최소 0.9m 이상
>   - 바닥의 단 차이는 될 수 있으면 없게 한다.
>   - 동선의 길이는 가능한 한 길게 하고 입구 부분에서 전체 매장이 한눈에 보이도록 배치한다.
> ㉡ 종업원의 동선
>   - 가능한 한 짧게 하여 작업능률에 지장이 없도록 한다.
>   - 고객동선과 서로 교차되지 않도록 한다.
>   - 카운터, 쇼케이스의 배치는 고객동선과 종업원동선이 만나는 위치에 둔다.
> ㉢ 상품동선 : 상품의 취급에 따른 충분한 통로폭을 유지한다.
> ※ ㉠, ㉡, ㉢은 서로 교차되지 않아야 한다.

07 상점의 판매 형식 중 대면판매에 관한 설명으로 옳은 것은?

① 측면판매에 비하여 진열면적이 커진다.
② 측면판매에 비하여 포장하기가 편리하다.
③ 측면판매에 비하여 충동적 구매와 선택이 용이하다.
④ 측면판매에 비하여 판매원의 정위치를 정하기 어렵다.

> **해설**
> **대면판매**
> 진열장을 사이에 두고 상담 또는 판매하는 형식
>
> | 장점 | 단점 |
> | --- | --- |
> | · 설명을 하기에 편리
· 종업원의 정위치를 정하기 용이
· 포장, 계산 편리 | · 진열면적 감소
· 진열장이 많아지면 상점의 분위기가 딱딱해짐 |

08 사무소 건축에서 유효율이 의미하는 것은?

① 연면적에 대한 건축면적의 비율
② 연면적에 대한 대실면적의 비율
③ 건축면적에 대한 대실면적의 비율
④ 기준층 면적에 대한 대실면적의 비율

> **해설**
> **유효율(렌터블비 : Rentable Ratio, %)**
> 연면적에 대한 대실면적 비율
> $$유효율 = \frac{대실면적}{연면적} \times 100(\%)$$
> - 연면적에 대하여 70~75%(공용면적비율 25~30%)
> - 기준층에 대하여 80% 정도

09 한식주택의 특징에 관한 설명으로 옳지 않은 것은?

① 한식주택의 실은 혼용도이다.
② 생활습관적으로 보면 좌식이다.
③ 각 실이 마루로 연결된 조합평면이다.
④ 가구의 종류의 형에 따라 실의 크기와 폭비가 결정된다.

정답　05 ④　06 ③　07 ②　08 ②　09 ④

> **해설**

주거양식에 의한 분류

분류	한식 주택	양식 주택
평면의 차이	방의 위치별 분화(조합, 은폐적, 분산적) ⓔ 안방, 건넌방, 사랑방	방의 기능별 분화(분화, 개방적, 집중식) ⓔ 거실, 식당, 침실 등
습관의 차이	좌식 생활 : 온돌, 탈화	입식 생활(의자식) : 침대, 착화
용도의 차이	방의 혼합용도 : 사용자에 따라 용도가 달라짐	방의 단일용도 : 침실, 공부방
가구의 차이	가구는 부차적 존재(가구와 관계없이 각 소요실의 크기와 설비 결정)	가구는 중요한 내용물(가구의 종류와 형에 따라 실의 크기와 폭의 비 결정)
공간의 융통성	높음(실기능의 혼재)	낮음(실기능의 독립)
난방방식	복사난방(온돌난방)	대류난방

10 1주간의 평균 수업시간이 35시간인 어느 학교에서 음악교실이 사용되는 시간은 25시간이다. 그중 15시간은 음악시간으로, 10시간은 영어 수업을 위해 사용된다면, 음악교실의 이용률과 순수율은 얼마인가?

① 이용률 : 60%, 순수율 : 71%
② 이용률 : 40%, 순수율 : 29%
③ 이용률 : 29%, 순수율 : 40%
④ 이용률 : 71%, 순수율 : 60%

> **해설**

이용률과 순수율

- 이용률(%) = $\dfrac{\text{교실이 사용되고 있는 시간}}{\text{1주간 평균 수업시간}} \times 100(\%)$

  = $\dfrac{25}{35} \times 100(\%) = 71.4(\%)$

- 순수율(%)

  = $\dfrac{\text{일정한 교과를 위해 사용되는 시간}}{\text{그 교실이 사용되고 있는 시간}} \times 100(\%)$

  = $\dfrac{25-10}{25} \times 100(\%) = 60(\%)$

11 다음 설명에 알맞은 사무소 건축의 코어 유형은?

- 코어를 업무공간에서 분리, 독립시킨 관계로 업무공간의 융통성이 높다.
- 설비 덕트나 배관을 코어로부터 업무 공간으로 연결하는 데 제약이 많다.

① 외코어형　　② 중앙코어형
③ 양단코어형　④ 분산코어형

> **해설**

독립(외)코어형

- 편심코어형에서 발전된 형으로, 특징은 편심코어형과 거의 동일하다.
- 코어와 관계없이 자유로운 사무실 공간을 만들 수 있다.
- 설비 덕트, 배관을 사무실까지 끌어들이는 데 제약이 있다.
- 방재상 불리하고 바닥면적이 커지면 피난시설을 포함하는 서브코어가 필요하다.
- 코어의 접합부 평면이 과대해지지 않도록 계획할 필요가 있다.

12 초등학교의 강당 및 실내체육관 계획에 관한 설명으로 옳지 않은 것은?

① 체육관은 농구코트를 둘 수 있는 크기가 필요하다.
② 강당과 체육관을 겸용할 경우에는 체육관을 주체로 계획한다.
③ 강당은 반드시 전교생 전원을 수용할 수 있도록 크기를 결정한다.
④ 강당과 체육관을 겸용하게 되면 시설비나 부지면적을 절약할 수 있다.

> **해설**

강당

- 위치 : 외부와의 연락이 좋은 교문 부근에 배치한다.
- 규모 : 전교생을 수용할 필요는 없다.

정답 10 ④　11 ①　12 ③

13 공장의 창고 건축에 관한 설명으로 옳지 않은 것은?

① 다층창고에서 화물의 출입은 기계설비를 이용한다.
② 단층창고는 지가가 높고, 협소한 부지의 경우 주로 이용된다.
③ 단층창고의 경우 구조, 재료가 허용하는 한 스팬을 넓게 하는 것이 좋다.
④ 단층창고의 출입문은 보통 크게 내는 것이 좋으며, 통상적으로 기둥 사이의 전체길이를 문으로 한다.

> 해설
>
> **단층창고**
> 지가가 낮고, 부지가 넓은 경우에 주로 이용된다.

14 다음 중 단독주택의 부엌계획 시 초기에 가장 중점적으로 고려해야 할 사항은?

① 위생적인 급·배수 방법
② 환기를 위한 창호의 크기 및 위치
③ 실내 분위기를 위한 미감 재료의 색채
④ 조리 순서에 따른 작업대의 배치 및 배열

> 해설
>
> 부엌은 여러 가지 작업이 한번에 이루어지는 곳이므로 일의 순서(조리순서)에 따른 동선 배치(작업대 배치)가 중요하다.

15 사무소의 실단위계획에서 오피스 랜드스케이핑(Office Landscaping)에 관한 설명으로 옳지 않은 것은?

① 커뮤니케이션의 융통성이 있다.
② 독립성과 쾌적감의 이점이 있다.
③ 소음 발생에 대한 대책이 요구된다.
④ 공간의 이용도를 높이고 공사비도 줄일 수 있다.

> 해설
>
> **오피스 랜드스케이핑(개방식에 속함)**
>
> | 장점 | 단점 |
> | --- | --- |
> | • 공간의 가변성(융통성)
 • 공간이용의 효율성
 • 사무능률 향상 | • 프라이버시 결여
 • 소음 |
>
> ※ 공간 절약, 공사비(칸막이, 공조, 소화, 조명설비 등) 절약 가능

16 다음 중 근린생활권의 단위로서 규모가 가장 작은 것은?

① 인보구
② 근린주구
③ 근린지구
④ 근린분구

> 해설
>
> **생활권 체계**
> 1단지 주택계획은 인보구 → 근린분구 → 근린주구 → 근린지구로 확대된다.

17 사무소 건축의 평면형태 중 2중지역 배치에 관한 설명으로 옳지 않은 것은?

① 동서로 노출되도록 방향성을 정한다.
② 중규모 크기의 사무소 건축에 적당하다.
③ 주계단과 부계단에서 각 실로 들어갈 수 있다.
④ 자연채광이 잘 되고 경제성보다 건강, 분위기 등의 필요가 더 요구될 때 적당하다.

> 해설
>
> **단일지역배치(Single Zone Layout, 편복도식)**
> • 복도의 한쪽에만 사무실을 둔 형식
> • 경제성보다 건강, 분위기 등의 필요도가 더 중요한 경우

정답 13 ② 14 ④ 15 ② 16 ① 17 ④

18 모듈계획(MC : Modular Coordination)에 관한 설명으로 옳지 않은 것은?

① 건축재료의 취급 및 수송이 용이해진다.
② 건물 외관의 자유로운 구성이 용이하다.
③ 현장 작업이 단순해지고 공기를 단축시킬 수 있다.
④ 건축재료의 대량생산이 용이하며 생산비용을 낮출 수 있다.

> 해설

MC의 장단점

장점	단점
• 대량생산 가능(공장화) • 공사기간 단축(조립화) • 설계작업과 시공 간편 • 연중공사 가능(건식화) • 재료규격의 표준화	• 융통성이 없음 • 인간성, 창조성 상실 우려 • 배색에 신중을 기해야 함 (동일한 집단)

19 연속작업식 레이아웃(Layout)이라고도 하며, 대량생산에 유리하고 생산성이 높은 공장건축의 레이아웃 형식은?

① 고정식 레이아웃
② 혼성식 레이아웃
③ 제품 중심의 레이아웃
④ 공정 중심의 레이아웃

> 해설

제품 중심의 레이아웃(연속 작업식)
생산에 필요한 공정, 기계종류를 작업의 흐름에 따라 배치하는 방식

특징	• 대량생산에 유리하고, 생산성이 높다. • 공정 간의 시간적·수량적 균형을 이룰 수 있다. • 상품의 연속성이 유지된다.

20 연립주택의 종류 중 타운 하우스에 관한 설명으로 옳지 않은 것은?

① 배치상의 다양성을 줄 수 있다.
② 각 주호마다 자동차의 주차가 용이하다.
③ 프라이버시 확보는 조경을 통하여서도 가능하다.
④ 토지 이용 및 건설비, 유지관리비의 효율성은 낮다.

> 해설

타운 하우스(Town house)
㉠ 토지의 효율적인 이용, 건설비 및 유지 관리비의 절약을 고려하고 단독주택의 이점을 최대한 살린 연립주택의 한 종류
㉡ 특징
• 경계벽을 통한 프라이버시 확보
• 각 호별 주차 용이
• 배치의 다양한 변화(주호의 진출 및 후퇴 배치) 가능
• 층의 다양화 : 양 끝 세대 혹은 단지 외곽동을 1층으로, 중앙부는 3층으로 하는 등의 기법
• 프라이버시 확보를 위한 적정 거리 : 25m 정도
• 일조 확보를 위한 주동 배치 : 남향 또는 남동향 등
• 집단적 건설로 단지화된 주택유형
• 전용의 전정, 후정 보급 가능으로 단독주택의 이점을 충분히 살린 연립주택
• 계벽공유 가능
• 전용의 홀을 지나 자기 집에 이르는 형식

정답 18 ② 19 ③ 20 ④

건축기사 (2018년 9월 시행)

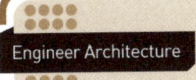

01 한국 건축의 가구법과 관련하여 칠량가에 속하지 않는 것은?

① 무위사 극락전
② 수덕사 대웅전
③ 금산사 대적광전
④ 지림사 대적광전

해설

수덕사 대웅전
- 고려 후기 주심포 양식의 목조건물
- 맞배지붕, 배흘림기둥, 9량가
※ 량 : 도리 부재를 의미하며 도리가 많을수록 대체로 규모가 큰 지붕선의 변화를 수반할 수 있다.

02 타운 하우스에 관한 설명으로 옳지 않은 것은?

① 각 세대마다 주차가 용이하다.
② 프라이버시 확보를 위한 경계벽 설치가 가능하다.
③ 단독주택의 장점을 고려한 형식으로 토지 이용의 효율성이 높다.
④ 일반적으로 1층은 침실 등 개인공간, 2층은 거실 등 생활공간으로 구성한다.

해설

타운 하우스(Town House)
토지의 효율적인 이용, 건설비 및 유지 관리비의 절약을 고려하고 단독주택의 이점을 최대한 살린 연립주택의 한 종류
㉠ 공간구성
  • 1층 : 거실·식당·부엌 등의 생활공간
  • 2층 : 침실·서재 등의 휴식, 수면공간(침실은 발코니를 수반)
㉡ 특징
  • 경계벽을 통한 프라이버시 확보
  • 각 호별 주차 용이
  • 배치의 다양한 변화(주호의 진출 및 후퇴 배치) 가능
  • 층의 다양화 : 양 끝 세대 혹은 단지 외곽동을 1층으로, 중앙부는 3층으로 하는 등의 기법
  • 프라이버시 확보를 위한 주동 배치 : 25m 정도
  • 일조 확보를 위한 주동 배치 : 남향 또는 남동향 등

- 집단적 건설로 단지화된 주택유형
- 전용의 전정, 후정 보급 가능으로 단독주택의 이점을 충분히 살린 연립주택
- 계벽공유 가능
- 전용의 홀을 지나 자기 집에 이르는 형식

03 다음 중 사무소 건축의 기준층 층고 결정 요소와 가장 거리가 먼 것은?

① 채광률
② 사용목적
③ 계단의 형태
④ 공조시스템의 유형

해설

층고 결정 요소
층고와 깊이는 사용 목적, 채광, 공사비에 의해서 결정되며 사무실 깊이는 책상 배치, 채광량 등으로 결정되지만 층고에도 관계된다.

04 주택의 식당에 관한 설명으로 옳지 않은 것은?

① 독립형은 쾌적한 식당 구성이 가능하다.
② 리빙 다이닝 키친은 공간의 이용률이 높다.
③ 리빙 키친은 거실의 분위기에서 식사 분위기가 연출된다.
④ 다이닝 키친은 주부 동선이 길고 복잡하다는 단점이 있다.

해설

다이닝 키친(DK : Dining Kitchen)
부엌의 일부에 식탁을 놓은 형태로 부엌의 작업대에서 식탁까지의 동선이 짧아 주부 동선을 단축시킬 수 있으며 능률적이다.

정답 01 ② 02 ④ 03 ③ 04 ④

05 주택법상 주택단지의 복리시설에 속하지 않는 것은?

① 경로당
② 관리사무소
③ 어린이놀이터
④ 주민운동시설

> **해설**
>
> **복리시설**
> 주택단지 입주자 등의 생활복리를 위한 공동시설을 말한다.
> - 어린이 놀이터
> - 주민운동시설
> - 근린생활시설
> - 경로당
> - 유치원
>
> ※ 부대시설 : 주차장, 관리사무소, 담장, 주택단지 안의 도로

06 도서관 건축계획에서 장래에 증축을 반드시 고려해야 할 부분은?

① 서고
② 대출실
③ 사무실
④ 휴게실

> **해설**
>
> **서고계획 시 고려사항**
> - 폐가식(규모가 큰 도서관), 개가식(규모가 작은 도서관)
> - 도서의 수장, 보존에 적합하도록 방습 · 방화 · 유해가스 제거에 유의하며 공조설비를 갖춤
> - 도서 증가에 따른 장래 확장 고려
> - 모듈에 의한 계획 가능
> - 서고의 층고는 2.3m 전후(서가의 높이는 2.1m 전후)
> - 목록실은 소규모 도서관의 경우에는 중앙화를 하지 않고 서가 근처에 설치

07 미술관의 전시실 순회 형식에 관한 설명으로 옳지 않은 것은?

① 갤러리 및 코리더 형식에서는 복도 자체도 전시공간으로 이용이 가능하다.
② 중앙홀 형식에서 중앙홀이 크면 동선의 혼란은 많으나 장래의 확장에는 유리하다.
③ 연속순회 형식은 전시 중에 하나의 실을 폐쇄하면 동선이 단절된다는 단점이 있다.
④ 갤러리 및 코리더 형식은 복도에서 각 전시실에 직접 출입할 수 있으며 필요시에 자유로이 독립적으로 폐쇄할 수가 있다.

> **해설**
>
> **중앙홀 형식**
> 중심부에 하나의 큰 홀을 두고 그 주위에 각 전시실을 배치하여 자유로이 출입하는 형식
>
> | 특징 | · 중앙홀이 좁으면 동선의 혼란을 가져오기 쉽다.
· 장래 확장에 많은 무리가 따른다.
· 대규모 전시실에 가장 적합하다. |
> |---|---|

08 사무소 건물의 엘리베이터 배치 시 고려사항으로 옳지 않은 것은?

① 교통동선의 중심에 설치하여 보행거리가 짧도록 배치한다.
② 대면배치의 경우, 대면거리는 동일 군 관리의 경우 3.5~4.5m로 한다.
③ 여러 대의 엘리베이터를 설치하는 경우, 그룹별 배치와 군 관리 운전방식으로 한다.
④ 일렬 배치는 6대를 한도로 하고, 엘리베이터 중심 간 거리는 10m 이하가 되도록 한다.

> **해설**
>
> **EV 배치**
> - 직선형 : 1뱅크는 4대 이하로 함(5대 이상은 보행 길이가 길어서 좋지 않음)
> - 알코브형 : 1뱅크는 4~6대로 하고 대면거리는 3.5~4.5m
> - 대면형 : 뱅크는 4~8대의 대면배치로 하고 대면거리는 3.5~4.5m
> - 대면혼용형 : 저층용과 고층용으로 대면 대치하는 경우 대면거리는 6m 이상

정답 05 ② 06 ① 07 ② 08 ④

09 주당 평균 40시간을 수업하는 어느 학교에서 음악실에서의 수업이 총 20시간이며 이 중 15시간은 음악시간으로, 나머지 5시간은 학급토론시간으로 사용되었다면, 이 음악실의 이용률과 순수율은?

① 이용률 : 37.5%, 순수율 : 75%
② 이용률 : 50%, 순수율 : 75%
③ 이용률 : 75%, 순수율 : 37.5%
④ 이용률 : 75%, 순수율 : 50%

해설
이용률과 순수율

- 이용률(%) = $\dfrac{\text{교실이 사용되고 있는 시간}}{\text{1주간 평균 수업시간}} \times 100(\%)$

  $= \dfrac{20}{40} \times 100(\%) = 50(\%)$

- 순수율(%)
  $= \dfrac{\text{일정한 교과를 위해 사용되는 시간}}{\text{그 교실이 사용되고 있는 시간}} \times 100(\%)$

  $= \dfrac{20-5}{20} \times 100(\%) = 75(\%)$

10 종합병원계획에 관한 설명으로 옳지 않은 것은?

① 수술부는 타 부분의 통과교통이 없는 장소에 배치한다.
② 전체적으로 바닥의 단차이를 가능한 한 줄이는 것이 좋다.
③ 외래진료부의 구성단위는 간호단위를 기본단위로 한다.
④ 내과는 진료검사에 시간이 걸리므로, 소진료실을 다수 설치한다.

해설
③ 병동부의 구성단위는 간호단위를 기본단위로 한다.

11 탑상형 공동주택에 관한 설명으로 옳지 않은 것은?

① 건축물 외면의 입면성을 강조한 유형이다.
② 각 세대에 시각적인 개방감을 줄 수 있다.
③ 각 세대의 채광, 통풍 등 자연조건이 동일하다.
④ 도시의 랜드마크(Landmark)적인 역할이 가능하다.

해설
아파트의 형태상 분류

구분	판상형	탑상형
장점	환경 균등	경관 랜드마크적 역할 음영분포 작음 옥외 환경 풍부 시각적 개방감
단점	경관, 조망 불리 음영분포 큼	환경 불균등

※ 복합형
- 여러 가지 형태를 복합한 형
- H형, L형 등 복잡한 형태
- 대지의 형태에 제약을 받는 경우에 생기는 형

12 백화점 매장에 에스컬레이터를 설치할 경우, 설치 위치로 가장 알맞은 곳은?

① 매장의 한쪽 측면
② 매장의 가장 깊은 곳
③ 백화점의 계단실 근처
④ 백화점의 주출입구와 엘리베이터 존의 중간

해설
엘리베이터와 출입구의 중간 또는 매장의 중앙에 가까운 장소로서 고객이 알아보기 쉬운 곳

13 아파트의 단면형식 중 메조넷형(Maisonette Type)에 관한 설명으로 옳지 않은 것은?

① 다양한 평면구성이 가능하다.
② 거주성, 특히 프라이버시의 확보가 용이하다.
③ 통로가 없는 층은 채광 및 통풍 확보가 용이하다.
④ 공용 및 서비스 면적이 증가하여 유효면적이 감소된다.

> **[해설]**

복층형(Duplex, Maisonnette)
한 주호의 2개 층 이상에 걸쳐 구성되는 형

장점	단점
• 독립성이 가장 양호 • 통로면적 감소 → 임대면적 증가 • EV의 정지층 수를 적게 할 수 있다.(효율적, 경제적) • 복도가 없는 층 : 남북이 트여 채광유리	• 복도가 없는 층 : 피난상 불리 • 소규모 주택에서는 비경제적 • 구조상 복잡(스킵 플로어형)

14 다음 설명에 알맞은 공장건축의 레이아웃(Layout) 형식은?

> • 생산에 필요한 모든 공정, 기계·기구를 제품의 흐름에 따라 배치한다.
> • 대량생산에 유리하며 생산성이 높다.

① 혼성식 레이아웃
② 고정식 레이아웃
③ 제품 중심의 레이아웃
④ 공정 중심의 레이아웃

> **[해설]**

제품 중심의 레이아웃(연속 작업식)
작업의 흐름에 따라 생산에 필요한 공정, 기계 종류를 배치하는 방식

특징	• 대량생산에 유리하고, 생산성이 높다. • 공정 간의 시간적·수량적 균형을 이룰 수 있다. • 상품의 연속성이 유지된다.

15 극장건축에서 그린룸(Green Room)의 역할로 가장 알맞은 것은?

① 의상실
② 배경제작실
③ 관리관계실
④ 출연대기실

> **[해설]**

그린룸(Green Room)
• 출연 대기실
• 무대와 같은 층
• 크기 : 보통 30m² 정도
※ 앤티룸
  • 무대와 그린룸 사이의 조그만 방
  • 출연 바로 직전 기다리는 방

16 쇼핑센터의 공간구성에서 고객을 각 상점에 유도하는 주요 보행자 동선인 동시에 고객의 휴식처로서의 기능을 갖고 있는 곳은?

① 몰(Mall)
② 허브(Hub)
③ 코트(Court)
④ 핵상점(Magnet Store)

> **[해설]**

몰(Mall)
• 쇼핑센터 내의 주요 보행동선으로 고객을 각 상점으로 고르게 유도하는 쇼핑거리인 동시에 고객의 휴식처로서의 기능도 갖고 있다.
• 고객의 주보행 동선으로 핵상점과 각 전문점에서 출입이 이루어지는 곳이므로 확실한 방향성, 식별성 요구
• 고객에게 변화감, 다채로움, 자극과 흥미를 주며 쇼핑을 유쾌하게 할 수 있는 휴식장소를 제공해 주어야 한다.
• 자연광을 끌어들여 외부공간과 같은 느낌을 주도록 한다.
• 몰은 개방된 오픈 몰(Open Mall)과 닫힌 실내공간으로 형성된 인클로즈드 몰(Inclosed Mall)로 계획할 수 있으며, 일반적으로 공기조화에 의해 쾌적한 실내 기후를 유지할 수 있는 인클로즈드 몰이 선호된다.
• 몰은 페디스트리언 지대(Pedestrian Area)의 일부이며, 페디스트리언 지대에는 몰, 코트, 분수, 연못, 조경이 있다.
※ 코트(Court) : 고객이 머무를 수 있는 넓은 공간으로서 몰의 군데군데에 위치하여 고객의 휴식처가 되는 동시에 각종 행사의 장이 되기도 한다.

17 다음 중 터미널 호텔의 종류에 속하지 않는 것은?

① 해변 호텔
② 부두 호텔
③ 공항 호텔
④ 철도역 호텔

정답 14 ③ 15 ④ 16 ① 17 ①

해설
터미널 호텔
교통기관의 발착지점에 위치
- 철도역 호텔(Station Hotel)
- 부두 호텔(Harvor Hotel)
- 공항 호텔(Airport Hotel)

※ 리조트 호텔(Resort Hotel) : 피서, 피한을 위주로 하여 관광객이나 휴양객이 많이 이용하는 숙박시설
  - 해변 호텔(Beach Hotel)
  - 산장 호텔(Mountain Hotel)
  - 온천 호텔(Hot Spring Hotel)
  - 스키 호텔(Ski Hotel)
  - 스포츠 호텔(Sport Hotel)
  - 클럽 하우스(Club House) : 스포츠 및 레저시설을 위주로 이용하는 시설

18 전시공간의 특수전시기법에 관한 설명으로 옳지 않은 것은?

① 파노라마 전시는 전체의 맥락이 중요하다고 생각될 때 사용된다.
② 하모니카 전시는 동일 종류의 전시물을 반복하여 전시할 경우에 유리하다.
③ 디오라마 전시는 하나의 사실 또는 주제의 시간 상황을 고정하여 연출하는 기법이다.
④ 아일랜드 전시는 벽면 전시 기법으로 전체 벽면의 일부만을 사용하며 그림과 같은 미술품 전시에 주로 사용된다.

해설
아일랜드(Island) 전시
- 벽이나 천장을 직접 이용하지 않는다.
- 전시물의 입체물 자체를 전시공간에 배치한다.
- 관람객의 동선이 전시물 사이를 통과할 수 있도록 한다.
- 대형 또는 아주 소형 전시물에 유리하다.(전시물의 크기에 관계없이 배치 가능)

19 18세기에서 19세기 초에 있었던 신고전주의 건축의 특징으로 옳은 것은?

① 장대하고 허식적인 벽면 장식
② 고딕건축의 정열적인 예술창조 운동
③ 각 시대의 건축양식의 자유로운 선택
④ 고대 로마와 그리스 건축의 우수성에 대한 모방

해설
신고전주의
바로크, 로코코의 수법이 퇴폐적이라 하여 이에 반대하여 그리스, 로마의 우수한 문화를 모방하려는 경향
- 모방적 고전주의 : 순수한 고전 건축의 복원이나 모사에 주력(스폴로, 쉰켈)
- 이념적 고전주의 : 단순한 모사가 아닌 원리를 추구하여 결과적으로 로마 건축에 바탕을 둠(로지에, 르두, 불레, 듀랑)

20 다음과 같은 특징을 갖는 그리스 건축의 오더는?

- 주두는 에키누스와 아바쿠스로 구성된다.
- 육중하고 엄정한 모습을 지니는 남성적인 오더이다.

① 코린트 오더
② 도리스 오더
③ 이오니아 오더
④ 콤퍼짓 오더

해설
그리스 기둥양식의 특징

도리아 주범 (Doric Order)	• 가장 단순, 장중한 느낌, 힘에서 유추 • 가장 오래된 양식(이집트 베니핫산의 암굴분묘의 16각 석주에서 그 원형을 모방) • 주초 없음 • 착시교정(엔타시스)
이오니아 주범 (Ionic Oorder)	• 동방 여러 문화의 영향 • 우아, 경쾌, 유연
코린티안 주범 (Corinthian Order)	• 주두에 아칸서스 나뭇잎을 화려하게 장식 • 너무 화려하므로 소규모의 기념건축 이외에는 별로 사용하지 않음

정답 18 ④ 19 ④ 20 ②

건축산업기사 (2018년 8월 시행)

01 고층사무소 건축의 기준층 평면형태를 한정시키는 요소와 가장 관계가 먼 것은?

① 방화구획상 면적
② 구조상 스팬의 한도
③ 오피스 랜드스케이핑에 의한 가구배치
④ 덕트, 배관, 배선 등 설비시스템상의 한계

[해설]
기준층 평면형태 제한
- 구조상 스팬 한도
- 동선상의 거리
- 각종 설비 시스템상의 한계
- 자연광과 실깊이(채광한계)
- 방화구획상 면적
- 대피상 최대 피난거리

02 한식주택과 양식주택에 관한 설명으로 옳지 않은 것은?

① 한식주택의 실은 혼용도이다.
② 한식주택은 좌식생활 중심이다.
③ 양식주택에서 가구는 부차적 존재이다.
④ 양식주택의 평면은 실의 기능별 분화이다.

[해설]
양식주택에서 가구는 중요한 내용물(가구의 종류와 형에 따라 실의 크기와 폭의 비 결정)이다.

03 상점계획에 관한 설명으로 옳지 않은 것은?

① 상점 내 고객의 동선은 짧게, 종업원의 동선은 길게 계획한다.
② 고객의 동선과 종업원의 동선이 만나는 곳에 카운터 케이스를 놓는다.
③ 상점의 총면적이란 일반적으로 건축면적 가운데 영업을 목적으로 사용되는 면적을 말한다.
④ 국부조명은 배열을 바꾸는 경우를 고려하여 자유롭게 수량, 방향, 위치를 변경할 수 있도록 한다.

[해설]
동선계획(상점계획 시 가장 중요)
㉠ 고객의 동선 : 동선의 길이는 가능한 한 길게 하고 입구 부분에서 전체 매장이 한눈에 보이도록 배치한다.
㉡ 종업원의 동선
- 가능한 한 짧게 하여 작업능률에 지장이 없도록 한다.
- 카운터, 쇼케이스의 배치는 고객 동선과 종업원 동선이 만나는 위치에 둔다.

※ ㉠, ㉡은 서로 교차되지 않도록 한다.

04 다음 근린생활권의 주택지의 단위 중 가장 기본이 되는 최소한의 단위는?

① 인보구   ② 근린주구
③ 근린분구   ④ 커뮤니티 센터

[해설]
생활권 체계
1단지 주택계획은 인보구 → 근린분구 → 근린주구 → 근린지구로 확대된다.

※ 인보구
- 가장 작은 생활권 단위
- 중심시설 : 어린이놀이터, 공동세탁장

05 공장건축 중 무창공장에 관한 설명으로 옳지 않은 것은?

① 방직공장 등에서 사용된다.
② 공장 내 조도를 균일하게 할 수 있다.
③ 온·습도의 조절이 유창공장에 비해 어렵다.
④ 외부로부터 자극이 적으나 오히려 실내발생 소음은 커진다.

정답 01 ③ 02 ③ 03 ① 04 ① 05 ③

해설

무창공장
방직공장 또는 정밀기계공장에 적합

특징	• 실내의 조도는 인공조명을 통해 조절한다.(균일한 조도) • 창호를 설치할 필요가 없다.(건설비 저렴) • 실내에서의 소음이 크다. • 외부로부터의 자극이 적어 작업 능률이 향상된다. • 온·습도 조정이 쉽고, 유지비가 싸다.

06 공장건축의 지붕형식에 관한 설명으로 옳지 않은 것은?

① 솟을지붕은 채광 및 자연환기에 적합한 형식이다.
② 평지붕은 가장 단순한 형식으로 2~3의 중층식 공장건축물의 최상층에 적용된다.
③ 톱날지붕은 북향의 채광창을 통해 일정한 조도를 가진 약한 광선을 받아들일 수 있다.
④ 샤렌구조 지붕은 최근에 많이 사용되는 유형으로 기둥이 많이 필요하다는 단점이 있다.

해설

샤렌지붕
기둥이 적게 소요되는 장점이 있다.

07 상점의 판매형식에 관한 설명으로 옳지 않은 것은?

① 대면판매는 진열면적이 감소된다는 단점이 있다.
② 측면판매는 판매원의 정위치를 정하기 어렵고 불안정하다.
③ 측면판매는 상품이 손에 잡혀서 충동적 구매와 선택이 용이하다.
④ 대면판매는 상품의 설명이나 포장 등이 불편하다는 단점이 있다.

해설

대면판매
진열장을 사이에 두고 상담 또는 판매하는 형식

장점	단점
• 설명을 하기에 편리 • 종업원의 정위치를 정하기 용이 • 포장, 계산 편리	• 진열면적 감소 • 진열장이 많아지면 상점의 분위기가 딱딱해짐

08 단독주택의 복도계획에 관한 설명으로 옳지 않은 것은?

① 중복도는 채광, 통풍에 유리하다.
② 연면적 50m² 이하의 주택에 복도를 두는 것은 비경제적이다.
③ 복도를 계획하는 경우, 복도의 면적은 일반적으로 연면적의 10% 정도이다.
④ 복도로 연결된 각 공간의 문은 복도의 폭이 좁을 경우에는 안여닫이로 계획하는 것이 좋다.

해설

중복도
채광, 통풍에 불리하다.

09 아파트의 단위주거 단면구성 형식 중 복층형에 관한 설명으로 옳지 않은 것은?

① 주택 내의 공간의 변화가 있다.
② 단층형에 비해 공용면적이 감소한다.
③ 구조 및 설비가 단순하여 설계가 용이하고 경제적이다.
④ 복층형 중 단위주거의 평면이 2개 층에 걸쳐져 있는 경우를 듀플렉스형이라 한다.

해설

복층형(Duplex, Maisonnette)
한 주호가 2개 층 이상에 걸쳐 구성되는 형

장점	단점
• 독립성이 가장 양호 • 통로면적 감소 → 임대면적 증가 • EV의 정지층 수를 적게 할 수 있음 (효율적, 경제적) • 복도가 없는 층 : 남북이 트여 채광 유리	• 복도가 없는 층 : 피난상 불리 • 소규모 주택에서는 비경제적 • 구조상 복잡(스킵 플로어형)

정답 06 ④ 07 ④ 08 ① 09 ③

10 다음의 아파트 평면형식 중 각 세대의 프라이버시 확보가 가장 용이한 것은?

① 집중형　　　　② 계단실형
③ 편복도형　　　④ 중복도형

> **해설**
> **평면형식상의 분류**
> 평면형식상의 분류에서 각 주호의 프라이버시가 가장 좋은 것은 계단실형(홀형)이다.

11 건축계획의 진행 과정에 있어서 다음 중 가장 먼저 선행되는 작업은?

① 기본계획　　　② 조건파악
③ 기본설계　　　④ 실시설계

> **해설**
> **건축과정**
> 기획 → 조건파악 → 기본설계 → 실시설계 → 시공완료 → 인도접수 → 사용

12 사무소 건축의 실단위계획 중 개방형 배치에 관한 설명으로 옳은 것은?

① 공사비가 비교적 높다.
② 프라이버시 유지가 용이하다.
③ 방 깊이에 변화를 줄 수 없다.
④ 모든 면적을 유용하게 이용할 수 있다.

> **해설**
> **개방식 배치(Open System)**
> 개방된 큰 방으로 설계하고 중역들을 위해 분리된 작은 방을 두는 방법
>
> | 장점 | 단점 |
> | --- | --- |
> | • 전면적을 유효하게 이용 (공간절약)
• 공사비 절약(간막이 없음)
• 방길이·깊이에 변화 가능 | • 독립성이 떨어짐
• 소음이 큼
• 자연채광+인공조명 필요 |
>
> ※ 오피스 랜드스케이핑(Office Landscaping) : 개방식의 일종으로 기존의 계급, 서열에 의한 획일적, 기하학적 배치에서 탈피하여 사무의 흐름이나 작업의 성격을 중시하여 보다 효율적인 사무환경의 향상을 위한 배치방법

13 다음 설명에 알맞은 주거단지의 도로 유형은?

> • 통과교통을 방지할 수 있다는 장점이 있으나 우회도로가 없기 때문에 방재·방범상으로는 불리하다.
> • 주택 배면에는 보행자전용도로가 설치되어야 효과적이다.

① 격자형　　　　② T자형
③ Loop형　　　　④ Cul-de-sac형

> **해설**
> **Cul-de-sac형**
> • 통과교통 없음(자동차 진입 방지, 자동차 진입 최소화)
> • 주거환경의 쾌적성 및 안전성 확보 용이
> • 각 가구와 관계없는 차량진입 배제
> • 우회도로가 없어 방재, 방범상 불리
> • 주택 배면에 보행자 전용도로가 함께 설치되어야 효과적임
> • Cul-de-sac의 최대 길이는 150m 이하로 계획

14 주택의 동선계획에 관한 설명으로 옳지 않은 것은?

① 동선은 될 수 있는 한 단순하게 한다.
② 동선에는 공간이 필요하고 가구를 둘 수 없다.
③ 서로 다른 동선은 근접 교차시키는 것이 좋다.
④ 동선의 길이는 될 수 있는 한 짧게 하는 것이 좋다.

> **해설**
> **동선계획의 원칙**
> • 단순 명쾌할 것
> • 빈도가 높은 동선은 짧게 할 것
> • 서로 다른 종류의 동선은 분리할 것
> • 필요 이상의 교차 도선을 피할 것
> • 서로 다른 영역권에 대한 독립성을 유지할 것
> • 이동행위 이외의 추가행위 공간도 확보할 것

15 다음 중 사무소 건물의 코어 내에 들어갈 공간으로 적절하지 않은 것은?

① 공조실　　　　② 계단실
③ 중앙 감시실　　④ 전기 배선 공간

정답 10 ② 11 ② 12 ④ 13 ④ 14 ③ 15 ③

> **해설**

코어 내 각 공간
- 실 : 계단실, 화장실, 세면소, 잡용실, 급탕실, 공조실 등
- 샤프트 : 엘리베이터(승용, 화물용), 파이프(급수 배관, 전기, 통신), 덕트(공조, 배연), 메일 슈트
- 통로 : 엘리베이터 홀, 복도, 특별 피난계단

16 학교 배치 형식 중 분산 병렬형에 관한 설명으로 옳지 않은 것은?

① 넓은 부지를 필요로 한다.
② 일종의 핑거 플랜(Finger Plan)이다.
③ 구조계획이 간단하고 규격형의 이용이 가능하다.
④ 일조, 통풍 등 교실의 환경조건을 균등하게 할 수 없다.

> **해설**

분산 병렬형
일종의 핑거 플랜(Finger Plan)이다.

장점	• 각 건물 사이에 놀이터와 정원이 생겨 생활환경이 좋아진다. • 일조, 통풍 등 교실의 환경조건이 균등하다. • 구조 계획이 간단하고 규격형의 이용이 편리하다.
단점	• 넓은 부지가 필요하다. • 편복도로 할 경우 유기적으로 구성하기 어렵다.

17 사무소 건축의 엘리베이터 계획에 관한 설명으로 옳지 않은 것은?

① 일렬 배치는 8대를 한도로 한다.
② 교통동선의 중심에 설치하여 보행거리가 짧도록 배치한다.
③ 대면 배치 시 대면거리는 동일 군 관리의 경우 3.5~4.5m로 한다.
④ 여러 대의 엘리베이터를 설치하는 경우, 그룹별 배치와 군 관리 운전방식으로 한다.

> **해설**

사무소 건축의 엘리베이터 계획
- 4대 이하(직선 배치)
- 6대 이상(알코브, 대면 배치)

18 주택 부엌에서 작업삼각형의 구성에 속하지 않는 것은?

① 냉장고
② 개수대
③ 배선대
④ 가열대

> **해설**

작업삼각형
- 냉장고 + 개수대 + 가열대를 연결하는 삼각형
- 능률적인 길이는 3.6~6.6m
- 가장 짧은 변은 개수대와 가열대
- 세 변의 합이 짧을수록 효과적
- 개수대는 창에 면하는 것이 좋음
- 개수대와 조리대의 길이는 1.2~1.8m가 적당

19 학교운영방식에 관한 설명으로 옳지 않은 것은?

① 교과교실형은 학생의 이동이 많으므로 소지품 보관장소 등을 고려할 필요가 있다.
② 종합교실형은 하나의 교실에서 모든 교과수업을 행하는 방식으로 초등학교 저학년에게 적합하다.
③ 일반 및 특별교실형은 우리나라 대부분의 초등학교에서 적용되었던 방식으로 이제는 적용되지 않고 있다.
④ 플래툰형은 각 학급을 2분단으로 나누어 한쪽이 일반교실을 사용할 때, 다른 한쪽은 특별교실을 사용하는 방식이다.

> **해설**

U + V형(일반교실 + 특별교실형)
- 일반교실은 각 학급에 하나씩 배당하고 그 밖에 특별교실을 갖는 방식
- 초등학교 고학년
- 현재 가장 많이 채택

정답 16 ④ 17 ① 18 ③ 19 ③

20 다음의 상점 진열대 배치 형식 중 상품의 전달 및 고객의 동선상 흐름이 가장 빠른 형식은?

① 굴절형 ② 직렬형
③ 환상형 ④ 복합형

해설

직렬배열형
- 통로가 직선, 고객의 흐름이 가장 빠르다.
- 부분별 상품진열 용이, 대량판매형식 가능
- 침구점, 실용의복점, 서점, 식기점, 가정전기점 등

건축기사 (2019년 3월 시행)

01 사무소 건축의 실단위계획 중 개방식 배치에 관한 설명으로 옳지 않은 것은?

① 공사비를 줄일 수 있다.
② 실의 깊이나 길이에 변화를 줄 수 없다.
③ 시각 차단이 없으므로 독립성이 적어진다.
④ 경영자의 입장에서는 전체를 통제하기가 쉽다.

[해설]
② 실의 깊이나 길이에 변화를 줄 수 있다.

※ 개방식 배치(Open System) : 개방된 큰 방으로 설계하고 중역들을 위해 분리된 작은 방을 두는 방법

02 다음 설명에 알맞은 공장 건축의 레이아웃 형식은?

- 동종의 공정 동일한 기계 설비 또는 기능이 유사한 것을 하나의 그룹으로 집합시키는 방식
- 다종 소량 생산의 경우, 예상 생산이 불가능한 경우, 표준화가 이루어지기 어려운 경우에 채용

① 고정식 레이아웃
② 혼성식 레이아웃
③ 공정 중심의 레이아웃
④ 제품 중심의 레이아웃

[해설]
공정 중심 레이아웃
생산성이 낮으나 주문 생산품 공장에 적합하다.

03 다음 설명에 알맞은 백화점 진열장 배치방법은?

- Main 통로를 직각 배치하며, Sub 통로를 45° 정도 경사지게 배치하는 유형이다.
- 많은 고객이 매장공간의 코너까지 접근하기 용이하지만, 이형의 진열장이 많이 필요하다.

① 직각배치
② 방사배치
③ 사행배치
④ 자유유선배치

[해설]
③ 사행배치에 대한 설명이다.

04 로마시대의 것으로 그리스의 아고라(Agora)와 유사한 기능을 갖는 것은?

① 포럼(Forum)
② 인슐라(Insula)
③ 도무스(Domus)
④ 판테온(Pantheon)

[해설]
포럼(Forum)
그리스의 아고라와 동일한 기능을 지니는 공공광장

※ 아고라(Agora) : 그리스시대의 공공광장으로 시장, 집회, 업무 등의 역할을 담당했으며 로마시대의 포럼으로 전승된다.

05 숑바르 드 로부(Chombard de Lawve)가 제시하는 1인당 주거 면적의 병리기준은?

① $6m^2$
② $8m^2$
③ $10m^2$
④ $12m^2$

[해설]
숑바르 드 로브(Chombard de Lawve)의 기준
- 병리기준 : $8m^2$/인(거주자의 신체 및 건강에 나쁜 영향을 준다.)
- 한계기준 : $14m^2$/인(개인, 가족적인 거주의 융통성을 보장하지 못함)
- 표준기준 : $16m^2$/인(적극적으로 추천)

정답 01 ② 02 ③ 03 ③ 04 ① 05 ②

06 극장의 평면방식 중 관객이 연기자를 사면에서 둘러싸고 관람하는 형식으로 가장 많은 관객을 수용할 수 있는 형식은?

① 아레나(Arena)형
② 가변형(Adaptable Stage)
③ 프로시니엄(Proscenium)형
④ 오픈스테이지(Open Stage)형

해설

아레나 스테이지형(Arena Stage, Center Stage)
무대를 관객석이 360° 둘러싼 형

특징	• 가까운 거리에서 가장 많은 관객을 수용 • 연기 도중 다른 연기자를 가리는 결점 • 무대 배경은 주로 낮은 가구로 구성(배경을 만들지 않으므로 경제적) • 마당놀이, 판소리 등

07 POE(Post-Occupancy Evaluation)의 의미로 가장 알맞은 것은?

① 건축물 사용자를 찾는 것이다.
② 건축물을 사용해 본 후에 평가하는 것이다.
③ 건축물의 사용을 염두에 두고 계획하는 것이다.
④ 건축물 모형을 만들어 설계의 적정성을 평가하는 것이다.

해설

POE(거주 후 평가)
완성된 건물의 사용자에 대한 반응을 조사하여 당초 설계했었던 본래의 요구 기능이 충족되어 수행되는지를 평가하는 것이다.

08 학교 운영방식에 관한 설명으로 옳지 않은 것은?

① 교과교실형은 교실의 순수율은 높으나 학생의 이동이 심하다.
② 종합교실형은 학생의 이동이 없고 초등학교 저학년에 적합하다.
③ 일반교실, 특별교실형은 각 학급마다 일반교실을 하나씩 배당하고 그 외에 특별교실을 갖는다.
④ 플래툰(Platoon)형은 학급과 학년을 없애고 학생들은 각자의 능력에 따라서 교과를 선택하는 방식이다.

해설

④는 달톤형(Daltan)에 대한 설명이다.

※ 플래툰(P)형 : 각 학급을 2분단으로 나누어 한쪽이 일반교실을 사용할 때 다른 한쪽은 특별교실을 사용한다.(과밀해소를 위해 운영)

09 이슬람교의 영향을 받은 건축물에서 볼 수 있는 연속적인 기하학적 문양, 식물문양, 당초문양 등을 이르는 용어는?

① 스퀸치   ② 펜던티브
③ 모자이크   ④ 아라베스크

해설

아라베스크(Arabesque)
• 아랍인이 창안한 장식 무늬
• 식물의 줄기와 잎을 도안화하여, 당초무늬나 기하학 무늬로 배합시킨 것
• 르네상스 이후 유럽에서도 유행

10 공포형식 중 다포식에 관한 설명으로 옳지 않은 것은?

① 다포식 건축물로는 서울 숭례문(남대문) 등이 있다.
② 기둥 상부 이외에 기둥 사이에도 공포를 배열한 형식이다.
③ 규모가 커지면서 내부출목보다는 외부출목이 점차 많아졌다.
④ 주심포식에 비해서 지붕하중을 등분포로 전달할 수 있는 합리적인 구조법이다.

해설

③ 조선 후기로 갈수록 출목숫자는 증가, 초기에는 내부출목과 외부출목의 수가 동일하고, 후기로 갈수록 내부출목 수가 외부출목 수보다 많아진다.

정답 06 ① 07 ② 08 ④ 09 ④ 10 ③

11 공동주택을 건설하는 주택단지는 기간도로와 접하거나 기간도로로부터 당해 단지에 이르는 진입도로가 있어야 한다. 주택단지의 총세대수가 400세대인 경우 기간도로와 접하는 폭 또는 진입도로의 폭은 최소 얼마 이상이어야 하는가?(단, 진입도로가 1개이며, 원룸형 주택이 아닌 경우)

① 4m ② 6m
③ 8m ④ 12m

해설

진입도로(진입도로가 1개이며, 원룸형 주택이 아닌 경우)

주택단지의 총세대수	기간도로와 접하는 폭 또는 진입도로의 폭
300세대 미만	5m 이상
300세대 이상 500세대 미만	8m 이상
500세대 이상 1천 세대 미만	12m 이상
1천 세대 이상 2천 세대 미만	15m 이상
2천 세대 이상	20m 이상

12 한식주택과 양식주택에 관한 설명으로 옳지 않은 것은?

① 양식주택은 입식생활이며, 한식주택은 좌식생활이다.
② 양식주택의 실은 단일용도이며, 한식주택의 실은 혼용도이다.
③ 양식주택은 실의 위치별 분화이며, 한식주택은 실의 기능별 분화이다.
④ 양식주택의 가구는 주요한 내용물이며, 한식주택의 가구는 부차적 존재이다.

해설

③ 양식주택은 실의 기능별 분화이며, 한식주택은 실의 위치별 분화이다.

13 사무소 건축의 코어 유형에 관한 설명으로 옳지 않은 것은?

① 중심코어형은 유효율이 높은 계획이 가능하다.
② 양단코어형은 2방향 피난에 이상적이며 방재상 유리하다.
③ 편심코어형은 각 층 바닥면적이 소규모인 경우에 적합하다.
④ 독립코어형은 구조적으로 가장 바람직한 유형으로, 고층, 초고층 사무소 건축에 주로 사용된다.

해설

④는 중심(중앙)코어형에 대한 설명이다.

※ 독립(외)코어형
- 편심코어형에서 발전된 형으로 특징은 편심코어형과 거의 동일하다.
- 코어와 관계없이 자유로운 사무실 공간을 만들 수 있다.
- 설비 덕트, 배관을 사무실까지 끌어들이는 데 제약이 있다.
- 방재상 불리하고 바닥면적이 커지면 피난시설을 포함하는 서브코어가 필요하다.
- 코어의 접합부 평면이 과대해지지 않도록 계획할 필요가 없다.

14 도서관의 출납시스템 중 열람자는 직접 서가에 면하여 책의 체제나 표지 정도는 볼 수 있으나 내용을 보려면 관원에게 요구하여 대출 기록을 남긴 후 열람하는 형식은?

① 폐가식 ② 반개가식
③ 안전개가식 ④ 자유개가식

해설

반개가식(Semi Open Access)
서가에 면하는 책의 체제나 표지 정도는 볼 수 있으나 내용을 보려면 관원에게 대출기록을 남긴 후 열람하는 방식

특징	• 출납시설이 필요하다. • 서가의 열람이나 감시가 필요하다. • 신간서적 안내에 채용(다량의 도서에는 부적당)

15 아파트에 의무적으로 설치하여야 하는 장애인·노인·임산부 등의 편의시설에 속하지 않는 것은?

① 점자블록
② 장애인전용 주차구역
③ 높이 차이가 제거된 건축물 출입구
④ 장애인 등의 통행이 가능한 접근로

> **해설**
> ① 점자블록 설치는 의무사항이 아닌 권장사항에 해당된다.

16 백화점의 에스컬레이터 배치에 관한 설명으로 옳지 않은 것은?

① 교차식 배치는 점유면적이 작다.
② 직렬식 배치는 점유면적이 크나 승객의 시야가 좋다.
③ 병렬식 배치는 백화점 매장 내부에 대한 시계가 양호하다.
④ 병렬 연속식 배치는 연속적으로 승강할 수 없다는 단점이 있다.

> **해설**
> ④는 병렬 단속식 배치에 대한 설명이다.

17 미술관의 전시기법 중 전시평면이 동일한 공간으로 연속되어 배치되는 전시기법으로 동일 종류의 전시물을 반복 전시할 경우에 유리한 방식은?

① 디오라마 전시
② 파노라마 전시
③ 하모니카 전시
④ 아일랜드 전시

> **해설**
> **하모니카(Harmonica) 전시**
> • 전시평면이 하모니카 흡입구처럼 동일 공간으로 연속 배치되는 것이다.
> • 동일 종류의 전시물을 반복 전시할 때 유리하다.
> • 전시 체계가 질서 정연하고 명확하며, 계획이 용이하다.

18 페리(C. A. Perry)의 근린주구(Neighborhood Unit)이론의 내용으로 옳지 않은 것은?

① 초등학교 학구를 기본단위로 한다.
② 중학교와 의료시설을 반드시 갖추어야 한다.
③ 지구 내 가로망은 통과교통에 사용되지 않도록 한다.
④ 주민에게 적절한 서비스를 제공하는 1~2개소 이상의 상점가를 주요 도로의 결절점에 배치한다.

> **해설**
> **페리(Clarence Arther Perry)의 근린주구**
> 일반적으로 초등학교 한 곳을 필요로 하는 인구가 적당한 곳으로 지역의 반지름을 400m 단위로 잡고 있다.
>
> | 규모 | 초등학교 1개소가 구성될 수 있는 인구 |
> |---|---|
> | 경계 | 주구를 둘러싼 간선도로, 통과 교통 배제 |
> | 공지 | 소공원, 레크리에이션 용지, 공원의 체계화 |
> | 공공시설 용지 | 학교, 기타 공공시설들이 중심지 또는 공공지역에 적합하게 군집(Grouped)되어 입지, 근린주구 중심에 위치 |
> | 지구 점포 | 거주인구에 적합한 상점지구가 주거지 내에 1개소 이상 입지, 위치는 교통의 결절점이거나 혹 인접 상점지구와 근접 배치 |
> | 내부 가로 체계 | • 가로망은 교통량에 비례하고, 지구 내 교통을 용이하게 하면서 통과 교통 방지
• 특수한 가로체계를 갖고, 보차 분리
• 단지 내부 교통체계(쿨데삭과 루프형 집분산도로), 주구외곽(간선도로) |

19 종합병원 건축계획에 관한 설명으로 옳지 않은 것은?

① 간호사 대기실은 각 간호단위 또는 층별, 동별로 설치한다.
② 수술실의 바닥마감은 전기도체성 마감을 사용하는 것이 좋다.
③ 병실의 창문은 환자가 병상에서 외부를 전망할 수 있게 하는 것이 좋다.
④ 우리나라의 일반적인 외래진료방식은 오픈 시스템이며 대규모의 각종 과를 필요로 한다.

정답 15 ① 16 ④ 17 ③ 18 ② 19 ④

> **해설**
>
> ④ 우리나라의 일반적인 외래진료방식은 클로즈드 시스템이며 대규모의 각종 과를 필요로 한다.
>
> ※ 오픈 시스템
>   - 미국 등에서 채용
>   - 개업의사는 종합병원에 등록

20 극장의 무대에 관한 설명으로 옳지 않은 것은?

① 프로시니엄 아치는 일반적으로 장방형이며, 종횡의 비율은 황금비가 많다.
② 프로시니엄 아치의 바로 뒤에는 막이 쳐지는데, 이 막의 위치를 커튼 라인이라고 한다.
③ 무대의 폭은 적어도 프로시니엄 아치 폭의 2배, 깊이는 프로시니엄 아치 폭 이상으로 한다.
④ 플라이 갤러리는 배경이나 조명기구, 연기자 또는 음향반사판 등을 매달 수 있도록 무대 천장 밑에 철골로 설치한 것이다.

> **해설**
>
> ④는 그리드 아이언에 대한 설명이다.
>
> ※ 플라이 갤러리(Fly Gallery) : 그리드 아이언에 올라가는 계단과 연결되게 무대 주위의 벽에 6~9m 높이로 설치되는 좁은 통로(폭은 1.2~2m 정도)

정답 20 ④

건축산업기사 (2019년 3월 시행)

01 레드번(Radburn)계획의 기본 원리에 속하지 않는 것은?

① 보도와 차도의 평면적 분리
② 기능에 따른 4가지 종류의 도로 구분
③ 자동차 통과도로 배제를 위한 슈퍼블록 구성
④ 주택단지 어디로나 통할 수 있는 공동 오픈스페이스 조성

해설
① 보도와 차도(고가차도)의 입체적 분리

02 사무소 건축의 실단위계획 중 개실 시스템에 관한 설명으로 옳은 것은?

① 전면적을 유용하게 이용할 수 있다.
② 복도가 없어 인공조명과 인공환기가 요구된다.
③ 칸막이벽이 없어서 개방식 배치보다 공사비가 저렴하다.
④ 방길이에는 변화를 줄 수 있으나, 방깊이에 변화를 줄 수 없다.

해설
①, ②, ③은 개방식 시스템에 대한 설명이다.

03 아파트 평면형식에 관한 설명으로 옳지 않은 것은?

① 집중형은 대지에 대한 이용률이 높다.
② 계단실형은 거주의 프라이버시가 높다.
③ 중복도형은 통행부의 면적이 작은 관계로 건축물의 이용도가 가장 높다.
④ 편복도형은 각 층에 있는 공용 복도를 통해 각 주호로 출입하는 형식이다.

해설
③은 계단실형(홀형)에 대한 설명이다.
※ 중(속)복도형(Middle Corridor System)
  • 복도 양측에 각 주호가 배치된 형식
  • 중복도형은 남북으로 길게 건물을 설계하는 것이 좋다.

장점	단점
부지의 이용률이 높다.	• 독립성이 나쁘며 시끄럽다. • 채광, 환기가 불리하다. • 복도의 면적이 넓어진다.

04 공동주택의 단면형식 중 메조넷형에 관한 설명으로 옳은 것은?

① 작은 규모의 주택에 적합하다.
② 주택 내의 공간의 변화가 없다.
③ 거주성, 특히 프라이버시가 높다.
④ 통로면적이 증가하여 유효면적이 감소된다.

해설
① 소규모 주택에서는 비경제적이다.
② 주택 내의 공간에 변화를 줄 수 있다.
④ 통로면적이 감소하여 유효면적이 증가한다.

05 사무소 건축의 코어형식 중 2방향 피난이 가능하여 방재상 가장 유리한 것은?

① 편심코어형   ② 독립코어형
③ 양단코어형   ④ 중심코어형

해설
양단(분리)코어형 – 방재계획상 가장 유리
• 코어가 분리되어 2방향 피난에 유리하다.
• 하나의 대공간을 필요로 하는 전용 사무소에 적합하다.
• 동일층을 분할하여 임대 시 복도가 필요하게 되어 유효율이 떨어진다.

정답 01 ① 02 ④ 03 ③ 04 ③ 05 ③

06 공간의 레이아웃에 관한 설명으로 가장 알맞은 것은?

① 조형적 아름다움을 부가하는 작업이다.
② 생활행위를 분석해서 분류하는 작업이다.
③ 공간에 사용되는 재료의 마감 및 색채계획이다.
④ 공간을 형성하는 부분과 설치되는 물체의 평면상 배치계획이다.

[해설]
레이아웃(Layout)
• 평면요소 간의 위치관계를 결정하는 것이다.(설계, 배치의 개념)
• 장래 규모의 변화에 대응한 융통성이 필요하다.

07 단독주택의 거실계획에 관한 설명으로 옳지 않은 것은?

① 거실은 평면계획상 통로나 홀로써 사용되도록 한다.
② 식당, 계단, 현관 등과 같은 다른 공간과의 연계를 고려해야 한다.
③ 거실과 정원은 유기적으로 시각적 연결을 하여 유동적인 감각을 갖게 한다.
④ 개방된 공간에서 벽면의 기술적인 활용과 자유로운 가구의 배치로서 독립성이 유지되도록 한다.

[해설]
① 거실은 평면계획상 통로나 홀로써 사용되지 않도록 한다.

08 공장건축의 형식 중 분관식(Pavilion Type)에 관한 설명으로 옳지 않은 것은?

① 통풍, 채광에 불리하다.
② 배수, 물홈통 설치가 용이하다.
③ 공장의 신설, 확장이 비교적 용이하다.
④ 건물마다 건축 형식, 구조를 각기 다르게 할 수 있다.

[해설]
① 통풍, 채광에 유리하다.

※ 분관식(Pavilion Type) : 대지가 부정형이나 고저차가 있을 때 유리하며, 화학공장, 일반기계조립공장, 중층공장의 경우에 알맞다.

09 다음 설명에 알맞은 상점의 숍 프론트 형식은?

• 숍 프론트가 상점 대지 내로 후퇴한 관계로 혼잡한 도로의 경우 고객이 자유롭게 상품을 관망할 수 있다.
• 숍 프론트의 진열면적 증대로 상점 내로 들어가지 않고 외부에서 상품 파악이 가능하다.

① 평형   ② 다층형
③ 만입형   ④ 돌출형

[해설]
만입형
• SW를 상점 안쪽으로 만입하여 배치
• 통행량과 관계없이 마음 놓고 상품 주시 가능
• 상품 진열면적이 상대적으로 감소함
• 실내의 채광 등이 불리하게 작용함

10 교실의 배치형식 중에서 엘보형(Elbow Access)에 관한 설명으로 옳은 것은?

① 학습의 순수율이 낮다.
② 복도의 면적이 절약된다.
③ 일조, 통풍 등 실내환경이 균일하다.
④ 분관별로 특색 있는 계획을 할 수 없다.

[해설]
엘보형(Elbow Access)
복도를 교실과 분리시키는 형식이다.(소음방지에 유리)
• 학습의 순수율이 높다.
• 복도면적이 증가한다.
• 실내환경이 균일하다.
• 좋은 옥외공간 창출이 가능하다.(학년마다 놀이터의 조성이 유리)

정답 06 ④ 07 ① 08 ① 09 ③ 10 ③

11 한식주택과 양식주택에 관한 설명으로 옳지 않은 것은?

① 한식주택은 좌식이나, 양식주택은 입식이다.
② 한식주택의 실은 혼용도이나, 양식주택은 단일용도이다.
③ 한식주택의 평면은 개방적이나, 양식주택은 은폐적이다.
④ 한식주택의 가구는 부차적이나, 양식주택은 주요한 내용물이다.

> **해설**
> ③ 한식주택의 평면은 은폐적이나, 양식주택은 개방적이다.

12 상점의 진열장(Show Case) 배치 유형 중 다른 유형에 비하여 상품의 전달 및 고객의 동선상 흐름이 가장 빠른 형식으로 협소한 매장에 적합한 것은?

① 굴절형
② 직렬형
③ 환상형
④ 복합형

> **해설**
> **직렬배열형**
> • 통로가 직선이며, 고객의 흐름이 가장 빠르다.
> • 부분별 상품진열이 용이하고, 대량판매형식이 가능하다.
> • 침구점, 실용의복점, 서점, 식기점, 가정전기점 등에 알맞다.

13 다음 중 단독주택에서 부엌의 크기 결정 시 고려하여야 할 사항과 가장 거리가 먼 것은?

① 거실의 크기
② 작업대의 면적
③ 주택의 연면적
④ 작업자의 동작에 필요한 공간

> **해설**
> ① 거실의 크기와는 관련이 없다.

※ 부엌의 크기 결정기준
• 작업대의 소요면적
• 작업인의 동작에 필요한 공간
• 식기, 식품, 조리용 기구의 수납에 필요한 공간
• 연료의 종류와 공급방법
• 주택의 연면적, 가족 수, 평균 작업인 수

14 다음 설명에 알맞은 단지 내 도로 형식은?

> • 불필요한 차량 진입이 배제되는 이점을 살리면서 우회도로가 없는 쿨데삭(cul-de sac)형의 결점을 개량하여 만든 형식이다.
> • 통과교통이 없기 때문에 주거환경의 쾌적성과 안전성은 확보되지만 도로율이 높아지는 단점이 있다.

① 격자형
② 방사형
③ T자형
④ Loop형

> **해설**
> **Loop형(고리형)**
> 단지의 가장자리 또는 내부를 U자로 돌아 나오는 형식
> • 루프를 통해 각 주호로 접근
> • 주택 단지의 블록 내부 동선에 적합

15 사무소 건축의 엘리베이터계획에 관한 설명으로 옳지 않은 것은?

① 교통동선의 중심에 설치하여 보행거리가 짧도록 배치한다.
② 일렬 배치는 4대를 한도로 하고, 엘리베이터 중심 간 거리는 8m 이하가 되도록 한다.
③ 여러 대의 엘리베이터를 설치하는 경우, 그룹별 배치와 군 관리 운전방식으로 한다.
④ 엘리베이터 대수 산정은 이용자가 제일 많은 점심시간 전후의 이용자 수를 기준으로 한다.

> **해설**
> ④ 엘리베이터 대수 산정은 아침 출근 시 5분간의 이용자를 기준으로 한다.

정답 11 ③ 12 ② 13 ① 14 ④ 15 ④

16 사무소 건축의 기준층 층고 결정 요소와 가장 거리가 먼 것은?

① 채광률 ② 공기조화설비
③ 사무실의 깊이 ④ 엘리베이터 대수

해설
④ 엘리베이터 대수와는 관련이 없다.
※ 사무소 건축의 기준층 층고 결정 요소 : 실의 사용목적, 채광, 공기조화설비, 사무실 깊이, 건물의 높이 제한과 층수 등이 있다.

17 어느 학교의 1주간 평균수업시간은 40시간인데, 미술교실이 사용되는 시간은 20시간이다. 그중 4시간은 영어수업을 위해 사용될 때, 미술교실의 이용률과 순수율은 얼마인가?

① 이용률 50%, 순수율 20%
② 이용률 50%, 순수율 80%
③ 이용률 20%, 순수율 50%
④ 이용률 80%, 순수율 50%

해설
이용률과 순수율

- 이용률(%) = $\dfrac{\text{교실이 사용되고 있는 시간}}{\text{1주간 평균 수업시간}} \times 100(\%)$

   = $\dfrac{20}{40} \times 100(\%) = 50(\%)$

- 순수율(%)
   = $\dfrac{\text{일정한 교과를 위해 사용되는 시간}}{\text{그 교실이 사용되고 있는 시간}} \times 100(\%)$
   = $\dfrac{20-4}{20} \times 100(\%) = 80(\%)$

18 백화점에 에스컬레이터 설치 시 고려사항으로 옳지 않은 것은?

① 건축적 점유면적이 가능한 한 크게 배치한다.
② 승강·하강 시 매장에서 잘 보이는 곳에 설치한다.
③ 각 층 승강장은 자연스러운 연속적 흐름이 되도록 한다.
④ 출발 기준층에서 쉽게 눈에 띄도록 하고 보행동선 흐름의 중심에 설치한다.

해설
① 건축적 점유면적이 가능한 한 작게 배치한다.

19 주택에서 리빙 키친(Living Kitchen)의 채택 효과로 가장 알맞은 것은?

① 장래 증축의 용이
② 거실 규모의 확대
③ 부엌의 독립성 강화
④ 주부 가사노동의 간편화

해설
리빙 키친(LDK 형식)
거실+식사실+부엌을 겸하는 형식으로 주부 가사노동의 간편화(단축)에 용이하다.

20 공장 건축에서 효율적인 자연채광 유입을 위해 고려해야 할 사항으로 옳지 않은 것은?

① 가능한 동일 패턴의 창을 반복하는 것이 바람직하다.
② 벽면 및 색채 계획 시 빛의 반사에 대한 면밀한 검토가 요구된다.
③ 채광량 확보를 위해 젖빛 유리나 프리즘 유리는 사용하지 않는다.
④ 주로 공장은 대부분 기계류를 취급하므로 가능한 창을 크게 설치하는 것이 좋다.

해설
③ 채광량 확보를 위해 젖빛 유리나 프리즘 유리를 사용한다.(광선을 부드럽게 확산)

건축기사 (2019년 4월 시행)

01 주택의 부엌계획에 관한 설명으로 옳지 않은 것은?

① 일사가 긴 서쪽은 음식물이 부패하기 쉬우므로 피하도록 한다.
② 작업 삼각형은 냉장고와 개수대 그리고 배선대를 잇는 삼각형이다.
③ 부엌가구의 배치유형 중 ㄱ자형은 부엌과 식당을 겸할 경우 많이 활용되는 형식이다.
④ 부엌가구의 배치유형 중 일렬형은 면적이 좁은 경우 이용에 효과적이므로 소규모 부엌에 주로 활용된다.

해설

작업삼각형(냉장고 + 개수대 + 가열대를 연결하는 삼각형)
- 능률적인 길이는 3.6~6.6m
- 가장 짧은 변은 개수대와 가열대
- 세 변의 합이 짧을수록 효과적
- 개수대는 창에 면하는 것이 좋다.
- 개수대와 조리대의 길이 : 1.2~1.8m가 적당

02 상점의 매장 및 정면 구성에서 요구되는 AIDMA 법칙의 내용으로 옳지 않은 것은?

① Memory   ② Interest
③ Attention ④ Attraction

해설

상점의 광고요소(AIDMA 법칙)
①, ②, ③ 외에 Desire, Action이 있다.

03 상점의 판매방식에 관한 설명으로 옳지 않은 것은?

① 측면판매방식은 직원 동선의 이동성이 많다.
② 대면판매방식은 측면판매방식에 비해 상품진열 면적이 넓어진다.
③ 측면판매방식은 고객이 직접 진열된 상품을 접촉할 수 있는 관계로 선택이 용이하다.
④ 대면판매방식은 쇼케이스를 중심으로 판매원이 고정된 자리나 위치를 확보하는 것이 용이하다.

해설

② 대면판매방식은 측면판매방식에 비해 상품진열면적이 감소한다.

04 다음 중 르 코르뷔지에가 제시한 근대 건축의 5원칙에 속하는 것은?

① 옥상정원   ② 유기적 건축
③ 노출 콘크리트 ④ 유니버설 스페이스

해설

근대건축 5원칙
- 필로티의 사용 : 구조물을 지지하고 건물 아래에 있는 지면이 자유롭다.
- 연속된 수평창(수평띠창) : 골조와 벽의 기능적 독립
- 자유로운 평면 : 내부공간을 기능에 따라 구성
- 자유로운 입면 : 수평으로 긴 창을 채택한 자유로운 외관
- 옥상정원 : 정원으로 변형 가능

05 다음 중 구조코어로서 가장 바람직한 코어형식으로, 바닥면적이 큰 고층, 초고층사무소에 적합한 것은?

① 중심코어형   ② 편심코어형
③ 독립코어형   ④ 양단코어형

해설

중심(중앙)코어형 - 구조적으로 가장 바람직
- 바닥면적이 큰 경우에 적합하다.
- 고층·초고층, 내진구조에 적합하다.
- 내부공간과 외관이 획일적으로 되기 쉽다.
- 임대사무소에서 가장 경제적인 코어형이다.

정답 01 ② 02 ④ 03 ② 04 ① 05 ①

06 도서관의 출납 시스템 중 폐가식에 관한 설명으로 옳지 않은 것은?

① 서고와 열람실이 분리되어 있다.
② 도서의 유지 관리가 좋아 책의 망실이 적다.
③ 대출절차가 간단하여 관원의 작업량이 적다.
④ 규모가 큰 도서관의 독립된 서고의 경우에 많이 채용된다.

> **해설**
> ③ 대출절차가 복잡하여 관원의 작업량이 많다.
> ※ 폐가식(Closed System) : 목록에 의해 책을 선택하여 관원에게 대출기록을 제출한 후 대출받는 형식

07 척도 조정(MC)에 관한 설명으로 옳지 않은 것은?

① 설계작업이 단순해지고 간편해진다.
② 현장작업이 단순해지고 공기가 단축된다.
③ 건축물 형태의 다양성 및 창조성 확보가 용이하다.
④ 구성재의 상호조합에 의한 호환성을 확보할 수 있다.

> **해설**
> ③ 건축물 형태의 다양성 및 창조성 확보가 불리하다.
> ※ 건축 척도의 조정(MC : Modular Coordination) : 모듈을 사용해서 건축물의 재료, 부품에서 설계ㆍ시공에 이르기까지 건축 생산 전반에 걸쳐 치수상 유기적인 연계성을 만들어 냄으로써 건축물의 미적 질서를 갖게 하는 것을 MC(Modular Coordination)라 한다.

08 종합병원계획에 관한 설명으로 옳지 않은 것은?

① 수술부는 타 부분의 통과교통이 없는 장소에 배치한다.
② 수술실의 바닥은 전기도체성 마감을 사용하는 것이 좋다.
③ 간호사 대기실은 각 간호단위 또는 층별, 동별로 설치한다.
④ 평면계획 시 모듈을 적용하여 각 병실을 모두 동일한 크기로 하는 것이 좋다.

> **해설**
> ④ 평면계획 시 모듈을 적용하여 각 병실의 종류에 따라 크기(면적)를 다르게 하는 것이 바람직하다.
> ※ 병실
>   • 종류 : 1인실, 2인실, 4인실, 5인실(6인실) 등
>   • 면적 : $10 \sim 13m^2/bed$

09 봉정사 극락전에 관한 설명으로 옳지 않은 것은?

① 지붕은 팔작지붕의 형태를 띠고 있다.
② 공포를 주상에만 짜놓은 주심포 양식의 건축물이다.
③ 우리나라에 현존하는 목조 건축물 중 가장 오래된 것이다.
④ 정면 3칸에 측면 4칸의 규모이며 서남향으로 배치되어 있다.

> **해설**
> ① 지붕은 맞배지붕의 형태를 띠고 있다.

10 다음의 호텔 중 연면적에 대한 숙박면적의 비가 일반적으로 가장 큰 것은?

① 커머셜 호텔
② 클럽 하우스
③ 리조트 호텔
④ 아파트먼트 호텔

> **해설**
> **각 실의 면적 구성비**
> • 숙박면적비 : 시티(커머셜) > 리조트 > 아파트먼트
> • 공용면적비(퍼블릭 스페이스) : 아파트먼트 > 리조트 > 시티
> • 1객실 면적 : 아파트먼트 > 리조트 > 시티

정답 06 ③ 07 ③ 08 ④ 09 ① 10 ①

11 테라스 하우스에 관한 설명으로 옳지 않은 것은?

① 경사가 심할수록 밀도가 높아진다.
② 각 세대의 깊이는 7.5m 이상으로 하여야 한다.
③ 평지보다 더 많은 인구를 수용할 수 있어 경제적이다.
④ 시각적인 인공테라스형은 위층으로 갈수록 건물의 내부면적이 작아지는 형태이다.

> 해설
> ② 각 세대의 깊이는 7.5m 이상으로 하여서는 안 된다.(후면에 창이 없으므로 통풍·채광상 불리)

12 사무소 건축의 실단위계획에 관한 설명으로 옳지 않은 것은?

① 개실 시스템은 독립성과 쾌적감의 이점이 있다.
② 개방식 배치는 전면적을 유용하게 사용할 수 있다.
③ 개방식 배치는 개실 시스템보다 공사비가 저렴하다.
④ 오피스 랜드스케이프(Office Landscape)는 개실 시스템을 위한 실단위계획이다.

> 해설
> ④ 오피스 랜드스케이프는 개방식 시스템을 위한 실단위계획이다.
>
> ※ 오피스 랜드스케이핑(Office Landscaping) : 개방식의 일종으로 기존의 계급, 서열에 의한 획일적·기하학적 배치에서 탈피하여 사무의 흐름이나 작업의 성격을 중시하여 보다 효율적인 사무환경의 향상을 위한 배치방법이다.

13 아파트의 평면형식에 관한 설명으로 옳지 않은 것은?

① 중복도형은 부지의 이용률이 적다.
② 홀형(계단실형)은 독립성(Privacy)이 우수하다.
③ 집중형은 복도부분의 자연환기, 채광이 극히 나쁘다.
④ 편복도형은 복도를 외기에 터놓으면 통풍, 채광이 중복도형보다 양호하다.

> 해설
> ① 중복도형은 부지의 이용률이 높다.
>
> ※ 중(속)복도형
> • 복도 양측에 각 주호가 배치된 형식
> • 남북으로 길게 건물을 설계하는 것이 유리

14 극장 건축에서 무대의 제일 뒤에 설치되는 무대 배경용의 벽을 의미하는 것은?

① 사이클로라마 ② 플라이 로프트
③ 플라이 갤러리 ④ 그리드 아이언

> 해설
> **사이클로라마**
> • 무대 제일 뒤에 설치되는 무대 배경용의 벽
> • 프로시니엄 높이의 3배 정도

15 주택단지 내 도로의 형태 중 쿨데삭(Cul-de-sac)형에 관한 설명으로 옳지 않은 것은?

① 통과교통이 방지된다.
② 우회도로가 없기 때문에 방재·방범상으로는 불리하다.
③ 주거환경의 쾌적성과 안전성 확보가 용이하다.
④ 대규모 주택단지에 주로 사용되며, 도로의 최대 길이는 1km 이하로 한다.

> 해설
> ④ 대규모 주택단지에는 격자형이 적합하며, 쿨데삭형의 도로의 적정길이는 120~300m이다.(단, 300m 이상 시에는 중간에 회전지점을 필요로 한다.)

16 학교의 배치형식 중 분산병렬형에 관한 설명으로 옳지 않은 것은?

① 일종의 핑거 플랜이다.
② 구조계획이 간단하고 시공이 용이하다.
③ 부지의 크기에 상관없이 적용이 용이하다.
④ 일조·통풍 등 교실의 환경조건을 균등하게 할 수 있다.

정답 11 ② 12 ④ 13 ① 14 ① 15 ④ 16 ③

> [해설]

분산병렬형
- 넓은 부지가 필요
- 편복도로 할 경우 복도면적이 커지고 길어지며 단조로워 유기적인 구성을 취하기가 어렵다.

17 미술관 전시공간의 순회형식 중 갤러리 및 코리더 형식에 관한 설명으로 옳은 것은?

① 복도의 일부를 전시장으로 사용할 수 있다.
② 전시실 중 하나의 실을 폐쇄하면 동선이 단절된다는 단점이 있다.
③ 중앙에 커다란 홀을 계획하고 그 홀에 접하여 전시실을 배치한 형식이다.
④ 이 형식을 채용한 대표적인 건축물로는 뉴욕 근대미술관과 프랭크 로이드 라이트의 구겐하임 미술관이 있다.

> [해설]

갤러리(Gallery) 및 코리더(Corridor) 형식
연속된 전시실의 한쪽 복도에 의해서 각 실을 배치한 형식

특징	• 각 실에 직접 들어갈 수 있는 점이 유리(필요시 자유로이 독립적으로 폐쇄 가능) • 복도 자체도 전시공간으로 이용 가능

②는 연속 순로 형식에 대한 설명이다.
③, ④는 중앙 홀 형식에 대한 설명이다.

18 다음 중 전시공간의 융통성을 주요 건축개념으로 한 것은?

① 퐁피두센터　　　② 루브르 박물관
③ 구겐하임 미술관　④ 슈투트가르트 미술관

> [해설]

퐁피두 센터
- 리차드 로저와 렌조 피아노가 1977년에 완공
- 현대적 개념의 다목적 전시공간으로 다양성, 대중성, 융통성의 특징을 지닌 대표적인 미술관

19 다음 중 건축가와 작품의 연결이 옳지 않은 것은?

① 르 코르뷔지에 – 사보이 주택
② 오스카 니마이어 – 브라질 국회의사당
③ 미스 반 데어 로에 – 뉴욕 레버하우스
④ 프랭크 로이드 라이트 – 뉴욕 구겐하임 미술관

> [해설]

고든 번샤프트(Gordon Bunshaft)
㉠ 미국의 현대 건축가
㉡ 뉴욕 레버하우스
- 초고층 빌딩
- 유리 커튼월 공법을 처음으로 사용

20 공장 건축계획에 관한 설명으로 옳지 않은 것은?

① 기능식 레이아웃은 소종다량생산이나 표준화가 쉬운 경우에 주로 적용된다.
② 공장의 지붕형식 중 톱날지붕은 균일한 조도를 얻을 수 있다는 장점이 있다.
③ 평면계획 시 관리부분과 생산공정부분을 구분하고 동선이 혼란되지 않게 한다.
④ 공장건축의 형식에서 집중식(Block Type)은 건축비가 저렴하고, 공간효율도 좋다.

> [해설]

①은 제품 중심 레이아웃에 대한 설명이다.

※ 공정 중심의 레이아웃(기능식 레이아웃)
- 다종 소량생산으로 예상 생산이 불가능한 경우나 표준화가 행해지기 어려운 경우에 채용
- 기능이 동일하거나 유사한 공정 또는 기계를 집합 배치하는 방식

특징	• 생산성이 낮으나 주문생산에 적합 • 공정 간의 시간적 · 수량적 균형을 이루기가 어렵다.

정답 17 ①　18 ①　19 ③　20 ①

건축산업기사 (2019년 4월 시행)

01 다음 중 주택 부엌의 기능적 측면에서 작업삼각형(Work Triangle)의 3변 길이의 합계로 가장 알맞은 것은?

① 1,000mm ② 2,000mm
③ 3,000mm ④ 4,000mm

해설
작업삼각형(냉장고 + 개수대 + 가열대를 연결하는 삼각형)
- 능률적인 길이는 3.6~6.6m
- 가장 짧은 변은 개수대와 가열대
- 세 변의 합이 짧을수록 효과적
- 개수대는 창에 면하는 것이 좋다.
- 개수대와 조리대의 길이 : 1.2~1.8m가 적당

02 상점 건축에서 진열창(Show Window)의 눈부심을 방지하는 방법으로 옳지 않은 것은?

① 곡면 유리를 사용한다.
② 유리면을 경사지게 한다.
③ 진열창의 내부를 외부보다 어둡게 한다.
④ 차양을 설치하여 진열창 외부에 그늘을 조성한다.

해설
③ 진열창의 내부를 외부보다 밝게 한다.
※ 현휘(눈부심) : 외부조도가 내부의 10~30배일 때 발생

03 숑바르 드 로브에 따른 주거면적기준 중 한계기준은?

① 8m² ② 14m²
③ 15m² ④ 16m²

해설
숑바르 드 로브(Chombard de Lawve)의 기준
- 병리기준 : 8m²/인(거주자의 신체 및 건강에 나쁜 영향을 준다.)
- 한계기준 : 14m²/인(개인, 가족적인 거주의 융통성을 보장하지 못함)
- 표준기준 : 16m²/인(적극적으로 추천)

04 다음 설명에 알맞은 국지도로의 유형은?

- 가로망 형태가 단순하고, 가구 및 획지 구성상 택지의 이용 효율이 높기 때문에 계획적으로 조성되는 시가지에 많이 이용되고 있는 형태이다.
- 교차로가 +자형이므로 자동차의 교통처리에 유리하다.

① T자형
② 격자형
③ 루프(Loop)형
④ 쿨데삭(Cul-de-sac)형

해설
격자형
교통의 흐름이 광범위하게 분포되는 경우 유리하며, 다만 통과교통이 가장 많이 발생할 수 있는 단점이 있다.

05 학교의 배치계획에 관한 설명으로 옳은 것은?

① 분산병렬형은 넓은 교지가 필요하다.
② 폐쇄형은 운동장에서 교실로의 소음 전달이 거의 없다.
③ 분산병렬형은 일조, 통풍 등 환경조건이 좋으나 구조계획이 복잡하다.
④ 폐쇄형은 대지의 이용률을 높일 수 있으며 화재 및 비상시 피난에 유리하다.

해설
② 폐쇄형은 운동장에서 교실로의 소음 전달이 크다.
③ 분산병렬형은 일조, 통풍 등 환경조건이 좋으며, 또한 구조계획이 간단하다.
④ 폐쇄형은 대지의 이용률을 높일 수 있으며 화재 및 비상시 피난에 불리하다.

정답 01 ④ 02 ③ 03 ② 04 ② 05 ①

06 공동주택에 관한 설명으로 옳지 않은 것은?

① 단독주택보다 독립성이 크다.
② 주거환경의 질을 높일 수 있다.
③ 대지의 효율적 이용이 가능하다.
④ 도시생활의 커뮤니티화가 가능하다.

[해설]
① 단독주택보다 독립성 확보에 불리하다.

07 다음 설명에 알맞은 공장건축의 레이아웃 형식은?

- 다종의 소량 생산의 경우나 표준화가 이루어지기 어려운 경우에 채용된다.
- 생산성이 낮으나 주문 생산품 공장에 적합하다.

① 제품 중심 레이아웃
② 공정 중심 레이아웃
③ 고정식 레이아웃
④ 혼성식 레이아웃

[해설]
공정 중심 레이아웃
기능식 레이아웃으로서, 기능이 동일하거나 유사한 공장 또는 기계를 집합하여 배치하는 방식

08 무창 방직공장에 관한 설명으로 옳지 않은 것은?

① 내부 발생 소음이 작다.
② 외부로부터의 자극이 적다.
③ 내부 조도를 균일하게 할 수 있다.
④ 배치계획에 있어서 방위를 고려할 필요가 없다.

[해설]
① 내부(실내) 발생 소음이 크다.

09 모듈러 코디네이션(Modular Coordination)의 효과와 가장 거리가 먼 것은?

① 대량생산의 용이
② 설계작업의 단순화
③ 현장작업의 단순화 및 공기 단축
④ 건축물 형태의 창조성 및 다양성 확보

[해설]
④ 건축물 형태의 다양성 및 창조성 확보가 불리하다.
※ 건축 척도의 조정(MC : Modular Coordination) : 모듈을 사용해서 건축물의 재료, 부품에서 설계·시공에 이르기까지 건축 생산 전반에 걸쳐 치수상 유기적인 연계성을 만들어 냄으로써 건축물의 미적 질서를 갖게 하는 것을 MC(Modular Coordination)라 한다.

10 사무소 건축의 실단위계획 중 개방식 배치에 관한 설명으로 옳지 않은 것은?

① 독립성이 결핍되고 소음이 있다.
② 전면적을 유용하게 이용할 수 있다.
③ 공사비가 개실 시스템보다 저렴하다.
④ 방의 길이나 깊이에 변화를 줄 수 없다.

[해설]
④ 방의 길이나 깊이에 변화를 줄 수 있다.
※ 개방식 배치(Open System) : 개방된 큰 방으로 설계하고 중역들을 위해 분리된 작은 방을 두는 방법

11 다음 중 사무소 건축의 기둥 간격(Span) 결정요인과 가장 거리가 먼 것은?

① 코어의 위치
② 책상의 배치 단위
③ 구조상의 스팬의 한도
④ 지하주차장의 주차구획크기

[해설]
기둥 간격 결정요인
- 책상단위 배치(사무기기 배치)
- 채광상 층고에 의한 안깊이
- 주차배치단위

정답 06 ① 07 ② 08 ① 09 ④ 10 ④ 11 ①

12 사무실 건물에서 코어 내 각 공간의 위치관계에 관한 설명으로 옳지 않은 것은?

① 엘리베이터는 가급적 중앙에 집중시킬 것
② 코어 내의 공간과 임대사무실 사이의 동선이 간단할 것
③ 계단과 엘리베이터 및 화장실은 가능한 한 접근시킬 것
④ 엘리베이터 홀은 출입구문에 인접하여 바싹 접근해 있도록 할 것

> **해설**
> ④ 엘리베이터 홀은 출입구문에 인접하여 바싹 접근해 있지 않도록 한다.
> ※ 엘리베이터 배치계획 시 조건
> • 주요 출입구, 홀에 직면 배치할 것
> • 각 층의 위치는 되도록 짧고 간단할 것
> • 외래자에게 잘 알려질 수 있는 위치일 것(단, 출입구 가까이 근접 금지)
> • 한 곳에 집중해서 배치할 것
> • 4대 이하(직선배치), 6대 이상(알코브, 대면배치)
> • EV홀의 최소 넓이 : 0.5m²/인, 폭은 4m 정도

13 단독주택의 거실계획에 관한 설명으로 옳지 않은 것은?

① 다목적 공간으로서 활용되도록 한다.
② 정원과 테라스에 시각적으로 연결되도록 한다.
③ 개방된 공간으로 가급적 독립성이 유지되도록 한다.
④ 다른 공간들을 연결하는 통로로서의 기능을 우선시한다.

> **해설**
> ④ 다른 공간들을 연결하는 통로로서의 기능이 우선시되어서는 안 된다.
> (통로에 의해 거실이 분할되지 않도록 배치하고, 거실이 통로로 사용되는 것은 지양하도록 한다.)

14 다음 설명에 알맞은 사무소 건축의 코어 유형은?

> • 유효율이 높은 계획이 가능하다.
> • 코어 프레임(Core Frame)이 내력벽 및 내진구조가 가능함으로써 구조적으로 바람직한 유형이다.
> • 대규모 평면규모를 갖춘 중/고층인 사무소에 적합하다.

① 편심코어형　　② 양단코어형
③ 중심코어형　　④ 독립코어형

> **해설**
> **중심(중앙)코어형 – 구조적으로 가장 바람직**
> • 바닥면적이 큰 경우에 적합하다.
> • 고층 · 초고층, 내진구조에 적합하다.
> • 내부공간과 외관이 획일적으로 되기 쉽다.
> • 임대사무소에서 가장 경제적인 코어형이다.

15 공동주택의 형식 중 탑상형에 관한 설명으로 옳지 않은 것은?

① 건축물 외면의 입면성을 강조한 유형이다.
② 판상형에 비해 경관 계획상 유리한 형식이다.
③ 모든 세대에 동일한 거주 조건과 환경을 제공한다.
④ 타워식의 형태로 도심지 및 단지 내의 랜드마크적인 역할이 가능하다.

> **해설**
> ③은 판상형에 대한 설명이다.

16 소규모 주택에서 주방의 일부에 간단한 식탁을 설치하거나 식사실과 주방을 하나로 구성한 형태를 무엇이라 하는가?

① 리빙 키친
② 다이닝 키친
③ 리빙 다이닝
④ 다이닝 테라스

정답 12 ④　13 ③　14 ③　15 ③　16 ②

> [해설]

식당(Dining Room)
㉠ 분리형
  거실이나 부엌과 완전히 독립된 식사실
㉡ 개방형
  • Dining Kitchen(DK) : 부엌의 일부에 식탁을 놓은 것
  • Dining Alcove(LD) : 거실의 일부에 식탁을 놓은 것
  • Living Kitchen(LDK) : 거실+식사실+부엌을 겸함

17 숍 프론트(Shop Front)의 구성 형식 중 폐쇄형에 관한 설명으로 옳지 않은 것은?

① 고객이 내부 분위기에 만족하도록 계획한다.
② 고객의 출입이 많은 제과점 등에 주로 적용된다.
③ 고객이 상점 내에 비교적 오래 머무르는 상점에 적합하다.
④ 숍 프론트(Shop Front)를 출입구 이외에는 벽 등으로 차단한 형식이다.

> [해설]

개방형
고객이 잠시 머무르는 곳이나 고객이 많은 곳에 적합한 형식(제과점, 서점, 철물점 등)
②는 개방형에 대한 설명이다.

18 근린생활권의 구성 중 근린주구의 중심이 되는 시설은?

① 유치원   ② 대학교
③ 초등학교   ④ 어린이 놀이터

> [해설]

근린주구의 중심시설
초등학교, 동사무소, 병원, 우체국, 근린공원 등

19 백화점의 엘리베이터 배치 시 고려사항으로 옳지 않은 것은?

① 일렬 배치는 4대를 한도로 한다.
② 교통동선의 중심에 설치하여 보행거리가 짧도록 배치한다.
③ 일렬 배치 시 엘리베이터 중심 간 거리는 15m 이하가 되도록 한다.
④ 여러 대의 엘리베이터를 설치하는 경우, 그룹별 배치와 군 관리 운전방식으로 한다.

> [해설]

③ 일렬 배치 시 엘리베이터 중심 간 거리는 8m 이하가 되도록 한다.
※ 엘리베이터 홀 : 엘리베이터 정원의 합계의 50% 정도를 수용할 수 있도록 한다.

20 우리나라 중학교에서 가장 많이 채택하고 있는 학교 운영방식은?

① 플래툰형(P형)
② 종합교실형(U형)
③ 교과교실형(V형)
④ 일반 및 특별교실(U+V)형

> [해설]

U+V형
• 일반교실은 각 학급에 하나씩 배당하고 그 밖에 특별교실을 갖는다.
• 우리나라 학교의 70%를 차지하고 있으며, 가장 일반적인 형이다.

정답 17 ② 18 ③ 19 ③ 20 ④

건축기사 (2019년 9월 시행)

01 공장의 레이아웃 형식 중 생산에 필요한 모든 공정과 기계류를 제품의 흐름에 따라 배치하는 형식은?

① 고정식 레이아웃
② 혼성식 레이아웃
③ 제품 중심의 레이아웃
④ 공정 중심의 레이아웃

해설

제품 중심의 레이아웃(연속 작업식)
- 단종 대량생산에 유리하고, 생산성이 높다.
- 공정 간의 시간적·수량적 균형을 이룰 수 있다.
- 상품의 연속성이 유지된다.

02 사무소 건축의 코어계획에 관한 설명으로 옳지 않은 것은?

① 코어부분에는 계단실도 포함시킨다.
② 코어 내의 각 공간은 각 층마다 공통의 위치에 두도록 한다.
③ 코어 내의 화장실은 외부 방문객이 잘 알 수 없는 곳에 배치한다.
④ 엘리베이터 홀은 출입구문에 근접시키지 않고 일정한 거리를 유지하도록 한다.

해설

③ 코어 내의 화장실은 외부 방문객이 잘 알 수 있는 곳에 배치한다.(코어 내 공간의 위치를 명확히 한다.)

03 미술관의 전시실 순회형식 중 많은 실을 순서별로 통해야 하고, 1실을 폐쇄할 경우 전체 동선이 막히게 되는 것은?

① 중앙 홀 형식
② 연속 순회 형식
③ 갤러리(Gallery) 형식
④ 코리더(Corridor) 형식

해설

연속 순회(순로)형식
- 구형 또는 다각형의 각 전시실을 연속적으로 연결하는 형식이다.
- 단순하고 공간이 절약된다.(소규모 전시실에 적합)
- 전시 벽면을 많이 만들 수 있다.

04 상점 매장의 가구배치에 따른 평면 유형에 관한 설명으로 옳지 않은 것은?

① 직렬형은 부분별로 상품 진열이 용이하다.
② 굴절형은 대면판매 방식만 가능한 유형이다.
③ 환상형은 대면판매와 측면판매 방식을 병행할 수 있다.
④ 복합형은 서점, 패션점, 액세서리점 등의 상점에 적용이 가능하다.

해설

굴절형
- 대면판매와 측면판매의 조합으로 구성
- 양복점, 안경점, 문방구 등

05 다음의 공동주택 평면형식 중 각 주호의 프라이버시와 거주성이 가장 양호한 것은?

① 계단실형
② 중복도형
③ 편복도형
④ 집중형

해설

계단실형(홀형)
계단실이나 E/V홀로부터 직접 각 주호에 들어가는 형식

장점	단점
• 독립성이 좋다. • 통행부 면적 감소(건물의 이용도가 높다.) • 출입이 편하다.	고층 아파트일 경우 계단실마다 EV를 설치해야 하므로 시설비가 많이 든다.

정답 01 ③ 02 ③ 03 ② 04 ② 05 ①

06 다음은 극장의 가시거리에 관한 설명이다. ( ) 안에 알맞은 것은?

> 연극 등을 감상하는 경우 연기자의 표정을 읽을 수 있는 가시한계는 (㉠)m 정도이다. 그러나 실제적으로 극장에서는 잘 보여야 되는 동시에 많은 관객을 수용해야 하므로 (㉡)m까지를 1차 허용한도로 한다.

① ㉠ 15, ㉡ 22
② ㉠ 20, ㉡ 35
③ ㉠ 22, ㉡ 35
④ ㉠ 22, ㉡ 38

해설
가시거리 한계
- 생리적 한계(15m) : 인형극, 아동극
- 1차 허용한계(22m) : 국악, 신극, 실내악
- 2차 허용한계(35m) : 오페라, 발레, 뮤지컬, 연극 등
※ 2차 허용한계 : 일반적인 동작이 보이는 범위

07 사무소 건축에서 엘리베이터 계획 시 고려되는 승객 집중시간은?

① 출근 시 상승
② 출근 시 하강
③ 퇴근 시 상승
④ 퇴근 시 하강

해설
엘리베이터의 대수 결정 조건
- 대수 산정의 기본 : 아침 출근 시 5분간의 이용자
- 1일 이용자가 가장 많은 시간 : 오후 0~1시

08 도서관 출납 시스템에 관한 설명으로 옳지 않은 것은?

① 폐가식은 서고와 열람실이 분리되어 있다.
② 반개가식은 새로 출간된 신간 서적 안내에 채용된다.
③ 안전개가식은 서가 열람이 가능하여 도서를 직접 뽑을 수 있다.
④ 자유개가식은 이용자가 자유롭게 도서를 꺼낼 수 있으나 열람석으로 가기 전에 관원에게 체크를 받는 형식이다.

해설
④는 안전개가식에 대한 설명이다.

※ 자유개가식(Free Open System)
- 열람자가 서가에서 직접 책을 고르고 열람하는 방식
- 보통 1실형이고, 1만 권 이하의 서적 보관·열람에 적당
- 아동열람실, 정기간행물실, 참고열람실

09 1주간의 평균 수업시간이 30시간인 어느 학교에서 설계제도교실이 사용되는 시간은 24시간이다. 그중 6시간은 다른 과목을 위해 사용된다고 할 때, 설계제도교실의 이용률과 순수율은?

① 이용률 80%, 순수율 25%
② 이용률 80%, 순수율 75%
③ 이용률 60%, 순수율 25%
④ 이용률 60%, 순수율 75%

해설
이용률과 순수율

- 이용률(%) = $\dfrac{\text{교실이 사용되고 있는 시간}}{\text{1주간 평균 수업시간}} \times 100(\%)$

  = $\dfrac{24}{30} \times 100(\%) = 80(\%)$

- 순수율(%)

  = $\dfrac{\text{일정한 교과를 위해 사용되는 시간}}{\text{그 교실이 사용되고 있는 시간}} \times 100(\%)$

  = $\dfrac{24-6}{24} \times 100(\%) = 75(\%)$

10 메조넷형 아파트에 관한 설명으로 옳지 않은 것은?

① 다양한 평면구성이 가능하다.
② 소규모 주택에서는 비경제적이다.
③ 편복도형일 경우 프라이버시가 양호하다.
④ 복도와 엘리베이터홀은 각 층마다 계획된다.

정답 06 ① 07 ① 08 ④ 09 ② 10 ④

> **[해설]**
>
> ④는 단층형(Flat Type)에 대한 설명이다.

※ 메조넷형(복층형)
- 한 주호가 2개 층 이상에 걸쳐 구성되는 형
- 복도와 엘리베이터 홀이 2개 층 이상마다 계획된다. (경제적, 효율적)

11 극장의 평면형식에 관한 설명으로 옳지 않은 것은?

① 오픈스테이지형은 무대장치를 꾸미는 데 어려움이 있다.
② 프로시니엄형은 객석 수용 능력에 있어서 제한을 받는다.
③ 가변형 무대는 필요에 따라서 무대와 객석을 변화시킬 수 있다.
④ 아레나형은 무대 배경설치비용이 많이 소요된다는 단점이 있다.

> **[해설]**
>
> ④ 아레나형은 무대 배경을 만들지 않으므로 경제적이다.
>
> ※ 아레나형 : 무대를 관객석이 360° 둘러싼 형

12 학교 건축에서 단층 교사에 관한 설명으로 옳지 않은 것은?

① 내진·내풍구조가 용이하다.
② 학습 활동을 실외로 연장할 수 있다.
③ 계단이 필요 없으므로 재해 시 피난이 용이하다.
④ 설비 등을 집약할 수 있어서 치밀한 평면계획이 용이하다.

> **[해설]**
>
> ④는 다층 교사에 대한 설명이다.
>
> ※ 다층교사
> - 치밀한 평면계획 가능
> - 부지의 이용률이 높다.
> - 부대시설의 집중화(효율적)
> - 저학년(1층), 고학년(2층 이상)

13 주택의 부엌가구 배치 유형에 관한 설명으로 옳지 않은 것은?

① L자형은 부엌과 식당을 겸할 경우 많이 활용된다.
② ㄷ자형은 작업공간이 좁기 때문에 작업효율이 나쁘다.
③ 일(-)자형은 좁은 면적 이용에 효과적이므로 소규모 부엌에 주로 사용된다.
④ 병렬형은 작업 동선은 줄일 수 있지만 작업 시 몸을 앞뒤로 바꿔야 하므로 불편하다.

> **[해설]**
>
> **ㄷ자형(U자형)**
> - 3면의 벽에 작업대를 배치하는 형태이다.
> - 어느 정도 공간이 확보된 주방이라면 가장 효율적이다.
> - 수납공간을 크게 할 수 있는 장점이 있다.(양측 벽면 활용)
> - 외부로 통하는 출입구의 설치가 곤란하다.

14 장애인·노인·임산부 등의 편의증진 보장에 관한 법령에 따른 편의시설 중 매개시설에 속하지 않는 것은?

① 주출입구 접근로
② 유도 및 안내설비
③ 장애인전용주차구역
④ 주출입구 높이 차이 제거

> **[해설]**
>
> **안내시설**
> - 점자블록
> - 유도 및 안내설비
> - 경보 및 피난설비

15 한국 고대 사찰배치 중 1탑 3금당 배치에 속하는 것은?

① 미륵사지   ② 불국사지
③ 정림사지   ④ 청암리사지

> **[해설]**
>
> ①, ③은 1탑 1금당 배치에 속한다.

정답   11 ④   12 ④   13 ②   14 ②   15 ④

※ 청암리사지
- 가람배치 : 1탑 3금당식
- 탑의 배치 : 중심부에 8각 평면(목탑)
- 일본 아스카지(비조사)의 터와 유사한 배치

16 상점계획에 관한 설명으로 옳지 않은 것은?

① 고객의 동선은 일반적으로 짧을수록 좋다.
② 점원의 동선과 고객의 동선은 서로 교차되지 않는 것이 바람직하다.
③ 대면판매형식은 일반적으로 시계, 귀금속, 의약품 상점 등에서 쓰인다.
④ 쇼 케이스 배치 유형 중 직렬형은 다른 유형에 비하여 상품의 전달 및 고객의 동선상 흐름이 빠르다.

해설
동선계획(상점계획 시 가장 중요)
㉠ 고객의 동선
- 통로 폭은 최소 0.9m 이상
- 바닥의 단 차이는 될 수 있으면 피한다.
- 동선의 길이는 가능한 길게 하고 입구 부분에서 전체 매장이 한눈에 보이도록 배치한다.

㉡ 종업원의 동선
- 가능한 짧게 하여 작업능률에 지장이 없도록 한다.
- 고객동선과 서로 교차되지 않도록 한다.
- 카운터, 쇼케이스의 배치는 고객 동선과 종업원 동선이 만나는 위치에 둔다.

㉢ 상품의 동선
상품의 취급에 따른 충분한 통로 폭을 유지한다.

17 그리스 아테네 아크로폴리스에 관한 설명으로 옳지 않은 것은?

① 프로필라이아는 아크로폴리스로 들어가는 입구 건물이다.
② 에렉테이온 신전은 이오니아 양식의 대표적인 신전으로 부정형 평면으로 구성되어 있다.
③ 니케 신전은 순수한 코린트식 양식으로서 페르시아와의 전쟁의 승리기념으로 세워졌다.
④ 파르테논 신전은 도릭 양식의 대표적인 신전으로서 그리스 고전건축을 대표하는 건물이다.

해설
니케 신전
- 그리스 아테네의 아크로폴리스에 위치하여 아테네 여신을 모시던 신전
- 아크로 폴리스 최초의 이오니아식 건축물
- 페르시아와의 승전을 기념하기 위해 세워짐

18 다음 중 건축가와 작품의 연결이 옳지 않은 것은?

① 르 코르뷔지에(Le Corbusier) – 롱샹 교회
② 발터 그로피우스(Walter Gropius) – 아테네 미국 대사관
③ 프랭크 로이드 라이트(Frank Lloyd Wright) – 구겐하임 미술관
④ 미스 반 데어 로에(Mies Van der Rohe) – M.I.T 공대 기숙사

해설
④ 스티븐 홀(Steven Holl) : M.I.T 공대 기숙사(시몬스홀)

19 주거단지의 각 도로에 관한 설명으로 옳지 않은 것은?

① 격자형 도로는 교통을 균등 분산시키고 넓은 지역을 서비스할 수 있다.
② 선형 도로는 폭이 넓은 단지에 유리하고 한쪽 측면의 단지만을 서비스할 수 있다.
③ 루프(loop)형은 우회도로가 없는 쿨데삭(cul-de-sac)형의 결점을 개량하여 만든 유형이다.
④ 쿨데삭(cul-de-sac)형은 통과교통을 방지함으로써 주거환경의 쾌적성과 안정성을 모두 확보할 수 있다.

해설
② 선형 도로는 폭이 좁은 단지에 유리하고, 양측면 또는 한 측면의 단지를 모두 서비스할 수 있다.(보행자를 위한 공간 확보가 가능)

정답 16 ① 17 ③ 18 ④ 19 ②

20 다음은 주택의 기준척도에 관한 설명이다. ( ) 안에 알맞은 것은?

> 거실 및 침실의 평면 각 변의 길이는 ( )를 단위로 한 것을 기준척도로 할 것

① 5cm
② 10cm
③ 15cm
④ 30cm

해설

주택의 평면과 각 부위의 치수 및 기준척도
- 안목치수를 원칙으로 할 것
- 거실 및 침실의 평면 각 변의 길이는 5cm 단위로 한 것을 기준척도로 할 것
- 거실 및 침실의 반자높이는 2.2m 이상, 층 높이는 2.4m 이상으로 할 것

정답 20 ①

건축산업기사 (2019년 8월 시행)

01 편복도형 아파트에 관한 설명으로 옳은 것은?

① 부지의 이용률이 가장 높다.
② 중복도형에 비해 독립성이 우수하다.
③ 중복도형에 비해 통풍, 채광상 불리하다.
④ 통행을 위한 공용 면적이 작아 건축물의 이용도가 가장 높다.

해설
①, ③은 집중형(코어형)에 대한 설명이며, ④는 계단실형(홀형)에 대한 설명이다.

02 학교운영방식 중 교과교실형(V형)에 관한 설명으로 옳지 않은 것은?

① 일반 교실 수가 학급 수와 동일하다.
② 학생의 동선처리에 주의하여야 한다.
③ 학생 개인 물품의 보관 장소에 대한 고려가 요구된다.
④ 각 교과 전문의 교실이 주어지므로 시설의 질이 높아진다.

해설
교과교실형(V형)
- 모든 교실이 특정 교과를 위해 만들어지고, 일반교실은 없다.
- 순수율이 높다.

03 다음 중 단독 주택에서 현관의 위치 결정에 가장 주된 영향을 끼치는 것은?

① 방위
② 건폐율
③ 도로의 위치
④ 대지의 면적

해설
현관(Entrance, 표출적 공간)
- 연면적의 7%(폭 1.2m 이상, 깊이 0.9m 이상)
- 현관은 가구 등의 운반을 고려한 개구부 폭과 여유공간을 고려
- 도로의 위치에 크게 영향
- 경사도 및 대지의 형태에 영향(그러나 현관의 위치는 향, 방위와 무관)
- 현관은 평면상의 크기와 위치 등에 따라 건축의 내외부 특징을 결정지어 주는 중요한 표출적 공간(Expressional Space)

04 쇼핑센터를 구성하는 주요 요소에 속하지 않는 것은?

① 핵점포
② 몰(Mall)
③ 터미널(Terminal)
④ 전문점

해설
쇼핑센터의 기능 및 공간의 구성 요소
- 핵 상점
- 전문점
- 몰
- 코트
- 주차장

05 사무소 건축의 기준층 층고의 결정 요인과 가장 관계가 먼 것은?

① 채광
② 사무실의 깊이
③ 엘리베이터 설치대수
④ 공기조화(Air Conditioning)

해설
사무소 건축의 기준층 층고 결정 요소
실의 사용목적, 채광, 공기조화설비, 사무실 깊이, 건물의 높이 제한과 층수 등이 있다.
③ 엘리베이터 설치대수와는 관련이 없다.

정답 01 ② 02 ① 03 ③ 04 ③ 05 ③

06 유니버설 스페이스(Universal Space) 설계 이론을 주창한 건축가는?

① 알바 알토
② 르 코르뷔지에
③ 미스 반 데어 로에
④ 프랭크 로이드 라이트

해설

유니버설 스페이스(Universal Space)
- 미스 반 데어 로에
- 보편적 · 다목적 공간
- 내부공간을 파티션으로 자유롭게 구획하여 사용함

07 복층형 아파트에 관한 설명으로 옳은 것은?

① 소규모 주택에 유리하다.
② 다양한 평면구성이 가능하다.
③ 엘리베이터가 정지하는 층수가 많아진다.
④ 플랫형에 비해 복도면적이 커서 유효면적이 작다.

해설

① 소규모 주택에 불리하다.(비경제적)
③ 엘리베이터가 정지하는 층수가 적어진다.(효율적, 경제적)
④ 플랫형(단층형)에 비해 복도면적이 작아져 유효면적이 크다.

08 다음 중 일반적인 주택의 부엌에서 냉장고, 개수대, 레인지를 연결하는 작업삼각형의 3변의 길이의 합으로 가장 적정한 것은?

① 2.5m ② 5.0m
③ 7.2m ④ 8.8m

해설

작업삼각형(냉장고 + 개수대 + 가열대를 연결하는 삼각형)
- 능률적인 길이는 3.6~6.6m
- 가장 짧은 변은 개수대와 가열대
- 세 변의 합이 짧을수록 효과적
- 개수대는 창에 면하는 것이 좋다.
- 개수대와 조리대의 길이 : 1.2~1.8m가 적당

09 다음 중 근린분구의 중심시설에 속하지 않는 것은?

① 약국   ② 유치원
③ 파출소   ④ 초등학교

해설

근린주구의 중심시설
초등학교, 동사무소, 병원, 우체국, 근린공원 등

10 한식주택은 좌식의 특징, 양식주택은 입식의 특징을 가지고 있다. 이러한 차이가 발생하는 가장 근본적인 원인은?

① 출입 방식   ② 난방 방식
③ 채광 방식   ④ 환기 방식

해설

한식주택과 양식주택의 차이
한식주택과 양식주택의 가장 근본적인 차이는 한식은 복사난방(온돌난방)을 사용하고 양식은 대류난방을 사용하는 것에서 오는 좌식과 입식의 차이이다.(난방방식으로 인해 좌식과 입식의 생활습관이 생김)

11 주택계획에서 거실은 분리하며, 주방과 식당이 공용으로 구성된 소규모의 평면형식은?

① K형   ② DK형
③ LD형   ④ LDK형

해설

식당(Dining Room)
㉠ 분리형
　거실이나 부엌과 완전히 독립된 식사실
㉡ 개방형
- Dining Kitchen(DK) : 부엌의 일부에 식탁을 놓은 것
- Dining Alcove(LD) : 거실의 일부에 식탁을 놓은 것
- Living Kitchen(LDK) : 거실 + 식사실 + 부엌을 겸함
- Kitchen Play Room : 부엌일을 하며 어린이를 돌볼 수 있는 공간
- Dining Porch, Dining Terrace : 여름철 등 좋은 날씨에 포치나 테라스에서 식사하는 것

정답 06 ③ 07 ② 08 ② 09 ④ 10 ② 11 ②

12 학교 교실의 배치형식 중 엘보 액세스형(Elbow Access Type)에 관한 설명으로 옳지 않은 것은?

① 학습의 순수율이 높다.
② 복도의 면적이 증가된다.
③ 채광 및 통풍 조건이 양호하다.
④ 교실을 소규모 단위로 분할, 배치한 형식이다.

해설

교실의 배치
㉠ 엘보 엑세스(Elbow Access)형
  복도를 교실에서 이격시키는 형(소음방지에 유리)
㉡ 클러스터(Cluster)형
  • 1~2개의 교실을 1개 단위 건물로 묶어서 분산하여 배치
  • 각 학급이 전용의 홀로 구성

13 상점계획에서 파사드 구성에 요구되는 5가지 광고요소(AIDMA 법칙)에 속하지 않는 것은?

① Attention   ② Interest
③ Desire   ④ Moment

해설

상점의 광고요소(AIDMA법칙)
정면, 입면(Facade) 구성 시 필요로 하는 광고 요소
• A(주의, Attention) : 주목시킬 수 있는 배려
• I(흥미, Interest) : 공감을 주는 호소력
• D(욕망, Desire) : 욕구를 일으키는 연상
• M(기억, Memory) : 인상적인 변화
• A(행동, Action) : 들어가기 쉬운 구성

14 공장 건축의 레이아웃(Layout)계획에 관한 설명으로 옳지 않은 것은?

① 고정식 레이아웃은 조선소와 같이 제품이 크고 수량이 적은 경우에 행해진다.
② 레이아웃은 공장규모의 변화에 대응할 수 있도록 충분한 융통성을 부여하여야 한다.
③ 공장건축에 있어서 이용자의 심리적인 요구를 고려하여 내부환경을 결정하는 것을 의미한다.
④ 작업장 내의 기계설비, 작업자의 작업구역, 자재나 제품 두는 곳 등에 대한 상호관계의 검토가 필요하다.

해설

레이아웃(Layout)
공장 건축의 평면요소 간의 위치관계를 결정하는 것이다.

15 학교 건축의 음악교실계획에 관한 설명으로 옳지 않은 것은?

① 강당과 연락이 좋은 위치를 택한다.
② 시청각 교실과 유기적인 연결을 꾀하도록 한다.
③ 실내는 잔향시간을 없게 하기 위해 흡음재로 마감한다.
④ 학습 중 다른 교실에 방해가 되지 않기 위해 방음시설이 필요하다.

해설

③ 실내는 잔향시간을 고려하여 반사재료와 흡음재료를 적절히 사용하여 마감한다.

16 사무소 건축의 코어 형식에 관한 설명으로 옳은 것은?

① 외코어형은 방재상 가장 유리한 형식이다.
② 편심코어형은 바닥면적이 큰 경우 적합하다.
③ 중심코어형은 사무소 건축의 외관이 획일적으로 되기 쉽다.
④ 양단코어형은 코어의 위치를 사무소 평면상의 어느 한쪽에 편중하여 배치한 유형이다.

해설

①은 양단코어형에 대한 설명이다.
②는 중심코어형에 대한 설명이다.
④는 편심코어형에 대한 설명이다.

※ 중심(중앙)코어형 : 구조적으로 가장 바람직
  • 바닥면적이 큰 경우에 적합하다.
  • 고층·초고층, 내진구조에 적합하다.
  • 내부공간과 외관이 획일적으로 되기 쉽다.
  • 임대사무소에서 가장 경제적인 코어형

정답 12 ④ 13 ④ 14 ③ 15 ③ 16 ③

17 상점 바닥면 계획에 관한 설명으로 옳지 않은 것은?

① 미끄러지거나 요철이 없도록 한다.
② 소음발생이 적은 바닥재를 사용한다.
③ 외부에서 자연스럽게 유도될 수 있도록 한다.
④ 상품이나 진열설비와 무관하게 자극적인 색채로 한다.

> **해설**
> ④ 상품이나 진열설비를 해치는 자극적인 색채는 피한다.

18 사무소 건축의 실단위계획 중 개실 시스템에 관한 설명으로 옳지 않은 것은?

① 개인적 환경조절이 용이하다.
② 소음이 많고 독립성이 결여된다.
③ 방 깊이에는 변화를 줄 수 없다.
④ 개방식 배치에 비해 공사비가 높다.

> **해설**
> ②는 개방식 배치에 대한 설명이다.
> ※ 개방식 배치(Open System) : 개방된 큰 방으로 설계하고 중역들을 위해 분리된 작은 방을 두는 방법

19 연립주택에 관한 설명으로 옳지 않은 것은?

① 중정형 주택은 중정을 아트리움으로 구성하는 관계로 아트리움 주택이라고도 한다.
② 로우 하우스는 지형조건에 따라 다양한 배치 및 집약적인 공동 설비 배치가 가능하다.
③ 테라스 하우스는 경사지를 적절하게 이용할 수 있으며, 각 호마다 전용의 정원을 갖는다.
④ 타운 하우스는 도로에서 2층으로 진입하므로 2층은 생활공간, 1층은 수면공간의 공간구성을 갖는다.

> **해설**
> ④ 테라스 하우스의 유형 중 하향식 테라스 하우스에 대한 설명이다.
> ※ 타운 하우스(Town House) : 토지의 효율적인 이용, 건설비 및 유지 관리비의 절약을 고려한 단독주택의 이점을 최대한 살린 연립주택의 한 종류

20 다음 중 고층 사무소 건축에서 층고를 낮게 하는 이유와 가장 관계가 먼 것은?

① 공사비를 낮추기 위해
② 보다 넓은 설비공간을 얻기 위해
③ 실내의 공기조화 효율을 높이기 위해
④ 제한된 건물 높이에서 가급적 많은 수의 층을 얻기 위해

> **해설**
> **층고를 낮게 잡는 이유**
> • 가급적 많은 층수를 얻을 수 있다.
> • 건축비가 절감된다.
> • 냉난방 부하가 감소된다.
> • 수직 동선이 짧아진다.
> • 많은 층수를 얻게 되므로 엘리베이터의 정지 층수가 많아진다.

건축기사 (2020년 6월 시행)

01 건축물의 에너지절약을 위한 계획 내용으로 옳지 않은 것은?

① 공동주택은 인동간격을 넓게 하여 저층부의 일사수열량을 증대시킨다.
② 건축물의 체적에 대한 외피면적의 비 또는 연면적에 대한 외피면적의 비는 가능한 한 크게 한다.
③ 건축물은 대지의 향, 일조 및 주풍향 등을 고려하여 배치하며, 남향 또는 남동향 배치를 한다.
④ 거실의 층고 및 반자 높이는 실의 용도와 기능에 지장을 주지 않는 범위 내에서 가능한 한 낮게 한다.

> 해설
② 건축물의 체적에 대한 외피면적의 비 또는 연면적에 대한 외피면적의 비는 가능한 한 작게 하는 것이 열성능에 유리하다.

02 다음 설명에 알맞은 국지도로의 유형은?

> 불필요한 차량 진입이 배제되는 이점을 살리면서 우회도로가 없는 Cul-De-Sac형의 결점을 개량하여 만든 패턴으로서 보행자의 안전성 확보가 가능하다.

① Loop형
② 격자형
③ T자형
④ 간선분리형

> 해설

Loop형(고리형)
- 불필요한 차량진입 배제
- 우회로 없는 막다른 도로형(Cul-de-Sac)의 결정 보완
- Cul-de-Sac과 같이 통과 교통이 없으므로 주거환경 양호, 안전성 확보
- 사람과 차량의 동선이 교차되는 문제점이 있다.

03 주거단지 내의 공동시설에 관한 설명으로 옳지 않은 것은?

① 중심을 형성할 수 있는 곳에 설치한다.
② 이용 빈도가 높은 건물은 이용거리를 길게 한다.
③ 확장 또는 증설을 위한 용지를 확보하는 것이 좋다.
④ 이용성, 기능상의 인접성, 토지이용의 효율성에 따라 인접하여 배치한다.

> 해설
② 이용 빈도가 높은 건물은 이용거리를 짧게 한다.

04 다음 설명에 알맞은 도서관의 자료 출납시스템 유형은?

> 이용자가 직접 서고 내의 서가에서 도서자료의 제목 정도는 볼 수 있지만 내용을 열람하고자 할 경우 관원에게 대출을 요구해야 하는 형식

① 폐가식
② 반개가식
③ 자유개가식
④ 안전개가식

> 해설

반개가식(Semi Open Access)
서가에 면하여 책의 체제나 표지 정도는 볼 수 있으나 내용을 보려면 관원에게 대출기록을 남긴 후 열람하는 방식

특징	・출납시설이 필요하다. ・서가의 열람이나 감시가 불필요하다. ・신간서적 안내에 채용된다(다량의 도서에는 부적당).

05 다음 중 연면적에 대한 숙박부분의 비율이 가장 높은 호텔은?

① 커머셜 호텔
② 리조트 호텔
③ 클럽 하우스
④ 아파트먼트 호텔

정답 01 ② 02 ① 03 ② 04 ② 05 ①

> 해설

면적 구성비
- 숙박면적비 : 시티(커머셜) > 리조트 > 아파트먼트
- 공용면적비(퍼블릭 스페이스) : 아파트먼트 > 리조트 > 시티
- 1객실 면적 : 아파트먼트 > 리조트 > 시티

06 사무실 내의 책상배치의 유형 중 좌우대향형에 관한 설명으로 옳은 것은?

① 대향형과 동향형의 양쪽 특성을 절충한 형태로 커뮤니케이션의 형성에 불리하다.
② 4개의 책상이 맞물려 십자를 이루도록 배치하는 형식으로 그룹작업을 요하는 업무에 적합하다.
③ 책상이 서로 마주보도록 하는 배치로 면적효율은 좋으나 대면 시선에 의해 프라이버시가 침해당하기 쉽다.
④ 낮은 칸막이로 한 사람의 작업활동을 위한 공간이 주어지는 형태로 독립성을 요하는 전문직에 적합한 배치이다.

> 해설

책상배치의 유형
- 동향형 : 같은 방향으로 배치
- 대향형 : 커뮤니케이션 형성에 유리, 프라이버시를 침해할 우려
- 좌우대향형 : 조직의 화합을 꾀하는 생산관리 업무에 적당
- 자유형 : 개개인의 작업을 위한 영역이 주어지는 형태 (전문직종에 적합)
- 십자형 : 4개의 책상을 십자형으로 배치(그룹 작업의 전문직 업무에 적합)

07 교학 건축인 성균관의 구성에 속하지 않는 것은?

① 동재   ② 존경각
③ 천추전   ④ 명륜당

> 해설

성균관의 공간구성
- 제사공간 : 대성전, 동무·서무, 제기고, 전사청 등
- 강학공간 : 명륜당, 동재·서재, 존경각, 고직사 등

※ 천추전과 만춘전
경복궁 사정전의 동쪽(만춘전)과 서쪽(천추전)에서 편전의 기능을 보완하는 건물

08 극장의 평면형식 중 아레나(Arena)형에 관한 설명으로 옳지 않은 것은?

① 관객이 무대를 360°로 둘러싼 형식이다.
② 무대의 장치나 소품은 주로 낮은 기구들로 구성된다.
③ 픽처 프레임 스테이지(Pictre Frame Stage)형이라고도 한다.
④ 가까운 거리에서 관람하면서 많은 관객을 수용할 수 있다.

> 해설

③ 프로시니엄형에 대한 설명이다.

09 각 사찰에 관한 설명으로 옳지 않은 것은?

① 부석사의 가람배치는 누하진입 형식을 취하고 있다.
② 화엄사는 경사된 지형을 수단(數段)으로 나누어서 정지(整地)하여 건물을 적절히 배치하였다.
③ 통도사는 산지에 위치하나 산지가람처럼 건물들을 불규칙하게 배치하지 않고 직교식으로 배치하였다.
④ 봉정사 가람배치는 대지가 3단으로 나누어져 있으며 상단부분에 대웅전과 극락전 등 중요한 건물들이 배치되어 있다.

> 해설

③ 통도사는 산지가람형식으로 건물들을 직교식으로 배치하지 않고 불규칙하게 배치하였다.

정답 06 ① 07 ③ 08 ③ 09 ③

10 극장 무대에서 그리드아이언(Gridiron)이란 무엇인가?

① 조명 조작 등을 위해 무대 주위 벽에 6~9m의 높이로 설치되는 좁은 통로
② 조명기구, 연기자 또는 음향 반사판을 매달기 위해 무대 천장 밑에 설치되는 시설
③ 하늘이나 구름 등 자연 현상을 나타내기 위한 무대 배경용 벽
④ 무대와 객석의 경계를 이루는 곳으로 액자와 같은 시각적 효과를 갖게 하는 시설

해설
① 플라이 갤러리에 대한 설명이다.
③ 사이클로라마에 대한 설명이다.
④ 프로시니엄 아치에 대한 설명이다.

11 공장 건축의 레이아웃 계획에 관한 설명으로 옳지 않은 것은?

① 플랜트 레이아웃은 공장건축의 기본설계와 병행하여 이루어진다.
② 고정식 레이아웃은 조선소와 같이 제품이 크고 수량이 적을 경우에 적용된다.
③ 다품종 소량생산이나 주문생산 위주의 공장에는 공정 중심의 레이아웃이 적합하다.
④ 레이아웃 계획은 작업장 내의 기계설비 배치에 관한 것으로 공장규모 변화에 따른 융통성은 고려대상이 아니다.

해설
④ 레이아웃 계획은 작업장 내의 기계설비 배치에 관한 것으로 공장규모 변화에 따른 융통성을 고려하여야 한다.

12 한국 전통 건축의 지붕양식에 관한 설명으로 옳은 것은?

① 팔작지붕은 원초적인 지붕형태로 원시움집에서부터 사용되었다.
② 모임지붕은 용마루와 내림마루가 있고 추녀마루만 없는 형태이다.
③ 맞배지붕은 용마루와 추녀마루로만 구성된 지붕으로 주로 다포식 건물에 사용되었다.
④ 우진각지붕은 네 면에 모두 지붕면이 있으며 전후 지붕면은 사다리꼴이고 양측 지붕면은 삼각형이다.

해설
① 우진각지붕에 대한 설명이다.
② 맞배지붕에 대한 설명이다.
③ 용마루와 추녀마루로만 구성된 지붕은 우진각지붕이며, 주로 다포식 건물에 사용된 지붕은 팔작(합각)지붕이다.

13 사무소 건축의 중심코어 형식에 관한 설명으로 옳은 것은?

① 구조코어로서 바람직한 형식이다.
② 유효율이 낮아 임대 사무소 건축에는 부적합하다.
③ 일반적으로 기준층 바닥면적이 작은 경우에 주로 사용된다.
④ 2방향 피난에는 이상적인 관계로 방재/피난상 가장 유리한 형식이다.

해설

중심(중앙)코어형 – 구조적으로 가장 바람직
- 바닥면적이 큰 경우에 적합하다.
- 고층·초고층, 내진구조에 적합하다.
- 내부공간과 외관이 획일적으로 되기 쉽다.
- 임대사무소에서 가장 경제적인 코어형이다.

14 백화점의 에스컬레이터 배치형식에 관한 설명으로 옳은 것은?

① 직렬식 배치는 승객의 시야도 좋고 점유면적도 작다.
② 병렬연속식 배치는 연속적으로 승강할 수 없다는 단점이 있다.
③ 교차식 배치는 점유면적이 작으며 연속 승강이 가능하다는 장점이 있다.
④ 병렬단속식 배치는 승객의 시야는 안 좋으나 점유면적이 작아 고층 백화점에 주로 사용된다.

해설

에스컬레이터 배치형식

배치형식의 종류		승객의 시야	점유면적
직렬식		가장 좋으나, 시선이 한 방향으로 고정되기 쉽다.	가장 크다.
병렬식	단속식	양호하다. (연속 승강 불가)	크다.
	연속식	일반적이다. (연속 승강 가능)	작다.
교차식		나쁘다.	가장 작다.

15 다음 중 상점계획에서 파사드 구성에 요구되는 소비자 구매심리 5단계(AIDMA 법칙)에 속하지 않는 것은?

① 흥미(Interest) ② 욕망(Desire)
③ 기억(Memory) ④ 유인(Attraction)

해설

상점의 광고요소(AIDMA 법칙)
정면, 입면(Facade) 구성 시 필요로 하는 광고요소
- A(주의, Attention) : 주목시킬 수 있는 배려
- I(흥미, Interest) : 공감을 주는 호소력
- D(욕망, Desire) : 욕구를 일으키는 연상
- M(기억, Memory) : 인상적인 변화
- A(행동, Action) : 들어가기 쉬운 구성

16 전시공간의 특수전시기법에 관한 설명으로 옳지 않은 것은?

① 파노라마 전시는 전체의 맥락이 중요하다고 생각될 때 사용된다.
② 하모니카 전시는 동일 종류의 전시물을 반복하여 전시할 경우에 유리하다.
③ 디오라마 전시는 하나의 사실 또는 주제의 시간 상황을 고정시켜 연출하는 기법이다.
④ 아일랜드 전시는 벽면 전시 기법으로 전체 벽면의 일부만을 사용하며 그림과 같은 미술품 전시에 주로 사용된다.

해설

아일랜드(Island) 전시
- 벽이나 천장을 직접 이용하지 않는다.
- 전시물의 입체물 자체를 전시공간에 배치한다.
- 관람객의 동선이 전시물 사이를 통과할 수 있도록 한다.
- 대형 또는 아주 소형 전시물에 유리하다(전시물의 크기에 관계없이 배치가 가능).

17 바실리카식 교회당의 각부 명칭과 관계없는 것은?

① 아일(Aisle)
② 파일론(Pylon)
③ 나르텍스(Narthex)
④ 트란셉트(Transept)

해설

파일론(Pylon)
신전의 정문으로서 사용되었던 탑문

18 동일한 대지조건, 동일한 단위주호 면적을 가진 편복도형 아파트가 홀형 아파트에 비해 유리한 점은?

① 피난에 유리하다.
② 공용면적이 작다.
③ 엘리베이터 이용효율이 높다.
④ 채광, 통풍을 위한 개구부가 넓다.

해설

계단실형(홀형)
1대의 엘리베이터에 대한 이용 가능한 세대수가 가장 적다.(고층 아파트일 경우 계단실마다 엘리베이터를 설치해야 하므로 시설비가 많이 든다.)

정답 15 ④ 16 ④ 17 ② 18 ③

19 학교 건축에서 단층교사에 관한 설명으로 옳지 않은 것은?

① 재해 시 피난이 유리하다.
② 학습활동을 실외에 연장할 수 있다.
③ 부지의 이용률이 높으며 설비의 배선, 배관을 집약할 수 있다.
④ 개개의 교실에서 밖으로 직접 출입할 수 있으므로 복도가 혼잡하지 않다.

> 해설
> ③ 다층교사에 대한 설명이다.
>
> ※ 다층교사
> - 치밀한 평면계획 가능
> - 부지의 이용률이 높음
> - 부대시설의 집중화(효율적)
> - 저학년(1층), 고학년(2층 이상)

20 종합병원의 건축형식 중 분관식(Pavilion Type)에 관한 설명으로 옳지 않은 것은?

① 평면 분산식이다.
② 채광 및 통풍 조건이 좋다.
③ 일반적으로 3층 이하의 저층건물로 구성된다.
④ 재난 시 환자의 피난이 어려우며 공사비가 높다.

> 해설
> ④ 분관식은 재난 시 환자의 피난이 용이하다.

건축산업기사 (2020년 6월 시행)

01 공장 건축의 배치형식 중 분관식에 관한 설명으로 옳지 않은 것은?

① 작업장으로의 통풍 및 채광이 양호하다.
② 추후 확장계획에 따른 증축이 용이한 유형이다.
③ 각 공장건축물의 건설을 동시에 병행할 수 있어 건설 기간의 단축이 가능하다.
④ 대지의 형태가 부정형이거나 지형상의 고저 차가 있을 때는 적용이 불가능하다.

[해설]
분관식
대지의 형태가 부정형이거나 지형상의 고저차가 있을 때 유리하다.

02 타운 하우스에 관한 설명으로 옳지 않은 것은?

① 각 세대마다 주차가 용이하다.
② 단독주택의 장점을 최대한 고려한 유형이다.
③ 프라이버시 확보를 위하여 경계벽 설치가 가능하다.
④ 일반적으로 1층은 침실과 서재와 같은 휴식공간, 2층은 거실, 식당과 같은 생활공간으로 구성된다.

[해설]
④ 일반적으로 1층은 거실, 식당, 부엌과 같은 생활공간, 2층은 침실과 서재와 같은 휴식 · 수면공간으로 구성된다.

03 숑바르 드 로브의 주거면적기준 중 병리기준으로 옳은 것은?

① 6m²/인 ② 8m²/인
③ 14m²/인 ④ 16m²/인

[해설]
숑바르 드 로브의 주거면적기준
• 병리 : 8m²/인
• 한계 : 14m²/인
• 표준 : 16m²/인

04 건축 척도 조정(Modular Coordination)에 관한 설명으로 옳지 않은 것은?

① 설계작업이 단순해지고 간편해진다.
② 현장작업이 단순해지고 공기가 단축된다.
③ 국제적인 MC 사용 시 건축구성재의 국제 교역이 용이해진다.
④ 건물의 종류에 따른 계획 모듈의 사용으로 자유롭고 창의적인 설계가 용이하다.

[해설]
④ 건물의 종류에 따른 계획 모듈의 사용으로 자유롭고 창의적인 설계가 용이하지 않다.

※ MC의 단점
융통성이 없음, 인간성 · 창조성 상실 우려

05 상점 건축의 판매형식에 관한 설명으로 옳지 않은 것은?

① 측면판매는 충동적인 구매와 선택이 용이하다.
② 대면판매는 상품을 고객에게 설명하기가 용이하다.
③ 측면판매는 판매원이 정위치를 정하기가 용이하며 즉석에서 포장이 편리하다.
④ 대면판매는 쇼케이스(Show Case)가 많아지면 상점의 분위기가 딱딱해질 우려가 있다.

[해설]
③ 대면판매에 대한 설명이다.

※ 측면판매
• 판매원의 정위치를 정하기 어렵고 불안정
• 설명, 포장이 불편

정답 01 ④ 02 ④ 03 ② 04 ④ 05 ③

06 다음 중 단독주택계획 시 가장 중요하게 다루어져야 할 것은?

① 침실의 넓이 ② 주부의 동선
③ 현관의 위치 ④ 부엌의 방위

해설

주택설계의 방향
- 생활의 쾌적함 증대
- 주부의 동선 단축(가사노동 경감) : 가장 중요
- 가족본위의 주거(가장 중심 → 주부 중심)
- 개인생활의 프라이버시(독립성) 확보
- 좌식·입식의 혼용

07 공동주택의 공동시설계획에 관한 설명으로 옳지 않은 것은?

① 간선도로변에 위치시킨다.
② 중심을 형성할 수 있는 곳에 설치한다.
③ 확장 또는 증설을 위한 용지를 확보한다.
④ 이용빈도가 높은 건물은 이용거리를 짧게 한다.

해설

① 소음발생이 큰 간선도로변은 피하는 것이 바람직하며 이용자의 편의성, 접근성을 고려하여 배치한다.

08 다음 중 고층사무소 건축에서 층고를 낮게 잡는 이유와 가장 거리가 먼 것은?

① 층고가 높을수록 공사비가 높아지므로
② 실내 공기조화의 효율을 높이기 위하여
③ 제한된 건물 높이 한도 내에서 가능한 한 많은 층수를 얻기 위하여
④ 에스컬레이터의 왕복시간을 단축시킴으로써 서비스의 효율을 높이기 위하여

해설

④ 사무소의 층고를 낮게 할 경우 많은 층수를 얻게 되므로 엘리베이터 및 에스컬레이터의 정지층수가 많아져 운행시간이 늘어나게 된다.

09 다음 중 공동주택 단지 내의 건물배치계획에서 남북 간 인동간격의 결정과 가장 관계가 적은 것은?

① 일조시간 ② 건물의 방위각
③ 대지의 경사도 ④ 건물의 동서길이

해설

④ 건물의 동서길이와는 무관하며, 전면 건물높이와 관계가 있다.

※ 남북 간 인동간격 결정 시 고려사항(일조권 확보를 위해) 태양고도, 방위각(태양·건물), 대지경사도, 위도, 건물높이, 개구부높이 등

10 사무소 건축의 엘리베이터 계획에 관한 설명으로 옳은 것은?

① 대면배치의 경우 대면거리는 최소 6.5m 이상으로 한다.
② 엘리베이터의 대수는 아침 출근시간의 피크 30분간을 기준으로 선정한다.
③ 1개소에 연속하여 6대를 설치할 경우 직선형(일렬형)으로 배치하는 것이 좋다.
④ 여러 대의 엘리베이터를 설치하는 경우, 그룹별 배치와 군 관리 운전방식으로 한다.

해설

① 대면배치의 경우 대면거리는 동일 군 관리의 경우 3.5~4.5m로 한다.
② 엘리베이터의 대수는 아침 출근시간의 피크 5분간을 기준으로 산정한다.
③ 1개소에 연속하여 6대를 설치할 경우 알코브형 또는 대면형으로 배치하는 것이 좋다(4대 이하 : 직선형).

11 주거공간을 주 행동에 따라 개인공간, 사회공간, 노동공간 등으로 구분할 경우, 다음 중 사회공간에 속하는 것은?

① 서재 ② 부엌
③ 식당 ④ 다용도실

정답 06 ② 07 ① 08 ④ 09 ④ 10 ④ 11 ③

해설

생활공간의 분류
- 개인공간 : 침실 · 서재
- 사회공간 : 거실 · 식당
- 노동공간 : 부엌 · 다용도실

12 상점에서 쇼윈도(Show Window)의 반사 방지방법으로 옳지 않은 것은?

① 쇼윈도 형태를 만입형으로 계획한다.
② 쇼윈도 내부의 조도를 외부보다 낮게 처리한다.
③ 캐노피를 설치하여 쇼윈도 외부에 그늘을 조성한다.
④ 쇼윈도를 경사지게 하거나 특수한 경우 곡면유리로 처리한다.

해설
② 쇼윈도 내부의 조도를 외부보다 높게 처리한다.

13 오피스 랜드스케이프(Office Landscape)에 관한 설명으로 옳지 않은 것은?

① 개방식 배치의 한 형식이다.
② 커뮤니케이션의 융통성이 있다.
③ 독립성과 쾌적감의 이점이 있다.
④ 소음 발생에 대한 고려가 요구된다.

해설
③ 개실배치에 대한 설명이다.

14 학교 운영방식 중 교과교실형(V형)에 관한 설명으로 옳은 것은?

① 교실수는 학급수에 일치한다.
② 모든 교실이 특정한 교과를 위해 만들어진다.
③ 능력에 따라 학급 또는 학년을 편성하는 방식이다.
④ 일반교실이 각 학급에 하나씩 배당되고 그 외에 특별교실을 갖는다.

해설
① 종합교실형[U(A)형]
③ 달톤형[D형]
④ 일반교실+특별교실형[U+A형]

15 사무소 건축의 코어 유형에 관한 설명으로 옳지 않은 것은?

① 중심코어는 유효율이 높은 계획이 가능한 유형이다.
② 양단코어는 피난동선이 혼란스러워 방재상 불리한 유형이다.
③ 편심코어는 각 층 바닥면적이 소규모인 경우에 적합한 유형이다.
④ 독립코어는 코어를 업무공간으로부터 분리시킨 관계로 업무공간의 융통성이 높은 유형이다.

해설
② 양단코어는 2방향 피난을 할 수 있으므로 방재상 가장 유리하다.

16 상점의 정면(Facade) 구성에 요구되는 AIDMA 법칙의 내용에 속하지 않는 것은?

① 예술(Art)   ② 욕구(Desire)
③ 흥미(Interest)   ④ 기억(Memory)

해설

상점의 광고요소(AIDMA 법칙)
주의(Attention), 흥미(Interest), 욕구(Desire), 기억(Memory), 행동(Action)

17 공동주택의 형식에 관한 설명으로 옳지 않은 것은?

① 홀형은 거주의 프라이버시가 높다.
② 편복도형은 각 세대의 방위를 동일하게 할 수 있다.
③ 중복도형은 부지의 이용률은 가장 낮으나 건물의 이용도가 높다.
④ 집중형은 복도 부분의 환기 등의 문제점을 해결하기 위해 기계적 환경조절이 필요한 형식이다.

> **해설**
> ③ 중복도형은 복도 양측에 각 주호가 배치된 형식으로 부지의 이용률이 높다.

18 주택 식당의 배치 유형 중 다이닝 키친(DK형)에 관한 설명으로 옳은 것은?

① 대규모 주택에 적합한 유형으로 쾌적한 식당의 구성이 용이하다.
② 싱크대와 식탁의 거리가 멀어지는 관계로 주부의 동선이 길다는 단점이 있다.
③ 부엌의 일부에 간단한 식탁을 설치하거나 식당과 부엌을 하나로 구성한 형태이다.
④ 거실과 식당이 하나로 된 형태로 거실의 분위기에서 식사 분위기의 연출이 용이하다.

> **해설**
> ①은 분리형에 대한 설명이다.
> ② 개방형의 경우에는 부엌과 식당, 거실과 식당, 거실과 식당 및 부엌 등을 하나의 공간에 배치하는 것으로 공간 절약상 유리하며, 또한 주부의 동선이 짧아지는 장점이 있다.
> ④는 다이닝 앨코브(LD형)에 대한 설명이다.
> ※ 식당(Dining Room)
>   ㉠ 분리형
>   거실이나 부엌과 완전히 독립된 식사실
>   ㉡ 개방형
>   • Dining Kitchen(DK) : 부엌의 일부에 식탁을 놓은 것
>   • Dining Alcove(LD) : 거실의 일부에 식탁을 놓은 것
>   • Living Kitchen(LDK) : 거실+식사실+부엌을 겸함

19 초등학교 건축계획에 관한 설명으로 옳은 것은?

① 저학년에서는 달톤형의 학교운영방식이 가장 적합하다.
② 저학년의 배치형은 1열로 서 있는 것보다 중정을 중심으로 둘러싸인 형이 좋다.
③ 동일한 층에 저학년부터 고학년까지의 각 학년의 학급이 혼합되도록 배치하는 것이 좋다.
④ 저학년 교실은 독립성 확보를 위해 1층에 위치하지 않도록 하며, 교문과 근접하지 않도록 한다.

> **해설**
> ① 저학년에서는 종합교실형의 학교운영방식이 가장 적합하다.
> ③ 동일한 층에 저학년부터 고학년까지의 각 학년의 학급이 혼합되지 않도록 한다(동일 학년의 교실을 집중배치).
> ④ 저학년 교실은 가급적 1층에 위치하도록 하며, 교문과 근접하도록 한다.

20 일주일 평균 수업시간이 30시간인 학교에서 음악교실에서의 수업시간이 20시간이며, 이 중 15시간은 음악시간으로, 나머지 5시간은 무용시간으로 사용되었다면, 이 음악교실의 이용률과 순수율은?

① 이용률 50%, 순수율 33%
② 이용률 67%, 순수율 75%
③ 이용률 50%, 순수율 75%
④ 이용률 67%, 순수율 33%

> **해설**
> **이용률과 순수율**
> • 이용률(%) = $\dfrac{\text{교실이 사용되고 있는 시간}}{\text{1주간 평균 수업시간}} \times 100(\%)$
>   = $\dfrac{20}{30} \times 100(\%) = 67(\%)$
> • 순수율(%)
>   = $\dfrac{\text{일정한 교과를 위해 사용되는 시간}}{\text{그 교실이 사용되고 있는 시간}} \times 100(\%)$
>   = $\dfrac{20-5}{20} \times 100(\%) = 75(\%)$

정답 18 ③ 19 ② 20 ②

건축기사 (2020년 8월 시행)

01 극장의 평면형식에 관한 설명으로 옳지 않은 것은?
① 아레나형에서 무대 배경은 주로 낮은 가구로 구성된다.
② 프로시니엄형은 픽처 프레임 스테이지형이라고도 불린다.
③ 오픈 스테이지형은 관객석이 무대의 대부분을 둘러싸고 있는 형식이다.
④ 프로시니엄형은 가까운 거리에서 관람하게 되며, 가장 많은 관객을 수용할 수 있다.

[해설]
④는 아레나형에 대한 설명이다.
※ 프로시니엄형 : 프로시니엄벽에 의해 연기공간이 분리되어 관객이 프로시니엄 아치의 개구부를 통해서 무대를 보는 형

02 주택의 평면과 각 부위의 치수 및 기준척도에 관한 설명으로 옳지 않은 것은?
① 치수 및 기준척도는 안목치수를 원칙으로 한다.
② 거실 및 침실의 평면 각 변의 길이는 10cm를 단위로 한 것을 기준척도로 한다.
③ 거실 및 침실의 층높이는 2.4m 이상으로 하되, 5cm를 단위로 한 것을 기준척도로 한다.
④ 계단 및 계단참의 평면 각 변의 길이 또는 너비는 5cm를 단위로 한 것을 기준척도로 한다.

[해설]
② 거실 및 침실의 평면 각 변의 길이는 5cm를 단위로 한 것을 기준 척도로 한다.

03 종합병원의 외래진료부를 클로즈드 시스템(Closed System)으로 계획할 경우 고려할 사항으로 가장 부적절한 것은?
① 1층에 두는 것이 좋다.
② 부속 진료시설을 인접하게 한다.
③ 약국, 회계 등은 정면출입구 근처에 설치한다.
④ 외과계통은 소진료실을 다수 설치하도록 한다.

[해설]
각 과별 계획
- 내과 : 진료검사에 시간이 걸리므로 소진료실을 다수 설치한다.
- 외과 : 진찰실과 처치실로 구분하며(소수술실, 깁스실을 인접설치), 각 과는 1실에 여러 환자를 볼 수 있도록 대실로 한다.

04 공장의 지붕형태에 관한 설명으로 옳은 것은?
① 솟음지붕은 채광 및 환기에 적합한 방법이다.
② 샤렌구조는 기둥이 많이 소요된다는 단점이 있다.
③ 뾰족지붕은 직사광선이 완전히 차단된다는 장점이 있다.
④ 톱날지붕은 남향으로 할 경우 하루 종일 변함없는 조도를 가진 약광선을 받아들일 수 있다.

[해설]
② 샤렌구조는 기둥이 적게 소요되는 장점이 있다.
③ 뾰족지붕은 어느 정도 직사광선을 허용하는 단점이 있다.
④ 톱날지붕은 북향으로 할 경우 하루 종일 변함없는 조도를 가진 약광선을 받아들일 수 있다.

05 래드번(Radburn) 주택단지계획에 관한 설명으로 옳지 않은 것은?
① 중앙에는 대공원 설치를 계획하였다.
② 주거구는 슈퍼블록 단위로 계획하였다.
③ 보행자의 보도와 차도를 분리하여 계획하였다.
④ 주거지 내의 통과교통으로 간선도로를 계획하였다.

> **해설**
>
> ④ 주거지 내의 통과교통을 허용하지 않는다.

※ 래드번(Radburn) 시스템
- 보차 분리
- 쿨데삭(막힌 골목길)
- 대가구 계획(슈퍼블록)
- 간선도로로 둘러싸이고, 간선도로가 마을을 관통하지 않음
- 어린이를 둔 가정의 안전과 쾌적성 강조

06 공포형식 중 다포형식에 관한 설명으로 옳지 않은 것은?

① 출목은 2출목 이상으로 전개된다.
② 수덕사 대웅전이 대표적인 건물이다.
③ 내부 천장구조는 대부분 우물천장이다.
④ 기둥 상부 이외에 기둥 사이에도 공포를 배열한 형식이다.

> **해설**
>
> ② 수덕사 대웅전은 고려시대 주심포 형식의 대표적인 건물이다.

※ 고려시대 목조건축물
- 주심포식 : 봉정사 극락전, 부석사 무량수전, 수덕사 대웅전, 강릉 객사문
- 다포식 : 심원사 보광전, 석왕사 응진전

07 탑상형 공동주택에 관한 설명으로 옳지 않은 것은?

① 각 세대에 시각적인 개방감을 준다.
② 각 세대에 거주조건 및 환경이 균등하다.
③ 도심지 내의 랜드마크적인 역할이 가능하다.
④ 건축물 외면의 4개의 입면성을 강조한 유형이다.

> **해설**
>
> ② 각 세대의 거주조건 및 환경이 불균등하다.

08 학교의 운영방식에 관한 설명으로 옳지 않은 것은?

① 플래툰형은 교과교실형보다 학생의 이동이 많다.
② 종합교실형은 초등학교 저학년에 가장 권장할 만한 형식이다.
③ 달톤형은 규모 및 시설이 다른 다양한 형태의 교실이 요구된다.
④ 일반 및 특별교실형은 우리나라 중학교에서 일반적으로 사용되는 방식이다.

> **해설**
>
> ① 플래툰형은 교과교실형(일반교실이 없다.)보다 학생의 이동이 많지 않다.

※ 플래툰형(P형)
각 학급을 2분단으로 나누어 한쪽이 일반교실을 사용할 때 다른 한쪽은 특별 교실을 사용하는 형식

09 사무소 건축에서 오피스 랜드스케이핑(Office Landscaping)에 관한 설명으로 옳지 않은 것은?

① 프라이버시 확보가 용이하여 업무의 효율성이 증대된다.
② 커뮤니케이션의 융통성이 있고 장애요인이 거의 없다.
③ 실내에 고정된 칸막이를 설치하지 않으며 공간을 절약할 수 있다.
④ 변화하는 작업의 패턴에 따라 조절이 가능하며 신속하고 경제적으로 대처할 수 있다.

> **해설**
>
> **오피스 랜드스케이핑의 장단점(개방식에 속함)**
>
> | 장점 | 단점 |
> |---|---|
> | • 공간의 가변성(융통성)
• 공간이용의 효율성(공간의 절약)
• 사무능률 향상
• 공사비 절약 | • 프라이버시 결여
• 소음 |

정답 06 ② 07 ② 08 ① 09 ①

10 엘리베이터의 설계 시 고려사항으로 옳지 않은 것은?

① 군 관리운전의 경우 동일 군내의 서비스 층은 같게 한다.
② 승객의 층별 대기시간은 평균 운전간격 이하가 되게 한다.
③ 건축물의 출입층이 2개 층이 되는 경우는 각각의 교통수요량 이상이 되도록 한다.
④ 백화점과 같은 대규모 매장에는 일반적으로 승객 수송의 70~80%를 분담하도록 계획한다.

> **해설**
>
> ④ 에스컬레이터에 대한 설명이다.
>
> ※ 백화점의 승강설비
> - 엘리베이터 : 최상층 급행용 이외에는 보조수단으로 이용
> - 에스컬레이터 : 고객의 70~80%가 이용하게 되며, 수송능력이 엘리베이터의 10배

11 극장 건축과 관련된 용어 설명으로 옳지 않은 것은?

① 플라이 갤러리(Fly Gallery) : 무대 주위의 벽에 설치되는 좁은 통로이다.
② 사이클로라마(Cyclorama) : 무대의 제일 뒤에 설치되는 무대 배경용 벽이다.
③ 그린룸(Green Room) : 연기가 분장 또는 화장을 하고 의상을 갈아입는 곳이다.
④ 그리드아이언(Gridiron) : 무대 천장 밑에 설치한 것으로 배경이나 조명기구 등이 매달린다.

> **해설**
>
> ③은 의상실에 대한 설명이다.
>
> ※ 그린룸과 앤티룸
> ㉠ 그린룸(Green room)
> - 출연대기실
> - 무대와 같은 층
> - 크기 : 보통 30m² 정도
>
> ㉡ 앤티룸(Anteroom)
> - 무대와 그린룸 사이의 조그만 방
> - 출연 바로 직전에 기다리는 방

12 숑바르 드 로브의 주거면적기준으로 옳은 것은?

① 병리기준 : 6m², 한계기준 : 12m²
② 병리기준 : 6m², 한계기준 : 14m²
③ 병리기준 : 8m², 한계기준 : 12m²
④ 병리기준 : 8m², 한계기준 : 14m²

> **해설**
>
> **숑바르 드 로브(Chombard de Lawve)의 기준**
> - 병리기준 : 8m²/인(거주자의 신체 및 건강에 나쁜 영향을 줌)
> - 한계기준 : 14m²/인(개인, 가족인 거주의 융통성을 보장하지 못함)
> - 표준기준 : 16m²/인(적극적으로 추천)

13 미술관 전시실의 순회 형식에 관한 설명으로 옳지 않은 것은?

① 연속 순회 형식은 전시 벽면이 최대화되고 공간절약 효과가 있다.
② 연속 순회 형식은 한 실을 폐쇄하면 다음 실로의 이동이 불가능하다.
③ 갤러리 및 복도형식은 관람자가 전시실을 자유롭게 선택하여 관람할 수 있다.
④ 중앙 홀 형식에서 중앙 홀이 크면 장래의 확장에는 용이하나 동선의 혼잡이 심해진다.

> **해설**
>
> **중앙 홀 형식**
> 중심부에 하나의 큰 홀을 두고 그 주위에 각 전시실을 배치하여 자유로이 출입하는 형식
>
> | 특징 | • 중앙 홀이 좁으면 동선의 혼란을 가져오기 쉽다.
• 장래 확장에 많은 무리가 따른다.
• 대규모 전시실에 가장 적합하다. |
> | --- | --- |

정답 10 ④ 11 ③ 12 ④ 13 ④

14 경복궁의 궁궐 배치는 전조공간과 후침공간으로 이루어져 있다. 다음 중 전조공간의 구성에 속하지 않는 것은?

① 근정전 ② 만춘전
③ 천추전 ④ 강녕전

[해설]

경복궁의 공간분할
- 전조공간(공적인 업무공간)
  근정전, 사정전, 만춘전, 천추전 등
- 후침공간(개인 생활공간)
  강녕전, 교태전 등

15 도서관 건축에 관한 설명으로 옳지 않은 것은?

① 캐럴(Carrel)은 서고 내에 설치된 소연구실이다.
② 서고의 내부는 자연채광을 하지 않고 인공조명을 사용한다.
③ 일반 열람실의 면적은 0.25~0.5m²/인 정도의 규모로 계획한다.
④ 서고면적 1m²당 150~250권 정도의 수장능력을 갖도록 계획한다.

[해설]

일반열람실(성인열람실)

이용률	일반인 : 학생 = 7 : 3 (일반인과 학생용 열람실 분리)
크기	• 성인 1인당 1.5~2.0m² • 아동 1인당 1.1m² 정도 • 실 전체로서 1석 평균 2.0~2.5m²

16 호텔 건축에 관한 설명으로 옳지 않은 것은?

① 커머셜 호텔은 가급적 저층으로 한다.
② 아파트먼트 호텔은 장기 체류용 호텔이다.
③ 리조트 호텔은 자연경관이 좋은 곳을 선택한다.
④ 터미널 호텔은 교통기관의 발착지점에 위치한다.

[해설]

① 커머셜 호텔은 가급적 고층으로 한다.

※ 시티 호텔
- 시티 호텔의 경우 대지의 제한으로 대지경계선에 따라 형태가 결정되기 쉽다.
- 시가지에 세워지는 시티 호텔은 대지의 제약으로 복도면적을 작게 하고 고층화에 적합한 평면형이 요구된다.

17 공동주택 단위주거의 단면구성 형태에 관한 설명으로 옳지 않은 것은?

① 플랫형은 주거단위가 동일층에 한하여 구성되는 형식이다.
② 스킵 플로어형은 통로 및 공용면적이 적은 반면에 전체적으로 유효면적이 높다.
③ 복층형(메조네트형)은 플랫형에 비해 엘리베이터의 정지 층수를 적게 할 수 있다.
④ 트리플렉스형은 듀플렉스형보다 프라이버시의 확보율이 낮고 통로면적이 많이 필요하다.

[해설]

④ 트리플렉스형은 듀플렉스형보다 프라이버시의 확보율이 높고 통로면적이 적게 필요하다.

※ 복층형
- 듀플렉스형 : 하나의 단위주거의 평면이 2개 층에 걸쳐 있는 것
- 트리플렉스형 : 하나의 단위주거의 평면이 3개 층에 걸쳐 있는 것

18 다음 중 건축요소와 해당 건축요소가 사용된 건축양식의 연결이 옳지 않은 것은?

① 장미창(Rose Window) – 고딕
② 러스티케이션(Rustication) – 르네상스
③ 첨두아치(Pointed Arch) – 로마네스크
④ 펜덴티브 돔(Pendentive Dome) – 비잔틴

[해설]

③ 첨두아치 – 고딕

※ 고딕 건축 : 첨두아치, 플라잉 버트레스, 리브 볼트, 장미창 등

정답 14 ④ 15 ③ 16 ① 17 ④ 18 ③

19 은행 건축계획에 관한 설명으로 옳지 않은 것은?

① 고객과 직원과의 동선이 중복되지 않도록 계획한다.
② 대규모 은행일 경우 고객의 출입구는 되도록 1개소로 계획한다.
③ 이중문을 설치할 경우 바깥문은 바깥 여닫이 또는 자재문으로 계획한다.
④ 어린이의 출입이 많은 경우에는 주출입구에 회전문을 설치하는 것이 좋다.

> **해설**

④ 어린이의 출입이 많은 경우에는 주출입구에 회전문을 설치하지 않는 것이 좋다.

※ 회전문
- 인원 통제
- 실내기밀 유지
- 어린이 출입이 많은 곳에서는 위험하므로 사용금지

20 다음 중 백화점 기둥간격의 결정요소와 가장 거리가 먼 것은?

① 지하주차장의 주차방법
② 진열대의 치수와 배열법
③ 엘리베이터의 배치방법
④ 각 층별 매장의 상품구성

> **해설**

백화점 기둥간격의 결정요소
- 진열대의 치수와 배치방법
- 에스컬레이터의 배치
- 매장의 통로
- 지하주차장의 주차방식과 주차폭

※ 사무소 기둥간격의 결정요소
- 책상배치 단위
- 채광상 층고에 의한 안깊이(채광한계)
- 주차배치 단위(지하주차장의 주차방식과 주차폭)

건축산업기사 (2020년 8월 시행)

01 한식주택의 특징으로 옳지 않은 것은?
① 단일용도의 실
② 좌식 생활 기준
③ 위치별 실의 구분
④ 가구는 부차적 존재

[해설]
주거양식에 의한 분류
- 한식주택 : 은폐적, 분산적, 다용도
- 양식주택 : 개방적, 집중식, 단일용도

02 사무소 건축의 코어(Core)에 관한 설명으로 옳지 않은 것은?
① 독립코어는 방재상 유리하다.
② 독립코어는 사무실 공간 배치가 자유롭다.
③ 편심코어는 기준층 바닥면적이 작은 경우에 적합하다.
④ 중심코어는 바닥면적이 큰 고층, 초고층 사무소에 적합하다.

[해설]
① 독립코어는 방재상 불리하고 바닥면적이 커지면 피난시설을 포함하는 서브코어가 필요하다.

03 사무소 건축의 엘리베이터계획에 관한 설명으로 옳지 않은 것은?
① 수량 계산 시 대상 건축물의 교통수요량에 적합해야 한다.
② 승객의 층별 대기시간은 평균 운전간격 이하가 되게 한다.
③ 초고층, 대규모 빌딩인 경우는 서비스 그룹을 분할하여서는 안 된다.
④ 건축물의 출입층이 2개 층이 되는 경우는 각각의 교통 수요량 이상이 되도록 한다.

[해설]
③ 초고층, 대규모 빌딩인 경우는 서비스 그룹을 분할한다.

04 학교 교실의 배치방식 중 클러스터형(Cluster Type)에 관한 설명으로 옳지 않은 것은?
① 각 학급의 전용의 홀로 구성된다.
② 전체배치에 융통성을 발휘할 수 있다.
③ 복도의 면적이 커지며 소음의 발생이 크다.
④ 교실을 소단위로 분리하여 설치하는 방식을 말한다.

[해설]
③ 클러스터형은 교실 간 간섭(방해) 및 소음이 적다.
※ 엘보형(Elbow Type)
- 복도를 교실과 분리하는 형식이다.
- 복도 면적이 증가한다.

05 백화점에 설치하는 에스컬레이터에 관한 설명으로 옳지 않은 것은?
① 수송량에 비해 점유면적이 작다.
② 설치 시 층고 및 보의 간격에 영향을 받는다.
③ 비상계단으로 사용할 수 있어 방재계획에 유리하다.
④ 교차식 배치는 연속적으로 승강이 가능한 형식이다.

[해설]
③ 에스컬레이터는 비상계단으로 사용할 수 없다.
※ 계단 : 승강설비의 보조용으로서 또한 비상계단으로 계획한다. (백화점 : 다수의 사람이 모이는 장소이므로 피난계단 및 특별피난계단으로 계획)

정답 01 ① 02 ① 03 ③ 04 ③ 05 ③

06 아파트 단지 내 주동배치 시 고려하여야 할 사항으로 옳지 않은 것은?

① 단지 내 커뮤니티가 자연스럽게 형성되도록 한다.
② 주동 배치계획에서 일조, 풍향, 방화 등에 유의해야 한다.
③ 옥외주차장을 이용하여 충분한 오픈 스페이스를 확보한다.
④ 다양한 배치기법을 통하여 개성적인 생활공간으로서의 옥외공간이 되도록 한다.

> **해설**
> ③ 옥외주차장뿐만 아니라 대지 단지 내 공터나 녹지 따위의 공간을 이용하여 충분한 오픈스페이스를 확보한다.

07 공장 건축의 배치형식 중 분관식에 관한 설명으로 옳지 않은 것은?

① 통풍 및 채광이 양호하다.
② 공장의 확장이 거의 불가능하다.
③ 각 동의 건설을 병행할 수 있으므로 조기 완성이 가능하다.
④ 각각의 건물에 대해 건축형식 및 구조를 각기 다르게 할 수 있다.

> **해설**
> ② 분관식은 공장의 신설, 확장이 용이하다.

08 공동 주택의 단면형 중 스킵 플로어(Skip Floor) 형식에 관한 설명으로 옳은 것은?

① 하나의 단위주거의 평면이 2개 층에 걸쳐 있는 것으로 듀플렉스형이라고도 한다.
② 하나의 단위주거의 평면이 3개 층에 걸쳐 있는 것으로 트리플렉스형이라고도 한다.
③ 주거단위가 동일층에 한하여 구성되는 형식이며, 각 층에 통로 또는 엘리베이터를 설치하게 된다.
④ 주거단위의 단면을 단층형과 복층형에서 동일층으로 하지 않고 반 층씩 어긋나게 하는 형식을 말한다.

> **해설**
> **스킵 플로어형(Skip Floor Type)**
> • 엘리베이터와 연결하는 복도가 2층 또는 3층마다 있고 2층에서 상하층에 계단으로 연락한다.
> • 구조 및 설비계획상 복잡하다.
> • 일반적으로 복층형으로 보나 단층형과 복층형이 존재한다.
> ① (듀플렉스형)
> ② (트리플렉스형)는 복층형에 대한 설명이다.
> ③ 단층형에 대한 설명이다.

09 다음 중 공간의 레이아웃(Layout)과 가장 밀접한 관계를 가지고 있는 것은?

① 재료계획
② 동선계획
③ 설비계획
④ 색채계획

> **해설**
> 공간의 레이아웃은 일종의 공간분할계획 또는 조닝 및 동선계획과 관련이 있다.

10 다음 중 사무소 건축계획에서 코어시스템(Core System)을 채용하는 이유와 가장 거리가 먼 것은?

① 구조적인 이점
② 피난상의 유리
③ 임대면적의 증가
④ 설비계통의 집중

> **해설**
> **코어시스템의 역할(채용 이유)**
> • 평면상 : 유효(임대)면적의 증가
> • 구조상 : 구조적인 이점(내면적 역할)
> • 설비상 : 설비계통의 집중(설비비의 절약)
>
> ※ 주택에서 코어시스템을 채용하는 가장 큰 이유 : 설비비의 절약

11 상점 건축의 진열창 계획에 관한 설명으로 옳은 것은?

① 밝은 조도를 얻기 위하여 광원을 노출한다.
② 내부 조명은 전반 조명만 사용하는 것을 원칙으로 한다.
③ 진열창의 내부 조도를 외부보다 낮게 하여 눈부심을 방지한다.
④ 외부에 면하는 진열창의 유리로 페어 글라스를 사용하는 경우 결로 방지에 효과가 있다.

해설
① 야간 시 눈에 입사하는 광속을 적게 하기 위해 광원을 감춘다(눈부심 방지).
② 내부조명은 전반조명과 국부조명을 병용해서 사용한다.
③ 진열창의 내부 조도를 외부보다 높게 하여 눈부심을 방지한다.

12 주택 부엌의 작업대 배치방식 중 L형 배치에 관한 설명으로 옳지 않은 것은?

① 정방형 부엌에 적합한 유형이다.
② 부엌과 식당을 겸하는 경우 활용이 가능하다.
③ 작업대의 코너 부분에 개수대 또는 레인지를 설치하기 곤란하다.
④ 분리형이라고도 하며, 모든 방향에서 작업대의 접근 및 이용이 가능하다.

해설
부엌의 작업대 배치방식
• 직선형 : 동선이 길어지는 경향이 있다(좁은 부엌).
• L자형 : 모서리 부분의 이용도가 낮다(정방향 부엌).
• U자형 : 수납공간이 넓고 이용하기 편리하고(양측 벽면 이용), 위치 설정이 어렵다.
• 외부로 통하는 출입구가 필요한 경우에 쓰인다.

※ 분리형 : 거실이나 부엌과 완전히 독립된 식사실

13 다음 중 주택에서 가사노동의 경감을 위한 방법과 가장 거리가 먼 것은?

① 설비를 좋게 하고 되도록 기계화할 것
② 능률이 좋은 부엌시설이나 가사실을 갖출 것
③ 평면에서의 주부의 동선이 단축되도록 할 것
④ 청소 등의 노력을 절감하기 위하여 좁은 주거로 계획할 것

해설
④ 청소 등의 노력을 절감하기 위하여 필요 이상의 넓은 주거를 지양한다.

14 1주간의 평균수업시간이 35시간인 어느 학교에서 제도실이 사용되는 시간이 1주에 28시간이며, 이 중 18시간은 제도수업으로, 10시간은 구조강의로 사용되었다면, 제도실의 이용률과 순수율은 각각 얼마인가?

① 이용률 : 80%, 순수율 : 35.7%
② 이용률 : 80%, 순수율 : 64.3%
③ 이용률 : 51.4%, 순수율 : 35.7%
④ 이용률 : 51.4%, 순수율 : 64.3%

해설
이용률과 순수율
• 이용률(%) = $\dfrac{\text{교실이 사용되고 있는 시간}}{\text{1주간 평균 수업시간}} \times 100(\%)$

   $= \dfrac{28}{35} \times 100(\%) = 80(\%)$

• 순수율(%)
   $= \dfrac{\text{일정한 교과를 위해 사용되는 시간}}{\text{그 교실이 사용되고 있는 시간}} \times 100(\%)$

   $= \dfrac{28-10}{28} \times 100(\%) = 64.3(\%)$

15 아파트의 평면형식 중 계단실형에 관한 설명으로 옳은 것은?

① 집중형에 비해 부지의 이용률이 높다.
② 복도형에 비해 프라이버시에 유리하다.
③ 다른 유형보다 독신자 아파트에 적합하다.
④ 중복도형에 비해 1대의 엘리베이터에 대한 이용 가능한 세대수가 많다.

정답 11 ④ 12 ④ 13 ④ 14 ② 15 ②

해설
① 부지의 이용률이 가장 높은 것은 집중형이다.
③ 독신자 아파트에 적합한 것은 중복도형이다.
④ 계단실형은 1대의 엘리베이터에 대한 이용 가능한 세대 수가 가장 적다(고층 아파트일 경우 계단실마다 엘리베이터를 설치해야 하므로 시설비가 많이 든다).

16 다음 중 사무소 건축에서 기준 중 층고의 결정요소와 가장 거리가 먼 것은?

① 채광률
② 사용목적
③ 공조시스템
④ 엘리베이터의 용량

해설
기준층 층고 결정요소
사용목적, 채광(사무소의 안깊이), 공조시스템(공기조화), 건물의 높이 제한과 층수, 공사비 등
④ 엘리베이터의 용량 및 대수와는 무관하다.

17 상점계획에 관한 설명으로 옳지 않은 것은?

① 고객의 동선은 원활하게 하면서 가급적 길게 하는 것이 좋다.
② 쇼윈도의 바닥높이는 상품의 종류에 따라 높낮이를 결정하게 된다.
③ 상점 내부의 국부조명은 자유롭게 수량, 방향, 위치를 변경할 수 있도록 한다.
④ 종업원 동선은 고객의 동선과 교차되는 것이 바람직하고, 가급적 보행거리를 길게 한다.

해설
④ 종업원 동선은 고객의 동선과 서로 교차되지 않도록 하고, 가급적 보행거리를 짧게 한다.

18 연립주택의 종류 중 타운 하우스에 관한 설명으로 옳지 않은 것은?

① 배치상의 다양성을 줄 수 있다.
② 각 주호마다 자동차의 주차가 용이하다.
③ 프라이버시 확보는 조경을 통하여서도 가능하다.
④ 토지이용 및 건설비, 유지관리비의 효율성은 낮다.

해설
타운 하우스(Town House)
토지의 효율적인 이용, 건설비 및 유지 관리비의 절약을 고려하고 단독주택의 이점을 최대한 살린 연립주택의 한 종류

19 주택의 각 실에 있어서 다음 중 유틸리티 공간 (Utility Area)과 가장 밀접한 관계가 있는 곳은?

① 서재
② 부엌
③ 현관
④ 응접실

해설
유틸리티 공간(가사실)
- 주부의 세탁, 다림질, 재봉 등의 작업을 하는 공간
- 내부와 내부 연결(부엌을 통해서만 출입 가능)
- 부엌에 가장 근접 배치
- 직접 외부로 나갈 수 없음

20 학교의 강당 및 체육관 계획에 관한 설명으로 옳은 것은?

① 체육관의 규모는 표준 배구코트를 둘 수 있는 크기가 필요하다.
② 강당은 반드시 전교생 전원을 수용할 수 있도록 크기를 결정한다.
③ 강당의 진입계획에서 학교 외부로부터의 동선을 별도로 고려하지 않는다.
④ 강당을 체육관과 겸용할 경우에는 일반적으로 체육관 기능을 중심으로 계획한다.

해설
① 체육관의 규모는 표준 농구코트를 둘 수 있는 크기가 필요하다.
② 강당은 반드시 전교생 전원을 수용할 수 있도록 크기를 결정하지 않는다.
③ 강당의 진입계획에서 학교 외부로부터의 동선을 고려한다(외부와의 연락이 좋은 교문 부근에 배치).

정답 16 ④ 17 ④ 18 ④ 19 ② 20 ④

건축기사 (2020년 9월 시행)

01 기업체가 자사제품의 홍보, 판매 촉진 등을 위해 제품 및 기업에 관한 자료를 소비자들에게 직접 호소하여 제품의 우위성을 인식시키는 전시공간은?

① 쇼룸
② 런드리
③ 프로시니엄
④ 인포메이션

[해설]

쇼룸에 대한 설명이다.

※ 쇼룸의 분류
- 판매촉진을 위한 상업적 목적의 쇼룸
- 기업이미지를 PR하는 비상업적 목적의 쇼룸

02 사무소 건축의 실단위계획 중 개실 시스템에 관한 설명으로 옳지 않은 것은?

① 공사비가 저렴하다.
② 독립성과 쾌적감이 높다.
③ 방길이에 변화를 줄 수 있다.
④ 방깊이에 변화를 줄 수 없다.

[해설]

개실 배치(Individual Room System)
복도에 의해 각 층의 여러 부분으로 들어가는 방법(소규모 사무실 임대에 유리)

장점	단점
• 독립성이 좋다. • 채광, 환기가 유리하다. • 소음이 적다.	• 공사비가 비교적 높다. • 방길이 변화가 가능하다(방깊이에는 변화를 줄 수 없다).

03 주택단지계획에서 보차분리의 형태 중 평면분리에 해당하지 않는 것은?

① T자형
② 루프(Loop)
③ 쿨데삭(Cul-De-Sac)
④ 오버브리지(Overbridge)

[해설]

보행자, 자동차의 동선 분리방법
㉠ 평면 분리 : 보차동선을 동일 평면에서 선적으로 분리하는 가장 기본적인 방법(측보도, 래드번 System 등)
㉡ 시간 분리 : 차로의 일정 구간을 특정한 시간대에 보행자 도로로 활용하는 방법(평일 통학로로 쓰이는 등하교로, 신호등이 있는 횡단보도 등)
㉢ 입체 분리
 • 점적 분리 : 보차의 평면교차부분을 입체화하는 방법(오버브리지, 언더패스 등)
 • 선적 분리 : 점적 분리의 선적인 연장에 의해 도시시설과 연결하는 방법(페데스트리언 데크, 지하도 등)

04 도서관의 출납 시스템 유형 중 이용자가 자유롭게 도서를 꺼낼 수 있으나 열람석으로 가기 전에 관원의 검열을 받는 형식은?

① 폐가식
② 반개가식
③ 자유개가식
④ 안전개가식

[해설]

안전개가식(Safe Quarded Open Access)
㉠ 정의 : 열람자가 서가에서 직접 책을 꺼내지만 관원의 검열을 받고 대출의 기록을 남긴 후 열람하는 방식
㉡ 특징
 • 도서 열람의 체크시설이 필요하다.
 • 출납 시스템이 필요치 않아 혼잡하지 않다.
 • 감시가 필요하지 않다.
 • 자유개가식과 반개가식의 혼용형이다.

정답 01 ① 02 ① 03 ④ 04 ④

05 단독주택에서 다음과 같은 실들을 각각 직상층 및 직하층에 배치할 경우 가장 바람직하지 않은 것은?

① 상층 : 침실, 하층 : 침실
② 상층 : 부엌, 하층 : 욕실
③ 상층 : 욕실, 하층 : 침실
④ 상층 : 욕실, 하층 : 부엌

> **해설**
> ③ 설비 관련 부분은 평면상 또는 단면상 집약·배치시키는 것이 바람직하다.
> ※ 설비적 코어 : 부엌, 욕실, 화장실 등 설비부분을 건물의 일부에 집약·배치시켜 설비 관계 공사비를 감소시키려는 것

06 다음 중 백화점 매장의 기둥간격 결정요소와 가장 거리가 먼 것은?

① 엘리베이터의 배치방법
② 진열장의 치수와 배치방법
③ 지하주차장 주차방식과 주차 폭
④ 층별 매장 구성과 예상 이용 인원

> **해설**
> **기둥간격 결정요소(백화점)**
> • 진열대의 치수와 배치방법
> • 에스컬레이터의 배치
> • 매장의 통로
> • 지하주차장의 주차방식과 주차폭

07 학교 운영방식에 관한 설명으로 옳지 않은 것은?

① 종합교실형은 초등학교 저학년에 권장되는 방식이다.
② 교과교실형은 교실의 이용률은 높으나 순수율은 낮다.
③ 달톤형은 학급과 학년을 없애고 각자의 능력에 따라 교과를 선택하는 방식이다.
④ 플래툰형은 전 학급을 2분단으로 나누어 한쪽이 일반교실을 사용할 때, 다른 쪽은 특별교실을 사용한다.

> **해설**
> **V형(특별교실형)**
> • 일반교실이 필요 없다.
> • 순수율이 높다.

08 종합병원에서 클로즈드 시스템(Closed System)의 외래진료부에 관한 설명으로 옳지 않은 것은?

① 내과는 소규모 진료실을 다수 설치하도록 한다.
② 환자의 이용이 편리하도록 1층 또는 2층 이하에 둔다.
③ 중앙주사실, 회계, 약국 등은 정면출입구 근처에 설치한다.
④ 전체 병원에 대한 외래진료부의 면적비율은 40~45% 정도로 한다.

> **해설**
> **병원의 면적 구성비율**
> • 병동부 : 30~40%(가장 큼)
> • 중앙진료부 : 15~17%
> • 외래진료부 : 10~15%
> • 관리부 : 8~10%
> • 서비스부 : 20~25%

09 공장 건축의 레이아웃(Layout)에 관한 설명으로 옳지 않은 것은?

① 제품 중심의 레이아웃은 대량생산에 유리하며 생산성이 높다.
② 레이아웃은 장래 공장규모의 변화에 대응한 융통성에 있어야 한다.
③ 공정 중심의 레이아웃은 다품종 소량생산이나 주문생산에 적합한 형식이다.
④ 고정식 레이아웃은 기능이 동일하거나 유사한 공정, 기계를 접합하여 배치하는 방식이다.

정답 05 ③ 06 ④ 07 ② 08 ④ 09 ④

> [해설]

④ 공정 중심의 레이아웃에 대한 설명이다.

※ 고정식 레이아웃
  ㉠ 정의 : 주가 되는 재료나 조립 부품이 고정된 장소에 있고 사람이나 기계가 그 장소로 이동하여 작업이 행해지는 방식
  ㉡ 특징 : 제품이 크고, 생산 수량이 극히 적은 경우에 적합(선박, 건축 등에 적용)

10 극장 건축의 관련 제실에 관한 설명으로 옳지 않은 것은?

① 앤티 룸(Anti Room)은 출연자들이 출연 바로 직전에 기다리는 공간이다.
② 그린 룸(Green Room)은 출연자 대기실을 말하며 주로 무대 가까운 곳에 배치한다.
③ 배경제작실의 위치는 무대에 가까울수록 편리하며, 제작 중의 소음을 고려하여 차음설비가 요구된다.
④ 의상실은 실의 크기가 1인당 최소 $8m^2$가 필요하며, 그린 룸이 있는 경우 무대와 동일한 층에 배치하여야 한다.

> [해설]

의상실(Dressing Room)
- 연기자가 분장 또는 화장을 하고 의상을 갈아 입는 곳
- 실의 크기는 1인당 최소 $4 \sim 5m^2$가 필요
- 무대 근처 또는 같은 층에 있는 것이 이상적
- 그린룸이 있는 경우 무대와 동일한 층에 있을 필요는 없다.

※ 그린룸(Green Room) : 출연자 대기실, $30m^2$ 이상

11 상점의 동선계획에 관한 설명으로 옳지 않은 것은?

① 고객동선은 가능한 한 길게 한다.
② 직원동선은 가능한 한 짧게 한다.
③ 상품동선과 직원동선은 동일하게 처리한다.
④ 고객 출입구와 상품 반입/출 출입구는 분리하는 것이 좋다.

> [해설]

③ 고객·종업원·상품동선은 각각 교차되지 않게 판매장을 계획하는 것이 바람직하다.

12 건축공간의 치수계획에서 "압박감을 느끼지 않을 만큼의 천장 높이 결정"은 다음 중 어디에 해당하는가?

① 물리적 스케일
② 생리적 스케일
③ 심리적 스케일
④ 입면적 스케일

> [해설]

건축공간 스케일(Scale)
- 물리적 스케일 : 인간이나 물체의 크기 등에 따라 결정(출입구)
- 생리적 스케일 : 실공간의 소요 환기량(창문의 크기)
- 심리적 스케일 : 압박감 등의 심리와 공간의 크기 등(천장높이)

13 고대 로마 건축물 중 판테온(Pantheon)에 관한 설명으로 옳지 않은 것은?

① 로툰다 내부는 드럼과 돔 두 부분으로 구성된다.
② 직사각형의 입구 공간은 외부와 내부 사이의 전이 공간으로 사용된다.
③ 드럼 하부는 깊은 니치와 독립된 도리아식 기둥들로 동적인 공간을 구현한다.
④ 거대한 돔을 얹은 로툰다와 대형 열주 현관이라는 2가지 주된 구성요소로 이루어진다.

> [해설]

판테온(Pantheon)
판테온은 내부는 드럼(Drum)과 돔(Dome)의 두 부분으로 되어 있다. 반구형 돔 하부의 드럼부분은 상부의 깊은 벽감(Niche)과 하부의 코린티안 양식(Corinthian Order)의 열주들에 의해 조형이 분절되어 있어 단순한 기하학적 공간에도 불구하고 매우 역동적인 모습을 나타내고 있다.

정답 10 ④ 11 ③ 12 ③ 13 ③

14 극장의 평면형식 중 오픈 스테이지(Open Stage)형에 관한 설명으로 옳은 것은?

① 연기자가 남측 방향으로만 관객을 대하게 된다.
② 강연, 음악회, 독주, 연극 공연에 가장 적합한 형식이다.
③ 가장 일반적인 극장의 형식으로 어떠한 배경이라도 창출이 가능하다.
④ 무대와 객석이 동일공간에 있는 것으로 관객석이 무대의 대부분을 둘러싸고 있다.

해설

프로시니엄형(Prescenium, 픽처 프레임 스테이지)
프로시니엄벽에 의해 연기 공간이 분리되어 관객이 프로시니엄 아치의 개구부를 통해서 무대를 보는 형

특징	・연기자가 제한된 방향으로만 관객을 대하게 된다. ・갖가지 무대배경이 용이, 조명효과가 좋다. ・스테이지에 가깝게 많은 관객을 넣는 것은 곤란하다. ・배경은 한 폭의 그림과 같은 느낌을 준다. ・강연, 콘서트, 독주, 연극에 가장 좋다. ・일반극장의 대부분이 여기에 속한다.

15 다음 설명에 알맞는 사무소 건축의 코어 유형은?

・코어와 일체로 한 내진 구조가 가능한 유형이다.
・유효율이 높으며, 임대사무소로서 경제적인 계획이 가능하다.

① 편심형
② 독립형
③ 분리형
④ 중심형

해설

중심(중앙)코어형 – 구조적으로 가장 바람직
・바닥면적이 큰 경우에 적합하다.
・고층・초고층, 내진구조에 적합하다.
・내부공간과 외관이 획일적으로 되기 쉽다.
・임대사무소에서 가장 경제적인 코어형이다.

16 조선시대에 田자형 주택으로 대별되는 서민주택의 지방 유형은?

① 서울지방형 ② 남부지방형
③ 중부지방형 ④ 함경도지방형

해설

전통 주거양식의 분류(평면형태)
기후와 관련, 북부(폐쇄적), 남부(개방적)
・서울형 : ㄱ, ㄴ, ㅁ자형
・북부형 : 田자형
・서부형 : 방 앞에 좁은 툇마루 설치
・남부형 : 一자형이 일반적
・제주도형 : 남부형과 비슷, 방 뒤에 폭이 좁은 광을 설치, 마루방이 없는 소규모 주택(田자형, 북부형과 유사)

17 메조넷형(Maisonette Type) 아파트에 관한 설명으로 옳지 않은 것은?

① 설비, 구조적인 해결이 유리하며 경제적이다.
② 통로가 없는 층의 평면은 프라이버시 확보에 유리하다.
③ 통로가 없는 층의 평면은 화재 발생 시 대피상 문제점이 발생할 수 있다.
④ 엘리베이터 정지층 및 통로면적의 감소로 전용면적의 극대화를 도모할 수 있다.

해설

메조넷형(복층형)의 단점
・구조, 설비계획이 어렵다.
・피난상 불리하다.(복도가 없는 층)
・소규모 주택에서는 비경제적이다.

18 고딕 성당에 관한 설명으로 옳지 않은 것은?

① 중앙집중식 배치를 지배적으로 사용하였다.
② 건축 형태에서 수직성을 강하게 강조하였다.
③ 고딕 성당으로는 랭스 성당, 아미앵 성당 등이 있다.
④ 수평 방향으로 통일되고 연속적인 공간을 만들었다.

정답 14 ④ 15 ④ 16 ③ 17 ① 18 ①

> 해설

①은 비잔틴 건축에 대한 설명이다.

※ 비잔틴 건축
- 동·서 건축의 기조(사라센 문화의 영향)
- 펜덴티브 돔을 창안
- 집중형·유심형 평면
- 외부(재료의 본질성 강조), 내부(조각, 회화, 장식을 화려하게 마감)

19 단독주택의 평면계획에 관한 설명으로 옳지 않은 것은?

① 거실은 평면계획상 통로나 홀로 사용하지 않는 것이 좋다.
② 현관의 위치는 대지의 형태, 도로와의 관계 등에 의하여 결정된다.
③ 부엌은 주택의 서측이나 동측이 좋으며 남향은 피하는 것이 좋다.
④ 노인침실은 일조가 충분하고 전망이 좋은 조용한 곳에 면하게 하고 식당, 욕실 등에 근접시킨다.

> 해설

부엌의 위치
- 남쪽 또는 동쪽 모퉁이 부분으로 외기에 접할 수 있도록 하는 것이 좋다.
- 일사 시간이 긴 서쪽은 음식물이 부패하기 쉬우므로 반드시 피해야 한다.

20 다음 중 호텔의 성격상 연면적에 대한 숙박면적의 비가 가장 큰 것은?

① 리조트 호텔   ② 커머셜 호텔
③ 클럽 하우스   ④ 레지덴셜 호텔

> 해설

면적 구성비
- 숙박면적비 : 시티(커머셜) > 리조트 > 아파트먼트
- 공용면적비(퍼블릭 스페이스) : 아파트먼트 > 리조트 > 시티
- 1객실 면적 : 아파트먼트 > 리조트 > 시티

건축기사 (2021년 3월 시행)

01 쇼핑센터의 몰(Mall)의 계획에 관한 설명으로 옳지 않은 것은?

① 전문점들과 중심상점의 주출입구는 몰에 면하도록 한다.
② 몰에는 자연광을 끌어들여 외부공간과 같은 성격을 갖게 하는 것이 좋다.
③ 다층으로 계획할 경우, 시야의 개방감을 적극적으로 고려하는 것이 좋다.
④ 중심상점들 사이의 몰의 길이는 100m를 초과하지 않아야 하며, 길이 40~50m마다 변화를 주는 것이 바람직하다.

해설

몰의 폭과 길이
- 폭 : 6~12m가 일반적
- 길이 : 240m가 한계(길이 20~30m마다 변화를 주어 단조롭지 않게 한다.)

02 연속적인 주제를 선(線)적으로 관계성 깊게 표현하기 위하여 전경(全景)으로 펼치도록 연출하는 것으로 맥락이 중요시될 때 사용되는 특수전시기법은?

① 아일랜드 전시 ② 파노라마 전시
③ 하모니카 전시 ④ 디오라마 전시

해설

② 파노라마 전시에 대한 설명이다.

03 다음 설명에 알맞은 극장 건축의 평면형식은?

- 가까운 거리에서 관람하면서 가장 많은 관객을 수용할 수 있다.
- 객석과 무대가 하나의 공간에 있으므로 양자의 일체감이 높다.
- 무대의 배경을 만들지 않으므로 경제성이 있다.

① 아레나(Arena)형
② 가변형(Adaptable)
③ 프로시니엄(Proscenium)형
④ 오픈 스테이지(Open Stage)형

해설

① 아레나형에 대한 설명이다.

04 아파트 형식에 관한 설명으로 옳지 않은 것은?

① 계단실형은 거주의 프라이버시가 높다.
② 편복도형은 복도에서 각 세대로 진입하는 형식이다.
③ 메조넷형은 평면구성의 제약이 적어 소규모 주택에 주로 이용된다.
④ 플랫형은 각 세대의 주거단위가 동일한 층에 배치 구성된 형식이다.

해설

③은 플랫형(단층형)에 대한 설명이다.
※ 매조넷형(복층형) : 소규모 주택에서는 면적면에서 불리하다.

05 학교운영방식에 관한 설명으로 옳지 않은 것은?

① 종합교실형은 각 학급마다 가정적인 분위기를 만들 수 있다.
② 교과교실형은 초등학교 저학년에 대해 가장 권장되는 방식이다.
③ 플래툰형은 미국의 초등학교에서 과밀을 해소하기 위해 실시한 것이다.
④ 달톤형은 학급, 학년 구분을 없애고 학생들은 각자의 능력에 따라 교과를 선택하고 일정한 교과를 끝내면 졸업하는 방식이다.

정답 01 ④ 02 ② 03 ① 04 ③ 05 ②

해설
②는 종합교실형에 대한 설명이다.

※ 교과교실형 : 모든 교실이 특정 교과를 위해 만들어지고, 일반 교실은 없다.

06 다음 중 단독주택의 현관 위치 결정에 가장 주된 영향을 끼치는 것은?

① 방위
② 주택의 층수
③ 거실의 위치
④ 도로와의 관계

해설
현관의 위치
도로의 위치에 크게 영향을 받으며, 이외에 경사도 및 대지의 형태에 영향을 받는다. (그러나 현관의 위치는 향, 방위와 무관)

07 도서관의 열람실 및 서고계획에 관한 설명으로 옳지 않은 것은?

① 서고 안에 캐럴(Carrel)을 둘 수도 있다.
② 서고면적 1m²당 150~250권의 수장능력으로 계획한다.
③ 열람실은 성인 1인당 3.0~3.5m²의 면적으로 계획한다.
④ 서고실은 모듈러 플래닝(Modular Planning)이 가능하다.

해설
열람실은 성인 1인당 1.5~2.0m²의 면적으로 계획한다. (vs 아동은 1인당 1.1m² 정도)

08 다음 중 건축계획에서 말하는 미의 특성 중 변화 또는 다양성을 얻는 방식과 가장 거리가 먼 것은?

① 억양(Accent)
② 대비(Contrast)
③ 균제(Proportion)
④ 대칭(Symmetry)

해설
대칭은 사물들이 서로 동일한 모습으로 마주보며 짝을 이루고 있는 상태로 변화·다양성보다는 질서·통일감을 얻기 쉬운 방식이다.

09 공장 건축의 레이아웃(Layout)에 관한 설명으로 옳지 않은 것은?

① 제품 중심의 레이아웃은 대량생산에 유리하며 생산성이 높다.
② 레이아웃이란 생산품의 특성에 따른 공장의 건축 면적 결정 방식을 말한다.
③ 공정 중심의 레이아웃은 다종 소량생산으로 표준화가 행해지기 어려운 경우에 적합하다.
④ 고정식 레이아웃은 조선소와 같이 조립부품이 고정된 장소에 있고 사람과 기계를 이동시키며 작업을 행하는 방식이다.

해설
레이아웃(Layout)
작업장 내의 기계설비, 작업장의 작업영역, 자재나 제품을 두는 장소 등 상호의 위치관계를 가리키는 것이다.
• 공장건축의 평면요소 간의 위치관계를 결정하는 것이다.
• 장래 공장 규모의 변화에 대응한 융통성이 있어야 한다. (장래성을 고려하여 융통성 필요)

10 주택단지 도로의 유형 중 쿨데삭(Cul-de-sac)형에 관한 설명으로 옳은 것은?

① 단지 내 통과교통의 배제가 불가능하다.
② 교차로가 +자형이므로 자동차의 교통처리에 유리하다.
③ 우회도로가 없기 때문에 방재상 불리하다는 단점이 있다.
④ 주행속도 감소를 위해 도로의 교차방식을 주로 T자 교차로 한 형태이다.

정답 06 ④ 07 ③ 08 ④ 09 ② 10 ③

> **해설**

쿨데삭(Cul-de-sac)형
- 통과교통 없음(자동차 진입을 방지, 또는 최소화)
- 주거환경의 쾌적성 및 안전성 확보 용이
- 각 기구와 관계없는 차량진입 배제
- 쿨데삭 도로형식은 우회도로가 없어 방범 및 방재상 불리하게 작용한다.
- 주택 배면에 보행자 전용도로가 함께 설치되어야 효과적임
- Cul-de-sac의 최대길이는 150m 이하로 계획

11 사무소 건축의 실단위계획에 관한 설명으로 옳지 않은 것은?

① 개실 시스템은 독립성과 쾌적감의 이점이 있다.
② 개방식 배치는 전면적을 유용하게 이용할 수 있다.
③ 개방식 배치는 개실 시스템보다 공사비가 저렴하다.
④ 개실 시스템은 연속된 긴 복도로 인해 방 깊이에 변화를 주기가 용이하다.

> **해설**
> ④ 개실 시스템은 방(실)의 폭에는 변화를 줄 수 있으나 연속된 긴 복도로 인해 방(실) 깊이에는 변화를 줄 수 없다.

12 미술관 전시실의 순회 형식 중 연속 순회 형식에 관한 설명으로 옳은 것은?

① 각 전시실에 바로 들어갈 수 있다는 장점이 있다.
② 연속된 전시실의 한쪽 복도에 의해서 각 실을 배치한 형식이다.
③ 중심부에 하나의 큰 홀을 두고 그 주위에 각 전시실을 배치한 형식이다.
④ 전시실을 순서별로 통해야 하고, 한 실을 폐쇄하면 전체 동선이 막히게 된다.

> **해설**
> ① 각 전시실이 연속적으로 연결되어 있어 바로 (직접) 들어갈 수 없다는 단점이 있다.
> ②는 갤러리 및 코리터 형식에 대한 설명이다.
> ③은 중앙홀 형식에 대한 설명이다.

13 사무소 건축의 코어 유형에 관한 설명으로 옳지 않은 것은?

① 편심코어형은 기준층 바닥면적이 작은 경우에 적합하다.
② 독립코어형은 코어가 업무공간에서 별도로 분리시킨 형식이다.
③ 중심코어형은 코어가 중앙에 위치한 유형으로 유효율이 높은 계획이 가능하다.
④ 양단코어형은 수직동선이 양 측면에 위치한 관계로 피난에 불리하다는 단점이 있다.

> **해설**
> ④ 양단코어형은 수직동선이 양 측면에 위치한 관계로 피난에 유리하다는 장점이 있다.

14 비잔틴 건축에 관한 설명으로 옳지 않은 것은?

① 사라센 문화의 영향을 받았다.
② 도저렛(Dosseret)이 사용되었다.
③ 펜덴티브 돔(Pendentive Dome)이 사용되었다.
④ 평면은 주로 장축형 평면(라틴 십자가)이 사용되었다.

> **해설**
> ④ 평면은 주로 그릭크로스의 집중형 또는 유심형 평면이 사용되었다.
> ※ 그릭크로스(그리스 십자가 : 좌우, 상하 길이가 동일함) : 비잔틴 시대에 쓰이던 중앙집중형 공간

15 다음과 같은 특징을 갖는 에스컬레이터 배치 유형은?

- 점유면적이 다른 유형에 비해 작다.
- 연속적으로 승강이 가능하다.
- 승객이 시야가 좋지 않다.

① 교차식 배치
② 직렬식 배치
③ 병렬 단속식 배치
④ 병렬 연속식 배치

정답 11 ④ 12 ④ 13 ④ 14 ④ 15 ①

> **해설**
> ① 교차식 배치에 대한 설명이다.
> ※ 점유면적[승객의 시야 확보]
> • 직렬식[유리] > 병렬(단속식) > 병렬(연속식) > 교차식[불리]
> • 점유면적이 크지만 승객의 시야가 가장 좋은 것은 직렬식이다.

16 클로즈드 시스템(Closed System)의 종합병원에서 외래진료부 계획에 관한 설명으로 옳지 않은 것은?

① 환자의 이용이 편리하도록 2층 이하에 두도록 한다.
② 부속 진료시설을 인접하게 하여 이용이 편리하게 한다.
③ 중앙주사실, 약국은 정면 출입구에서 멀리 떨어진 곳에 둔다.
④ 외과 계통 각 과는 1실에서 여러 환자를 볼 수 있도록 대실로 한다.

> **해설**
> ③ 약국, 중앙주사실, 회계 등은 정면 출입구 근처에 둔다.

17 다음 중 다포식(多包式) 건축으로 가장 오래된 것은?

① 창경궁 명정전　② 전등사 대웅전
③ 불국사 극락전　④ 심원사 보광전

> **해설**
> **고려시대 목조 건축(대표)**
> • 주심포식 : 봉정사 극락전, 부석사 무량수전, 수덕사 대웅전, 강릉 객사문
> • 다포식 : 심원사 보광전, 석왕사 응진전

18 다음 중 시티 호텔에 속하지 않는 것은?

① 비치 호텔　② 터미널 호텔
③ 커머셜 호텔　④ 아파트먼트 호텔

> **해설**
> ①은 리조트 호텔에 대한 설명이다.
> ※ 리조트 호텔의 종류 : 해변 호텔(Beach Hotel), 산장 호텔(Mountain Hotel), 온천 호텔(Hot Spring Hotel), 스키 호텔(Ski Hotel), 스포츠 호텔(Sport Hotel), 클럽 하우스(Club House)등

19 고대 그리스의 기둥 양식에 속하지 않는 것은?

① 도리아식　② 코린트식
③ 컴포지트식　④ 이오니아식

> **해설**
> ③은 고대 로마의 기둥양식에 속한다.
> ※ 고대 로마의 기둥 양식(5가지) : 그리스 기둥 양식(도리아식, 이오니아식, 코린트식)·터스칸식·컴포지트식

20 주택의 동선계획에 관한 설명으로 옳지 않은 것은?

① 동선은 가능한 굵고 짧게 계획하는 것이 바람직하다.
② 동선의 3요소 중 속도는 동선의 공간적 두께를 의미한다.
③ 개인, 사회, 가사노동권의 3개 동선은 상호 간 분리하는 것이 좋다.
④ 화장실, 현관 등과 같이 사용빈도가 높은 공간은 동선을 짧게 처리하는 것이 중요하다.

> **해설**
> ② 동선의 3요소 중 속도는 피난용도 등 복도의 폭과 거리와 관계하며, 동선의 공간적 두께는 교차성을 의미한다.

정답　16 ③　17 ④　18 ①　19 ③　20 ②

건축기사 (2021년 5월 시행)

01 주택의 부엌 작업대 배치유형 중 ㄷ자형에 관한 설명으로 옳은 것은?

① 두 벽면을 따라 작업이 전개되는 전통적인 형태이다.
② 평면계획상 외부로 통하는 출입구의 설치가 곤란하다.
③ 작업동선이 길고 조리면적은 좁지만 다수의 인원이 함께 작업할 수 있다.
④ 가장 간결하고 기본적인 설계형태로 길이가 4.5m 이상이 되면 동선이 비효율적이다.

[해설]

ㄷ자형(U자형)
- 3면의 벽에 작업대를 배치하는 형태(병렬형과 ㄱ자형을 혼합한 평면형)로 어느 정도 공간이 확보된 주방이라면 가장 효율적이다.
- 양측의 벽면을 이용할 수 있으므로 수납공간을 크게 할 수 있는 장점이 있다.
- 평면계획상 외부로 통하는 출입구의 설치가 곤란하다.
- 작업대의 사이는 1.2~1.5m 전후가 적당하다.

02 호텔에 관한 설명으로 옳지 않은 것은?

① 커머셜 호텔은 일반적으로 고밀도의 고층형이다.
② 터미널 호텔에는 공항 호텔, 부두 호텔, 철도역 호텔 등이 있다.
③ 리조트 호텔의 건축 형식은 주변 조건에 따라 자유롭게 이루어진다.
④ 레지덴셜 호텔은 여행자의 장기간 체재에 적합한 호텔로서, 각 객실에는 주방 설비를 갖추고 있다.

[해설]

④는 아파트먼트 호텔에 대한 설명이다.

※ 레지덴셜 호텔(Residential Hotel, 거주용 호텔)
- 사업상(상업상)의 여행자나 관광객 등이 단기 체재하는 여행자용 호텔이다.
- 커머셜 호텔보다 규모는 작고 시설은 고급(호텔 경영에서 식사료 비중이 큼)이며, 주로 도심을 벗어나 안정된 곳에 위치한다.
- 편의성과 거주환경을 동시에 만족시키는 입지 선정이 필요하다.

03 다음 설명에 알맞은 공장 건축의 레이아웃 (Layout) 형식은?

- 생산에 필요한 모든 공정, 기계기구를 제품의 흐름에 따라 배치한다.
- 대량생산에 유리하며 생산성이 높다.

① 혼성식 레이아웃
② 고정식 레이아웃
③ 제품 중심의 레이아웃
④ 공정 중심의 레이아웃

[해설]

③ 제품 중심의 레이아웃에 대한 설명이다.

04 주심포 형식에 관한 설명으로 옳지 않은 것은?

① 공포를 기둥 위에만 배열한 형식이다.
② 장혀는 긴 것을 사용하고 평방이 사용된다.
③ 봉정사 극락전, 수덕사 대웅전 등에서 볼 수 있다.
④ 맞배지붕이 대부분이며 천장을 특별히 가설하지 않아 서까래가 노출되어 보인다.

[해설]

②는 다포식에 대한 설명이다.

※ 다포식 : 기둥 사이에 공포를 배치하기 위해 창방 위에 평방을 덧대어 구조적 안정을 가지는 양식이다.

정답 01 ② 02 ④ 03 ③ 04 ②

05 다음 설명에 알맞은 사무소 건축의 코어 유형은?

- 코어를 업무공간에서 분리시킨 관계로 업무공간의 융통성이 높은 유형이다.
- 설비 덕트나 배관을 코어로부터 업무공간으로 연결하는 데 제약이 많다.

① 외코어형
② 편단코어형
③ 양단코어형
④ 중앙코어형

해설
① 외코어형에 대한 설명이다.

06 건축계획단계에서의 조사방법에 관한 설명으로 옳지 않은 것은?

① 설문조사를 통하여 생활과 공간 간의 대응관계를 규명하는 것은 생활행동 행위의 관찰에 해당된다.
② 이용 상황이 명확하게 기록되어 있는 시설의 자료 등을 활용하는 것은 기존자료를 통한 조사에 해당된다.
③ 건물의 이용자를 대상으로 설문을 작성하여 조사하는 방식은 생활과 공간의 대응관계 분석에 유효하다.
④ 주거단지에서 어린이들의 행동특성을 조사하기 위해서는 생활행동 행위 관찰방식이 일반적으로 적절하다.

해설
①은 설문지법에 대한 설명이다.
※ 관찰법 : 인간의 행태 연구에 주로 사용되는 방법이다. (관찰 및 해석의 객관성이 필요)

07 학교운용방식에 관한 설명으로 옳지 않은 것은?

① 종합교실형은 교실의 이용률이 높지만 순수율은 낮다.
② 일반교실 및 특별교실형은 우리나라 중학교에서 주로 사용되는 방식이다.
③ 교과교실형에서는 모든 교실이 특정교과를 위해 만들어지고, 일반교실이 없다.
④ 플라톤형은 학년과 학급을 없애고 학생들은 각자의 능력에 따라 교과를 선택하고 일정한 교과가 끝나면 졸업을 한다.

해설
④는 달톤형에 대한 설명이다.

08 페리(C. A. Perry)의 근린주구에 관한 설명으로 옳지 않은 것은?

① 경계 : 4면의 간선도로에 의해 구획
② 공공시설용지 : 지구 전체에 분산하여 배치
③ 오픈 스페이스 : 주민의 일상생활 요구를 충족시키기 위한 소공원과 위락공간체계
④ 지구 내 가로체계 : 내부 가로망은 단지 내의 교통량을 원활히 처리하고 통과 교통을 방지

해설
② 공공시설용지 : 중심 위치에 적절히 통합하여 배치

09 다음 중 백화점의 기둥간격 결정 요소와 가장 거리가 먼 것은?

① 매장의 연면적
② 진열장의 배치방법
③ 지하주차장의 주차방식
④ 에스컬레이터의 배치방법

해설
백화점의 기둥간격 결정 요소
- 판매장의 진열장(대) 치수와 배치방법 및 통로
- 에스컬레이터와 엘리베이터의 배치방법(크기, 개수 등)
- 지하주차장의 주차방식과 주차 폭

정답 05 ① 06 ① 07 ④ 08 ② 09 ①

10 고딕양식의 건축물에 속하지 않는 것은?

① 아미앵 성당　② 노트르담 성당
③ 샤르트르 성당　④ 성 베드로 성당

해설
④ 성 베드로 성당은 르네상스양식의 건축물이다.

11 도서관 건축계획에서 장래에 증축을 반드시 고려해야 할 부분은?

① 서고　② 대출실
③ 사무실　④ 휴게실

해설
서고계획
도서 증가에 따른 장래 확장을 고려해야 한다.

12 병원 건축 형식 중 분관식(Pavillion Type)에 관한 설명으로 옳은 것은?

① 대지가 협소할 경우 주로 적용된다.
② 보행길이가 짧아져 관리가 용이하다.
③ 각 병실의 일조, 통풍 환경을 균일하게 할 수 있다.
④ 급수, 난방 등의 배관 길이가 짧아져 설비비가 적게 된다.

해설
①, ②, ④는 집중식(Block Type)에 대한 설명이다.

13 단독주택의 리빙 다이닝 키친에 관한 설명으로 옳지 않은 것은?

① 공간의 이용률이 높다.
② 소규모 주택에 주로 사용된다.
③ 주부의 동선이 짧아 노동력이 절감된다.
④ 거실과 식당이 분리되어 각 실의 분위기 조성이 용이하다.

해설
Living Kitchen(LDK, 리빙 키친, 리빙 다이닝 키친)
거실+식사실+부엌을 겸하는 형식

14 사무소 건축의 실단위계획에 있어서 개방식 배치에 관한 설명으로 옳지 않은 것은?

① 독립성과 쾌적감 확보에 유리하다.
② 공사비가 개실시스템보다 저렴하다.
③ 방의 길이나 깊이에 변화를 줄 수 있다.
④ 전면적을 유효하게 이용할 수 있어 공간 절약상 유리하다.

해설
①은 개실형에 대한 설명이다.

15 아파트의 평면 형식 중 계단실형에 관한 설명으로 옳은 것은?

① 대지에 대한 이용률이 가장 높은 유형이다.
② 통행을 위한 공용 면적이 크므로 건물의 이용도가 낮다.
③ 각 세대가 양쪽으로 개구부를 계획할 수 있는 관계로 통풍이 양호하다.
④ 엘리베이터를 공용으로 사용하는 세대수가 많으므로 엘리베이터의 효율이 높다.

해설
계단실형(홀형)
- 계단 혹은 엘리베이터가 있는 홀로부터 직접 단위 주거에 들어가는 방식
- 홀에서 각 주호에 이르는 동선이 짧아 출입이 용이하다. (통행부 면적 감소 → 건축의 이용도가 높다.)
- 엘리베이터를 공용으로 사용하는 세대수가 적어 엘리베이터의 효율이 낮다.(고층 아파트일 경우 계단실마다 엘리베이터를 설치해야 하므로 시설비가 많이 든다.)

16 르네상스 건축에 관한 설명으로 옳은 것은?

① 건축 비례와 미적 대칭 등을 중시하였다.
② 첨탑과 플라잉 버트레스가 처음 도입되었다.
③ 펜덴티브 돔이 창안되어 실내 공간의 자유도가 높아졌다.
④ 강렬한 극적 효과를 추구하며 관찰자의 주관적 감흥을 중시하였다.

> **해설**
> ② 고딕 건축에 대한 설명이다.
> ③ 비잔틴 건축에 대한 설명이다.
> ④ 바로크 건축에 대한 설명이다.

17 미술관 전시실의 전시기법에 관한 설명으로 옳지 않은 것은?

① 하모니카 전시는 동일 종류의 전시물을 반복하여 전시할 경우에 유리하다.
② 아일랜드 전시는 실물을 직접 전시할 수 없는 경우 영상매체를 사용하여 전시하는 방법이다.
③ 파노라마 전시는 연속적인 주제를 연관성 있게 표현하기 위해 선형의 파노라마로 연출하는 전시기법이다.
④ 디오라마 전시는 하나의 사실 또는 주제의 시간 상황을 고정시켜 연출하는 것으로 현장에 임한 느낌을 주는 기법이다.

> **해설**
> ②는 영상 전시에 대한 설명이다.
> ※ 아일랜드 전시 : 전시 벽이나 천장을 직접 이용하지 않고 전시물 또는 전시 장치를 배치하는 방법이다.

18 미술관의 전시실 순회 형식에 관한 설명으로 옳지 않은 것은?

① 갤러리 및 코리더 형식에서는 복도 자체도 전시공간으로 이용이 가능하다.
② 중앙 홀 형식에서 중앙 홀이 크면 동선의 혼란은 많으나 장래의 확장에는 유리하다.
③ 연속 순회 형식은 전시 중에 하나의 실을 폐쇄하면 동선이 단절된다는 단점이 있다.
④ 갤러리 및 코리더 형식은 복도에서 각 전시실에 직접 출입할 수 있으며 필요시에 자유로이 독립적으로 폐쇄할 수가 있다.

> **해설**
> **중앙 홀 형식**
> • 중앙 홀이 크면 동선의 혼란이 적어 가장 좋은 형식이다.
> • 장래의 확장 측면에서는 불리하다.

19 쇼핑센터의 몰(Mall)에 관한 설명으로 옳은 것은?

① 전문점과 핵상점의 주출입구는 몰에 면하도록 한다.
② 쇼핑체류시간을 늘릴 수 있도록 방향성이 복잡하게 계획한다.
③ 몰은 고객의 통과동선으로서 부속시설과 서비스 기능의 출입이 이루어지는 곳이다.
④ 일반적으로 공기조화에 의해 쾌적한 실내 기후를 유지할 수 있는 오픈 몰(Open Mall)이 선호된다.

> **해설**
> **몰(Mall)**
> • 고객의 주보행동선
> • 중심상점(핵상점)들과 각 전문점에서 출입이 이루어지는 곳
> • 확실한 방향성과 식별성이 요구
> • 일반적으로 공기조화에 의해 쾌적한 실내 기후를 유지할 수 있는 인클로즈드 몰(Inclosed Mall) 선호

20 극장 건축에서 무대의 제일 뒤에 설치되는 무대 배경용의 벽을 나타내는 용어는?

① 프로시니엄　　② 사이클로라마
③ 플라이 로프트　④ 그리드아이언

> **해설**
> ② 사이클로라마에 대한 설명이다.

정답　16 ①　17 ②　18 ②　19 ①　20 ②

건축기사 (2021년 9월 시행)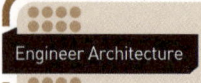

01 상점 건축의 진열장 배치에 관한 설명으로 옳은 것은?

① 손님 쪽에서 상품이 효과적으로 보이도록 계획한다.
② 들어오는 손님과 종업원의 시선이 정면으로 마주치도록 계획한다.
③ 도난을 방지하기 위하여 손님에게 감시한다는 인상을 주도록 계획한다.
④ 동선이 원활하여 다수의 손님을 수용하고 가능한 다수의 종업원으로 관리하게 한다.

[해설]
② 들어오는 손님과 종업원의 시선이 정면으로 마주치지 않게 한다.
③ 고객을 감시하기 쉬우며, 고객에게 감시받고 있다는 인상을 주지 않도록 한다.
④ 동선이 원활하여 다수의 손님을 수용하고 소수의 종업원으로 관리하게 한다.

02 다음 중 도서관에 있어 모듈계획(Module Plan)을 고려한 서고계획 시 결정 및 선행되어야 할 요소와 가장 거리가 먼 것은?

① 엘리베이터의 위치
② 서가 선반의 배열 깊이
③ 서고 내의 주요 통로 및 교차 통로의 폭
④ 기둥의 크기와 방향에 따른 서가의 규모 및 배열의 길이

[해설]
① 엘리베이터의 위치와는 관련이 없다.
※ 서고계획(모듈계획 시 고려사항)
 • 기둥(크기, 방향)에 따른 서가의 규모 및 배열의 길이
 • 서가 선반의 배열 길이
 • 서고 내 주요 통로 및 교차통로의 폭

03 호텔의 퍼블릭 스페이스(Public Space) 계획에 관한 설명으로 옳지 않은 것은?

① 로비는 개방성과 다른 공간과의 연계성이 중요하다.
② 프론트 데스크 후방에 프론트 오피스를 연속시킨다.
③ 주식당은 외래객이 편리하게 이용할 수 있도록 출입구를 별도로 설치한다.
④ 프론트 오피스는 기계화된 설비보다는 많은 사람을 고용함으로써 고객의 편의와 능률을 높여야 한다.

[해설]
프론트 오피스
• 호텔 운영의 중심부이다.
• 많은 사람을 고용하기보다는 사무의 기계화, 각종 통신설비의 도입 등으로 업무의 연결을 신속하고 또한 고객의 편의를 높일 수 있도록 한다.
• 작업능률을 올려 인건비를 절약할 수 있도록 한다.

04 아파트에서 친교공간 형성을 위한 계획방법으로 옳지 않은 것은?

① 아파트에서의 통행을 공동 출입구로 집중시킨다.
② 별도의 계단실과 입구 주위에 집합단위를 만든다.
③ 큰 건물로 설계하고, 작은 단지는 통합하여 큰 단지로 만든다.
④ 공동으로 이용되는 서비스 시설을 현관에 인접하여 통행의 주된 흐름에 약간 벗어난 곳에 위치시킨다.

[해설]
③ 작은 건물로 설계하고, 큰 단지는 작은 단지로 나눈다.

정답 01 ① 02 ① 03 ④ 04 ③

05 다음과 같은 특징을 갖는 건축양식은?

- 사라센 문화의 영향을 받았다.
- 도서렛(Dosseret)과 펜던티브 돔(Pendentive Dome)이 사용되었다.

① 로마 건축
② 이집트 건축
③ 비잔틴 건축
④ 로마네스크 건축

해설
③ 비잔틴 건축에 대한 설명이다.

06 오토 바그너(Otto Wagner)가 주장한 근대 건축의 설계지침 내용으로 옳지 않은 것은?

① 경제적인 구조
② 그리스 건축양식의 복원
③ 시공재료의 적당한 선택
④ 목적을 정확히 파악하고 완전히 충족시킬 것

해설
오토 바그너
㉠ 빈 분리파
㉡ 근대 건축의 설계지침
 • 정밀한 목적 파악, 완전한 목적 추구
 • 적절한 시공재료의 선택
 • 간편하고 경제적인 구조
 • 자연스럽게 형성되는 건축형태

07 공동주택의 단면 형식에 관한 설명으로 옳지 않은 것은?

① 트리플렉스형은 듀플렉스형보다 공용면적이 크게 된다.
② 메조넷형에서 통로가 없는 층은 채광 및 통풍 확보가 양호하다.
③ 플랫형은 평면구성의 제약이 적으며, 소규모의 평면계획도 가능하다.
④ 스킵 플로어형은 동일한 주거동에서 각기 다른 모양의 세대 배치가 가능하다.

해설
① 트리플렉스형(3개층 전용)은 듀플렉스형(2개층 전용)보다 공용면적이 작게 된다.

08 공연장의 객석계획에서 잘 보이는 동시에 실제적으로 관객을 수용해야 하는 공연장에서 큰 무리가 없는 거리인 제1차 허용거리의 한도는?

① 15m
② 22m
③ 38m
④ 52m

해설
가시거리 한계
• 생리적 한계(15m) : 인형극, 아동극
• 제1차 허용한도(22m) : 국악, 신극, 실내악
• 제2차 허용한도(35m) : 그랜드 오페라, 발레, 뮤지컬, 연극

09 우리나라의 현존하는 목조 건축물 중 가장 오래된 것은?

① 부석사 무량수전
② 부석사 조사당
③ 봉정사 극락전
④ 수덕사 대웅전

해설
봉정사 극락전
현존하는 가장 오래된 고려시대 주심포식 목조 건축물이다.

10 열람자가 서가에서 책을 자유롭게 선택하나 관원의 검열을 받고 열람하는 도서관 출납시스템은?

① 폐가식
② 반개가식
③ 안전개가식
④ 자유개가식

해설
③ 안전개가식에 대한 설명이다.

정답 05 ③ 06 ② 07 ① 08 ② 09 ③ 10 ③

11 테라스 하우스에 관한 설명으로 옳지 않은 것은?

① 각 호마다 전용의 뜰(정원)을 갖는다.
② 각 세대의 깊이는 7.5m 이상으로 하여야 한다.
③ 진입방식에 따라 하향식과 상향식으로 나눌 수 있다.
④ 시각적인 인공테라스형은 위층으로 갈수록 건물의 내부면적이 작아지는 형태이다.

> **해설**
> ② 각 세대의 깊이는 6~7.5m 이상 되어서는 안 된다.

12 학교 교사의 배치 형식에 관한 설명으로 옳지 않은 것은?

① 분산병렬형은 넓은 부지를 필요로 한다.
② 폐쇄형은 일조, 통풍 등 환경조건이 불균등하다.
③ 집합형은 이동 동선이 길어지고 물리적 환경이 나쁘다.
④ 분산병렬형은 구조계획이 간단하고 생활환경이 좋아진다.

> **해설**
> ③ 집합형은 이동 동선이 짧아 학생 이동에 유리하며 물리적 환경이 좋다.

13 사무소 건물의 엘리베이터 배치 시 고려사항으로 옳지 않은 것은?

① 교통동선의 중심에 설치하여 보행거리가 짧도록 배치한다.
② 대면배치에서 대면거리는 동일 군 관리의 경우 3.5~4.5m로 한다.
③ 여러 대의 엘리베이터를 설치하는 경우, 그룹별 배치와 군 관리 운전방식으로 한다.
④ 일렬 배치는 6대를 한도로 하고, 엘리베이터 중심 간 거리는 10m 이하가 되도록 한다.

> **해설**
> ④ 일렬 배치는 4대를 한도로 하고, 엘리베이터 중심 간 거리는 8m 이하가 되도록 한다.

14 사무소 건축의 코어 형식 중 편심형 코어에 관한 설명으로 옳지 않은 것은?

① 고층인 경우 구조상 불리할 수 있다.
② 각 층 바닥면적이 소규모인 경우에 사용된다.
③ 바닥면적이 커지면 코어 이외에 피난시설 등이 필요해진다.
④ 내진구조상 유리하며 구조코어로서 가장 바람직한 형식이다.

> **해설**
> ④ 중심(중앙)코어형에 대한 설명이다.

15 공장 건축의 레이아웃에 관한 설명으로 옳지 않은 것은?

① 장래 공장 규모의 변화에 대응한 융통성이 있어야 한다.
② 제품 중심의 레이아웃은 생산에 필요한 모든 공정, 기계기구를 제품의 흐름에 따라 배치한다.
③ 이동식 레이아웃은 사람이나 기계가 이동하여 작업하는 방식으로 제품이 크고, 수량이 적을 때 사용된다.
④ 레이아웃은 공장 생산성에 미치는 영향이 크므로 공장의 배치계획, 평면계획은 이것에 부합되는 건축계획이 되어야 한다.

> **해설**
> ③은 고정식 레이아웃에 대한 설명이다.

16 병원 건축에 있어서 파빌리온 타입(Pavilion Type)에 관한 설명으로 옳은 것은?

① 대지 이용의 효율성이 높다.
② 고층 집약식 배치 형식을 갖는다.
③ 각 실의 채광을 균등히 할 수 있다.
④ 도심지에서 주로 적용되는 형식이다.

[해설]
①, ②, ④는 블록 타입(Block Type, 집중식)에 대한 설명이다.

17 전시공간의 특수전시기법 중 하나의 사실이나 주제의 시간상황을 고정시켜 연출함으로써 현장에 임한 듯한 느낌을 가지고 관찰할 수 있는 기법은?

① 알코브 전시
② 아일랜드 전시
③ 디오라마 전시
④ 하모니카 전시

[해설]
③ 디오라마 전시에 대한 설명이다.

18 백화점 매장의 배치 유형에 관한 설명으로 옳지 않은 것은?

① 직각배치는 매장 면적의 이용률을 최대로 확보할 수 있다.
② 직각배치는 고객의 통행량에 따라 통로폭을 조절하기 용이하다.
③ 사행배치는 많은 고객이 매장공간의 코너까지 접근하기 용이한 유형이다.
④ 사행배치는 Main 통로를 직각 배치하며, Sub 통로를 45° 정도 경사지게 배치하는 유형이다.

[해설]
② 직각배치는 고객의 통행량에 따라 통로폭을 조절하기 어렵다.(국부적 혼란 야기)

19 지속가능한(Sustainable) 공동주택의 설계 개념으로 적절하지 않은 것은?

① 환경친화적 설계
② 지형순응형 배치
③ 가변적 구조체의 확대 적용
④ 규격화, 동일화된 단위평면

[해설]
지속가능한 건축(Sustainable Architecture)
• 미래세대가 그들의 필요를 충족시킬 수 있는 가능성을 손상시키지 않는 범위에서 현재 세대의 필요를 충족시키는 개발을 말한다.
• 환경과 경제개발을 조화시켜 환경을 파괴하지 않고 경제개발을 한다는 개념이다.

20 래드번(Radburn) 계획의 5가지 기본원리로 옳지 않은 것은?

① 기능에 따른 4가지 종류의 도로 구분
② 보도망 형성 및 보도와 차도의 평면적 분리
③ 자동차 통과도로 배제를 위한 슈퍼블록 구성
④ 주택단지 어디로나 통할 수 있는 공동 오픈 스페이스 조성

[해설]
② 보도망 형성 및 보도와 차도의 입체적 분리

정답 16 ③ 17 ③ 18 ② 19 ④ 20 ②

건축기사 (2022년 3월 시행)

01 특수전시기법에 관한 설명으로 옳지 않은 것은?

① 하모니카 전시는 동일 종류의 전시물을 반복 전시하는 경우에 사용된다.
② 파노라마 전시는 연속적인 주제를 연관성 있게 표현하기 위해 선형의 파노라마로 연출하는 기법이다.
③ 디오라마 전시는 하나의 사실 또는 주제의 시간 상황을 고정시켜 연출하는 것으로 현장에 임한 느낌을 준다.
④ 아일랜드 전시는 실물을 직접 전시할 수 없거나 오브제 전시만의 한계를 극복하기 위해 영상매체를 사용하여 전시하는 기법이다.

해설
④ 영상 전시에 대한 설명이다.
※ 아일랜드 전시 : 전시 벽이나 천장을 직접 이용하지 않고 전시물 또는 전시 장치를 배치하는 기법이다.

02 병원건축의 병동배치방법 중 분관식(Pavilion Type)에 관한 설명으로 옳은 것은?

① 각종 설비 시설의 배관길이가 짧아진다.
② 대지의 크기와 관계없이 적용이 용이하다.
③ 각 병실을 남향으로 할 수 있어 일조와 통풍 조건이 좋다.
④ 병동부는 5층 이상의 고층으로 하며 환자는 엘리베이터로 운송된다.

해설
①, ②, ④는 집중식에 대한 설명이다.
※ 건축형식에 의한 분류
• 분관식(Pavilion Type : 저층 분산식) : 각 건물은 3층 이하의 저층 건물로 외래진료부, 중앙(부속)진료부, 병동부 등을 각각 별동으로 하여 분산시키고 복도로 연결하는 방식이다.
• 집중식(Block Type : 고층 집약식) : 외래진료부, 중앙(부속)진료부, 병동부를 합쳐서 한 건물로 하고, 특히 병동부의 병동은 고층으로 하여 환자를 운송하는 형식이다.

03 전시실의 순회형식에 관한 설명으로 옳지 않은 것은?

① 중앙 홀 형식은 각 실에 직접 들어갈 수 없다는 단점이 있다.
② 연속순회 형식은 많은 실을 순서별로 통하여야 하는 불편이 있다.
③ 갤러리 및 코리도 형식에서는 복도 자체도 전시공간으로 이용할 수 있다.
④ 갤러리 및 코리도 형식은 각 실에 직접 들어갈 수 있으며, 필요시 독립적으로 폐쇄할 수 있다.

해설
중앙 홀 형식
• 중심부에 하나의 큰 홀을 두고 그 주위에 각 전시실을 배치하여 자유로이 출입하는 형식이다.
• 공간이용에서 효과적이지만 장래확장이 불리한 형식이다. 대표적인 사례로 현대미술관과 구겐하임미술관이 있다.

04 공동주택의 단지계획에서 보차분리를 위한 방식 중 평면분리에 해당하는 방식은?

① 시간제 차량통행
② 쿨데삭(Cul-de-sac)
③ 오버브리지(Overbridge)
④ 보행자 안전참(Pedestrian Safecross)

해설
① 시간 분리방식
③ 입체 분리방식
④ 면적 분리방식

정답 01 ④ 02 ③ 03 ① 04 ②

※ 보행자, 자동차의 동선 분리방법
- 평면 분리방식 : 보차동선을 동일 평면에서 선적으로 분리하는 가장 기본적인 방법[쿨데삭형, 루프(Loop)형, T자형, 열쇠자형 등]
- 입체 분리방식 : 보차의 평면교차부분을 입체화시키는 방법[오버브리지(고가대로), 언더패스 등]
- 시간 분리방식 : 차로의 일정 구간을 특정한 시간대에 보행자도로로 활용하는 방법(평일 통학로로 쓰이는 등·하교로, 신호등이 있는 횡단보도, 시간제 차량통행, 차 없는 날 등)
- 면적 분리방식 : 입체 분리의 선적인 연장에 의해 도시시설과 연결시키는 방법[페데스트리언 데크(보행자 전용 고가대로), 보행자 안전참, 보행자 공간, 지하도 등]

05 다음 중 터미널 호텔의 종류에 속하지 않는 것은?

① 해변 호텔
② 부두 호텔
③ 공항 호텔
④ 철도역 호텔

해설

①은 리조트 호텔에 해당된다.

※ 터미널 호텔 및 리조트 호텔
- ㉠ 터미널 호텔(Terminal Hotel)
  - 교통기관의 발착기점이나 근처에 위치한 호텔로서 이용자의 교통편의를 도모한다(여행자를 위해 터미널, 종착역 등에 위치한 호텔).
  - 종류 : 철도역 호텔(Station Hotel), 부두 호텔(Harvor Hotel), 공항 호텔(Airport Hotel) 등
- ㉡ 리조트 호텔(Resort Hotel)
  - 관광지에 세워지는 리조트 호텔은 복도면적이 다소 많다 해도 조망·쾌적함을 위주로 하여 장래 증축 가능한 구조로 하는 것이 좋다.
  - 종류 : 해변 호텔(Beach Hotel), 산장 호텔(Mountain Hotel), 온천 호텔(Hot Spring Hotel), 스키 호텔(Ski Hotel), 스포츠 호텔(Sport Hotel), 클럽 하우스(Club House) 등

06 레이트 모던(Late Modern) 건축양식에 관한 설명으로 옳지 않은 것은?

① 기호학적 분절을 추구하였다.
② 퐁피두센터는 이 양식에 부합되는 건축물이다.
③ 공업기술을 바탕으로 기술적 이미지를 강조하였다.
④ 대표적 건축가로는 시저 펠리, 노만 포스터 등이 있다.

해설

①은 포스트 모던 건축양식에 대한 설명이다.

※ 포스트 모던(Post Modern)
- 현대건축에서 배제되었던 건축의 상징성, 의미, 장식과 지역 문호, 역사와 전통을 연계시킴으로써 새로운 건축양식을 모색하려는 건축 사조
- 2중 코드된 건축으로 일반대중과 전문 건축가 모두에게 의사전달 시도
- 상징화, 대중화, 기호학적 분절을 추구(기호화의 특성), 역사적 맥락 중시

07 다음 중 백화점 건물의 기둥간격 결정요소와 가장 거리가 먼 것은?

① 진열장의 치수
② 고객 동선의 길이
③ 에스컬레이터의 배치
④ 지하주차장의 주차방식

해설

백화점 설계 시 기둥간격(Span)을 결정하는 데 있어 고려되어야 할 사항[vs 사무소]
- 판매장의 진열장(대) 치수와 배치방법 및 통로 [vs 책상 배치단위]
- EV와 ES 등의 크기, 개수, 설치 유무(EV와 ES의 배치) [vs 채광 유효단위]
- 지하주차장의 주차방식과 주차 폭[vs 동일]

08 주택의 부엌에서 작업 순서에 따른 작업대 배열로 가장 알맞은 것은?

① 냉장고 – 싱크대 – 조리대 – 가열대 – 배선대
② 싱크대 – 조리대 – 가열대 – 냉장고 – 배선대
③ 냉장고 – 조리대 – 가열대 – 배선대 – 싱크대
④ 싱크대 – 냉장고 – 조리대 – 배선대 – 가열대

[해설]
부엌의 작업순서
- (냉장고)준비대 → 개수대(싱크대) → 조리대 → 가열대(레인지) → 배선대 → 해치 → 식당
- 작업삼각형 : 냉장고＋개수대＋가열대를 연결하는 삼각형

09 도서관 출납 시스템에 관한 설명으로 옳지 않은 것은?

① 자유개가식은 책 내용의 파악 및 선택이 자유롭다.
② 자유개가식은 서가의 정리가 잘 안 되면 혼란스럽게 된다.
③ 안전개가식은 서가열람이 가능하여 책을 직접 뽑을 수 있다.
④ 폐가식은 서가와 열람실에서 감시가 필요하나 대출절차가 간단하여 관원의 작업량이 적다.

[해설]
폐가식(Closed System)
- 목록에 의해 책을 선택하여 관원에게 대출기록을 제출한 후 대출받는 형식이다.
- 서고와 열람실이 분리되어 있다.
- 주로 대규모 도서관의 서고에 적합하며, 도서의 관리 및 유지가 양호하다.
- 이용자는 불편을 느끼고, 관원은 대출업무가 번거롭다(대출절차가 복잡하고 관원의 작업량이 많다).
- 감시할 필요가 없다.
- 이용도가 낮은 도서나 귀중서, 소규모 희귀본을 보관하는 도서관은 폐가식으로 계획한다.

10 르 코르뷔지에가 주장한 근대건축 5원칙에 속하지 않는 것은?

① 필로티
② 옥상정원
③ 유기적 공간
④ 자유로운 평면

[해설]
르 코르뷔지에
- 자유로운 평면, 자유로운 입면, 연속된 수평창(수평 띠창), 옥상 정원, 필로티가 르 코르뷔지에의 5원칙에 해당된다.
- 빌라 사보아는 근대건축 5원칙을 가장 충실히 표현한 건축물이다.

11 다음 중 사무소 건축에서 기준층 평면형태의 결정요소와 가장 거리가 먼 것은?

① 동선상의 거리
② 구조상 스팬의 한도
③ 사무실 내의 책상 배치 방법
④ 덕트, 배선, 배관 등 설비시스템상의 한계

[해설]
기준층 평면형태의 제한요소(결정요소)
- 구조상 스팬 한도
- 동선상의 거리
- 각종 설비 시스템상의 한계
- 방화구획상 면적
- 자연광과 실깊이(채광한계)
- 대피상 최대 피난거리

12 다음 설명에 알맞은 학교운영방식은?

> 각 학급을 2분단으로 나누어 한쪽이 일반교실을 사용할 때, 다른 한쪽은 특별교실을 사용한다.

① 달톤형
② 플래툰형
③ 개방 학교
④ 교과교실형

[해설]
② 플래툰형에 대한 설명이다.

13 주택 부엌의 가구 배치 유형 중 병렬형에 관한 설명으로 옳은 것은?

① 연속된 두 벽면을 이용하여 작업대를 배치한 형식이다.
② 폭이 길이에 비해 넓은 부엌의 형태에 적당한 유형이다.
③ 작업면이 가장 넓은 배치 유형으로 작업효율이 좋다.
④ 좁은 면적 이용에 효과적이므로 소규모 부엌에 주로 이용된다.

> [해설]
> ①은 ㄱ자형(ㄴ자형)에 대한 설명이다.
> ③은 ㄷ자형(U자형)에 대한 설명이다.
> ④는 일렬형(직선형)에 대한 설명이다.

14 극장 무대 주위의 벽에 6~9m 높이로 설치되는 좁은 통로로, 그리드 아이언에 올라가는 계단과 연결되는 것은?

① 록 레일
② 사이클로라마
③ 플라이 갤러리
④ 슬라이딩 스테이지

> [해설]
> ① 록 레일 : 와이어로프를 한 곳에 모아서 조정하는 장소이다.
> ② 사이클로라마 : 무대 제일 뒤에 설치되는 무대배경용의 벽이다.
> ④ 슬라이딩 스테이지(이동 무대, 무대전환기구) : 무대와 동일한 넓이의 공간을 무대 좌우에 만들어 한쪽에 다음 장면의 무대장치를 미리 만들어 놓았다가 필요시 무대 정면으로 밀어내고 무대 정면에 있던 무대 장치는 다른 한쪽으로 밀어 넣는 기구이다.

15 다음 중 다포식(多包式) 건물에 속하지 않는 것은?

① 서울 동대문   ② 창덕궁 돈화문
③ 전등사 대웅전 ④ 봉정사 극락전

> [해설]
> ④는 주심포식 건물에 해당된다.
> ※ 고려시대 목조 건축물
> - 주심포식 : 봉정사 극락전, 부석사 무량수전, 수덕사 대웅전, 강릉 객사문(임영관 삼문)
> - 다포식 : 심원사 보광전, 석왕사 응진전, 성불사 응진전

16 이슬람(사라센) 건축 양식에서 미나레트(Minaret)가 의미하는 것은?

① 이슬람교의 신학원 시설
② 모스크의 상징인 높은 탑
③ 메카 방향으로 설치된 실내 제단
④ 열주나 아케이드로 둘러싸인 중정

> [해설]
> **미나레트(Minaret)**
> 모스크의 부수건물로, 예배시간 공지(아잔)를 할 때 사용되는 탑이다.

17 아파트의 단면형식 중 메조넷 형식(Maisonnette Type)에 관한 설명으로 옳지 않은 것은?

① 하나의 주거단위가 복층 형식을 취한다.
② 양면 개구부에 의한 통풍 및 채광이 좋다.
③ 주택 내의 공간의 변화가 없으며 통로에 의해 유효면적이 감소한다.
④ 거주성, 특히 프라이버시는 높으나 소규모 주택에는 비경제적이다.

> [해설]
> ③ 주택 내의 공간의 변화가 있으며 통로 면적의 감소로 유효면적이 증가한다.

정답 13 ② 14 ③ 15 ④ 16 ② 17 ③

18 기계공장에서 지붕의 형식을 톱날지붕으로 하는 가장 주된 이유는?

① 소음을 작게 하기 위하여
② 빗물의 배수를 충분히 하기 위하여
③ 실내 온도를 일정하게 유지하기 위하여
④ 실내의 주광조도를 일정하게 하기 위하여

> **해설**
> **톱날지붕**
> • 균일한 조도 확보를 위해 개구부를 북향으로 배치한다.
> • 기둥이 많이 소요되는 단점이 있다.

19 상점 정면(Facade)구성에 요구되는 5가지 광고요소(AIDMA 법칙)에 속하지 않는 것은?

① Attention(주의)　② Identity(개성)
③ Desire(욕구)　　④ Memory(기억)

> **해설**
> **상점의 광고요소(AIDMA법칙)**
> • A(주의, Attention) : 주목시킬 수 있는 배려
> • I(흥미, Interest) : 공감을 주는 호소력
> • D(욕망, Desire) : 욕구를 일으키는 연상
> • M(기억, Memory) : 인상적인 변화
> • A(행동, Action) : 들어가기 쉬운 구성

20 사무소 건축의 오피스 랜드스케이핑(Office Landscaping)에 관한 설명으로 옳지 않은 것은?

① 의사전달, 작업흐름의 연결이 용이하다.
② 일정한 기하학적 패턴에서 탈피한 형식이다.
③ 작업단위에 의한 그룹(Group)배치가 가능하다.
④ 개인적 공간으로의 분할로 독립성 확보가 용이하다.

> **해설**
> ④는 개실형에 대한 설명이다.
> ※ 오피스 랜드스케이핑 및 개실형
> ㉠ 오피스 랜드스케이핑(Office Landscaping)
> • 개방형의 일종
> • 기존의 계급, 서열에 의한 획일적·기하학적 배치에서 탈피하여 사무의 흐름이나 작업의 성격을 중시하여 보다 효율적인 사무환경의 향상을 위한 배치방법이다.
> ㉡ 개실형(Individual Room System)
> • 복도에 의해 각 층의 여러 부분으로 들어가는 방법 (소규모 사무실 임대에 유리)
> • 독립성과 쾌적성이라는 장점을 가지는 데 반해, 조직원 사이의 협동을 요구하는 업무에는 상당히 부적절한 단점을 갖는다.
> • 실의 폭은 변화를 줄 수 있으나 실의 깊이는 변화를 줄 수 없다.
> • 공사비가 비교적 많이 드는 단점이 있다.
> • 임대에 유리하다.

정답 18 ④　19 ②　20 ④

건축기사 (2022년 4월 시행)

01 장애인·노인·임산부 등의 편의증진 보장에 관한 법령에 따른 편의시설 중 매개시설에 속하지 않는 것은?

① 주출입구 접근로
② 유도 및 안내설비
③ 장애인전용 주차구역
④ 주출입구 높이차이 제거

해설

②는 안내시설에 해당된다.

※ 대상시설별로 설치하여야 하는 편의시설의 종류
- 내부시설 : 출입구(문), 복도, 계단 또는 승강기
- 위생시설 : 화장실(대변기·소변기·세면대), 욕실, 샤워실·탈의실
- 안내시설 : 점자블록, 유도 및 안내설비, 경보 및 피난설비

02 다음 중 사무소 건축의 기둥간격 결정 요소와 가장 거리가 먼 것은?

① 책상배치의 단위
② 주차배치의 단위
③ 엘리베이터의 설치 대수
④ 채광상 층높이에 의한 깊이

해설

사무소 건축의 기둥간격 결정 요소
책상배치단위, 주차배치단위, 채광상 층고에 의한 안깊이, 일반 사무실의 개실 크기 등

03 우리나라 전통 한식주택에서 문꼴부분(개구부)의 면적이 큰 이유로 가장 적합한 것은?

① 겨울의 방한을 위해서
② 하절기 고온다습을 견디기 위해서
③ 출입하는 데 편리하게 하기 위해서
④ 상부의 하중을 효과적으로 지지하기 위해서

해설

전통 한식주택에서 문꼴부분의 면적이 큰 이유
- 주택 전체에 공기의 흐름을 원활하게 하여 여름철(하절기)의 고온다습을 견디기 위함이다.
- 문꼴 : 출입문이나 창문을 다는 개구부

04 공장건축의 레이아웃(Layout)에 관한 설명으로 옳지 않은 것은?

① 제품 중심의 레이아웃은 대량생산에 유리하며 생산성이 높다.
② 레이아웃이란 공장건축의 평면요소 간의 위치 관계를 결정하는 것을 말한다.
③ 고정식 레이아웃은 조선소와 같이 제품이 크고 수량이 적은 경우에 행해진다.
④ 중화학 공업, 시멘트 공업 등 장치공업 등은 시설의 융통성이 크기 때문에 신설 시 장래성에 대한 고려가 필요 없다.

해설

④ 중화학 공업, 시멘트 공업 등 장치공업 등은 레이아웃의 융통성이 없는 연속작업과 고정도가 높은 방식으로 구성되며, 공장건축의 레이아웃은 신설 시 장래성을 충분히 고려한다.

※ 장치공업(중화학, 시멘트)
- 거대한 설비나 장치가 필요한 공업으로 규모가 크다(연속작업).
- 고정도가 높아 레이아웃 변경이 불가능하다(유연성·융통성이 없다).

05 메조넷형 아파트에 관한 설명으로 옳지 않은 것은?

① 다양한 평면구성이 가능하다.
② 소규모 주택에서는 비경제적이다.
③ 통로면적이 감소되며 유효면적이 증대된다.
④ 복도와 엘리베이터홀은 각 층마다 계획된다.

해설

④는 단층형(Flat Type)에 대한 설명이다.

※ 입체(단면) 형식상 분류
- 단층형(Flat Type, Simplex Type) : 단위주거가 한 개의 층에만 한정된 형식이다.
- 복층형(Duplex, Maisonnette) : 한 세대가 2개 층 이상의 공간을 사용하는 단면형태의 집합주거(하나의 주거단위가 복층형식을 취하는 경우) 형식이다.
- 스킵플로어형(Skip Floor Type) : 주거단위의 단면을 단층과 복층형에서 동일층 배치형태가 아닌 반층씩 어긋나게 배치하는 특징이 있다.

06 고층밀집형 병원에 관한 설명으로 옳지 않은 것은?

① 병동에서 조망을 확보할 수 있다.
② 대지를 효과적으로 이용할 수 있다.
③ 각종 방재대책에 대한 비용이 높다.
④ 병원의 확장 등 성장변화에 대한 대응이 용이하다.

해설

④는 분관식(저층 분산식)에 대한 설명이다.

※ 분관식(Pavilion Type : 저층 분산식) : 각 건물은 3층 이하의 저층 건물로 외래진료부, 중앙(부속)진료부, 병동부 등을 각각 별동으로 하여 분산시키고 복도로 연결하는 방식이다.

07 주당 평균 40시간을 수업하는 어느 학교에서 음악실에서의 수업이 총 20시간이며 이 중 15시간은 음악시간으로 나머지 5시간은 학급토론시간으로 사용되었다면, 이 음악실의 이용률과 순수율은?

① 이용률 37.5%, 순수율 75%
② 이용률 50%, 순수율 75%
③ 이용률 75%, 순수율 37.5%
④ 이용률 75%, 순수율 50%

해설

이용률과 순수율
- 이용률 $= \dfrac{\text{교실이 사용되고 있는 시간}}{\text{1주간 평균 수업 시간}} \times 100(\%)$

  $= \dfrac{20}{40} \times 100(\%) = 50\%$

- 순수율 $= \dfrac{\text{일정한 교과를 위해 사용되는 시간}}{\text{그 교실이 사용되고 있는 시간}} \times 100(\%)$

  $= \dfrac{20-5(\text{학급토론시간})}{20} \times 100(\%) = 75\%$

08 극장건축에서 무대의 제일 뒤에 설치되는 무대 배경용의 벽을 의미하는 것은?

① 사이클로라마   ② 플라이 로프트
③ 플라이 갤러리   ④ 그리드 아이언

해설

사이클로라마
무대 제일 뒤에 설치되는 무대 배경용 벽으로 여기에 조명기구를 사용하여 구름, 무지개, 번개 등의 영상을 연출하는 장치막으로서 프로시니엄 아치 높이의 3배 정도 높이에 설치한다.

09 도서관의 출납시스템 중 자유개가식에 관한 설명으로 옳은 것은?

① 도서의 유지 관리가 용이하다.
② 책의 내용 파악 및 선택이 자유롭다.
③ 대출절차가 복잡하고 관원의 작업량이 많다.
④ 열람자는 직접 서가에 면하여 책의 표지 정도는 볼 수 있으나 내용은 볼 수 없다.

정답 05 ④ 06 ④ 07 ② 08 ① 09 ②

> [해설]

자유개가식(Free Open System)
- 열람자가 서가에서 직접 책을 고르고 열람하는 방식이다.
- 도서대출 기록의 제출이 필요 없는 관계로 책 열람 및 선택이 자유롭다.
- 아동열람실(어린이용)은 (자유)개가식으로 계획하며 1층에 배치하는 것이 바람직하다.
- 서가의 정리가 안 되면 혼란스럽게 된다.
- 도서가 손상되기 쉽고 분실 우려가 있다.

10 미술관 전시실의 순회 형식 중 연속 순로 형식에 관한 설명으로 옳은 것은?

① 각 실을 필요시에는 자유로이 독립적으로 폐쇄할 수 있다.
② 평면적인 형식으로 2, 3개 층의 입체적인 방법은 불가능하다.
③ 많은 실을 순서별로 통하여야 하는 불편이 있으나 공간절약의 이점이 있다.
④ 중심부에 하나의 큰 홀을 두고 그 주위에 각 전시실을 배치하여 자유로이 출입하는 형식이다.

> [해설]

①은 갤러리 및 코리도 형식에 대한 설명이다.
② 연속 순로 형식은 입체적인 계획이 가능하다.
③은 중앙 홀 형식에 대한 설명이다.

※ 연속 순로 형식
- 구형 또는 다각형의 각 전시실을 연속적으로 연결하는 형식이다(비교적 소규모 전시실에 적합).
- 동선의 단순함과 공간절약의 장점을 가지고 있다.
- 전시실 관리의 편리를 위해서는 연속 순로 형식이 유리하다.
- 각 실을 독립적으로 폐쇄할 수 없다(1실이 폐문되면 전체동선이 막히게 된다).
- 공간 활용의 측면에서 효율적이며, 입체적인 계획이 가능하다.

11 서양 건축양식의 역사적인 순서가 옳게 배열된 것은?

① 로마 → 로마네스크 → 고딕 → 르네상스 → 바로크
② 로마 → 고딕 → 로마네스크 → 르네상스 → 바로크
③ 로마 → 로마네스크 → 고딕 → 바로크 → 르네상스
④ 로마 → 고딕 → 로마네스크 → 바로크 → 르네상스

> [해설]

서양사 시대흐름(고대부터 근세까지)
[이집트 – 그리스 – 로마] – [초기 기독교 – 비잔틴 – 로마네스크 – 고딕] – [르네상스 – 바로크 – 로코코]

12 르네상스 교회 건축양식의 일반적 특징으로 옳은 것은?

① 타원형 등 곡선평면을 사용하여 동적이고 극적인 공간연출을 하였다.
② 수평을 강조하며 정사각형, 원 등을 사용하여 유심적 공간구성을 하였다.
③ 직사각형의 평면구성으로 볼트구조의 지붕을 구성하며 종탑을 설치하였다.
④ 로마네스크 건축의 반원아치를 발전시킨 첨두형 아치를 주로 사용하였다.

> [해설]

①은 바로크 건축양식에 대한 설명이다.
③은 로마네스크 건축양식에 대한 설명이다.
④는 고딕 건축양식에 대한 설명이다.

※ 르네상스 건축양식 : 이탈리아의 플로렌스가 발상지이며, 브루넬레스키의 플로렌스 성당 돔 증축에서 시작되었다(이탈리아를 중심으로 유럽에서 전개된 고전주의 양식의 건축).

정답 10 ③ 11 ① 12 ②

13 아파트의 평면형식에 관한 설명으로 옳지 않은 것은?

① 홀형은 통행부 면적이 작아서 건물의 이용도가 높다.
② 중복도형은 대지 이용률이 높으나, 프라이버시가 좋지 않다.
③ 집중형은 채광·통풍 조건이 좋아 기계적 환경조절이 필요하지 않다.
④ 홀형은 계단실 또는 엘리베이터 홀로부터 직접 주거 단위로 들어가는 형식이다.

> **해설**
> **집중형(코어형)**
> • 계단실과 엘리베이터를 중심으로 다수의 주호를 배치한 형식으로 채광 및 환기에 불리하다.
> • 집중형은 집중되는 주호 수에 따라 환경적 조건의 정도가 달라질 수 있음에 유의한다.
> • 통풍, 채광, 환기 등이 불리하여 이를 해결하기 위한 고도의 설비시설이 필요하다.
> • 다른 형식에 비해 부지(대지) 이용률을 높이기 쉬운 형식이다.

14 페리의 근린주구이론의 내용으로 옳지 않은 것은?

① 주민에게 적절한 서비스를 제공하는 1~2개소 이상의 상점가를 주요 도로의 결절점에 배치하여야 한다.
② 내부 가로망은 단지 내의 교통량을 원활히 처리하고 통과교통에 사용되지 않도록 계획되어야 한다.
③ 근린주구의 단위는 통과교통이 내부를 관통하지 않고 용이하게 우회할 수 있는 충분한 넓이의 간선도로에 의해 구획되어야 한다.
④ 근린주구는 하나의 중학교가 필요하게 되는 인구에 대응하는 규모를 가져야 하고, 그 물리적 크기는 인구밀도에 의해 결정되어야 한다.

> **해설**
> ④ 근린주구는 하나의 초등학교가 필요하게 되는 인구에 대응하는 규모를 가져야 하고, 그 물리적 크기는 인구밀도에 의해 결정되어야 한다.

15 다음 설명에 알맞은 백화점 진열장 배치방법은?

> • Main 통로를 직각 배치하며, Sub 통로를 45° 정도 경사지게 배치하는 유형이다.
> • 많은 고객이 매장공간의 코너까지 접근하기 용이하지만, 이형의 진열장이 많이 필요하다.

① 직각배치　　② 방사배치
③ 사행배치　　④ 자유유선배치

> **해설**
> ③ 사행배치에 대한 설명이다.

16 다음 중 주심포식 건물이 아닌 것은?

① 강릉 객사문　　② 서울 남대문
③ 수덕사 대웅전　　④ 무위사 극락전

> **해설**
> ② 서울 남대문 : 조선 초기 다포식 건물

17 극장건축의 음향계획에 관한 설명으로 옳지 않은 것은?

① 음향계획에 있어서 발코니의 계획은 될 수 있는 한 피하는 것이 좋다.
② 음의 반복 반사 현상을 피하기 위해 가급적 원형에 가까운 평면형으로 계획한다.
③ 무대에 가까운 벽은 반사체로 하고 멀어짐에 따라서 흡음재의 벽을 배치하는 것이 원칙이다.
④ 오디토리움 양쪽의 벽은 무대의 음을 반사에 의해 객석 뒷부분까지 이르도록 보강해 주는 역할을 한다.

정답　13 ③　14 ④　15 ③　16 ②　17 ②

> [해설]

음향계획
음향문제를 고려할 때 원형이나 타원형 평면은 대체로 음이 집중되어 불균등한 분포를 보이게 되면서 음향적으로 불리하므로 바람직하지 않다.

18 쇼핑센터의 특징적인 요소인 페데스트리언 지대(Pedestrian Area)에 관한 설명으로 옳지 않은 것은?

① 고객에게 변화감과 다채로움, 자극과 흥미를 제공한다.
② 바닥면의 고저차를 많이 두어 지루함을 주지 않도록 한다.
③ 바닥면에 사용하는 재료는 주위 상황과 조화시켜 계획한다.
④ 사람들의 유동적 동선이 방해되지 않는 범위에서 나무나 관엽식물을 둔다.

> [해설]

② 바닥면의 고저차를 두어서는 안 된다.
※ 페데스트리언 지대(Pedestrian Area)
　보행자 영역(도로)으로 몰, 코트, 분수, 조경 등이 있다.

19 그리스 건축의 오더 중 도릭 오더의 구성에 속하지 않는 것은?

① 볼류트(Volute)　② 프리즈(Frieze)
③ 아바쿠스(Abacus)　④ 에키누스(Echinus)

> [해설]

오더(Order)
- 기둥과 엔타블러처를 기본단위로 한 형식이다.
- 기둥 : 베이스(주초), 샤프트(주신), 주두(에키누스·아바쿠스)
- 엔타블러처 : 아키트레이브(큰보), 프리즈[메토프(문양)·트리글리프(줄무늬)], 코니스(수평띠)

20 오피스 랜드스케이프(Office Landscape)에 관한 설명으로 옳지 않은 것은?

① 외부조경면적이 확대된다.
② 작업의 폐쇄성이 저하된다.
③ 사무능률의 향상을 도모한다.
④ 공간의 효율적 이용이 가능하다.

> [해설]

① 오피스 랜드스케이프는 칸막이 대신 화분(실내조경) 등을 경계로 부서를 배치하는 형식으로 외부조경면적 확대와는 관련이 없다.
※ 오피스 랜드스케이프
　개방된 사무공간에 독립실 제공을 위해 고정 또는 반고정칸막이를 사용하지 않으며 가구나 화분 등을 사용하여 변화에 대응, 융통성 있는 공간을 형성하여 업무능률 향상을 도모하는 방식이다(개방형에서 발전된 형식으로 개방형의 특징을 갖는다).

정답　18 ②　19 ①　20 ①

건축계획 건축기사·산업기사 필기

발행일 | 2010. 1. 5 초판발행
2011. 1. 15 개정 1판1쇄
2012. 2. 15 개정 2판1쇄
2013. 1. 15 개정 3판1쇄
2014. 1. 15 개정 4판1쇄
2015. 1. 15 개정 5판1쇄
2016. 1. 15 개정 6판1쇄
2017. 1. 20 개정 7판1쇄
2018. 1. 10 개정 8판1쇄
2019. 1. 10 개정 9판1쇄
2020. 1. 10 개정 10판1쇄
2020. 5. 20 개정 10판2쇄
2021. 1. 10 개정 11판1쇄
2022. 1. 10 개정 12판1쇄
2023. 1. 20 개정 13판1쇄

저　자 | 이진오
발행인 | 정용수
발행처 | 예문사

주　소 | 경기도 파주시 직지길 460(출판도시) 도서출판 예문사
T E L | 031) 955-0550
F A X | 031) 955-0660
등록번호 | 11-76호

• 이 책의 어느 부분도 저작권자나 발행인의 승인 없이 무단 복제하여 이용할 수 없습니다.
• 파본 및 낙장은 구입하신 서점에서 교환하여 드립니다.
• 예문사 홈페이지 http://www.yeamoonsa.com

정가 : 19,000원
ISBN 978-89-274-4920-1　13540